中国国家标准汇编

2007年修订-4

中国标准出版社　编

中国标准出版社

北京

图书在版编目（CIP）数据

中国国家标准汇编：2007年修订.4/中国标准出版社编.—北京：中国标准出版社，2008

ISBN 978-7-5066-4962-9

Ⅰ.中… Ⅱ.中… Ⅲ.国家标准-汇编-中国-2007 Ⅳ.T-652.1

中国版本图书馆CIP数据核字（2008）第100963号

中国标准出版社出版发行
北京复兴门外三里河北街16号
邮政编码:100045

网址 www.spc.net.cn
电话:68523946 68517548
中国标准出版社秦皇岛印刷厂印刷
各地新华书店经销

*

开本 880×1230 1/16 印张 42.5 字数 1 285 千字
2008年8月第一版 2008年8月第一次印刷

*

定价 200.00 元

出 版 说 明

1.《中国国家标准汇编》是一部大型综合性国家标准全集，自1983年起，按国家标准顺序号以精装本、平装本两种装帧形式陆续分册汇编出版。《汇编》在一定程度上反映了我国建国以来标准化事业发展的基本情况和主要成就，是各级标准化管理机构，工矿企事业单位，农林牧副渔系统，科研、设计、教学等部门必不可少的工具书。

2. 由于标准的动态性，每年有相当数量的国家标准被修订，这些国家标准的修订信息无法在已出版的《汇编》中得到反映。为此，自1995年起，新增出版在上一年度被修订的国家标准的汇编本。

3. 修订的国家标准汇编本的正书名、版本形式、装帧形式与《中国国家标准汇编》相同，视篇幅分设若干册，但不占总的分册号，仅在封面和书脊上注明“2007年修订-1，-2，-3，……”等字样，作为对《中国国家标准汇编》的补充。读者配套购买则可收齐前一年新制定和修订的全部国家标准。

4. 修订的国家标准汇编本的各分册中的标准，仍按顺序号由小到大排列(不连续)；如有遗漏的，均在当年最后一分册中补齐。

5. 2007年制修订国家标准1 410项，全部收入在《中国国家标准汇编》第352～367分册和2007年修订-1～修订-23分册中。本分册为“2007年修订-4”，收入新修订的国家标准31项。

中国标准出版社

2008年6月

目　　录

ICS 01.040.29
K 64

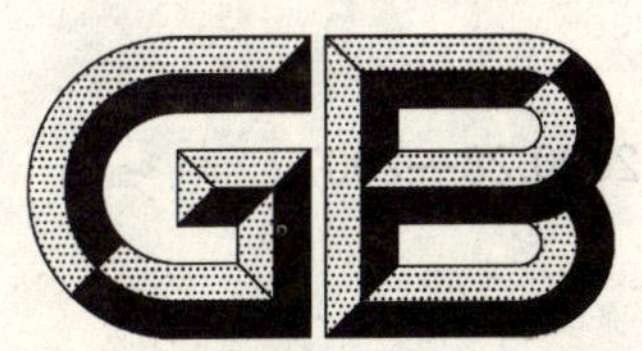

中华人民共和国国家标准

GB/T 2900.28—2007
代替 GB/T 2900.28—1994

电工术语 电动工具

Electrotechnical terminology—Electric tool

2007-01-30 发布 2007-09-01 实施

中华人民共和国国家质量监督检验检疫总局
中国国家标准化管理委员会 发布

前　言

本部分代替 GB/T 2900.28—1994《电工术语　电动工具》。

本部分与 GB/T 2900.28—1994 的主要技术修改包括：

——对术语进行了如下分类：基本术语、额定值和参数、产品名称、结构与安全、电磁兼容性测量和试验、试验和维护。

——工具名称中删除“电动”一词。

——删除如下定义：刮刀、绝缘外壳Ⅱ类电动工具、金属外壳Ⅱ类工具、绝缘材料的正常工作制条件、绝缘材料的严酷工作制条件、绝缘材料的特别严酷工作制条件、电子元件、电子电路、探针检查、接地系统检查。

——增加如下定义：电池式工具、电子控制型工具、斜切割台式组合锯、台式圆锯、摇臂锯、金刚石锯、带式砂光机、有轨道作圆周规则运动砂光机或抛光机（摆动式砂光机或抛光机）、无轨道无规则作圆周运动砂光机或抛光机、往复砂光机或抛光机、带锯、电刨、平刨、厚度刨、修边机、开槽机、剪刀型草剪、草坪修剪机、草坪修边机、草坪边缘修边机、草坪松砂机、草坪松土机（草坪耙）、草坪割草机（割草机）、遮覆式割草机、步行控制的割草机、转盘式割草机、镰刀杆式割草机、滚筒式割草机、连枷式割草机、悬浮式割草机、手持式园艺用吹屑机、手持式园艺用吹吸两用机、手持式园艺用吸屑机、电镐、附着式混凝土振动器、捆扎机、管道疏通机、高压清洗机、热风枪、控制器件、Ⅱ类结构、Ⅲ类结构、正常使用。

——修改如下定义：可移式电动工具、金刚石钻、坡口机、型材切割机、斜切割锯、台式砂轮机、角向磨光机、模具电磨、直向盘式砂轮机、立式盘式砂轮机、砂光机、盘式砂光机、角向盘式砂光机、抛光机、钉钉机、电锤（锤钻）、冲击电钻、混凝土振动器、单轴立式木铣、电气间隙。

本部分由中国电器工业协会提出。

本部分由全国电动工具标准化技术委员会归口。

本部分起草单位：上海电动工具研究所。

本部分主要起草人：刘江、陆铁民、李邦协。

本部分制定于 1982，1994 年进行第一次修订，本次为第二次修订。

电工术语　电动工具

1　范围

本部分规定了电工术语中电动工具的术语和定义。

本部分适用于电工技术中涉及电动工具的技术领域。

2　基本术语

2.1　电动工具

2.1.1

电动工具　(motor-operated)electric tool；electric power tool

以电动机或电磁铁为动力，通过传动机构驱动工作头的一种机械化工具。

2.1.2

手持式电动工具　hand-held tool；hand-held electric power tool

由电动机或电磁铁驱动的、用来做机械功的机械。它被设计成由电动机或电磁铁与机械部分组装成一体、便于携带到工作场所，并能用手握持或悬挂操作的工具。

注：手持式工具可装有软轴，而其电动机可以是固定的，也可以是便携式的。

2.1.3

可移式电动工具　transportable tool；transportable motor operated tool

在固定位置用的工具，可装或不装夹紧装置、螺栓或类似的固定装置，它设计有工具易于移动的组件，诸如配有手柄、轮子和类似简单装置以便于单人搬运。作业时，需加工的材料或工件是置于工具上或工具是被安装或放置在工件上的。

工具具有如下特征：

a)　便于带到作业的工作区，将需加工的工件置于工具上作业，或将工具安装到工件上作业；

b)　在工作架或工作台，或在装有充当工作架或工作台功能的装置上，使用或不使用诸如快速夹紧装置、螺栓等类似装置，但能将加工的工件或工具自身置于可靠的固定位置上使用；

c)　在一个操作者控制下使用；

d)　不考虑用于连续生产或生产流水线上；

e)　用软线及插头与电源连接。

2.1.4

电池式工具　battery tool

由可充电电池供电的工具。

2.1.5

直接传动工具　direct driven tool

电动机、传动机构、工作头组装成一体的工具。

2.1.6

软轴传动工具　flexible shaft driven tool

在传动机构中配置有不为外壳所包容的软轴的工具。

2.1.7

多用电动工具　multi-purpose tool

在基本传动机构上，配置有可更换的传动机构和不同的工作头，具有多种用途的电动工具。

2.1.8

更换型工具　exchange type tool

规定只能由制造商的服务部门修理的工具。

2.1.9

电子控制型工具　tool with electronic control

通过电子电路实现对工具的起动、速度、扭矩、温度等进行控制或保护的工具。

2.1.10

Ⅰ类工具　class Ⅰ tool

工具的防电击保护不仅依靠基本绝缘，而且还包含一个附加安全措施，即把易触及的导电部分与设备中固定布线的保护(接地)导线连接起来，使易触及的导电部分在基本绝缘损坏时不会变成带电体。Ⅰ类工具可以有双重绝缘和/或加强绝缘的结构。

2.1.11

Ⅱ类工具　class Ⅱ tool

工具防电击保护不仅依靠基本绝缘，而且依靠提供的附加的安全保护措施，例如双重绝缘或加强绝缘，但不提供保护接地不依赖安装条件。

2.1.12

Ⅲ类工具　class Ⅲ tool

工具的防止电击保护依靠安全特低电压供电(SELV)，工具内不产生高于安全特低电压的电压。

2.1.13

连续运行工具　continuous operating tool

在正常负载下无运行时间限制的工具。

2.1.14

短时运行工具　short-time operating tool

在正常负载下按规定的运行时间运行的工具。从冷态开始运行，各运行期的间隔足以使工具冷却到接近环境温度。

2.1.15

断续运行工具　intermittent operating tool

以一系列规定的相同周期运行的工具。每个周期由正常负载下的运行阶段以及随后的工具空载或断电停歇阶段组成。

3　额定值和参数

3.1

额定电压　rated voltage

制造商规定的工具的电压，对三相电源而言，指线电压。

3.2

额定电压范围　rated voltage range

制造商规定的工具的电压范围，以上、下限值表示。

3.3

工作电压　working voltage

当工具的电源电压为额定电压，并在正常负载条件下运行时。不考虑暂态电压的影响，零件上受到的最高电压。

3.4

额定输入功率 rated input

制造商规定的工具的输入功率。

3.5

额定输入功率范围 rated input range

制造商规定的工具输入功率范围(以瓦为单位),以上、下限值表示。

3.6

额定电流 rated current

制造商规定的工具的电流。

3.7

额定频率 rated frequency

制造商规定的工具的频率。

3.8

额定频率范围 rated frequency range

制造商规定的工具频率范围,以上、下限值表示。

3.9

正常负载 normal load

为达到额定输入功率或额定电流而在额定电压或额定电压范围上限时对工具施加的负载,如有短时或断续运行标志时,要遵从该标志。除非另有规定,如有电热元件,则电热元件要像正常使用时一样运行。

3.10

额定空载速度 rated no-load speed

制造商规定的工具在额定电压或额定电压范围上限时的空载速度。

4 产品名称

4.1 金属切削工具

4.1.1

电钻 drill

一种用于在诸如金属、塑料、木材等各种材料上钻孔的工具。

可制成单速、双速、多速、电子调速等。

4.1.2

角向电钻 angle drill

钻头与电动机轴线成固定角度(一般为90°)的电钻。

4.1.3

万向电钻 all-direction drill

钻头与电动机轴线可成任意角度的电钻。

4.1.4

磁座钻 magnetic drill

带有磁座架,可吸附在钢铁构件上钻孔的电钻。

4.1.5

电剪刀 shear

电动板剪

用于剪切金属片、金属板及金属条的工具。

4.1.6

双刃电剪　plate shear；swivel shear

具有双边剪切刃，剪切金属板材的电动工具。

4.1.7

电冲剪　nibbler

用于冲切金属片、金属板及金属条的工具。

4.1.8

往复锯　reciprocating saw

曲线锯　jig saw

刀锯　saber saw

以一个或多个锯片作往复运动或来回摆动锯割各种材料的工具。

4.1.9

锯管机　pipe cutter，pipe saw

用于切断金属管材的往复工具。

4.1.10

自爬式锯管机　pipe milling machine

附有自动进给装置，可在管壁上自动切割，用于大口径金属管材的割断和坡口成型的工具。

4.1.11

攻丝机　tapper

用于切制内螺纹的工具。

4.1.12

套丝机　threading machine

能通过机械加工切制螺纹的工具。

4.1.13

坡口机　beveller

用于在金属构件上冲切坡口的工具。

4.1.14

焊缝坡口机　weld joint beveller

倒角机

用于金属板材焊缝坡口成型的工具。

4.1.15

型材切割机　cutting-off grinder

用固定在主轴上的平形砂轮切割金属的工具。主轴装在一横臂的外端，横臂绕连接机架的横臂内端回转。切割机工作台具有一个固定工件的夹紧装置。

4.1.16

斜切割机　mitre saw

一种用旋转的开齿锯片来锯割诸如铝等有色金属材料、木材以及类似材料的工具。该机装有一个支承工件和将工件定位的锯台，工件用手靠着挡板进给。锯片装在锯台上方的悬臂上，该悬臂通常绕着斜切割机支架回转或直接绕着锯台回转。在有些情况下，锯片的截断动作伴随着滑动。

4.1.17

斜切割台式组合锯　combined mitre-bench saw

一种用旋转的开齿锯片来锯割诸如铝等有色金属材料、木材或类似材料的工具。组合锯装有两个台板：一个下台板，用以在斜切割时支承工件，并将工件定位在紧靠护栏的位置上；一个上台板，该台板有一条槽缝，锯片穿过该槽缝伸出，工件由该台板支撑，用手向锯片进给。

锯片装在台板上方的悬臂上，该悬臂通常绕组合锯支架回转或直接绕台板回转。在某些情况下，锯片下压动作时有一个滑移动作。

4.2 砂磨工具

4.2.1

砂轮机 grinder

能驱动装有粘结砂磨件的转轴的工具。

4.2.2

台式砂轮机 bench grinder

放置在适当的工场内并用手握持工件，由固定在该机器主轴上的一个或两个旋转的砂轮，磨削金属或类似材料的工具。

4.2.3

角向磨光机 angle grinder

转轴与电动机轴成直角，用圆周面和端面进行磨光作业的工具。

4.2.4

模具电磨 die grinder

用各种型式的磨头或各种成型铣刀进行高速磨削、抛光或铣切的工具。尤其适用于复杂形状内表面精加工。

4.2.5

直向盘式砂轮机 straight disk-type sander

转轴与电动机轴成一直线，用于圆周和端面磨削作业的工具。

4.2.6

立式盘式砂轮机 vertical disk-type sander

转轴与电动机轴成一直线，用端面磨削作业的工具。

4.2.7

砂光机 sander

用砂布对各种材料的工件表面进行砂磨，光整加工用的工具。

4.2.7.1

盘式砂光机 disk-type sander

用端面进行砂光作业的工具。

4.2.7.2

角向盘式砂光机 angle disk-type sander

转轴与电动机轴成直角，用端面进行砂光作业的工具。

4.2.8

抛光机 polisher

用布、毡等抛轮对各种材料的表面进行抛光的工具。

4.2.9

带式砂光机 belt sander

装有无端环形砂磨带的砂光机。

4.2.10

轨道圆运动砂光机或抛光机 orbital sander or polisher

摆动式砂光机或抛光机 oscillating sander or polisher

装有底板，能平行于作业面以轨道圆摆动的砂光机或抛光机。

4.2.11

无轨道不规则圆周运动砂光机或抛光机　random orbit sander or polisher

装有以驱动轴为中心偏心配置的底盘，能够绕其轴线自由回转作平行于作业面旋转的砂光机或抛光机。

4.2.12

往复砂光机或抛光机　reciprocating sander or polisher

装有底板，能平行于作业面作往复运动的砂光机或抛光机。

4.3　装配作业工具

4.3.1

螺丝刀　screwdriver

用于拧紧和旋松螺钉、螺母等类似零件的工具。它不装冲击机构，但可装有设定深度、设定扭矩和断开旋转运动的装置。

4.3.1.1

自攻螺丝刀　tapping screwdriver

装有螺钉自动定位的刀轴驱动带单刀刃或双刀刃的深十字螺钉高速旋转来实现螺纹联接的螺丝刀。

4.3.1.2

定扭矩螺丝刀　definite torque screwdriver

用于拧紧需要恒定张力联接的螺纹件的螺丝刀。

4.3.2

扳手　wrench

用于拧紧和旋松螺栓或螺母等类似零件的工具。

4.3.2.1

冲击扳手　impact wrench

用于拧紧和旋松螺栓、螺母等类似零件的工具。它装有旋转冲击机构。

4.3.2.2

定扭矩扳手　definite torque wrench

用于拧紧需要以恒定张力联接的螺纹件的无冲击机构的扳手。

4.3.3

胀管机　tube expander

在金属管与板的联结中用于胀管的工具。

4.3.4

拉铆枪　blind-riveting tool

采用拉伸的方法用特殊铆钉联结构件的工具。

4.4　林木工具

4.4.1

圆锯　circular saw

用旋转开齿锯片锯割各种木材和类似材料的工具。

4.4.2

台式圆锯　transportable circular saw

用伸出工作台上槽缝的旋转的开齿锯片来锯割木材或类似材料的工具。该工作台支承工件和将工件定位，而工件是用手对着锯片进给的，电动机和锯片的传动装置置于工作台面之下。

4.4.3

摇臂锯 radial arm saw

用旋转开齿锯片锯割木材或类似材料的工具。它有一个支承工件和将工件定位的工作台，工件可以夹持在一个固定位置上，由锯片对之进给作横截作业；或者可以用手将其迎着锯片进给作纵剖作业。锯片装在一个可在摇臂上移动的滚筒锯片托架上，并且悬挂在工作台的上方。

4.4.4

带锯 band saw

用绕在两个或更多带轮上的旋转环状锯条锯割木材或类似材料的工具。它有一个固定的或可倾斜的工作台，用以支承工件并将工件定位，而工件则用手朝着锯条进给。

4.4.5

链锯 chain saw

用回转的链状锯条进行锯截树木或原木的工具。

4.4.6

电刨 planer

用于刨削木材及类似材料表面材料的工具。它装有一个与底盘平行的旋转刨刀。

4.4.7

平刨 (transportable) planer

用横卧的旋转刀轴来刨削木材及类似材料的工具，该刀轴设置在起定位和支承工件作用的两个支架间(工件的下表面被刨削)。

4.4.8

厚度刨 thicknessers

用横卧的旋转刀轴来刨削木材及类似材料表面至设定厚度的工具。刨刀与放置工件的工作台面之间的距离是可调的(工件的上表面被刨削)。

4.4.9

木钻 wood drill

用于在原木或大型木结构件上钻大孔、深孔的工具。

4.4.10

木铣 routor

装有旋转刀具和底座、能对木材和类似材料进行铣槽切入操作或边缘成形作业的工具。

4.4.11

单轴立式木铣 single spindle vertical moulder

用从工作台伸出的立式旋转刀锯，对木材和类似材料进行成形加工或开榫的工具。工作台支承工件并将工件定位，而工件则用手朝着刀轴进给。刀轴的电动机和传动部件放置在工作台面的下方。刀轴或工作台设计成可调的。

4.4.12

修边机 edge trimmers

装有旋转刀具和底座、能对木板和类似材料的边缘进行修整的工具。

4.4.13

开槽机 groover;jointer

装有盘形刀具用于切割窄缝、沟槽或开榫的工具。

4.4.14

钉钉机 racker

将接合件(如销钉、钉子、U 型钉等)钉入木材或类似材料中的工具。

4.4.15

木工刃磨机 tool-grinding machine

各种木工刃具刃磨用的可移式砂轮机。

4.5 农牧工具

4.5.1

剪毛机 wool shear

剪羊、牛、马等牲畜毛的工具。

4.5.2

修蹄机 hoof renovation tool

用于马、骡等牲畜挂掌时修蹄的工具。

4.5.3

采茶剪 tea leaflet cutter

条栽茶园中采剪鲜叶的工具。

4.5.4

粮食扦样机 grain sampler

从深层粮堆底部及各层抽取样品的工具。

4.6 园林工具

4.6.1

草剪 grass shear

用于草皮修整的以动、定刀片相对运动进行剪切的工具。

4.6.1.1

剪刀型草剪 scissors type grass shears

至少由两片刀条组成，其中至少由一片沿直线或曲线作往复运动的剪草工具。

4.6.2

截枝机 branch cutter

用于树木截枝的工具。

4.6.3

修枝剪 hedge trimmer

灌木及树篱修剪用的工具。

4.6.4

草坪修剪机 lawn trimmer

由操作者设定切割装置的工作平面和切割高度的割草工具，可辅以滚轮或导轨等。

4.6.4.1

草坪修边机 lawn edger

通常在垂直平面切割草坪和泥土的工具。

4.6.4.2

草坪边缘修边机 lawn edge trimmer

通常在垂直平面上修剪草坪边缘的割草工具。

4.6.5

草坪松砂机 lawn aerator

用以割开草坪表面的工具。此工具利用地面确定割切深度。

4.6.6

草坪松土机　lawn scarifier

草坪耙　lawn rake

铲挖装置垂直铲入草坪或地面，或者轻轻刮去表面，同时还梳理草坪的工具。此工具利用地面为基准确定铲挖深度。

4.6.7

［草坪］割草机　［lawn］mower

其切割装置在近似平行于地面的平面内旋转，利用滚轮、气垫或导轨等对地面的高度来设定其切割高度，采用电动机作为动力源的割草工具。

4.6.7.1

遮覆式割草机　mulching mower

在切割装置外罩上没有排料口的转盘式割草机。

4.6.7.2

步行控制的割草机　pedestrian controlled mower

通常由操作者在其后面步行控制，需人力推动或者自动推进的割草机。

4.6.7.3

转盘式割草机　rotary mower

其内装的切割装置作冲击切割、绕垂直于地面的轴旋转的割草机。

4.6.7.4

镰刀杆式割草机　sickle bar mower

使用动力源往复驱动刀片或刀片组形成静刀杆与动刀片间剪切动作的割草机。

4.6.7.5

滚筒式割草机　cylinder mower

具有一个或多个绕水平轴线旋转的，切割装置以固定式刀杆或刀具作剪切动作的割草机。

4.6.7.6

连枷式割草机　flail mower

一种复合型割草机。它具有绕平行于切割平面的轴线自由回转的切割单元，并以冲击方式进行切割。

4.6.7.7

悬浮式割草机　hover mower

以气垫代替滚轮作为地面支承的割草机。

4.6.8

手持式园艺用吹屑机　hand held garden blower

用手握持，可能辅以背带等，用于吹掉碎屑的工具（以下简称吹屑机）。

4.6.9

手持式园艺用吹吸两用机　hand held garden blower/vacuum

用手握持，可能辅以背带等，可以实现园艺吹屑或园艺吸屑作业中的将碎屑收集进集屑器的工具。

注：在真空吸屑状态，工具还可以有切碎物料的装置。

4.6.10

手持式园艺用吸屑机　hand held garden vacuum

用手握持，可能辅以背带等，将碎屑收集进集屑器的工具。

注：工具还可以有切碎物料的装置。

4.7 建筑、道路工具

4.7.1

电锤 rotary hammer

锤钻 hammer drill; rotary hammer with "drill only mode"

具有内装的冲击机构,进行冲击带旋转作业的锤类工具。可通过调节机构实现仅旋转或仅冲击的作业。

4.7.2

电镐 percussion hammer

仅有内装的冲击机构且轴向力不受操作者控制的冲击作业的锤类工具。

4.7.2.1

枕木电镐 vibrate crosstie tamper

用于铁路修筑和保养时捣实轨枕的道渣填充缝隙的工具。

4.7.3

冲击电钻 impact drill

设计用于在混凝土、砖石及类似材料上钻孔的工具。它的外形结构与电钻相似,但有一个装在内部的冲击机构,在轴向外力的作用下使旋转输出主轴产生轴向冲击运动。它可以有一个使冲击机构不动作的附属装置,以作普通电钻使用。

4.7.4

混凝土振动器 concrete vibrator

通过振动使浇注混凝土密实的工具。

4.7.4.1

插入式混凝土振动器 inserted concrete vibrator

用于插入混凝土中捣实的工具。混凝土振动器的激振部件(振动棒)以低幅振动且插入混凝土混合物中进行工作。混凝土振动器可以设计成下列中的一种:

——电动机和振动机构均设置在振动棒内,装有电源开关的部分,则通过一根装有联接导线的长软管与振动棒联接。

——电动机和振动机构均设置在振动棒内,而装有电源开关部分的手柄,通过一根短的硬管固定在振动棒上,所有这些零件组成一个结构单元。

——仅是振动机构设在振动棒内,而由电动机和装有电源开关的部分构成的分离式便携单元,通过一根内装软轴的长软管与振动棒联接。

4.7.4.2

附着式混凝土振动器 clinging concrete vibrator

用于附着在混凝土面上振实、平整的工具,作业时工具底部为一平板与混凝土的表面贴合,将激振力传递给混凝土混合物。

4.7.5

带水源的金刚石钻 diamond drill with water source

附有支架及供水装置,用在混凝土构件上钻大直径孔的工具。

4.7.6

石材切割机 marble cutter

锯割大理石及类似材料用的工具。

4.7.7

带水源的金刚石锯 diamond saw with water source

用以对混凝土、石材或类似材料进行锯割和铣槽的带水源工具。它有一个固定导轨导向的活动锯割工作头。

4.7.8

铲刮机　scaling scraper

铲除钢窗油灰及锈蚀用的工具。

4.7.9

砖墙开槽机　wall chaser

砖墙表面铣沟槽用的电动工具。

4.7.10

混凝土开槽机　concrete channel cutter

用于混凝土墙面、地面开槽的工具。

4.7.11

湿式磨光机　wet grinder

装有淋水机构的，用于混凝土、石料及类似材料表面磨光的工具。

4.7.12

夯实机　rammer

用于土、三合土及类似物夯实的工具。

4.7.13

弯管机　pipe bender

将金属管弯成一定弧度的工具。

4.7.14

钢筋切断机　rebar cutter

剪切钢筋用的工具。

4.8　矿山工具

4.8.1

凿岩机　rock drill

具有能产生较大冲击能量的锤击机构和连续或间隙转动的转钎机构，用于石方施工中钻凿炮眼的工具。

4.8.2

岩石钻　rock rotary drill

具有旋转切削机构和自动进给机构的，用于中硬及软岩钻炮眼的工具。

4.8.3

煤钻　coal drill

煤层中回采及掘进时钻炮眼用的矿用隔爆型工具。

4.9　其他工具

4.9.1

捆扎机　strapping tool

用于钳住箱子捆扎带的工具。

4.9.2

喷枪　spray gun

把各种低粘度的液体喷射成雾状的工具。

4.9.3

卷花机　picker

清除纺机的皮辊、锭脚及其他机件表面飞花用的工具。

4.9.4

除锈机　rust remover

用于钢铁构件表面除锈的工具。

4.9.5

石膏电锯　plaster-bandage saw

由往复摆动的锯片进行切割，用于拆除石膏绷带的工具。

4.9.6

石膏电剪　plaster-bandage shear

由剪状刀头的开合进行切割，用于拆除石膏绷带的工具。

4.9.7

胸骨锯　chest bone saw

外科手术中用来锯断肋骨的工具。

4.9.8

骨钻　bone drill

用于外科手术中在骨骼上钻孔的工具。

4.9.9

牙钻　dental drill

用于口腔科手术中修补龋齿的工具。

4.9.10

雕刻机　carving tool

用于工艺美术中雕刻的工具。

4.9.11

裁布机　fabric cutter

用于裁剪棉、毛、麻，人造纤维等织物的工具。

4.9.12

地毯剪　carpet shear

地毯剪绒用的工具。

4.9.13

塑料电焊枪　plastic welder

用于焊接热塑性塑料的工具。

4.9.14

管道疏通机　drain cleaner

用于清除阻塞管道杂物的工具。

4.9.15

高压清洗机　high pressure cleaner

用电动柱塞泵产生高压液体的清洗工具。

4.9.16

热风枪　heat gun

用于贴片件粘拆，焊接热塑性材料的工具。

5 结构与安全

5.1 结构

5.1.1

Ⅱ类结构 class Ⅱ construction

指工具中依靠双重绝缘或加强绝缘作电击保护的部分。

5.1.2

Ⅲ类结构 class Ⅲ construction

指工具中依靠安全特低电压作防电击保护的部分，并且该部分不产生高于安全特低电压的电压。

5.1.3

可拆卸的零件 detachable part

不需借助于工具即可拆除或打开的零件，或按使用说明书规定要拆除的零件（即使需要使用工具）。

注：“工具”一词均指手动工具，例如可用来拧动螺钉或其他紧固件的螺钉旋具。

5.1.4

不可拆卸的零件 non detachable part

只有用工具才能拆卸的零件。

5.1.5

易触及零件或易触及表面 accessible part or accessible surface

用标准试验指能触及的零件，对易触及金属零件而言，还包括与之连接的所有金属零件。

5.1.6

可拆卸的软电缆或软线 detachable flexible cable or cord

通过合适的工具连接器与工具连接，作为工具连接电源用的软电缆或软线。

5.1.7

不可拆线软电缆或软线 non detachable flexible cable or cord

固定安装在工具上，作为工具连接电源用的软电缆或软线。

5.1.8

外壳 enclosure

用以支承、连接电动机、传动机构、开关、手柄及附属装置，使之成为一个完整的工具实体的最外层结构件。

5.1.9

手柄 handle

正常使用时操作者手所握持的部分。

5.1.10

内接线 internal wiring

连接电动机、开关等工具内部电路并包封在外壳内的导线。

5.1.11

互联导线 interconnection cord

作为工具整体的一部分提供的，而非用于连接到电源的外接软线。

注：遥控手持开关器件、工具两个部分之间的外部互联以及用一软线将一个附件连接到工具或连接到一个分离的信号电路均是互联软线的示例。

5.1.12

保护阻抗 protective impedance

接在带电零件与易触及导电零件之间的阻抗，其所具有的阻抗值使工具电流限制在安全值以下。

5.1.13

电源电路　power circuit

包含发电动机、变压器、配电线路或用电设备的电路。

5.1.14

控制电路　control circuit

用于控制工具的辅助电路。

5.1.15

电子电路　electronic circuit

至少含有一个电子元件的电路。

5.1.16

工作头　working head

作业工具与夹持机构的总称(如钻夹头与钻头、传动四方与套筒,砂轮片与法兰盘的组合等)。

5.1.17

作业工具　tool

直接对工件进行加工作业的可更换的工具。如电钻的钻头、电扳手的套筒、电链锯的锯链、电磨的砂轮等。

5.1.18

夹持机构　fixture

夹持、固定作业工具的机构。

5.2

工程塑料　engineering plastics

指可以作为结构材料,能在较宽的温度范围内,在承受机械应力和较为苛刻的化学物理环境中使用的塑料。

5.3

内应力　internal stress

无外力存在下,因加工、温度变化、溶剂作用等而在制品内部形成的应力。

5.4

应力开裂　stress cracks

由低于塑料短时机械强度的各种应力引起的塑料内部或外部开裂。

5.5

轴绝缘　axes insulation

在电动机转子轴与转子冲片间设置的绝缘。

5.6

接轴绝缘　connect axes insulation

联结电动机转子轴铁芯段与输出段的绝缘。

5.7

传动件绝缘　transmission part insulation

置于工具的传动元件上的绝缘(如全塑料或半塑料齿轮、绝缘转子轴等)。

5.8

附件　accessory

只附装在工具输出机构上的装置。

5.9

配件 attachment

附装在工具外壳或其他组件上的装置，它可装在或不装在输出机构上，且不改变本标准范围的工具的正常使用。

5.10 安全

5.10.1

正常使用 normal use

设计规定的，符合制造商说明的工具使用。

5.10.2

X型联接 type X attachment

一种易于更换电源线的电源联接方式。

5.10.3

Y型联接 type Y attachment

一种只能由制造商或其代理商或相类似的专业人员更换电源线的电源联接方式。

5.10.4

Z型联接 type Z attachment

一种不破坏工具就无法更换电源线的电源联接方式。

5.10.5

带电部分 live part

正常使用时带电的任何导线或导电零件，包括中性线，但习惯上不包括保护接地导线(PEN)。

5.10.6

全极断开 all-pole disconnection

由单一触发动作断开除保护接地导线以外的所有电源导线。

5.10.7

基本绝缘 basic insulation

用于对带电部分提供电击基本保护的绝缘，但不包括功能用途的绝缘。

5.10.8

附加绝缘 supplementary insulation

为了在基本绝缘一旦失效时，防止电击而在基本绝缘之外设置的独立绝缘。

5.10.9

双重绝缘 double insulation

由基本绝缘和附加绝缘两者组成的绝缘系统。

5.10.10

加强绝缘 reinforced insulation

提供防止电击的保护程度与双重绝缘相当的绝缘。

注：加强绝缘的例子是不能仅当作基本绝缘或附加绝缘进行试验的单层或多层物质。

5.10.11

爬电距离 creepage distance

两个导电零件之间，或一个导电零件与机壳之间，沿绝缘材料表面量得的最短路径长度。

5.10.12

电气间隙 clearance

两个导电零件之间，或一个导电零件与机壳外表面之间的最短距离，考虑在绝缘材料易触及表面上紧贴着一层金属箔，穿越空气量得的最短距离。

5.10.13

绝缘穿通距离　distance through insulation

工具中用附加绝缘或加强绝缘隔离的两金属零件之间的最小直线距离。

5.10.14

特低电压　extra-low voltage

由工具内部的电源供电的电压，并且当工具以额定电压供电时，该电压在导体之间以及导体与地之间的各处均不大于50 V。

5.10.15

安全特低电压　safety extra-low voltage;SELV

导线之间以及导线与地之间不超过42 V的电压，其空载电压不超过50 V。当安全特低电压从电网获得时，应通过一个安全隔离变压器或一个带分离绕组的变换器，此时安全隔离变压器和变换器的绝缘应符合双重绝缘或加强绝压的要求。

5.10.16

安全隔离变压器　safety isolating transformer

供给工具、其他设备及配电电路安全特低电压的变压器。它的输入绕组和输出绕组至少由相当于双重绝缘或加强绝缘的绝缘在电气上加以隔离。

5.10.17

接地装置　provision for earthing

工具内供连接及固定接地芯线的装置。

5.11　附件

5.11.1

控温器　thermostat

动作温度可固定或可调的温度敏感装置，在正常工作期间，通过自动接通或断开电路让被控件的温度保持在某限值之间。

5.11.2

限温器　temperature limiter

动作温度可固定或可调的温度敏感装置，在正常工作期间，当被控零件的温度达到预先确定值时，以断开或接通电路的方式来工作。在工具的正常工作循环期间，它不会造成相反操作。

5.11.3

热断路器　thermal cut-out

在不正常工作期间，通过自动切断电路或减小电流来限制被控件温度的装置，其结构使用户不能改变其整定值。

5.11.4

自复位热断路器　self-resetting thermal cut-out

工具的有关部分冷却到规定值，能自动恢复电流的热断路器。

5.11.5

非自复位热断路器　non-self-resetting thermal cut-out

要求手动复位或更换零件来恢复电流的热断路器。

5.11.6

保护装置　protective device

在不正常工作条件下其动作能防止一种危险状态的装置。

5.11.7

无线电和电视干扰抑制器　radio and television interference suppressor

用于抑制工具对无线电和电视干扰的元件的组合。

5.11.8

热熔丝　thermal link

只能一次性工作,事后要求部分或全部更换的热断路器。

5.11.9

控制器件　control device

用手动操作来控制工具功能的器件,例如按钮开关、选择开关等。

5.11.10

剩余电流动作保护器　residual current operated protector

当工具在使用时发生危及操作者安全的漏电流时,自动切断电源的装置。

5.11.11

防护器件　protective component

在正常使用时防止造成对人体可能的机械伤害的器件。如保护罩、保护环及类似的物件。

6　电磁兼容性测量和试验

6.1

电磁兼容性　electromagnetic compatibility

器具或系统在其电磁环境中能正常工作且不对该环境中任何事物构成不能承受的电磁骚扰的能力。

6.1.1

电磁骚扰　electromagnetic disturbance

任何可能引起装置、设备或系统性能降低或对有生命或无生命物质产生损害作用的电磁现象。

6.1.1.1

连续骚扰　continuous disturbance

对一个特定设备的效应不能分解为一串清晰可辨的效应的电磁骚扰。

6.1.1.2

断续骚扰　discontinuous disturbance

对于可计咯呖声而言,在测量接收机中频输出端出现的持续时间小于 200 ms 的骚扰,它使工作在准峰值检波方式的测量接收机表头产生短暂的偏转。

6.1.2

电磁干扰　electromagnetic interference

电磁骚扰引起的器具、传输通道或系统性能的下降。

6.2

(电磁)发射　(electromagnetic) emission

从源向外发出的电磁能的现象。

6.2.1

(发射)限值　(emission) limit

产品标准规定的装置、器具或系统的导线或端子与规定接地基准之间的射频骚扰电压。

6.2.2

端子电压限值　terminal voltage limit

产品标准规定的在装置、器具或系统导线或端子与规定接地基准之间频率范围为 148.5 kHz～

30 MHz的最大允许的骚扰电压值。

6.2.3

骚扰功率限值　disturbance power limit

产品标准规定的在装置、器具或系统通过电源线发射，用吸收钳测量法测得的频率范围为30 MHz～300 MHz的最大允许骚扰功率值，用 dB(μp)表示。

6.2.4

谐波电流限值　harmonic current limits

标准规定的装置、器具或系统注入到公用低压供电系统中的电流周期参量波形中的 2 次～40 次谐波分量的最大允许值。以 A，或基波下输入电流百分数表示。

6.2.5

电压波动和闪烁限值　limitation of voltage fluctuations and flicker

标准规定的装置、器具或系统接入公用低压供电系统时引起的一连串的电压变化或电压有效值的连续改变和产生亮度或频谱分布随时间变化的光刺激所引起的不稳定的视觉效果的限制。

电压波动用最大电压变化值 d_{max}，稳定电压变化值 d_c 和电压变化特征值 d_t 等三个参数评估。闪烁有短期闪烁值 P_{st}，长期闪烁值 P_{lt}。

6.3

抗扰度电平　immunity

用规定的方法在装置、器具或系统注入的不会出现性能降低的最大骚扰电平。

6.3.1

抗扰度限值　immunity limit

标准规定的最小抗扰度电平。

6.4

端子电压测量法　terminal voltage measurement method

用测量接收机测定受试试品的电源线相线或中线与规定接地基准之间的骚扰电压值方法。

6.4.1

测量接收机　measuring receiver

具有不同的检波器，用于骚扰测量的接收机。

6.4.2

加权(准峰值)检波　weighting (quasi-peak) detection

按照加权特性，将脉冲的峰值检波电压转换成与脉冲重复率相关的一种指标，以对应于脉冲骚扰造成的生理和心理上(视觉或听觉)的影响；或者说它给出一种特定的方法来评价发射电平或抗扰度电平。

6.4.3

人工电源网络　artificial mains network；AMN

串接在装置、器具或系统电源线上的网络，在给定的频率范围内，它为骚扰电压的测量提供规定的负载阻抗，并使被测量的装置、器具或系统与电源相互隔离。

6.4.4

人工模拟手　artificial stimulant hand

为模拟测量骚扰电压过程中使用者手引起的阻抗影响而设置的握持的装置。它由电容值为 220(1±20％)pF 的电容器与电阻值为 510(1±10％)Ω 的电阻器串联组成。

6.4.5

接地基准　ground reference

对装置、器具或系统周围物体构成确定的寄生电容并用作参考电位的连接体。

6.5

吸收钳测量法　absorbing clamp measurement method

用吸收钳装置测量受试试品骚扰功率的测量方法是将受试试品的引线嵌入吸收钳。由吸收钳的转换系数将骚扰功率转换成电压的方法。

6.5.1

吸收钳　absorbing clamp

能装着器具或类似装置的电源线移动的测量装置，用来获取器具或类似装置频率 30 MHz～1 000 MHz最大辐射功率。

6.6

谐波测量法　harmonic measurement method

用谐波测量仪直接从受试试品的周期电流波形中测定 2 次～40 次谐波分量的方法。

6.6.1

谐波(分量)　harmonic (component)

一个周期量的傅立叶级数的一次分量。

6.7

电压波动和闪烁测量方法　voltage fluctuation and flicker measurement method

用电压波动和闪烁测量仪测量连接在低压供电系统中的受试试品在起动、运行过程中造成电网电压幅值的跌落和电压幅度的变化频率的方法。

6.7.1

电压波动　voltage fluctuation

以每个相连的电源电压过零点间的半周期上的有效值电压作为单一值评定的有效值电压的一系列变化。

6.7.1.1

有效值电压波形　r. m. s. voltage shape

$U(t)$

以每个相连的基波电压过零点间的半周期上有效值电压作为单一值评定的有效值电压对时间的函数。

6.7.1.2

电压变化特性　voltage change characteristic

$\Delta U(t)$

在电压处于稳态至少 1 s 的时间间隔内，以每个相连的电源电压过零点间的半周期上有效值电压变化作为单一值评定的有效值电压变化对时间的函数。

6.7.1.3

最大电压变化特性　maximum voltage change characteristic

ΔU_{max}

电压变化特性的最大有效值与最小有效值之差。

6.7.1.4

稳态电压变化　stead-state voltage change

ΔU_c

被至少一个电压变化特性隔开的两个相邻稳态电压之间的电压差。

6.8

闪烁　flicker

亮度或频谱分布随时间变化的光刺激所引起的不稳定的视觉效果。

6.8.1

短期闪烁指示值　short-term flicker indicator

P_{st}

评定短时间(几分钟)闪烁的严酷程度；$P_{st}=1$ 表示敏感性常规阈值。

6.8.2

长期闪烁指示值　long-term flicker indicator

P_{lt}

用连续的 P_{lt} 值评定长时间(几个小时)内闪烁的严酷程度。

6.8.3

闪烁计　flicker meter

用来测量闪烁量值的仪器。

注：一般测量 P_{st} 和 P_{lt}。[IEV 161-08-14]

6.8.4

准峰值检波器　quasi-peak detector

具有规定的电气时间常数的检波器，当施加规则的重复等幅脉冲时，其检出电压是脉冲峰值的分数，并且此分数随脉冲重复率增加趋向于1。

6.8.5

平均值检波器　average detector

输出电压为所加信号包络平均值的检波器。

6.8.6

峰值检波器　peak detector

输出电压为施加信号峰值的检波器。

7　试验和维护

7.1

冲击能量　impact energy

冲击类工具在规定条件下，冲击体达到工作位置时所具有的能量。

7.2

耐久试验　endurance test

在规定条件下对工具进行的，包括在一定时间内为达到一定的目的所采取的特定操作的一种试验。

7.2.1

超速试验　over speed test

检验工具在电动机超过规定转速一定值时的运行状态而进行的试验。

7.2.2

过转矩试验　over torque test

检验工具在电动机超过额定转矩一定值时运行状态而进行的试验。

7.2.3

冲击强度试验　impact strength test

用规定的冲击试验器对工具外壳的薄弱之处进行试验，以检验工具外壳机械强度的试验。

7.2.3.1

撞击试验　impact test

按规定条件将工具向刚性壁面撞击，以检验工具耐粗率操作的机械强度的试验。

7.2.4

软电缆或软线的拉扭试验　flexible cable or cord pull and torsion test

对固定安装在工具上的不可拆卸的软电缆或软线进行提拉、扭转以检验软电缆或软线连接可靠性的试验。

7.2.5

软电缆或软线及护套弯曲试验　flexible cable or cord and guard bending test

对固定安装在工具上的不可拆卸的软电缆或软线及其护套进行弯曲，以检验抗弯曲性能的试验。

7.2.6

球压试验　ball-pressure test

按标准规定的条件，用一定质量的球压试验器在一定的温度、一定的时间下压入非金属、非陶瓷材料的表面来检验工具结构材料耐热性的试验。

7.3

例行维修　routing servicing

要求工具按说明手册指导拆卸的，并由授权维修中心来完成的定期维修。

7.4

用户保养　user maintenance

工具制造商规定的由用户来完成的各种保养工作，其内容写入使用说明书或标记在工具上。

中 文 索 引

E

F

G

H

J

K

L

Y

Z

英 文 索 引

A

B

C

F

G

H

I

O

P

Q

R

S

T

U

V

W

ICS 83.080.20
G 32

中华人民共和国国家标准

GB/T 2916—2007
代替 GB/T 2916—1997

塑料 氯乙烯均聚和共聚树脂用空气喷射筛装置的筛分析

Plastic—Vinyl chloride homopolymer and copolymer resins—Sieve analysis using air－jet sieve apparatus

（ISO 4610:2001,MOD）

2007-08-13 发布 2008-02-01 实施

中华人民共和国国家质量监督检验检疫总局
中国国家标准化管理委员会 发布

前　言

本标准修改采用 ISO 4610:2001《塑料　氯乙烯均聚和共聚树脂　用空气喷射筛装置的筛分析》（英文版）(2006 年 9 月 22 日确认)。

本标准根据 ISO 4610:2001 重新起草，与其主要技术性差异如下：

——增加了抗静电剂的粒度要求（本标准第 5 章）；

——增加了平行测定及相关的偏差要求（本标准第 8 章）；

——删除了“精密度”一章（ISO 4610:2001 中第 9 章）。

为便于使用，本标准作了下列编辑性修改：

a)　“本国际标准”一词改为“本标准”；

b)　用小数点“.”代替作为小数点的逗号“,”；

c)　删除了国际标准的前言。

本标准代替 GB/T 2916—1997《塑料　氯乙烯均聚和共聚树脂　用空气喷射筛装置的筛分析》。

本标准与 GB/T 2916—1997 相比主要变化如下：

——增加了“取样”一章，且在此具体给出了细颗粒树脂的粒径范围（本版第 4 章）；

——删除了“试样”一章（1997 年版第 4 章）；

——增加了“试料制备”一章（本版第 5 章）；

——增加了关于筛余物较少时有必要延长筛分时间等要求（本版第 7 章）；

——试验报告中增加了五项要求（1997 年版第 8 章；本版第 9 章）；

——抗静电剂的加入量由原质量分数的 0.1%增加至 0.5%（1997 年版第 4 章；本版第 5 章）；

——删除了进行粒度分布试验时可延长过筛时间的要求（1997 年版中 6.3）。

本标准由中国石油和化学工业协会提出。

本标准由全国塑料标准化技术委员会聚氯乙烯树脂产品分会（SAC/TC 15/SC 7）归口。

本标准起草单位：锦西化工研究院、湖北宜化集团有限责任公司。

本标准主要起草人：陈沛云、孙丽娟、郝晶、姚彩丽、齐玉林。

本标准于 1982 年首次发布，1997 年第 1 次修订。

请注意本标准的某些内容有可能涉及专利，本标准的发布机构不应承担识别这些专利的责任。

塑料 氯乙烯均聚和共聚树脂用空气喷射筛装置的筛分析

1 范围

本标准规定了由“悬浮”、“本体”和“乳液”聚合工艺生产的易于流动的氯乙烯均聚和共聚树脂的筛余物和粒径分布的测定方法，控制这些特性有助于确保供料与预测的加工性能一致。

2 规范性引用文件

下列文件中的条款通过本标准的引用而成为本标准的条款。凡是注日期的引用文件，其随后所有的修改单(不包括勘误的内容)或修订版均不适用于本标准，然而，鼓励根据本标准达成协议的各方研究是否可使用这些文件的最新版本。凡是不注日期的引用文件，其最新版本适用于本标准。

GB/T 6005 试验筛 金属丝编织网、穿孔板和电成型薄板筛孔的基本尺寸(GB/T 6005—1997，eqv ISO 565:1990)

3 术语和定义

下列术语和定义适用于本标准。

3.1

筛余物 sieve retention

试验后剩余在筛子上的树脂，以质量分数表示。

4 取样

从交付的有代表性的树脂样品中，取出足够用来测定树脂粒径分布的样品。

通常每次筛分应使用 25 g。对于(80～100)μm 之间的细颗粒树脂应用本标准时，宜使用少量的树脂，如 10 g。

5 试料制备

除另有规定，收到的样品即为分析用试样(即所交付的)。

如果样品在收到当日不分析，应将其保存在室温环境下的密闭容器中。

为防止由于树脂所带静电引起筛分困难，可在树脂中加入抗静电剂，如质量分数为 0.5% 的粒径大于筛子孔径的 γ-氧化铝。除另有规定，抗静电剂应在开始分析时加入到树脂中。

6 仪器

6.1 筛子，圆型，筛面直径 200 mm。每只筛子的边框和筛网由金属制成。筛网按 GB/T 6005 的规定。应根据所测树脂的要求和粒径分布选择筛子孔径。

注：清洗筛子的合适方法是使用含有水和清洗剂的超声波清洗装置。

6.2 空气喷射筛(见图 1)，由一个容纳筛子(6.1)的箱子组成，在其底部有一个用于吸气的出口及一个空气进口。箱子用一个最好是透明的盖子盖着。

空气进口装有一旋转喷射器，该喷射器是由紧靠筛网之下的径向排列的狭缝型喷嘴构成，当它旋转时，喷出来的空气连续不断通过筛子，使颗粒保持悬浮。

抽出的空气把细颗粒带出筛子。通过真空装置上的可调孔口，调节在出口处测得的工作压力，即可控制空气的流量。

注：只要能够证明获得相同的结果，也可以采用不同于图1给出的仪器结构。

6.3 计时器(如秒表)，可指示分和秒。如果需要可以在其上安装一个筛分仪电机的切断开关。

6.4 天平，准确至0.1 g。

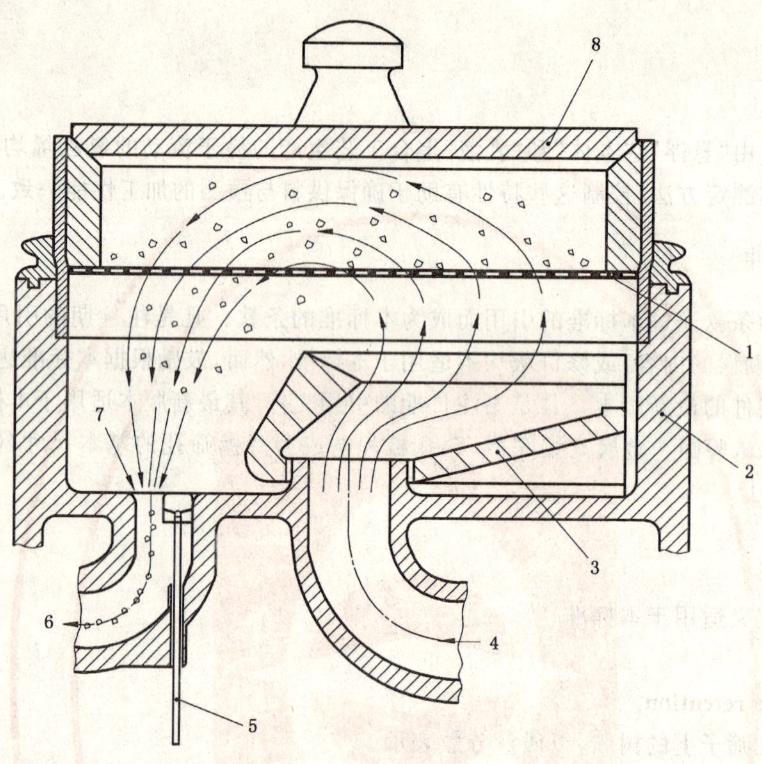

1——筛子；
2——箱子；
3——旋转喷射器；
4——空气入口；
5——压力表；
6——抽真空；
7——可调孔口；
8——盖子(最好为透明)。

图1 空气喷射筛

7 步骤

将筛子(6.1)牢固地安装在筛分仪上(6.2)。

称量用于筛分的试料，精确至0.1 g，转移到筛子上，并用盖子盖上空气喷射筛。

调节空气流量使真空度为2.5 kPa(例如通过真空装置上的可调孔口，见6.2)。

开动空气喷射筛的电机和真空装置，每个筛分试验进行4 min±15 s。

如果在筛分过程中，在盖上有可见附着物，应中断筛分并将附着物刷到筛子上。

当筛上的筛余物较少时(例如小于5%)，本方法正确度和精密度不佳，在这种情况下，有必要延长筛分时间(至10 min甚至15 min)。但是，以仲裁为目的(特别是用于命名)时，应采用筛分4 min±15 s的数据。

关闭电机后，称量筛子上的剩余物，精确至0.1 g(例如可通过称量筛子和筛余物，然后减去空筛质量)。

在相同条件下进行第二次测定。

如需要，用不同孔径的筛子，重复上述步骤。

8 结果的表述

按式(1)计算筛余物 R，以质量分数(%)表示：

$$R=(m_1/m_0)\times 100 \qquad \cdots\cdots(1)$$

式中：

m_0——用于分析的试料质量的数值，单位为克(g)；

m_1——筛上筛余物的质量的数值，单位为克(g)。

以两次测定值的算术平均值为结果，结果修约至小数点后一位小数。

同一试样连续两次的测定结果，当筛余物质量分数大于或等于5%时，其绝对值之差不大于1%；当筛余物质量分数小于5%时，其绝对值之差不大于0.5%。否则应重新测定，直至符合偏差要求。

9 试验报告

试验报告应包含以下信息：

a) 采用本标准；

b) 试验树脂的完整标识；

c) 用于分析的试料的质量；

d) 筛分时间，min；

e) 真空度，kPa；

f) 每个筛子上的筛余物；

g) 制备试料时所加抗静电剂的量和种类；

h) 试验日期。

ICS 55.180.20
A 85

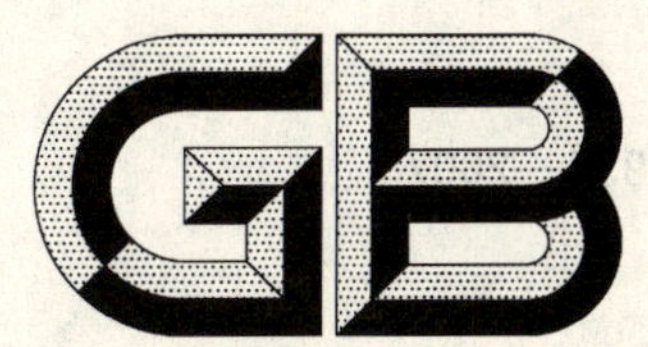

中华人民共和国国家标准

GB/T 2934—2007
代替 GB/T 2934—1996

联运通用平托盘　主要尺寸及公差

General-purpose flat pallets for through transit of goods—Principal dimensions and tolerances

(ISO 6780:2003,Flat pallets for intercontinental materials handling—Principal dimensions and tolerances,MOD)

2007-10-11 发布　　2008-03-01 实施

中华人民共和国国家质量监督检验检疫总局
中国国家标准化管理委员会　发布

前言

本标准修改采用 ISO 6780:2003《国际物料搬运平托盘　主要尺寸及公差》(英文版)，并结合我国平托盘生产和使用现状，对 GB/T 2934—1996《联运通用平托盘　主要尺寸及公差》进行的修订。

本标准与 GB/T 2934—1996 相比主要变化是：将托盘平面尺寸确定为两种。这两种托盘平面尺寸是从 ISO 6780:2003 六种托盘平面尺寸中选取，且保留了 GB/T 2934—1996 四种托盘平面尺寸中的一种。

本标准代替 GB/T 2934—1996。

本标准由全国物流标准化技术委员会提出并归口。

本标准起草单位：交通部科学研究院、中国物流与采购联合会托盘专业委员会、中盈物流科讯联盟有限公司、铁道部标准计量研究所、全国包装标准化技术委员会、无锡市前程木业包装有限公司、中国国际海运集装箱(集团)股份有限公司大连中集集装箱有限公司、深圳宝兴木器制品厂、中铁快运有限公司。

本标准主要起草人：熊才启、唐英、吴清一、李鹰、黄久久、张锦、王利、徐平、姚运通、杨橙双、智渝敏。

本标准所代替标准的历次版本发布情况为：

——GB 2934—1982、GB/T 2934—1996。

联运通用平托盘　主要尺寸及公差

1　范围

本标准规定了联运通用平托盘的平面尺寸及其公差、其他主要尺寸及公差。

本标准适用于公路、铁路和水路的联运通用平托盘。

2　规范性引用文件

下列文件中的条款通过本标准的引用而成为本标准的条款。凡是注日期的引用文件，其随后所有的修改单（不包括勘误的内容）或修订版均不适用于本标准，然而，鼓励根据本标准达成协议的各方研究是否可使用这些文件的最新版本。凡是不注日期的引用文件，其最新版本适用于本标准。

GB/T 3716—2000　托盘术语

GB/T 18354　物流术语

3　术语和定义

GB/T 3716—2000、GB/T 18354 确立的以及下列术语和定义适用于本标准。

3.1

托盘平面尺寸　pallet plan size

托盘长度和托盘宽度的公称平面外廓尺寸。

3.2

托盘长度　length

L

纵梁或纵梁板方向上的面板尺寸。

注 1：无纵梁或纵梁板的托盘长指较长的面板尺寸。

注 2：首先确定托盘的长度，再确定托盘的宽度。

[GB/T 3716—2000，定义 10.1.1]

3.3

托盘宽度　width

W

垂直于托盘长度方向的铺板尺寸。

[GB/T 3716—2000，定义 10.1.2]

3.4

端面　end

宽度方向的托盘垂直面。

3.5

侧面　side

长度方向的托盘垂直面。

3.6

四向进叉托盘　four-way pallet

允许叉车、托盘搬运车和托盘堆垛机的货叉从四个方向插入的托盘。

[GB/T 3716—2000，定义 3.4]

3.7

双向进叉托盘　two-way pallet

允许叉车、托盘搬运车和托盘堆垛机的货叉仅从两个相反方向插入的托盘。

[GB/T 3716—2000,定义 3.3]

3.8

局部四向进叉托盘 partial four-way pallet

允许叉车货叉四向插入而托盘搬运车和托盘堆垛机的货叉两向插入的托盘。

[GB/T 3716—2000,定义 3.5]

4 托盘平面尺寸及其公差

4.1 平面尺寸

托盘平面尺寸见表 1。

表 1 托盘平面尺寸

单位为毫米

1 200×1 000[a]	1 100×1 100
[a] 优先推荐尺寸。	

4.2 公差

4.1 中给出的平面尺寸的制造公差为$^{+3}_{-6}$mm。

5 托盘其他主要尺寸及公差

5.1 托盘叉孔的竖向尺寸

5.1.1 托盘搬运车用托盘

顶铺板之下托盘搬运车货叉插入的叉孔高度 H_1 应不小于表 2 中的数值,从叉孔顶面到托盘底面的距离 H_2 应不大于 156 mm,如图 1 所示。图 1 表示了部分托盘样式的叉孔竖向尺寸。

表 2 托盘搬运车用托盘叉孔高度

单位为毫米

托盘	叉孔高度的最小值
高托盘	100
一般托盘	95
低托盘	89

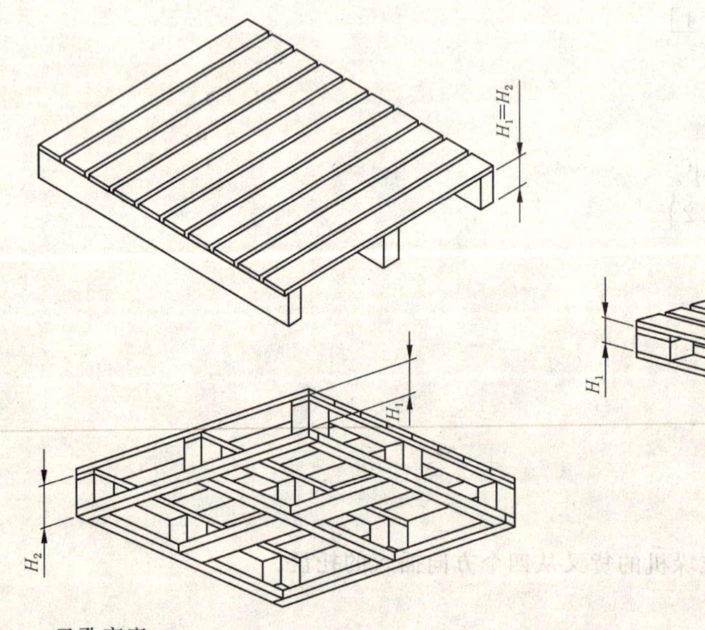

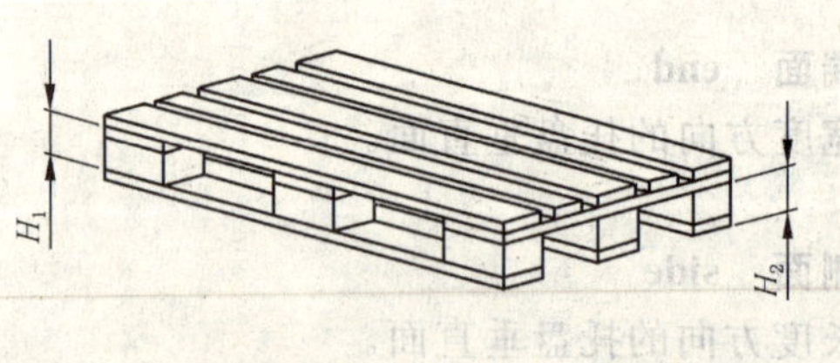

H_1——叉孔高度;

H_2——托盘叉孔顶面到托盘底面的距离。

图 1 双向及四向进叉托盘叉孔竖向尺寸

5.1.2　叉车用托盘

叉车货叉插入的叉孔的竖向尺寸应不小于 60 mm。

5.1.3　其他类型的搬运、提升装置用托盘

其他类型的搬运、提升装置用托盘的竖向尺寸在 5.1.1 中给出，自动控制搬运、提升装置用托盘最小竖向尺寸为 100 mm。

5.2　托盘叉孔的水平尺寸

5.2.1　端面和侧面叉孔

托盘搬运车的双向进叉托盘和局部四向进叉托盘的端面叉孔以及四向进叉托盘的端面和侧面叉孔的水平尺寸见表 3、图 2。

表 3　端面和侧面叉孔的水平尺寸

单位为毫米

托盘公称尺寸（L 或 W）	叉孔	
	L_1 或 W_1 的最大值	L_2 或 W_2 的最小值
≥1 000	160	710

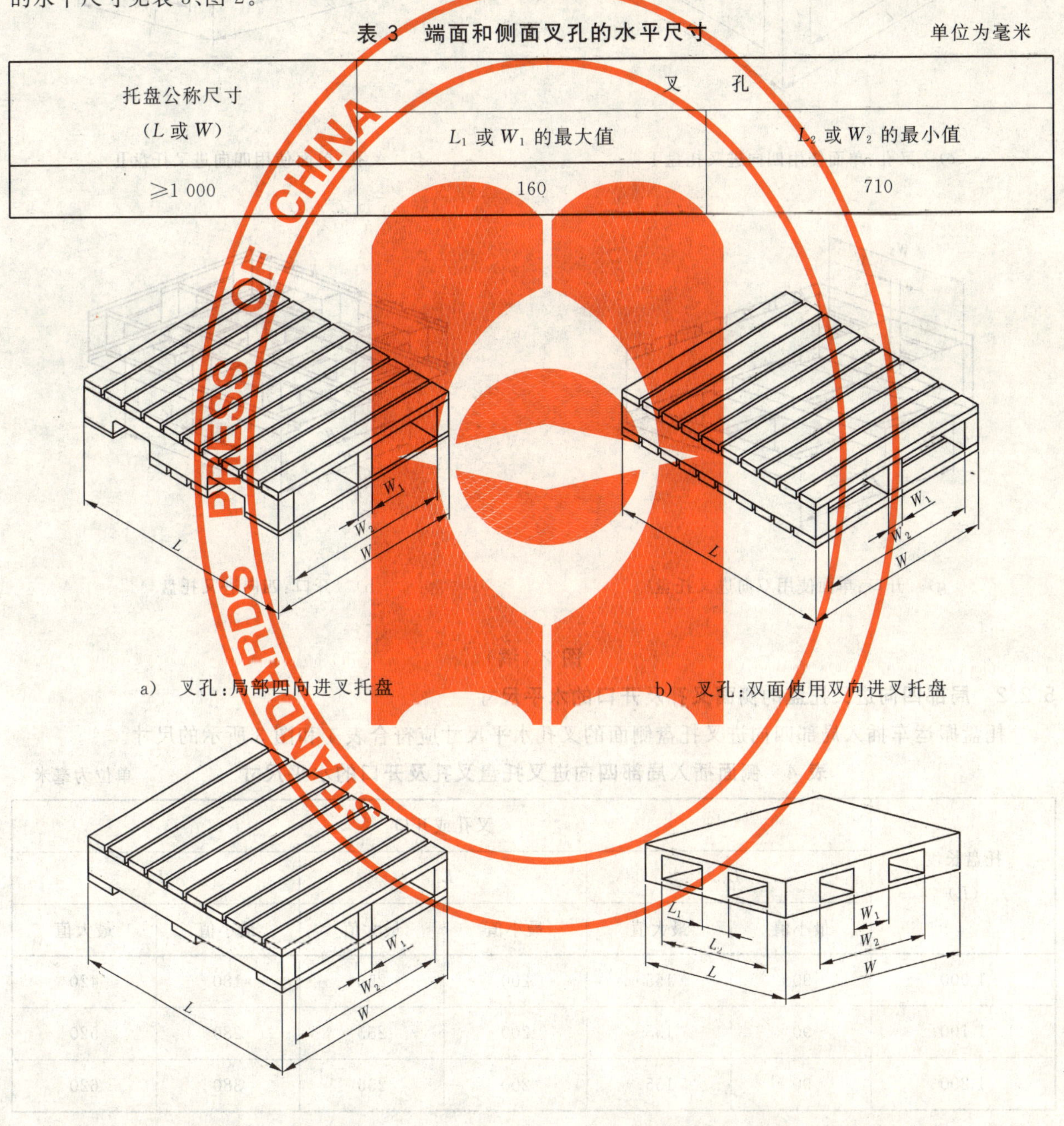

a)　叉孔：局部四向进叉托盘　　b)　叉孔：双面使用双向进叉托盘

c)　叉孔：单面使用双向进叉托盘　　d)　叉孔：双面使用四向进叉托盘

图 2　侧面或端面叉孔和底铺板开口的水平尺寸

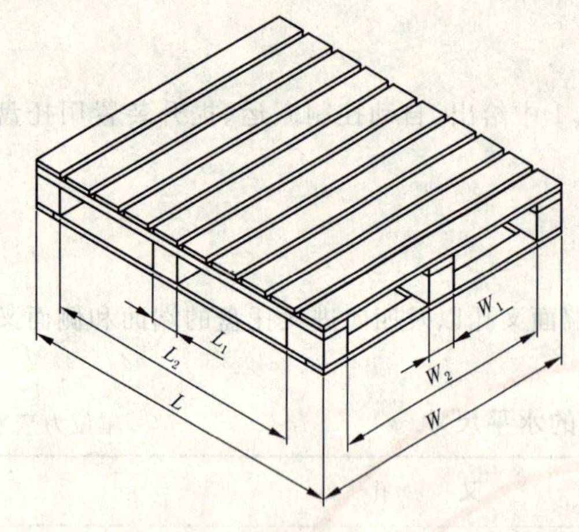

e) 叉孔:单面使用四向进叉托盘Ⅰ

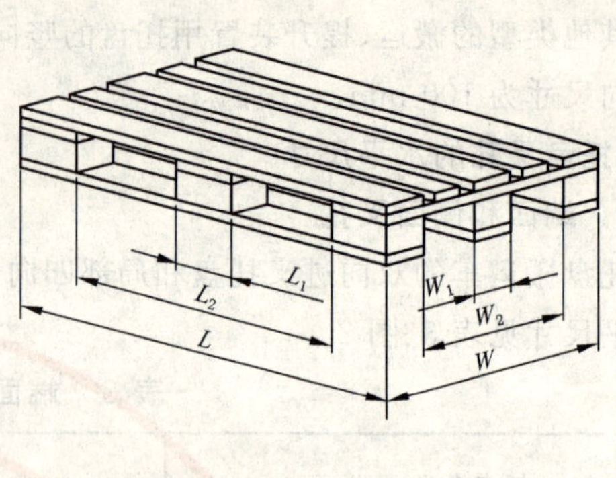

f) 叉孔:单面使用四向进叉托盘Ⅱ

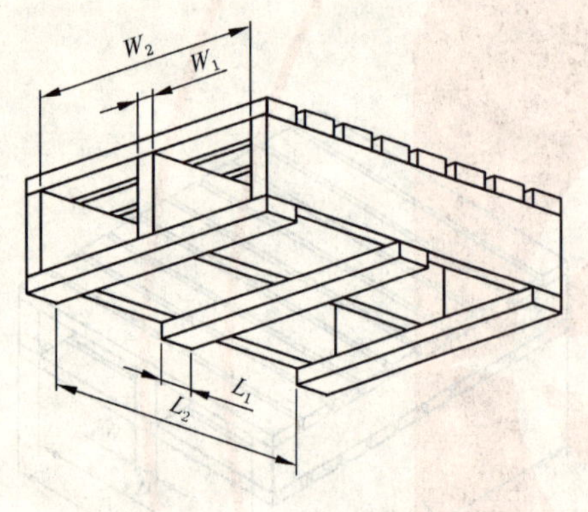

g) 开口:单面使用双向进叉托盘

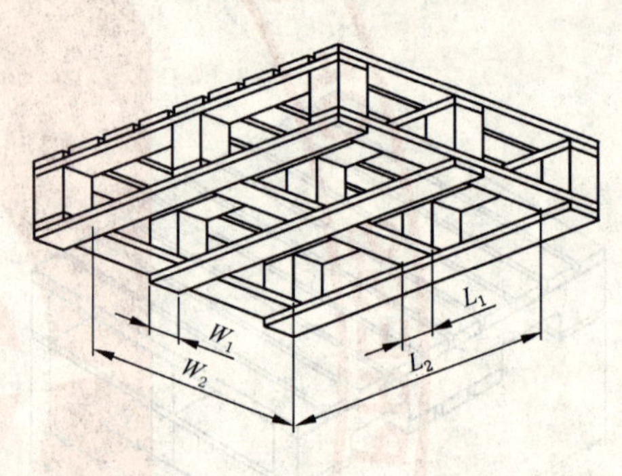

h) 开口:四向进叉托盘

图 2(续)

5.2.2 局部四向进叉托盘的侧面叉孔及开口的水平尺寸

托盘搬运车插入局部四向进叉托盘侧面的叉孔水平尺寸应符合表 4 和图 3 所示的尺寸。

表 4 侧面插入局部四向进叉托盘叉孔及开口的水平尺寸 单位为毫米

托盘长度(L)	叉孔或开口					
	L_5		L_4		L_3	
	最小值	最大值	最小值	最大值	最小值	最大值
1 000	90	155	200	255	180	420
1 100	90	155	200	255	280	520
1 200	90	155	200	255	380	620

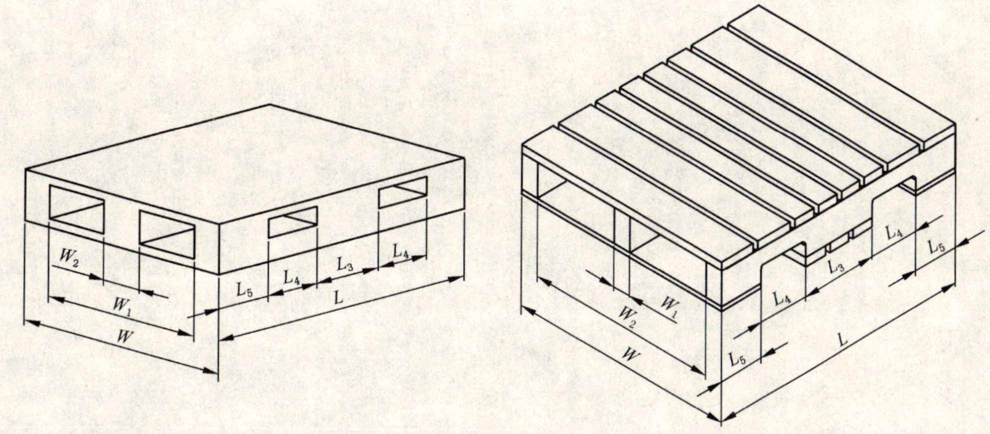

注：叉车用局部四向进叉托盘的尺寸 L_3 可以达到 200 mm。

图 3　侧面插入局部四向进叉托盘的叉孔及开口的水平尺寸

5.3　底铺板倒棱尺寸

为了便于托盘搬运车的货叉插入，对底铺板倒棱的尺寸要求如下：

a)　倒棱斜面与水平面之间夹角为 40°±5°；

b)　倒棱的竖向高度应不大于 16 mm；

c)　倒棱侧端到铺板分开点的最大距离为 65 mm。

5.4　托盘铺板突出尺寸

板缘突出应小于 65 mm，翼突出应不小于 65 mm。

5.5　底铺板支承面

所有托盘的最小支承面应不小于底铺板平面外廓(投影)公称尺寸的 35%。

5.6　对角线偏差

托盘平面两对角线长度之差应不大于对角线长度的 1%。

5.7　平面度

托盘铺板偏离预定水平面的垂直偏差应不大于 7 mm。

铺板的特定突出部件可大于 7 mm。

ICS 77.150
H 64

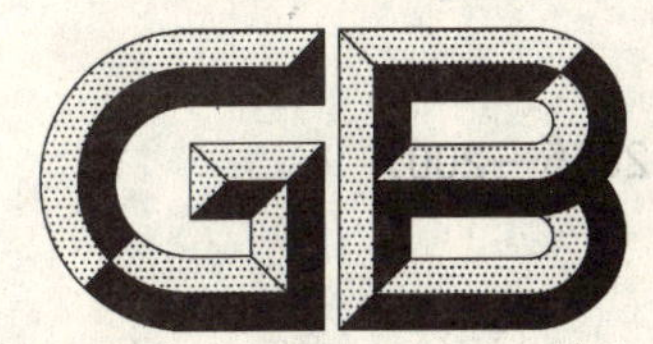

中华人民共和国国家标准

GB/T 2965—2007
代替 GB/T 2965—1996

钛及钛合金棒材

Titanium and titanium alloy bars

2007-11-23 发布　　　　2008-06-01 实施

中华人民共和国国家质量监督检验检疫总局
中国国家标准化管理委员会　发布

前　言

本标准代替 GB/T 2965—1996《钛及钛合金棒材》。

本标准与 GB/T 2965—1996 比较，主要有以下变动：

——扩大了棒材的尺寸范围：最小直径或截面厚度从 8 mm 变为＞7 mm，棒材的最大直径从 200 mm扩大到 230 mm，退火态棒材的长度范围扩大为 300 mm～3 000 mm；

——根据 GB/T 3620.1 中工业纯钛牌号及其化学成分的修订情况，将工业纯钛的牌号相应修改为 TA1、TA2、TA3 和 TA4；

——增加了 TA13、TA15、TA19、TC4 ELI 等钛合金牌号；

——参照 ASTM B348：06 标准，修订了力学性能要求所对应的棒材的横截面积和截面厚度的规定；

——增加了工业纯钛牌号及 TA13、TA15、TA19、TC4 ELI 等牌号钛合金棒材的技术要求；

——提高了棒材直径或截面厚度的尺寸允许偏差要求；

——增加了资料性附录 B，并对标准格式进行了编辑修改。

本标准的附录 A、附录 B 是资料性附录。

本标准由中国有色金属工业协会提出。

本标准由全国有色金属标准化技术委员会归口。

本标准由宝钛集团有限公司、宝鸡钛业股份有限公司负责起草。

本标准主要起草人：张平辉、王永梅、黄永光、冯永琦、李渭清、王韦琪。

本标准所代替标准的历次版本发布情况为：

——GB/T 2965—1996、GB/T 2965—1987。

钛及钛合金棒材

1 范围

本标准规定了钛及钛合金棒材的要求、试验方法、检验规则和标志、包装、运输、贮存及订货单(或合同)内容。

本标准适用于锻造、挤压、轧制和拉拔的钛及钛合金圆形和矩形棒材。

2 规范性引用文件

下列文件中的条款通过本标准的引用而成为本标准的条款。凡是注日期的引用文件,其随后所有的修改单(不包括勘误的内容)或修订版均不适用于本标准,然而,鼓励根据本标准达成协议的各方研究是否可使用这些文件的最新版本。凡是不注日期的引用文件,其最新版本适用于本标准。

GB/T 228 金属材料 室温拉伸试验方法

GB/T 2039 金属拉伸蠕变及持久试验方法

GB/T 3620.1 钛及钛合金牌号和化学成分

GB/T 3620.2 钛及钛合金加工产品化学成分允许偏差

GB/T 4338 金属材料 高温拉伸试验

GB/T 4698(所有部分) 海绵钛、钛及钛合金化学分析方法

GB/T 5168 两相钛合金高低倍组织检验方法

GB/T 5193 钛及钛合金加工产品超声波探伤方法

GB/T 8180 钛及钛合金加工产品的包装、标志、运输和贮存

3 要求

3.1 产品分类

3.1.1 棒材的牌号、状态和规格应符合表1的规定。

表1

牌 号	供应状态[a]	直径或截面厚度[b]/mm	长度[b]/mm
TA1、TA2、TA3、TA4、TA5、TA6、TA7、TA9、TA10、TA13、TA15、TA19、TB2、TC1、TC2、TC3、TC4、TC4、ELI、TC6、TC9、TC10、TC11、TC12	热加工态(R)	>7~230	300~6 000
	冷加工态(Y)		300~6 000
	退火状态(M)		300~3 000

[a] TC9、TA19 和 TC11 钛合金棒材的供应状态为热加工态(R)和冷加工态(Y);TC6 钛合金棒材的退火态(M)为普通退火态。

[b] 经供需双方协商,可供应超出表中规格的棒材。

3.1.2 标记示例

示例1:直径 50 mm、长度 3 000 mm 的 TC4 钛合金热加工态圆棒标记为:TC4 Rϕ50×3 000 GB/T 2965—2007

示例2:截面厚度均为 60 mm、长度为 2 000 mm 的 TA15 钛合金退火态方棒标记为:TA15 M 60×60×2 000 GB/T 2965—2007

示例3:直径 10 mm、长度 4 000 mm 的 TC4 钛合金冷加工态圆棒标记为:TC4 Y ϕ10×4 000 GB/T 2965—2007

3.2 化学成分

钛及钛合金棒材的化学成分应符合 GB/T 3620.1 的规定。需方在产品上复验时，化学成分的允许偏差应符合 GB/T 3620.2 的规定。

3.3 力学性能

3.3.1 棒材的力学性能在经热处理后的试样坯上测试。试样的推荐热处理制度参照附录 A 进行。

3.3.2 棒材横截面积不大于 64.5 cm^2 且矩形棒的截面厚度不大于 76 mm 时，其纵向室温力学性能应符合表 2 的规定，当需方要求并在合同中注明时，其纵向高温力学性能应符合表 3 规定。

表 2

牌号	室温力学性能，不小于				备　注
	抗拉强度 R_m/MPa	规定非比例延伸强度 $R_{p0.2}$/MPa	断后伸长率 A/%	断面收缩率 Z/%	
TA1	240	140	24	30	
TA2	400	275	20	30	
TA3	500	380	18	30	
TA4	580	485	15	25	
TA5	685	585	15	40	
TA6	685	585	10	27	
TA7	785	680	10	25	
TA9	370	250	20	25	
TA10	485	345	18	25	
TA13	540	400	16	35	
TA15	885	825	8	20	
TA19	895	825	10	25	
TB2	≤980	820	18	40	淬火性能
	1 370	1 100	7	10	时效性能
TC1	585	460	15	30	
TC2	685	560	12	30	
TC3	800	700	10	25	
TC4	895	825	10	25	
TC4 ELI	830	760	10	15	
TC6[a]	980	840	10	25	
TC9	1 060	910	9	25	
TC10	1 030	900	12	25	
TC11	1 030	900	10	30	
TC12	1 150	1 000	10	25	

[a] TC6 棒材测定普通退火状态的性能。当需方要求并在合同中注明时，方测定等温退火状态的性能。

表 3

牌号	试验温度/℃	高温力学性能,不小于			
		抗拉强度 R_m/MPa	持久强度/MPa		
			σ_{100h}	σ_{50h}	σ_{35h}
TA6	350	420	390	—	—
TA7	350	490	440	—	—
TA15	500	570	—	470	—
TA19	480	620	—	—	480
TC1	350	345	325	—	—
TC2	350	420	390	—	—
TC4	400	620	570	—	—
TC6	400	735	665	—	—
TC9	500	785	590	—	—
TC10	400	835	785	—	—
TC11[a]	500	685	—	—	640[a]
TC12	500	700	590	—	—

[a] TC11 钛合金棒材持久强度不合格时,允许再按 500℃ 的 100h 持久强度 $\sigma_{100h} \geqslant 590$ MPa 进行检验,检验合格则该批棒材的持久强度合格。

3.3.3 截面尺寸超出 3.3.2 规定的棒材,当需方要求并在合同中注明时,可测定棒材的横向力学性能,报实测值或由供需双方协商确定指标。

3.4 尺寸允许偏差

3.4.1 棒材以热加工或冷加工表面交货,也可经车(磨)光后交货。

3.4.2 棒材的直径或截面厚度及其允许偏差应符合表 4 的规定。

表 4

单位为毫米

直径或截面厚度	允许偏差		
	热锻造或挤压棒	热轧棒	车(磨)光棒、冷轧或冷拉棒
>7~15	±1.0	+0.6 −0.5	±0.3
>15~25	±1.5	+0.7 −0.5	±0.4
>25~40	±2.0	+1.2 −0.5	±0.5
>40~60	±2.5	+1.5 −1.0	±0.6
>60~90	±3.0	+2.0 −1.0	±0.8
>90~120	±3.5	+2.2 −1.2	±1.2
>120~160	±5.0	—	±1.8
>160~200	±6.5	—	±2.0
>200~230	±7.0	—	±2.5

3.4.3 棒材的定尺或倍尺长度应在其不定尺长度范围内，定尺长度的允许偏差为＋20 mm，倍尺长度还应计入棒材切断时的切口量，每一切口量为5 mm。定尺或倍尺长度应在合同中注明。

3.4.4 棒材两端应切平整，切斜应不大于5 mm。

3.4.5 棒材的弯曲度应符合表5的规定。

表5

制造方法	直径或截面厚度/mm	弯曲度/(mm/m) 不大于
热加工	<35	6
	≥35	10
热加工后经车(磨)光及冷加工的圆棒、矩形棒	<35	4
	≥35	5

3.5 β转变温度

当需方要求并在合同中注明时，棒材(工业纯钛TA1、TA2、TA3和TA4除外)应按熔炼炉号提供β转变温度。

3.6 超声波探伤

当需方要求并在合同中注明时，棒材可进行超声波探伤。超声波探伤应符合GB/T 5193的规定，其验收级别由供需双方协商确定。

3.7 低倍组织

棒材的横向低倍组织不应有裂纹、缩尾、气孔、金属或非金属夹杂、影响使用的偏析及其他目视可见的冶金缺陷。

3.8 显微组织

需方对棒材的显微组织有要求时，由供需双方协商确定并在合同中注明。

3.9 外观质量

3.9.1 棒材表面允许存在不大于直径或厚度允许偏差之半的轻微划伤、压痕、麻点和皱褶等缺陷。

3.9.2 棒材表面局部缺陷应予以清除，清理深度不超过产品的相应尺寸允许偏差；且其清除部位的深度与宽度之比应不大于1∶6。

3.10 表面状况

合同中要求进行超声波探伤的车(磨)光棒材，其表面粗糙度的Ra值应不大于3.2 μm(以满足探伤要求为准)。

4 试验方法

4.1 化学成分分析按GB/T 4698进行。

4.2 室温拉伸试验按GB/T 228进行。室温拉伸试验选用R7试样。

4.3 高温拉伸试验按GB/T 4338进行。

4.4 高温持久试验按GB/T 2039进行。

4.5 β转变温度用金相淬火法或其他方法测定。

4.6 超声波探伤检验按GB/T 5193进行。

4.7 低倍、显微组织检验按GB/T 5168进行。

4.8 棒材尺寸检验用相应精度的量具进行。

4.9 棒材的外观质量用目视检验。

4.10 棒材的表面粗糙度检验用标块对比法进行。

5 检验规则

5.1 检查和验收

5.1.1 棒材应由供方质量检验部门进行检验，保证产品质量符合本标准的规定，并填写质量证明书。

5.1.2 需方应对收到的产品按本标准的规定进行复验。复验结果与本标准及订货合同的规定不符时，应以书面形式向供方提出，由供需双方协商解决。属于表面质量及尺寸偏差的异议，应在收到产品之日起一个月内提出，属于其他性能的异议，应在收到产品之日起三个月内提出。如需仲裁，仲裁取样应由供需双方共同进行。

5.2 组批

棒材应成批提交验收，每批应由同一牌号、熔炼炉号、热处理炉（批）、规格、制造方法、状态和生产周期的棒材组成。

5.3 检验项目

每批棒材应进行化学成分、室温力学性能、外形尺寸偏差、外观质量、表面状况和低倍组织的检验。如合同中有要求时还应进行高温力学性能、β转变温度、超声波探伤和显微组织等检验。

5.4 取样

棒材的取样应符合表6的规定。

表 6

检验项目	取样规定	要求的章条号	试验方法的章条号
化学成分[a]	每批1份	3.2	4.1
力学性能	每批取2根，各取1个试样	3.3	4.2、4.3、4.4
尺寸偏差	逐根检验	3.4	4.8
β转变温度[b]	任意部位，每炉1份	3.5	4.5
超声波探伤	逐根检验	3.6	4.6
低倍组织	每批取1根，取1个横向试样	3.7	4.7
显微组织	每批取1根，取1个横向试样	3.8	4.7
外观质量	逐根检验	3.9	4.9
表面状况	逐根检验	3.10	4.10

a 氢含量在距离棒材表面4 mm～6 mm处取样；其他化学成分，供方以原铸锭的分析结果报出，需方复验在棒材上取样。

b 供方可按铸锭的分析结果报出，需方在棒材上取样检验。

5.5 检验结果的判定

5.5.1 棒材化学成分检验结果不合格时，该批棒材不合格。

5.5.2 棒材尺寸允许偏差、超声波探伤、外观质量、表面状况不合格时，单根不合格，但允许供方切除不合格部分后重新检验，合格者交货。

5.5.3 当力学性能检验结果中有试样不合格时，应从该批棒材（包括原检验不合格的棒材）中另取双倍数量的试样对该项目进行重复试验，试验结果全部合格，则该批棒材合格。若仍有一个结果不合格，则判该批棒材不合格，但允许供方对其余棒材逐根检验，合格者交货。或进行重新热处理后重新取样检验。

5.5.4 低倍组织试样中有裂纹、非金属夹杂物和缩尾时，允许供方逐根检验，剔除缺陷，合格者交货。

5.5.5 显微组织检验不合格时，判该批棒材不合格，但允许供方对其余棒材逐根检验，合格者交货。

6 标志、包装、运输、贮存

6.1 产品标志

在检验的每根或每捆棒材上应打钢印(或贴标签、挂标牌)标记如下内容：

a) 供方质量检验部门的检印；

b) 生产厂名称、商标；

c) 产品牌号；

d) 批号或熔炼炉号；

e) 供应状态。

6.2 包装、标志、运输、贮存

棒材的包装、标志、运输和贮存应符合 GB/T 8180 的规定。

6.3 质量证明书

每批棒材应附有产品质量证明书，其上注明：

a) 供方名称；

b) 产品名称；

c) 牌号；

d) 规格；

e) 供应状态；

f) 批号或熔炼炉号；

g) 净重和件数；

h) 各项分析检验结果和质量检验部门印记；

i) 本标准编号；

j) 出厂日期(或包装日期)。

7 订货单(或合同)内容

订购本标准所列材料的订货单(或合同)内应包括下列内容：

a) 产品名称；

b) 牌号；

c) 状态；

d) 尺寸规格；

e) 重量或支数；

f) 特殊要求；

g) 本标准编号；

h) 其他。

附　录　A
（资料性附录）
钛及钛合金的热处理制度

A.1　钛及钛合金的热处理制度

钛及钛合金棒材或试样坯可按表 A.1 进行热处理。

表 A.1

牌号	加热温度，保温时间，冷却方式
TA1	600℃～700℃，1h～3h，空冷
TA2	600℃～700℃，1h～3h，空冷
TA3	600℃～700℃，1h～3h，空冷
TA4	600℃～700℃，1h～3h，空冷
TA5	700℃～850℃，1h～3h，空冷
TA6	750℃～850℃，1h～3h，空冷
TA7	750℃～850℃，1h～3h，空冷
TA9	600℃～700℃，1h～3h，空冷
TA10	600℃～700℃，1h～3h，空冷
TA13	780℃～800℃，0.5h～2h，空冷
TA15	700℃～850℃，1h～4h，空冷
TA19	955℃～985℃，1h～2h，空冷；575℃～605℃，8h，空冷
TB2	淬火：800℃～850℃，30min，空冷或水冷。 时效：450℃～500℃，8h，空冷
TC1	700℃～850℃，1h～3h，空冷
TC2	700℃～850℃，1h～3h，空冷
TC3	700℃～800℃，1h～3h，空冷
TC4	700℃～800℃，1h～3h，空冷
TC4 ELI	700℃～800℃，1h～3h，空冷
TC6	普通退火：800℃～850℃，保温 1h～2h，空冷。 等温退火：870℃±10℃，1h～3h，炉冷至 650℃，2h，空冷
TC9	950℃～1 000℃，1h～3h，空冷＋530℃±10℃，6h，空冷
TC10	700℃～800℃，1h～3h，空冷
TC11	950℃±10℃，1h～3h，空冷＋530℃±10℃，6h，空冷
TC12	700℃～850℃，1h～3h，空冷

注 1：TC11 的首次退火温度允许在 β 转变温度以下 30℃～50℃内进行调整。

注 2：当合同中注明时，可选等温退火。

附 录 B
（资料性附录）
旧标准中工业纯钛的牌号、化学成分及室温力学性能

B.1 旧标准中工业纯钛的牌号及其化学成分见表B.1。

表 B.1 %（质量分数）

牌号	主要成分	杂质元素，不大于						
	Ti	Fe	C	N	H	O	其余单个杂质	其余杂质总和
TA0	余量	0.15	0.10	0.03	0.015	0.15	0.1	0.4
TA1	余量	0.25	0.10	0.03	0.015	0.20	0.1	0.4
TA2	余量	0.30	0.10	0.05	0.015	0.25	0.1	0.4
TA3	余量	0.40	0.10	0.05	0.015	0.30	0.1	0.4

B.2 旧标准中工业纯钛的室温力学性能见表B.2。

表 B.2

牌号	室温力学性能，不小于			
	抗拉强度 R_m/MPa	规定比例延伸强度 $R_{p0.2}$/MPa	断后伸长率 A/%	断面收缩率 Z/%
TA0	280	170	24	30
TA1	370	250	20	30
TA2	440	320	18	30
TA3	540	410	15	25

ICS 81.080
Q 40

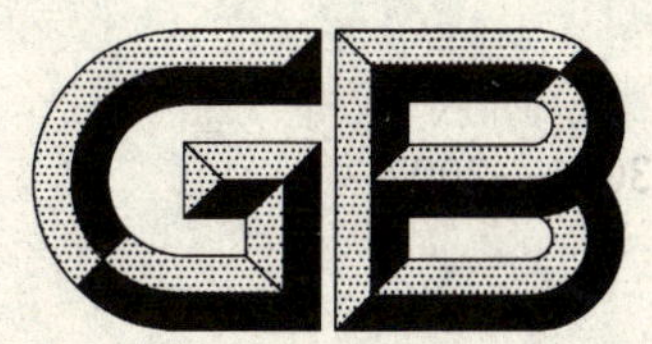

中华人民共和国国家标准

GB/T 3001—2007
代替 GB/T 3001—2000

耐火材料 常温抗折强度试验方法

Refractory products—Determination of modulus of rupture at ambient temperature

(ISO 5014:1997,Dense and insulating shaped refractory products—Determination of modulus of rupture at ambient temperature ,MOD)

2007-12-14 发布 2008-06-01 实施

中华人民共和国国家质量监督检验检疫总局
中国国家标准化管理委员会 发布

前　言

本标准修改采用ISO 5014:1997《致密及隔热定形耐火制品常温抗折强度试验方法》(英文版),在附录A中给出了本标准章条编号与ISO 5014:1997章条编号的对照一览表,在附录B中给出了本标准与ISO 5014:1997技术性差异及其原因一览表。有关技术性差异已在标准所涉及的条款的页边空白处用垂直单线标识。主要修改内容如下:

——修改了标准名称;

——增加了不定形耐火材料试样,扩展了标准的适用范围;

——增加了引用标准;

——设备增加了游标卡尺;

——增加了不定形耐火材料试样尺寸和偏差的规定;

——增加了不定形耐火材料试样制备的规定;

——增加了烘干试样的补充说明;

——标准砖的尺寸改用我国的标准砖尺寸;

——增加了特殊试样尺寸的规定;

——增加了试验结果保留位数的规定;

——试验报告增加不定形耐火材料烘干或预处理条件和试验结果表示的内容。

本标准代替GB/T 3001—2000《定形耐火制品常温抗折强度试验方法》,与其相比,主要变化如下:

——将其他耐火材料常温抗折强度试验方法的部分内容整合在本标准中;

——增加了特殊试样尺寸的规定。

本标准的附录A、附录B均为资料性附录。

自本标准实施之日起,原YB/T 5118—1993《粘土质和高铝质耐火可塑料强度试验方法》和YB/T 5201—1993《致密耐火浇注料　常温抗折强度和耐压强度试验方法》作废。

本标准由全国耐火材料标准化技术委员会提出并归口。

本标准起草单位:中钢集团洛阳耐火材料研究院、中冶集团武汉冶建技术研究有限公司、山西孟县西小坪耐火材料有限公司。

本标准主要起草人:章艺、王秀芳、杨红、郝良军、程水明。

本标准所代替标准的历次版本发布情况为:

GB/T 3001—1982,GB/T 3001—2000。

耐火材料　常温抗折强度试验方法

1　范围

本标准规定了在常温下以恒定速率施加应力测定耐火材料抗折强度的试验方法。

本方法适用于定形和不定形耐火材料。如果用于化学结合或焦油结合砖，这些制品要进行某种形式的预先热处理。这种预先热处理的具体规定超出了本标准的范围，需经有关方面协议，并在试验报告中注明。

2　规范性引用文件

下列文件中的条款通过本标准的引用而成为本标准的条款。凡是注日期的引用文件，其随后所有的修改单(不包括勘误的内容)或修订版均不适用于本标准，然而，鼓励根据本标准达成协议的各方研究是否可使用这些文件的最新版本。凡是不注日期的引用文件，其最新版本适用于本标准。

GB/T 8170　数值修约规则

GB/T 10325　定形耐火制品抽样验收规则

3　定义

本标准采用下列定义。

抗折强度　modulus of rupture

具有一定尺寸的耐火材料条形试样，在三点弯曲装置上所能承受的最大应力。

4　原理

在常温下，以恒定的加荷速率对试样施加应力直至试样断裂。

5　设备

5.1　加荷装置

5.1.1　加荷装置应有三个刀口，下面两个刀口支撑试样，上面一个刀口加荷(见图1)。三个圆柱形刀口的曲率半径应符合表1的规定，刀口长度应比试样的宽度(b)至少大5 mm(见图2)。三个刀口与试样的接触线应相互平行，且垂直于试样压力面长度方向的侧面。两个下刀口应位于中间支撑块上，中间支撑块的底面是圆柱面的一部分，这样，当试样在垂直面上稍有偏斜时可独立地调节每个下刀口(见图2)。也可固定一个下刀口，使另一个下刀口和上刀口能在垂直面上调节。两个刀口之间的距离见表1，上刀口位于两个下刀口中间，偏差在2 mm内。

5.1.2　加荷装置能够以恒定的速率对准试样中间均匀加荷，并有能记录或指示其断裂载荷的仪器，测力示值误差应在±2%以内。测量的断裂载荷不小于量程的10%，不大于量程的90%。

5.2　电热鼓风干燥箱，能控制在110℃±5℃。

5.3　游标卡尺，分度值不大于0.05 mm。

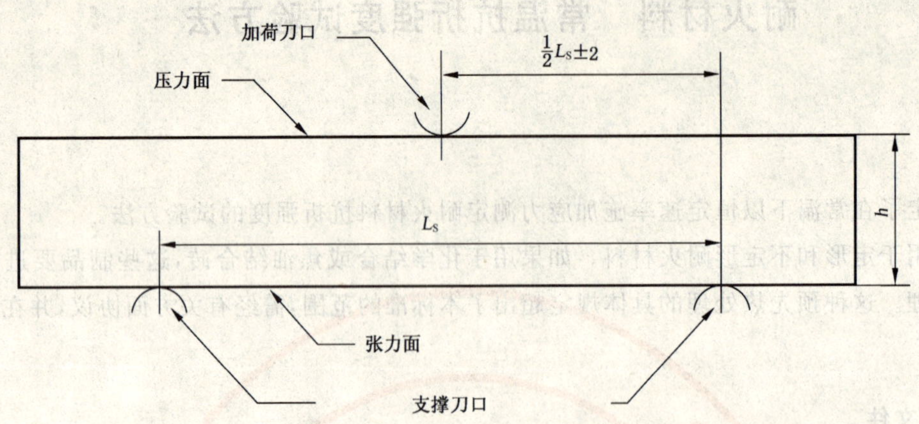

图 1　加荷装置上下刀口布置图

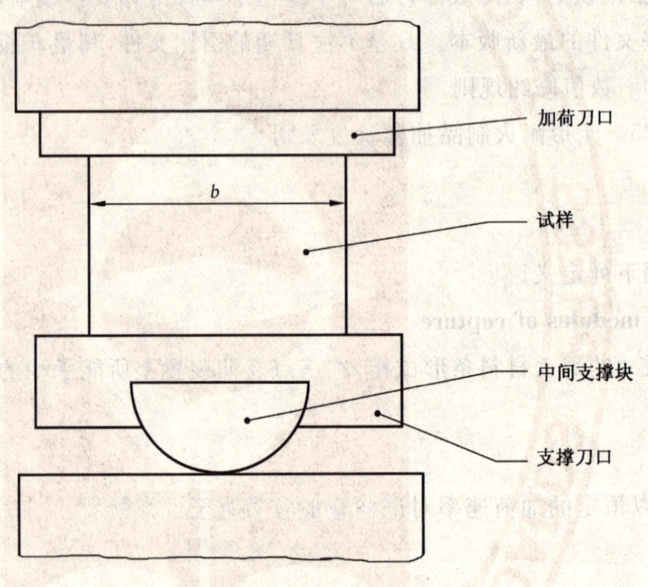

图 2　加荷装置中间支撑块位置示意图

6　试样

6.1　数量

6.1.1　对于定形制品，试验用样品的数量按 GB/T 10325 的规定或由有关方协商而定。对于不定形耐火材料，试样数量应不少于 3 个。

6.1.2　对于定形制品，如果试样从砖上切取，从每块砖上切取的试样数量应相同，以便统计分析。

注：从每块样品上切取的试样数量(详细规定超出了本标准的范围)应由有关方协商而定并在试验报告中注明。

6.2　形状和尺寸

6.2.1　定形制品标准试样尺寸为 230 mm×114 mm×65(75)mm，也可以采用表 1 中列出的其他尺寸。

6.2.2　不定形耐火材料标准试样的尺寸为 160 mm×40 mm×40 mm，也可采用表 2 中列出的其他尺寸。

表1　定形制品试样尺寸、允许偏差和刀口的规定

单位为毫米

试样尺寸 $l\times b\times h$	宽度 b 和高度 h 的允许偏差	横截面对边之间的平行度允许偏差	顶面与底面之间的平行度允许偏差	下刀口之间距离 L_S	上下刀口的曲率半径
230×114×75 230×114×65	—	—	—	180±1	15±0.5
200×40×40	±1	±0.15	±0.25	180±1	15±0.5
150×25×25	±1	±0.1	±0.2	125±1	5±0.5
注：隔热制品宜采用标准砖做试样。					

表2　不定形试样尺寸、允许偏差和刀口的规定

单位为毫米

试样尺寸 $l\times b\times h$	宽度 b 和高度 h 的允许偏差	横截面对边之间的平行度允许偏差	顶面与底面之间的平行度允许偏差	下刀口之间距离 L_S	上下刀口的曲率半径
230×114×64	±2	±0.5	±0.3	180±1	15±0.5
230×65×54	±2	±0.5	±0.3	180±1	15±0.5
160×40×40	±1	±0.5	±0.2	125±1	5±0.5

6.2.3　如果确需表1和表2以外的特殊试样尺寸，可由相关方协商处理，并在报告中注明。

6.3　试样制备

6.3.1　用标准砖(见6.2)直接做试验。

6.3.2　如果试样从砖上切取，应保留砖成型时加压方向的原砖面作压力面。

注：建议采用连续凸缘金刚石片切割定形制品试样。如果使用齿形凸缘刀片，切出的试样常出现边缘破损，因此建议切割面作为张力面。

6.3.3　在试样上注明压力面。

6.3.4　不定形耐火材料试样制备按相关规定进行，以试样成型侧面做压力面。

7　试验步骤

7.1　在110℃±5℃的干燥箱(5.2)中将试样烘干至恒量，在干燥器中冷却至室温。不定形耐火材料试样根据相关方要求经烘干或热处理后放入干燥器中，从冷却到试验的时间不得超过3天。

注：对不宜110℃±5℃烘干的试样，烘干条件应经有关方面协商确定。

7.2　测量每个试样中间部位的宽度和高度，求其平均值，精确至0.1 mm，测量下刀口之间距离，精确至0.5 mm。

7.3　将试样对称地放在加荷装置(5.1)的下刀口上。如果试样是整砖，压力面应是成型加压面。如果试样是从砖上切取的，压力面应是原砖的成型加压面。

7.4　在常温下对试样垂直施加载荷直至断裂，加荷速率为：

a)　致密定形和不定形耐火材料，0.15 MPa/s±0.015 MPa/s；

b)　隔热定形和不定形耐火材料，0.05 MPa/s±0.005 MPa/s。

7.5　记录试样断裂时的载荷(F_{max})和试验时的温度。

8　结果表示

8.1　常温抗折强度由公式(1)计算：

$$\sigma_F = \frac{3}{2} \times \frac{F_{max} L_S}{bh^2} \quad \cdots\cdots(1)$$

式中：

σ_F——常温抗折强度，单位为兆帕(MPa)；

F_{max}——对试样施加的最大压力，单位为牛顿(N)；

L_S——下刀口间的距离，单位为毫米(mm)；

b——试样宽度，单位为毫米(mm)；

h——试样高度，单位为毫米(mm)。

8.2 对于定形制品，如果是整砖，一块砖的测定值就是这块样品的结果；对于切取的试样，记录单值和所有试样的平均值，用这些值来表示样品的结果。

8.3 对于不定形试样，记录每组试样的单值和平均值。

8.4 结果按 GB/T 8170 修约，保留 1 位小数。

9 试验报告

试验报告包括下列内容：

a) 委托单位；

b) 试验项目；

c) 试验日期；

d) 执行标准，即"按 GB/T 3001—2007 进行试验"；

e) 试验砖的标识(制造厂家、品种、砖型、批号)；

f) 试验样品名称、数量及试样的数量；

g) 是否对试样进行过预处理(烘干、热处理温度及保温时间等)；

h) 试样尺寸；

i) 对于定形制品，当从每块样品上切取不止一个试样时，报告每块样品中每个试样的抗折强度单值和平均值；当以整砖进行试验时，报告每块样品的抗折强度值；对于不定形耐火材料试样，报告试样的单值和平均值。

附 录 A
（资料性附录）
本标准章条编号与 ISO 5014:1997 章条编号对照

表 A.1 给出了本标准章条编号与 ISO 5014:1997 章条编号对照一览表。

表 A.1 本标准章条编号与 ISO 5014:1997 章条编号对照

本标准章条编号	对应的 ISO 5017:1997 章条编号
1	1
2	—
3	2
4	3
5	4
5.3	—
6	5
6.2.2	
6.2.3	
6.3.4	
7	6
8	7
8.1	7.1,7.2
8.2	7.3
8.3	7.4
8.4	—
9	8
图 1,图 2	图 1,图 2
表 1	表 1
表 2	—
附录 A	—
附录 B	—

附 录 B
（资料性附录）
本标准与 ISO 5014:1997 技术性差异及其原因

表 B.1 给出了本标准与 ISO 5014:1997 的技术性差异及其原因的一览表。

表 B.1 本标准与 ISO 5014:1997 技术性差异及其原因

本标准的章条号	技术性差异	原 因
1	增加了不定形耐火材料试样	扩展标准的适用范围
2	增加了引用标准	方便标准的使用
5.1.2	增加了对测量的断裂载荷的要求	保证测定结果的准确性
5.3	增加了游标卡尺	方便标准的使用
表 2	增加了不定形耐火材料试样尺寸和偏差的规定	与标准的适用范围相一致
6.1.1	增加了不定形耐火材料试样数量的规定	与标准的适用范围相一致
6.2.1 和表 1	修改了标准砖的尺寸	与我国的标准砖相一致
6.2.3	增加了特殊试样尺寸的规定	方便标准的使用
6.3.4	增加了不定形耐火材料试样制备的规定	与标准的适用范围相一致
7.1	增加了不定形耐火材料试样的内容	与标准的适用范围相一致
7.1 的注	增加烘干试样的补充说明	方便标准的使用
8.4	增加对计算结果保留位数的规定	方便标准的使用
9 的 g)和 i)	试验报告增加不定形耐火材料烘干或预处理条件和试验结果表示的内容	与不定形耐火材料试样的制备相对应

ICS 25.100.70
J 43

中华人民共和国国家标准

GB/T 3044—2007
代替 GB/T 3044—1989

白刚玉、铬刚玉　化学分析方法

Chemical analysis methods for white fused alumina and pink fused alumina

2007-06-25 发布　　2007-11-01 实施

中华人民共和国国家质量监督检验检疫总局
中国国家标准化管理委员会　发布

前　言

本标准代替 GB/T 3044—1989《白刚玉、铬刚玉　化学分析方法》。

本标准与 GB/T 3044—1989 相比主要变化如下：

——按 GB/T 20001.4—2001《标准编写规则　第 4 部分：化学分析方法》进行编写；

——修改完善了灼减、三氧化二铁、三氧化二铬、二氧化硅的测定方法；

——增加了二氧化硅的重量法测定；

——增加了三氧化二铝的容量法测定；

——增加了氧化钾、氧化钙、氧化镁的测定方法。

本标准由中国机械工业联合会提出。

本标准由全国磨料磨具标准化技术委员会归口。

本标准起草单位：郑州磨料磨具磨削研究所。

本标准主要起草人：王旭、王军涛、包华。

本标准所代替标准的历次版本发布情况为：

——GB/T 3044—1989。

白刚玉、铬刚玉 化学分析方法

1 范围

本标准规定了白刚玉、铬刚玉磨料及结晶块中灼减(或灼增)、二氧化硅、三氧化二铁、氧化钾、氧化钠、三氧化二铬、三氧化二铝的测定方法。

本标准适用于白刚玉、铬刚玉磨料及结晶块化学成分的测定,不适用于因使用后而发生成分变化的产品。

2 规范性引用文件

下列文件中的条款通过本标准的引用而成为本标准的条款。凡是注日期的引用文件,其随后所有的修改单(不包括勘误的内容)或修订版均不适用于本标准,然而,鼓励根据本标准达成协议的各方研究是否可使用这些文件的最新版本。凡是不注日期的引用文件,其最新版本适用于本标准。

GB/T 4676 普通磨料 取样方法(GB/T 4676—2003,ISO 9138:1993,MOD)

3 分析试样的制备

3.1 结晶块试样

取具有统计代表性的结晶块,破碎至完全通过 2 mm 筛网,混匀,用四分法缩分至 10 g～20 g。继续用钢研钵或刚玉研钵研细至全部通过 106 μm 筛网。用磁铁(每一磁极的磁通量为 3.5×10^{-2} mWb～4.5×10^{-2} mWb,两磁极磁通量之差不得大于 0.3×10^{-2} mWb)吸出粉碎中带入的铁质。然后混匀,装入试样袋,于 105℃～110℃的烘箱中烘干 1 h,取出,放入干燥器中,冷却备用。

3.2 磨料试样

依照 GB/T 4676 进行取样和缩分。

粒径＞106 μm 的磨料,先缩分至 10 g～20 g,再用刚玉研钵研细至全部通过 106 μm 筛网,混合均匀,装入试样袋,烘干放入干燥器中备用。

粒径≤106 μm 的磨料,缩分至 10 g～20 g,装入试样袋,烘干放于干燥器中备用。

4 灼减(或灼增)的测定

4.1 分析方法

称取试样约 1 g,精确至 0.000 1 g,放入预先在 1 100℃高温炉中灼烧至恒重的铂坩埚中,记下坩埚加试样的质量,盖微启,置于 1 100℃的高温炉中灼烧 1 h,取出,置于干燥器中冷却,称重,反复灼烧至恒重。

4.2 分析结果的计算

灼减的质量含量 w(灼减),数值以%表示,按式(1)计算:

$$w(\text{灼减}) = \frac{m_1 - m_2}{m_0} \times 100 \qquad \cdots\cdots(1)$$

式中:

m_1——灼烧前坩埚加试样的质量的数值,单位为克(g);

m_2——灼烧后坩埚加试样的质量的数值,单位为克(g);

m_0——试样质量的数值,单位为克(g)。

计算结果精确到 0.01。

注:如果灼增,则按式(2)计算:

$$w(灼增)=\frac{m_2-m_1}{m_0}\times 100 \quad \cdots\cdots\cdots(2)$$

4.3 允许误差

允许误差按表1之规定。

表1 %

同一试验室	±0.02
不同试验室	±0.03

5 二氧化硅的测定

5.1 比色法

此方法适合于二氧化硅含量小于5%的刚玉样品分析。

5.1.1 方法原理

试样用硼砂-碳酸钠混合熔剂分解后，在0.08 mol/L～0.32 mol/L的盐酸介质中，加钼酸铵使硅酸离子形成硅钼杂多酸，用1,2,4-酸还原剂将其还原成钼蓝，在分光光度计上于波长700 nm处，测量其吸光度。

5.1.2 试剂

5.1.2.1 硼砂-碳酸钠混合熔剂：称取两份硼砂与一份无水碳酸钠于玛瑙研钵中研细，混匀，贮存于广口瓶中。

5.1.2.2 盐酸(15+85)。

5.1.2.3 钼酸铵溶液(5%)：溶解5 g钼酸铵于水中，用水稀释到100 mL，放置24 h后过滤使用。若出现沉淀，即应停止使用。

5.1.2.4 酒石酸溶液(5%)。

5.1.2.5 1,2,4-酸还原剂溶液：溶解1,2,4-酸(1-氨基-2-萘酚-4-磺酸)0.15 g，无水亚硫酸钠0.7 g，亚硫酸氢钠9 g于水中，用水稀释到100 mL，贮存于塑料瓶中。该溶液的使用期为14天。

5.1.2.6 二氧化硅：高纯试剂或光谱纯试剂。

5.1.2.7 二氧化硅标准溶液：0.05 mg/mL。

准确称取经1 000℃灼烧过的二氧化硅(高纯试剂)0.100 0 g，置于铂坩埚中。加无水碳酸钠(基准试剂)2 g仔细混匀，再覆盖0.5 g，送入高温炉中，在860℃～900℃熔融20 min，取出，旋转坩埚，使熔融物附于坩埚内壁上，冷却，洗净外壁，在聚四氟乙烯烧杯中用热水浸出，冷却后移入1 000 mL容量瓶中，用水稀释至刻度，摇匀后，立即移入清洁而干燥的塑料瓶中贮存，备用。1 mL此溶液含二氧化硅0.10 mg。

用移液管移取上述二氧化硅标准溶液(0.10 mg /mL)100 mL放入预先盛有盐酸(2 mol/L)10 mL的200 mL容量瓶中，用水稀释至刻度，摇匀，1 mL此溶液含二氧化硅0.05 mg。

5.1.2.8 空白溶液：取4 g混合熔剂(5.1.2.1)放入铂坩埚中，在1 000℃的高温炉中熔融20 min，取出，洗净坩埚外壁，以100 mL盐酸(5.1.2.2)加热浸出，移入250 mL容量瓶中，冷却后用水稀释至刻度，摇匀。

5.1.3 仪器

5.1.3.1 聚四氟乙烯烧杯，250 mL。

5.1.3.2 分光光度计。

5.1.4 分析方法

5.1.4.1 工作曲线的绘制

用移液管移取空白溶液(5.1.2.8)8份各25 mL，分别放入8个100 mL的容量瓶中，用微量滴定管依次加入二氧化硅标准溶液(5.1.2.7)0.00 mL，0.20 mL，0.50 mL，1.00 mL，1.50 mL，2.00 mL，

3.00 mL，5.00 mL，加水至60 mL，调节试液温度至20℃～25℃，加入钼酸铵溶液(5.1.2.3)5 mL，放置10 min，加酒石酸溶液(5.1.2.4)20 mL，1，2，4-酸还原剂溶液(5.1.2.5)3 mL，用水稀释至刻度，摇匀，放置30 min，用水作参比，在分光光度计上于波长700 nm处，用2 cm比色皿测其吸光度，减去空白吸光度后，与相应的二氧化硅质量相对应，绘制工作曲线。

5.1.4.2 试液的制备

称取试样约0.5 g，精确至0.000 1 g，置于铂坩埚中。加入混合熔剂(5.1.2.1)3 g，搅拌均匀后，再加上混合熔剂(5.1.2.1)1 g，将坩埚送入1 050℃的高温炉中，熔融1 h，取出，旋转坩埚，使熔融物附于坩埚内壁上，冷却后，用水洗净坩埚外壁，放入盛有近沸的盐酸(5.1.2.2)100 mL的250 mL的烧杯中，于砂浴上加热浸出，用水洗出坩埚及盖，移入250 mL容量瓶中，冷却后，用水稀释至刻度，摇匀。

5.1.4.3 分析步骤

用移液管移取试液(5.1.4.2)25 mL于100 mL容量瓶中，加水35 mL，调节试液温度至20℃～25℃，加入钼酸铵溶液(5.1.2.3)5 mL，放置10 min，加酒石酸溶液(5.1.2.4)20 mL，1，2，4-酸还原剂溶液(5.1.2.5)3 mL，用水稀释至刻度，摇匀，放置30 min，用水作参比，在分光光度计上于波长700 nm处，用2 cm比色皿测其吸光度，减去空白试验的吸光度后，于工作曲线上查出二氧化硅的质量。

5.1.5 分析结果的计算

二氧化硅的质量含量$w(SiO_2)$，数值以%表示，按式(3)计算：

$$w(SiO_2)=\frac{m_1}{m_0\times\frac{V_1}{V}}\times 100 \qquad\cdots\cdots(3)$$

式中：

m_1——分取试样溶液中自工作曲线上查得的二氧化硅质量的数值，单位为克(g)；

m_0——试样质量的数值，单位为克(g)；

V_1——分取试液的体积的数值，单位为毫升(mL)；

V——试验溶液总体积的数值，单位为毫升(mL)。

计算结果精确到0.01。

5.2 重量法

此方法适合于二氧化硅含量大于5%的刚玉样品分析。

5.2.1 方法原理

试样经硼砂-碳酸钠熔融分解，用硫酸浸出并蒸发至冒白烟使硅酸脱水，经灼烧而成二氧化硅。然后用氢氟酸处理使二氧化硅以四氟化硅形式除去，氢氟酸处理前后的质量差即为沉淀中二氧化硅的量。

5.2.2 试剂

5.2.2.1 氢氟酸(不小于40%)。

5.2.2.2 硫酸(1+4)，(1+1)，(2+98)。

5.2.2.3 硼砂-碳酸钠混合熔剂：见5.1.2.1。

5.2.3 分析方法

称取试样约0.5 g，精确至0.000 1 g，置于铂坩埚中。加入混合熔剂(5.2.2.3)3 g，搅拌均匀后，再加上混合熔剂(5.2.2.3)1 g，加盖，将坩埚送入1 050℃的高温炉中，熔融1 h，取出，旋转坩埚，使熔融物附于坩埚内壁上，冷却后，用水洗净坩埚外壁，放入盛有近沸的硫酸(1+4)100 mL的250 mL的烧杯中，加热溶解熔块，洗出坩埚及盖。

小心蒸发溶液至冒三氧化硫白烟，冷却。加100 mL水，煮沸溶解盐类，用无灰中速滤纸过滤，用热的硫酸(2+98)洗净滤纸及沉淀。滤液收集至250 mL容量瓶中，用水稀释至刻度，摇匀，此滤液A用于三氧化二铁、三氧化二铝、氧化钙、氧化镁的测定。转移滤纸和沉淀于铂坩埚中，低温灰化，再逐渐升温至1 000℃，灼烧1 h，取出，于干燥器中冷却，称重，反复灼烧至恒重。

加水1滴～2滴润湿沉淀物，再加氢氟酸(5.2.2.1)10 mL，硫酸(1+1)2滴～3滴，小心蒸干，于1 000℃灼烧约15 min，取出，于干燥器中冷却，称重，反复灼烧至恒重。

5.2.4 分析结果的计算

二氧化硅的质量含量 $w(SiO_2)$，数值以%表示，按式(4)计算：

$$w(SiO_2) = \frac{m_1}{m_0} \times 100 \qquad \cdots\cdots\cdots\cdots(4)$$

式中：

m_1——沉淀物经氢氟酸、硫酸处理的失量的数值，单位为克(g)；

m_0——试样质量的数值，单位为克(g)。

计算结果精确到0.01。

5.3 允许误差

允许误差按表2之规定。

表2

%

含量范围	允许误差	
	同一试验室	不同试验室
≤0.10	±0.02	±0.03
>0.10～0.25	±0.03	±0.04
>0.25～0.50	±0.04	±0.06
>0.50～2.00	±0.06	±0.08
>2.00～5.00	±0.08	±0.10
>5.00	±0.20	±0.30

6 三氧化二铁的测定(比色法)

6.1 方法原理

三价铁离子用盐酸羟胺还原成二价铁离子，在pH2～pH9的范围内加入邻菲罗啉，与二价铁离子形成橙红色的络合物，与510 nm波长处测其吸光度，从而测定三氧化二铁含量。

6.2 试剂

6.2.1 硼砂-碳酸钠混合熔剂：见5.1.2.1。

6.2.2 空白溶液：见5.1.2.8。

6.2.3 酒石酸溶液(5%)。

6.2.4 盐酸羟胺溶液(5%)。

6.2.5 邻硝基苯酚指示剂溶液(0.1%)。

6.2.6 氨水(1+1)。

6.2.7 盐酸(1+1)。

6.2.8 邻二氮菲溶液(0.1%)：溶解0.1 g邻二氮菲于10 mL乙醇(95%)中，用水稀释至100 mL。

6.2.9 三氧化二铁：高纯试剂或光谱纯试剂。

6.2.10 三氧化二铁标准溶液：0.025 mg/mL。

准确称取经110℃烘干2 h的三氧化二铁(高纯试剂)0.250 0 g，置于300 mL烧杯中，加盐酸(6.2.7)40 mL，加盖表面皿，于低温砂浴上加热溶解，待完全溶解后，冷却，移入1 000 mL容量瓶中，用水稀释至刻度，摇匀，备用。1 mL此溶液含三氧化二铁0.25 mg。

用移液管移取上述三氧化二铁标准溶液(0.25 mg/mL)100 mL，放入1 000 mL容量瓶中，加盐酸8 mL，用水稀释至刻度，摇匀，即为三氧化二铁标准溶液。1 mL此溶液含三氧化二铁0.025 mg。

6.3 仪器

分光光度计。

6.4 分析方法

6.4.1 工作曲线的绘制

用移液管移取空白溶液(6.2.2)9份各25 mL,分别放入9个50 mL容量瓶中,用微量滴定管依次加入三氧化二铁标准溶液(6.2.10)0.00 mL,0.20 mL,0.40 mL,1.00 mL,2.00 mL,4.00 mL,6.00 mL,8.00 mL,10.00 mL,加酒石酸溶液(6.2.3)5 mL,用移液管加入盐酸羟胺溶液(6.2.4)2 mL,邻硝基苯酚指示剂(6.2.5)两滴,用氨水(6.2.6)调至黄色,再用盐酸(6.2.7)调至黄色刚消失,再过量3滴,加邻二氮菲溶液(6.2.8)5 mL,摇匀,于沸水浴中加热5 min,取出,冷却,用水稀释至刻度,摇匀,用水作参比,在分光光度计上于波长510 nm处,用1 cm比色皿测量其吸光度,减去空白试验的吸光度后,与相应的三氧化二铁质量相对应,绘制工作曲线。

6.4.2 分析步骤

用移液管移取试液(5.1.4.2)或滤液A(5.2.3)25 mL于50 mL容量瓶中,加酒石酸溶液(6.2.3)5 mL,用移液管加入盐酸羟胺溶液(6.2.4)2 mL,邻硝基苯酚指示剂(6.2.5)两滴,用氨水(6.2.6)调至黄色,再用盐酸(6.2.7)调至黄色刚消失,再过量3滴,加邻二氮菲溶液(6.2.8)5 mL,摇匀,于沸水浴中加热5 min,取出,冷却,用水稀释至刻度,摇匀,用水作参比,在分光光度计上于波长510nm处,用1 cm比色皿测量其吸光度。减去空白试验的吸光度后,于工作曲线上查出三氧化二铁的质量。

6.5 分析结果的计算

三氧化二铁的质量含量 $w(Fe_2O_3)$,数值以%表示,按式(5)计算:

$$w(Fe_2O_3)=\frac{m_1}{m_0\times\frac{V_1}{V}}\times 100 \qquad \cdots\cdots(5)$$

式中:

m_1——分取试样溶液中自工作曲线上查得的三氧化二铁质量的数值,单位为克(g);

m_0——试样质量的数值,单位为克(g);

V_1——分取试液的体积的数值,单位为毫升(mL);

V——试验溶液总体积的数值,单位为毫升(mL)。

计算结果精确到0.01。

6.6 允许误差

允许误差按表3之规定。

表3

%

同一试验室	±0.02
不同试验室	±0.03

7 氧化钾、氧化钠的测定

7.1 火焰光度法

7.1.1 方法原理

试样用硼酸分解,其中的钾、钠与硼酸作用,生成硼酸钾、硼酸钠,以稀盐酸浸出、分离残渣后,用火焰分光光度法测定氧化钾、氧化钠的含量。

7.1.2 试剂

7.1.2.1 硼酸:一级试剂。

7.1.2.2 盐酸(3+97)。

7.1.2.3 氯化钾:高纯试剂。

7.1.2.4 氧化钾标准溶液：0.02 mg/mL。

准确称取经110℃烘干2 h的氯化钾(7.1.2.3)0.158 3 g，置于100 mL烧杯中，加水溶解，移入1 000 mL容量瓶中，用水稀释至刻度，摇匀，即为氧化钾标准溶液。1 mL此溶液含氧化钾0.10 mg。

用移液管移取上述氧化钾标准溶液(0.10 mg /mL)50 mL放入250 mL容量瓶中，以水稀释至刻度，摇匀。1 mL此溶液含氧化钾0.02 mg。

7.1.2.5 氯化钠：高纯试剂。

7.1.2.6 氧化钠标准溶液：0.20 mg /mL。

准确称取经110℃烘干2 h的氯化钠(7.1.2.5)0.377 2 g，置于100 mL烧杯中，加水溶解，移入1 000 mL容量瓶中，用水稀释至刻度，摇匀，即为氧化钠标准溶液。1 mL此溶液含氧化钠0.20 mg。

7.1.2.7 空白溶液

取8 g硼酸(7.1.2.1)溶于水中，加盐酸2 mL，移入250 mL容量瓶中，加水稀释至刻度，摇匀。

7.1.3 仪器

火焰分光光度计。

7.1.4 分析方法

7.1.4.1 工作曲线的绘制

用移液管移取空白溶液(7.1.2.7)9份各25 mL，分别放入9个100 mL容量瓶中，用微量滴定管依次分别加入氧化钾标准溶液(7.1.2.4)、氧化钠标准溶液(7.1.2.6)0.00 mL，0.50 mL，1.00 mL，2.00 mL，3.00 mL，4.00 mL，6.00 mL，8.00 mL，10.00 mL，用水稀释至刻度，摇匀。在火焰光度计上选择适当的工作条件，测定其检流计值 $f(i)$，减去空白试验的检流计值后，与相应的氧化钾质量、氧化钠质量相对应，分别绘制工作曲线。

7.1.4.2 分析步骤

称取试样约0.5 g，精确至0.000 1 g，置于铂坩埚中，与2.5 g硼酸(7.1.2.1)混合，再加上0.5 g硼酸(7.1.2.1)，加盖，盖微启，外套一大小适宜的瓷坩埚，于明丝电炉上加热，待大部分水分逐去后，将铂坩埚送入980℃的高温炉中熔融30 min，取出，冷却，洗净坩埚外壁，于250 mLG型烧杯中，用热的盐酸(7.1.2.2)100 mL加热浸出，移入250 mL容量瓶中，冷却后，用水稀释至刻度，摇匀，待残渣沉淀后，干过滤，取部分滤液在火焰分光光度计上，用绘制工作曲线相同的工作条件测定其检流计值 $f(i)$，减去空白试验的检流计值后，于工作曲线上分别查出氧化钾的质量、氧化钠的质量。

7.1.5 分析结果的计算

氧化钾的质量含量 $w(K_2O)$，数值以%表示，按式(6)计算：

$$w(K_2O)=\frac{m_1\times 2.5}{m_0}\times 100 \qquad (6)$$

氧化钠的质量含量 $w(Na_2O)$，数值以%表示，按式(7)计算：

$$w(Na_2O)=\frac{m_2\times 2.5}{m_0}\times 100 \qquad (7)$$

式中：

m_1——自工作曲线上查得的氧化钾质量的数值，单位为克(g)；

m_2——自工作曲线上查得的氧化钠质量的数值，单位为克(g)；

m_0——试样质量的数值，单位为克(g)。

计算结果精确到0.01。

7.1.6 允许误差

允许误差按表4之规定。

表 4 %

含量范围	允许误差	
	同一试验室	不同试验室
≤0.25	±0.04	±0.05
>0.25～0.50	±0.05	±0.07
>0.50～1.50	±0.07	±0.10

7.2 原子吸收分光光度法

7.2.1 方法原理

试样用无水四硼酸锂在 1 050℃进行熔融，熔融物用盐酸浸出，制备成试液，用原子吸收分光光度计测出吸光度，用标准曲线法计算结果。

7.2.2 试剂

7.2.2.1 无水四硼酸锂。

7.2.2.2 三氧化二铝：光谱纯试剂。

7.2.2.3 盐酸(15+85)。

7.2.2.4 氧化钾标准溶液：见 7.1.2.4。

7.2.2.5 氧化钠标准溶液：0.02 mg/mL。

用移液管移取氧化钠标准溶液(7.1.2.6)100 mL 于 1 000 mL 容量瓶中，稀释至刻度，摇匀，贮存于塑料瓶中。1 mL 此溶液含氧化钠 0.02 mg。

7.2.2.6 三氧化二铝基体溶液：称取经 1 100℃灼烧 1 h 后的三氧化二铝(7.2.2.2)约 0.2 g，精确至 0.000 1 g，置于铂坩埚中，加无水四硼酸锂(7.2.2.1)2 g 混合后，再加无水四硼酸锂(7.2.2.1)0.5 g，加盖，盖微启，将坩埚送入 1 050℃的高温炉中熔融 30 min，熔融物用盐酸(7.2.2.3)80 mL 加热浸出，冷却，移入 250 mL 容量瓶中用水稀释到刻度，摇匀，贮存于塑料瓶中备用。

7.2.3 仪器

7.2.3.1 原子吸收分光光度计。

7.2.3.2 钾空心阴极灯。

7.2.3.3 钠空心阴极灯。

7.2.4 测定用标准溶液系列的配制

用移液管移取三氧化二铝基体溶液(7.2.2.6)9 份各 25 mL，分别放入 9 个 50 mL 容量瓶中，用微量滴定管依次加入氧化钾标准溶液(7.2.2.4)、氧化钠标准溶液(7.2.2.5)0.00 mL，0.50 mL，1.00 mL，2.00 mL，3.00 mL，4.00 mL，6.00 mL，8.00 mL，10.00 mL，用水稀释至刻度，摇匀，贮存于干燥的塑料瓶中。

7.2.5 仪器测定条件

仪器测定条件见表 5。

表 5

辐射源	波长/nm	狭缝/mm	火焰类型
钾空心阴极灯	766.5	0.1	空气-乙炔
钠空心阴极灯	589.0	0.1	空气-乙炔

注：实验室可根据不同仪器类型选择合适工作条件。

7.2.6 分析步骤

称取试样约 0.2 g，精确至 0.000 1 g，置于铂坩埚中，加无水四硼酸锂(7.2.2.1)2 g，混匀，再加无水四硼酸锂(7.2.2.1)0.5 g，加盖，盖微启，将坩埚送入 1 050℃的高温炉中熔融 30 min，熔融物用盐酸

(7.2.2.3)80 mL 加热浸出，冷却，移入 250 mL 容量瓶中，用水稀释到刻度，摇匀。用移液管移取25 mL 此试液，放入 50 mL 容量瓶中，用水稀释至刻度，摇匀。同时作空白试验。

按照选定的仪器工作条件调整仪器，空心阴极灯预热 20 min，点燃火焰，燃烧正常后，调节空气和乙炔流量，用水喷雾，调整零点，然后用标准溶液系列和试液进行喷雾，读取相应的吸光度。同一份溶液重复测定，由测定标准溶液的吸光度的平均值和标准溶液浓度系列，绘出吸光度-浓度标准曲线。根据试液的吸光度与空白的吸光度之差，直接在标准曲线上查出试液中氧化钾的质量、氧化钠的质量。

7.2.7 分析结果的计算

氧化钾的质量含量 $w(K_2O)$，数值以%表示，按式(8)计算：

$$w(K_2O)=\frac{m_1}{m_0\times\frac{V_1}{V}}\times 100 \qquad (8)$$

氧化钠的质量含量 $w(Na_2O)$，数值以%表示，按式(9)计算：

$$w(Na_2O)=\frac{m_2}{m_0\times\frac{V_2}{V}}\times 100 \qquad (9)$$

式中：

m_1——分取试样溶液中自工作曲线上查得的氧化钾质量的数值，单位为克(g)；

m_2——分取试样溶液中自工作曲线上查得的氧化钠质量的数值，单位为克(g)；

m_0——试样质量的数值，单位为克(g)；

V——试验溶液总体积的数值，单位为毫升(mL)；

V_1——测定氧化钾分取试液的体积的数值，单位为毫升(mL)；

V_2——测定氧化钠分取试液的体积的数值，单位为毫升(mL)。

计算结果精确到 0.01。

7.2.8 允许误差

允许误差按 7.1.6 之规定。

8 三氧化二铬的测定

8.1 比色法

8.1.1 方法原理

试样与混合熔剂共熔后用水浸出，于碱性溶液中，借铬酸盐本身的黄色进行分光光度法测定，以求出三氧化二铬的含量。

8.1.2 试剂

8.1.2.1 氢氧化钠。

8.1.2.2 硼砂-碳酸钠混合熔剂：见 5.1.2.1。

8.1.2.3 重铬酸钾：基准试剂。

8.1.2.4 三氧化二铬标准溶液：0.25 mg/mL。

准确称取经 110℃烘干 2 h 的重铬酸钾(8.1.2.3)0.483 9 g，置于 100 mL 烧杯中，加水溶解后，移入 1000 mL 容量瓶中，加水稀释至刻度，摇匀，1 mL 此溶液含三氧化二铬 0.25 mg。

8.1.2.5 空白溶液：取 8 g 混合熔剂(8.1.2.2)于铂坩埚中，将铂坩埚送入 1 000℃的高温炉中熔融 20 min，取出，洗净坩埚外壁，在 300 mL 烧杯中，用热水浸出熔块，洗出坩埚后，加氢氧化钠 4 g，稍冷移入 250 mL 容量瓶中，冷却后用水稀释至刻度，摇匀，备用。

8.1.3 仪器

分光光度计。

8.1.4 分析方法

8.1.4.1 工作曲线的绘制

用移液管移取空白溶液(8.1.2.5)7 份各 25 mL,分别放入 7 个 50 mL 容量瓶中,用微量滴定管依次加入三氧化二铬标准溶液(8.1.2.4)0.00 mL,1.00 mL,2.00 mL,4.00 mL,6.00 mL,8.00 mL,10.00 mL,用水稀释至刻度,摇匀。用水作参比,在分光光度计上于波长 420 nm 处,用 2 cm 比色皿测量其吸光度,减去空白的吸光度后,与相应的三氧化二铬质量相对应,绘制工作曲线。

8.1.4.2 分析步骤

称取试样约 0.5 g,精确至 0.000 1 g,置于铂坩埚中,加 3 g 混合熔剂(8.1.2.2),搅拌均匀后,再加混合熔剂(8.1.2.2)1 g,加盖,盖微启,将坩埚送入高温炉中,经 1 060℃～1 100℃熔融 1 h,取出,旋转坩埚,使熔融物附于坩埚内壁上,冷却后,洗净坩埚外壁,置坩埚于 300 mL 烧杯中,用 100 mL 沸水于砂浴上加热浸出,待熔块完全浸出后,洗出坩埚及盖后,加氢氧化钠(8.1.2.1)2 g,于砂浴上微沸 20 min,取下,移入 250 mL 容量瓶中,冷却后,以水稀释至刻度,摇匀(有沉淀时干过滤)。用水作参比,在分光光度计上于波长 420 nm 处,用 2 cm 比色皿测量其吸光度,减去空白的吸光度后,于工作曲线上查出三氧化二铬的质量。

8.1.5 分析结果的计算

三氧化二铬的质量含量 $w(Cr_2O_3)$,数值以%表示,按式(10)计算:

$$w(Cr_2O_3) = \frac{m_1 \times 5}{m_0} \times 100 \qquad \cdots\cdots\cdots\cdots (10)$$

式中:

m_1——自工作曲线上查得的三氧化二铬质量的数值,单位为克(g);

m_0——试样质量的数值,单位为克(g)。

计算结果精确到 0.01。

8.1.6 允许误差

允许误差按表 6 之规定。

表 6

%

含量范围	允许误差	
	同一试验室	不同试验室
≤0.50	±0.04	±0.05
>0.50～1.00	±0.05	±0.07
>1.00～2.50	±0.07	±0.10

8.2 原子吸收分光光度法

8.2.1 方法原理

试样用无水四硼酸锂在 1 050℃进行熔融,熔融物用盐酸浸出制备成试液,六价铬用无水亚硫酸钠还原成三价铬后,用原子吸收分光光度计测出吸光度,用标准曲线法计算结果。

8.2.2 试剂

8.2.2.1 无水四硼酸锂。

8.2.2.2 三氧化二铝:光谱纯试剂。

8.2.2.3 盐酸(15+85)。

8.2.2.4 无水亚硫酸钠溶液(2%)。

8.2.2.5 重铬酸钾:基准试剂。

8.2.2.6 三氧化二铬标准溶液:0.05 mg/mL。

准确称取在 110℃烘干 2 h 的重铬酸钾(8.2.2.5)0.096 8 g,置于 100 mL 烧杯中,加水溶解后,移入 1000 mL 容量瓶中，加水稀释至刻度，摇匀，1 mL 此溶液含三氧化二铬 0.05 mg。

8.2.2.7 三氧化二铝基体溶液：见 7.2.2.6。

8.2.3 仪器

8.2.3.1 原子吸收分光光度计。

8.2.3.2 铬空心阴极灯。

8.2.4 测定用标准溶液系列的配制

用移液管移取三氧化二铝基体溶液(8.2.2.7)8 份各 25 mL，分别放入 8 个 50 mL 容量瓶中，用微量滴定管依次加入三氧化二铬标准溶液(8.2.2.6)0.00 mL，1.20 mL，2.00 mL，2.80 mL，3.60 mL，4.40 mL，5.20 mL，6.00 mL，加入无水亚硫酸钠溶液(8.2.2.4)2 mL，用水稀释至刻度，摇匀。

8.2.5 仪器测定条件

仪器测定条件见表 7。

表 7

辐射源	波长/nm	狭缝/mm	火焰类型
铬空心阴极灯	387.9	0.1	空气-乙炔

注：实验室可根据不同仪器类型选择合适工作条件。

8.2.6 分析步骤

称取试样约 0.2 g，精确至 0.000 1 g，置于铂坩埚中，加无水四硼酸锂(8.2.2.1)2 g，混匀，再加无水四硼酸锂(8.2.2.1)0.5 g，加盖，盖微启，将坩埚送入 1 050℃ 的高温炉中熔融 30 min，熔融物用盐酸(8.2.2.3)80 mL 加热浸出，冷却后，移入 250 mL 容量瓶中，用水稀释到刻度，摇匀。用移液管移取此试液 25 mL，放入 50 mL 容量瓶中，加无水亚硫酸钠溶液(8.2.2.4)2 mL，用水稀释至刻度，摇匀。同时作空白试验。

按照选定的仪器工作条件调整仪器，空心阴极灯预热 20 min，点燃火焰，燃烧正常后，调节空气和乙炔流量，用水喷雾，调整零点，然后用标准溶液系列和试液进行喷雾，读取相应的吸光度。同一份溶液重复测定，由测定标准溶液的吸光度的平均值和标准溶液浓度系列，绘出吸光度-浓度标准曲线。根据试液的吸光度与空白的吸光度之差，直接在标准曲线上查出试液中三氧化二铬的质量。

8.2.7 分析结果的计算

三氧化二铬的质量含量 $w(Cr_2O_3)$，数值以%表示，按下列公式计算：

$$w(Cr_2O_3)=\frac{m_1}{m_0\times\frac{V_1}{V}}\times 100 \quad\cdots\cdots(11)$$

式中：

m_1——分取试样溶液中自工作曲线上查得的三氧化二铬质量的数值，单位为克(g)；

m_0——试样质量的数值，单位为克(g)；

V——试验溶液总体积的数值，单位为毫升(mL)；

V_1——分取试液的体积的数值，单位为毫升(mL)。

计算结果精确到 0.01。

8.2.8 允许误差

允许误差按(8.1.6)之规定。

9 氧化钙的测定(原子吸收分光光度法)

9.1 方法原理

试样用硼砂-碳酸钠混合熔剂熔融分解后，熔融物用盐酸浸出，加入释放剂氯化锶，消除铝对钙的干扰，测出吸光度，用标准曲线法计算结果，由于氯化锶不能完全消除铝的干扰，故在标准系列溶液中加入相同量的三氧化二铝。

9.2 试剂

9.2.1 碳酸钙:基准试剂。

9.2.2 氯化锶溶液(10%):称取氯化锶($SrCl_2 \cdot 6H_2O$)168.2 g 溶于水中,用水稀释到 1 000 mL,摇匀。

9.2.3 盐酸(15+85),(1+1)。

9.2.4 三氧化二铝:光谱纯试剂。

9.2.5 硼砂-碳酸钠混合熔剂:见 5.1.2.1。

9.2.6 三氧化二铝基体溶液:称取在 1 100℃灼烧 1 h 后的三氧化二铝(9.2.4)约 0.5 g,精确至 0.000 1 g,置于铂坩埚中,加混合熔剂(9.2.5)3 g,搅拌均匀,再覆盖 1 g 混合熔剂(9.2.5),加盖,盖微启,将坩埚送入 1 050℃的高温炉中熔融 30 min,取出,熔融物用盐酸(15+85)100 mL 浸出,冷却后,移入 250 mL 容量瓶中,用水稀释到刻度,摇匀。

9.2.7 氧化钙标准溶液:0.10 mg/mL。

准确称取经 110℃烘干 2 h 的碳酸钙 0.892 4 g,置于 250 mL 烧杯中,加水 50 mL,滴加盐酸(1+1)至完全溶解后,再过量 2 滴～3 滴,加热煮沸,逐去二氧化碳,冷却后,移入 500 mL 容量瓶中,加水稀释至刻度,摇匀。1 mL 此溶液含氧化钙 1.00 mg。

用移液管移取上述氧化钙标准溶液(1.00 mg/mL)50 mL,放入另一个 500 mL 容量瓶中,用水稀释至刻度,摇匀。1 mL 此溶液含氧化钙 0.10 mg。

9.3 仪器

9.3.1 原子吸收分光光度计。

9.3.2 钙空心阴极灯。

9.4 测定用标准溶液系列的配制

用移液管移取三氧化二铝基体溶液(9.2.6)9 份各 25 mL,分别放入 9 个 50 mL 容量瓶中,用微量滴定管依次加入氧化钙标准溶液(9.2.7)0.00 mL,0.25 mL,0.50 mL,1.00 mL,1.50 mL,2.00 mL,3.00 mL,4.00 mL,5.00 mL,加氯化锶溶液(9.2.2)5 mL,用水稀释至刻度,摇匀。贮存于干燥的塑料瓶中。

9.5 仪器测定条件

仪器测定条件见表 8。

表 8

辐射源	波长/nm	狭缝/mm	火焰类型
钙空心阴极灯	422.7	0.1	空气-乙炔

注:实验室可根据不同仪器类型选择合适工作条件。

9.6 分析步骤

用移液管移取试液(5.1.4.2)或滤液 A(5.2.3)25 mL,放入 50 mL 容量瓶中,加氯化锶溶液(9.2.2)5 mL,用水稀释至刻度,摇匀。同时于相同条件下作一空白试验。

按照选定的仪器工作条件调整仪器,空心阴极灯预热 20 min,点燃火焰,燃烧正常后,调节空气和乙炔流量,用水喷雾,调整零点,然后用标准溶液系列和试液进行喷雾,读取相应的吸光度。同一份溶液重复测定,由测定标准溶液的吸光度的平均值和标准溶液浓度系列,绘出吸光度-浓度标准曲线。根据试液的吸光度与空白吸光度之差,直接在标准曲线上查出试液中氧化钙的质量。

9.7 分析结果的计算

氧化钙的质量含量 $w(CaO)$,数值以%表示,按式(12)计算:

$$w(CaO)=\frac{m_1}{m_0\times\frac{V_1}{V}}\times 100 \qquad \cdots\cdots(12)$$

式中：

m_1——分取试样溶液中自工作曲线上查得的氧化钙质量的数值，单位为克(g)；

m_0——试样质量的数值，单位为克(g)；

V——试验溶液总体积的数值，单位为毫升(mL)；

V_1——分取试液的体积的数值，单位为毫升(mL)。

计算结果精确到0.01。

9.8 允许误差

允许误差按表9之规定。

表9

%

含量范围	允许误差	
	同一试验室	不同试验室
≤0.50	±0.05	±0.08
>0.50～1.00	±0.07	±0.10

10 氧化镁的测定(原子吸收分光光度法)

10.1 方法原理

试样用硼砂-碳酸钠混合熔融分解后，熔融物用盐酸浸出，加入释放剂氯化锶，消除铝的干扰，测出吸光度，用标准曲线法计算结果，由于氯化锶不能完全消除铝的干扰，故在标准系列溶液中加入相同量的三氧化二铝。

10.2 试剂

10.2.1 氯化锶溶液：见9.2.2。

10.2.2 三氧化二铝：见9.2.4。

10.2.3 三氧化二铝基体溶液：见9.2.6。

10.2.4 盐酸(密度1.19 g/cm^3)。

10.2.5 氧化镁：高纯试剂或光谱纯试剂。

10.2.6 氧化镁标准溶液：0.025 mg/mL。

准确称取经1 000℃灼烧1 h后的氧化镁(10.2.5)0.250 0 g，置于烧杯中，加水20 mL，盐酸(10.2.4)5 mL，加热溶解，冷却后，移入500 mL容量瓶中，加水稀释至刻度，摇匀。1 mL此溶液含氧化镁0.50 mg。

用移液管移取上述氧化镁标准溶液(0.50 mg/mL)50 mL，放入另一个500 mL容量瓶中，用水稀释至刻度，摇匀。1 mL此溶液含氧化镁0.05 mg。

10.3 仪器

10.3.1 原子吸收分光光度计。

10.3.2 镁空心阴极灯。

10.4 测定用标准溶液系列的配置

用移液管移取三氧化二铝基体溶液(10.2.3)9份各25 mL，分别放入9个50 mL容量瓶中，用微量滴定管依次加入氧化镁标准溶液(10.2.6)0.00 mL，0.20 mL，0.40 mL，0.80 mL，1.50 mL，2.00 mL，3.00 mL，4.00 mL，5.00 mL，加氯化锶溶液(10.2.1)5 mL，用水稀释至刻度，摇匀。贮存于干燥的塑料瓶中。

10.5 仪器测定条件

仪器测定条件见表10。

表 10

辐射源	波长/nm	狭缝/mm	火焰类型
镁空心阴极灯	285.2	0.1	空气-乙炔

注：实验室可根据不同仪器类型选择合适工作条件。

10.6 分析步骤

用移液管移取试液(5.1.4.2)或滤液 A(5.2.3)25 mL，放入 50 mL 容量瓶中，加氯化锶溶液(10.2.1)5 mL，用水稀释至刻度，摇匀。同时于相同条件下作一空白试验。

按照选定的仪器工作条件调整仪器，空心阴极灯预热 20 min，点燃火焰，燃烧正常后，调节空气和乙炔流量，用水喷雾，调整零点，然后用标准溶液系列和试液进行喷雾，读取相应的吸光度。同一份溶液重复测定，由测定标准溶液的吸光度的平均值和标准溶液浓度系列，绘出吸光度-浓度标准曲线。根据试液的吸光度与空白吸光度之差，直接在标准曲线上查出试液中氧化镁的质量。

10.7 分析结果的计算

氧化镁的质量含量 $w(MgO)$，数值以%表示，按式(13)计算：

$$w(MgO)=\frac{m_1}{m_0\times\frac{V_1}{V}}\times100 \qquad (13)$$

式中：

m_1——分取试样溶液中自工作曲线上查得的氧化镁质量的数值，单位为克(g)；

m_0——试样质量的数值，单位为克(g)；

V——试验溶液总体积的数值，单位为毫升(mL)；

V_1——分取试液的体积的数值，单位为毫升(mL)。

计算结果精确到 0.01。

10.8 允许误差

允许误差按表 11 之规定。

表 11

%

含量范围	允许误差	
	同一试验室	不同试验室
≤0.50	±0.05	±0.08
>0.50～1.00	±0.07	±0.10

11 三氧化二铝的测定

11.1 直接计算白刚玉中三氧化二铝的百分含量(适用于杂质总量不大于 3%的刚玉样品分析)

白刚玉中三氧化二铝的质量含量 $w(Al_2O_3)$，数值以%表示，按式(14)计算：

$$w(Al_2O_3)=100-(A+B+C+D+E+F+G) \qquad (14)$$

式中：

A——灼减百分含量；

B——二氧化硅百分含量；

C——三氧化二铁百分含量；

D——氧化钾百分含量；

E——氧化钠百分含量；

F——氧化钙百分含量；

G——氧化镁百分含量。

11.2 直接计算铬刚玉中三氧化二铝的百分含量

铬刚玉中三氧化二铝的质量含量 $w(Al_2O_3)$，数值以%表示，按式(15)计算：

$$w(Al_2O_3) = 100 - (A + B + C + D + E + F + G + H) \quad \cdots\cdots(15)$$

式中：

A——灼减百分含量；

B——二氧化硅百分含量；

C——三氧化二铁百分含量；

D——三氧化二铬百分含量；

E——氧化钾百分含量；

F——氧化钠百分含量；

G——氧化钙百分含量；

H——氧化镁百分含量。

11.3 EDTA 容量法测定三氧化二铝(适用于杂质总量大于3%的白刚玉中三氧化二铝的测定)

11.3.1 方法原理

在弱酸性溶液中，三价铝离子与 EDTA 生成中等强度的络合物，此反应进行缓慢，不能直接用于滴定，须采用反滴定。即先加入过量的 EDTA 标准溶液，调整 pH 值在 2.3 左右，加热使三价铝离子与 EDTA 完全络合，再调整至 pH5～pH6，以二甲酚橙为指示剂，用锌盐标准溶液滴定过量的 EDTA，溶液由黄色变为橙红色为滴定终点。

三价铁离子在此条件下也一起与 EDTA 络合，在计算时扣除即可。

11.3.2 试剂

11.3.2.1 氨水(1+1)。

11.3.2.2 盐酸(1+1)。

11.3.2.3 甲基橙指示剂溶液(0.05%)。

11.3.2.4 六次甲基四胺溶液(15%)。

11.3.2.5 二甲酚橙指示剂(1∶100)：称取二甲酚橙指示剂 0.5 g 与氯化钠 50 g 在玛瑙研钵中研细混匀。

11.3.2.6 钙试剂羧酸钠盐指示剂(1∶100)：称取钙试剂羧酸钠盐 0.5 g 与氯化钠 50 g 在玛瑙研钵中研细混匀。

11.3.2.7 EDTA 标准溶液：0.05 mol/L。

称取 EDTA 18.61 g 于 400 mL 烧杯中，加水 200 mL，低温加热溶解，冷却后，过滤于 1 000 mL 容量瓶中，用水稀释至刻度，摇匀。

标定：

准确称取在 110℃烘干 2 h 的碳酸钙(基准试剂)1.784 8 g，置于 250 mL 烧杯中，加水 50 mL，滴加盐酸(11.3.2.2)至完全溶解，并过量 2 滴～3 滴，加热煮沸，逐去二氧化碳，冷却后，移入 1 000 mL 容量瓶中，用水稀释至刻度，摇匀，1 mL 此溶液含氧化钙 1.00 mg。

用移液管移取上述氧化钙标准溶液(1.00 mg/mL)50 mL 于 300 mL 锥形瓶中，加水 100 mL，氢氧化钠(20%)10 mL，摇匀，加适量钙试剂羧酸钠盐指示剂(11.3.2.6)，用制备的 EDTA 标准溶液滴定至纯蓝色为终点，并在相同条件下做空白试验。

计算：

$$T_{CaO} = \frac{m}{V} \quad \cdots\cdots(16)$$

式中：

m——氧化钙的质量的数值，单位为克(g)；

V——滴定时消耗 EDTA 标准溶液的体积，单位为毫升(mL)；

T_{CaO}——EDTA 标准溶液对氧化钙的滴定度，单位为克每毫升(g/mL)。

11.3.2.8 硫酸锌标准溶液：0.025 mol/L。

称取硫酸锌($ZnSO_4 \cdot 7H_2O$ 优级纯)7.2 g 于 250 mL 烧杯中，加水 100 mL 搅拌溶解，滴加硫酸(1+1)使其清亮，移入 1 000 mL 容量瓶中，用水稀释至刻度，摇匀。

标定：

由滴定管准确放取 EDTA 标准溶液(0.05 mol/L)10 mL 于 250 mL 锥形瓶中，加水 50 mL，六次甲基四胺溶液(11.3.2.4)5 mL，二甲酚橙指示剂(11.3.2.5)适量，以配制的硫酸锌标准溶液滴定至由黄色变为微橙红色为终点。

计算：

$$K = \frac{V_2}{V_1} \qquad \cdots\cdots(17)$$

式中：

K——1 mL EDTA 标准溶液相当于硫酸锌标准溶液的体积；

V_1——所取 EDTA 标准溶液的体积，单位为毫升(mL)；

V_2——滴定消耗硫酸锌标准溶液的体积，单位为毫升(mL)。

硫酸锌标准溶液对三氧化二铝的滴定度计算如下：

$$T_{Al_2O_3} = \frac{T_{CaO} \times 0.909\,1}{K} \qquad \cdots\cdots(18)$$

式中：

$T_{Al_2O_3}$——硫酸锌标准溶液对三氧化二铝的滴定度，单位为克每毫升(g/mL)；

T_{CaO}——EDTA 标准溶液对氧化钙的滴定度，单位为克每毫升(g/mL)；

K——1 mL EDTA 标准溶液相当于硫酸锌标准溶液的体积；

0.909 1——由氧化钙换算成三氧化二铝的系数。

11.3.3 分析方法

用移液管移取试液(5.1.4.2)或滤液 A(5.2.3)25 mL 于 250 mL 锥形瓶中，加水 50 mL，加 EDTA 标准溶液(11.3.2.7)25 mL，摇匀，加 1 滴甲基橙指示剂(11.3.2.3)，用氨水(11.3.2.1)调至黄色，再用盐酸(11.3.2.2)调至刚呈微红色，并过量两滴，以水吹洗瓶壁，加热微沸 3 min，以流水冷却至室温，加 10 mL 六次甲基四胺(11.3.2.4)，二甲酚橙指示剂(11.3.2.5)适量，用硫酸锌标准溶液(11.3.2.8)滴定至由黄色变为微橙红色为终点。

11.3.4 分析结果的计算

三氧化二铝的质量含量 $w(Al_2O_3)$，数值以%表示，按式(19)计算：

$$w(Al_2O_3) = \frac{(V_1 \times K - V_2) \times T_{Al_2O_3}}{m_0 \times \frac{V_3}{V}} \times 100 - w(Fe_2O_3) \times 0.638\,3 \qquad \cdots\cdots(19)$$

式中：

V_1——加入 EDTA 标准溶液的体积，单位为毫升(mL)；

V_2——滴定消耗硫酸锌标准溶液的体积，单位为毫升(mL)；

V_3——分取试液的体积的数值，单位为毫升(mL)；

V——试验溶液总体积的数值，单位为毫升(mL)；

K——1 mL EDTA 标准溶液相当于硫酸锌标准溶液的体积；

$T_{Al_2O_3}$——硫酸锌标准溶液对三氧化二铝的滴定度，单位为克每毫升(g/mL)；

m_0——试样质量的数值，单位为克(g)；

0.6383——三氧化二铁换算成三氧化二铝的系数。

计算结果精确到0.01。

11.4 允许误差

允许误差按表12之规定。

表12 %

同一试验室	±0.25
不同试验室	±0.30

ICS 31.240
K 05

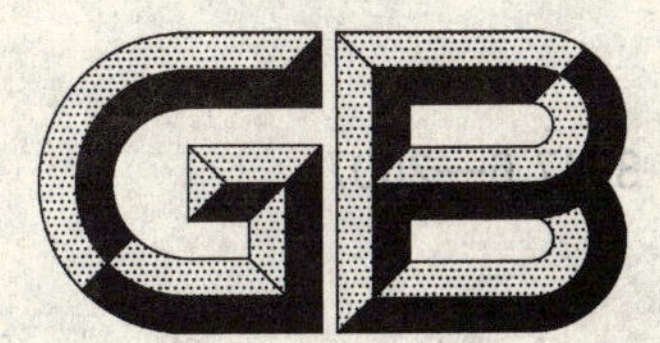

中华人民共和国国家标准

GB/T 3047.6—2007
代替 GB/T 3047.6—1986

电子设备台式机箱基本尺寸系列

Series of basic dimensions of cases for electronic equipment

2007-01-23 发布 2007-08-01 实施

中华人民共和国国家质量监督检验检疫总局
中国国家标准化管理委员会 发布

前　言

GB/T 3047目前包括5个部分：

——GB/T 3047.1　高度进制为20 mm的面板、架和柜的基本尺寸系列；

——GB/T 3047.3　高度进制为20 mm的插箱、插件基本尺寸系列；

——GB/T 3047.5　高度进制为20 mm的台式机箱基本尺寸系列；

——GB/T 3047.6　电子设备台式机箱基本尺寸系列；

——GB/T 3047.8　高度进制为44.45 mm的窄柜基本尺寸系列。

本部分为GB/T 3047的第6部分。

本部分代替GB/T 3047.6—1986《电子设备台式机箱基本尺寸系列》。

本部分与GB/T 3047.6—1986相比主要变化如下：

——增加规范性引用文件一章；

——将图和表1、表2中的宽度尺寸B_1、B_2改为W_1、W_2；

——表1中宽度尺寸W_1增加了"(284)"mm；

——表2中深度尺寸D_2增加了"120"mm；

——删除表1中W_1为"553"mm；

——删除3.2条中"由系列Ⅰ组成的台式机箱，可安装在符合GB/T 3047.1—1982第2部分要求的架或柜中"；

——将原标准中"本标准"改为"本部分"。

本部分由中国电器工业协会提出。

本部分由全国电工电子设备结构综合标准化技术委员会归口。

本部分起草单位：中国电子科技集团公司第四十一研究所、天津市新策电子设备科技有限公司。

本部分主要起草人：徐先庆、李淑媛。

电子设备台式机箱基本尺寸系列

1 范围

本部分规定了电子设备台式机箱的基本尺寸系列。

本部分适用于电子设备台式机箱。

2 规范性引用文件

下列文件中的条款通过GB/T 3047的本部分的引用而成为本部分的条款。凡是注日期的引用文件,其随后所有的修改单(不包括勘误的内容)或修订版均不适用于本部分,然而,鼓励根据本部分达成协议的各方研究是否可使用这些文件的最新版本。凡是不注日期的引用文件,其最新版本适用于本部分。

GB/T 19520.1—2007 电子设备机械结构 482.6 mm(19 in)系列机械结构尺寸 第1部分:面板和机架(IEC 60297-1:1986,IDT)

3 机箱的基本尺寸

3.1 机箱基本尺寸见图1。

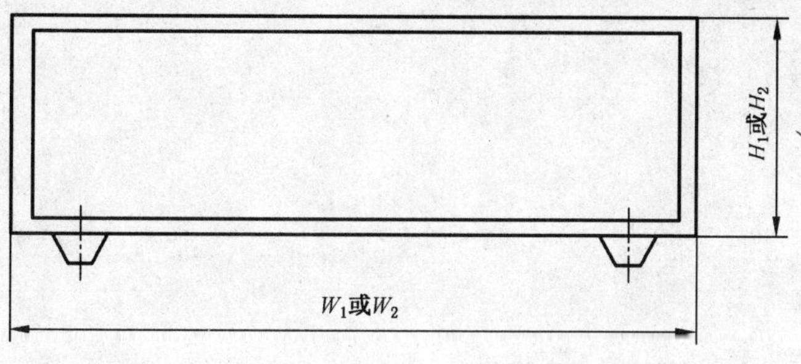

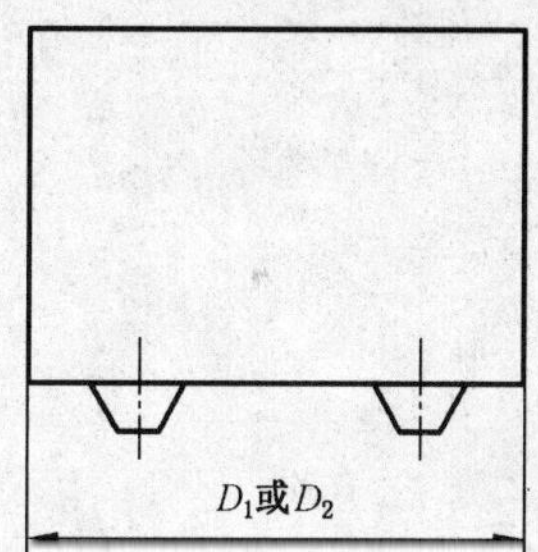

图 1

机箱宽度 W、高度 H、深度 D 为机箱主体结构的外形尺寸,不包括提手、支脚、紧固件、装饰件及任何形式的其他配件的尺寸。

3.2 机箱基本尺寸系列Ⅰ

机箱宽度 W_1、高度 H_1、深度 D_1 的尺寸系列见表1。

表 1 机箱基本尺寸系列Ⅰ

单位为毫米

H_1	43.6、88.1、132.5、177.0、221.5、265.9、310.3、354.8
W_1	(105.9)、(212.6)、(284)、(319.3)、426
D_1	150、200、250、300、350、400、450、500、550、600
注1:当 H_1 大于354.8 mm时,可按GB/T 19520.1—2007表1选取数值。 注2:允许 H_1、D_1 与表2中 W_2 组合。 注3:括号内的尺寸,不推荐使用。	

3.3 机箱基本尺寸系列Ⅱ

机箱宽度 W_2、高度 H_2、深度 D_2 的尺寸系列见表 2。

表 2 机箱基本尺寸系列Ⅱ

单位为毫米

H_2	78、100、122、144、166、188、210、232、254
W_2	100、120、140、160、180、200、220、240、280、320、360、400、440、480、520、560
D_2	120、160、200、240、280、320、360、400、440、480、520、560、600

ICS 29.060
K 13

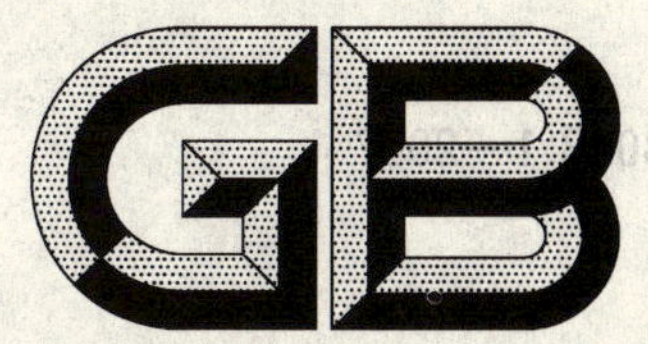

中华人民共和国国家标准

GB/T 3048.1—2007
代替 GB/T 3048.1—1994

电线电缆电性能试验方法 第1部分:总则

Test methods for electrical properties of electric cables and wires—Part 1:General

2007-12-03 发布 2008-05-01 实施

中华人民共和国国家质量监督检验检疫总局
中国国家标准化管理委员会 发布

前　言

GB/T 3048《电线电缆电性能试验方法》分为14个部分：
——第1部分：总则；
——第2部分：金属材料电阻率试验；
——第3部分：半导电橡塑材料体积电阻率试验；
——第4部分：导体直流电阻试验；
——第5部分：绝缘电阻试验；
——第7部分：耐电痕试验；
——第8部分：交流电压试验；
——第9部分：绝缘线芯火花试验；
——第10部分：挤出护套火花试验；
——第11部分：介质损耗角正切试验；
——第12部分：局部放电试验；
——第13部分：冲击电压试验；
——第14部分：直流电压试验；
——第16部分：表面电阻试验。

本部分为GB/T 3048的第1部分。

本部分代替GB/T 3048.1—1994《电线电缆电性能试验方法　总则》。本次修订按照GB/T 1.1—2000《标准化工作导则　第1部分：标准的结构和编写规则》对本部分进行了调整。

本部分与GB/T 3048.1—1994相比主要变化如下：

——标准的英文名称改为“Test methods for electrical properties of electric cables and wires—Part 1：General”；
——本部分的总体结构和编排按GB/T 1.1—2000进行了修改：
  1）　第1章为“范围”（1994年版的第1章；本版的第1章）；
  2）　第2章为“术语和定义”（1994年版的第5章；本版的第2章）；
  3）　第3章为“试验的一般规定”（1994年版的第4章；本版的第3章）；
  4）　第4章为“实现规定的目的”（1994年版的第3章；本版的第4章）；
  5）　第5章为“试验设备的校准”（1994年版的第6章；本版的第5章）；
——在第1章“范围”中删除了包含要求的部分（1994年版的第1章；本版的第1章）；
——删除了“引用标准”（1994年版的第2章；本版无）；
——在第2章“术语和定义”中调整了大部分内容（1994年版的第5章；本版的第2章）；
——在第3章“试验的一般规定”中补充了更为明确的要求，并规定了基准试验方法（1994年版的第4章；本版的3.3～3.6）；
——在第5章“试验设备的校准”中补充了相应规定（1994年版的第6章；本版的第5章）。

本部分由中国电器工业协会提出。

本部分由全国电线电缆标准化技术委员会归口。

本部分起草单位：上海电缆研究所。

本部分主要起草人：万树德、余震明、夏凯荣、朱中柱、金标义。

本部分所代替标准的历次版本发布情况为：GB 3048.1—1983、GB/T 3048.1—1994。

电线电缆电性能试验方法
第1部分:总则

1 范围

GB/T 3048的本部分规定了电线电缆电性能试验的术语和定义、试验的一般规定、实现规定的目的和试验设备的定期校准。

根据有关电线电缆标准规定,GB/T 3048后续部分规定的各项试验方法,适用于各种类型电线电缆及材料的电性能试验。

2 术语和定义

下列术语和定义适用于GB/T 3048的本部分。

2.1

试样的环境条件化处理　environmental conditions of specification

在规定的温度下,规定的时间内,置试样于规定相对湿度的环境中或浸在水或其他规定的液体中。

2.2

标准参考环境　reference standard environment

在任何环境条件下所测得的值,经计算可以校正到某一特定环境下的值,这一特定环境条件称为标准参考环境。

标准参考大气条件为:

温度:$t_0=20$℃;

气压:$b_0=101.3$ kPa;

绝对湿度:$h_0=11\ g/m^3$。

2.3

重复性　repeatability

在相同测量条件下,对同一被测物理量进行连续多次测量所得结果之间的一致性。

注1:这些条件称为"重复性条件"。

注2:重复性条件包括:

——相同的测量程序;

——相同的观测者;

——在相同的条件下使用相同的测量仪器;

——相同地点;

——在短时间内重复测量。

注3:重复性可以用测量结果的分散性定量地表示。

注4:重复性用在重复性条件下,重复观测结果的实验标准差(称为重复性标准差)S_r定量地给出。

注5:重复观察中的变动性,是由于所有影响结果的影响量不能完全保持恒定而引起的。

2.4

再现性　reproducibility

在改变了的测量条件下,同一被测物理量的测量结果之间的一致性。

注1:在给出再现性时,应有效说明改变条件的详细情况。

注2:可改变的条件包括:

——测量原理;

——测量方法；

——观测者；

——测量仪器；

——参考测量标准；

——地点；

——使用条件；

——时间。

注 3：再现性可用测量结果的分散性定量地表示。

注 4：测量结果在这里通常理解为已修正结果。

注 5：在再现性条件下，再现性用重复观测结果的实验标准差(称为再现性标准差)S_R 定量地给出。

2.5

校准　calibration

在规定条件下，为确定测量仪器、测量系统的示值、实物量具或标准物质所代表的值与相对应的由参考标准确定的量值之间关系的一组操作。

注 1：校准结果可用以评定测量仪器、测量系统或实物量具的示值误差，或给任何标尺上的标记赋值。

注 2：校准也可用以确定其他计量特性。

注 3：可将校准结果记录在有时称为“校准证书”或“校准报告”的文件上。

注 4：有时用修正值或“校准因子”或“校准曲线”表征校准结果。

3　试验的一般规定

3.1　除有关标准中另有规定，试验一律在环境温度(室温)下进行。

3.2　除非产品标准中另有规定，型式试验时，试样应进行环境条件化处理至少 16 h，环境条件按有关标准规定。

3.3　GB/T 3048 没有规定全部的试验条件以及全部试验要求，它们应在有关电缆产品标准中加以规定。

GB/T 3048 规定的任何试验要求可以在有关电缆产品标准中加以修改，以适应特殊类型电缆的需要。

3.4　GB/T 3048 规定的试验方法首先是作为型式试验用的，除非产品标准中另有规定，抽样试验和例行试验中也应采用。某些试验项目的型式试验和经常进行的试验(如例行试验)的条件有本质上的区别，GB/T 3048 已指明了这些区别。

3.5　除非产品标准中另有规定，型式试验和抽样试验时，三芯及以下的电缆每芯均应取样，超过三芯的电缆应取三个芯的试样，如多芯电缆各芯颜色不同时，应取不同颜色的试样。

3.6　GB/T 3048 后续部分中，对于同一试验项目有一种以上的试验方法(含不同的测试原理、不同的试样环境条件化处理和不同的试样制备方法)时，分为基准试验方法和常规试验方法，两种方法均适用于正常电缆产品的检验，检验者可根据具体条件采用。但有争议时应以基准试验方法为准。

4　实现规定的目的

GB/T 3048 后续部分除应符合本部分第 3 章“试验的一般规定”外，还应规定试验设备、试样制备和试验程序，实现这些规定的主要目的是：

a)　使试验结果具有较好的重复性和再现性；

b)　使试样在实施试验前和试验中，因环境条件引起的性能变化，能被限制在确定的和一致的条件范围内。

5 试验设备的校准

凡对检验的准确性或有效性有影响的试验设备，在投入使用前必须进行校准。

凡是进行电线电缆产品特殊检验的试验设备，应按检定方法标准校准。

为确定试验设备处于预期使用要求的状态，应按规定进行定期校准。

ICS 29.060
K 13

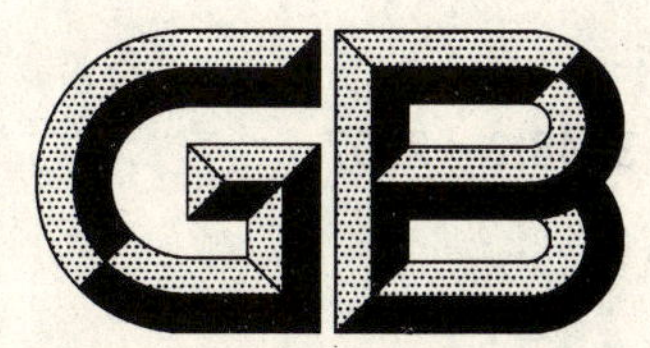

中华人民共和国国家标准

GB/T 3048.2—2007
代替 GB/T 3048.2—1994

电线电缆电性能试验方法 第2部分:金属材料电阻率试验

Test methods for electrical properties of electric cables and wires—Part 2:Test of electrical resistivity of metallic materials

(IEC 60468:1974,Method of measurement of resistivity of metallic materials,MOD)

2007-12-03 发布

2008-05-01 实施

中华人民共和国国家质量监督检验检疫总局
中国国家标准化管理委员会
发布

前 言

GB/T 3048《电线电缆电性能试验方法》分为14个部分：

——第1部分：总则；

——第2部分：金属材料电阻率试验；

——第3部分：半导电橡塑材料体积电阻率试验；

——第4部分：导体直流电阻试验；

——第5部分：绝缘电阻试验；

——第7部分：耐电痕试验；

——第8部分：交流电压试验；

——第9部分：绝缘线芯火花试验；

——第10部分：挤出护套火花试验；

——第11部分：介质损耗角正切试验；

——第12部分：局部放电试验；

——第13部分：冲击电压试验；

——第14部分：直流电压试验；

——第16部分：表面电阻试验。

本部分为GB/T 3048的第2部分。

本部分修改采用IEC 60468:1974《金属材料电阻率的测量方法》(英文版)。

本部分的结构符合GB/T 1.1—2000《标准化工作导则 第1部分：标准的结构和编写规则》，并与GB/T 3048的其他部分相协调。在附录A中列出了本部分章条编号与IEC 60468:1974章条编号的对照一览表。

考虑到检测技术的发展和测量的实际需要，在采用IEC 60468:1974时，本部分做了一些修改，有关技术性差异已编入正文中并在它们所涉及的条文的页边空白处用垂直单线标识；这些技术差异如下：

——按照GB/T 1.1—2000规定的标准结构和与GB/T 3048其他部分协调统一的原则，本部分增加了第2章"规范性引用文件"和第4章"试验设备"；

——IEC 60468:1974中除表1列出各参数测量的允许误差范围外，在标准条文中相关部分还重复表述，本部分对此进行了整合，以减少不必要的重复；

——在本部分第3章"术语和定义"中补充3.5"惠斯顿电桥"和3.6"凯尔文电桥"，以与本部分6.2.1中电阻测量的"两点法"和"四点法"相对应；

——增加第4章"试验设备"，以完善对于电阻、长度、质量、温度等测量仪器和设备的要求。还在4.1中补充了"也可使用电桥以外的其他仪器"，主要是为纳入近年来广泛应用的高精度数字式直流电阻测试仪；

——在本部分第5章"试样制备"中补充5.5以规范"基准试验"中对所制备试样的处理方式；

——本部分将IEC 60468:1974中分别表述的第6章"基准方法"和第7章"常规方法"两章合并为一章，即本部分的第6章"试验程序"。本部分统一地在第6章中对这两种试验方法分别作出规定；

——考虑到试验的实际操作情况和新技术的发展，本部分作了下述更改：

1) 由于现在温度控制技术的提高，本部分的6.1.2和6.1.3对于IEC 60468:1974中规定分别为(15～25)℃和(10～35)℃的"基准试验"和"常规试验"试样测试温度控制范围做了较大的修改，分别改为(20±0.1)℃和(20±5)℃，使其更接近标准温度20℃；

2） 本部分补充6.4.1.1和6.4.1.2，给出简单截面试样的截面积计算公式，并规定了取“π”值的有效位数；

——IEC 60468:1974的6.2.6，中指出，对于较小的温差($t-t_0$)数值来说，线膨胀温度系数“γ”是比电阻温度系数小得多的参数，在相关公式中可不必将“γ”包括进去。与IEC 60468:1974相比，本部分规定的测试温度更接近标准温度20℃(t_0)，因此在第7章“试验结果及计算”的7.1中明确“γ”可忽略不计，这适用于所有相关的计算，并具有足够的准确度。

为便于使用，对于IEC 60468:1974，本部分还做了下列编辑性修改：

——用小数点“.”代替作为小数点的逗号“,”；

——删除了国际标准的前言；

——增加了资料性附录A以指导使用。

本部分代替GB/T 3048.2—1994《电线电缆电性能试验方法　金属导体材料电阻率试验》。本次修订按照GB/T 1.1—2000对本部分进行了调整。

本部分与GB/T 3048.2—1994相比主要变化如下：

——标准的中文名称改为“电线电缆电性能试验方法　第2部分：金属材料电阻率试验”；

——标准的英文名称改为“Test methods for electrical properties of electric cables and wires—Part 2:Test of electrical resistivity of metallic materials”；

——本部分的总体结构和编排按GB/T 1.1—2000进行了修改：

1） 第1章为“范围”(1994年版的第1章；本版的第1章)；

2） 第2章为“规范性引用文件”(1994年版的第2章；本版的第2章)；

3） 第3章为“术语和定义”(1994年版的第3章；本版的第3章)；

4） 第4章为“试验设备”(1994年版的第4章；本版的第4章)；

5） 第5章为“试样制备”(1994年版的第5章；本版的第5章)；

6） 第6章为“试验程序”(1994年版的第6章；本版的第6章)；

7） 第7章为“试验结果及计算”(1994年版的第7章；本版的第7章)；

8） 第8章为“试验记录”(1994年版的第8章；本版的第8章)；

——在第1章“范围”中修改了本部分的适用范围，将“仲裁试验”和“例行试验”改为“基准试验”和“常规试验”(1994年版的第1章；本版的第1章)；

——在第3章“术语和定义”中按GB/T 2900.4《电工术语　电工合金》进行编辑性修改，并补充了直流电桥的条目(1994年版的第3章；本版的第3章、3.5、3.6)；

——在第4章“试验设备”中进行了必要的整合(1994年版的4.1、5.2.2；本版的6.2.2、4.2)；

——在第5章“试样制备”中合并了对试样的“形状”和“特性”的分别要求，进行了统一的综合规定，并补充了试样的特殊制备方式(1994年版的第5章；本版的第5章、5.5)；

——在第6章“试验程序”中作了下述修改：

1） 不再对“常规试验”做单独的要求，而与“基准试验”合并进行统一的综合规定(1994年版的第6章；本版的第6章)；

2） 补充了简单截面导体试样的截面积计算公式(1994年版无；本版的6.4.1.2、6.4.1.3)；

3） 对试样温度作了更严格的规定(1994年版的6.2.1、6.9.1；本版的6.1.2、6.1.3)；

——在第7章“试验结果及计算”中确认本部分规定的测试温度下，计算公式中的线膨胀温度系数“γ”可忽略不计并具有足够的准确度(1994年版的7.3；本版的7.1)；

——在第8章“试验记录”中修改了部分要求，删除了“试验报告”的提法，统一规范为“试验记录”(1994年版的第8章、8.2；本版的第8章、8.2)。

本部分的附录A、附录B、附录C和附录D为资料性附录。

本部分由中国电器工业协会提出。

本部分由全国电线电缆标准化技术委员会归口。

本部分起草单位:上海电缆研究所。

本部分主要起草人:万树德、夏凯荣、余震明、沈建华。

本部分所代替标准的历次版本发布情况为:GB 3048.2—1983、GB/T 3048.2—1994。

电线电缆电性能试验方法
第2部分:金属材料电阻率试验

1 范围

GB/T 3048 的本部分规定了金属材料电阻率试验的术语和定义、试验设备、试样制备、试验程序、试验结果及计算和试验记录。

本部分规定的试验方法适用于测定实心(非绞合)铜、铝及其合金金属导体材料和电阻材料的体积电阻率和质量电阻率,以及测定实心金属导体材料(均匀截面积)的单位长度电阻。

本部分所提供的方法为测定标准条件下电阻率在(0.01～2.0)$\Omega\cdot mm^2/m(\mu\Omega\cdot m)$范围内的实心(非绞合)材料电阻率的基准试验和常规试验方法。

本部分应与 GB/T 3048.1 一起使用。

2 规范性引用文件

下列文件中的条款通过 GB/T 3048 的本部分的引用而成为本部分的条款。凡是注日期的引用文件,其随后所有的修改单(不包括勘误的内容)或修订版均不适用于本部分,然而,鼓励根据本部分达成协议的各方研究是否可使用这些文件的最新版本。凡是不注日期的引用文件,其最新版本适用于本部分。

GB/T 1214 游标卡尺

GB/T 1216 外径千分尺(neq ISO 3611)

GB/T 3048.1 电线电缆电性能试验方法 第1部分:总则

3 术语和定义

下列术语和定义适用于 GB/T 3048 的本部分。

3.1

体积电阻率 volume resistivity

单位长度、单位截面积导体的电阻,在标准温度导体的体积电阻率用公式(1)计算:

$$\rho_V(t_0)=\frac{A(t_0)}{l_1(t_0)}\cdot R(t_0) \quad\cdots\cdots(1)$$

式中:

$\rho_V(t_0)$——在标准温度 t_0 时的体积电阻率,单位为欧米($\Omega\cdot m$);

$A(t_0)$——在标准温度 t_0 时的试样的截面积,单位为平方米(m^2);

$l_1(t_0)$——在标准温度 t_0 时的试样的标长,单位为米(m);

$R(t_0)$——在标准温度 t_0 时的试样标长两端间的电阻,单位为欧(Ω)。

3.2

质量电阻率 mass resistivity

单位长度、单位质量导体的电阻,在标准温度导体的质量电阻率用公式(2)计算:

$$\rho_m(t_0)=\frac{m}{l_2(t_0)}\cdot\frac{R(t_0)}{l_1(t_0)} \quad\cdots\cdots(2)$$

式中:

$\rho_m(t_0)$——在标准温度 t_0 时的质量电阻率,单位为欧千克每平方米($\Omega\cdot kg/m^2$);

m——试样质量,单位为千克(kg);

$l_2(t_0)$——在标准温度 t_0 时的试样的总长,单位为米(m);

$R(t_0)$——在标准温度 t_0 时的试样标长两端间的电阻,单位为欧(Ω);

$l_1(t_0)$——在标准温度 t_0 时的试样的标长,单位为米(m)。

3.3

单位长度电阻 resistance per unit length

导体在标准温度下单位长度的电阻值用公式(3)计算:

$$R_1(t_0)=\frac{R(t_0)}{l_1(t_0)} \qquad \cdots\cdots(3)$$

式中:

$R_1(t_0)$——在标准温度 t_0 时单位长度的电阻,单位为欧每米(Ω/m);

$R(t_0)$——在标准温度 t_0 时试样标长两端间的电阻,单位为欧(Ω);

$l_1(t_0)$——在标准温度 t_0 时试样的标长,单位为米(m)。

3.4

国际退火铜标准导电率百分数 conductivity per cent IACS

本部分的表1转录了已规定在 IEC 60028:1925《铜电阻的国际标准》中的国际退火铜标准(简称IACS)的体积电阻率和质量电阻率的数值。IEC 60028 把商业退火铜的导电率规定为20℃时标准退火铜导电率的百分数,导电率是电阻率的倒数。它假定商业退火铜的密度与标准退火铜的密度相同,从而不论导电率是质量导电率值还是体积导电率值,都无关紧要。但是从1925年以来,其他金属的导电率普遍采用IACS表示。由于其他金属的密度和铜的密度可能不同,在这些情况下,不论是体积的还是质量的,都需要规定导电率的基准。IACS体积导电率百分数或者IACS质量导电率百分数,定义为国际退火铜标准规定电阻率(不论是体积的或者质量的)对相同单位的试样电阻率之比乘以100。

注:标准退火铜和商用纯铝排、硬拉铝线及退火铝线的其他特性值可参见附录B。

表1 与IACS相当电阻率数值

20℃时的导电率(%IACS)	100.00	
体积电阻率	Ω·m	$1.724\,1\times10^{-8}$
	Ω·mm²/m(μΩ·m)	0.017 241
质量电阻率	Ω·kg/m²	$1.532\,8\times10^{-4}$
	Ω·g/m²	0.153 28

3.5

惠斯登电桥 Wheatstone bridge

惠斯登电桥即单臂电桥,测量电阻时只有两个触点,称为两点法。

3.6

凯尔文电桥 Kelvin bridge

凯尔文电桥即双臂电桥,测量电阻时有四个触点,称为四点法。

4 试验设备

4.1 电阻测量系统可使用直流电桥。只要总测量误差符合表2规定,也可使用电桥以外的其他仪器。如根据直流电流-电压降直接法原理,并采用了四端测量技术,具有高精度的数字式直流电阻测试仪。

4.2 电阻测量专用夹具:两电位点之间的标距长度应不小于0.3 m,其他尺寸应与试验设备相适应。

4.3 游标卡尺:(1 000±0.1)mm,符合GB/T 1214规定。

杠杆千分尺:表头示值误差应不超过1 μm,符合GB/T 1216规定。

4.4 精密天平：分度值为0.1 mg。

4.5 温度计：示值误差应不超过0.1℃。

4.6 精密恒温油浴（基准试验时）：(20±0.1)℃。

5 试样制备

5.1 试样应无接头，试样表面应无裂纹和缺陷，横向尺寸为1 mm及以上的试样用肉眼检查，小于1 mm的试样用20倍放大镜检查。

试样表面，特别是在与电流和电位接头接触的表面上，应基本无斑疤、灰尘和油污。必要时，在测量试样尺寸之前应清洗干净。

5.2 试样为截面大致均匀的任何形状的杆材、线材、带材、排或管材等，其表面应光滑。沿试样标距长度以相等间距分5次或更多次所测得的横截面，其相对标准偏差在基准试验时应不超过1%，常规试验时应不超过2%。

5.3 测定单位长度的质量时，试样的两端应呈平面且垂直于纵轴，试样表面应无毛刺、飞边和弧边（锯齿状边）。

5.4 从大块材料中截取的试样，应注意在制备试样时防止材料性能发生明显变化。塑性变形会使材料加工变硬，电阻率增加；加热会使材料退火，电阻率减小。

5.5 必要时，基准试验用试样应按下述方法制备：试样经酸洗并加工至标称直径为2 mm，去油污，经(500～550)℃保护性气氛中退火30 min，然后在同一保护气氛中快速冷却或在空气中快速转移到水中冷却。

6 试验程序

6.1 一般规定

6.1.1 本部分规定两种试验方法：基准试验方法和常规试验方法。用基准试验方法测量体积电阻率的允许总误差范围是±0.25%，质量电阻率及单位长度电阻的允许总误差范围是±0.20%。用常规试验方法测量体积电阻率的允许总误差范围是±0.65%，质量电阻率的允许总误差范围是±0.45%，单位长度电阻的允许总误差范围是±0.40%。为计算所需的每种物理量的每次测定，要求精密和准确，使按附录D所述计算的总误差不超过上述界限。如果各个测量值的精密度和准确度在表2规定的误差范围内，则此总误差规定是可以达到的。基准试验和常规试验的标准温度都是20℃。

6.1.2 基准试验的试样应置于(20±0.1)℃的精密恒温油浴。在整个试验过程中，温度的测量和控制应符合表2规定。

6.1.3 常规试验的试样应在(20±5)℃恒温条件下测量，试样在测试前应置于温度符合试验要求的实验室中至少1 h，或放入油浴，温度的测量和控制应符合表2规定。

表2 允许测量误差

项目名称	基准试验	常规试验
长度	±0.05%	±0.10%
电阻	±0.15%	±0.30%
截面积	±0.15%	±0.50%
使用已知试样密度：		
空气中的质量	±0.05%	±0.10%
试样长度	±0.05%	±0.20%
试样密度	±0.12%	±0.45%
使用流体秤重：		
空气中的质量	±0.04(d_L/d_S)%	±0.30(d_L/d_S)%

表 2(续)

项目名称	基准试验	常规试验
液体中的质量	$\pm 0.08[d_L/(d_S-d_L)]\%$	$\pm 0.30[d_L/(d_S-d_L)]\%$
液体密度	±0.08%	±0.20%
温度引起的总误差	±0.06%	±0.25%
温度控制	±0.04%(0.1℃)	±0.15%(0.4℃)
温度校准	±0.04%	±0.15%
总误差		
体积电阻率	±0.25%	±0.65%
质量电阻率	±0.20%	±0.45%
单位长度电阻	±0.20%	±0.40%
注：误差分析参见附录 D。		

6.2 电阻测量

6.2.1 被测试样电阻为 10 Ω 及以下(应不小于 10 μΩ)者应采用四点法，如凯尔文电桥；电阻大于 10 Ω 者可采用两点法，如惠斯顿电桥；常规试验时，试样电阻大于 1 Ω 者允许采用两点法。

6.2.2 电阻测量系统的总误差包括：标准电阻的校准误差、试样和标准电阻的比较误差、接触电势和热电势引起的误差、测量电流引起的试样发热误差。基准试验和常规试验时电阻测量系统的误差应符合表 2 规定。

6.2.3 四点法测量(采用四端夹具)时，电位接触点应由相当锋利的刀刃构成，且互相平行，均垂直于试样纵轴，接点也可以是锐利的针状接点。每个电位接点与相应的电流接点之间的距离应不小于试样断面周长的 1.5 倍。

6.2.4 使用凯尔文双臂电桥时，标准电阻和试样间的跨线电阻应明显地既小于标准电阻，又小于试样电阻。否则，应采取适当方法予以补偿，如引线补偿，使线圈和引线阻值比例达到足够平衡，使跨线电阻的影响降低到保证电桥准确度符合规定的要求。

6.2.5 应注意消除由于接触电势和热电势引起的测量误差。可采用电流换向法，读取一个正向读数和一个反向读数，取算术平均值。也可以采用平衡点法(补偿法)，检流计接入电路后，在电流不闭合的情况下调零，达到闭合电流时检流计上基本观察不到冲击。

6.2.6 在满足试验系统灵敏度要求的情况下，应尽量选择最小的测试电流，以免引起过大的温升。当用比测试电流大 40%的电流所测得的电阻平均值超过测试电流所测平均值的 0.06%时，则认为温升过大，试验无效，应选择更小的测试电流。

6.3 长度测量

在试验温度 t 时测定试样两电位点之间的标距长度 $l_1(t)$，测量误差应符合表 2 规定。

6.4 截面积测量

6.4.1 计算法

6.4.1.1 简单截面的试样，其截面积可以合理的从线性截面尺寸计算得出。测定尺寸时应沿试样的计量长度以大约相等的间距至少测量五次，计算出算术平均值。平均值的标准偏差与平均值自身的比值应不超过±15%。

6.4.1.2 圆形截面试样，按公式(4)计算截面积。

$$A(t)=\frac{\pi}{4}\cdot d^2 \qquad \cdots\cdots(4)$$

式中：

$A(t)$——在试验温度 t 时试样的截面积，单位为平方毫米(mm^2)；

π——圆周率，取 3.141 6；

d——试样直径平均值，单位为毫米(mm)。

6.4.1.3 扁线截面试样，按公式(5)计算截面积。

$$A(t)=\delta\cdot b-0.858r^2 \quad \cdots\cdots(5)$$

式中：

δ——试样厚度平均值，单位为毫米(mm)；

b——试样宽度平均值，单位为毫米(mm)；

r——扁线圆角半径，单位为毫米(mm)。

6.4.2 **称重法**

截面比较复杂的试样，当直接测量并计算出的截面积的误差不符合表2规定时，截面积应采用秤重法按公式(6)确定。

$$A(t)=\frac{m}{l_2(t)d_S(t)}\cdot 10^3 \quad \cdots\cdots(6)$$

式中：

m——试样质量，单位为克(g)；

$l_2(t)$——试验温度 t 时的试样的总长，单位为米(m)；

$d_S(t)$——试验温度 t 时的试样密度，单位为千克每立方米(kg/m^3)。

质量、总长度、密度的测量误差应符合表2规定。

6.5 **质量测量**

应注意减小试样在空气中称重的误差，以满足公式(6)的要求。必要时，应按公式(7)校准空气浮力：

$$m=\frac{m_A d_S(d_W-d_A)}{d_W(d_S-d_A)} \quad \cdots\cdots(7)$$

式中：

m_A——在空气中测定的视在质量，单位为克(g)；

d_S——试样密度，单位为千克每立方米(kg/m^3)；

d_W——砝码密度，单位为千克每立方米(kg/m^3)；

d_A——空气密度，1.2 kg/m^3。

6.6 **密度测量**

6.6.1 当不知试样密度或试样密度误差不符合表2规定时，应在空气中和已知密度的液体中称重测定试样密度。可用试样直接测定，也可用与试样密度相同的试件测定。空气和液体的试验温度选择应能使对流所引起的误差减小到最低限度。

6.6.2 在液体中称重时，液体温度的均匀性应保证液体密度的误差应符合表2规定。

在液体中悬挂试样的挂线应尽可能的细，空气中称重时，挂线的延长部分应浸入同一液体中，以消除表面张力的影响。挂线直径超过0.05 mm时，应用直径为其两倍的挂线进行第二次称重，两次称重的质量差应不超过试样在液体中视在质量的$\pm 0.01[d_L/(d_S-d_L)]\%$。

用水作液体时，应加入适量的浸润剂，按重量计应不超过0.03%，并注意在称重前基本去除试样表面的全部气泡。

6.6.3 试样密度按公式(8)计算确定：

$$d_S=\frac{m_A d_L(t)-m_L(t)d_A}{m_A-m_L(t)} \quad \cdots\cdots(8)$$

式中：

$d_L(t)$——试验温度 t 时的液体密度，单位为千克每立方米(kg/m^3)；

$m_L(t)$——在液体中测定的试样视在质量，单位为克(g)。

注：采用此法测定密度时，截面积的误差取决于 $m_A(d_S/d_L)$ 和 $m_L(d_S-d_L)/d_L$ 的误差，故允许误差按这些数值的倒数百分比予以规定。参见附录D。

7 试验结果及计算

7.1 温度换算

考虑到电阻及线性尺寸都随温度而变化，计算时应将试验温度 t 时测得的数值换算到标准温度 t_0，本部分规定的 t_0 值为 20℃。下列各公式中，温差 $(t-20)$ 与试样电阻温度系数误差的乘积应符合表 2 规定。

因本部分规定的测试温度接近 20℃，在 $(t-20)$ 较小时，试样线膨胀温度系数"γ"比电阻温度系数"α_{20}"小得多，"γ"可忽略不计。这适用于下列各种计算情况，并具有足够的准确度。

7.2 电阻计算

设试样的电阻与温度呈线性变化，电阻按公式(9)计算：

$$R_{20}=\frac{R(t)}{1+\alpha_{20}(t-20)} \qquad \cdots\cdots(9)$$

式中：

R_{20}——20℃时试样的标长两端间的电阻，单位为欧(Ω)；

$R(t)$——试验温度 t 时试样的标长两端间的电阻，单位为欧(Ω)；

α_{20}——20℃时试样的电阻温度系数，1/℃。

7.3 单位长度电阻计算

标准温度 20℃时的单位长度电阻按公式(10)计算：

$$R_{l20}=\frac{R_l(t)}{1+(\alpha_{20}-\gamma)(t-20)} \qquad \cdots\cdots(10)$$

式中：

R_{l20}——20℃时单位长度电阻，单位为欧每米(Ω/m)；

$R_l(t)$——试验温度 t 时试样单位长度电阻，单位为欧每米(Ω/m)；

γ——线膨胀温度系数，1/℃。

7.4 体积电阻率计算

标准温度 20℃时的体积电阻率按公式(11)计算：

$$\rho_{V20}=\frac{\rho_V(t)}{1+(\alpha_{20}+\gamma)(t-20)} \qquad \cdots\cdots(11)$$

式中：

ρ_{V20}——20℃时试样的体积电阻率，单位为欧米(Ω·m)；

$\rho_V(t)$——试验温度 t 时试样的体积电阻率，单位为欧米(Ω·m)。

7.5 质量电阻率计算

标准温度 20℃时的质量电阻率按公式(12)计算：

$$\rho_{m20}=\frac{\rho_m(t)}{1+(\alpha_{20}-2\gamma)(t-20)} \qquad \cdots\cdots(12)$$

式中：

ρ_{m20}——20℃时试样的质量电阻率，单位为欧千克每平方米(Ω·kg/m²)；

$\rho_m(t)$——试验温度 t 时试样的质量电阻率，单位为欧千克每平方米(Ω·kg/m²)。

7.6 线性尺寸和截面积计算

当测量试样总长度和截面积时的温度 t' 与测量电阻及标记试样长度时温度 t 不同时，应按公式(13)和公式(14)进行换算。

$$l_2(t)=l_2(t')[1+\gamma(t-t')] \qquad \cdots\cdots(13)$$

$$A(t)=A(t')[1+2\gamma(t-t')] \qquad \cdots\cdots(14)$$

式中：

$l_2(t)$——换算到温度 t 时的试样总长度，单位为米(m)；

$A(t)$——换算到温度 t 时的试样截面积，单位为平方毫米(mm^2)；

$l_2(t')$——试验温度 t' 时的试样总长度，单位为米(m)；

$A(t')$——试验温度 t' 时的试样截面积，单位为平方毫米(mm^2)。

8 试验记录

8.1 试验记录中应详细记载下列内容：

a) 试验类型；

b) 试样编号，试样型号、规格；

c) 试验日期，测试时的温度；

d) 试样的平均电阻、测定次数和测试温度下平均电阻的标准偏差；

e) 试样平均截面积、测定次数和测试温度下平均截面积的标准偏差；

f) 试样的标距长度；

g) 20℃时试样的体积电阻率或单位长度电阻；

h) 测试仪器及其校准有效期。

8.2 有特别要求时，下列事项亦应包括在试验记录中：

a) 试验前的机械处理和热处理(必要时)；

b) 称重确定截面积时，应有试样长度、空气中质量、液体中质量(如果采用的话)、砝码密度、液体密度、试样密度、依此计算出的截面积、测量时的温度。用别的试件测定密度时应予说明；

c) 电阻各次测量汇总表；

d) 横向线性尺寸的各次测量，连同每组测量用的计算截面积汇总表。

附 录 A
(资料性附录)
本部分与 IEC 60468:1974 章、条编号对照

表 A.1 给出了本部分的章、条编号与 IEC 60468:1974 的章、条编号对照一览表。

表 A.1 本部分的章、条编号与 IEC 60468:1974 的章、条编号对照表

本部分章条编号	对应的 IEC 60468:1974 的章、条编号
1	1,2
2	—
3	4
3.1～3.4	4.1～4.4.5
3.5～3.6	—
4、4.1	—
4.2	6.1.2.2 的列项 2)、3)
4.3～4.6	—
5	6.1.2、7.1.2 的标题
5.1	6.1.2.2 的列项 4)、5)
5.2～5.4	6.1.2.1、7.1.2
5.5	—
6	6.1.3、7.1.3
6.1、6.1.1	3
6.1.2	6.1.3.1 的第 5 段
6.1.3	7.1.3.1 的一部分
6.2	6.1.3.1 的标题、7.1.3.1 的标题
6.2.1	6.1.1、7.1.1、6.1.2.2 的列项 1)
6.2.2～6.2.6	6.1.3.1 第 1～第 4 段的主要部分、7.1.3.1 的一部分
6.3	6.1.3.1 第 2 段的第一句、7.1.3.1 的第二句
6.4,6.4.1	6.1.3.2 和 7.1.3.2 的第一段
6.4.1.1、6.4.1.2	—
6.4.2	6.1.3.2 和 7.1.3.2 第二段
6.5	6.1.3.3、7.1.3.3
6.6,6.6.1～6.6.3	6.1.3.4、7.1.3.4
7、7.1	6.2、6.2.6、7.2
7.2～7.6	6.2.1～6.2.5
8	6.3、7.3
8.1	6.3 的列项 a)

表 A.1(续)

本部分章条编号	对应的 IEC 60468:1974 的章、条编号
8.2	6.3 的列项 b)
附录 A	—
附录 B	表 3
附录 C	附录 A
附录 D	附录 B

附 录 B
（资料性附录）
铜和铝在20℃时的特性

表B.1给出了铜和铝在20℃时的特性。

表B.1 铜和铝在20℃时的特性

特 性	铜	铝 排	硬 铝 线	退火铝线
体积电阻率 $\rho_V(t_0)$，$10^{-8}\ \Omega\cdot m$	1.724 1	2.90	2.826 4	2.80
电阻温度系数 $\alpha(t_0)$，10^{-3}/℃	3.93	3.93	4.03	4.07
线膨胀温度系数 γ，10^{-5}/℃	1.7	2.3	2.3	2.3
体积电阻率的温度系数 ε，$10^{-11}\ \Omega\cdot m$/℃	6.8	11.46	11.46	11.46
密度 $d_S(t_0)$，$10^6\ g\cdot m^{-3}$	8.89	2.703	2.703	2.703

注1：铜为标准退火铜。ε、γ 和 d_S 特性值也适用于商用退火铜IEC 60028给定值。

注2：铝排为商用纯铝排材料。$\rho(t_0)$为最大值，IEC 60105给定值。

注3：硬铝线为商用硬拉铝线。$\rho_V(t_0)$既是标准值，也是最大值，IEC 60111给定值。

注4：退火铝线为商用铝线。$\rho_V(t_0)$为最大值，IEC 60121给定值。

注5：ε 值是根据IEC出版物给定的 α、ρ_V、γ 值计算得出。参见附录C。

附 录 C
（资料性附录）
温 度 校 准

利用电阻温度系数来计算标准温度 t_0 时的体积电阻率，如第 7 章所述，已是普遍的应用了。但是采用其他方法时也会具有另外的优点。如果体积电阻率温度系数 ε 由公式(C.1)定义时，铜的 ε 值几乎与所有常用的铜合金的数值相同，铝的 ε 值与铝合金的相同。

$$\rho_V(t_2)=\rho_V(t_1)+\varepsilon(t_2-t_1) \quad \cdots\cdots\cdots\cdots (C.1)$$

这样，当在温度 t 测量电阻和尺寸时，计算所得的体积电阻率 $\rho_V(t)$，可根据附录 B 中的 ε 值，利用公式(C.1)很精确把温度校准到标准温度。

同时，还可以用公式(C.2)表述标准温度 t_0 时电阻温度系数 $\alpha(t_0)$ 与 ε 的相互关系。

$$\alpha(t_0)=\frac{\varepsilon}{\rho_V(t_0)}-\gamma \quad \cdots\cdots\cdots\cdots (C.2)$$

附 录 D
（资料性附录）
误 差 分 析

D.1 电阻、电阻率及单位长度电阻误差分析

试样的电阻 $R(t_0)$ 可从标准电阻通过比较测量技术提供的等式(D.1)和其测量比 N_{AB} 计算得出：

$$\frac{R_X}{R_S}=\frac{Z_A}{Z_B}\equiv N_{AB} \quad \cdots\cdots(D.1)$$

式中：

R_X——未知电阻；

R_S——标准电阻；

Z_A，Z_B——电桥平衡臂的阻抗。

假定在考虑范围电阻和长度与温度呈线性变化，测量时，试样[其电阻 $R_X=R(t)$]具有温度 t，标准电阻[电阻 $R_S(t')$]具有稍许不同的温度 t'，而如果标准电阻检定是在标准温度 t_2，但该温度和电阻率的标准温度 t_0 又不相同时，于是得：

$$R_S(t')=R_S(t_2)[1+\alpha_S(t'-t_2)] \quad \cdots\cdots(D.2)$$

式中：

α_S——标准电阻的电阻温度系数。

所以

$$R(t)=N_{AB}R_S(t')=N_{AB}R_S(t_2)[1+\alpha_S(t'-t_2)] \quad \cdots\cdots(D.3)$$

为了得到最大的准确度，最好是：

$$t=t_0 \quad 和 \quad t'=t_2$$

体积电阻率由公式(D.4)得出：

$$\rho_V(t)=\frac{A(t)}{l_1(t)}\cdot N_{AB}R_S(t_2)[1+\alpha_S(t'-t_2)] \quad \cdots\cdots(D.4)$$

ρ_V 的相对误差由公式(D.5)计算：

$$\frac{\Delta\rho_V}{\rho_V}=\frac{1}{\rho_V}\left\{\sum_i\left[\Delta X_i\frac{\partial\rho_V}{\partial X_i}\right]^2\right\}^{1/2} \quad \cdots\cdots(D.5)$$

式中：

X_i——第 i 次的特性，为已知或测得；

ΔX_i——X_i 的误差大小。

其最佳近似则为：

$$\frac{\Delta\rho_V(t)}{\rho_V(t)}\approx\left\{\left[\frac{\Delta A}{A}\right]^2+\left(\frac{\Delta l_1}{l_1}\right)^2+\left[\frac{\Delta N_{AB}}{N_{AB}}\right]^2+\left[\frac{\Delta R_S(t_2)}{R_S(t_2)}\right]^2 +[(t'-t_2)\times\Delta\alpha_S]^2+[\alpha_S\Delta t']^2\right\}^{1/2} \quad \cdots\cdots(D.6)$$

因为 $\rho(t_0)=\rho(t)+\varepsilon(t_0-t)$，得出：

$$\begin{aligned}\frac{\Delta\rho_V(t_0)}{\rho_V(t)}&\approx\left\{\left[\frac{\Delta\rho_V(t)}{\rho_V(t)}\right]^2+\left[\frac{\Delta\varepsilon}{\rho_V(t)}(t_0-t)\right]^2+\left[\frac{\varepsilon}{\rho_V(t)}\Delta t\right]^2\right\}^{1/2}\\&\approx\left\{\left[\frac{\Delta A}{A}\right]^2+\left[\frac{\Delta l_1}{l_1}\right]^2+\left[\frac{\Delta N_{AB}}{N_{AB}}\right]^2+\left[\frac{\Delta R_S(t_2)}{R_S(t_2)}\right]^2\right.\\&\quad+[(t'-t_2)\Delta\alpha_S]^2+[\alpha_S\Delta t']^2\\&\quad\left.+\left[\frac{\Delta\varepsilon}{\rho_V(t)}(t_0-t)\right]^2+\left[\frac{\varepsilon}{\rho_V(t)}\Delta t\right]^2\right\}^{1/2}\end{aligned} \quad \cdots\cdots(D.7)$$

质量电阻率和单位长度电阻的误差也可用类似的公式进行分析：

$$\frac{\Delta\rho_{\mathrm{m}}(t_0)}{\rho_{\mathrm{m}}(t_0)} \approx \left\{\left[\frac{\Delta m}{m}\right]^2+\left[\frac{\Delta l_1}{l_1}\right]^2+\left[\frac{\Delta l_2}{l_2}\right]^2+\left[\frac{\Delta N_{\mathrm{AB}}}{N_{\mathrm{AB}}}\right]^2+\left[\frac{\Delta R_{\mathrm{S}}(t_2)}{R_{\mathrm{S}}(t_2)}\right]^2 +[(t'-t_2)\times\Delta\alpha_{\mathrm{S}}]^2+[\alpha_{\mathrm{S}}\times\Delta t']^2 +[(t_0-t)\times\Delta\beta'(t_0)]^2+[\beta'(t_0)\times\Delta t]^2\right\}^{1/2} \quad \text{(D. 8)}$$

式中 $\beta'(t_0)$ 的定义为：

$$\rho_{\mathrm{m}}(t_0)=\rho_{\mathrm{m}}(t)[1+\beta'(t_0)(t_0-t)]^{-1}$$

而

$$\frac{\Delta R_1(t_0)}{R_1(t_0)} \approx \left\{\left[\frac{\Delta l_1}{l_1}\right]+\left[\frac{\Delta N_{\mathrm{AB}}}{N_{\mathrm{AB}}}\right]^2+\left[\frac{\Delta R_{\mathrm{S}}(t_2)}{R_{\mathrm{S}}(t_2)}\right]^2 +[(t'-t_2)\times\Delta\alpha_{\mathrm{S}}]^2+[\alpha_{\mathrm{S}}\times\Delta t']^2 +[(t_0-t)\times\Delta(\alpha(t_0)-\gamma)]^2 [(\alpha(t_0)-\gamma)\times\Delta t]^2\right\}^{1/2} \quad \text{(D. 9)}$$

上述各式中：

$\Delta A/A$——试样截面积相对误差；

$\Delta l_1/l_1$——试样标距长度相对误差；

$\Delta l_2/l_2$——试样总长度相对误差；

$\Delta m/m$——试样质量相对误差；

$\Delta N_{\mathrm{AB}}/N_{\mathrm{AB}}$——电桥精度和测量准确度所引起的相对误差；

$\Delta R_{\mathrm{S}}(t_2)/R_{\mathrm{S}}(t_2)$——标准温度 t_2 时标准电阻校正的相对误差；

$(t'-t_2)\Delta\alpha_{\mathrm{S}}$——在温度 t' 下测量电阻时的标准电阻相对误差，该误差是由 t 校准到 t' 时引起的。

本部分表 2 中的“电阻”相对误差指的是：

$$\left\{\left[\frac{\Delta N_{\mathrm{AB}}}{N_{\mathrm{AB}}}\right]^2+\left[\frac{\Delta R_{\mathrm{S}}(t_2)}{R_{\mathrm{S}}(t_2)}\right]^2+[(t'-t_2)\times\Delta\alpha_{\mathrm{S}}]^2\right\}^{1/2}$$

本部分表 2 中“温度引起的总误差”中，“温度控制”的相对误差指的是：

$$\{[\alpha_{\mathrm{S}}\times\Delta t']^2+[K\times\Delta t]^2\}^{1/2}$$

式中：

K——温度测量时误差的影响，对体积电阻率为 $\varepsilon/\rho_{\mathrm{V}}(t)$，对质量电阻率为 β'，对单位长度电阻为 $[\alpha(t_0)-\gamma]$。

“温度校准”的相对误差指的是由试验温度 t 校准到标准温度 t_0 引起的误差，对体积电阻率为 $\{[(t_0-t)\times\Delta\varepsilon/\rho_{\mathrm{V}}(t)]^2\}^{1/2}$，对质量电阻率为 $\{[(t_0-t)\times\Delta\beta'(t_0)]^2\}^{1/2}$，对单位长度电阻为 $\{[(t_0-t)\times\Delta(\alpha(t_0)-\gamma)]^2\}^{1/2}$。

D.2 截面测量误差分析

D.2.1 试样的截面积在整个试样长度上是有微小变化的，这种变化引起的误差能从等距离多次测量中估计出来。

设 $A(x)$ 为试样 x 位置上的截面积。

令 $A(x)=A_{\mathrm{m}}[1+f(x)]$，且 $|f(x)|\ll 1$，A_{m} 是 $A(x)$ 的平均值，以及：

$$A_{\mathrm{m}}=\frac{1}{l}\int_0^l A(x)\mathrm{d}x$$

$$\int_0^l f(x)\mathrm{d}x=0$$

这样，电阻 R 可由公式(D.10)得出：

$$R=\rho_{V}\int_{0}^{l}\frac{\mathrm{d}x}{A(x)}\approx\frac{\rho_{V}l}{A_{m}}\left\{1+\frac{1}{l}\int_{0}^{l}[f(x)]^{2}\mathrm{d}x\right\} \quad\cdots\cdots\cdots\cdots\cdots\cdots(\text{D}.10)$$

如果截面积的 n 次测量是沿试样长度等距离进行的，那么：

$$\overline{A}=\sum_{i=1}^{n}A(x_i)/n$$

式中 $A(x_i)$ 表示第 i 次测量，$\overline{A}$ 是 A_m 的一个估计值。

且 $C^2=(1/A_m^2)\sum_{i=1}^{n}[A(x_i)-\overline{A}]^2/(n-1)$ 是 $\frac{\sigma^2}{A_m^2}=\frac{1}{l}\int_0^l[f(x)]^2\mathrm{d}x$ 的估计值。

式中的 σ 是 $A(x)$ 的方差。

这样，取两次近似值时，计算体积电阻率的截面积应是：

$$A=\overline{A}/(1+c^2)$$

这个截面积的相对误差可取定为 A_m 的标准平均偏差：

$$\frac{\Delta A}{A}=S_m\equiv\frac{c}{\sqrt{n}}$$

对基准试验来说，$\Delta A/A$ 应不超过±0.15%，而如果 $n=5$，截面积测量五次，修正值 c^2 在 A 和 A_m 的关系式中约为0.001%左右，因此是不值得注意的。

对于常规试验来说，$\Delta A/A$ 可以大到不超过±0.50%，修正值 c^2 大约为0.005%左右，同样是不值得注意的。

所以在计算体积电阻率时，可以使用 n 次测量的平均值 A_m，它的误差取平均值的标准平均偏差。

D.2.2 当截面积是从试样的密度、质量和长度确定时，A_m 可直接从公式(D.11)得到：

$$m=d_S\int_0^l A(x)\mathrm{d}x=d_S lA_m \quad\cdots\cdots\cdots\cdots\cdots\cdots(\text{D}.11)$$

式中：

m——试样质量；

d_S——试样密度。

这时，A_m 的误差由质量 m、长度 l 和密度 d_S 的测量误差所组成和决定，由公式(D.12)计算：

$$\frac{\Delta A}{A}=\left\{\left[\frac{\Delta m}{m}\right]^2+\left[\frac{\Delta l}{l}\right]^2+\left[\frac{\Delta d_S}{d_S}\right]^2\right\}^{1/2} \quad\cdots\cdots\cdots\cdots\cdots\cdots(\text{D}.12)$$

试样的密度可在空气中和液体中称重，比较测定的视在质量用公式(D.13)就能算出：

$$d_S=\frac{m_A d_L-m_L d_A}{m_A-m_L}\approx\frac{m_A d_L}{m_A-m_L} \quad\cdots\cdots\cdots\cdots\cdots\cdots(\text{D}.13)$$

式中：

m_A——空气中试样视在质量；

m_L——液体中试样视在质量；

d_L——液体密度。

因此，表2中截面积误差指的是：

$$\frac{\Delta A}{A}=\left\{\left[\left(\frac{d_S}{d_L}\right)\frac{\Delta m_A}{m_A}\right]^2+\left[\left(\frac{d_S-d_L}{d_L}\right)\frac{\Delta m_L}{m_L}\right]^2+\left[\frac{\Delta d_L}{d_L}\right]^2+\left[\frac{\Delta l}{l}\right]^2\right\}^{1/2} \quad\cdots\cdots(\text{D}.14)$$

D.2.3 为满足5.2中"试样为截面大体上均匀"，可采用 n 次等距离的尺寸测量，并对每个校正项分别作出估计。

参 考 文 献

［1］ IEC 60028:1925 铜电阻的国际标准。

ICS 29.060
K 13

中华人民共和国国家标准

GB/T 3048.3—2007
代替 GB/T 3048.3—1994

电线电缆电性能试验方法 第3部分:半导电橡塑材料体积电阻率试验

Test methods for electrical properties of electric cables and wires—Part 3: Test of volume resistivity of semi-conducting rubbers and plastics

2007-12-03 发布　　2008-05-01 实施

中华人民共和国国家质量监督检验检疫总局
中国国家标准化管理委员会　发布

前　言

GB/T 3048《电线电缆电性能试验方法》分为14个部分：

——第1部分：总则；

——第2部分：金属材料电阻率试验；

——第3部分：半导电橡塑材料体积电阻率试验；

——第4部分：导体直流电阻试验；

——第5部分：绝缘电阻试验；

——第7部分：耐电痕试验；

——第8部分：交流电压试验；

——第9部分：绝缘线芯火花试验；

——第10部分：挤出护套火花试验；

——第11部分：介质损耗角正切试验；

——第12部分：局部放电试验；

——第13部分：冲击电压试验；

——第14部分：直流电压试验；

——第16部分：表面电阻试验。

本部分为GB/T 3048的第3部分。

本部分代替GB/T 3048.3—1994《电线电缆电性能试验方法　半导电橡塑材料体积电阻率试验》。本次修订按照GB/T 1.1—2000《标准化工作导则　第1部分：标准的结构和编写规则》对本部分进行了调整。

本部分与GB/T 3048.3—1994相比主要变化如下：

——标准的英文名称改为"Test methods for electrical properties of electric cables and wires—Part 3：Test of volume resistivity of semi-conducting rubbers and plastics"；

——本部分的总体结构和编排按GB/T 1.1—2000进行了修改：

1）　第1章为"范围"（1994年版的第1章；本版的第1章）；

2）　第2章为"规范性引用文件"（1994年版的第2章；本版的第2章）；

3）　第3章为"试验设备"（1994年版的第3章；本版的第3章）；

4）　第4章为"试样制备"（1994年版的第4章；本版的第4章）；

5）　第5章为"试验程序"（1994年版的第5章；本版的第5章）；

6）　第6章为"试验结果及计算"（1994年版的第6章；本版的第6章）；

7）　第7章为"试验记录"（1994年版无；本版的第7章）；

——在第1章"范围"中删除了包含要求的部分(1994年版的第1章；本版的第1章)；

——在第3章"试验设备"中作了下述修改：

1）　补充规定了电流电极间的距离和绝缘电阻(1994年版的3.2.1；本版的3.4.1)；

2）　将对于电流测量仪表的"精确度"规定修改为"示值误差"规定(1994年版的3.3；本版的3.2)；

3）　补充了对于电压测量仪表的"示值误差"规定(1994年版的3.4；本版的3.3)；

4）　修改了对恒温箱温控范围的要求(1994年版的3.6；本版的3.6)；

——在第4章"试样制备"中补充了关于试样裁切的要求(1994年版的4.1；本版的4,1)；

——在第 5 章“试验程序”中作了下述修改：

1） 补充了采用电流换向法的内容(1994 年版的 5.3、5.4；本版的 5.3)；

2） 修改了试样重复测量两次的表述(1994 年版的 5.5；本版的 5.4)；

3） 增加了“工作温度”体积电阻率的试验(1994 年版无；本版的 5.6)；

——在第 6 章“试验结果及计算”中，对公式作了表达方式的修改(1994 年版的 6.1；本版的 6.1)；

——增加第 7 章“试验记录”，规定了试验记录应记载的具体内容(1994 年版无；本版的第 7 章)。

本部分由中国电器工业协会提出。

本部分由全国电线电缆标准化技术委员会归口。

本部分起草单位：上海电缆研究所。

本部分主要起草人：万树德、余震明、夏凯荣、朱中柱、金标义。

本部分所代替标准的历次版本发布情况为：GB 3048.3—1983、GB/T 3048.3—1994。

电线电缆电性能试验方法
第3部分:半导电橡塑材料
体积电阻率试验

1 范围

GB/T 3048 的本部分规定了半导电橡塑材料体积电阻率试验的试验设备、试样制备、试验程序、试验结果及计算和试验记录。

本部分规定的试验方法适用于测量电线电缆用橡皮和塑料半导电材料的体积电阻率,测量范围不大于 10^6 Ω·cm。

本部分应与 GB/T 3048.1 一起使用。

2 规范性引用文件

下列文件中的条款通过 GB/T 3048 的本部分的引用而成为本部分的条款。凡是注日期的引用文件,其随后所有的修改单(不包括勘误的内容)或修订版均不适用于本部分,然而,鼓励根据本部分达成协议的各方研究是否可使用这些文件的最新版本。凡是不注日期的引用文件,其最新版本适用于本部分。

GB/T 3048.1 电线电缆电性能试验方法 第1部分:总则

3 试验设备

测量系统的接线原理图如图1。

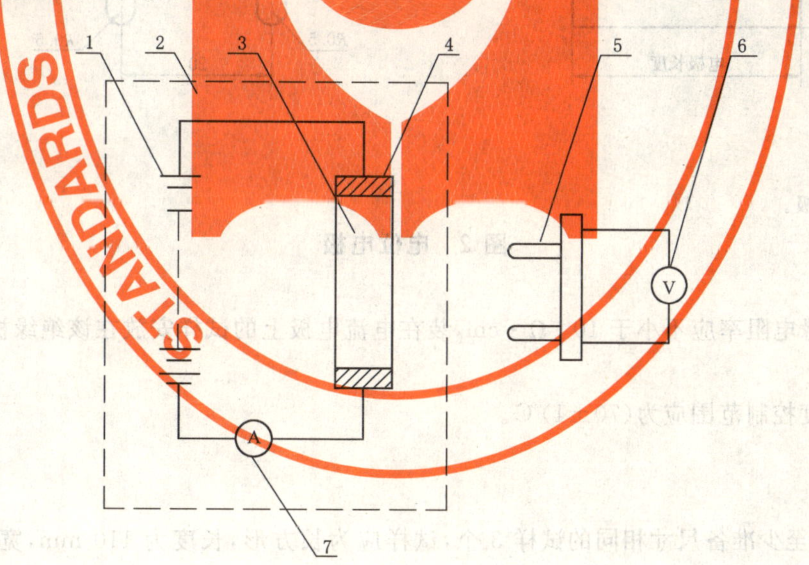

1——直流电源;
2——绝缘板;
3——试样;
4——电流电极;
5——电位电极;
6——电压表;
7——电流表。

图1 测量系统原理图

3.1 直流电源

直流电源应能调整到试样两个电位电极之间的功率损耗不大于 0.1 W,其对地绝缘电阻应不小于 10^{12} Ω。

3.2 电流表

测量电流仪表的示值误差应不超过±1%。

3.3 电压表

电压表输入阻抗应不小于 10^{8} Ω;可采用静电电压表、真空管电压表或数字电压表;电压表输入端的对地绝缘电阻应大于 10^{12} Ω。测量电压仪表的示值误差应不超过±1%。

3.4 电极

3.4.1 电流电极:用黄铜或不锈钢制成的夹状电极,长度应不小于试样宽度,与试样的接触宽度约为 5 mm。

电流电极之间距离应为(100±1)mm,它们之间的绝缘电阻应大于 10^{12} Ω。

3.4.2 电位电极:用不锈钢制成,如图 2,长度应不小于试样宽度,高度为 15 mm,其与试样接触部分的顶端应具有半径不大于 0.5 mm 的圆角。

两个测量极间的距离为 20 mm,误差应不超过±2%,测量极间的绝缘电阻应大于 10^{12} Ω。

电位电极沿试样宽度的压力约为 65 N/m。

单位为毫米

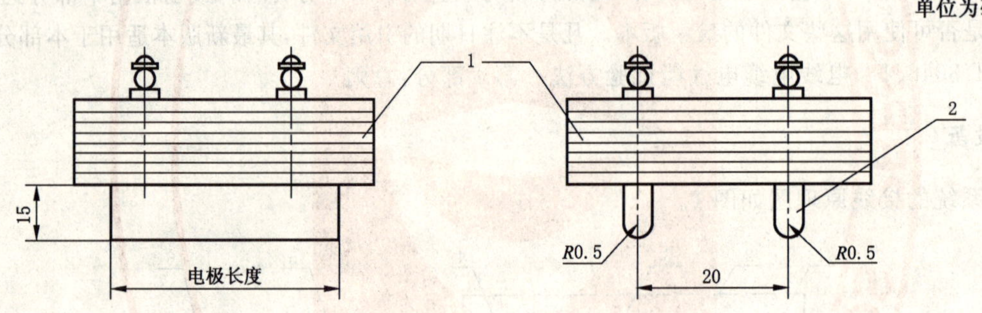

1——绝缘;

2——不锈钢电极。

图 2 电位电极

3.5 绝缘板

绝缘板的绝缘电阻率应不小于 10^{15} Ω·cm,装在电流电极上的试样安放在该绝缘板上。

3.6 恒温箱

恒温箱的温度控制范围应为(70±1)℃。

4 试样制备

4.1 每次试验应至少准备尺寸相同的试样 3 个,试样应为长方形,长度为 110 mm,宽度为 50 mm,厚度为 2 mm 或 4 mm。厚度应沿试样长度大致等距离测量 6 点,计算取其平均值,每一点的测量值与平均值之差应不超过±5%。

试样可用刀片或冲模裁切,但必须注意尽量使变形减少到最低程度,因为变形会影响电阻值。

4.2 试样表面应清洁,必要时,可用白土掺水轻擦试样表面,再用蒸馏水冲洗干净,然后放在空气中干燥,擦洗时不得损伤试样表面,不允许用对试样有腐蚀或溶胀作用的有机溶剂清洗试样。

4.3 硫化或塑化成型的试样应至少放置 16 h 后才能用于试验,但最长放置时间不能超过 28 d。用作对比试验的试样应尽可能具有相同的放置时间。

5 试验程序

5.1 在试样的两端装上电流电极，放置在绝缘板上，并用恒温箱在(70±1)℃的温度下加热2 h。

5.2 加热后，将试样、电流电极和绝缘板原样取出，在温度为(23±2)℃、相对湿度为(50±5)%的环境条件下放置16 h。

5.3 放上电位电极，电极与试样接触的刀口应垂直于电流流动方向，任何一端电位电极与电流电极之间距离应不小于20 mm。接通电流，在充电1 min后读取电流和电压读数。应注意消除由于接触电势引起的测量误差。可采用电流换向法，读取一个正向读数和一个反向读数，取算术平均值。

5.4 同一试样上按5.3的要求重复测量两次，每测量一次，移动一次电位电极。以测定整个试样长度上电压分布的情况，取算术平均值。

5.5 除产品标准另有规定外，测量应在与试样环境条件化处理相同的条件下进行。

5.6 测量半导电橡塑材料在工作温度(90℃或其他温度)下体积电阻率的试验程序应由供需双方另行商定。

6 试验结果及计算

6.1 用公式(1)计算每个试样的体积电阻率：

$$\rho_V = \frac{U \cdot W \cdot t}{I \cdot L} \quad \cdots\cdots (1)$$

式中：

ρ_V——试样的体积电阻率，单位为欧厘米(Ω·cm)；

U——电压读数平均值，单位为伏(V)；

W——试样宽度，单位为厘米(cm)；

t——试样平均厚度，单位为厘米(cm)；

I——电流读数平均值，单位为安(A)；

L——与试样接触的两个电位电极之间的距离，单位为厘米(cm)。

6.2 半导电材料体积电阻率取计算出的3个试样体积电阻率的中间值。

7 试验记录

试验记录中应详细记载下列内容：

a) 试验类型；

b) 试样编号，试样型号、规格；

c) 试验日期和测试时的温度、湿度；

d) 测量的电阻值或电压、电流读数；

e) 试样的厚度；

f) 试样的体积电阻率；

g) 测试设备及其校准有效期。

ICS 29.060
K 13

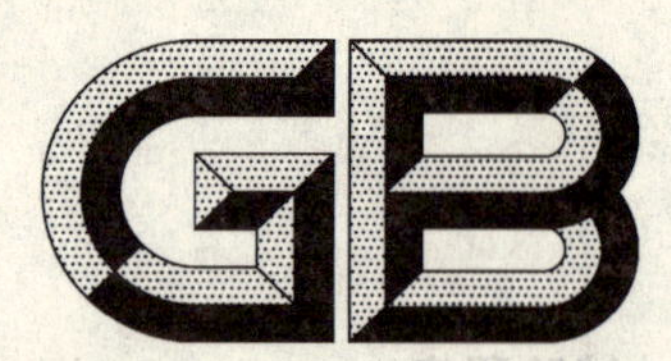

中华人民共和国国家标准

GB/T 3048.4—2007
代替 GB/T 3048.4—1994

电线电缆电性能试验方法 第4部分:导体直流电阻试验

Test methods for electrical properties of electric cables and wires—Part 4:Test of DC resistance of conductors

2007-12-03 发布 2008-05-01 实施

中华人民共和国国家质量监督检验检疫总局
中国国家标准化管理委员会 发布

前　言

GB/T 3048《电线电缆电性能试验方法》分为14个部分：

——第1部分：总则；

——第2部分：金属材料电阻率试验；

——第3部分：半导电橡塑材料体积电阻率试验；

——第4部分：导体直流电阻试验；

——第5部分：绝缘电阻试验；

——第7部分：耐电痕试验；

——第8部分：交流电压试验；

——第9部分：绝缘线芯火花试验；

——第10部分：挤出护套火花试验；

——第11部分：介质损耗角正切试验；

——第12部分：局部放电试验；

——第13部分：冲击电压试验；

——第14部分：直流电压试验；

——第16部分：表面电阻试验。

本部分为GB/T 3048的第4部分。

本部分代替GB/T 3048.4—1994《电线电缆电性能试验方法　导体直流电阻试验》。本次修订按照GB/T 1.1—2000《标准化工作导则　第1部分：标准的结构和编写规则》对本部分进行了调整。

本部分与GB/T 3048.4—1994相比主要变化如下：

——标准的英文名称改为“Test methods for electrical properties of electric cables and wires—Part 4：Test of DC resistance of conductors”；

——本部分的总体结构和编排按GB/T 1.1—2000进行了修改：

1） 第1章为“范围”（1994年版的第1章；本版的第1章）；

2） 第2章为“规范性引用文件”（1994年版的第2章；本版的第2章）；

3） 第3章为“试验设备”（1994年版的第3章；本版的第3章）；

4） 第4章为“试样制备”（1994年版的第4章；本版的第4章）；

5） 第5章为“试验程序”（1994年版的第5章；本版的第5章）；

6） 第6章为“试验结果及计算”（1994年版的第6章；本版的第6章）；

7） 第7章为“试验记录”（1994年版无；本版的第7章）；

——在第1章“范围”中删除了包含要求的部分（1994年版的第1章；本版的第1章）；

——在第2章“规范性引用文件”中补充了相关标准（1994年版的第2章；本版的第2章）；

——在第3章“试验设备”中明确补充了数字式测试仪器（1994年版的3.3；本版的3.3）；

——在第4章“试样制备”中作了技术性调整，并补充了阻水型导体试样的制备要求（1994年版的第4章；本版的第4章、4.3）；

——在第5章“试验程序”中将1994年版第1章中对环境温度的规定和4.5纳入5.1（1994年版的第1章、4.5；本版的5.1）；

——在第6章“试验结果及计算”中作了下述修改：

1） 删除了电桥法的计算公式，补充了数字式仪表读数的规定（1994年版的6.1、6.2；本版的

6.1.1、6.1.2)；

2） 增加了例行试验时温度校正的计算公式(1994 年版无；本版的 6.2.2)；

3） 删除计算结果数值修约的规定(1994 年版的 6.4；本版无)；

——增加第 7 章“试验记录”，规定了试验记录应记载的具体内容(1994 年版无；本版的第 7 章)。

本部分由中国电器工业协会提出。

本部分由全国电线电缆标准化技术委员会归口。

本部分起草单位：上海电缆研究所。

本部分主要起草人：万树德、夏凯荣、余震明、朱中柱、金标义。

本部分所代替标准的历次版本发布情况为：GB 764—1965、GB 3048.4—1983、GB/T 3048.4—1994。

电线电缆电性能试验方法
第4部分:导体直流电阻试验

1 范围

GB/T 3048 的本部分规定了导体直流电阻试验的试验设备、试样制备、试验程序、试验结果及计算和试验记录。

本部分规定的试验方法适用于测量电线电缆导体的直流电阻,其测量范围为:

——双臂电桥:$(2\times10^{-5}\sim99.9)\Omega$;

——单臂电桥:1 Ω～100 Ω 及以上。

本部分规定的试验方法不适用于测量已安装的电线电缆的直流电阻。

本部分应与 GB/T 3048.1 一起使用。

2 规范性引用文件

下列文件中的条款通过 GB/T 3048 的本部分的引用而成为本部分的条款。凡是注日期的引用文件,其随后所有的修改单(不包括勘误的内容)或修订版均不适用于本部分,然而,鼓励根据本部分达成协议的各方研究是否可使用这些文件的最新版本。凡是不注日期的引用文件,其最新版本适用于本部分。

GB/T 3048.1 电线电缆电性能试验方法 第1部分:总则

3 试验设备

3.1 电桥的原理图如图1和图2。

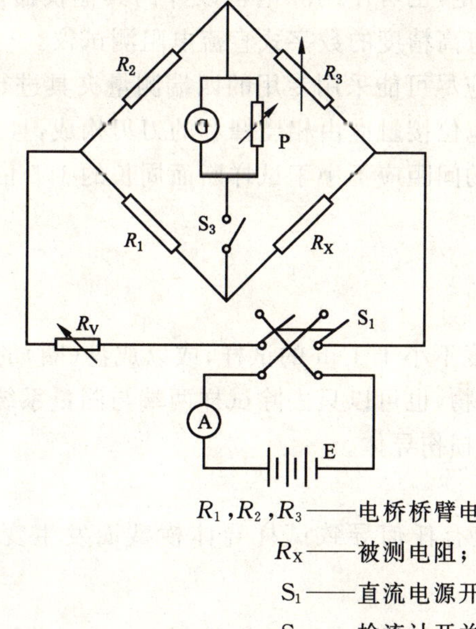

A——电流表;

E——直流电源;

G——检流计;

P——分流器;

R_V——变阻器;

R_1,R_2,R_3——电桥桥臂电阻;

R_X——被测电阻;

S_1——直流电源开关;

S_3——检流计开关。

图1 单臂电桥

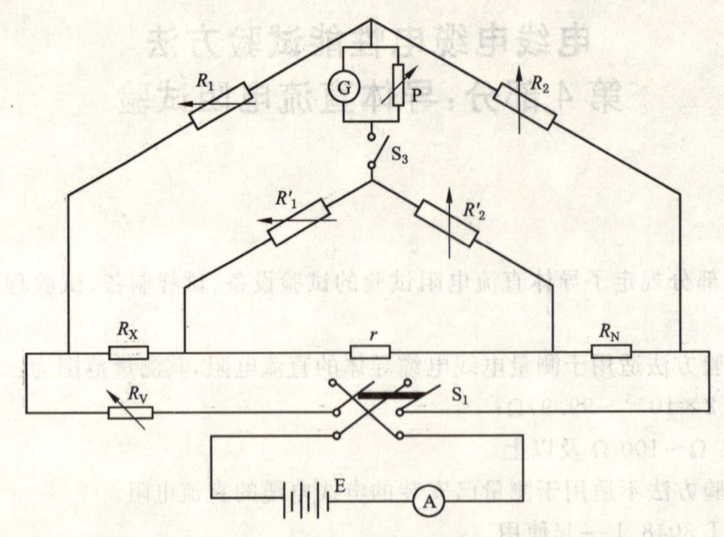

A——电流表；

E——直流电源；

G——检流计；

P——分流器；

R_N——标准电阻；

r——跨线电阻；

R_V——变阻器；

R_1, R'_1, R_2, R'_2——电桥桥臂电阻；

R_X——被测电阻；

S_1——直流电源开关；

S_3——检流计开关。

图 2　双臂电桥

3.2　电桥可以是携带式电桥或试验室专用的固定式电桥，试验室专用固定式电桥及附件的接线与安装应按仪器技术说明书进行。

3.3　只要测量误差符合 5.3 规定，也可使用除电桥以外的其他仪器。如根据直流电流-电压降直接法原理，并采用四端测量技术，具有高精度的数字式直流电阻测试仪。

3.4　当被测电阻小于 1 Ω 时，应尽可能采用专用的四端测量夹具进行接线，四端夹具的外侧一对为电流电极，内侧一对为电位电极，电位接触应由相当锋利的刀刃构成，且互相平行，均垂直于试样。每个电位接点与相应的电流接点之间的间距应不小于试样断面周长的 1.5 倍。

4　试样制备

4.1　试样截取

从被试电线电缆上切取长度不小于 1 m 的试样，或以成盘(圈)的电线电缆作为试样。去除试样导体外表面绝缘、护套或其他覆盖物，也可以只去除试样两端与测量系统相连接部位的覆盖物，露出导体。去除覆盖物时应小心进行，防止损伤导体。

4.2　试样拉直

如果需要将试样拉直，不应有任何导致试样导体横截面发生变化的扭曲，也不应导致试样导体伸长。

4.3　试样表面处理

试样在接入测量系统前，应预先清洁其连接部位的导体表面，去除附着物、污秽和油垢。连接处表面的氧化层应尽可能除尽。如用试剂处理后，必须用水充分清洗以清除试剂的残留液。对于阻水型导体试样，应采用低熔点合金浇注。

4.4 大截面铝导体试样

4.4.1 型式试验的试样长度

推荐采用试样长度：导体截面(95～185)mm^2，取 3 m；导体截面 240 mm^2 及以上，取 5 m。有争议时，导体截面 185 mm^2 及以下，取 5 m；导体截面 240 mm^2 及以上，取 10 m。

4.4.2 电流端和电位端

铝绞线的电流引入端可采用铝压接头(铝鼻子)，并按常规压接方法压接，以使压接后的导体与接头融为一体。其电位电极可采用直径约 1.0 mm 的软铜丝在绞线外紧密缠绕 1～2 圈后打结引出，以防松动。

5 试验程序

5.1 试验环境温度

5.1.1 型式试验时，试样应在温度为(15～25)℃和空气湿度不大于 85%的试验环境中放置足够长的时间，在试样放置和试验过程中，环境温度的变化应不超过±1℃。

应使用最小刻度为 0.1℃的温度计测量环境温度，温度计距离地面应不少于 1 m，距离墙面应不少于 10 cm，距离试样应不超过 1 m，且二者应大致在同一高度，并应避免受到热辐射和空气对流的影响。

5.1.2 例行试验时，试样应在温度为(5～35)℃的试验环境中放置足够长的时间，使之达到温度平衡。测试结果按 6.2.2 进行电阻值换算。

5.2 试样连接

5.2.1 采用单臂电桥测量时，用两个专用夹头连接被测试样。

5.2.2 采用双臂电桥或其他电阻测试仪器测量时，用四端测量夹具或四个夹头连接被测试样。

5.2.3 绞合导线的全部单线应可靠地与测量系统的电流夹头相连接。对于两芯及以上成品电线电缆的导体电阻测量，单臂电桥两夹头或双臂电桥的一对电位夹头应在长度测量的实际标线处与被测试样相连接。

5.3 电阻测量误差

型式试验时电阻测量误差应不超过±0.5%；例行试验时电阻测量误差应不超过±2%。

5.4 试样长度测量

应在单臂电桥的夹头或双臂电桥的一对电位夹头之间的试样上测量试样长度。型式试验时测量误差应不超过±0.15%，例行试验时测量误差应不超过±0.5%。

5.5 小电阻试样的电阻测量

当试样的电阻小于 0.1 Ω 时，应注意消除由于接触电势和热电势引起的测量误差。应采用电流换向法，读取一个正向读数和一个反向读数，取算术平均值；或采用平衡点法(补偿法)，检流计接入电路后，在电流不闭合的情况下调零，达到闭合电流时检流计上基本观察不到冲击。

5.6 细微导体的电阻测量

对细微导体进行测量时，在满足试验系统灵敏度要求的情况下，应尽量选择最小的测试电流以防止电流过大而引起导体升温。推荐采用电流密度，铝导体应不大于 0.5 A/mm^2，铜导体应不大于 1.0 A/mm^2，可用比例为“1∶1.41”的两个测量电流，分别测出试样的电阻值。如两者之差不超过 0.5%，则认为用比例为“1”的电流测量时，试样导体未发生温升变化。

6 试验结果及计算

6.1 电阻试验结果

6.1.1 用电桥测量时，应按电桥说明书给出的公式计算电阻值。

6.1.2 用数字式仪器测量时，应按仪器说明书规定读数。

6.2 标准温度下单位长度电阻值换算

6.2.1 型式试验时,温度为20℃时每公里长度电阻值按公式(1)计算:

$$R_{20}=\frac{R_x}{1+\alpha_{20}(t-20)}\cdot\frac{1\,000}{L} \qquad (1)$$

式中:

R_{20}——20℃时每公里长度电阻值,单位为欧每千米(Ω/km);

R_x——t℃时 L 长电缆的实测电阻值,单位为欧(Ω);

α_{20}——导体材料20℃时的电阻温度系数,单位为每摄氏度(1/℃);

t——测量时的导体温度(环境温度),单位为摄氏度(℃);

L——试样的测量长度(成品电缆的长度,而不是单根绝缘线芯的长度),单位为米(m)。

注:按公式(1)的定义,t 应为导体温度。本部分的试验方法采用环境温度代替导体温度,并规定了相关的要求。

6.2.2 例行试验时,温度为20℃时每公里长度电阻值应按公式(2)计算:

$$R_{20}=R_xK_t\cdot\frac{1\,000}{L} \qquad (2)$$

式中:

K_t——测量环境温度为 t℃时的电阻温度校正系数。

表1规定了在通常温度范围内的温度校正系数 K_t 值。其值按公式(3)计算:

$$K_t=\frac{1}{1+0.004(t-20)}=\frac{250}{230+t} \qquad (3)$$

此式为近似公式,但能计算出足以达到在测量环境温度和电缆长度的准确度范围内的实际值。

表1 在 t℃时测量导体电阻校正到20℃时的温度校正系数 K_t

测量时环境温度 t/℃	校正系数 K_t	测量时环境温度 t/℃	校正系数 K_t	测量时环境温度 t/℃	校正系数 K_t
5	1.064	16	1.016	27	0.973
6	1.059	17	1.012	28	0.969
7	1.055	18	1.008	29	0.965
8	1.050	19	1.004	30	0.962
9	1.046	20	1.000	31	0.958
10	1.042	21	0.996	32	0.954
11	1.037	22	0.992	33	0.951
12	1.033	23	0.988	34	0.947
13	1.029	24	0.984	35	0.943
14	1.025	25	0.980		
15	1.020	26	0.977		

6.3 标准温度下的导体相当电阻率

温度为20℃的导体的相当电阻率按公式(4)计算:

$$\rho_{20}=\frac{R_xA}{[1+\alpha_{20}(t-20)]L} \qquad (4)$$

式中:

ρ_{20}——20℃时导体的相当电阻率,单位为欧平方毫米每米(Ω·mm²/m);

A——导体的标称截面积,单位为平方毫米(mm²)。

7 试验记录

试验记录中应详细记录下列内容:

a) 试验类型;

b） 试样编号，试样型号、规格；

c） 试验日期，测试时的温度；

d） 试样的各次电阻测量值，平均值；

e） 测量结果；

f） 测试仪器及校准有效期。

ICS 29.060.20
K 13

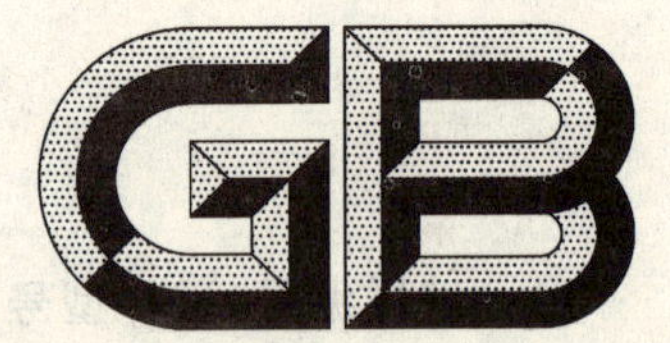

中华人民共和国国家标准

GB/T 3048.5—2007
代替 GB/T 3048.5—1994,GB/T 3048.6—1994

电线电缆电性能试验方法
第5部分:绝缘电阻试验

Test methods for electrical properties of electric cables and wires—
Part 5: Test of insulation resistance

2007-12-03 发布　　2008-05-01 实施

中华人民共和国国家质量监督检验检疫总局
中国国家标准化管理委员会　发布

前言

GB/T 3048《电线电缆电性能试验方法》分为14个部分:

——第1部分:总则;

——第2部分:金属材料电阻率试验;

——第3部分:半导电橡塑材料体积电阻率试验;

——第4部分:导体直流电阻试验;

——第5部分:绝缘电阻试验;

——第7部分:耐电痕试验;

——第8部分:交流电压试验;

——第9部分:绝缘线芯火花试验;

——第10部分:挤出护套火花试验;

——第11部分:介质损耗角正切试验;

——第12部分:局部放电试验;

——第13部分:冲击电压试验;

——第14部分:直流电压试验;

——第16部分:表面电阻试验。

本部分为GB/T 3048的第5部分。

本部分代替GB/T 3048.5—1994《电线电缆电性能试验方法 绝缘电阻试验 检流计法》和GB/T 3048.6—1994《电线电缆电性能试验方法 绝缘电阻试验 电压-电流法》。本次修订按照GB/T 1.1—2000《标准化工作导则 第1部分:标准的结构和编写规则》对本部分进行了调整。

本部分纳入并调整了GB/T 3048.5—1994和GB/T 3048.6—1994中适用的内容。本部分与GB/T 3048.5—1994相比主要变化如下:

——标准的中文名称改为“电线电缆电性能试验方法 第5部分:绝缘电阻试验”;

——标准的英文名称改为“Test methods for electrical properties of electric cables and wires—Part 5:Test of insulation resistance”;

——本部分的总体结构和编排按GB/T 1.1—2000进行了修改:

1) 第1章为“范围”(1994年版的第1章;本版的第1章);

2) 第2章为“规范性引用文件”(1994年版的第2章;本版的第2章);

3) 第3章为“术语和定义”(1994年版无;本版的第3章);

4) 第4章为“试验设备”(1994年版的第3章;本版的第4章);

5) 第5章为“试样制备”(1994年版的第4章;本版的第5章);

6) 第6章为“试验程序”(1994年版的第5章;本版的第6章);

7) 第7章为“试验结果及计算”(1994年的第6章;本版的第7章);

8) 第8章为“注意事项”(1994年的第7章;本版的第8章);

9) 第9章为“试验记录”(1994年版无;本版的第9章);

——在第1章“范围”中删除了包含要求的部分,并将检流计比较法改为直流比较法,同时修改了其测量范围(1994年版的第1章;本版的第1章);

——在第2章“规范性引用文件”中补充列入了第3章中引用的GB/T 2900.5—2002(1994年版的第2章;本版的第2章);

——在第 4 章“试验设备”中明确补充了数字式直流比较法测试仪器(1994 年版无;本版的 4.3);

——在第 6 章“试验程序”中作了下述修改:

1) 修改了“测试充电时间”的规定(GB/T 3048.5—1994 的 5.4.2 和 GB/T 3048.6—1994 的 5.3.2;本版的 6.6);

2) 补充了多芯电缆线芯对屏蔽的接线方式(1994 年版的 5.1.1;本版的 6.1.1);

3) 修改了“非金属护套、非屏蔽或无铠装的电缆试样”的接线方式(1994 年版的 5.1.1;本版的 6.1.2);

4) 增加了高温下绝缘电阻测试方法(1994 年版无;本版的 6.4);

——在第 7 章“试验结果及计算”中作了下述修改:

1) 对计算公式进行了归并整合,删除了绝缘电阻的计算公式(1994 年版的 6.1;本版的 7.1);

2) 对“绝缘电阻系数 K”的取值作了更为明确的规定(1994 年版的 6.3;本版的 7.3);

3) 增加了“体积电阻率 ρ”和“绝缘电阻常数 K_i”的计算公式(1994 年版无;本版的 7.4);

4) 删除计算结果数值修约的规定(1994 年版的 6.4;本版无);

——在第 8 章“注意事项”中作了下述修改:

1) 对于将试样置于屏蔽箱内测试作了更为明确的表述(GB/T 3048.6—1994 的 7.2;本版的 8.2);

2) 修改了关于“采用输出端对地悬浮的高阻计”的表述,并补充了使用高阻计时的技术判断(GB/T 3048.6—1994 的 7.4;本版的 8.4);

——增加第 9 章“试验记录”,规定了试验记录应记载的具体内容(1994 年版无;本版的第 9 章)。

本部分由中国电器工业协会提出。

本部分由全国电线电缆标准化技术委员会归口。

本部分起草单位:上海电缆研究所。

本部分主要起草人:万树德、夏凯荣、余震明、朱中柱、金标义。

本部分所代替标准的历次版本发布情况为:

——GB 765—1965、GB 3048.5—1983、GB/T 3048.5—1994;

——GB 3048.6—1983、GB/T 3048.6—1994。

电线电缆电性能试验方法
第5部分:绝缘电阻试验

1 范围

GB/T 3048的本部分规定了直流比较法和电压-电流法测试绝缘电阻的术语和定义、试验设备、试样制备、试验程序、试验结果及计算、注意事项和试验记录。

本部分适用于测试电线电缆的绝缘电阻,包括直流比较法和电压-电流法:直流比较法的测量范围为(10^5~2×10^{15})Ω;电压-电流法测量范围为(10^4~10^{16})Ω;测量电压一般为(100~500)V。

电压-电流法如被测电压和电流在同一台仪器直接以电阻表示,则也可称之为"高阻计法"。

本部分应与GB/T 3048.1一起使用。

2 规范性引用文件

下列文件中的条款通过GB/T 3048的本部分的引用而成为本部分的条款。凡是注日期的引用文件,其随后所有的修改单(不包括勘误的内容)或修订版均不适用于本部分,然而,鼓励根据本部分达成协议的各方研究是否可使用这些文件的最新版本。凡是不注日期的引用文件,其最新版本适用于本部分。

GB/T 2900.5—2002 电工术语 绝缘固体、液体或气体[eqv IEC 60050(212):1990]

GB/T 3048.1 电线电缆电性能试验方法 第1部分:总则

3 术语和定义

GB/T 2900.5—2002确立的下列术语和定义适用于GB/T 3048的本部分。

3.1

绝缘电阻 insulation resistance

在规定条件下,处于两个导体之间的绝缘材料的电阻。

3.2

体积电阻 volume resistance

排除表面电流后由体积导电所确定的绝缘电阻部分。

3.3

体积电阻率 volume resistivity

折算成单位立方体积时的体积电阻。

注:根据IEC 60050(212),"电导率"定义为"与电场强度的乘积是传导电流密度的标量或张量","电阻率"定义为"电导率的倒数"。测量中绝缘材料体积中各点可能不均匀,体积电阻率是其平均值,也包括了电极上可能存在的极化现象的影响。

4 试验设备

4.1 直流比较法的典型原理如图1,主要组成部分应符合下列要求:

4.1.1 检流计的电流常数应不大于10^{-9} A/mm。

4.1.2 分流器的分流系数应能在1/10 000~1/1的范围内变化,且调节级数不少于5级,临界电阻应等于或略大于检流计的外部临界电阻,但不超过20%。

4.1.3 标准电阻的阻值应不小于10^5 Ω,相对误差应不超过±0.5%。

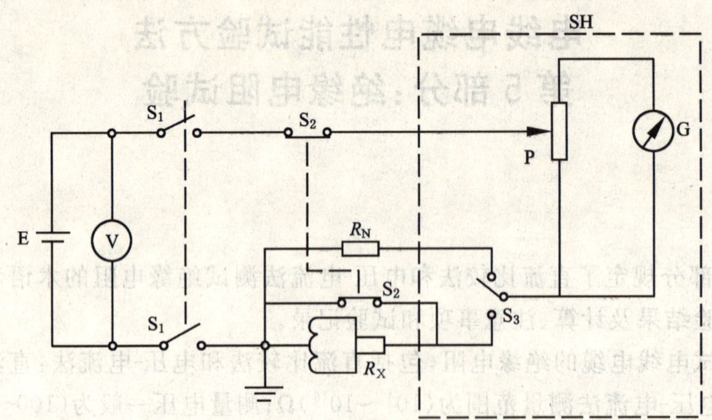

E——直流电源；

G——检流计；

P——分流器；

R_N——标准电阻；

R_X——试样绝缘电阻；

SH——金属极屏蔽(虚线)；

S_1——直流电压开关；

S_2——试样短路开关；

S_3——换向开关；

V——直流电压表。

图 1 直流比较法测试系统原理图

4.1.4 直流电源的输出电压应稳定，输出端电压值变化应不超过±1%。

4.1.5 检流计、分流器、标准电阻、测量连接线和线路元件的底座均应与屏蔽相连，被屏蔽元件与屏蔽间的绝缘电阻应比标准电阻至少大 100 倍。

用电池作检流计的照明电源时，该电源必须置于屏蔽系统内。如用交流电源供电，必须将降压变压器低压侧的一端与屏蔽相连接。

4.2 电压-电流法典型的测试系统接线如图 2，主要组成部分应符合下列要求：

4.2.1 直流电压表的准确度应不低于 1.0 级。

4.2.2 高阻抗直流放大器、检流计或微安计在额定工作电压下 8 h 内零点漂移应不超过仪表刻度标尺全长的 4%。

4.2.3 直流放大器输入电阻的阻值应比试样绝缘电阻至少小 100 倍。

4.2.4 在采用整流直流电源时电压必须稳定。因电源电压波动所引起的对试样的任何充电和放电电流，与测量绝缘电阻时的泄漏电流相比，应小至可以忽略不计。同时输出电压的纹波因数应不大于 0.1%。

4.2.5 测量用的连接线应有良好的屏蔽，其对地绝缘电阻比放大器输入电阻应至少大 100 倍。

4.3 只要测量误差符合 6.7 规定，也可使用其他测量仪器。如根据类似高压电桥的比例式测量桥路，并采用模数转换器技术，具有防干扰、高稳定性的数字式直流比较法测试仪。

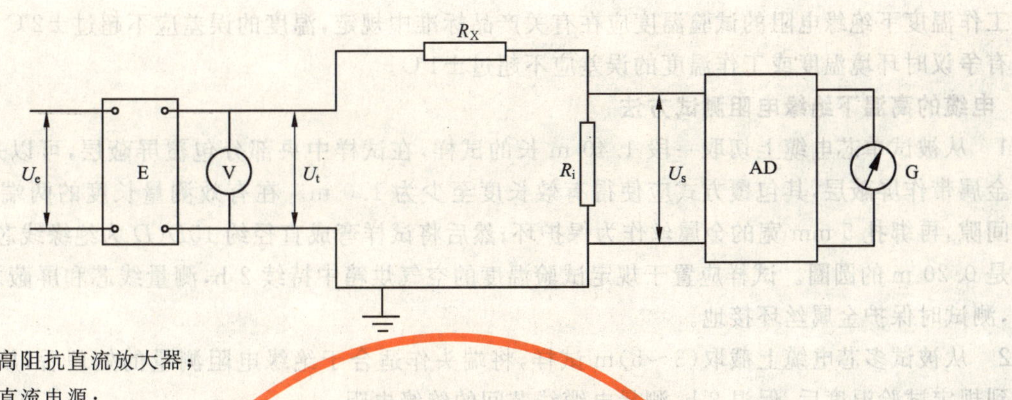

AD——高阻抗直流放大器；

E——直流电源；

G——检流计或微安表；

R_i——直流放大器输入电阻；

R_X——试样绝缘电阻；

U_e——交流输入电源电压；

U_t——直流输出电压；

U_s——放大器输入电阻压降；

V——直流电压表。

图 2 电压-电流法(高阻计)测试系统原理图

5 试样制备

5.1 除产品标准中另有规定者外，试样有效长度应不小于 10 m，应小心地剥除试样两端绝缘外的覆盖物，并注意不损伤绝缘表面。

5.2 试样应在试验环境中放置足够长的时间，使试样温度和试验温度平衡，并保持稳定。

5.3 浸入水中试验时，试样两个端头露出水面的长度应不小于 250 mm，绝缘部分露出的长度应不小于 150 mm。

在空气中试验时，试样端部绝缘部分露出的长度应不小于 100 mm。

露出的绝缘表面应保持干燥和洁净。

6 试验程序

6.1 试样接线

6.1.1 有金属护套、屏蔽层或铠装的电缆试样

单芯电缆，应测量导体对金属套或屏蔽层或铠装层之间的绝缘电阻；多芯电缆，应分别就每一线芯对其余线芯与金属套或屏蔽层或铠装层连接进行测量；若要求测量多芯电缆线芯与屏蔽间绝缘电阻，则应将所有线芯并联后对屏蔽进行测量。

6.1.2 非金属护套、非屏蔽或无铠装的电缆试样

单芯电缆应浸入水中，测量导体对水之间的绝缘电阻；多芯电缆应分别就每一线芯对其余线芯进行测量。

也可将试样紧密地绕在金属试棒上，单芯电缆测量导体对试棒之间的绝缘电阻；多芯电缆，应分别就每一线芯对其余线芯与试棒连接进行测量。试棒外径应符合产品标准规定。

6.2 试样长度测量

将试样接入测试系统，试样的有效长度测量误差应不超过±1%。

6.3 试验环境条件

除电线电缆产品标准中另有规定外，型式试验时测量应在环境温度为(20±5)℃和空气相对湿度不大于 80%的室内或水中进行。例行试验时，测量一般在环境温度为(0～35)℃的室内进行。

工作温度下绝缘电阻的试验温度应在有关产品标准中规定，温度的误差应不超过±2℃。

有争议时环境温度或工作温度的误差应不超过±1℃。

6.4 电缆的高温下绝缘电阻测试方法

6.4.1 从被试单芯电缆上切取一段 1.40 m 长的试样，在试样中央部分包覆屏蔽层，可以采用金属编织或金属带作屏蔽层，其包覆方式应使得有效长度至少为 1.0 m。在有效测量长度的两端留出 1 mm 宽的间隙，再绑扎 5 mm 宽的金属丝作为保护环；然后将试样弯成直径约 15D(D 为绝缘线芯的外径)但至少是 0.20 m 的圆圈。试样应置于规定试验温度的空气烘箱中持续 2 h，测量线芯和屏蔽之间的绝缘电阻，测试时保护金属丝环接地。

6.4.2 从被试多芯电缆上截取(3～5)m 试样，将端头作适合于绝缘电阻测量的处理后，放入烘箱中。在达到规定试验温度后，保温 2 h，测量电缆线芯间的绝缘电阻。

6.5 试验电压

应按产品标准规定选择对试样的测试电压。

6.6 测试充电时间

为使绝缘电阻测量值基本稳定，测试充电时间应足够充分，不少于 1 min，不超过 5 min，通常推荐 1 min读数。

6.7 测试系统的测量误差

测试系统的测量误差应符合下述要求：

——被测试样绝缘电阻值为(1×10^{10})Ω 及以下，测量误差不超过±10%；

——被测试样绝缘电阻值为(1×10^{10})Ω 以上，测量误差不超过±20%。

7 试验结果及计算

7.1 采用直流比较法测试时应按仪器说明书给出的公式计算绝缘电阻值。

采用电压-电流法或用数字式仪器测试时，应按仪器说明书规定读取绝缘电阻值。

7.2 每公里长度的绝缘电阻应按公式(1)计算：

$$R_L = R_X L \quad \cdots\cdots(1)$$

式中：

R_L——每公里长度绝缘电阻，单位为兆欧千米(MΩ·km)；

R_X——试样绝缘电阻，单位为兆欧(MΩ)；

L——试样有效测量长度，单位为千米(km)。

7.3 20℃时每公里长度的绝缘电阻应按公式(2)计算：

$$R_{20} = KR_L \quad \cdots\cdots(2)$$

式中：

R_{20}——20℃时每公里长度的绝缘电阻，单位为兆欧千米(MΩ·km)；

K——绝缘电阻温度校正系数，应由供需双方商定。

注：型式试验系在 6.3 规定的标准环境下进行，其试验结果不须进行温度校正；公式(2)仅适用于对例行试验结果的温度校正。

7.4 体积电阻率应由所测得的绝缘电阻按公式(3)计算：

$$\rho = \frac{2\pi L R_X}{\ln(D/d)} \cdot 10^{11} \quad \cdots\cdots(3)$$

式中：

ρ——体积电阻率，单位为欧厘米(Ω·cm)；

D——绝缘外径，单位为毫米(mm)；

d——绝缘内径，单位为毫米(mm)。

绝缘电阻常数 K_i 应按公式(4)计算，以 MΩ·km 表示：

$$K_i=\frac{LR_X}{\lg(D/d)}=0.367\ \rho\times10^{-11} \quad\cdots\cdots(4)$$

注：对于成型导体的绝缘线芯，比值 D/d 是绝缘表面周长与导体表面周长的比值。

8 注意事项

8.1 需要时，可在试样两端绝缘表面上加保护环。保护环应紧贴绝缘表面，并与测试系统的屏蔽相连接或接地。

8.2 如试样的绝缘电阻大于 1×10^{12} Ω 和测量时因外界电磁场或试样运动产生的摩擦引起测试不稳定时，可将试样静置于屏蔽箱内，在整体屏蔽的条件下进行测试。但测试回路的对地电阻比放大器的输入电阻至少大 100 倍，屏蔽必须可靠接地。

8.3 重复试验时，在加电压之前应使试样短路放电，放电时间应不少于试样充电时间的 4 倍；如因试样有剩余电荷而造成测量结果有明显差别时，必须先进行充分放电。对于这类试样，无论是第一次测试或重复测试，均需充分放电。

8.4 采用输出端对地悬浮的高阻计测量绝缘电阻时，推荐将高阻计的测量端(低压端)与被测绝缘线芯的导体相连，高阻计的高压端连接试样的另一极(水，允许接地)；当采用通用的高阻计测量绝缘电阻时，浸入水中的试样必须对地绝缘，否则将使高阻计因输出的高压端对地短路而损坏，或可能由于加热电源的影响造成测试误差增大。

8.5 应注意直流比较法测试绝缘电阻所用成套仪器装置的内部与外部的屏蔽连接方法，以免造成测量误差增大。

9 试验记录

试验记录中应详细记录下列内容：

a) 试验类型；

b) 试样编号，试样型号或规格；

c) 试样制备方式；

d) 测试方法和测试电压；

e) 试验日期和测试时的温度；

f) 如果测试高温下的绝缘电阻，应记录测试方法；

g) 测试结果；

h) 测试仪器及其校准有效期。

ICS 29.060
K 13

中华人民共和国国家标准

GB/T 3048.7—2007
代替 GB/T 3048.7—1994

电线电缆电性能试验方法 第7部分:耐电痕试验

Test methods for electrical properties of electric cables and wires—
Part 7: Tracking resistance test

2007-12-03 发布 2008-05-01 实施

中华人民共和国国家质量监督检验检疫总局
中国国家标准化管理委员会 发布

前言

GB/T 3048《电线电缆电性能试验方法》分为14个部分：
——第1部分：总则；
——第2部分：金属材料电阻率试验；
——第3部分：半导电橡塑材料体积电阻率试验；
——第4部分：导体直流电阻试验；
——第5部分：绝缘电阻试验；
——第7部分：耐电痕试验；
——第8部分：交流电压试验；
——第9部分：绝缘线芯火花试验；
——第10部分：挤出护套火花试验；
——第11部分：介质损耗角正切试验；
——第12部分：局部放电试验；
——第13部分：冲击电压试验；
——第14部分：直流电压试验；
——第16部分：表面电阻试验。

本部分为GB/T 3048的第7部分。

本部分代替GB/T 3048.7—1994《电线电缆电性能试验方法　耐电痕试验》。本次修订按照GB/T 1.1—2000《标准化工作导则　第1部分：标准的结构和编写规则》对本部分进行了调整。

本部分与GB/T 3048.7—1994相比主要变化如下：
——标准的英文名称改为“Test methods for electrical properties of electric cables and wires—Part 7:Tracking resistance test”；
——本部分的总体结构和编排按GB/T 1.1—2000进行了修改：
1) 第1章为“范围”(1994年版的第1章；本版的第1章)；
2) 第2章为“规范性引用文件”(1994年版的第2章；本版的第2章)；
3) 第3章为“术语和定义”(1994年版无；本版的第3章)；
4) 第4章为“试验设备”(1994年版的第3章；本版的第4章)；
5) 第5章为“试样制备”(1994年版的第4章；本版的第5章)；
6) 第6章为“试验程序”(1994年版的第5章；本版的第6章)；
7) 第7章为“试验结果及评定”(1994年版的第6章；本版的第7章)；
8) 第8章为“试验记录”(1994年版无；本版的第8章)；

——增加了第3章“术语和定义”(1994年版无；本版的第3章)；
——在第4章“试验设备”中作了下述修改：
1) 增加对试验设备快速保护的要求，删除了保护电阻(1994年版的3.1，图1；本版的4.2.1，图1)；
2) 增加了对电压测量装置的要求(1994年版无；本版的4.2.2)；
3) 补充了对试验用液体导电率偏差的要求(1994年版的3.3；本版的4.4)；

——在第5章“试样制备”中补充了常用的制备方法(1994年版的4.3；本版的5.3)；
——在第6章“试验程序”中作了下述修改：

1) 补充了喷雾速度(1994 年版的 5.2;本版的 6.2);

2) 将喷雾周期整合纳入本章(1994 年版的 6.2;本版的 6.2);

——增加第 8 章"试验记录",规定了试验记录应记载的具体内容(1994 年版无;本版的第 8 章)。

本部分由中国电器工业协会提出。

本部分由全国电线电缆标准化技术委员会归口。

本部分起草单位:上海电缆研究所。

本部分主要起草人:万树德、余震明、夏凯荣、朱中柱、金标义。

本部分所代替标准的历次版本发布情况为:GB 3048.7—1983、GB/T 3048.7—1994。

电线电缆电性能试验方法
第7部分:耐电痕试验

1 范围

GB/T 3048 的本部分规定了耐电痕试验的术语和定义、试验设备、试样制备、试验程序、试验结果及评定和试验记录。

本试验方法适用于测试电线电缆耐受在污秽条件下因表面漏电引起电痕迹而造成损坏的能力。

不按本部分规定的污秽条件得出的结果,不能与按本试验方法所得试验结果相比较。

本部分应与 GB/T 3048.1 一起使用。

2 规范性引用文件

下列文件中的条款通过 GB/T 3048 的本部分的引用而成为本部分的条款。凡是注日期的引用文件,其随后所有的修改单(不包括勘误的内容)或修订版均不适用于本部分,然而,鼓励根据本部分达成协议的各方研究是否可使用这些文件的最新版本。凡是不注日期的引用文件,其最新版本适用于本部分。

GB/T 3048.1 电线电缆电性能试验方法 第1部分:总则

3 术语和定义

下列术语和定义适用于 GB/T 3048 的本部分。

3.1

漏电痕迹 track

在规定试验条件,固体绝缘材料在电场和电解液的联合作用下,其表面逐渐形成的导电通路叫漏电痕迹。

3.2

电痕化 tracking

形成漏电痕迹的过程称为电痕化。

4 试验设备

4.1 测试系统

测试系统的原理如图1所示。

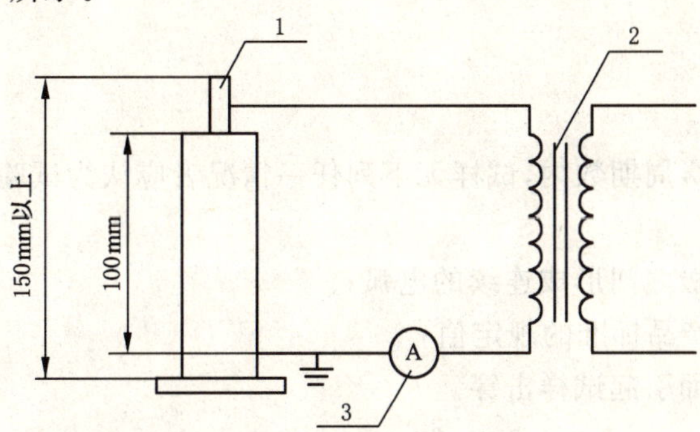

1——试样;

2——试验变压器;

3——电流测量仪表。

图1 测试系统原理图

4.2 电压试验装置

4.2.1 工频试验变压器的高压输出应不低于 4 kV,并有足够的容量(高压侧电流应不小于 1 A)以满足试验时泄漏电流的要求。试验中在泄漏电流为 250 mA 时,电源高压侧的最大电压降应小于 5%。并应采用连接到测量电源电流的自动断路器来保护变压器,设定当流过高压侧的瞬时电流达(1.0±0.1) A 时,在(50～250) ms 时间内令电路断开。

4.2.2 电压测量设备(电压互感器、分压器或其他测量高压的仪器)应与试样直接并联,其低压侧可用电压表、示波器或其他测量仪器测量。不论采用何种方式,测量误差应不超过±3%。

4.2.3 电流测量仪表的准确度应不低于 1.0 级。

4.3 喷雾设备

喷雾设备应有一个或多个喷头,喷程不小于 1 m。只要能满足本部分规定的条件,任何形式的喷嘴都可采用。

4.4 试验液体

除产品标准另有规定外,试验液体(推荐的配方为 1 L 水中含化学纯的氯化钠约 0.2%和表面活性剂 0.1%的液体)的导电率应为(3 000±400) μS/cm(用电导率仪测量)。表面活性剂推荐采用仲辛基苯基聚氧乙烯醚,也可用其他相当的表面活性剂。

5 试样制备

5.1 试样长度应不小于 150 mm,单芯电缆取绝缘线芯进行试验,多芯电缆取单根绝缘线芯进行试验。试样外观应平整,表面无划痕凹陷等缺陷,如有灰尘、油脂或其他污秽物时,可用绸布等蘸着对试样无腐蚀作用的溶剂擦净,然后再用水冲洗几次。

5.2 沿试样轴线方向垂直切除一端上的绝缘约 20 mm,露出导体。

在离试样绝缘切口 100 mm 处,垂直于试样轴线绕上直径约 1 mm 的裸铜线(2～3)圈。

5.3 试样的另一端面应进行适当的绝缘处理,或采用增大试样长度的方式,以防在试验过程中附着试验液体后引起放电。

6 试验程序

6.1 将准备好的试样垂直放置,按图 1 连接,导体接变压器高压端,试样表面的铜线接地。

6.2 调整喷雾装置,喷头离地面至少 600 mm,距离试样约 500 mm。喷头轴线与试样轴线呈 45°角,试验液直接喷射于试样上,如用多个喷头时,喷头应对称或均匀地分布于试样周围。试样处的喷雾速度约 3 m/s,喷雾量为(0.5±0.1) mm/min。喷射压力应基本稳定。喷雾 10 s,间歇 20 s 为一个喷雾周期。

6.3 开始喷雾的同时,应在试样上施加 4 kV 工频试验电压,试验过程中电压值应保持在规定值的±3%以内。

7 试验结果及评定

在产品标准中规定的喷雾周期数内,试样无下列任一情况者应认为试验合格:

a) 表面燃烧;

b) 在高压电极和接地极之间形成连续的电弧;

c) 表面泄漏电流超过产品标准的规定值;

d) 因绝缘局部受腐蚀而引起试样击穿。

8 试验记录

试验记录应详细记载下列内容:

a) 试验类型;

b） 试样编号，试样型号、规格；

c） 试验日期，大气条件；

d） 试验液体的导电率，喷雾周期和喷雾量；

e） 试验电压和泄漏电流值；

f） 在试验开始和完成试验以后，至少应在两个相反的方向摄下试样的彩色照片，照片应清晰地展示泄漏途径的状况；

g） 试验设备及其校准有效期。

ICS 29.060
K 13

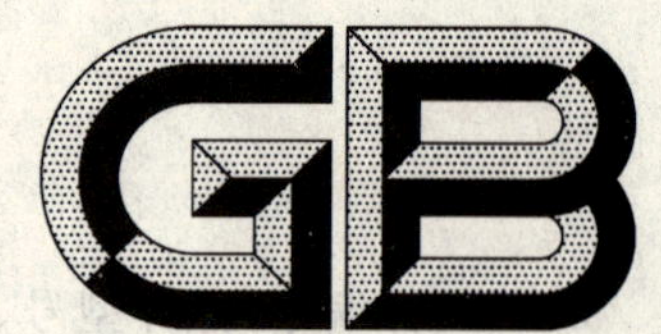

中华人民共和国国家标准

GB/T 3048.8—2007
代替 GB/T 3048.8—1994

电线电缆电性能试验方法 第8部分：交流电压试验

Test methods for electrical properties of electric cables and wires—Part 8：AC voltage test

(IEC 60060-1：1989，High-voltage test techniques—Part 1：General definitions and test requirements，NEQ)

2007-12-03 发布 2008-05-01 实施

中华人民共和国国家质量监督检验检疫总局
中国国家标准化管理委员会 发布

前　言

GB/T 3048《电线电缆电性能试验方法》分为 14 个部分：

——第 1 部分：总则；

——第 2 部分：金属材料电阻率试验；

——第 3 部分：半导电橡塑材料体积电阻率试验；

——第 4 部分：导体直流电阻试验；

——第 5 部分：绝缘电阻试验；

——第 7 部分：耐电痕试验；

——第 8 部分：交流电压试验；

——第 9 部分：绝缘线芯火花试验；

——第 10 部分：挤出护套火花试验；

——第 11 部分：介质损耗角正切试验；

——第 12 部分：局部放电试验；

——第 13 部分：冲击电压试验；

——第 14 部分：直流电压试验；

——第 16 部分：表面电阻试验。

本部分为 GB/T 3048 的第 8 部分，对应于 IEC 60060-1：1989《高电压试验技术　第 1 部分：一般定义和试验要求》(英文版)。

本部分与 IEC 60060-1：1989 的一致性程度为非等效。

本部分与 IEC 60060-1：1989 的主要差异如下：

——仅与 IEC 60060-1：1989 第 5 章“交流电压试验”相对应，其余部分全部删除；

——对应于 IEC 60060-1：1989 第 5 章“交流电压试验”的主要技术差异：

1)　对“交流电压的频率”按产品标准进行修改；

2)　删除了“对变压器试验回路的要求”；

3)　对“串联谐振回路”进行修改，并补充附录 A“调感式串联谐振试验回路和参数选择”；

4)　对“试验电压的测量”进行了修改，并补充了例行试验采用的三种从高压端直接测量的方法；

5)　对“试验程序”作了较大改动，补充了电缆试样接线的详细规定和具体说明接线方式的表 1 和表 2，删除“破坏性放电电压试验”和“确保破坏性放电电压试验”；

——与 GB/T 3048 的其他部分相协调，本部分增加了第 2 章“规范性引用文件”、第 5 章“试样制备”、第 7 章“试验结果及评定”、第 8 章“注意事项”和第 9 章“试验记录”。

本部分代替 GB/T 3048.8—1994《电线电缆电性能试验方法　交流电压试验》。本次修订按照 GB/T 1.1—2000《标准化工作导则　第 1 部分：标准的结构和编写规则》对本部分进行了调整。

本部分与 GB/T 3048.8—1994 相比主要变化如下：

——标准的英文名称改为“Test methods for electrical properties of electric cables and wires—Part 8：AC voltage test”；

——本部分的总体结构和编排按 GB/T 1.1—2000 进行了修改：

1)　第 1 章为“范围”(1994 年版的第 1 章；本版的第 1 章)；

2)　第 2 章为“规范性引用文件”(1994 年版的第 2 章；本版的第 2 章)；

3） 第 3 章为“术语和定义”（1994 年版无；本版的第 3 章）；

4） 第 4 章为“试验设备”（1994 年版的第 3 章；本版的第 4 章）；

5） 第 5 章为“试样制备”（1994 年版的第 4 章；本版的第 5 章）；

6） 第 6 章为“试验程序”（1994 年版的第 5 章；本版的第 6 章）；

7） 第 7 章为“试验结果及评定”（1994 年版的第 6 章；本版的第 7 章）；

8） 第 8 章为“注意事项”（1994 年版的第 7 章；本版的第 8 章）；

9） 第 9 章为“试验记录”（1994 年版无；本版的第 9 章）；

——在第 2 章“规范性引用文件”中补充了相关标准（1994 年版的第 2 章；本版的第 2 章）；

——增加了第 3 章“术语和定义”（1994 年版无；本版的第 3 章）；

——在第 4 章“试验设备”中进行了下述修改：

1） 完善了“容许偏差”的要求（1994 年版的 5.4；本版的 4.1.2）；

2） 完善了对“串联谐振回路”表述（1994 年版的 3.2；本版的 4.2.2）；

3） 补充了对“试验电压的测量”的规定（1994 年版的 3.3；本版的 4.3.1、4.3.2）；

——在第 5 章“试样制备”中增加了交联聚乙烯绝缘电缆和矿物绝缘电缆的试样制备方法（1994 年版无；本版 5.6、5.7）；

——在第 6 章“试验程序”中作了下述修改：

1） 补充了逐级击穿试验（1994 年版无；本版的 6.1.2）；

2） 删除了对绝缘护套电压试验接线方式的规定（1994 年版的 5.1.4 和 5.1.5；本版无）；

3） 完善了施加试验电压的要求（1994 年版的 5.3；本版的 6.3.2）；

——在第 7 章“试验结果及评定”中补充了对假击穿的判断（1994 年版无；本版的 7.2）；

——在第 8 章“注意事项”中修改了对试验区域安全的要求（1994 年版的 7.2；本版的 8.2）；

——增加第 9 章“试验记录”，规定了试验记录应记载的具体内容（1994 年版无；本版的第 9 章）；

——对附录 A 作了技术性修改（1994 年版的附录 A；本版的附录 A）。

本部分的附录 A 是规范性附录。

本部分由中国电器工业协会提出。

本部分由全国电线电缆标准化技术委员会归口。

本部分起草单位：上海电缆研究所。

本部分主要起草人：万树德、余震明、夏凯荣、朱中柱、金标义。

本部分所代替标准的历次版本发布情况为：GB 766—1965、GB 3048.8—1983、GB/T 3048.8—1994。

电线电缆电性能试验方法
第8部分：交流电压试验

1 范围

GB/T 3048的本部分规定了交流电压试验的术语和定义、试验设备、试样制备、试验程序、试验结果及评定、注意事项和试验记录。

本部分适用于电线电缆产品耐受交流电压试验，但不适用于绕组线产品。

本部分应与GB/T 3048.1一起使用。

2 规范性引用文件

下列文件中的条款通过GB/T 3048的本部分的引用而成为本部分的条款。凡是注日期的引用文件，其随后所有的修改单(不包括勘误的内容)或修订版均不适用于本部分，然而，鼓励根据本部分达成协议的各方研究是否可使用这些文件的最新版本。凡是不注日期的引用文件，其最新版本适用于本部分。

GB/T 311.6 高电压测量标准空气间隙(GB/T 311.6—2005,IEC 60052:2002,IDT)

GB/T 2900.19 电工术语 高电压试验技术和绝缘配合

GB/T 3048.1 电线电缆电性能试验方法 第1部分：总则

GB/T 16927.2 高电压试验技术 第二部分：测量系统(GB/T 16927.2—1997,eqv IEC 60060-2:1994)

3 术语和定义

GB/T 2900.19确立的以及下列术语和定义适用于GB/T 3048的本部分。

3.1

峰值 peak value

交流电压的峰值是指最大值，但不计由非破坏性放电引起的微小高频振荡。

3.2

方均根(有效)值 root-mean-square(effective)value

交流电压的方均根值是指一完整周波中电压值平方的平均值的平方根。

3.3

试验电压值 value of the test voltage

试验电压值是指其峰值除以$\sqrt{2}$。

3.4

总不确定度 overall uncertainty

e

表征测量结果分散在真值周围程度的估量。由于存在很多影响因素，它是由多个单独的不确定度所组成。

注：认为本部分中所考虑的大多数的不确定度来源都具有随机特性并是互相独立的，那么总的不确定度 *e* 的最佳估量为：

$$e=\sqrt{\sum_{i=1}^{n}e_i^2}$$

式中：e 和 e_1……e_n 均用标准偏差表示。

4 试验设备

4.1 对试验电压的要求

4.1.1 电压波形

4.1.1.1 试验电压应为频率(49～61)Hz的交流电源，通常称为工频试验电压。

4.1.1.2 试验电压的波形为两个半波相同的近似正弦波，且峰值与方均根(有效)值之比应为$\sqrt{2}\pm0.07$，如满足这些要求，则认为高压试验结果不受波形畸变的影响。

注：如果诸谐波的方均根(有效)值不大于基波的方均根值的5%，则认为满足上述对电压波形的要求。

4.1.2 容许偏差

在整个试验过程中，试验电压的测量值应保持在规定电压值的±3%以内。

注：容许偏差为规定值与实测值之间允许的差值。它与测量误差不同，测量误差是指测量值与真值之差。

4.2 试验电压的产生

4.2.1 一般要求

4.2.1.1 除了用试验变压器产生所需的试验电压外，根据电线电缆产品具有较大电容的特点，也可采用4.2.2规定的串联谐振回路产生试验电压。不论采用哪一种方式，试验电源都应满足试样试验所需的电压和电容电流的要求。

4.2.1.2 试验回路的电压应稳定，不受各种泄漏电流的影响。试样的非破坏性放电不应使试验电压有明显的降低，以至影响试样破坏性放电时的电压测量。

4.2.2 串联谐振回路

串联谐振回路主要是由与电缆试样或容性负载相串接的电感及相连的馈电电源所组成。通过改变回路参数或电源频率，就能够把回路调整到谐振，此时，加到试样上的电压远大于电源电压且大体上是正弦波。

谐振条件和试验电压的稳定性取决于电源频率和试验回路特性的稳定性。

当放电发生时，电源供给很小的电流，这就限制了对试样介质的破坏。

调感式串联谐振回路的试验回路和参数选择见附录A。

4.3 试验电压的测量

4.3.1 用GB/T 16927.2规定认可的测量装置进行测量

电压的峰值，方均根(有效)值和正弦波畸变及瞬态电压降的测量应采用经GB/T 16927.2规定程序认可的测量装置。

一般要求是在额定频率下测量试验电压峰值或有效值的总不确定度应在±3%范围内。

4.3.2 用认可的测量装置校准未认可的测量装置

这种方法通常是将与试验电压有关的某种仪器的显示与对同一个电压进行的测量之间建立的一种关系；其电压的测量可以是按4.3.1进行的或用符合GB/T 311.6的球隙进行测量。但在试验期间，球隙距离应增至足够大以防止放电。

通常可用不低于50%的试验电压值外推。如果试验回路中电流不随外加电压线性变化，或者在校准电压和试验电压之间的电压波形或频率发生变化，则外推法可能误差较大。

对于电力电缆的例行试验，下述三种方法都能满足要求：

——电压互感器(与试样的高压端并联)：电压互感器的测量误差应不超过±1%，与之相接的电压表的误差应不超过±2%。

——高压静电电压表(与试样的高压端并联)：高压静电电压表的测量误差应不超过±2%。

——分压器(与试样的高压端并联)：分压器的分压比误差应不超过±1%，测量有效值时应接至准确度达0.5级的低压读出装置；测量峰值时应接至不确定度不超过±1%的低压读出仪器。

5 试样制备

5.1 除产品标准中另有规定外，抽样试验用样品应随机抽样。

5.2 试样的数量和长度应符合产品标准规定。

5.3 试样终端部分的长度和终端头的制备方法应能保证在规定的试验电压下不发生沿其表面闪络放电或内部击穿。

5.4 在水槽内进行试验时，试样两个端部伸出水面的长度应不小于 200 mm，且应保证在规定的试验电压下不发生沿其表面闪络放电。

5.5 试样应处于相应产品标准规定的试验压力(油压或气压)和试验温度条件下。

5.6 高压交联聚乙烯绝缘电力电缆可采用脱离子水终端，也可采用其他型式的试验终端，但应满足5.3的要求。

5.7 应采用特殊方法制备矿物绝缘电缆试样，以避免影响电缆端头的密封和破坏绝缘线芯的结构从而导致试样击穿造成误判断。

6 试验程序

6.1 试验方式

6.1.1 试样耐压试验的试验电压值和耐受电压时间按产品标准规定。

6.1.2 试样的逐级击穿试验，可由供需双方商定每级升压的数值和耐受时间。推荐每级耐受时间至少5 min。

6.2 试样接线

6.2.1 应按下列规定接线方式接线，也可采用其他接线方式，但必须保证试样每一线芯与其相邻线芯之间，至少经受一次按产品标准规定的工频电压试验。

6.2.2 电力电缆和电气装备用电线电缆应按表 1 规定接线；通信电缆应按表 2 规定接线。

表 1 电力电缆和电气装备用电线电缆接线方式

试样芯数	试样结构简图	试样接线方式(高压端→接地端)	
		无金属套、金属屏蔽、铠装且无附加特殊电极	有金属套、金属屏蔽、铠装或有附加特殊电极
单芯	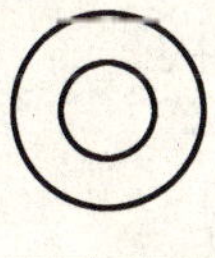	—	1→0
二芯	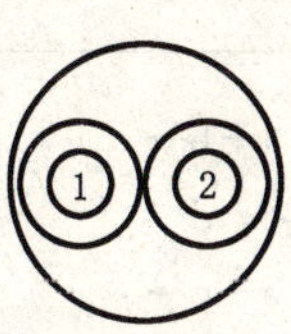	1→2	(1) 1→2+0 (2) 2→1+0
三芯	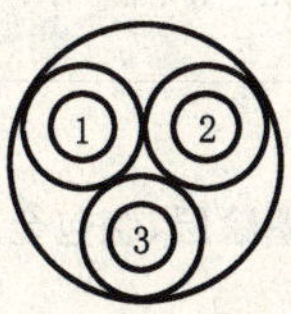	(1) 1→2+3 (2) 2→3+1	(1) 1→2+3+0 (2) 2→1+3+0 (3) 3→1+2+0

表 1(续)

试样芯数	试样结构简图	试样接线方式(高压端→接地端)	
		无金属套、金属屏蔽、铠装且无附加特殊电极	有金属套、金属屏蔽、铠装或有附加特殊电极
四芯		(1) 1→2+3+4 (2) 2→3+4+1 (3) 3→4+1+2	(1) 1→2+3+4+0 (2) 2→1+3+4+0 (3) 3→1+2+4+0 (4) 4→1+2+3+0

注 1：表中“1,2,3,4”代表线芯导体编号。

注 2：表中“0”代表金属护套、金属屏蔽、铠装或附加特殊电极(指水槽、金属珠链、石墨涂层、绕包金属箔等)。

表 3：表中“+”代表相互电气连接。

表 2　通信电缆接线方式

绞合元件	元件结构示意	试样接线方式(高压端→接地端)	
		无金属套、金属屏蔽、铠装且无附加电极	有金属套、金属屏蔽、铠装或有附加电极
单根芯线		—	每一导体对其余所有导体与金属套屏蔽铠装连接接地
对绞组		所有导体 a→ 所有导体 b	(1) 所有导体 a→ 所有导体 b (2) 所有导体 a+b→0
三线组		(1) 所有导体 a→ 所有导体 b+c (2) 有导体 b→ 所有导体 a+c	(1) 所有导体 a→ 所有导体 b+c (2) 所有导体 b→ 所有导体 a+c (3) 所有导体 a+b+c→0
四线组		(1) 所有导体 a+b→ 所有导体 c+d (2) 所有导体 a+c→ 所有导体 b+d	(1) 所有导体 a+b→ 所有导体 c+d (2) 所有导体 a+c→ 所有导体 b+d (3) 所有导体 a+b+c+d→0

注 1：表中“a,b,c,d”代表线芯导体编号。

注 2：表中“0”代表金属护套、金属屏蔽、铠装或附加特殊电极(指水槽、金属珠链、石墨涂层、绕包金属箔等)。

注 3：表中“+”代表相互电气连接。

6.2.3　五芯及以上多芯电缆，通常需进行二次试验：第一次在每层芯中的奇数芯（并联）对偶数芯（并联）之间施加电压；第二次在所有奇数层的线芯（并联）对偶数层的线芯（并联）之间施加电压。如果电缆中同一层中含有的线芯数为奇数，则应补充对未经受电压试验的相邻线芯间再进行一次规定的电压试验。

注：多芯电缆中心的一根线芯（或诸线芯）作为第一层；如有金属套（屏蔽）或铠装作为最后一层，试验时应接地。

6.2.4　在试样的金属套（屏蔽）和铠装之间的内衬层试验时，所有线芯都应与金属套（屏蔽）相连接，并接至试验电源的高压端，而铠装接至接地端。

6.3　试验要求

6.3.1　除非产品标准另有规定，试验应在(20±15)℃温度下进行。试验时，试样的温度与周围环境温度之差应不超过±3℃。

6.3.2　对试样施加电压时，应当从足够低的数值（不应超过产品标准所规定试验电压值的40%）开始，以防止操作瞬变过程而引起的过电压影响；然后应缓慢地升高电压，以便能在仪表上准确读数，但也不能升得太慢，以免造成在接近试验电压时耐压时间过长。当施加电压超过75%试验电压后，只要以每秒2%的速率升压，一般可满足上述要求。应保持试验电压至规定时间后，降低电压，直至低于所规定的试验电压值的40%，然后再切断电源，以免可能出现瞬变过程而导致故障或造成不正确的试验结果。

7　试验结果及评定

7.1　试样在施加所规定的试验电压和持续时间内无任何击穿现象，则可认为该试样通过耐受工频电压试验。

7.2　试验中如发生异常现象，应判断是否属于“假击穿”。假击穿现象应予排除，并重新试验。只有当试样不可能再次耐受相同电压值的试验时，则应认为试样已击穿。

7.3　如果在试验过程中，试样的试验终端发生沿其表面闪络放电或内部击穿，允许另做试验终端，并重复进行试验。

7.4　试验过程中因故停电后继续试验，除产品标准另有规定外，应重新计时。

8　注意事项

8.1　试验回路应有快速保护装置，以保证当试样击穿或试样端部或终端发生沿其表面闪络放电或内部击穿时能迅速切断试验电源。

8.2　试验设备、测量系统和试样的高压端与周围接地体之间应保持足够的安全距离，以防止产生空气放电。试验区域周围应有可靠的安全措施，如金属接地栅拦，信号灯或安全警示标志。

8.3　试验区域内应有接地电极，接地电阻应小于4 Ω，试验装置的接地端和试样的接地端或附加电极均应与接地电极可靠连接。

9　试验记录

试验记录应详细记载下列的内容：

a)　试验类型；

b)　试样编号，试样型号、规格；

c)　试验日期，大气条件；

d)　施加电压的数值和时间；

e)　试验中的异常现象，处理和判断；

f)　试验设备及其校准有效期。

附 录 A
（规范性附录）
调感式串联谐振回路和参数选择

A.1 串联谐振试验回路

串联谐振试验回路及其等值线路分别如图 A.1 与图 A.2 所示。

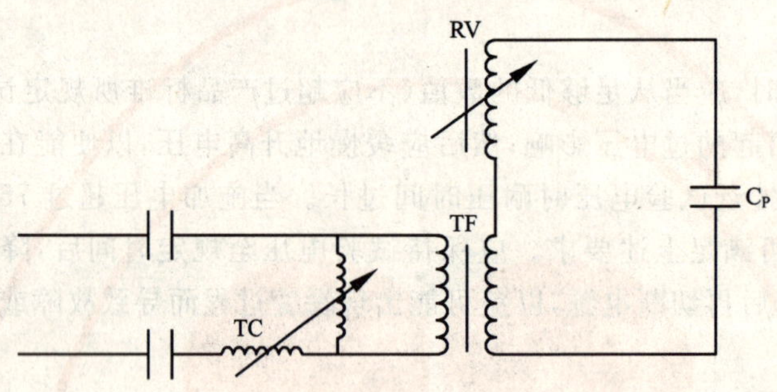

C_P——试样电容器；

RV——可调电抗器；

TC——单相调压器；

TF——馈电变压器。

图 A.1 串联谐振试验回路

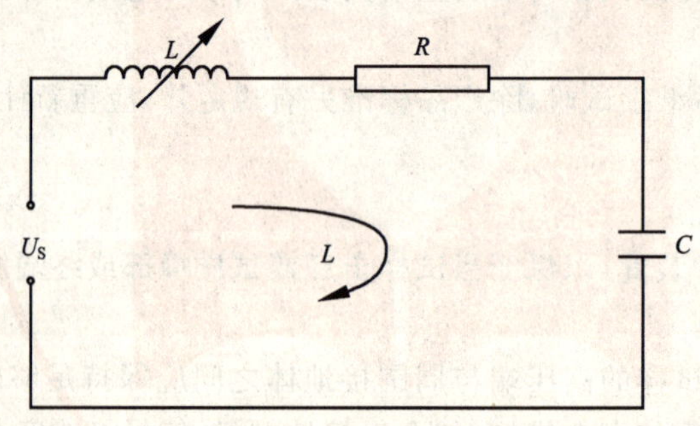

C——试样电容，F；

L——回路电感，H；

R——回路等值电阻（包括可调电抗器和馈电变压器的损耗、高压导线的电晕损耗、试样介质损耗和脱离子水终端的损耗等），Ω。

图 A.2 等值线路

A.2 谐振条件

根据试样电容值调节电抗器的电感值使其满足谐振条件：

$$\omega L=\frac{1}{\omega C} \qquad \text{(A.1)}$$

式中：

$\omega=2\pi f, f=50\ \text{Hz}$。

谐振时，流过高压回路 L 及 C 的电流达到最大值，即：

$$I_M=\frac{U_S}{R} \qquad \text{(A.2)}$$

式中：

U_S——试验时所需的馈电电压。

$$Q=\frac{1}{R}\cdot\sqrt{\frac{L}{C}} \tag{A.3}$$

式中：

Q——回路品质因数，Q 值一般较大，$Q>30$。

A.3 参数选择

A.3.1 馈电变压器输出电压 U_S，按$\frac{U_C}{Q}$选取，U_C 为试样所需最高试验电压值。

A.3.2 馈电变压器输出电流 I_S 等于试样所需的最大电容电流值。

A.3.3 调压器的额定容量与馈电变压器相同。

A.3.4 可调电抗器电感调节范围按试样最大电容和最小电容值进行选择，首先必须满足最大电容时的电感值。如果电感调节范围不够，为满足最小电容值试验的需要，必要时可增加负荷电容器。

A.3.5 为满足短试样进行型式试验，且采用脱离子水终端时，回路的 Q 值将大大降低，为此，选择的馈电变压器应具有足够的电压输出。

ICS 29.060
K 13

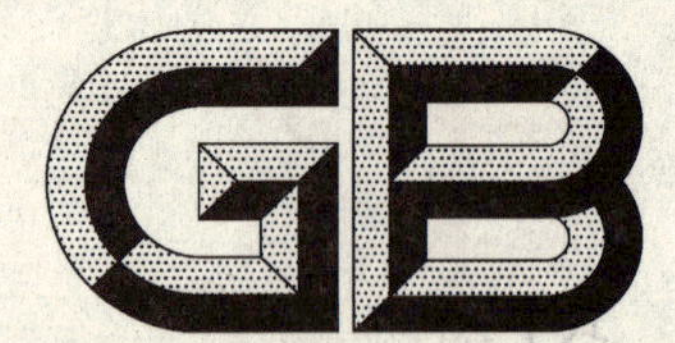

中华人民共和国国家标准

GB/T 3048.9—2007
代替 GB/T 3048.9—1994,GB/T 3048.15—1992

电线电缆电性能试验方法 第9部分:绝缘线芯火花试验

Test methods for electrical properties of electric cables and wires—Part 9:Spark test of insulated cores

2007-12-03 发布　　2008-05-01 实施

中华人民共和国国家质量监督检验检疫总局
中国国家标准化管理委员会　发布

前　言

GB/T 3048《电线电缆电性能试验方法》分为14个部分：

——第1部分：总则；

——第2部分：金属材料电阻率试验；

——第3部分：半导电橡塑材料体积电阻率试验；

——第4部分：导体直流电阻试验；

——第5部分：绝缘电阻试验；

——第7部分：耐电痕试验；

——第8部分：交流电压试验；

——第9部分：绝缘线芯火花试验；

——第10部分：挤出护套火花试验；

——第11部分：介质损耗角正切试验；

——第12部分：局部放电试验；

——第13部分：冲击电压试验；

——第14部分：直流电压试验；

——第16部分：表面电阻试验。

本部分为GB/T 3048的第9部分。

本部分代替GB/T 3048.9—1994《电线电缆电性能试验方法 绝缘线芯工频火花试验》和GB/T 3048.15—1992《电线电缆 绝缘线芯直流火花试验方法》。本次修订按照GB/T 1.1—2000《标准化工作导则 第1部分：标准的结构和编写规则》对本部分进行了调整。

本部分与GB/T 3048.9—1994和GB/T 3048.15—1992相比主要变化如下：

——标准的中文名称统一为“电线电缆电性能试验方法 第9部分：绝缘线芯火花试验”；

——标准的英文名称改为“Test methods for electrical properties of electric cables and wires—Part 9：Spark test of insulated cores”；

——本部分的总体结构和编排按GB/T 1.1—2000进行了修改：

1） 第1章为“范围”（GB/T 3048.9—1994和GB/T 3048.15—1992的第1章；本版的第1章）；

2） 第2章为“规范性引用文件”（GB/T 3048.9—1994的第2章，GB/T 3048.15—1992无；本版的第2章）；

3） 第3章为“术语和定义”（GB/T 3048.9—1994和GB/T 3048.15—1992无；本版的第3章）；

4） 第4章为“试验设备”（GB/T 3048.9—1994的第3章、GB/T 3048.15—1992的第2章；本版的第4章）；

5） 第5章为“试样制备”（GB/T 3048.9—1994和GB/T 3048.15—1992无；本版的第5章）；

6） 第6章为“试验程序”（GB/T 3048.9—1994的第4章和第5章、GB/T 3048.15—1992的第3章和第4章；本版的第6章）；

7） 第7章为“试验结果及评定”（GB/T 3048.9—1994的第6章和GB/T 3048.15—1992的第5章；本版的第7章）；

8） 第8章为“试验设备的校准”（GB/T 3048.9—1994的第7章、GB/T 3048.15—1992无；

本版的第 8 章);

9) 第 9 章为“试验记录”(GB/T 3048.9—1994 和 GB/T 3048.15—1992 无;本版的第 9 章);

——在第 1 章“范围”中删除了包含要求的部分(GB/T 3048.15—1992 的第 1 章;本版的第 1 章);

——在第 2 章“规范性引用文件”中补充了相关标准(GB/T 3048.9—1994 的第 2 章;GB/T 3048.15—1992 无;本版的第 2 章);

——增加了第 3 章“术语和定义”(GB/T 3048.9—1994 和 GB/T 3048.15—1992 无;本版的第 3 章);

——在第 4 章“试验设备”中修改了对直流高压电源脉动的规定(GB/T 3048.15—1992 的 2.1;本版的 4.2.2);

——在第 6 章“试验程序”中将试验电压由规定值改为推荐值(GB/T 3048.9—1994 的第 4 章和 GB/T 3048.15—1992 的第 3 章;本版的第 6 章);

——增加第 9 章“试验记录”,规定了试验记录应记载的具体内容(GB/T 3048.9—1994 和 GB/T 3048.15—1992 无;本版的第 9 章)。

本部分由中国电器工业协会提出。

本部分由全国电线电缆标准化技术委员会归口。

本部分起草单位:上海电缆研究所。

本部分主要起草人:万树德、余震明、夏凯荣、张兆焕。

本部分所代替标准的历次版本发布情况为:

——GB 3048.9—1983、GB/T 3048.9—1994;

——GB/T 3048.15—1992。

电线电缆电性能试验方法
第9部分:绝缘线芯火花试验

1 范围

GB/T 3048 的本部分规定了绝缘线芯(电线)火花试验的术语和定义、试验设备、试样制备、试验程序、试验结果及评定、试验设备的校准和试验记录。

本部分适用于检验橡皮和塑料绝缘电线电缆绝缘线芯的绝缘层质量,可用于电线电缆的中间检验和例行试验。不适用于检验任何采用非导电材料制成的导电线芯的绝缘产品。

本部分包括工频火花试验和直流火花试验。即采用工频火花机和直流火花机进行试验。

本部分应与 GB/T 3048.1 一起使用。

2 规范性引用文件

下列文件中的条款通过 GB/T 3048 的本部分的引用而成为本部分的条款。凡是注日期的引用文件,其随后所有的修改单(不包括勘误的内容)或修订版均不适用于本部分,然而,鼓励根据本部分达成协议的各方研究是否可使用这些文件的最新版本。凡是不注日期的引用文件,其最新版本适用于本部分。

GB/T 2900.10—2001 电工术语 电缆(idt IEC 60050(461):1984)

GB/T 3048.1 电线电缆电性能试验方法 第1部分:总则

JB/T 4278.10 橡皮塑料电线电缆试验仪器设备检定方法 火花试验机

3 术语和定义

GB/T 2900.10—2001 确立的下列术语和定义适用于 GB/T 3048 的本部分。

3.1

火花试验 spark test

电缆通过周围电极时该电极对其施加试验电压的一种绝缘试验。

4 试验设备

4.1 概述

工频火花试验机和直流火花试验机的示意图如图1,主要组成部分及整个装置应符合下述各条规定。

4.2 高压电源

4.2.1 工频火花试验机的高压电源

电源频率为(49~61)Hz,电压波形应近似正弦波。

4.2.2 直流火花试验机的高压电源

电源的正极应接地,负极由一根低电容的非屏蔽电线与试验电极相连,直流输出电压的纹波,其峰值对峰值应不超过直流电压的5%。

4.2.3 试验电压的测量

试验电极对地的电位差应由火花机的试验电压表显示,试验电压表应直接连接到电源的输出端,也可通过其他任何合适的方式连接,但其示值误差应不超过±5%。

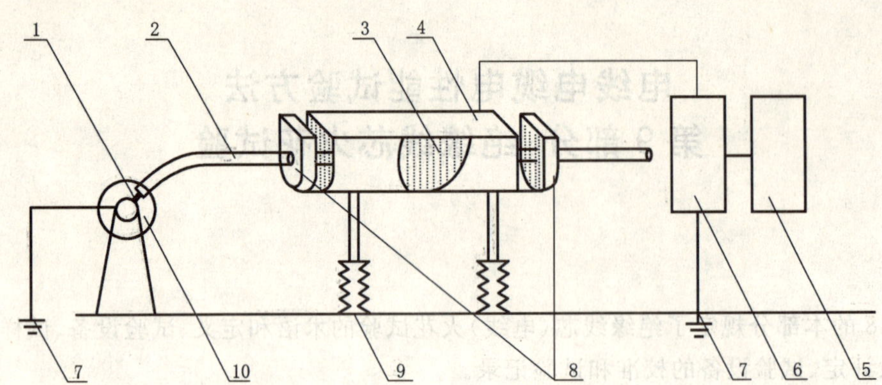

1——试样导体；

2——被试绝缘线芯(电线)；

3——试验电极；

4——试验电极箱；

5——检测控制装置；

6——高压电源；

7——接地；

8——保护电极；

9——绝缘子；

10——收线盘。

图1 火花试验机的示意图

4.3 试验电极

4.3.1 电极的有效长度应使被试绝缘线芯的每一点通过电极下的时间不小于下列规定：

a) 工频电源 0.05 s

注：这时间表示绝缘线芯穿过每毫米长电极的最大速度为 1.2 m/min。

b) 直流电源 0.001 s

注：这时间表示绝缘线芯穿过每毫米长电极的最大速度为 60 m/min。

4.3.2 电极的有效宽度应大于被试线芯的最大直径 30 mm。底部可制成"V"形或"U"形。对地保持良好绝缘，而使在最高试验电压下，当绝缘子受潮时火花机也应正常运行。电极箱壳体应接地。

4.3.3 电极为用金属制成的接触式电极，可用珠链或环链，链长应大于"V"形或"U"形底部电极的深度。相邻两链的间距应不大于 8 mm。

注：相邻两链的间距应不大于 8 mm 是指任何方向的相邻两个间的距离。

珠链或环链应满足下述要求：

a) 珠的直径为(2～5)mm，一串珠链上的相邻两颗珠子的间距应不超过 2.5 mm；

b) 环由直径大于 0.8 mm 的金属丝构成，环的外径应不大于 5 mm，如用椭圆形等其他形状时纵轴应不大于 5 mm。每 100 mm 长的环链上，环数应不少于 20 个；

c) 链上的珠或环应分布均匀，表面光滑，不应有刮伤被试绝缘线芯的任何毛刺，且每一节珠或环应灵活可挠。珠链或环链应交叉排列。

4.4 保护电极

试验电极的两端应有接地保护电极。保护电极的宽度应不小于试验电极宽度，保护电极(轴向)长度不小于 15 mm，所用珠链或环链应与试验电极一致。保护电极与试验电极之间距离应保证在正常最高试验电压下，不发生试样绝缘表面闪络。

4.5 安全保护连锁装置

保证开启试验电极箱时自动断开高压电源。

4.6 击穿指示器

击穿指示器由数字显示计数器和讯响报警器组成，能对每次击穿记录和报警。击穿指示器应能保持其指示数，直至下一个击穿被记录或指示器被人工复位。讯响报警器的报警时间应能持续数秒钟，并能触发断路器断开高压电源和驱动系统电源。在必要时可遮断触发信号。

4.7 灵敏度

4.7.1 灵敏度测试

灵敏度用人工击穿装置测试。

人工击穿装置测试中的火花间隙应由作相对旋转运动的一块金属板和一个金属针尖组成，在每秒钟内金属板和金属针尖有一次距离为(0.25±0.05)mm，工频火花机测试时，持续时间为0.025 s；直流火花机测试时，持续时间为0.005 s，针尖对金属板的极性，针尖为负极，金属板为正极。

4.7.2 最低灵敏度测试

在无负载情况下，将试验电极电压调到工频3 kV(或直流5 kV)，当人工击穿装置接入后，其火花间隙短路状态下的稳态电流应不超过600 μA。为了将稳态电流限制在适当的数值范围内，可以串联一附加电阻。

最低灵敏度测试时，应先接入符合上述要求的人工击穿装置，将试验电压调到工频3 kV(或直流5 kV)，启动人工击穿装置，使金属板和针尖间的火花间隙被连续击穿20次。要求火花试验机的击穿计数器应记录20次，对每次击穿都应准确无误的计数。

试验时应断开触发信号，以保证试验变压器的电源不被断开。

每次试验应更换铜针，针尖的锥度应不大于60°，直径应不大于2 mm。

4.7.3 稳定性测试

最低灵敏度符合要求后，应将附加电阻(若有)短接。在电极间放一段没有缺陷、并是该火花机将要测试的具有最大电容值的被试绝缘线芯(电线)，或在人工击穿装置的板电极和针尖电极之间并入一个与被试线芯有相同电容值的电容器(直流火花机可不接入线芯或电容器)并将电极电压调至设备的最高试验电压，可选用较粗的铜针，以防止针尖熔化。启动人工击穿装置，使金属板和针尖间的火花间隙被连续击穿20次。火花试验机的击穿计数器应记录20次，对每次击穿都应准确无误的计数。

试验时应断开触发信号，以保证试验变压器的电源不被断开。

5 试样制备

整个制造长度的电线电缆。

6 试验程序

6.1 每次试验前应检查安全保护链锁装置，确保正常动作。

6.2 火花试验设备和收放线装置均应可靠接地。

6.3 被试绝缘线芯的导体应可靠地连续接地。

6.4 被试绝缘线芯进入电极之前，应用适当方法除去绝缘表面的水分，以防止试验过程中产生闪络。

6.5 试验电压值应在产品标准中规定。如果产品标准中没有规定相应的试验电压值，则可按表1推荐的电压值行试验。

表 1 绝缘线芯火花试验电压推荐值

绝缘标称厚度 δ/mm	试 验 电 压/kV	
	工频火花机	直流火花机
δ≤0.25	3	5
0.25<δ≤0.5	4	6
0.5<δ≤1.0	6	9
1.0<δ≤1.5	10	15
1.5<δ≤2.0	15	23
2.0<δ≤2.5	20	30
2.5<δ	25	38
注：非密封性的绝缘结构，如无粘结层的绕包结构，其试验电压应在产品标准中规定。		

7 试验结果及评定

单位长度(如每 km)被试绝缘线芯的击穿次数即为试验结果。

8 试验设备的校准

每年应至少一次按 JB/T 4278.10 规定的检定方法对火花试验机进行校准，在大修或较大程度调整后，也应进行校准。

9 试验记录

试验记录应详细记载下列的内容：

a) 试样编号，试样型号、规格；

b) 试验日期，大气条件；

c) 施加电压的数值；

d) 试验结果；

e) 试验设备及其校准有效期。

ICS 29.060
K 13

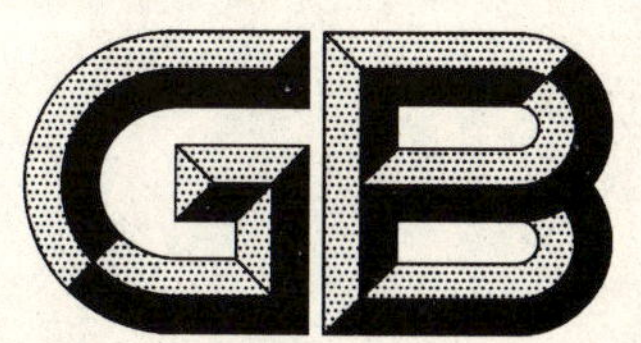

中华人民共和国国家标准

GB/T 3048.10—2007
代替 GB/T 3048.10—1994

电线电缆电性能试验方法 第10部分:挤出护套火花试验

Test methods for electrical properties of electric cables and wires—
Part 10:Spark test of extruded protective sheaths

2007-12-03 发布　　　　2008-05-01 实施

中华人民共和国国家质量监督检验检疫总局
中国国家标准化管理委员会　发布

前　言

GB/T 3048《电线电缆电性能试验方法》分为 14 个部分：

——第 1 部分：总则；

——第 2 部分：金属材料电阻率试验；

——第 3 部分：半导电橡塑材料体积电阻率试验；

——第 4 部分：导体直流电阻试验；

——第 5 部分：绝缘电阻试验；

——第 7 部分：耐电痕试验；

——第 8 部分：交流电压试验；

——第 9 部分：绝缘线芯火花试验；

——第 10 部分：挤出护套火花试验；

——第 11 部分：介质损耗角正切试验；

——第 12 部分：局部放电试验；

——第 13 部分：冲击电压试验；

——第 14 部分：直流电压试验；

——第 16 部分：表面电阻试验。

本部分为 GB/T 3048 的第 10 部分。

本部分代替 GB/T 3048.10—1994《电线电缆电性能试验方法　挤出防蚀护套火花试验》。本次修订按照GB/T 1.1—2000《标准化工作导则　第 1 部分：标准的结构和编写规则》对本部分进行了调整。

本部分与 GB/T 3048.10—1994 相比主要变化如下：

——标准的英文名称改为“Test methods for electrical properties of electric cables and wires—Part 10:Spark test of extruded protective sheaths”；

——本部分的总体结构和编排按 GB/T 1.1—2000 进行了修改：

1)　第 1 章为“范围”(1994 年版的第 1 章；本版的第 1 章)；

2)　第 2 章为“规范性引用文件”(1994 年版的第 2 章；本版的第 2 章)；

3)　第 3 章为“术语和定义”(1994 年版无；本版的第 3 章)；

4)　第 4 章为“试验设备”(1994 年版的第 3 章；本版的第 4 章)；

5)　第 5 章为“试样制备”(1994 年版的第 4 章；本版的第 5 章)；

6)　第 6 章为“试验程序”(1994 年版的第 5 章；本版的第 6 章)；

7)　第 7 章为“试验结果及评定”(1994 年版的第 6 章；本版的第 7 章)；

8)　第 8 章为“试验设备的校准”(1994 年版无；本版的第 8 章)；

9)　第 9 章为“试验记录”(1994 年版无；本版的第 9 章)；

——在第 2 章“规范性引用文件”中补充了相关标准(1994 年版的第 2 章；本版的第 2 章)；

——增加了第 3 章“术语和定义”(1994 年版无；本版的第 3 章)；

——在第 4 章“试验设备”中删除了高频火花试验机(1994 年版的 3.1；本版的第 4 章)；

——在第 6 章“试验程序”中删除了高频火花试验的相关规定(1994 年版的 5.2 和表 1；本版的 6.2 和表 1)；

——增加了第 8 章“试验设备的校准”(1994 年版无；本版的第 8 章)；

——增加第 9 章“试验记录”，规定了试验记录应记载的具体内容(1994 年版无；本版的第 9 章)。

本部分由中国电器工业协会提出。

本部分由全国电线电缆标准化技术委员会归口。

本部分起草单位：上海电缆研究所。

本部分主要起草人：万树德、余震明、夏凯荣。

本部分所代替标准的历次版本发布情况为：GB 3048.10—1982、GB/T 3048.10—1994。

电线电缆电性能试验方法
第10部分:挤出护套火花试验

1 范围

GB/T 3048的本部分规定了挤出防蚀护套火花试验的术语和定义、试验设备、试样制备、试验程序、试验结果及评定、试验设备的校准和试验记录。

本部分适用于检验挤包在金属套或金属铠装层外面的防蚀护套的密封性。

本部分应与GB/T 3048.1一起使用。

2 规范性引用文件

下列文件中的条款通过GB/T 3048本部分的引用而成为本部分的条款。凡是注日期的引用文件，其随后所有的修改单(不包括勘误的内容)或修订版均不适用于本部分，然而，鼓励根据本部分达成协议的各方研究是否可使用这些文件的最新版本。凡是不注日期的引用文件，其最新版本适用于本部分。

GB/T 2900.10—2001　电工术语　电缆(idt IEC 60050(461):1984)

GB/T 3048.1　电线电缆电性能试验方法　第1部分:总则

GB/T 3048.9—2007　电线电缆电性能试验方法　第9部分:绝缘线芯火花试验

JB/T 4278.10　橡皮塑料电线电缆试验仪器设备检定方法　火花试验机

3 术语和定义

GB/T 2900.10—2001确立的下列术语和定义适用于GB/T 3048的本部分。

3.1

火花试验　spark test

电缆通过周围电极时该电极对其施加试验电压的一种绝缘试验。

4 试验设备

工频火花试验机或直流火花试验机，应符合GB/T 3048.9—2007相关规定。

5 试样制备

整个制造长度的电缆。

6 试验程序

6.1　火花试验应在挤制防蚀套的过程中进行，也可在火花试验机上单独进行。

6.2　当采用工频火花试验机进行试验时，被试电缆金属套或铠装应接地。

当采用直流火花试验机进行试验时，被试电缆金属套或铠装一般应与直流电源的负极相连接。

6.3　试验电压值应符合产品标准的规定，如果产品标准中没有规定相应试验电压值，则可按表1推荐的电压值进行试验。

表 1 防蚀护套火花试验电压推荐值

试验类型	试验电压/kV	最高试验电压/kV
直流	9 t	25
50 Hz	6 t	15
注 1：t 为防蚀护套标称厚度，mm。		
注 2：由塑料带和塑料套组合构成的防蚀层火花试验电压，如需方另有要求时，可与供方另行商定。		

7 试验结果及评定

单位长度(如每 km)被试品的击穿次数即为试验结果。

8 试验设备的校准

每年应至少一次按 JB/T 4278.10 规定的检定方法对火花试验机进行校准；在大修或较大程度调整后，也应进行校准。

9 试验记录

试验记录应详细记载下列的内容：

a) 试样编号，试样型号、规格；

b) 试验日期，大气条件；

c) 施加电压的数值；

d) 试验结果；

e) 试验设备及其校准有效期。

ICS 29.060
K 13

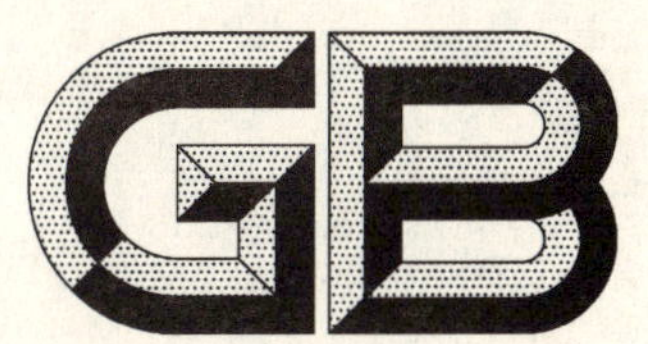

中华人民共和国国家标准

GB/T 3048.11—2007
代替 GB/T 3048.11—1994

电线电缆电性能试验方法 第11部分:介质损耗角正切试验

Test methods for electrical properties of electric cables and wires—
Part 11: Test for dielectric dissipation factor

2007-12-03 发布　　2008-05-01 实施

中华人民共和国国家质量监督检验检疫总局
中国国家标准化管理委员会　发布

前　言

GB/T 3048《电线电缆电性能试验方法》分为 14 个部分：

——第 1 部分：总则；

——第 2 部分：金属材料电阻率试验；

——第 3 部分：半导电橡塑材料体积电阻率试验；

——第 4 部分：导体直流电阻试验；

——第 5 部分：绝缘电阻试验；

——第 7 部分：耐电痕试验；

——第 8 部分：交流电压试验；

——第 9 部分：绝缘线芯火花试验；

——第 10 部分：挤出护套火花试验；

——第 11 部分：介质损耗角正切试验；

——第 12 部分：局部放电试验；

——第 13 部分：冲击电压试验；

——第 14 部分：直流电压试验；

——第 16 部分：表面电阻试验。

本部分为 GB/T 3048 的第 11 部分。

本部分代替 GB/T 3048.11—1994《电线电缆电性能试验方法　介质损失角正切试验》。本次修订按照 GB/T 1.1—2000《标准化工作导则　第 1 部分：标准的结构和编写规则》对本部分进行了调整。

本部分与 GB/T 3048.11—1994 相比主要变化如下：

——标准的中文名称改为“电线电缆电性能试验方法　第 11 部分：介质损耗角正切试验”；

——标准的英文名称改为“Test methods for electrical properties of electric cables and wires—Part 11: Test for dielectric dissipation factor”；

——本部分的总体结构和编排按 GB/T 1.1—2000 进行了修改：

1）第 1 章为“范围”（1994 年版的第 1 章；本版的第 1 章）；

2）第 2 章为“规范性引用文件”（1994 年版的第 2 章；本版的第 2 章）；

3）第 3 章为“术语和定义”（1994 年版无；本版的第 3 章）；

4）第 4 章为“试验设备”（1994 年版的第 3 章；本版的第 4 章）；

5）第 5 章为“试样制备”（1994 年版的第 4 章；本版的第 5 章）；

6）第 6 章为“试验程序”（1994 年版的第 5 章；本版的第 6 章）；

7）第 7 章为“试验结果及计算”（1994 年版的第 6 章；本版的第 7 章）；

8）第 8 章为“注意事项”（1994 年版的第 7 章；本版的第 8 章）；

9）第 9 章为“试验记录”（1994 年版无；本版的第 9 章）；

——在第 2 章“规范性引用文件”中补充了相关的标准（1994 年版的第 2 章；本版的第 2 章）；

——增加了第 3 章“术语和定义”（1994 年版无；本版的第 3 章）；

——在第 4 章“试验设备”中作了下述修改：

1）明确试验电源的电压值按 GB/T 3048.8 的规定进行测量（1994 版的 3.1.3；本版的4.1.3）；

2）提高了对标准电容器的要求[1994 版的 3.2.1 中 b.项；本版的 4.2.1 中 b)项]；

3） 增加了测量仪器应满足试样的电容电流的要求(1994 版无;本版的 4.2.2)；

——在第 5 章“试样制备”中增加脱离子水终端的制备(1994 年版无;本版的 5.6)；

——在第 6 章“试验程序”中作了下述修改：

1） 对试样接线方式作了补充和完善[1994 版的 5.1.3;本版的 6.1 中 c)项]；

2） 删除用温度计测量环境温度的规定(1994 版的 5.3;本版无)；

3） 增加了在规定的试验温度下测量 tan δ 值时测量试样温度的要求(1994 版无;本版的6.3)；

——在第 7 章“试验结果及计算”中,增加了读取或计算试样电容值的要求(1994 年版无;本版的7.2)；

——增加第 9 章“试验记录”,规定了试验记录应记载的具体内容(1994 年的 6.2;本版的第 9 章)。

本部分由中国电器工业协会提出。

本部分由全国电线电缆标准化技术委员会归口。

本部分起草单位:上海电缆研究所。

本部分主要起草人:万树德、余震明、夏凯荣、杨文才。

本部分所代替标准的历次版本发布情况为:GB 767—1965、GB 3048.11—1983、GB/T 3048.11—1994。

电线电缆电性能试验方法
第11部分：介质损耗角正切试验

1 范围

GB/T 3048的本部分规定了介质损耗角正切试验的术语和定义、试验设备、试样制备、试验程序、试验结果及计算、注意事项和试验记录。

本部分适用于工频交流电压下测量电缆产品的介质损耗角正切(tan δ)值和电容值，但不适用于绕组线产品。

本部分应与GB/T 3048.1一起使用。

2 规范性引用文件

下列文件中的条款通过GB/T 3048的本部分的引用而成为本部分的条款。凡是注日期的引用文件，其随后所有的修改单(不包括勘误的内容)或修订版均不适用于本部分，然而，鼓励根据本部分达成协议的各方研究是否可使用这些文件的最新版本。凡是不注日期的引用文件，其最新版本适用于本部分。

GB/T 2900.19 电工术语 高电压技术和绝缘配合

GB/T 3048.1 电线电缆电性能试验方法 第1部分：总则

GB/T 3048.8—2007 电线电缆电性能试验方法 第8部分：交流电压试验

3 术语和定义

GB/T 2900.19确立的以及下列术语和定义适用于GB/T 3048的本部分。

3.1

介质损耗角正切 dielectric dissipation factor

tan δ

表征电缆绝缘在交流电场下能量损耗的一个参数，是外施正弦电压与通过试样的电流之间相角的余角正切。

4 试验设备

4.1 试验电源

4.1.1 除了用试验变压器产生所需的试验电压外，也可采用串联谐振回路产生试验电压。试验电源应满足相应试样试验所需的试验电压和电容电流的要求。

4.1.2 试验电源应为频率(49～61)Hz的交流电压，电压的波形应接近正弦波，两个半波基本上相同，且峰值与有效值之比为$\sqrt{2}\pm0.07$。

4.1.3 应按GB/T 3048.8—2007中4.3的规定测量试验电源的电压值。

4.2 测量仪器

4.2.1 可采用西林电桥(或电流比较仪式电桥)和标准电容器测量电缆的介质损耗角正切(tan δ)。

a) 西林电桥(应为双屏蔽结构并附有屏蔽电位自动调节器)或电流比较仪式电桥，应满足下述条件：

1) tan δ测量范围为$1\times10^{-4}\sim1.0$；

2） tan δ 测量准确度为±0.05%±1×10^{-4}。

b） 标准电容器的额定工作电压应大于相应试样所需的最高测试电压，并满足下述条件：

1） 电容量实测值的测量误差应不超过±0.05%；

2） tan δ≤1×10^{-5}。

4.2.2 测量仪器应满足试样的电容电流的要求，应选择合适的配件，否则会影响测量准确度，甚至损伤测量仪器。

5 试样制备

5.1 应按产品标准规定选取试样的长度，但不得小于 4 m(不包括电缆终端)。

5.2 试样终端部分的长度和终端的制备方法，应能保证在规定的最高测试电压下不发生沿其表面闪络放电或内部击穿。

5.3 为了提高测量的准确度，可在被测试样的端部开切保护环，并将保护环接地。

5.4 充油或充气电缆试样的油压或气压应符合产品标准规定。

5.5 试样测量极对地应具有一定电阻值。

5.6 交联聚乙烯绝缘电力电缆可采用脱离子水终端。这时终端制备(包括开保护环)应按其技术说明书的规定进行。

6 试验程序

6.1 除产品标准中另有规定外，应按下列方式接线：

a） 单芯电缆，应将导体接高压端，金属套、屏蔽或附加电极接测量极；

b） 分相铅套电缆，应依次将每一线芯接高压端，其他线芯相互连接并与金属套、屏蔽一起接至测量极；

c） 多芯电缆，应依次将每一线芯接高压端，其他线芯相互连接并接至测量极；或每一线芯接高压极，其他线芯相互连接并与金属套、屏蔽一起接至测量极。测量时还应将多芯电缆的铠装(若有)接至测量系统的保护电极或接地。

6.2 除产品标准另有规定外，试验一般均应在(20±15)℃的环境温度下进行。试样的温度与周围环境温度之差应不超过±3℃。

6.3 按产品标准要求在规定的试验温度下测量 tan δ 值时，可采用各种方法测量试样温度，但测量值与标准规定值之差应不超过±3℃。

6.4 测量时应从较低值(不应超过产品所规定的测试电压值的 40%)开始将电压缓慢平稳地升至规定的试验电压值(电压偏差应不超过规定值的±3%)，然后进行电桥平衡(检流计灵敏度应从最低值开始)。测量结束后，将检流计灵敏度调至最低值，并应迅速降压至低于所规定的试验电压的 40%，然后再切断电源。

7 试验结果及计算

7.1 按试验所采用测量电桥的型式，直接读数或计算试样的 tan δ 值。

7.2 按试验所采用测量电桥的型式，直接读数或计算试样的电容值。

8 注意事项

8.1 试验区周围应有可靠的安全措施，试验区内应有接地极，其接地电阻应小于 4 Ω，试验设备、测量系统的接地端和试样的接地端应与接地极可靠连接。

8.2 测量前试样应先经过工频交流耐受电压试验，即在试样上施加测量 tan δ 时所需的最高测试电压有效值，试样不应有任何异常现象。

8.3 标准电容器和试样与测量仪器之间的连接线，应采用满足测量仪器要求的相同规格和长度的屏蔽电缆。

9 试验记录

a) 试验类型；

b) 试样编号，试样型号、规格；

c) 试验日期、大气条件、试验时温度和相对湿度；

d) 测量电桥和标准电容器的型号；

e) 测量时所施加的试验电压有效值，试样的 tan δ 值和电容值；

f) 试验中的异常现象及处理；

g) 测试设备及其校准有效期。

ICS 29.060
K 13

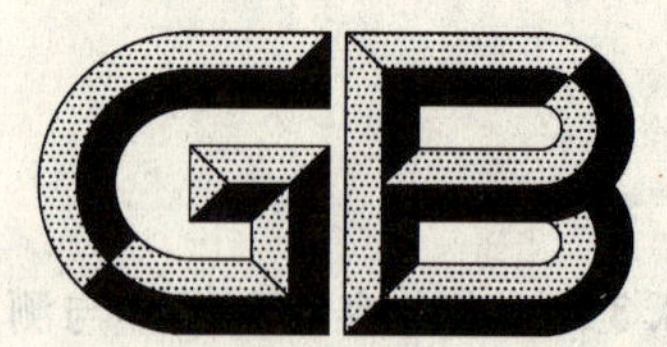

中华人民共和国国家标准

GB/T 3048.12—2007
代替 GB/T 3048.12—1994

电线电缆电性能试验方法 第12部分：局部放电试验

Test methods for electrical properties of electric cables and wires—Part 12: Partial discharge test

(IEC 60885-3:1988, Electrical test methods for electric cables—Part 3: Test methods for partial discharge measurement on lengths of extruded power cable, MOD)

2007-12-03 发布　　2008-05-01 实施

中华人民共和国国家质量监督检验检疫总局
中国国家标准化管理委员会　发布

前 言

GB/T 3048《电线电缆电性能试验方法》分为 14 个部分：

——第 1 部分：总则；

——第 2 部分：金属材料电阻率试验；

——第 3 部分：半导电橡塑材料体积电阻率试验；

——第 4 部分：导体直流电阻试验；

——第 5 部分：绝缘电阻试验；

——第 7 部分：耐电痕试验；

——第 8 部分：交流电压试验；

——第 9 部分：绝缘线芯火花试验；

——第 10 部分：挤出护套火花试验；

——第 11 部分：介质损耗角正切试验；

——第 12 部分：局部放电试验；

——第 13 部分：冲击电压试验；

——第 14 部分：直流电压试验；

——第 16 部分：表面电阻试验。

本部分为 GB/T 3048 的第 12 部分。

本部分修改采用 IEC 60885-3:1988《电缆电性能试验方法　第 3 部分：整根挤出电力电缆局部放电测试方法》(英文版)。

本部分的结构符合 GB/T 1.1—2000《标准化工作导则　第 1 部分：标准的结构和编写规则》，并与 GB/T 3048 的其他部分相协调。在附录 A 中列出了本部分章条编号与 IEC 60885-3:1988 章条编号的对照一览表。

考虑到检测技术的发展，在采用 IEC 60885-3:1988 时，本部分做了一些修改，有关技术性差异已编入正文中并在它们所涉及的条文的页边空白处用垂直单线标识。

本部分与 IEC 60885-3:1988 差异如下：

——按照 GB/T 1.1—2000 规定的标准结构和 GB/T 3048 其他部分的协调统一原则，本部分增加了：第 2 章"规范性引用文件"、第 7 章"注意事项"、第 8 章"试验设备的检定"、第 9 章"试验记录"；

——考虑到试验的实际操作情况，本部分做了下述改动：

1) 鉴于"绘制双脉冲图"并非电缆局部放电试验的必须步骤，而仅试验回路的校核，故将 IEC 60885-3:1988 的 2.6 改为本部分的"附录 B"；

2) 鉴于"对终端阻抗要求"以理论估算为主，且是绝少用的测量方法，故将 IEC 60885-3:1988 的 2.7 改为本部分的"附录 C"；

——按照 GB/T 1.1—2000"充分考虑最新技术水平"的要求，本部分做了下述改动：

1) 由于无局部放电的电缆终端是局部放电测试技术的重要组成部分，本部分的第 5 章"试样制备"中具体规定了较成熟的试验用终端；

2) 根据长期进行电缆局部放电试验的技术积累，本部分增加了第 7 章"注意事项"；

3) 总结近 20 年来 35kV 及以下电缆局部放电例行试验的经验，在本部分 7.4 中"推荐采用附录 D 介绍的全屏蔽试验室"；

——本部分参照 IEC 60885-2:1987《电缆电性能试验方法　第 2 部分:局部放电试验》(英文版)的第 5 章“试验步骤”增加了 6.6.2;

——本部分删除了 IEC 60885-3:1988 的第 3 章“应用导则”。

为便于使用,对于 IEC 60885-3:1988 本部分还做了下列编辑性修改:

——用小数点“.”代替作为小数点的逗号“,”;

——删除了国际标准的前言;

——增加了资料性附录 A 以指导使用。

本部分代替 GB/T 3048.12—1994《电线电缆电性能试验方法　局部放电试验》。本次修订按照 GB/T 1.1—2000《标准化工作导则　第 1 部分:标准的结构和编写规则》对本部分进行了调整。

本部分与 GB/T 3048.12—1994 相比主要变化如下:

——标准的英文名称改为“Test methods for electrical properties of electric cables and wires—Part 12:Partial discharge test”;

——本部分的总体结构和编排按 GB/T 1.1—2000 进行了修改:

1) 第 1 章为“范围”(1994 年版的第 1 章;本版的第 1 章);
2) 第 2 章为“规范性引用文件”(1994 年版的第 2 章;本版的第 2 章);
3) 第 3 章为“术语和定义”(1994 年版无;本版的第 3 章);
4) 第 4 章为“试验设备”(1994 年版的第 3 章;本版的第 4 章);
5) 第 5 章为“试样制备”(1994 年版的第 4 章;本版的第 5 章);
6) 第 6 章为“试验程序”(1994 年版的第 5 章;本版的第 6 章);
7) 第 7 章为“注意事项”(1994 年版的第 6 章;本版的第 7 章);
8) 第 8 章为“试验设备的检定”(1994 年版无;本版的第 8 章);
9) 第 9 章为“试验记录”(1994 年版无;本版的第 9 章);

——在第 2 章“规范性引用文件”中补充了相关标准(1994 年版的第 2 章;本版的第 2 章);

——增加了第 3 章“术语和定义”(1994 年版无;本版的第 3 章);

——在第 4 章“试验设备”中作了适当的修改和完善(1994 年版的 3.1;本版的 4.1、4.1.1);

——在第 5 章“试样制备”中增加了对于试样终端的制作要求(1994 年版的第 4 章;本版的第 5 章);

——对第 7 章“注意事项”作了较大的补充,特别是推荐采用“全屏蔽局部放电测试系统技术条件”(1994 年版的第 6 章;本版的第 7 章和附录 D);

——增加了第 8 章“试验设备的校准”(1994 年版无;本版的第 8 章);

——增加第 9 章“试验记录”,规定了试验记录应记载的具体内容(1994 年版无;本版的第 9 章);

——将前版标准的第 7 章“双脉冲曲线图绘制方法”改为附录 B(1994 年版的第 7 章;本版的附录 B);

——将前版标准的第 8 章“终端阻抗的要求” 改为附录 C(1994 年版的第 8 章;本版的附录 C)。

本部分的附录 A、附录 D 为资料性附录;附录 B、附录 C 为规范性附录。

本部分由中国电器工业协会提出。

本部分由全国电线电缆标准化技术委员会归口。

本部分起草单位:上海电缆研究所。

本部分主要起草人:万树德、余震明、夏凯荣、张兆焕、范作义。

本部分所代替标准的历次版本发布情况为:GB 3048.12—1983、GB/T 3048.12—1994。

电线电缆电性能试验方法
第12部分:局部放电试验

1 范围

GB/T 3048的本部分规定了局部放电试验的术语和定义、试验设备、试样制备、试验程序、注意事项、试验设备的校准和试验记录。

本试验方法适用于测量不同长度挤包绝缘电力电缆的局部放电,即在规定电压下和给定灵敏度下测量电缆的放电量或检验放电量是否超过规定值。

有关局部放电测量的一般技术参照IEC 60270:1981。

本部分应与GB/T 3048.1一起使用。

2 规范性引用文件

下列文件中的条款通过GB/T 3048的本部分的引用而成为本部分的条款。凡是注日期的引用文件,其随后所有的修改单(不包括勘误的内容)或修订版均不适用于本部分,然而,鼓励根据本部分达成协议的各方研究是否可使用这些文件的最新版本。凡是不注日期的引用文件,其最新版本适用于本部分。

GB/T 2900.19 电工术语 高电压技术和绝缘配合

GB/T 3048.1 电线电缆电性能试验方法 第1部分:总则

GB/T 3048.8—2007 电线电缆电性能试验方法 第8部分:交流电压试验

JB/T 10435 电线电缆局部放电试验系统检定方法

IEC 60270:1981 局部放电测量

3 术语和定义

GB/T 2900.19和IEC 60270:1981确立的术语和定义适用于GB/T 3048的本部分。

4 试验设备

4.1 试验回路

4.1.1 试验回路的组成

试验回路包括高压电源、高压电压表、测量回路、放电量校准器、双脉冲发生器等组成。如有必要,还包括终端阻抗或反射抑制器。试验设备所有部件的噪声水平应足够低,以得到所要求的灵敏度。

注:一般较少采用高压电压表,通常用分压器来测量高电压。

4.1.2 高压电源

除了采用试验变压器外,推荐采用串联谐振装置产生试验电压。不论采用何种方式,试验电源都应满足试样试验所需的电压和电容电流的要求。

试验电源应是频率为(49~61)Hz的交流电源,试验电压波形为两个半波相同的近似正弦波,且峰值与有效值之比应为$\sqrt{2}\pm0.07$。

4.1.3 试验回路和仪器

试验回路包括试样,耦合电容器和测量回路。测量回路由测量阻抗(测量仪器的输入阻抗和选定与电缆阻抗匹配的输入单元),连接导线和测量仪器等组成。测量仪器或检测器包括合适的放大器,示波器，另外可根据需要增加仪器指示局部放电的存在并测出视在电荷量。

4.1.4　双脉冲发生器

局部放电测试回路的特性需用双脉冲发生器进行校核，双脉冲应与工频同步，两个结对且相等的脉冲，其间隔时间，应从 0.2 μs 到 100 μs 连续可调，脉冲的前沿（上升时间）应不超过 20 ns（峰值的 10% 至 90%），从 10%波头值到 10%波尾值的时间应不超过 150 ns。

注：双脉冲发生器仅在测定试验回路的特性（见 4.2.2）时使用。

4.1.5　终端阻抗（特性阻抗）

为了抑制电缆远端（远离检测器的电缆终端）开路情况下的脉冲反射，可在远端连接终端阻抗，其阻抗值应与电缆试样的特性阻抗值匹配。

4.1.6　反射抑制器

如试验时无终端阻抗，为了避免脉冲叠加的影响，可采用反射抑制器，即一种电子开关，在大多数情况下能闭锁检测器的输入，隔断电缆远端开路情况下的反射脉冲。但是当局部放电的部位处于远端或其附近时，则有些正叠加就难以避免。

4.2　确定试验回路的特性

4.2.1　常用的试验线路图

试验回路特性应在使用条件下加以确定。确定试验回路特性的常用试验线路见图 1～图 5。对电缆导体两端（以及屏蔽两端）连接一起时也可应用类似的试验线路。

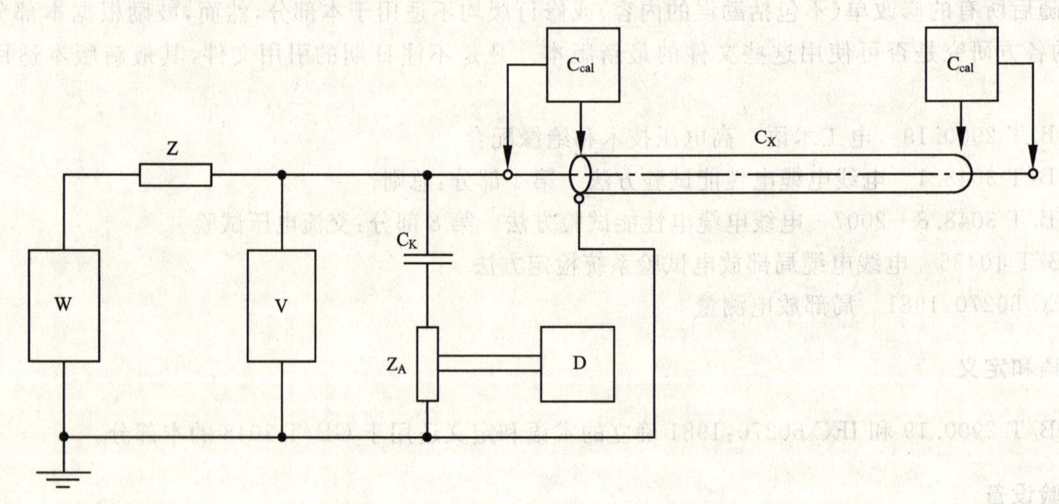

C_{cal}——校准电容器；

C_K——耦合电容器；

C_X——电缆试样；

D——检测仪器；

V——高压电压表；

W——交流电源；

Z——电感或滤波器；

Z_A——输入单元。

图 1　输入单元 Z_A 与耦合电容器 C_K 串联

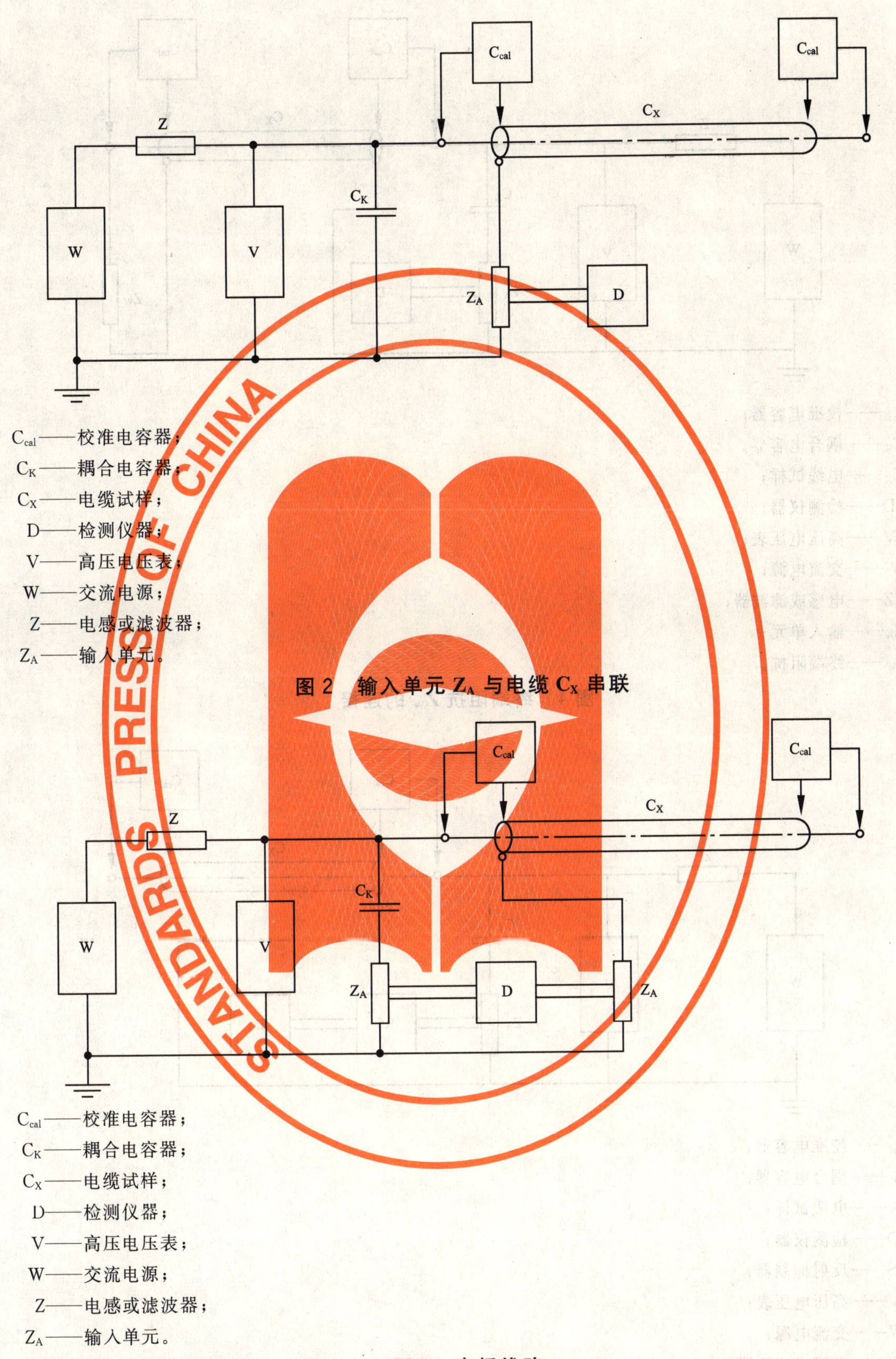

C_{cal}——校准电容器；

C_K——耦合电容器；

C_X——电缆试样；

D——检测仪器；

V——高压电压表；

W——交流电源；

Z——电感或滤波器；

Z_A——输入单元。

图2　输入单元 Z_A 与电缆 C_X 串联

C_{cal}——校准电容器；

C_K——耦合电容器；

C_X——电缆试样；

D——检测仪器；

V——高压电压表；

W——交流电源；

Z——电感或滤波器；

Z_A——输入单元。

图3　电桥线路

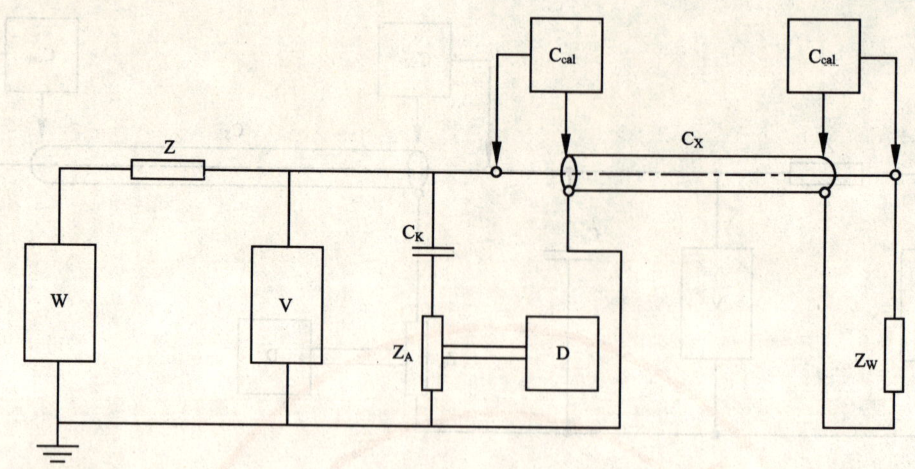

C_{cal}——校准电容器；

C_K——耦合电容器；

C_X——电缆试样；

D——检测仪器；

V——高压电压表；

W——交流电源；

Z——电感或滤波器；

Z_A——输入单元；

Z_W——终端阻抗。

图4　终端阻抗 Z_W 的连接

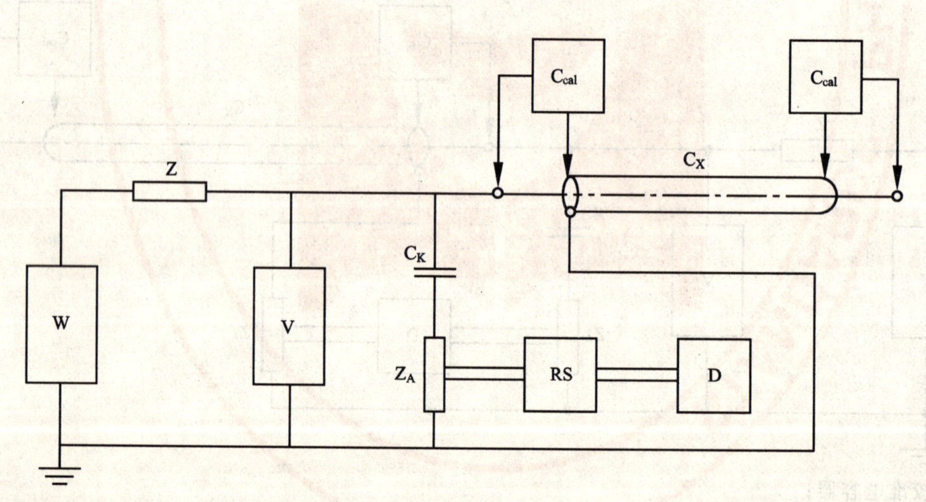

C_{cal}——校准电容器；

C_K——耦合电容器；

C_X——电缆试样；

D——检测仪器；

RS——反射抑制器；

V——高压电压表；

W——交流电源；

Z——电感或滤波器；

Z_A——输入单元。

图5　反射抑制器 RS 的连接

4.2.2 叠加性能

如果不采用终端阻抗，就必须测定试验回路对行波叠加的性能，按图6连接双脉冲发生器，并标绘出双脉冲曲线图(见附录B)。这种校核至少每年进行一次或在重要回路部件已修理调换过时要进行。

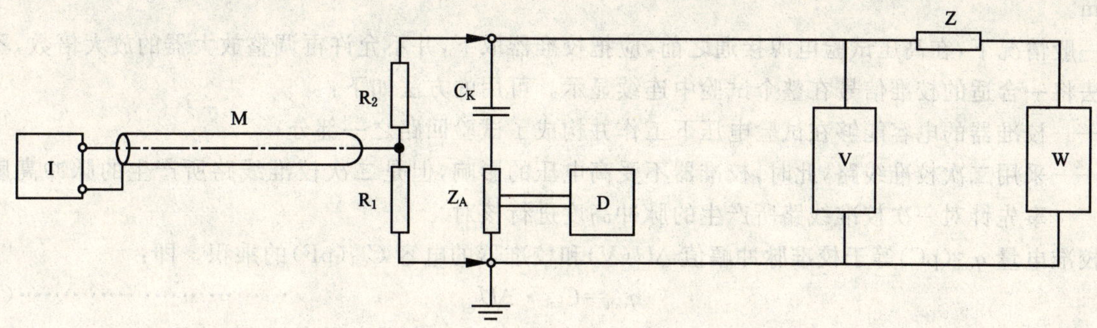

C_K——耦合电容器；
D——检测仪器；
I——双脉冲发生器；
M——同轴信号电缆；
R_1——数值等于同轴信号电缆特性阻抗的匹配电阻；
R_2——数值等于 $R-(R_1/2)$[R 为(50～60)Ω 的负载电阻]的匹配电阻；
V——高压电压表；
W——交流电源；
Z——电感或滤波器；
Z_A——输入单元。

图6 双脉冲发生器在图1线路中的连接

4.2.3 终端阻抗

采用终端阻抗(见图4)时，它对于被试电缆的适用性按附录C规定的方法加以证实。这种校核至少每年进行一次和有要求时或在重要回路部件已修理调换过时要进行。

4.2.4 反射抑制器

使用反射抑制器的目的是要获得符合图B.1的1型双脉冲曲线图，按照图7接线，反射抑制器的效能至少每年校核一次和有要求时或在重要回路部件已修理调换过时要进行。

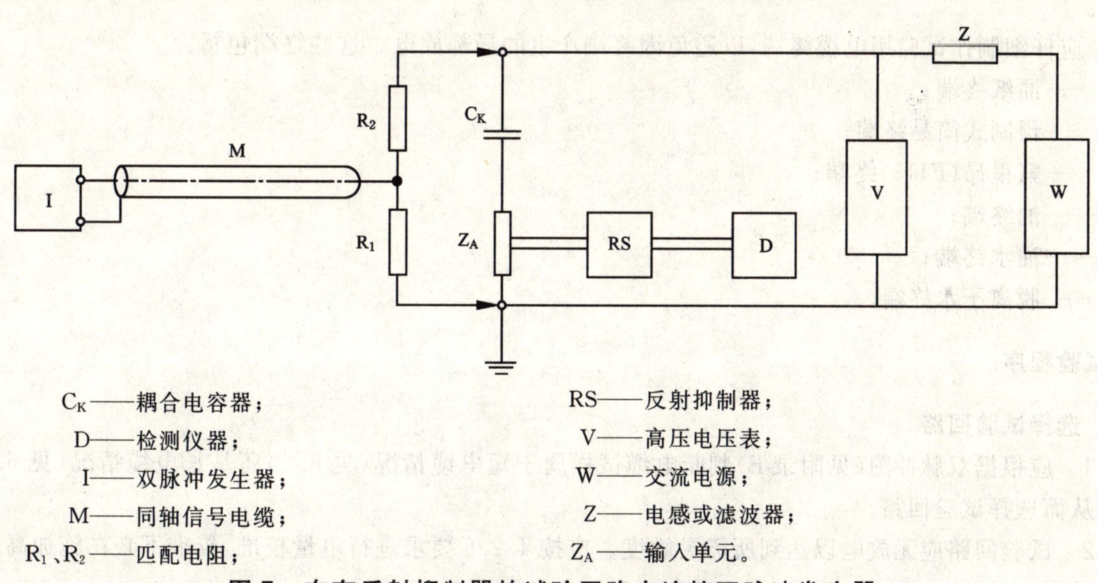

C_K——耦合电容器；
D——检测仪器；
I——双脉冲发生器；
M——同轴信号电缆；
R_1、R_2——匹配电阻；
RS——反射抑制器；
V——高压电压表；
W——交流电源；
Z——电感或滤波器；
Z_A——输入单元。

图7 在有反射抑制器的试验回路中连接双脉冲发生器

4.2.5 电量校准

应采用“电荷变换”校准法进行电量校准，在此方法中，校准器直接跨接在被试电缆一端的导体和金属屏蔽层之间，然后将预定的电荷注入试样，要求注入电荷量能在示波器上产生的脉冲高度至少为10 mm。

一般情况下，在高压试验电源接通之前，应把校准器取下，并不允许再调整放大器的放大倍数，不然应设法将一合适的校准信号在整个试验中连续显示。可用的方法如下：

——校准器的电容能够在试验电压下工作并构成了试验回路之一部分；

——采用二次校准线路，此时，校准器不受高电压的影响，但是二次校准线路所产生的脉冲高度应事先针对一次校准线路所产生的脉冲高度进行核对。

校准电量 q_{cal}(pC)等于校准脉冲幅值 ΔU(V)和校准器的电容 C_{cal}(pF)的乘积。即：

$$q_{cal}=C_{cal}\cdot\Delta U \qquad \cdots\cdots(1)$$

通常，校准电容应不小于 10 pF。对于大长度电缆，校准电容还应不大于 150 pF。

校准脉冲的上升时间应不大于 0.1 μs，衰减时间通常在(100～1 000) μs 内选取。

4.2.6 灵敏度

试验回路的灵敏度是指存在背景干扰条件下，仪器能检出的最小放电量 q_{min}(pC)，用下式表示：

$$q_{min}=2kh_n \qquad \cdots\cdots(2)$$

式中：

k——刻度系数，单位为微库每毫米，pC/mm；

h_n——在示波器或 pC 表上读出的背景干扰偏转值，单位为毫米(mm)。

即为了得到明确的检测结果，q_{min} 在示波器上的显示高度应至少为视在背景干扰高度 h_n 的 2 倍。如果采用指示仪表，则 q_{min} 的读数也应至少为噪音读数的 2 倍，但对于个别清楚可辨的固定干扰脉冲，则不计入背景干扰高度。

刻度系数 k 是在电荷量校准时计算得出的，k 乘以仪器读数即可得出校准时注入试样的电量幅值，k 值的稳定性应符合 IEC 60270:1981 的相关规定。

5 试样制备

5.1 型式试验应按产品标准规定取短电缆试样；例行试验应在制造长度的电缆产品(长电缆试样)上进行。

5.2 应仔细制作试验用电缆终端，以避免因终端产生的局部放电。这些终端包括：

——油纸终端；

——预制式简易终端；

——氟里昂(F113)终端；

——油终端；

——油水终端；

——脱离子水终端。

6 试验程序

6.1 选择试验回路

6.1.1 应根据双脉冲图(见附录 B)判断电缆试样属于短电缆情况(见 6.2)还是长电缆情况(见 6.3～6.5)从而选择试验回路。

6.1.2 试验回路应无放电以达到所需灵敏度。应按 4.2.6 要求进行电量校准，校准不必在施加高压情况下进行。

6.1.3 试验电压、灵敏度和允许局部放电量应符合电缆产品标准的规定。

6.2 短电缆试验(包括型式试验)

6.2.1 条件

短电缆可认为与集中电容相似,对短电缆长度上的限制取决于所采用的试验回路,其实际数值可从附录B规定的双脉冲曲线图确定,并定义为 l_k。一般应选用图1～图3的试验线路。

注:当电缆两端连接在一起时,长度直至 $2l_k$ 也属于短电缆。

6.2.2 灵敏度检验

校准器应并联于试样远离测试仪器的一端,由注入校准电量 q_{cal} 和对应测出的偏转值 a_2,可计算出刻度系数 k_2(pC/mm)($k_2=q_{cal}/a_2$)和灵敏度 q_{min}(pC)。

$$q_{min}=2k_2h_n \quad \cdots\cdots(3)$$

式中:

h_n——背景干扰偏转值,单位为毫米(mm)。

6.2.3 试验步骤

只需在试样的一端进行测量,用测得的偏转值 A(mm)计算出放电量 q(pC),即:

$$q=k_2A \quad \cdots\cdots(4)$$

6.3 不接终端阻抗的长电缆试验

6.3.1 条件

电缆长度超过 l_k 时,仍有可能不接终端阻抗进行试验,条件是计入叠加和衰减现象,这时双脉冲曲线图或为1型曲线(见图B.1),或为2型和3型曲线(见图B.2和图B.3),但此处试样长度 l 应小于 $2l_1$ 或大于 $2l_2$。

如果试样长度范围为 $2l_1\leqslant l\leqslant 2l_2$,则应采用其他试验回路,或按6.4或6.5规定试验。

6.3.2 灵敏度检验

应按图1、图2或图3将校准器先后并联接到电缆的每一端,首先接到远端,然后接到近端,在这两种情况下,校准器的校准电量和放大器的放大倍数,均不应变动。分别记录两次测量的偏转值如下:

——a_1:校准器接在近端时所测得的偏转值,单位为毫米(mm);

——a_2:校准器接在远端时所测得的偏转值,单位为毫米(mm)。

由 a_1 和校准电量 q_{cal} 计算出刻度系数 k_1,(pC/mm):

$$k_1=q_{cal}/a_1 \quad \cdots\cdots(5)$$

由 a_1 和 a_2 计算出衰减修正系数 F:

——当 $a_2\geqslant a_1$ 时,$F=1$;

——当 $a_2<a_1$ 时,$F=\sqrt{a_1/a_2}$。

由此可计算出灵敏度:

$$q_{min}=2k_1h_nF \quad \cdots\cdots(6)$$

6.3.3 试验步骤

将耦合电容器的高压端轮流接到电缆每一端,测出二个偏转值 A_1 和 A_2,用测得较高的数值 A_{max} 来计算放电量 q(pC):

$$q=k_1A_{max}F \quad \cdots\cdots(7)$$

只有当双脉冲图是1型(如图B.1),且 $a_2\geqslant a_1$ 时,测量一个电缆试样两端连在一起时的 A(mm)值就足够了,其放电量可由下式计算:

$$q=k_1A \quad \cdots\cdots(8)$$

6.4 接终端阻抗的长电缆试验

6.4.1 条件

为消除长度大于 l_k 的电缆中脉冲的叠加误差,如图4所示,可采用终端阻抗进行试验。这种方法可用于所有检测装置和所有电缆长度上进行测量,条件是阻抗 Z_W 应符合附录C规定的要求,此时校准只需要确定衰减的影响，阻抗对被试电缆的适用性按附录C规定的方法验证。

6.4.2 灵敏度检验

按照图4，校准器应先后并联连接到电缆的每一端，首先接到远端，然后接到近端，以上两种情况校准器的校准电量和放大器的放大倍数均不应变动，分别记录两次测量的偏转值如下：

——a_1：校准器接在近端所测得的偏转值(mm)，若6.4.3.2满足则此点就可不测量；

——a_2：校准器接在远端所测得的偏转值(mm)。

由a_2和校准电量计算出刻度系数k_2(pC/mm)($k_2=q_{\text{cal}}/a_2$)和灵敏度$q_{\min}$(pC)：

$$q_{\min}=2k_2h_n \quad \cdots\cdots(9)$$

6.4.3 试验步骤

6.4.3.1 为尽量精确得出局部放电量，耦合电容器的高压端应轮流连接到电缆两端进行测量，用测得的两个偏转值A_1和A_2来计算放电量q(pC)：

$$q=q_{\text{cal}}\sqrt{\frac{A_1\cdot A_2}{a_1\cdot a_2}} \quad \cdots\cdots(10)$$

6.4.3.2 在放电量不超过规定值得到充分满足的情况下，可把耦合电容器高压端仅与电缆一端连接做试验。此时校准脉冲仅在接终端阻抗的电缆远端注入(a_2)，若已知标定系数k_2(pC/mm)，偏转值A_1(mm)，可计算放电量q(pC)：

$$q=k_2A_1 \quad \cdots\cdots(11)$$

6.5 采用反射抑制器的长电缆试验

6.5.1 要求

反射抑制器的连接见图5。使用了反射抑制器，双脉冲曲线图应符合第一种曲线，见图B.1。

6.5.2 灵敏度检验

与6.3.2相同。

6.5.3 试验步骤

与6.3.3相同。

6.6 试验要求

6.6.1 试验电压的测量

应按GB/T 3048.8—2007中4.3的规定测量试验电压。

6.6.2 施加电压的方法

无论是型式试验或例行试验，试验电压应加在导电线芯和金属屏蔽之间，电缆的试验电压由产品标准规定。进行局部放电测量时，电压应平稳地升高到1.2倍试验电压，但时间应不超过1 min，此后，缓慢地下降到规定的试验电压，此时即可测量局部放电量值，其合格指标应在产品标准中规定；或测量(判断)试样在给定试验回路灵敏度下无可检出的放电。

7 注意事项

7.1 电缆终端的局部放电影响电缆本体局部放电测量准确度时，可采用任何合适方法加以消除。

7.2 测量前试样应先经过工频交流耐受电压试验(在试样上施加试验时所需的最高测试电压有效值，试样不应有任何异常现象)，以免在进行局部放电试验发生击穿或闪络，损坏局部放电测试仪。

7.3 为了获取理想的双脉冲图，应选用具有α响应宽频带的局部放电检测仪。

7.4 对于35 kV及以下电缆的例行试验，推荐采用附录D介绍的全屏蔽实验室。

8 试验设备的校准

电缆局部放电测试系统应按JB/T 10435规定的检定方法进行校准。在重要部件已修理调换过时也应进行校准。

9 试验记录

a） 试验类型；

b） 试样编号、试样型号、规格、长度；

c） 试验日期、大气条件、试验时试样的温度；

d） 试验回路、测试仪器型号、测试时的相关技术参数；

e） 回路灵敏度校验和背景干扰值；

f） 施加的试验电压的数值和局部放电量；

g） 试验中的异常现象、处理和判断；

h） 必要时的双脉冲图；

i） 试验设备及其校准有效期。

附　录　A
（资料性附录）
本部分章条编号与 IEC 60885-3:1988 章条编号对照

表 A.1 给出了本部分章条编号与 IEC 60885-3:1988 章条编号对照一览表。

表 A.1　本部分章条编号与 IEC 60885-3:1988 章条编号对照

本部分章条编号	对应的国际标准章条编号
1	1.1、1.2
2	—
3	2.1
4	2.2
4.1	2.2.1 的标题
4.1.1	2.2.1 的第 1 段
4.1.2	2.2.1 的第 2 段
4.1.3～4.1.6	2.2.2～2.2.5
4.2、4.2.1	2.3
4.2.2～4.2.6	2.3.1～2.3.5
5	—
5.1	2.4 的第 1 段
5.2	—
6	2.4 的标题
6.1、6.1.1、6.1.2	2.4 的第 2 段
6.1.3	2.5
6.2	2.4.1
6.2.1～6.2.3	2.4.1 的 a)项～c)项
6.3	2.4.2
6.3.1～6.3.3	2.4.2 的 a)项～c)项
6.4	2.4.3
6.4.1～6.4.3	2.4.3 的 a)项～c)项
6.5	2.4.4 的标题
6.5.1～6.5.3	2.4.4 的 a)项～c)项
6.6、6.6.1、6.6.2	—
7、7.1～7.4	—
8、9	—
附录　A	—
附录　B	2.6
附录　C	2.7
附录　D	—
—	第三节

附 录 B
（规范性附录）
双脉冲曲线绘制方法

双脉冲发生器应如图 6 所示连接到测量回路的元件上。双脉冲图随每个回路部件而变，应精确获得双脉冲图以用于高压试验，电力电缆以数值等于挤包塑料绝缘电缆最大特性阻抗值（$R=50\Omega\sim60\Omega$）的电阻代替。应按下列条件将双脉冲象校准脉冲一样注入到图 1～图 3 不同试验回路中的相同位置：

a） 双脉冲发生器 I 应满足 4.1.3 要求，脉冲间隔应采用带校准时基的外接示波器来确定，要求准确度±3%或 50ns 取较大者。总输出阻抗应在（50～60）Ω 范围，为此可能需外接串并联电阻。用下述方法可得到双脉冲图：

1） 最简单的方法是把双脉冲发生器用不超过 3 m 的导线并接在耦合电容器 C_K 和输入单元 Z_A 上；

2） 对较长的连接线应采用同轴电缆（如图 6），此时需两个附加电阻 R_1 和 R_2 以保证匹配系统阻抗在（50～60）Ω 范围。

b） 耦合电容器 C_K 和其他高压部件以及它们的连接均应与实际加高压试验时相同。

c） 高压试验中的匹配单元或输入单元 Z_A 可用作测取双脉冲图的元件。

d） 检测仪器 D 应有增益调节以及频率选择。为了精确测量叠加畸变产生的脉冲幅值变化，检测仪器 D 的输出端应外接示波器作显示。

将双脉冲发生器的时间间隔设定到 100 μs，测出双脉冲的偏转值 A_{100}，这代表无叠加的情况。随后，时间间隔从 100 μs 到 0.2 μs，测出不同时间间隔 t 时的最大偏转值 A_t。应特别注意发生正、负叠加的区域，画出 $A_t/A_{100}-t$ 函数曲线，即得到双脉冲图（如图 B.1～图 B.3）。从图中，在开始的正叠加部分定出 $A_t/A_{100}=1.4$ 时的 t_k。定出 t_1 和 t_2，在该区域 $A_t/A_{100}\leqslant1.0$，为负叠加区域。考虑到测量误差，幅值最大至－10%的负叠加区可以忽略。

图 B.1 无负叠加的双脉冲曲线图（1 型）

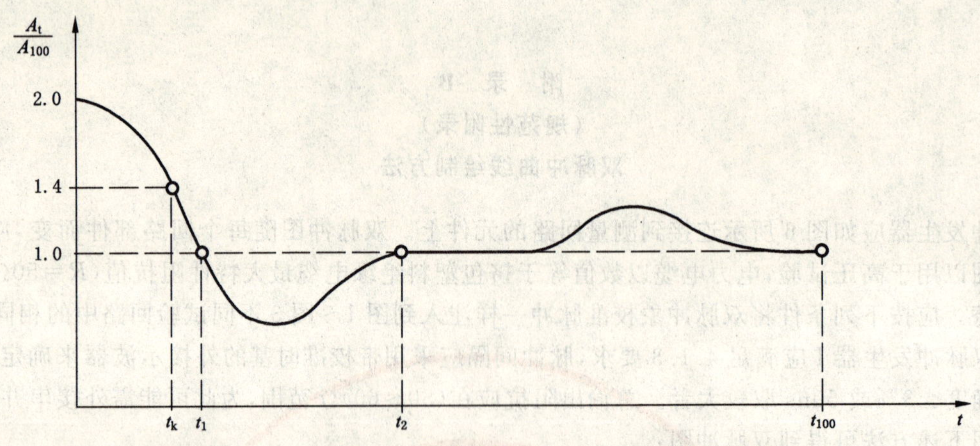

图 B.2 t_1 与 t_2 间有负叠加的双脉冲曲线图(2 型)

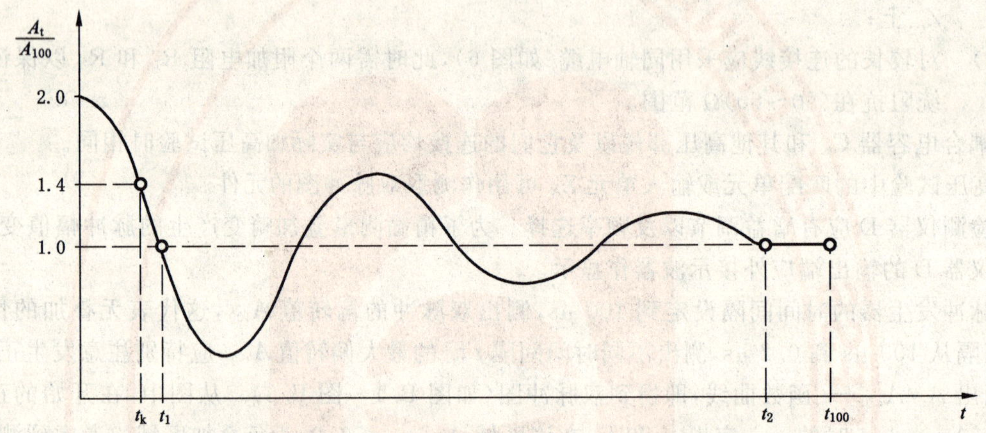

图 B.3 t_1 与 t_2 间有负的和正的叠加的双脉冲曲线(3 型)

应用公式 $l=0.5\cdot t\cdot v$ 计算,电缆长度 l_k,l_1 和 l_2 就对应于 t_k,t_1 和 t_2。式中 v 为平均传播速度,对大多数挤包塑料绝缘电缆的典型值在(150～170) m/μs 范围内。可用一校准脉冲注入一根无终端阻抗长电缆的方法测量传播速度,测出入射和反射脉冲的时延,再按已知电缆长度求得。$l<l_k$ 的电缆长度可视为短电缆,它由双脉冲曲线定出,实际上 l_k 可小于 100 m,也可大于 1 000 m。在 $2l_1$ 和 $2l_2$ 之间的长度是禁区,对这种长度的电缆必须用终端阻抗法来试验或改变试验回路的参数条件(例如 D,Z_A,C_K)以变更 l_1 和 l_2 至较适宜的数值。另一办法是将电缆两端连在一起,使该长度相当于 $2l_k$。

附 录 C
（规范性附录）
终端阻抗的要求

C.1 终端阻抗的构成

终端阻抗 Z_w（见图 4）由 RC 或 RLC 元件构成，其数值由经验公式计算确定。

C.2 RC 元件

对检测仪器的放大器截止频率小于 2MHz 时电容器 C_w 的数值（Z_w 的高压隔离电容）可按下式计算：

$$C_w \geqslant 0.5 \cdot \frac{1}{R_w \cdot f_m} \quad (\mathrm{F}) \qquad \cdots\cdots (\mathrm{C.1})$$

对检测仪器的放大器截止频率大于 2MHz 时：

$$C_w \geqslant \frac{3T_j}{R_w} \quad (\mathrm{F}) \qquad \cdots\cdots (\mathrm{C.2})$$

式中：

R_w——终端阻抗的电阻元件（大致符合电缆的特性阻抗）；

f_m——检测仪器的平均测量频率（频率上限和下限的算术平均值）；

T_j——初始局部放电脉冲的时延（一般小于 0.2 μs）。

可用下述测量来证明 C_w 的适用性：先将 RC 元件并联跨接在试样远端，同时将 C_w 短接，R 调整到符合电缆特性阻抗，此后将校准器也接到试样远端测得偏转值 a_2，再将 C_w 的短接线取下，在同样的放大倍率下和接入 C_w 的情况下所测得偏转值 a_3 与 a_2 的差值应不超过 a_2 的±15%范围。

C.3 RLC 元件（串联谐振线路）

电容器 C_w 的数值可按下式计算：

$$C_w \geqslant \frac{\Delta f}{2\pi \cdot f_m^2 \cdot R_w} \quad (\mathrm{F}) \qquad \cdots\cdots (\mathrm{C.3})$$

电感 L_w 的数值可按下式计算：

$$L_w = \frac{1}{(2\pi \cdot f_m)^2 \cdot C_w} \quad (\mathrm{H}) \qquad \cdots\cdots (\mathrm{C.4})$$

式中：

R_w——终端阻抗的电阻元件（大致符合电缆的特性阻抗）；

f_m——检测仪器的平均测量频率（频率上限与下限的算术平均值）；

Δf——检测仪器的频带宽度（频率上限与下限的差值）。

可用下述测量来证明，在各测量频率下谐振线路的适用性：先不接终端阻抗，而将一符合电缆特性阻抗的电阻并联连接在试样远端，将校准器也接到试样远端，测得偏转值 a_2，然后将电阻取下，换上 RLC 组成的终端阻抗，在同样的放大倍率下测得的偏转值 a_3 与 a_2 的差值应不超过 a_2 的±15%，在测量频率下，终端阻抗中的电阻部分应相当于电阻 R_w。

附 录 D
（资料性附录）
全屏蔽局部放电测试系统技术条件

D.1 独立的供电电源

D.1.1 推荐采用由工厂变电站直接以10 kV电压供电，也可采用单相(380 V)专用变压器供电。

D.1.2 由工厂变电站至屏蔽室，可采用铜带屏蔽的缆芯加软结构接地用缆芯成缆、多层钢带铠装的特制电缆供电至屏蔽室。

D.1.3 屏蔽室宜远离变电站，尽量不设在车间内。

D.1.4 宜采用双屏蔽隔离变压器或高压降压双屏蔽隔离变压器。

D.2 电源的滤波系统

D.2.1 低压电源滤波器是一个宽带的带阻滤波器。推荐耐压试验设备、局部放电测试系统和照明等辅助系统都有独立的滤波器。

D.2.2 推荐采用串联谐振系统，对抑制高次谐波，改善试验电源波形，减少背景噪音有利。

D.2.3 高压电源滤波器是十分重要的元件，有多功能用途，宜注意其中高压耦合电容器的本体局部放电水平，以满足试验要求。

D.3 隔离地坪

D.3.1 系统设备和整个试区置于一个与工厂地坪隔离的独立地坪上。独立地坪下的钢筋网宜与工厂地坪钢筋网断开。

D.3.2 采用特殊措施建造密封的绝缘地槽、隔离地坪，施工完的隔离地坪与工厂地坪间宜有一定的绝缘电阻。

D.3.3 隔离独立地坪内的接地宜采用单点接地系统，接地极长度宜大于10 m，接地电阻小于1Ω或小于变电站的接地电阻。

D.4 全屏蔽室

D.4.1 屏蔽室可采用钢板焊接或组装式屏蔽结构。如采用单层钢板焊接建造全屏蔽室，钢板宜平整，焊接质量宜良好。宜精心制作和安装屏蔽室大门，以保证大门关闭时其四周与屏蔽室接触良好。

D.4.2 屏蔽室大门宜有足够大的空间，以保证电缆盘进出方便。

D.4.3 控制室可置于屏蔽室外或屏蔽室内。推荐控制室置于屏蔽室内，所有进入屏蔽室的电源线，控制线及测量线均宜经过低压电源滤波器。

D.4.4 屏蔽室内的照明、控制室内的照明和空调、屏蔽室大门的开关控制电源宜经滤波电源供电。

D.5 试验设备和测试仪器

D.5.1 可按GB/T 3048.8—2007选择高压试验设备，推荐选用串联谐振装置。

D.5.2 局部放电检测仪宜符合JB/T 7088的规定。

D.5.3 为满足长电缆局部放电测试的需要，宜采用局部放电定位测试仪，注意盲区的检测和局部放电定位的经验积累。

D.6 注意事项

D.6.1 配套的局部放电试验用终端宜尽量满足电力电缆的出厂耐压试验要求。

D.6.2 屏蔽室内的所有设备(包括试样)可采用有绝缘层的铜带或软线(如电焊机电缆)直接与屏蔽室的同一接地电极相连。屏蔽室外所有设备的接地线可直接与调压器接地电极相连接。隔离地坪的接地电极直接与调压器的接地极或屏蔽室的接地极相连接。原则上宜遵循单点接地的要求,避免接地线构成回路。

D.6.3 所有接地线宜仔细制作连接端头并经常检查接地部位的可靠程度。

D.6.4 注意观察并分析示波图,力求识别干扰的来源,可采用开窗法和时差法进行局部放电测试。

ICS 29.060
K 13

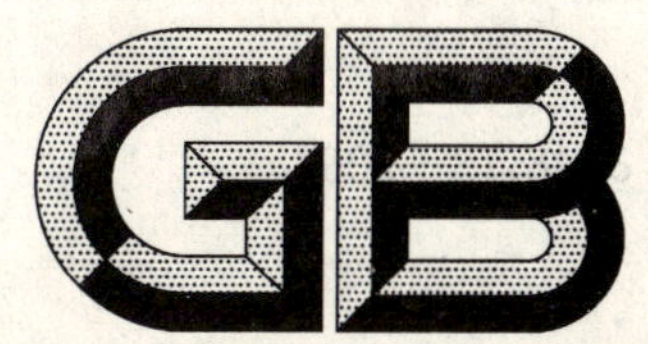

中华人民共和国国家标准

GB/T 3048.13—2007
代替 GB/T 3048.13—1992

电线电缆电性能试验方法 第13部分:冲击电压试验

Test methods for electrical properties of electric cables and wires—Part 13: Impulse voltage test

(IEC 60230:1966, Impulse test on cables and accessories, IEC 60060-1:1989, High-voltage test techniques—Part 1: General definition and test requirements, MOD)

2007-12-03 发布　　2008-05-01 实施

中华人民共和国国家质量监督检验检疫总局
中国国家标准化管理委员会　发布

前　言

GB/T 3048《电线电缆电性能试验方法》分为 14 个部分：

——第 1 部分：总则；

——第 2 部分：金属材料电阻率试验；

——第 3 部分：半导电橡塑材料体积电阻率试验；

——第 4 部分：导体直流电阻试验；

——第 5 部分：绝缘电阻试验；

——第 7 部分：耐电痕试验；

——第 8 部分：交流电压试验；

——第 9 部分：绝缘线芯火花试验；

——第 10 部分：挤出护套火花试验；

——第 11 部分：介质损耗角正切试验；

——第 12 部分：局部放电试验；

——第 13 部分：冲击电压试验；

——第 14 部分：直流电压试验；

——第 16 部分：表面电阻试验。

本部分为 GB/T 3048 的第 13 部分。

本部分修改采用 IEC 60230：1966《电缆及其附件的冲击电压试验》(英文版)和 IEC 60060-1：1989《高电压试验技术　第 1 部分：一般定义和技术要求》(英文版)。

本部分根据 IEC 60230：1966 和 IEC 60060-1：1989 重新起草。本部分的结构符合 GB/T 1.1—2000《标准化工作导则　第 1 部分：标准的结构和编写规则》，并与 GB/T 3048 的其他部分相协调。在附录 A 中列出了本部分章条编号与 IEC 60230：1966 和 IEC 60060-1：1989 章条编号的对照一览表。

考虑到检测技术的发展，在采用 IEC 60230：1966 和 IEC 60060-1：1989 时，本部分做了一些修改，有关技术性差异已编入正文中并在它们所涉及的条文的页边空白处用垂直单线标识。

本部分与 IEC 60230：1966 和 IEC 60060-1：1989 差异如下：

——按照 GB/T 1.1—2000 规定的标准结构和与 GB/T 3048 其他部分的协调统一原则，本部分增加了：第 2 章“规范性引用文件”、第 3 章“术语和定义”、第 8 章“注意事项”和第 9 章“试验记录”；

——与 IEC 60230：1966 的差异如下：

1）鉴于目前高压电缆的品种已由“充油电缆和压气电缆”发展到“交联聚乙烯绝缘电缆”，本部分参照产品标准和试验实践，在试样制备中增加试样的加热方式，纳入 5.4、5.5；

2）试验终端制作要求，纳入 5.6；

3）增加电力电缆的接线方式，纳入 6.1.1、6.1.2；

4）增加绝缘型护套和埋地绝缘接头外护层冲击电压试验接线方式的 6.1.3、6.1.4；

5）增加确定复合绝缘电力电缆终端在特殊大气条件下试验电压校准的 8.5；

——与 IEC 60060-1：1989 的差异如下：

1）仅与第 6 章“雷电冲击电压”和第 7 章“操作冲击电压”相对应，其余部分全部删除；

2）补充了雷电冲击波测量系统的一般要求，纳入 4.3.1.1；

3）补充了操作冲击波测量系统的一般要求，纳入 4.3.1.2。

为便于使用，对于 IEC 60230：1966 和 IEC 60060-1：1989，本部分还做了下列编辑性修改：

——“本标准”一词改为“本部分”；

——用小数点“.”代替作为小数点的逗号“,”；

——删除了国际标准的前言；

——增加了资料性附录A以指导使用。

本部分代替GB/T 3048.13—1992《电线电缆　冲击电压试验方法》。本次修订按照GB/T 1.1—2000对本部分进行了调整。

本部分与GB/T 3048.13—1992相比主要变化如下：

——标准的中文名称改为“电线电缆电性能试验方法　第13部分:冲击电压试验”；

——标准的英文名称改为“Test methods for electrical properties of electric cables and wires—Part 13:Impulse voltage test”；

——本部分的总体结构和编排按GB/T 1.1—2000进行了修改：

1) 第1章为“范围”(1992年版的第1章;本版的第1章)；

2) 第2章为“规范性引用文件”(1992年版的第2章;本版的第2章)；

3) 第3章为“术语和定义”(1992年版无;本版的第3章)；

4) 第4章为“试验设备”(1992年版的第3章;本版的第4章)；

5) 第5章为“试样制备”(1992年版的第4章;本版的第5章)；

6) 第6章为“试验程序”(1992年版的第5章;本版的第6章)；

7) 第7章为“试验结果及评定”(1992年版的第6章;本版的第7章)；

8) 第8章为“注意事项”(1992年版的第7章;本版的第8章)；

9) 第9章为“试验记录”(1992年版无;本版的第9章)；

——在第1章“范围”中明确适用于“最高电压为1 kV及以上各种类型电力电缆及其附件的冲击电压试验”(1992年版的第1章;本版的第1章)；

——增加了第3章“术语和定义”(1992年版无;本版的第3章)；

——在第4章“试验设备”中作了下述修改：

1) 完善了产生操作冲击电压时对元件的特殊要求(1992年版的3.2;本版的4.2.2)；

2) 认可新型的测试仪器(1992年版的3.3.1;本版的4.3.1)；

3) 补充测量系统按不确定度考核(1992年版的3.1.2.1、3.1.2.2;本版的4.3.1.1、4.3.1.2)；

4) 增加“用认可的测量装置校准未认可的测量装置”的传统测量方式(1992年版无;本版的4.3.2)；

——在第5章“试样制备”中作了下述修改：

1) 增加了试样加热方式(1992年版无;本版的5.5)；

2) 增加了试验终端的制作要求(1992年版无;本版的5.6)；

——在第6章“试验程序”中作了下述修改：

1) 增加对电力电缆和特殊试样的接线方式(1992年版无;本版的6.1.1～6.1.4)；

2) 补充可按供需双方另行商定施加冲击电压的加压程序(1992年版的5.2.1;本版的6.4.1)；

——在第7章“试验结果及评定”中增加关于冲击电压试验进行工频耐压试验的内容(1992年版的第7章;本版的7.1)；

——在第8章“注意事项”中作了下述修改：

1) 完善了对试验区安全的要求(1994年版的7.2、7.4;本版的8.2)；

2) 增加关于复合绝缘电力电缆终端在高海拔或极端条件下试验时应进行大气校准的规定(1992年版无;本版的8.5)；

——增加第9章“试验记录”,规定了试验记录应记载的具体内容(1992年版无;本版的第9章)。

本部分的附录A为资料性附录。

本部分由中国电器工业协会提出。

本部分由全国电线电缆标准化技术委员会归口。

本部分起草单位:上海电缆研究所。

本部分主要起草人:万树德、余震明、夏凯荣、杨文才。

本部分所代替标准的历次版本发布情况为:GB/T 3048.13—1992。

电线电缆电性能试验方法
第 13 部分：冲击电压试验

1 范围

GB/T 3048 的本部分规定了有关电缆及其附件冲击电压试验的术语和定义、试验设备、试样制备、试验程序、试验结果及评定、注意事项和试验记录。

本部分适用于最高额定电压 U_m 为 1 kV 及以上的各种类型电力电缆及其附件的冲击电压试验。

本部分应与 GB/T 3048.1 一起使用。

2 规范性引用文件

下列文件中的条款通过 GB/T 3048 的本部分的引用而成为本部分的条款。凡是注日期的引用文件，其随后所有的修改单(不包括勘误的内容)或修订版均不适用于本部分，然而，鼓励根据本部分达成协议的各方研究是否可使用这些文件的最新版本。凡是不注日期的引用文件，其最新版本适用于本部分。

GB/T 311.6—2005 高电压测量标准空气间隙(IEC 60052:2002,IDT)

GB/T 2900.19 电工术语 高电压试验技术和绝缘配合

GB/T 3048.1 电线电缆电性能试验方法 第 1 部分：总则

GB/T 16927.2 高电压试验技术 第二部分：测量系统(GB/T 16927.2—1997,eqv IEC 60060-2:1994)

3 术语和定义

GB/T 2900.19 确立的以及下列术语和定义适用于 GB/T 3048 的本部分。

3.1

总不确定度 overall uncertainty

e

表征测量结果分散在真值周围程度的估量。由于存在很多影响因素，它是由多个单独的不确定度所组成。

注：认为本部分中所考虑的大多数的不确定度来源都具有随机特性并是互相独立的，那么总不确定度 e 的最佳估量为：

$$e=\sqrt{\sum_{i=1}^{n}e_i^2}$$

式中：e 和 e_1……e_n 均用标准偏差表示。

4 试验设备

4.1 对试验电压的要求

4.1.1 试验电压值

4.1.1.1 雷电冲击电压试验的试验电压值

对于平滑的雷电冲击波，试验电压值是指冲击电压波的峰值。对于某些试验回路，在冲击电压波的峰值处可能会有振荡或过冲(对峰值附近的过冲或振荡，只有当其单个波峰的幅值不超过峰值的 5%才是允许的)。如果这种振荡的频率不小于 0.5 MHz 或过冲的持续时间不大于 1 μs，应作平均曲线。测量时可取这条平均曲线的最大幅值作为试验电压的峰值。

4.1.1.2 操作冲击电压试验的试验电压值

对于操作冲击波,试验电压值一般是指峰值。

4.1.2 试验电压波形

4.1.2.1 雷电冲击电压波

雷电冲击电压波的波前时间 T_1 为(1～5) μs,半波峰值时间 T_2 为(40～60) μs,如图1所示。

标准规定值与实测值之间的容许偏差应不超过如下规定范围:

——峰值 ±3%。

注:峰值的容许偏差为规定值与测量值之间的允许差值。它们与测量误差不同,测量误差为实际记录值与真值之差。

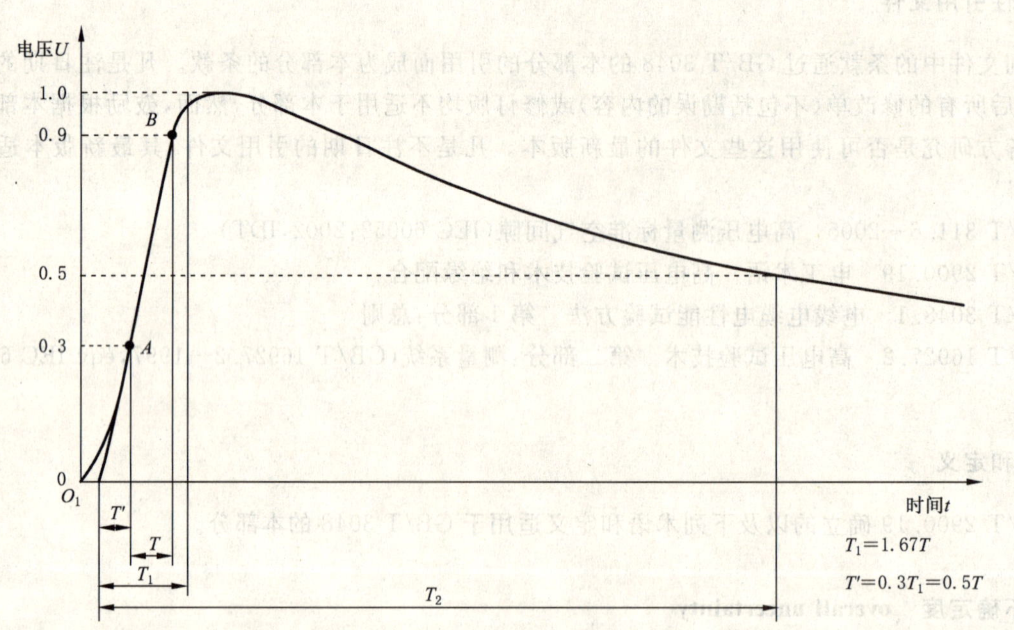

图1 雷电冲击电压波

4.1.2.2 标准操作冲击电压波

标准操作冲击电压波的波前时间 T_p 为250 μs,半峰值时间 T_2 为2 500 μs,如图2所示。

标准规定值与实测值之间的容许偏差如下:

——峰值 ±3%;

——波前时间 ±20%;

——半峰值时间 ±60%。

注:峰值的容许偏差为规定值与测量值之间的允许差值。它们与测量误差不同,测量误差为实际记录值与真值之差。

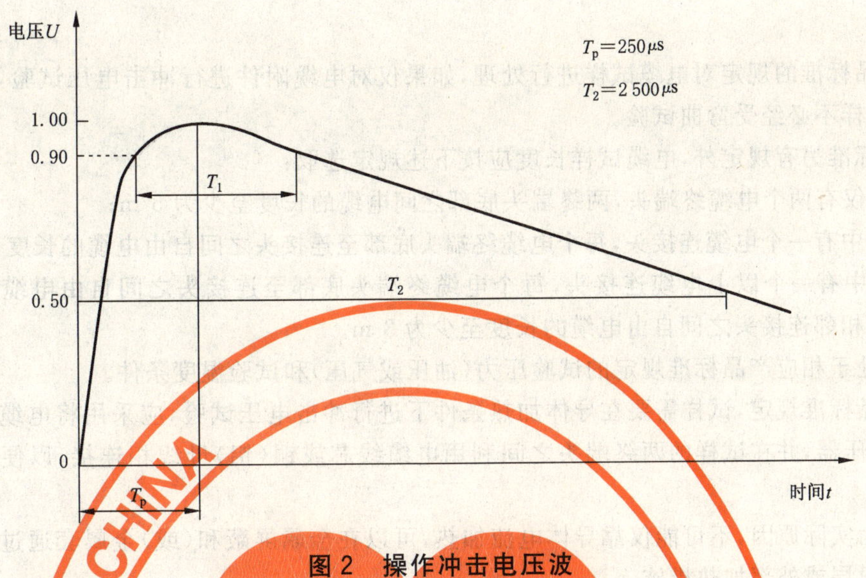

图2 操作冲击电压波

4.2 试验电压的产生

4.2.1 雷电冲击电压波一般由冲击电压发生器产生，冲击电压发生器主要由许多电容器组成，电容器先由直流电源并联充电，然后串联对包括试样在内的回路放电。直流充电电源应可以调节，以便能根据所需的试验电压调节相应的充电电压值。

4.2.2 操作冲击电压波通常由常规的冲击电压发生器产生(见4.2.1)。在选择产生操作冲击回路元件时，要避免由试样的非破坏性放电电流而引起冲击波形畸变过大，特别是高电压下作外绝缘的污秽试验时，这样的电流可能达到相当大的数值；如果试验回路的内阻抗相当高，可能引起波形严重畸变，甚至阻止破坏性放电发生。

4.3 试验电压的测量和冲击波形的确定

4.3.1 用按 GB/T 16927.2 规定认可的测量装置测量

测量试验电压峰值、各时间参量和振荡或过冲时，应采用经 GB/T 16927.2 规定程序认可的测量系统。包括分压器、示波器和峰值电压表(记忆示波器、数字记录仪、数字存贮示波器)、高压引线、阻尼电阻、高频电缆及其端部匹配和接地回路，测量试验电压峰值和波形参数。测量应在试样接入回路时进行，通常对每个试样都要校核冲击波形。

4.3.1.1 雷电冲击波测量系统的一般要求是：

a) 测量冲击波峰值的总不确定度为±3%范围内；

b) 测量冲击波形时间参数的总不确定度为±10%范围内；

c) 测量可能叠加在冲击波上的振荡应不超过4.1.1.1规定的允许水平。

4.3.1.2 操作冲击波测量系统的一般要求是：

a) 测量操作冲击峰值的总不确定度为±3%范围内；

b) 测量操作冲击波形时间参数的总不确定度为±10%范围内。

4.3.2 用认可的测量装置校准未认可的测量装置测量

这一方法通常是将与试验电压有关的某种仪器的显示(例如冲击电压发生器第一级的充电电压的显示)和对同一电压进行的测量之间建立一种关系。其电压的测量可以是按4.3.1进行的，或是用符合 GB/T 311.6—2005 的测量球隙进行的。

这个关系可能与试样和球隙的接入有关，因此在校准时和实际试验时其他条件应保证相同。在试验期间球隙距离应增至足够大以防止放电。

5 试样制备

5.1 应按产品标准的规定对电缆试样进行处理，如果仅对电缆附件进行冲击电压试验，则与电缆附件相配的电缆试样不必经受弯曲试验。

5.2 除产品标准另有规定外，电缆试样长度应按下述规定选取：

a) 试样仅有两个电缆终端头，两终端头底部之间电缆的长度至少为 5 m；

b) 试样中有一个电缆连接头，每个电缆终端头底部至连接头之间自由电缆的长度至少为 5 m；

c) 试样中有一个以上电缆连接头，每个电缆终端头底部至连接头之间自由电缆的长度至少为 5 m，相邻连接头之间自由电缆的长度至少为 3 m。

5.3 试样应处于相应产品标准规定的试验压力(油压或气压)和试验温度条件。

5.4 如果产品标准规定，试样需要在导体加热条件下进行冲击电压试验，应采用将电缆试样穿过穿心式感应加热变压器，并在试样的两终端头之间利用电缆线芯或铜(铝)母线相连接，以便施加导体加热电流。

5.5 如果因为实际原因，不可能仅靠导体电流加热，可以在金属屏蔽和(或)金属套通过电流作附加加热，或采用保温层或外部加热措施。

5.6 电缆试验终端的长度和制作方法，应保证试验电压下不发生沿其表面闪络放电或内部击穿。

6 试验程序

6.1 接线方式

6.1.1 对于单芯电力电缆，应将导体接至冲击电压发生器的输出端，屏蔽、金属套或附加特殊电极(如水槽等)接地。

6.1.2 对于没有分相屏蔽的多芯电力电缆，应依次将每一线芯接至冲击电压发生器的输出端，其他线芯相互连接并与统包金属层一起接地。

6.1.3 对电力电缆绝缘型护套和电缆附件试样进行试验时，试样的所有线芯都应与金属套(屏蔽)和铠装(若有)相连接，并接至冲击电压发生器输出端，而附加特殊电极(如水槽或石墨涂层)接地。

6.1.4 埋地绝缘接头的外护层冲击电压试验，应按相关的产品标准规定接线。

6.2 冲击电压发生器的校准

电缆试样的温度达到规定值以前或规定温度持续期间，在正式施加冲击试验电压之前，应按下列条件对冲击电压发生器进行正极性校准：

试样的终端头接至冲击电压发生器，测量系统与其并联。在此条件下，以试样所规定的耐受冲击电压值的 50%、65%和 80%分别校准冲击电压发生器输出电压值与相应的充电电压值，绘制两者之间的关系曲线。此曲线一般应为一直线，再利用外推法确定与试样所规定的耐受冲击电压值相对应的充电电压值，并以此充电电压值作为施加耐受冲击电压值的参考依据。利用冲击电压测量系统测量冲击电压值(也可利用测量球隙测量冲击电压值)和摄录冲击电压波形的示波图，示波图应包括时标和校幅。根据示波图判断冲击电压波形是否符合 4.1.2 的规定，如果不符合，应调节冲击电压发生器的波前和波尾电阻参数，重复校准。

注：通常对每个试样都要校核冲击波形。但是具有相同设计和相同尺寸的电缆试样，在同一个条件下作试验，只需校核一次。

6.3 耐受水平冲击电压试验

6.3.1 除非产品标准另有规定外，在试样处于相应产品标准规定的试验压力和温度条件下，连续施加 10 次正极性相应规定的耐受冲击电压值。如果所施加的耐受冲击电压值低于 4.1.2.1 规定的容许偏差下限，该次不予计数。应适当调整充电电压值，并相应补充施加耐受冲击电压值。

6.3.2 在施加 10 次正极性相应规定值的耐受冲击电压后，立即按 6.2 规定进行负极性冲击电压值和波形的校准，然后在试样上连续施加 10 次负极性相同规定值的耐受冲击电压值。同样，如果所施加的耐受冲击电压值低于 4.1.2 规定的容许偏差下限，该次也不予计数，应适当调整充电电压值，并相应补充施加耐受冲击电压值。

6.3.3 在连续施加正和负极性相应规定的耐受冲击电压值时，至少应分别摄录第 1 次和第 10 次冲击电压示波图。示波图应包括时标和校幅。

6.3.4 在试验期间应检查环境温度和试样温度，可采用各种方法测量试样温度，但测量值与标准规定值之差应不超过±3℃。如有需要还应检查试样的油压或气压，并调整至标准规定值。

6.4 冲击电压裕度试验

6.4.1 当为研究目的或产品标准要求进行冲击电压裕度试验时，应由供需双方商定施加冲击电压的步骤，也可采用以下推荐程序施加冲击电压：

a) 10 次负极性冲击电压，其值为 1.05 倍的耐受水平冲击电压值；

b) 5 次正极性冲击电压，第 1 次值为 a)所施加电压值的 50%，另外 4 次正极性冲击电压，其值逐级升高至 a)所施加电压值的 85%；

c) 10 次正极性冲击电压，其值为 1.05 倍的耐受水平冲击电压值；

d) 10 次正极性冲击电压，其值为 1.1 倍的耐受水平冲击电压值；

e) 5 次负极性冲击电压，第 1 次值为 d)所施加电压值的 50%，另外 4 次负极性冲击电压，其值逐级升高至 d)所施加电压值的 85%；

f) 10 次负极性冲击电压，其值为 1.1 倍的耐受水平冲击电压值；

g) 按上述次序逐级施加冲击电压，每级升高约 5%的耐受水平冲击电压值，并以此类推；

h) 试验继续进行直至所要求的试验电压值，或直至试样击穿为止。

6.4.2 每次试验至少应摄录第 1 次和第 10 次冲击电压示波图，并以示波图的波形判断试样是否通过该电压等级下的冲击电压试验。示波图的波形畸变或呈现截波，一般可认为试样击穿或终端头闪络放电。

6.4.3 一般情况下，一次试验过程中不必对冲击电压值和波形进行重复校准，可从原校准曲线按外推法确定与冲击电压值相对应的充电电压值，如果原校准曲线所用的最大校准冲击电压值与所拟施加的冲击电压值之间的差值较大时，为了获得较准确的试验结果，必须按 6.2 重新校准。

7 试验结果及评定

7.1 除非产品标准另有规定，在规定的试验电压值下连续施加 10 次正极性或负极性冲击电压时，如果所摄录的第 10 次冲击电压波形图无畸变或未呈现截波，对于冲击电压裕度试验则可认为试样已通过相应电压的冲击电压试验。对耐受水平电压试验，还应按产品标准规定进行工频耐压试验，才可认为试样已通过相应的耐受冲击电压试验。

7.2 如果所摄录第 10 次冲击电压示波图不能清晰地显示，可再次施加相同的耐受冲击电压值，以获得清晰的示波图，并根据示波图判断试样是否通过相应的冲击电压试验。

8 注意事项

8.1 冲击电压发生器应具有快速过电流保护装置，以保证当试验设备内部击穿时能迅速切断试验电源。

8.2 冲击电压发生器、测量系统和试样的高压端与周围接地体之间应保持足够的安全距离，以防止产生空气放电。试验区域周围应有可靠的安全措施，如金属接地栅栏、信号指示灯、或安全警示标志。

8.3 试验区域地坪下应有单独接地电极和与其连成一整体的接地网，其接地电阻一般应小于 0.5 Ω。冲击电压发生器、测量系统和试样的接地端以及穿心式感应加热变压器的接地端均应与接地网可靠连接。

8.4 为了防止试验过程中对地放电或击穿所产生的暂态高电压损及电源系统，一般要求在冲击电压试验区域内所有供电电源均应由单独的绝缘隔离变压器供电。

8.5 大气校准

对复合绝缘的电力电缆终端，处于高海拔或者极端气候条件下进行试验时，为能施加正确的试验电压应进行大气校准，这时外绝缘（自恢复绝缘）可能不同于内绝缘（非自恢复绝缘）的额定耐受电压，应慎重处理。

9 试验记录

试验记录应包括以下内容：

a) 试验类型；

b) 试样编号，试样型号、规格；

c) 试验日期、大气条件；

d) 施加电压的数值、极性、次数，冲击后的工频耐压试验结果；

e) 冲击试验的波形示波图；

f) 试验中的异常现象、判断和处理；

g) 试验设备及其校准有效期。

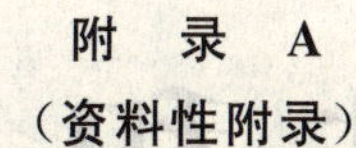

附 录 A
（资料性附录）
本部分章条编号与 IEC 60230：1966 和 IEC 60060-1：1989 章条编号对照

表 A.1 给出了本部分章条编号与 IEC 60230：1966 和 IEC 60060-1：1989 章条编号对照一缆表。

表 A.1 本部分章条编号与 IEC 60230：1966 和 IEC 60060-1：1989 章条编号对照

本部分章条编号	对应的 IEC 60230 章条编号	对应的 IEC 60060-1 章条编号
1	1，1.1、1.3	—
—	1.2、1.4	—
2、3、3.1、4	—	—
—	—	18 的大部分、19 的一部分、21 的大部分
4.1	—	—
4.1.1	—	18.1.3 的标题
4.1.1.1	—	18.1.3 的第 1 句、19.2 的第 3、第 4 段
4.1.1.2	—	21.2
4.1.2、4.1.2.1	4	18.1.1、19.2 的第 1、第 2 段
4.1.2.2	—	21.1、22.1、22.2
4.2、4.2.1	—	19.5
4.2.2	—	22.4
4.3、4.3.1	—	19.6、19.6.1、22.5 的一部分
4.3.1.1、4.3.1.2	—	—
4.3.2	—	19.6.2、22.5 的一部分
5	2、3	—
5.1	2.1	—
5.2	2.2、2.3	—
5.3	3.1、3.2	—
5.4～5.6	—	—
6、6.1、6.1.1～6.1.4	—	—
6.2	5	—
6.3	6	—
6.3.1～6.3.4	6.1～6.4	—
6.4	7	—
6.4.1	7.1、8、8.1～8.3	—
6.4.2、6.4.3	8.4、8.5	—
7、7.1、7.2	7.2	—
8、8.1～8.5	—	—
9	—	—

ICS 29.060
K 13

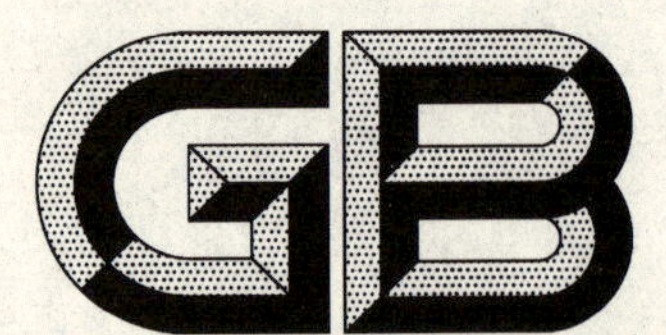

中华人民共和国国家标准

GB/T 3048.14—2007
代替 GB/T 3048.14—1992

电线电缆电性能试验方法 第 14 部分:直流电压试验

Test methods for electrical properties of electric cables and wires—Part 14:DC voltage test

(IEC 60060-1:1989,High-voltage test techniques—Part 1:General definition and test requirements,NEQ)

2007-12-03 发布　　2008-05-01 实施

中华人民共和国国家质量监督检验检疫总局
中国国家标准化管理委员会　发布

前　言

GB/T 3048《电线电缆电性能试验方法》分为14个部分：

——第1部分：总则；

——第2部分：金属材料电阻率试验；

——第3部分：半导电橡塑材料体积电阻率试验；

——第4部分：导体直流电阻试验；

——第5部分：绝缘电阻试验；

——第7部分：耐电痕试验；

——第8部分：交流电压试验；

——第9部分：绝缘线芯火花试验；

——第10部分：挤出护套火花试验；

——第11部分：介质损耗角正切试验；

——第12部分：局部放电试验；

——第13部分：冲击电压试验；

——第14部分：直流电压试验；

——第16部分：表面电阻试验。

本部分为GB/T 3048的第14部分，对应于IEC 60060-1:1989《高电压试验技术　第1部分：一般定义和技术要求》(英文版)。

本部分与IEC 60060-1:1989的一致性程度为非等效。

本部分与IEC 60060-1:1989的主要差异如下：

——仅与IEC 60060-1:1989的第4章“直流电压试验”相对应，其余部分全部删除；

——对应于IEC 60060-1:1989的第4章“直流电压试验”的主要技术差异：

1) 对“试验电压的产生”作了修改，补充直流高压发生器的组成；

2) 在“试验电流的测量”中明确“电线电缆产品一般仅要求测量泄漏电流”；

3) 对“试验程序”作了较大改动，补充了电缆试样接线的详细规定和具体说明接线方式的表1、表2，删除“破坏性放电电压试验”和“确保放电电压试验”；

——与GB/T 3048的其他部分相协调，本部分增加了：第2章“规范性引用文件”、第5章“试样制备”、第7章“试验结果及评定”、第8章“注意事项”和第9章“试验记录”。

本部分代替GB/T 3048.14—1992《电线电缆　直流电压试验方法》。本次修订按照GB/T 1.1—2000《标准化工作导则　第1部分：标准的结构和编写规则》对本部分进行了调整。

本部分与GB/T 3048.14—1992相比主要变化如下：

——标准的中文名称改为“电线电缆电性能试验方法　第14部分：直流电压试验”；

——标准的英文名称改为“Test methods for electrical properties of electric cables and wires—Part 14:DC voltage test”；

——本部分的总体结构和编排按GB/T 1.1—2000进行了修改：

1) 第1章为“范围”(1992年版的第1章；本版的第1章)；

2) 第2章为“规范性引用文件”(1992年版的第2章；本版的第2章)；

3) 第3章为“术语和定义”(1992年版无；本版的第3章)；

4) 第4章为“试验设备”(1992年版的第3章；本版的第4章)；

5) 第5章为“试样制备”(1992年版的第4章;本版的第5章);

6) 第6章为“试验程序”(1992年版的第5章;本版的第6章);

7) 第7章为“试验结果及评定”(1992年版的第6章;本版的第7章);

8) 第8章为“注意事项”(1992年版的第7章;本版的第8章);

9) 第9章为“试验记录”(1992年版无;本版的第9章);

——在第1章“范围”中删除“电力电缆及其附件……通信电缆”的表述,统一为“电线电缆产品”(1992年版的第1章;本版的第1章);

——在第2章“规范性引用文件”中补充了相关标准(1992年版的第2章;本版的第2章);

——增加了第3章“术语和定义”(1992年版无;本版的第3章);

——在第4章“试验设备”中作了下述修改:

1) 将试验电压的波纹因数由5%改为3%(1992年版的3.1.1;本版的4.1.1);

2) 完善了“容许偏差”的要求(1992年版的5.4;本版的4.1.2);

3) 完善了“试验电压的产生”的要求(1992年版的3.2;本版的4.2.2、4.2.3);

4) 补充了对“试验电压的测量”的规定(1992年版的3.3;本版的4.3.1、4.3.2);

5) 增加了“试验电流的测量”(1992年版无;本版的4.4);

——在第5章“试样制备”中删除有关电缆附件的规定(1992年版的4.1、4.3;本版无);

——在第6章“试验程序”中作了下述修改:

1) 增加了“逐级击穿试验”(1992年版无;本版的6.1.2);

2) 补充了电力电缆和电气装备用电线电缆接线方式的表1,将前版中通信电缆的接线方式的表1改为表2(1992年版的5.1.4、表1;本版的6.2.2、表1、表2);

3) 明确绝缘型护套的试验接线,修改了金属护套或铠装外的绝缘护套的试验要求(1992年版的5.1.6、5.1.7;本版的6.2.5、6.2.6);

4) 完善了施加试验电压的要求(1992年版的5.3;本版的6.3.2);

——在第7章“试验结果的评定”中增加了对“泄漏电流”的规定(1992年版无;本版的7.2);

——在第8章“注意事项”中,作了下述修改:

1) 修改了对试验区域的安全要求(1992年版的7.2;本版的8.2);

2) 增加了直流耐压与绝缘电阻试验实施次序(1992年版无;本版的8.5);

——增加第9章“试验记录”,规定了试验记录应记载的具体内容(1992年版无;本版的第9章)。

本部分由中国电器工业协会提出。

本部分由全国电线电缆标准化技术委员会归口。

本部分起草单位:上海电缆研究所。

本部分主要起草人:万树德、余震明、夏凯荣、杨文才。

本部分所代替标准的历次版本发布情况为:GB/T 3048.14—1992。

电线电缆电性能试验方法
第 14 部分:直流电压试验

1 范围

GB/T 3048 的本部分规定了电线电缆直流电压试验的术语和定义、试验设备、试样制备、试验程序、试验结果及评定、注意事项和试验记录。

本部分适用于电线电缆产品耐受直流电压试验。

本部分应与 GB/T 3048.1 一起使用。

2 规范性引用文件

下列文件中的条款通过 GB/T 3048 的本部分的引用而成为本部分的条款。凡是注日期的引用文件,其随后所有的修改单(不包括勘误的内容)或修订版均不适用于本部分,然而,鼓励根据本部分达成协议的各方研究是否可使用这些文件的最新版本。凡是不注日期的引用文件,其最新版本适用于本部分。

GB/T 311.6—2005 高电压测量标准空气间隙(IEC 60052:2002,IDT)

GB/T 2900.19—2001 电工术语 高电压试验技术和绝缘配合

GB/T 3048.1 电线电缆电性能试验方法 第 1 部分:总则

GB/T 16927.2 高电压试验技术 第二部分:测量系统(GB/T 16927.2—1997,eqv IEC 60060-2:1994)

3 术语和定义

GB/T 2900.19—2001 及下列术语和定义适用于 GB/T 3048 的本部分。

3.1

试验电压值 value the test voltage

试验电压值是指算术平均值。

3.2

纹波 ripple

纹波是指对直流电压的算术平均值的周期性脉动。波纹幅值是指最大值和最小值之差的一半。纹波因数是纹波幅值与算术平均值之比。

3.3

总不确定度 overall uncertainty

e

表征测量结果分散在真值周围程度的估量。由于存在很多影响因素,它是由多个单独的不确定度所组成。

注:认为本部分中所考虑的大多数的不确定度来源都具有随机特性并是互相独立的,那么总的不确定度 e 的最佳估量为:

$$e=\sqrt{\sum_{i=1}^{n} e_i^2}$$

式中:e 和 $e_1 \cdots\cdots e_n$ 均用标准偏差表示。

4 试验设备

4.1 对试验电压的要求

4.1.1 电压波形

除产品标准中另有规定外，试样上的试验电压应是纹波因数不大于3%的直流电压。试验电压的极性应符合相应产品标准规定。

4.1.2 容许偏差

在整个试验过程中试验电压测量值应保持在规定电压值的±3%以内。

注：容许偏差为规定值与实测值之间的允许差值。它与测量误差不同，测量误差是指测量值与真值之差。

4.2 试验电压的产生

4.2.1 试验电源应能输出试样试验所需的电压和电流。

4.2.2 直流电压一般用直流高压发生器产生，也可用静电发生器产生。直流高压发生器主要由调压器(或脉宽调制、变频装置等)、整流变压器、整流元件、滤波电容器、极性转换装置和放电电阻组成。

4.2.3 电源的额定输出电流应使试样电容在相当短的时间内充电。但当试样电容很大时，也允许长达几分钟的充电时间。电源(包括储能电容)还应能供给泄漏电流和吸收电流，以及任何内部和外部的非破坏性放电电流，其电压降不应超过10%。

4.3 试验电压的测量

4.3.1 用 GB/T 16927.2 规定认可的测量装置测量

算术平均值、最大值、纹波因数和试验电压的瞬时压降通常采用按GB/T 16927.2规定程序认可的测量装置测量。在测量纹波，瞬态电压或电压稳定性时、测量装置的响应特性应符合要求。

一般要求是测量试验电压算术平均值的测量总不确定度应不超过±3%。

4.3.2 用认可的测量装置校准未认可的测量装置

这种方法通常是将与试验电压有关的某种仪器的显示值和对同一个电压进行的测量之间建立一种关系。其电压的测量可以是按4.3进行的测量或采用符合GB/T 311.6—2005的球隙进行的测量。这种关系可能与试样、球隙的接入、湿试验中的雨量等因数有关。因此，在校准和实际试验过程中，这些条件应保持相同，为防止火花放电，球隙的距离应拉开足够大。应注意将供电电压与输出电压之间的关系用于测量可能不够可靠。

目前通常采用电阻分压器：分压器的分压比误差应不超过±1%，分压器测量电流在额定电压下应大于0.5 mA，分压器的低压臂经测量同轴电缆接至误差不超过±0.5%的低压读出仪器。

用球隙测量直流电压时，由于纤维会引起较低电压下的放电，因此必须采取预防措施。应施加多次电压并以最高电压值作为实际测量值。

注1：纤维的影响可由速度不小于3 m/s的气流吹过球隙予以消除。

注2：当存在纹波时，球隙不能测量直流电压的算术平均值。

校准时，通常可用不低于50%的试验电压值外推。如果试验回路中的电流不随外加电压线性变化，外推法可能误差较大。

4.4 试验电流的测量

在测量流过试样的电流时，可以区分出几个独立的分量。对同一个试样和同一试验电压，各分量的大小可能差几个数量级。这些分量是：

a) 由于开始加上试验电压或由于试验电压上纹波或其他波动所引起的电容电流。

b) 由于绝缘中发生缓慢的电荷位移而引起的介质吸收电流。这个电流可持续几秒至几小时。该过程局部可逆。当试样放电或短路时，可观察到反极性电流。

c) 当a)、b)分量衰减到零后的持续泄漏电流，在恒定电压下该电流将是稳态直流。

d) 局部放电电流。

应注意保证仪器对某一个电流分量的测量不受其他分量的影响。对于非破坏性试验,往往可以从观测电流随时间的变化规律中了解绝缘特性。电线电缆产品一般仅要求测量泄漏电流。

注:应注意破坏性放电时可能流过的电流值,如果没有适当的保护,可能会损坏电流表。

5 试样制备

5.1 试样的数量和长度应符合产品标准规定。

5.2 试样终端部分的长度和终端头的制备方法,应能保证在规定的试验电压下不发生沿其表面闪络放电或内部击穿。

5.3 在水槽内进行试验时,试样两个端部伸出水面的长度应不小于 200 mm,且应保证在规定的试验电压下不发生沿其表面闪络放电。

5.4 充油或充气电缆试样的油压或气压应符合产品标准规定;试样温度也应符合相应产品标准的规定。

6 试验程序

6.1 试验方法

6.1.1 试样耐压试验的试验电压值、极性、电流值和耐受电压时间应符合产品标准规定。

6.1.2 试样的逐级击穿试验可由供需双方商定每级升压的数值和耐受时间,推荐每级耐受时间至少 5 min。

6.2 接线方法

6.2.1 除产品标准另有规定外,应按下列规定接线方式接线,但必须保证试样每一线芯与其相邻线芯之间,至少经受一次按产品标准规定的直流电压试验。

6.2.2 电力电缆和电气装备用电线电缆接线方式见表 1;通信电缆可参照表 2 规定接线。

表 1 电力电缆和电气装备用电线电缆接线方式

试样芯数	试样结构简图	试样接线方式(高压端→接地端)	
		无金属套、金属屏蔽、铠装且无附加特殊电极	有金属套、金属屏蔽、铠装或有附加特殊电极
单芯	1	—	1→0
二芯	1 2	1→2	(1)1→2+0 (2)2→1+0
三芯	1 2 3	(1)1→2+3 (2)2→3+1	(1)1→2+3+0 (2)2→1+3+0 (3)3→1+2+0
四芯	4 1 2 3	(1)1→2+3+4 (2)2→3+4+1 (3)3→4+1+2	(1)1→2+3+4+0 (2)2→1+3+4+0 (3)3→1+2+4+0 (4)4→1+2+3+0

注 1:表中"1,2,3,4"代表线芯导体编号。

注 2:表中"0"代表金属护套、金属屏蔽、铠装或附加特殊电极(指水槽、金属珠链、石墨涂层、绕包金属箔等)。

注 3:表中"+"代表相互电气连接。

表 2 通信电缆接线方式

绞合元件	元件结构示意	试样接线方式(高压端→接地端)	
		无金属套、金属屏蔽、铠装且无附加电极	有金属套、金属屏蔽、铠装或有附加电极
单根芯线		—	每一导体对其余所有导体与金属套屏蔽铠装连接接地
对绞组		所有导体 a→ 所有导体 b	(1) 所有导体 a→ 所有导体 b (2) 所有导体 a+b→0
三线组		(1) 所有导体 a→ 所有导体 b+c (2) 所有导体 b→ 所有导体 a+c	(1) 所有导体 a→ 所有导体 b+c (2) 所有导体 b→ 所有导体 a+c (3) 所有导体 a+b+c→0
四线组		(1) 所有导体 a+b→ 所有导体 c+d (2) 所有导体 a+c→ 所有导体 b+d	(1) 所有导体 a+b→ 所有导体 c+d (2) 所有导体 a+c→ 所有导体 b+d (3) 所有导体 a+b+c+d→0
注 1:表中“a,b,c,d”代表线芯导体编号。 注 2:表中“0”代表金属护套、金属屏蔽、铠装或附加特殊电极(指水槽、金属珠链、石墨涂层、绕包金属箔等)。 注 3:表中“+”代表相互电气连接。			

6.2.3 五芯及以上多芯电缆,通常需进行二次试验:第一次在每层线芯中的奇数线芯(并联)对偶数线芯(并联)之间施加电压;第二次在所有奇数层的线芯(并联)对偶数层的线芯(并联)之间施加电压。如果电缆中同一层中含有的线芯数为奇数,则应补充对未经受电压试验的相邻线芯间再进行一次规定的电压试验。

注:多芯电缆中心的一根线芯(或诸线芯)作为第一层;如有金属套(屏蔽)或铠装作为最后一层,试验时接地。

6.2.4 分相铅套(或铝套)电缆应依次将每一线芯接高压端,其他线芯相互连接并与金属套、屏蔽或铠装(若有)一起接地,或按单芯电缆并联接线。

6.2.5 在绝缘型护套试验时,试样的所有导体都应与金属套(屏蔽)和铠装(若有)相连接,并接至高压端的负极,而附加特殊电极(如水槽或石墨涂层)接至接地端。

6.2.6 对试样的金属套(屏蔽)与铠装之间的内衬层进行试验时,所有线芯都应与金属套(屏蔽)相连接,并接至试验电源的高压端,而铠装接至接地端。

6.3 试验要求

6.3.1 除非产品标准另有规定,试验应在(20±15)℃的环境温度下进行。试验时,试样的温度与周围环境温度之差应不超过±3℃。

6.3.2 对试样施加电压时应从足够低的数值(不应超过相应产品标准所规定试验电压值 40%)开始,以防止操作瞬变过程引起的过电压影响;然后应慢慢地升高电压,以便能在仪表上准确读数,但也不应太慢以免造成在接近试验电压时耐压时间过长。若试验电压值达到 75%以上,以每秒 2%的试验电压速率升压,通常能满足上述要求。将试验电压保持规定时间后,然后切断充电电源,通过适当的电阻使回路电容、包括试样电容放电来消除电压。

7 试验结果及评定

7.1 试样在施加相应规定的试验电压和持续时间内，无任何闪络放电，或者试验回路电流不随时间而增大，则应认为试样通过直流电压试验。如果在试验期间内出现电流急剧增加，甚至直流高电压发生器线路的开关跳闸，且试样不可能再次耐受同样的试验电压，则应认为试样已击穿。

7.2 在对试样施加规定的试验电压下，其泄漏电流不超过相应标准规定值，则应认为试样的泄漏电流试验合格。

7.3 如果在试验过程中，试样的试验终端发生沿其表面闪络放电或内部击穿，允许另做试验终端，并重复进行试验。

7.4 试验过程中因故停电后继续试验，除产品标准另有规定外，应重新计时。

8 注意事项

8.1 直流高压发生器应有快速过电流保护装置，以保证当试样击穿或试样端部或终端头发生沿其表面闪络放电或内部击穿时能迅速切除试验电源。

8.2 直流高压端(包括直流高压发生器、测量装置和试样)与周围接地体之间应保持足够的安全距离，以防发生空气放电。试验区域周围应有可靠的安全措施，如金属接地栅拦，信号灯或安全警示标志。

8.3 试验区内应有接地电极，接地电阻应小于 4 Ω，直流高压发生器的接地端和试样的接地端均应与接地电极可靠连接。

8.4 与直流高压端(包括直流高压发生器、测量装置和试样)邻近的易感应电荷的设备均应可靠接地。

8.5 对电线电缆试样的直流耐压试验应于该试样的绝缘电阻测量后实施。

9 试验记录

试验记录应详细记载下列内容：

a) 试验类型；

b) 试样编号，试样型号、规格；

c) 试验日期，大气条件；

d) 施加电压的数值和时间；泄漏电流值；

c) 试验中的异常现象，处理和判断；

f) 试验设备及其校准有效期。

ICS 29.060
K 13

中华人民共和国国家标准

GB/T 3048.16—2007
代替 GB/T 3048.16—1994

电线电缆电性能试验方法 第16部分：表面电阻试验

Test methods for electrical properties of electric cables and wires—Part 16: Surface resistance test

2007-12-03 发布　　2008-05-01 实施

中华人民共和国国家质量监督检验检疫总局
中国国家标准化管理委员会　发布

前　言

GB/T 3048《电线电缆电性能试验方法》分为14个部分：

——第1部分：总则；

——第2部分：金属材料电阻率试验；

——第3部分：半导电橡塑材料体积电阻率试验；

——第4部分：导体直流电阻试验；

——第5部分：绝缘电阻试验；

——第7部分：耐电痕试验；

——第8部分：交流电压试验；

——第9部分：绝缘线芯火花试验；

——第10部分：挤出护套火花试验；

——第11部分：介质损耗角正切试验；

——第12部分：局部放电试验；

——第13部分：冲击电压试验；

——第14部分：直流电压试验；

——第16部分：表面电阻试验。

本部分为GB/T 3048的第16部分。

本部分代替GB/T 3048.16—1994《电线电缆电性能试验方法　表面电阻试验》。本次修订按照GB/T 1.1—2000《标准化工作导则　第1部分：标准的结构和编写规则》对本部分进行了调整。

本部分与GB/T 3048.16—1994相比主要变化如下：

——标准的英文名称改为“Test methods for electrical properties of electric cables and wires—Part 16：Surface resistance test”；

——本部分的总体结构和编排按GB/T 1.1—2000进行了修改：

1）　第1章为“范围”（1994年版的第1章；本版的第1章）；

2）　第2章为“规范性引用文件”（1994年版的第2章；本版的第2章）；

3）　第3章为“术语和定义”（1994年版无；本版的第3章）；

4）　第4章为“试验设备”（1994年版的第3章；本版的第4章）；

5）　第5章为“试样制备”（1994年版的第4章；本版的第5章）；

6）　第6章为“试验程序”（1994年版的第5章；本版的第6章）；

7）　第7章为“试验结果及计算”（1994年版的第6章；本版的第7章）；

8）　第8章为“试验记录”（1994年版无；本版的第8章）；

——在第2章“规范性引用文件”中补充了相关的标准（1994年版的第2章；本版的第2章）；

——增加了第3章“术语和定义”（1994年版无；本版的第3章）；

——在第4章“试验设备”中，对测量系统作了必要的修改（1994年版的3.2；本版的4.2）；

——在第6章“试验程序”中对环境条件化处理增加新规定（1994年版无；本版的6.2）；

——增加第8章“试验记录”，规定了试验记录应记载的具体内容（1994年版无；本版的第8章）。

本部分由中国电器工业协会提出。

本部分由全国电线电缆标准化技术委员会归口。

本部分起草单位：上海电缆研究所。

本部分主要起草人:万树德、余震明、夏凯荣、忻济民。

本部分所代替标准的历次版本发布情况为:GB/T 3048.16—1994。

电线电缆电性能试验方法 第16部分:表面电阻试验

1 范围

GB/T 3048 的本部分规定了表面电阻试验的术语和定义、试验设备、试样制备、试验程序、试验结果及计算和试验记录。

本部分适用于测量电线电缆的表面电阻,其测量范围为$(10^5\sim10^{15})\Omega$。

试样的条件化处理环境和测试环境与本部分不同时,其测试结果与按本部分规定的环境所测得的结果不能比较。

本部分应与 GB/T 3048.1 一起使用。

2 规范性引用文件

下列文件中的条款通过 GB/T 3048 的本部分的引用而成为本部分的条款。凡是注日期的引用文件,其随后所有的修改单(不包括勘误的内容)或修订版均不适用于本部分,然而,鼓励根据本部分达成协议的各方研究是否可使用这些文件的最新版本。凡是不注日期的引用文件,其最新版本适用于本部分。

GB/T 2900.5—2002　电工术语　绝缘固体、液体或气体(eqv IEC 60050(212):1990)

GB/T 3048.1　电线电缆电性能试验方法　第1部分:总则

3 术语和定义

GB/T 2900.5—2002 确立的以及下列术语和定义适用于 GB/T 3048 的本部分。

3.1

表面电阻　surface resistance

由表面导电所确定的绝缘电阻部分。

注1:表面电阻一般受环境的影响较大。

注2:电化时间常以不确定的方式对表面电流施加剧烈影响。测量时,电化时间常取1 min。

3.2

表面电阻率　surface resistivity

折算成单位面积时的表面电阻。

注1:表面电阻率值受可能存在的电极极化的影响。

注2:表面电阻率的数值与该单位面积的大小无关。

3.3

电化　electrification

在接触绝缘电介质的两电极之间,施加电压的过程。

4 试验设备

4.1 试验箱

4.1.1　试验箱如图1所示,应为透明的玻璃或有机玻璃器皿。箱体的尺寸应能保证试样不与箱体的任何一面相碰。箱盖和箱体应很好地密闭,以使空气的互换量最小。

4.1.2　引接线应采用高绝缘电阻电线(如聚四氟乙烯绝缘电线)。无试样时,在规定的温度和相对湿度下，两引出线间的电阻，至少比试样的表面电阻大 100 倍。

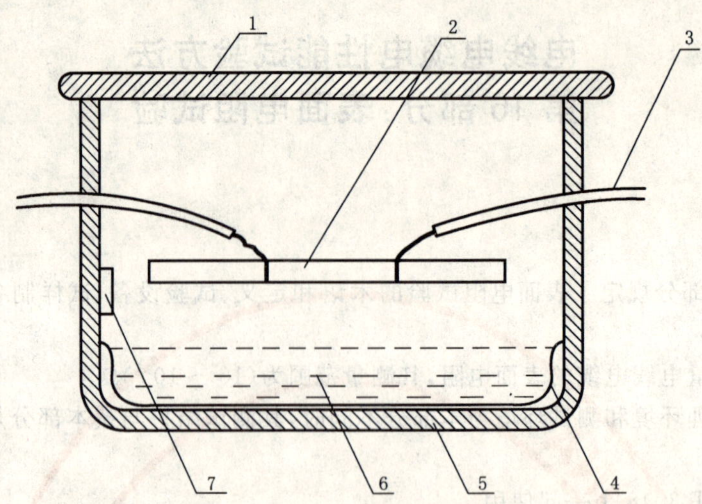

1——箱盖；

2——试样；

3——引接线；

4——搪瓷皿；

5——箱体；

6——$Na_2Cr_2O_7$ 饱和水溶液，或其他水溶液；

7——湿度计。

图 1 表面电阻试验箱示意图

4.1.3 箱内的 $Na_2Cr_2O_7$ 饱和水溶液是为使试验箱在 20℃ 的环境中时，箱内的相对湿度能保持在(50±5)%。

4.1.4 如试验箱同时放入几个试样，试样间的距离应不小于 25 mm。

4.1.5 试验箱内有一湿度计，可以从试验箱的外面测得箱内的相对湿度值。

4.2 测量系统

表面电阻的测试可以采用直流比较法或电压-电流法(高阻计法)，也可采用数字式测量仪器。

无论采用何种方法，测试系统的测量误差应符合下述要求：

——被测试样绝缘电阻值为(1×10^{10})Ω 及以下，测量误差不超过±10%；

——被测试样绝缘电阻值为(1×10^{10})Ω 以上，测量误差不超过±20%。

5 试样制备

5.1 从被试电线电缆上切取 3 根外观完整，表面无缺损的试样，试样的长度应不小于 250 mm。

5.2 用干净不落屑、柔软、干燥、吸水的材料来回擦拭试样几次作清洁处理，对沾染严重的试样，可用酒精擦拭，再做干燥处理。

5.3 用直径不大于 0.05 mm 的镀银圆铜线，在试样的中部，以螺旋状缠绕两个电极，两电极的内侧相距(50±1)mm，每一电极的密绕圈数不得少于 10 圈。也可以采用宽度为 10 mm 的清洁自粘性铜箔在试样上叠绕数圈，再用直径为(0.2～0.5)mm 的圆铜线缠绕在铜箔上形成电极。

5.4 用干净不落屑、柔软、干燥、吸水的材料来回擦拭试样的电极之间部分，作此清洁处理后，试样的电极之间部分应不再接触除环境空气外的其他任何物质。

6 试验程序

6.1 将试样放入试验箱中，试样的电极与引接线箱内一端相连。

6.2　试样应按产品标准规定进行环境条件化处理，如产品标准未作规定，则应按6.3规定进行。

6.3　试验箱置于(20±2)℃的环境下，箱内的相对湿度应为(50±5)%，试样在此条件下至少放置24 h，作环境条件化处理。(在20℃时，$Na_2Cr_2O_7$ 饱和水溶液的上方，相对湿度可保持为52%，也可以用其他物质的水溶液，如一定比重的甘油水溶液)。

6.4　将引接线的箱外一端与测量系统相接，测出试样电极中间部分的电阻值，测试用电压为500 V。为使表面电阻测量值基本稳定，充电时间应足够充分，不少于1 min，不超过5 min，通常推荐1 min读数。

6.5　除产品标准中另有规定外，测量时试样应处于与条件化处理时完全相同的环境中。

7　试验结果及计算

7.1　以测得的3个试样表面电阻测量值的中间值为试验结果。

7.2　试样的表面电阻率为：

$$\rho_s = \frac{R \cdot \pi \cdot D}{L} \qquad \cdots\cdots(1)$$

式中：

ρ_s——表面电阻率，单位为欧(Ω)；

R——表面电阻，单位为欧(Ω)；

D——试样的直径，单位为毫米(mm)；

L——两电极内侧之间的距离，单位为毫米(mm)。

8　试验记录

试验记录应详细记载下列内容：

a)　试验类型；

b)　试样编号，试样型号、规格；

c)　试样制备和测试方法；

d)　条件化处理的温度、湿度、时间；

e)　试验日期和测试时的温度、湿度；

f)　试样的测试值和计算；

g)　测试仪器及其校准有效期。

ICS 77.040.99
H 14

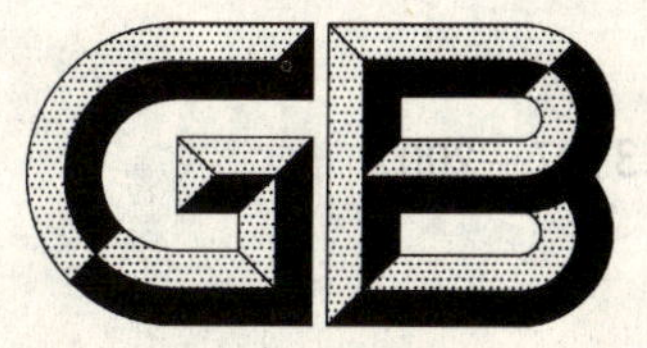

中华人民共和国国家标准

GB/T 3137—2007
代替 GB/T 3137—1995

钽粉电性能试验方法

Testing method for electrical properties of tantalum powder

2007-11-23 发布 2008-06-01 实施

中华人民共和国国家质量监督检验检疫总局
中国国家标准化管理委员会 发布

前言

本标准代替 GB/T 3137—1995《钽粉电性能试验方法》。

本标准与 GB/T 3137—1995 相比，主要有如下变动：

——调整了产品牌号，取消了工作电压；

——取消了 FTa 16—260，FTa 16—220，FTa 16—200，FTa 25—180，FTa 25—120，FTa 40—45，FTa 40—35，FTa 50—40，FTa 63—30 电容器用钽粉电性能试验方法，增加了 FTA120K，FTA100K，FTA800，FTA700，FTA500，FTA400，FTA320，FTA230，FTB300，FTB200，FTB150，FTB50，FTC40 电容器用钽粉电性能试验方法；

——增加了成型坯块直径及密度的要求；

——增加了成型坯块烧结后的出炉温度要求；

——增加了点焊间距的要求；

——增加了附录 B。

本标准的附录 A 和附录 B 为规范性附录。

本标准由中国有色金属工业协会提出。

本标准由全国有色金属标准化技术委员会归口。

本标准由宁夏东方钽业股份有限公司负责起草。

本标准由株洲硬质合金集团有限公司参加起草。

本标准主要起草人：许宁辉、张俊峰、霍红凤、伏军胜、王时光。

本标准所代替标准的历次版本发布情况为：

——GB/T 3137—1995。

钽粉电性能试验方法

1 范围

本标准规定了钽粉电性能检验方法的原理、试剂和材料、仪器和设备、试样、试验条件和步骤以及试验结果的计算等。

本标准适用于电容器用钽粉电性能的检验。

2 方法原理

钽粉经过成型、烧结成电容器阳极坯块，将坯块置于磷酸电解质中进行阳极氧化，使其表面生成具有一定介电常数的单向导电性能的阳极氧化膜。此氧化膜在电容器中作为介质用。经过阳极氧化的坯块置于测量溶液电解质中，氧化坯块接正极，与电解质接触的金属作负极，接入测量仪表，可以测量其漏电流、容量和损耗值。

3 试剂和材料

3.1 磷酸(ρ1.69 g/mL)，优级纯。

3.2 硫酸(ρ1.84 g/mL)，优级纯。

3.3 去离子水(电导率＜0.7 μS/cm)。

3.4 钽丝 ϕ0.2 mm～0.6 mm。

3.5 钽坩埚。

3.6 测试杯。

4 仪器和设备

4.1 仪器

4.1.1 电子天平，分度值 1 mg。

4.1.2 电子千分尺。

4.1.3 万用电表，1.5 级。

4.1.4 电导率仪。

4.1.5 电容电桥。

4.1.6 高精度电阻测量仪表。

4.1.7 秒表。

4.2 设备

4.2.1 油压机：19.6 kN～49.0 kN。

4.2.2 压芯模具：ϕ3.0 mm～ϕ6.0 mm，使用前用绸布擦干净。

4.2.3 真空烧结炉：

钨丝炉，极限温度 2 500℃，真空度不低于 0.010 Pa；

钽片炉，极限温度 1 900℃，真空度不低于 0.005 Pa。

漏气速率不大于 0.5 Pa/h。

4.2.4 点焊机：2 kW～5 kW，电极头为铜、钨、钼等材料。

4.2.5 控温加热电炉。

4.2.6 精密稳压稳流电源、赋能槽。

4.2.7 电烘箱：0℃～200℃，鼓风。

5 试样

5.1 称样

按表1规定的质量称取试样。每批试样称取10支～15支所需粉样装入干净的玻璃管内。

表 1

产品牌号	FTA120K	FTA100K	FTA800	FTA700	FTA500	FTA400	FTA320	FTA300	FTA230
质量/g	0.10	0.15	0.15	0.15	0.15	0.15	0.15	0.15	0.15
产品牌号	FTA150	FTA80	FTA60	FTA42	FTB300	FTB200	FTB150	FTB100	FTB80
质量/g	1.00	1.00	2.00	2.00	0.15	0.15	0.30	1.00	1.00
产品牌号	FTB50	FTC40	FTC35	FTC28	FTC25	FTC20	FTC15	FTC10	
质量/g	2.00	2.00	2.00	2.00	2.00	2.00	2.00	2.00	

5.2 成型

5.2.1 按表2规定进行成型坯块的设计。成型的坯块在5 cm高度自由下落至玻璃器皿内，不得破裂。

表 2

产品牌号	压块直径 mm	压制密度 g/cm^3	产品牌号	压块直径 mm	压制密度 g/cm^3
FTA120K	3.0	5.0	FTB300	3.0	5.0
FTA100K	3.0	5.0	FTB200	3.0	5.0
FTA800	3.0	5.0	FTB150	4.0	5.0
FTA700	3.0	5.0	FTB100	6.0	5.5
FTA500	3.0	5.0	FTB80	6.0	5.5
FTA400	3.0	5.0	FTB50	6.0	6.5
FTA320	3.0	4.5	FTC40	6.0	6.5
FTA300	3.0	5.0	FTC35	6.0	6.5
FTA230	3.0	5.0	FTC28	6.0	7.5
FTA150	6.0	4.5	FTC25	6.0	7.5
FTA80	6.0	5.5	FTC20	6.0	8.5
FTA60	6.0	5.5	FTC15	6.0	8.5
FTA42	6.0	6.5	FTC10	6.0	9.5

5.2.2 钽丝插入深度为钽块的二分之一至三分之二处，坯块不得有缺边和裂纹。

5.2.3 成型密度按式(1)计算：

$$D=\frac{m}{V}=\frac{m}{\pi \cdot r^2 \cdot h} \quad \cdots\cdots(1)$$

式中：

D——成型密度，单位为克/立方厘米(g/cm^3)；

m——坯块质量，单位为克(g)；

V——坯块体积，单位为立方厘米(cm^3)；

π——圆周率；

r——坯块半径，单位为厘米(cm)；

h——坯块高度，单位为厘米(cm)。

5.3 烧结

5.3.1 将成型好的钽块装入坩埚内，然后放入坩埚料架上，装入炉(4.2.3)内高温区。

5.3.2 对加热速率、加热时间、保温时间及温度进行程序设定。

5.3.3 炉内抽空至 0.005 Pa 后进行检漏，检漏结果符合要求时，即可按设定程序送电升温。

5.3.4 烧结条件按表 3 规定。

表 3

产品牌号	FTA120K	FTA100K	FTA800	FTA700	FTA500	FTA400	FTA320	FTA300	FTA230
烧结条件 ℃/min	1250/20	1250/20	1300/20	1320/20	1350/20	1400/20	1450/30	1500/20	1500/30
产品牌号	FTA150	FTA80	FTA60	FTA42	FTB300	FTB200	FTB150	FTB100	FTB80
烧结条件 ℃/min	1600/30	1700/30	1800/30	1900/30	1450/30	1500/30	1600/30	1700/30	1750/30
产品牌号	FTB50	FTC40	FTC35	FTC28	FTC25	FTC20	FTC15	FTC10	
烧结条件 ℃/min	1850/30	1950/30	1950/30	2050/30	2050/30	2050/30	2050/30	2050/30	

5.3.5 测温。

5.3.6 保温结束，切断加热电源。

钨丝炉(≥1 800℃)：冷却 60 min 后停扩散泵，再 60 min 后出炉；

钽片炉(<1 800℃)：退出升温程序，炉温降至 150℃以下停扩散泵，60℃以下时出炉。

5.4 点焊

按 5 支～7 支一组间距 10 mm～15 mm 挨个点焊成排，点焊过程中不得打火，伤污钽块。

5.5 赋能

5.5.1 赋能条件按表 4 规定。

表 4

产品牌号	赋能溶液 磷酸溶液 w/%	赋能温度 ℃	电流密度 mA/g	赋能电压 V	恒压时间 min	稀释溶液
FTA120K	0.1	80±2	110	20	120	H_2O
FTA100K	0.1	90±2	110	20		
FTA800	0.1	90±2	90	30		
FTA700	0.1	90±2	90	30		
FTA500	0.01	90±2	90	35		
FTA400	0.01	90±2	70	50		
FTA320	0.01	90±2	60	70		
FTA300	0.01	90±2	60	70		
FTA230	0.01	90±2	60	70		
FTA150	0.01	90±2	50	100		
FTA80	0.01	90±2	35	160		
FTA60	0.01	90±2	35	200		
FTA42	0.01	90±2	35	200		
FTB300	0.01	90±2	60	100		
FTB200	0.01	90±2	60	140		
FTB150	0.01	90±2	35	160		
FTB100	0.01	90±2	35	160		
FTB80	0.01	90±2	35	200		
FTB50	0.01	90±2	35	240		

表 4（续）

产品牌号	赋能溶液 磷酸溶液 w/%	赋能温度 ℃	电流密度 mA/g	赋能电压 V	恒压时间 min	稀释溶液
FTC40	0.01	90±2	35 mA/g 升到 200 V，然后降到 12 mA/g 再升到 270 V。	270	60	H_2O
FTC35	0.01	90±2		270		
FTC28	0.01	90±2		270		
FTC25	0.01	90±2		270		
FTC20	0.01	90±2		270		
FTC15	0.01	90±2		270		
FTC10	0.01	90±2		270		

5.5.2 将点焊好的钽块装入赋能槽内，加入赋能溶液，使钽块全部浸入溶液，钽块上端面在液面下 4 mm～5 mm。钽块接电源正极，赋能槽接电源负极，两者不得相碰。

5.5.3 设置电源的电流、电压及时间。

5.5.4 加热溶液至规定温度时，启动电源。

5.5.5 在赋能过程中不断加入稀释液，保持液面高度不变。

5.5.6 赋能后的钽阳极块在 100℃ 烘箱内干燥 30 min。

6 试验条件和步骤

6.1 测量条件按表 5 规定。

表 5

产品牌号	漏电流				容量、损耗			
	测量溶液 磷酸溶液 w/%	电压 V	时间 min	温度 ℃	测量溶液 硫酸溶液 w/%	直流偏压 V	频率 Hz	温度 ℃
FTA120K	0.1	14	3	23±2	30	1.5	120	23±2
FTA100K	0.1	14	3	23±2	30	1.5	120	23±2
FTA800	0.1	21	3	23±2	30	1.5	120	23±2
FTA700	0.1	21	3	23±2	38	1.5	120	23±2
FTA500	0.01	24.5	3	23±2	38	1.5	120	23±2
FTA400	0.01	35	3	23±2	38	1.5	120	23±2
FTA320	0.01	49	3	23±2	38	1.5	120	23±2
FTA300	0.01	49	3	23±2	38	1.5	120	23±2
FTA230	0.01	49	3	23±2	38	1.5	120	23±2
FTA150	0.01	70	3	23±2	38	1.5	120	23±2
FTA80	0.01	112	3	23±2	38	1.5	120	23±2
FTA60	0.01	140	3	23±2	38	1.5	120	23±2
FTA42	0.01	140	3	23±2	38	1.5	120	23±2
FTB300	0.01	70	3	23±2	38	1.5	120	23±2
FTB200	0.01	98	3	23±2	38	1.5	120	23±2

表 5（续）

产品牌号	漏电流				容量、损耗			
	测量溶液 磷酸溶液 w/%	电压 V	时间 min	温度 ℃	测量溶液 硫酸溶液 w/%	直流偏压 V	频率 Hz	温度 ℃
FTB150	0.01	112	3	23±2	38	1.5	120	23±2
FTB100	0.01	112	3	23±2	38	1.5	120	23±2
FTB80	0.01	140	3	23±2	38	1.5	120	23±2
FTB50	0.01	168	3	23±2	38	1.5	120	23±2
FTC40	0.01	240	3	23±2	38	1.5	120	23±2
FTC35	0.01	240	3	23±2	38	1.5	120	23±2
FTC28	0.01	240	3	23±2	38	1.5	120	23±2
FTC25	0.01	240	3	23±2	38	1.5	120	23±2
FTC20	0.01	240	3	23±2	38	1.5	120	23±2
FTC15	0.01	240	3	23±2	38	1.5	120	23±2
FTC10	0.01	240	3	23±2	38	1.5	120	23±2

6.2 测量漏电流时，阳极块浸入溶液至钽块上端面为准；测量容量、损耗时，阳极块全部浸入溶液，且各夹头接触良好。

6.3 读数。

7 试验结果的计算

7.1 比电容按式(2)计算：

$$C_g = \frac{C \cdot V}{m} \qquad \cdots\cdots(2)$$

式中：

C_g——重量比容，单位为微法·伏/克（μF·V/g）；

C——阳极实测容量，单位为微法（μF）；

V——赋能电压，单位为伏（V）；

m——坯块质量，单位为克（g）。

7.2 漏电流（K 值）按式(3)计算：

$$K = \frac{I}{C \cdot V} \qquad \cdots\cdots(3)$$

式中：

K——漏电流 K 值，单位为微安/微法·伏（μA/μF·V）；

I——阳极块实测漏电流，单位为微安（μA）；

C——阳极块实测容量，单位为微法（μF）；

V——赋能电压，单位为伏（V）。

7.3 击穿电压按附录 A 的规定进行检验。

7.4 收缩率按附录 B 的规定进行检验。

7.5 测量结果报算术平均值。

8 试验报告

试验报告包括下列内容：

a） 报告编号；

b） 试验日期；

c） 牌号、批号和规格；

d） 试验结果；

e） 试验人员；

f） 本标准编号。

附 录 A
（规范性附录）
钽粉击穿电压检验方法

A.1 范围

本方法规定了钽粉击穿电压检验方法的原理、仪器与设备、试验步骤及结果处理。

本方法适用于钽粉击穿电压的检测。

A.2 方法原理

由钽粉压制烧结成钽阳极块，在阳极氧化膜形成过程中，恒定电流升电压，随着电压升高，氧化膜逐渐增厚，电子电流成分逐渐增加，直至发生阳极氧化膜击穿，电流突然上升，电压下降，此时的电压值称为阳极击穿电压。

A.3 仪器、设备与材料

A.3.1 仪器

A.3.1.1 记录仪。

A.3.1.2 电导率仪：0 mS～99.9 mS。

A.3.1.3 温控仪表：0℃～100℃。

A.3.2 设备

A.3.2.1 控温加热电炉：0℃～100℃。

A.3.2.2 精密稳压稳流电源、赋能槽。

A.3.3 材料

A.3.3.1 磷酸（ρ1.69 g/mL），优级纯。

A.3.3.2 去离子水（电导率＜0.7 μS/cm）。

A.4 试验步骤

A.4.1 将需测样品所制备的阳极按3支一组点焊在钽条上。

A.4.2 击穿电压测量条件按表A.1规定。

表 A.1

产品牌号	测量溶液 磷酸溶液 w/%	温度 ℃	电流密度 mA/g	阳极块重量 g
FTA700	0.1	90±2	90	0.15
FTA500	0.01	90±2	90	0.15
FTA400	0.01	90±2	70	0.15
FTA320	0.01	90±2	60	0.15
FTA300	0.01	90±2	60	0.15
FTA230	0.01	90±2	60	0.15
FTA150	0.01	90±2	50	1.0

表 A.1(续)

产品牌号	测量溶液 磷酸溶液 w/%	温度 ℃	电流密度 mA/g	阳极块重量 g
FTA80	0.01	90±2	35	1.0
FTA60	0.01	90±2	35	2.0
FTA42	0.01	90±2	35	2.0
FTB300	0.01	90±2	60	0.15
FTB200	0.01	90±2	60	0.15
FTB150	0.01	90±2	35	0.3
FTB100	0.01	90±2	35	1.0
FTB80	0.01	90±2	35	1.0
FTB50	0.01	90±2	35	2.0
FTC40	0.01	90±2	35	2.0
FTC35	0.01	90±2	35	2.0
FTC28	0.01	90±2	35	2.0
FTC25	0.01	90±2	35	2.0
FTC20	0.01	90±2	35	2.0
FTC15	0.01	90±2	35	2.0
FTC10	0.01	90±2	35	2.0

A.4.3 将点焊好的钽块装入赋能槽内,加入赋能溶液,使钽块全部浸入溶液,钽块上端面在液面下 4 mm～5 mm。

A.4.4 钽块接电源正极,赋能槽接电源负极,两者不得相碰。

A.4.5 加热溶液至 85℃,启动直流电源,升压至钽粉标准规定的阳极赋能电压附近(±10 V),停止升压,取下钽块单个进行测量。

A.4.6 单个测量前换新溶液,直至 3 支全部测完不再换溶液。单个测量仍按规定电流密度升压,接上电压记录仪,直至击穿,记录仪记下电压突然下降点,作为击穿电压。

A.5 结果处理

测量结果报算术平均值。

附 录 B
（规范性附录）
钽粉收缩率检验方法

B.1 范围

本方法规定了钽粉收缩率检验方法的原理、仪器、试验步骤及结果处理。

本方法适用于钽粉收缩率的检测。

B.2 方法原理

钽粉成型后的坯块在烧结温度的作用下，粉末原子释放出贮存的能量。在释放能量的过程中，引起了粉末的迁移，使颗粒间的接触面增加，压块的密度及强度也随之增加，自然导致体积收缩。通过测量钽粉成型坯块烧结前后的尺寸，计算出收缩率。

B.3 仪器

电子千分尺。

B.4 试验步骤

B.4.1 将需测样品所制备的成型坯块 3 支，测量烧结前后的直径与高度。

B.4.2 读数。

B.5 结果处理

B.5.1 体积收缩率按式(B.1)计算：

$$SHV = (1 - \frac{V_2}{V_1}) \times 100\% = (1 - \frac{D_2^2 \cdot H_2}{D_1^2 \cdot H_1}) \times 100\% \qquad \cdots\cdots\cdots\cdots\cdots\cdots (B.1)$$

式中：

SHV——体积收缩率，%；

V_1——烧结前坯块体积，单位为立方厘米（cm^3）；

V_2——烧结后坯块体积，单位为立方厘米（cm^3）；

D_1——烧结前坯块半径，单位为厘米（cm）；

D_2——烧结后坯块半径，单位为厘米（cm）；

H_1——烧结前坯块高度，单位为厘米（cm）；

H_2——烧结后坯块高度，单位为厘米（cm）。

B.5.2 轴向收缩率按式(B.2)计算：

$$SHH = (1 - \frac{H_2}{H_1}) \times 100\% \qquad \cdots\cdots\cdots\cdots\cdots\cdots (B.2)$$

B.5.3 径向收缩率按式(B.3)计算：

$$SHD = (1 - \frac{D_2}{D_1}) \times 100\% \qquad \cdots\cdots\cdots\cdots\cdots\cdots (B.3)$$

B.5.4 测量结果报算术平均值。

ICS 23.160
J 78

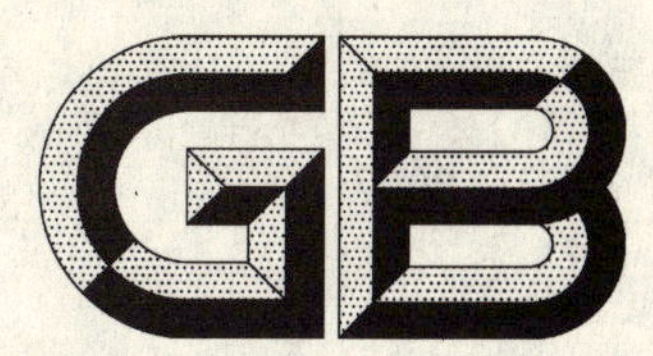

中华人民共和国国家标准

GB/T 3163—2007
代替 GB/T 3163—1993

真空技术　术语

Vacuum technology—Terminology

(ISO 3529:1981 Vacuum technology—Vocabulary, MOD)

2007-12-02 发布　　　　2008-06-01 实施

中华人民共和国国家质量监督检验检疫总局
中国国家标准化管理委员会　发布

前言

本标准修改采用 ISO 3529-1:1981《真空技术　术语　第 1 部分:一般术语》(英文版)、ISO 3529-2:1981《真空技术　术语　第 2 部分:真空泵及有关术语》(英文版)和 ISO 3529-3:1981《真空技术　术语　第3 部分:真空计》(英文版)。

本标准对 ISO 3529-1:1981、ISO 3529-2:1981 和 ISO 3529-3:1981 进行了整合并重新起草。

在采用 ISO 3529:1981《真空技术　术语》时,删除了国际标准的前言,考虑到技术的发展,本标准增加了一些条款,也做了一些编辑上的修改:

ISO 3529-1:1981 中的附录 A 为本标准中的附录 A;

ISO 3529-1:1981 中的附录 B 为本标准中的附录 B;

ISO 3529-2:1981 中的附录 A 为本标准中的附录 C;

ISO 3529-1:1981、ISO 3529-2:1981 和 ISO 3529-3:1981 中的英文索引整合为本标准中的英文索引。

本标准参考了 DIN 28400《真空技术　术语及定义》的系列标准,增加了真空技术术语的章节。分别是:

——第 5 章:真空系统及有关术语;

——第 6 章:检漏及有关术语;

——第 7 章:真空镀膜技术;

——第 8 章:真空干燥和冷冻干燥;

——第 9 章:表面分析技术;

——第 10 章:真空冶金。

在附录 D 中列出了本标准章条编号与 ISO 3529:1981《真空技术　术语》章条编号的对照一览表。将有关技术性差异编入正文中并在它们所涉及的条目的页边空白处用垂直单线标识。在附录 E 中给出了这些技术性的差异及其原因的一览表以供参考。

本标准增加了参考文献和中文索引。

本标准代替 GB/T 3163—1993《真空技术　术语》。

本标准的附录 A、附录 B、附录 C、附录 D、附录 E 均为资料性附录。

本标准由中国机械工业联合会提出。

本标准由全国真空技术标准化技术委员会(SAC/TC 18)归口。

本标准起草单位:东北大学、沈阳真空技术研究所。

本标准主要起草人:张世伟、王晓冬、巴德纯、张以忱、徐成海、王学智。

本标准所代替标准的历次版本发布情况为:

——GB/T 3163—1982、GB/T 3163—1993。

真空技术 术语

1 范围

本标准规定了真空技术方面的一般术语、真空泵及有关术语、真空计术语、真空系统及有关术语、检漏及有关术语、真空镀膜技术术语、真空干燥和冷冻干燥术语、表面分析技术术语和真空冶金术语。

本标准适用于真空技术方面的技术文件、标准、书籍和手册等有关资料的编写。

2 一般术语

2.1

标准环境条件 standard ambient conditions

温度:20℃

相对湿度:65%

干燥空气大气压力:101 325 Pa=1 013.25 mbar

2.2

标准气体状态 standard reference conditions for gases

温度:0℃

压力:101 325 Pa

2.3

真空 vacuum

用来描述低于大气压力或大气质量密度的稀薄气体状态或基于该状态环境的通用术语。

2.4

真空区域 ranges of vacuum

事实上根据一定的压力间隔,划分了不同的真空范围或真空度。而在选定真空度范围时,会有所不同,下面所列为大致认可的典型真空度范围:

10^5 Pa～10^2 Pa	低(粗)真空
10^2 Pa～10^{-1} Pa	中真空
10^{-1} Pa～10^{-5} Pa	高真空(HV)
$<10^{-5}$ Pa	超高真空(UHV)

2.5

压力 pressure(符号:*p*;单位:Pa)

a) 气体作用于表面上的压力 pressure of a gas on a boundary surface

气体作用于表面上力的法向分量除以该面积(如果存在气体流动,规定表面方向与气体流动方向相对应)。

b) 气体中某一特定点的压力 pressure at a specified point in a gas

气体分子通过位于特定点的小平面时,其在小平面法向上的动量变化率除以该面积(如果存在气体流动,规定平面方向与气体流动方向相对应)。

注:当在静止气体中使用术语“压力”时,是指气体稳态下流动的静压力。

2.6

帕斯卡 pascal(符号:Pa)

压力单位名称,其值等于每平方米一牛顿的作用力(国际单位制中的压力单位)。

注:其他压力单位见附录 A,但不推荐使用。

2.7

分压力　partial pressure(如果 B 为特定成分,其符号为 P_B;单位:Pa)

气体混合物中某一特定组分的压力。

2.8

全压力　total pressure(单位:Pa)

当“压力”不能明确区分分压力和它们之和之间的区别时,常用来表示气体混合物所有组分分压力之和。

2.9

真空度　degree of vacuum

表示真空状态下气体的稀薄程度,通常用压力值来表示。

2.10

气体　gas

不受分子间力约束,能自由占据任意可达空间的物质。

注:在真空技术中,“气体”已泛指非可凝性气体和蒸气。

2.11

非可凝性气体　non-condensable gas

温度处在临界温度之上的气体,即单纯增加压力不能使其凝结的气体。

2.12

蒸气　vapour

温度处在临界温度以下的气体,即单纯增加压力就能使其凝结的气体。

2.13

饱和蒸气压　saturation vapour pressure(符号:p_L;单位:Pa)

在给定温度下,蒸气与其凝聚相处于热力平衡时蒸气的压力。

2.14

饱和度　degree of saturation

蒸气压力与它的饱和蒸气压力之比。

2.15

饱和蒸气　saturated vapour

在给定温度下,压力等于其饱和蒸气压的蒸气。当蒸气与物质的凝聚相处于热力学平衡时,蒸气始终处于饱和状态。

2.16

未饱和蒸气　unsaturated vapour

在给定温度下,蒸气压力低于其饱和蒸气压的蒸气。

2.17

分子数密度　number density of molecules(符号:n;单位:m^{-3})

t 瞬间[1],气体中某一点周围选定体积内的分子数目除以该体积。

2.18

给定成分分子浓度　concentration of molecules of a given component(若 B 为给定成分,符号:n_B;单位:m^{-3})

t 瞬间,混合气体中某一点周围选定容积内的给定成分分子数目除以该体积。

2.19

单位质量密度　unitary mass density [符号:ρ_u;单位:kg/(m^3 · Pa)]

气体的质量密度除以其压力。

1)　t 指瞬间。更确切地说,是指一段短的延续时间 Δt 的平均值,这段延续时间要合适,以便获得可信的统计平均值。

2.20

平均自由程　mean free path(符号:l,λ;单位:m)

分子的平均自由程:一个分子和其他气体分子两次连续碰撞之间所走过的平均距离。该平均值应是在足够多的分子数且足够长的时间间隔下得到的统计值(平均自由程也能用于其他相互作用形式的定义)。

2.21

碰撞率　collision rate(符号:ψ;单位:s^{-1})

在给定的时间间隔内,一个气体分子(或其他粒子)相对于其他气体分子(或其他规定粒子)运动所受到的平均碰撞次数,除以该时间间隔。该平均值应是在足够多的分子数且足够长的时间间隔下得到的统计值。

2.22

体积碰撞率　volume collision rate(符号:χ;单位:$m^{-3} \cdot s^{-1}$)

在给定的时间间隔内,围绕一点特定范围内的气体分子间(或选定的粒子间)的平均碰撞次数,除以该时间和该空间的体积。所取的时间间隔和体积不能太小。

2.23

气体量　quantity of gas(压力-体积单位)(符号:G;单位:$Pa \cdot m^3$,$Pa \cdot L$)

处于平衡状态的理想气体所占体积与其压力的乘积。该值必须换算成标准环境温度20℃或指明气体的温度。这样定义的气体量等于气体的质量除以其单位质量密度所得的商。

注:气体量是气体所占体积内气体内能(势能)的2/3。

2.24

气体的扩散　diffusion of gas

由于浓度梯度引起的一种气体在另一种介质中的运动。介质可以是另一种气体(在这种情况下称为互扩散)或是一种可凝性介质。

2.25

扩散系数　diffusion coefficient;diffusivity(符号:D;单位:m^2/s)

气体通过单位面积的质量流率除以该面积法线方向的密度梯度的绝对值。

2.26

黏滞流　viscous flow

气体分子平均自由程远小于导管最小截面尺寸时气体通过导管的流动。流动取决于气体的黏滞性。流动可以是层流或湍流。

2.27

黏滞系数　viscous factor

在气流速度梯度方向单位面积上的切向力与速度梯度之比。

2.28

伯谡叶流　Poiseuille flow

特指通过圆截面长导管的层流黏滞流动。

2.29

分子流　molecular flow

气体平均自由程远大于导管最大截面尺寸时气体通过导管的流动。

2.30

中间流　intermediate flow

在层流黏滞流和分子流之间的中间状态下,气体通过导管的流动。

2.31

克努曾数　number of Knudsen

气体分子的平均自由程与导管直径之比。

2.32

分子泻流　molecular effusion;effusive flow

孔口的最大尺寸小于气体平均自由程时,气体通过孔口的流动。

2.33

流逸　transpiration

由压力差引起的气体通过多孔固体的流动。

2.34

热流逸　thermal transpiration

在两相连容器之间,由于容器温度不同引起的气体流动,当气体迁移达到平衡时,两容器间产生压力梯度。

2.35

分子流率,分子通量　molecule flow rate,molecular flux(符号:q_N;单位:s^{-1})

通过一个给定表面 S 的分子流率:在给定时间间隔内,从给定方向通过 S 的分子数目与反向穿过 S 的分子数目之差,除以该时间。

2.36

分子流率密度,分子通量密度　molecule flow rate density,density of molecular flux(单位:$s^{-1}\cdot m^{-2}$)

分子流率除以表面 S 的面积。

2.37

流量　throughput(符号:q_G;单位:Pa·m^3/s,Pa·L/s)

在给定时间间隔内,流经截面的气体量(压力-体积单位)除以该时间。它亦是质量流率除以单位质量密度。

2.38

质量流率　mass flow rate(符号:q_m;单位:kg/s)

通过给定表面 S 的质量流率为:在给定时间间隔内,通过 S 的气体质量除以该时间。

2.39

体积流率　volume flow rate(符号:q_V;单位:m^3/s)

通过给定表面 S 的体积流率为:在特定的温度和压力下,给定时间间隔内,通过 S 的气体体积除以该时间。

2.40

摩尔流率　molar flow rate(符号:q_v;单位:kg·mol/s)

通过给定表面 S 的摩尔流率为:在给定的时间间隔内,给定气体通过 S 的摩尔数除以该时间。

2.41

麦克斯韦速度分布　Maxwellian velocity distribution

是基于麦克斯韦—波尔兹曼速度分布函数的速度分布;对于给定温度,处于平衡状态并且距器壁距离大于分子平均自由程处的气体分子的速度分布。

2.42

传输几率　transmission probability(符号:P_c)

随机进入管道入口的气体分子通过管道出口而没有沿相反方向返回入口的几率。

2.43

分子流导　molecule conductance(符号:C_N,U_N;单位:m^3/s,L/s)

孔口或管道两特定截面之间的分子流导为:分子流率除以小孔两侧或管道两截面间的平均分子数密度差。

2.44

流导　conductance(符号:C,U;单位:m^3/s,L/s)

管道或导道的一部分或孔口的流导为:等温条件下,流量除以两个特定截面间或孔口两侧的平均压力差。

2.45

固有流导　intrinsic conductance(符号:C_i,U_i;单位:m^3/s,L/s)

容器中气体分子按麦克斯韦速度分布的条件下,连接两个容器的管道(或孔口)的流导。在分子流态下,等于入口流导与传输几率的乘积。

2.46

流阻　resistance(符号:w;单位: s/m^3,s/L)

流导的倒数。

2.47

吸附　sorption

固体或液体(吸附剂)对气体或蒸气(吸附质)的捕集。

2.48

表面吸附　adsorption

气体或蒸气(吸附质)保持在固体或液体(吸附剂)表面上的吸附。

2.49

物理吸附　physisorption

由于物理力产生的,而非化学键产生的吸附。

2.50

化学吸附　chemisorption

形成化学键的吸附。

2.51

吸收　absorption

气体(吸收质)扩散进入固体或液体(吸收剂)内部的吸附。

2.52

适应系数　accommodation factor[符号:α]

入射粒子和表面间实际交换的平均能量与入射粒子和表面达到完全热平衡时应该交换的平均能量之比。

2.53

入射率　impingement rate(符号:ν;单位:$m^{-2}\cdot s^{-1}$)

给定时间间隔内,入射到表面上的分子数除以该时间和表面面积。

2.54

凝结率　condensation rate

给定时间间隔内,凝结在表面上的分子数(物质的数量或质量)除以该时间和表面面积。

2.55

黏着率　sticking rate

给定时间间隔内,吸附在表面上的分子数目除以该时间间隔和表面面积。

2.56

黏着几率　sticking probability(符号:P_S)

黏着率与入射率之比。

2.57

滞留时间　residence time(符号:τ;单位:s)

吸附于表面上的分子被表面约束的平均时间。

2.58

迁移　migration

分子在某一表面上的运动。

2.59

解吸　desorption

被材料吸附的气体或蒸气的释放现象。释放可以自然进行,也可用物理方法加速。

2.60

去气　degassing

气体从某一材料上的人为解吸。

2.61

放气　outgassing

气体从某一材料上的自然解吸。

2.62

蒸发率　evaporation rate[单位:$m^{-2}\cdot s^{-1}$,$kg\cdot mol/(m^2\cdot s)$,$g/(m^2\cdot s)$]

给定时间间隔内,从某一表面上蒸发的分子数(物质数量或物质质量)除以该时间和蒸发表面积。

2.63

解吸(或放气或去气)率　desorption(or outgassing; or degassing)rate(符号:q_{Gu};单位:$Pa\cdot m/s$,$m^{-2}\cdot s^{-1}$)

在给定时间内,冷凝材料上解吸(或放气或去气)的气流量(或分子流率)除以材料表面积。

2.64

渗透　permeation

气体通过某一固定体阻挡层的过程。该过程包括气体在固体内的扩散也包括各种表面现象。

2.65

渗透率　permeability(符号:P)

处于稳定流动状态下的某种气体通过某一固体阻挡层的渗透率为:通过阻挡层的气体流量除以一数值,该值是固体壁面两侧气体压力的函数。这个函数的形式取决于实际渗透所包括的物理过程。

2.66

渗透系数　permeability coefficient(符号:P)

渗透率和阻挡层厚度的乘积,除以阻挡层的面积。

3　真空泵及有关术语

3.1　真空泵

3.1.1

真空泵　vacuum pump

获得、改善和(或)维持真空的一种装置。可以分为两种类型:气体传输泵(3.1.2 和 3.1.3)和捕集泵(3.1.4)。

3.1.2

变容(真空)泵　positive displacement(vacuum) pump

充满气体的泵腔,其入口被周期性地隔离,然后将气体输送到出口的一种真空泵。大多数的变容真空泵,气体在排出之前是被压缩的。它可分为两类,往复式变容真空泵(3.1.2.2)和旋转式真空泵(3.1.2.3~3.1.2.5)。

3.1.2.1　变容泵的有关术语

3.1.2.1.1

气镇(真空)泵　gas ballast(vacuum) pump

在泵压缩腔内,放入可控的适量非可凝性气体,以降低(被抽气体)在泵中凝结程度的一种变容真空泵。这种装置可装在3.1.2.4.1~3.1.2.4.3类型的泵上。

3.1.2.1.2

油封(液封)真空泵　oil-sealed(liquid-sealed)vacuum pump

用泵油来密封相对运动零部件间的间隙、减少压缩腔末端残余死空间的一种旋转式变容真空泵。

3.1.2.1.3

干式真空泵　dry-sealed vacuum pump(dry vacuum pump)

不用油封(或液封)的变容真空泵。

3.1.2.2

活塞真空泵　piston vacuum pump

由泵内活塞往复运动将气体压缩并排出的一种变容真空泵。

3.1.2.3

液环真空泵　liquid ring vacuum pump

泵内装有带固定叶片的偏心转子,将液体抛向定子壁,液体形成与定子同心的液环,液环与转子叶片一起构成可变容积的一种旋转变容真空泵。

3.1.2.4　使用滑动隔离的旋转真空泵

3.1.2.4.1

旋片真空泵　sliding vane rotary vacuum pump(rotary vane vacuum pump)

泵内偏心安装的转子与定子固定面相切,两个(或两个以上)旋片在转子槽内滑动(通常为径向的)并与定子内壁相接触,将泵腔分成几个可变容积的一种旋转变容真空泵。

3.1.2.4.2

定片真空泵　rotary piston vacuum pump

泵内偏心安装的转子和定子内壁相接触转动,相对于定子运动的滑片与转子压紧并把泵腔分成可变容积的一种变容真空泵。

3.1.2.4.3

滑阀真空泵　rotary plunger vacuum pump

泵内偏心安装的转子相对定子内壁转动,固定在转子上的滑阀在定子适当位置可摆动的导轨中滑动,并将定子腔分成两个可变容积的一种变容真空泵。

3.1.2.5

罗茨真空泵　Roots vacuum pump

泵内装有两个方向相反同步旋转的叶形转子,转子间、转子与泵壳内壁间有细小间隙而互不接触的一种变容真空泵。

3.1.2.6

余摆线泵 trochoid pump

泵内装有一断面为余摆线型的转子(例如:椭圆),其重心沿圆周轨道运动的一种旋转变容泵。

3.1.3

动量真空泵 kinetic vacuum pump

将动量传递给气体分子,使气体由入口不断地输送到出口的一种真空泵。可分为二类:液体输送泵和牵引真空泵。

3.1.3.1

涡轮真空泵 turbine vacuum pump

泵内由一高速旋转的转子去传送大量气体,可以获得无摩擦动密封的一种旋转动量泵。泵内气体既可以平行于转轴方向流动(轴流泵)也可以垂直于旋转轴方向流动(径流泵)。

3.1.3.2

喷射真空泵 ejector vacuum pump

利用文丘里(Venturi)效应产生压力降,被抽气体被高速气流携带到出口的一种动量泵。喷射泵在黏滞流和中间流态下工作。

3.1.3.2.1

液体喷射真空泵 liquid jet vacuum pump

以液体(通常为水)为传输流体的一种喷射泵。

3.1.3.2.2

气体喷射真空泵 gas jet vacuum pump

以非可凝性气体为传输流体的一种喷射泵。

3.1.3.2.3

蒸气喷射真空泵 vapour jet vacuum pump

以蒸气(水、汞或油蒸气)为传输流体的一种喷射泵。

3.1.3.3

扩散泵 diffusion pump

以低压、高速蒸气射流为工作介质的一种动量泵。气体分子扩散到蒸气射流内并被携带到出口。在蒸气射流内气体分子数密度总是较低。扩散泵在分子流态下工作。

3.1.3.3.1

自净化扩散泵 self-purifying diffusion pump

工作液中的挥发性杂质不能返回锅炉而被输送到出口的一种特殊油扩散泵。

3.1.3.3.2

分馏扩散泵 fractionating diffusion pump

将工作介质中密度高、蒸气压力低的馏分供给最低压力级,而将密度小、蒸气压高的馏分供给高压力级的一种多级油扩散泵。

3.1.3.4

扩散喷射泵 diffusion-ejector pump

泵内前一级或几级具有扩散泵的特性,而后一级或几级具有喷射泵特性的一种多级动量泵。

3.1.3.5

牵引分子泵 molecular drag pump

泵内气体分子和高速转子表面相碰撞而获得动量,使气体分子向泵出口运动的一种动量泵。

3.1.3.5.1

涡轮分子泵　turbo-molecular pump

泵内由开槽圆盘或叶片组成的转子，在定子上的相应圆盘间转动，转子圆周线速度与气体分子速度为同一数量级的一种牵引分子泵。涡轮分子泵通常工作在分子流态下。

3.1.3.6

离子传输泵　ion transfer pump

泵内气体分子被电离，然后在电磁场或电场作用下向出口输运的一种动量泵。

3.1.4

捕集真空泵　entrapment(capture)vacuum pump

气体分子被吸附或冷凝而保留在泵内表面上的一种真空泵。

3.1.4.1

吸附泵　adsorption pump

泵内气体分子主要被具有大的表面积材料(如多孔物质)物理吸附而保留在泵内的一种捕集泵。

3.1.4.2

吸气剂泵　getter pump

泵内气体分子主要与吸气剂化合而保留在泵内的一种捕集泵。吸气剂通常是一种金属或合金，并以散装或淀积成新鲜薄膜的状态存在。

3.1.4.3

升华(蒸发)泵　sublimation(evaporation) pump

泵内吸气剂材料被升华(蒸发)的一种捕集泵。

注：本文内升华和蒸发为相似概念。

3.1.4.4

吸气剂离子泵　getter ion pump

泵内气体分子被电离，在电磁场或电场作用下输运到泵内表面，并被吸气剂吸附的一种捕集泵。

3.1.4.4.1

升华(蒸发)离子泵　sublimation(evaporation)ion pump

泵内被电离的气体被输运到由连续或不连续蒸发或升华所获得的吸气剂上的一种吸气剂离子泵。

3.1.4.4.2

溅射离子泵　sputter ion pump

泵内被电离的气体输运到由阴极连续溅射所获得的吸气剂上的一种吸气剂离子泵。

3.1.4.5

低温泵　cryopump

由被冷却至可以凝结残余气体的低温表面组成的一种捕集泵。冷凝物因此保持在其平衡蒸气压力等于或低于真空室要求压力的温度下。

注：泵冷面的温度选择依赖于被抽气体的性质，应低于120 K。

3.2　泵的零部件

3.2.1

泵壳　pump case

将低压气体与大气隔开的泵外壁。

3.2.2

入口　inlet

被抽气体被真空泵吸入的入口。

3.2.3

出口　outlet

真空泵的出口或排气口。

3.2.4

叶片　vane;blade

旋转变容真空泵中用以划分定子和转子之间工作空间的滑动元件。

3.2.5

排气阀　discharge valve

变容真空泵中,自动排除压缩腔气体的阀门。

3.2.6

气镇阀　gas ballast valve

在气镇真空泵的压缩室安装的一种起气镇作用的充气阀。

3.2.7

膨胀腔　expansion chamber

变容真空泵内不断增大的定子腔空间,其中的被抽气体产生膨胀。

3.2.8

压缩腔　compression chamber

变容真空泵内不断减少的定子腔空间,其中的气体在排出前被压缩。

3.2.9

真空泵油　vacuum pump oil

油封真空泵中用来密封、润滑和冷却的液体。

注:泵油也常用来描述油蒸气流泵中的工作介质。

3.2.10

泵液　pump fluid

扩散泵或喷射泵所使用的工作介质。

3.2.11

喷嘴　nozzle

扩散泵或喷射泵中用来使泵液定向流动、产生抽气作用的零件。

3.2.11.1

喷嘴喉部　nozzle throat

喷嘴的最小截面处。

3.2.11.2

喷嘴间隙面积　nozzle clearance area

泵壳内壁和喷嘴外缘间的最小横截面面积。

3.2.11.3

喷嘴间隙　nozzle clearance

决定喷嘴间隙面积圆环的宽度。

3.2.12

射流　jet

扩散泵或喷射泵中,由喷嘴喷出的泵液的蒸气流。

3.2.13

扩压器　diffuser

喷射泵泵壁的收缩部分。

3.2.13.1

扩压器喉部　diffuser throat

扩压器最小横截面部分。

3.2.14

蒸气导流管　vapour tube; vapour pipe; vapour chimney

蒸气喷射泵或扩散泵中引导蒸气从锅炉流向喷嘴的导管。

3.2.15

喷嘴组件　nozzle assembly

扩散泵或喷射泵中蒸气导流管和喷嘴的组合(通常是可拆卸的)。

3.2.16

下裙　skirt

喷嘴组件的下部分,通常为扩大部分,用以将回流的泵液与锅炉产生的蒸气分开。

3.3　附件

3.3.1

阱　trap

用物理或化学的方法降低蒸气和气体混合物中组分分压的装置。

3.3.1.1

冷阱　cold trap

通过冷却表面冷凝而工作的阱。

3.3.1.2

吸附阱　sorption trap

通过吸附而工作的阱。

3.3.1.3

离子阱　ion trap

应用电离方法从气相中除去某些不希望成分的阱。

3.3.2

挡板(真空泵)　baffle

放在靠近蒸气喷射泵或扩散泵入口处的尽可能冷的屏蔽系统,以降低返流和返迁移。

3.3.3

油分离器　oil separator

设置在真空泵出口处,用以减少以微滴形式被带走泵油损失的装置。

3.3.4

油净化器　oil purifier

从泵油中除去杂质的装置。

3.4　泵按工作情况的分类

3.4.1

粗(低)真空泵　rough(low)vacuum pump

从大气压开始降低容器内压力的真空泵。

3.4.2

粗抽真空泵　roughing vacuum pump

从大气压开始降低容器或系统内的压力,直到另一个抽气系统能够开始工作的真空泵。

3.4.3

前级真空泵　backing vacuum pump

维持另一泵的前级压力低于其临界值的真空泵。前级泵可以作为粗抽泵使用。

3.4.4

维持真空泵　holding vacuum pump

当气体流率低无需使用主前级泵时，维持某类真空泵前级压力的辅助前级泵。

3.4.5

高真空泵　high vacuum pump

当抽气系统由一个以上泵串联组成时，在最低压力范围内工作的真空泵。

3.4.6

增压真空泵　booster vacuum pump

通常设置在前级泵和高真空泵之间，用以增加中间压力范围内抽气系统流量或改善系统压力分布、以降低前级泵所必须抽速的真空泵。

3.4.7

附属真空泵　appendage vacuum pump

用来维持已抽空容器低压的小型辅助真空泵。

3.5　泵的特性

3.5.1

真空泵的体积流率　volume flow rate of a vacuum pump（符号：S；单位：m^2/s）

真空泵从抽空室所抽走气体的体积流率。本定义仅用于和真空室分开的单独泵。然而，实际上按惯例，在规定工作条件下，对给定气体，泵的体积流率为连接到泵上的标准试验罩流过的气流量与试验罩上规定位置所测得的平衡压力之比。

3.5.2

真空泵的流量　throughput of a vacuum pump（符号：Q；单位：$Pa \cdot m^3/s$）

流过泵入口的气体流量。

3.5.3

启动压力　starting pressure

泵能够无损启动并能获得抽气作用的压力。

3.5.4

前级压力　backing pressure

低于大气压力的泵出口排气压力。

3.5.5

临界前级压力　critical backing pressure

喷射泵或扩散泵正常工作允许的最大前级压力。泵的前级压力稍高于临界前级压力值时，还不致于引起其入口压力的明显增加。泵的临界前级压力主要取决于气流量。

注：某些泵的工作破坏不是突然发生的，因此临界前级压力不能准确指出。

3.5.6

最大前级压力　maximum backing pressure

超过了泵能被损坏的前级压力。

3.5.7

最大工作压力　maximum working pressure

与最大气体流量对应的入口压力。在此压力下，泵能连续工作而不恶化或破坏。

3.5.8

泵的极限压力　ultimate pressure of a pump

泵正常工作且没有引进气体的情况下，标准试验罩内逐渐接近的压力值。只有非可凝性气体的极限压力与含有气体和蒸气总极限压力之间会产生差异。

3.5.9

压缩比 compression ratio

对于给定气体,泵的出口压力与入口压力之比。

3.5.10

何氏系数 Ho coefficient

扩散泵入口喷嘴间隙面积上的实际抽速与该处按分子泻流计算的理论抽速之比。

3.5.11

抽速系数 speed factor

蒸气喷射泵或扩散泵的实际抽速与泵入口处按分子泻流计算的理论抽速之比。

3.5.12

气体的反扩散 back-diffusion of gas

与抽气作用相反,气体从泵出口流向入口(或附加挡板、冷阱)的过程。

3.5.13

泵液返流 back-streaming of pump fluid

泵液通过液体输送泵入口(或附加挡板、冷阱)与抽气方向相反的流动过程。

3.5.14

返流率 back-streaming rate

泵按规定条件工作时,通过泵入口单位面积的泵液质量流率。

3.5.15

返迁移 back-migration

a) 在流体输送泵中,由于泵液分子在表面上的迁移,泵液进入被抽容器的过程。

b) 在油封真空泵中,由于油分子在表面上的迁移,泵油进入被抽容器中的过程。

3.5.16

水蒸气允许量 water vapour tolerable load

在气镇泵中,若被抽气体为水蒸气时,泵在正常环境下连续工作抽出水蒸气的质量流率。

3.5.17

最大允许水蒸气入口压力 maximum tolerable water vapour inlet pressure

在正常环境条件下,气镇泵能够连续工作并排除水蒸气的最大水蒸气入口压力。

3.5.18

蒸气喷射泵或扩散泵的加热时间 warm-up time for a vapour jet pump or a diffusion pump

使锅炉内的泵液温度达到其正常工作温度所需要的时间。起始温度可以是环境温度也可以是泵可安全暴露大气的温度。

3.5.19

蒸气喷射泵或扩散泵的冷却时间 cool-down time for a vapour jet pump or a diffusion pump

停止加热以后,锅炉内泵液从正常工作温度降到可安全暴露大气的温度所需的时间。

4 真空计

4.1 一般术语

4.1.1

压力计 pressure gauge

测量高于、等于或低于环境大气压力的气体或蒸气压力的仪器。

4.1.2

真空计　vacuum gauge

测量低于大气压力的气体或蒸气压力的一种仪器。

注：通常使用的某些真空计实际上不测量压力(术语中它是以作用在表面上的力来表达的)，而是测量在规定条件下与压力有关的某些其他物理量。

4.1.2.1

规头(规管)　gauge head

某些种类真空计中，包含压力敏感元件并直接与真空系统连接的部件。

4.1.2.1.1

裸规　nude gauge

没有外壳的一种规头。敏感元件直接插入真空系统中。

4.1.2.2

真空计控制单元　gauge control unit

某些种类真空计中，包含电源和工作需要全部电路的部件。

4.1.2.2.1

真空计指示单元　gauge indicating unit

某些种类真空计中，常以压力为单位来显示输出信号的部件。

4.2　真空计的一般分类

4.2.1

压差式真空计　differential vacuum gauge

测量同时存在于一个敏感元件两侧压差的一种真空计。例如这个元件为弹性膜片或可动分隔液体。

4.2.2

绝对真空计　absolute vacuum gauge

仅通过测得的物理量就能确定压力的一种真空计。

4.2.3

全压真空计　total pressure vacuum gauge

测量气体或气体混合物全压力的一种真空计。

注：压缩式真空计仅测量过程中未被凝结气体的压力。

4.2.4

分压真空计；分压分析仪　partial pressure vacuum gauge; partial pressure analyzer

测量来自于气体混合物中电离成分的电流的一种真空计。测得的电流代表具有不同比例常数的不同组分的分压。

4.2.5

相对真空计　relative vacuum gauge

通过测量与压力有关的物理量并与绝对真空计比较来确定压力的真空计。

4.3　真空计特性

4.3.1

真空计压力测量范围　pressure range of a vacuum gauge

在规定条件下，真空计指示读数的误差不超过最大允许误差的压力范围。

注：某些类型真空计的测量范围取决于气体的性质。在此情况下，测量范围总是对氮气而言。

4.3.2

灵敏度系数;灵敏度　sensitivity coefficient;sensitivity

对于给定压力,真空计读数变化除以对应压力的变化。

注:某些类型真空计的灵敏度系数取决于气体的性质。在此情况下,灵敏度总是对氮气而言。

4.3.3

相对灵敏度系数　relative sensitivity factor

真空计对给定气体的灵敏度除以在相同压力和相同工作条件下对氮气的灵敏度。

4.3.4

电离计系数(压力单位倒数)　ionization gauge coefficient

对于一给定气体,离子流除以电子流与对应压力的乘积,并应指出工作参数。

4.3.5

等效氮压力　equivalent nitrogen pressure

作用在真空计上气体的等效氮压力为:产生相同真空计读数时氮气的压力。

4.3.6

X射线极限值　X-ray limit

热阴极电离真空计X射线的极限值为:主要由离子收集极发射的光电子产生的残余电流引起的真空计读数与无X射线影响真空计相同读数时的纯氮压力值。

4.3.7

规管光电流　photon current of vacuum gauge head

阴极发射的电子打在加速极上,产生软X射线,使收集极产生光电发射,收集极上产生一个与压力无关与离子流同向的电流,该电流即称规管光电流。

4.3.8

逆X射线效应　anti-X-ray effect

阴极发射的电子打在加速极上产生软X射线射到规管金属壁上,使其发射光电子,其中能量较大的打到收集极上,使收集极回路产生了一个与离子流反向的电流,即逆X射线效应。

4.3.9

布利尔斯效应　Blears effect

真空度较高的系统烘烤结束后,由于连接规管的管壁对有机蒸气的吸附,直到表面饱和为止,致使规管反应压力比真实压力低,这种现象叫布利尔斯效应。

4.4　全压真空计

4.4.1　以力学现象为基础的真空计

4.4.1.1

液位压力计　liquid level manometer

通常为U型管状绝对压差计。管中的敏感元件为一种可动的隔离液体(例如汞)。通过测量液位差便可得到压力差。

4.4.1.2

弹性元件真空计　elastic element gauge

变形部分为弹性元件的一种压差真空计。压差可以通过测量弹性元件位移(直接法)或测量补偿其变形需要的力(回零法)来确定。例如:膜盒真空计、布尔登压力计等。

4.4.1.3

压缩式真空计　compression gauge

按已知比例压缩(例如通过液柱——通常为汞柱的移动)待测压力下气体的已知体积,并产生较高压力后进行测量的一种真空计。对于满足PV-T关系的气体,如果用液位压力计测量该较高压力,此真空计为绝对真空计。如众所周知的麦克劳真空计。

4.4.1.4

压力天平 pressure balance

待测压力作用于一精确匹配的、已知横截面积的活塞-气缸组件上，作用力与一组已知质量砝码的重力相比较的一种绝对真空计。

4.4.2 以气体传输现象为基础的真空计

4.4.2.1

黏滞真空计 viscosity gauge

通过测量作用在元件表面上与压力有关的黏滞力来确定压力的一种真空计。这种真空计基于由压力决定的气体黏滞性。例如：衰减真空计，分子牵引真空计。

4.4.2.2

热传导真空计 thermal conductivity gauge

通过测量保持不同温度的二个固定元件表面间的热量传递来确定压力的一种真空计。这种真空计基于气体热传导与压力有关。例如：皮拉尼真空计、热偶真空计、热敏真空计、双金属片真空计。

4.4.2.3

热分子真空计 thermo-molecular gauge

通过测量气体分子打击保持不同温度固定表面的净动量传输率来确定压力的一种真空计。与气体分子平均自由程相比，固定表面间的距离必须是很小的。例如克努曾真空计、反磁悬浮热分子真空计。

4.4.3 以气体电离现象为基础的真空计

4.4.3.1

电离真空计 ionization vacuum gauge

通过测量气体在控制条件下，电离产生的离子流来确定分子密度的一种真空计。压力与气体密度直接相关。

4.4.3.2

放射性电离计 radioactive ionization gauge

通过放射源射线产生离子的一种电离真空计。

4.4.3.3

冷阴极电离计 cold cathode ionization gauge

通过冷阴极放电产生离子的一种电离真空计。该真空计中，通常用磁场来延长电子的行程，以增加离子产生的数目。

4.4.3.3.1

潘宁计 Penning gauge

带有磁铁并具有特殊几何形状电极的一种冷阴极电离计。一个电极由两个相连的平行圆盘组成，另一电极（通常为阳极）通常是环形的，位于圆盘之间并与之平行。而磁场与圆盘垂直。

4.4.3.3.2

冷阴极磁控管真空计 cold cathode magnetron gauge

由同轴圆筒电极组成，阴极置于内侧，轴向磁场与电场垂直的一种冷阴极电离真空计。如果内侧电极是阳极，则该真空计称为“反磁控管真空计”。

4.4.3.3.3

放电管指示器 discharge tube indicator

从冷阴极放电的颜色和形状给出气体性质和压力指示的一种透明管。

4.4.3.4

热阴极电离真空计 hot cathode ionization gauge

通过加热阴极发射电子使气体电离的一种电离真空计。

4.4.3.4.1

三极管真空计　triode gauge

具有一般三极管结构的一种热阴极电离真空计。灯丝置于以栅极作为阳极的轴线上，板极作为离子收集极与阳极同心。

4.4.3.4.2

高压力电离真空计　high pressure ionization gauge

与一般三极管真空计压力测量范围相比，使其测量范围向中真空移动而设计的一种热阴极电离真空计。

4.4.3.4.3

B-A 真空计　Bayard-Alpert gauge

通过使用置于圆筒形栅极轴线上的细离子收集极丝来降低 X 射线极限值的一种热阴极电离真空计。其阴极布置在栅极的外面。

4.4.3.4.4

调制型真空计　modulator gauge

一种装有调制电极的 B-A 型热阴极电离真空计。当改变调制极电位时，可以通过测量离子收集极上的电流效应来估算残余电流(包括 X 射线电流)的影响。

4.4.3.4.5

抑制型真空计　suppressor gauge

通过安装在离子收集极附近的抑制电极，使离子收集极发射的二次电子返回到它自身来降低 X 射线极限值的一种热阴极电离真空计。

4.4.3.4.6

分离型真空计　extractor gauge

通过使用一个短而细金属丝做离子收集来降低 X 射线极限值的一种热阴极电离真空计。该收集极置于圆筒形栅极外部轴线上的屏蔽罩内，用以收集来自电离区域的离子。

4.4.3.4.7

弯注型电离真空计　bent beam gauge

离子从电离区域拉出进入一个静电偏转极的一种热阴极电离真空计。

4.4.3.4.8

弹道型真空计　orbitron gauge

注入电子沿轨道长距离飞行，以增加每个电子所产生离子数目的一种热阴极电离真空计。电子注入发生在圆筒形离子收集和同轴细金属丝之间的静电场中。低的电子流降低了 X 射线效应和解析离子效应。

4.4.3.4.9

双金属线振荡器真空计　twin-wire oscillator gauge

发射的电子在与圆筒形离子收集极轴向平行的两个带有正电位的金属线间产生长的振荡距离，以增加离子产生数目的一种电离真空计。

4.4.3.4.10

热阴极磁控管真空计　hot cathode magnetron gauge

类似于截止条件下工作的简单圆柱磁控管的一种热阴极电离真空计。其中，磁场用于延长电子路程，以增加离子产生的数目。

4.5　分压真空计

4.5.1

质谱仪　mass spectrometer

区分不同质荷比电离粒子并测量其离子流的一种仪表。

注：质谱仪可作为测量特定气体分压的真空计，也可以作为对特殊探索气体敏感的检漏仪或作为确定混合气体成分百分数的分析仪。质谱仪根据分离离子方法的不同来分类。

4.5.2 带有一定形状电场的质谱计

4.5.2.1

射频质谱仪 radio frequency mass spectrometer

离子直线飞行，并通过一系列交替与射频振荡器连接的栅极而被加速，然后进入静电场，该静电场只允许在射频场中加速的离子到达收集极的一种质谱仪。

4.5.2.2

四极质谱仪 quadrupole mass spectrometer

轴向入射的离子进入由四个电极(通常为棒)组成的四极透镜系统，透镜加有成临界比的射频和直流电场，使得只有一定质荷比离子通过的一种质谱仪。

4.5.2.3

单极质谱仪 monopole mass spectrometer

L形电极以及与其对称布置的单柱，提供了相似于四极透镜一个象限形状的电场，离子从L形电极角附近入射，且只有一定质荷比(取决于电场)离子通过的一种质谱仪。

4.5.3 带正交电磁场的质谱仪

4.5.3.1

磁偏转质谱仪 magnetic deflection mass spectrometer

加速离子在磁场的作用下，被分离到不同圆弧路径的一种质谱仪。

4.5.3.2

双聚焦质谱仪 double focusing mass spectrometer

通过径向静电场和扇形磁场的连续作用来分离离子，致使离子在两分析器中的速度分布相反并近似相等的一种质谱仪。

4.5.3.3

余摆线聚焦质谱仪 trochoidal focusing mass spectrometer

离子被正交电磁场分离，沿不同的摆线路程依质荷比到达不同焦点上的一种质谱仪。

4.5.3.4

回旋质谱仪 omegatron mass spectrometer

由相互垂直的射频电场和稳定磁场所提供的回旋加速谐振效应，离子按照半径逐渐增大的螺旋路径被分离的一种质谱仪。

4.5.4 飞行时间

4.5.4.1

飞行时间质谱仪 time of flight mass spectrometer

气体被脉冲调制电子束电离，每组离子加速飞向漂移空间末端的离子收集极，离子达到的时间差取决于质荷比的一种质谱仪。

4.6 真空计校准

4.6.1

标准真空计 reference gauges

校准真空计时，用来做量值传递或量值参照的真空计。

4.6.2

校准系统 system of calibration

校准真空计所用的真空系统。

4.6.3

校准系数 *K*　calibration coefficient

在校准系统中标准计指示的压力值与被校准计指示的压力值之比。

4.6.4

压缩计法　mcleod gauge method

在等温条件下，用压缩计做标准计与被校计进行比较的标准方法。

4.6.5

膨胀法　expansion method

在等温条件下，将已知体积和压力的小容器中的永久气体膨胀到已知体积的低压大容器中，根据波义耳定律算出膨胀后的气体压力，膨胀法校准系统是静态校准系统。

4.6.6

流导法　flow method

流导法即小孔法、泻流法，在等温条件和分子流条件下，使气体通过已知流导的小孔，达到动态平衡时利用小孔的流导和测得的流量计算出压力的一种校准方法。

5　真空系统及有关术语

5.1　真空系统

5.1.1　**真空系统　vacuum system**

由真空容器和产生真空、测试真空、控制真空等元件组成的真空装置。

5.1.2

真空机组　vacuum pump system

由产生真空、测量真空和控制真空等组件组成。

5.1.3

有油真空机组　vacuum pump system used oil

用油作工作液或用有机材料密封的真空机组。

5.1.4

无油真空机组　oil free vacuum pump system

不用油作工作液和不用有机材料密封的真空机组。

5.1.5

连续处理真空设备　continuous treatment vacuum plant

能将处理研究的材料或工件连续的送入到真空容器中，并且又能从真空室输出而不必中断设备连续工序的一种真空设备。

5.1.6

闸门式真空系统　vacuum system with an air-lock

在不破坏系统真空的情况下，能将工件或材料通过一个或若干个真空闸室导入或导出的一种真空系统。

5.1.7

压差真空系统　differentially pumped vacuum system

通过气体节流，使相互连接的各个室分别用单独的真空泵抽气以达到维持压差(压降或压力梯段)目的的一种真空系统。

5.1.8

进气系统　gas admittance system

在规定的和控制的条件下，能将气体或气体混合物放入真空系统的一种装置。

5.2 真空系统特性参量

5.2.1

抽气装置的抽速　volume flow rate of a pumping unit

在抽气装置进气口处测得的抽速。

5.2.2

抽气装置的抽气量　throughput of a pumping unit

流经抽气装置进气口处的气体流量。

5.2.3

真空系统的放气率　degassing(outgassing) throughput of a vacuum system

由真空系统内部所有表面解吸气体所产生的气体流量。

注：在真空系统内部经常出现一种漏气假象。这种情况叫做"虚漏"。

5.2.4

真空系统的漏气率　leak throughput of a vacuum system

由于漏气渗入到真空系统中并影响真空容器中压力的气体流量。

5.2.5

真空容器的升压率　rate of pressure rise of a vacuum chamber

在温度保持不变时，抽气系统关闭后，在给定时间间隔内，真空容器的压力升高量除以该时间间隔之商。该商有可能不是恒定的。

5.2.6

极限压力　ultimate pressure

泵在工作时，空载干燥的真空容器逐渐接近、达到并维持稳定的最低压力。

5.2.7

残余压力　residual pressure

经过一定时间的抽气之后或真空过程结束之后还存在于真空容器中的气体或气体混合物(残余气体)的全压。在某些情况下残余压力等于极限压力。

注：在真空技术中，"气体"一词按广义的理解，即可适用于非冷凝性气体也可应用于蒸气。

5.2.8

残余气体谱　residual gas spectrum

真空容器中残余气体的质谱。

5.2.9

本底压力(真空系统)　base pressure

在真空容器中可以开始实施工艺时的压力。

5.2.10

工作压力(真空系统)　working pressure

在真空容器中为满足实施应用工艺要求所必需的压力。

5.2.11

粗抽时间　roughing time

前级真空泵或前级真空抽气机组从大气压抽至本底压力或抽至在较低压力下工作的真空泵的启动压力所需要的时间。

5.2.12

抽气时间　pump-down time

将真空系统的压力从大气压降低到一定压力，例如降到本底压力所需要的时间。

5.2.13

真空系统时间常数　time constant of a vacuum system

将真空容器中的压力降低到初始压力的 1/e 所需要的时间。在抽速恒定时，该时间常数为容器体积除以抽气系统的抽速得出之商。

5.2.14

真空系统进气时间　venting time

经过规定的装置放入的空气使真空系统(或真空容器)内的压力由工作压力升高到较高的压力(一般到大气压)所需要的时间。如果放入的是空气，那么该时间称作"通大气时间"。

5.3　真空容器

5.3.1

真空容器；真空室　vacuum chamber

根据力学计算能允许容器的压力低于环境压力的真空密封容器。

5.3.2

封离真空装置　sealed vacuum device

容器被抽真空之后将其封离或者以别的方法用永久性的封接将其封离的一种真空容器。例如电子管，X-射线管。

5.3.3

真空钟罩　vacuum bell jar

借助于一个可拆卸的连接部件，将其放置到另一个组件(一般来说是一块底板)上并同这个组件共同组成一个真空室的钟罩形组件。

5.3.4

真空容器底板　vacuum base plate

真空容器底板通常位于真空设备抽气系统进气口上并包含有实施过程所必要的真空室引入线。

5.3.5

真空岐管　vacuum manifold

可以和两个或若干个真空容器相连可以同时进行抽气的一种真空密封分配件。

5.3.6

前级真空容器(储气罐)　backing reservoir

设计在前级真空泵和其前级真空阀之间的容器。在前级真空泵断开时，用来容纳被抽气体和(或)平衡系统压力的变化。

5.3.7

真空保护层　outer chamber

将一个真空容器全部或部分包围的一种真空密封容器。它用来减少漏气率和(或)降低作用于器壁的压力。真空保护层中所存在的真空称作为"保护真空"。

5.3.8

真空闸室　vacuum air lock

连接在两个不同压力空间之间的真空室。它具有能与这个或那个相接的空间相适应压力的连接装置和能将物件从这个空间输送到那个空间而在这些空间中压力不发生干扰性变化的开孔(全部或部分可以关闭)。一般来说这些装置和开孔用于将物件从大气送入到真空容器中或从真空容器中取出到大气中。

5.3.9

真空冷凝器；蒸汽冷凝器　device for condensing vapours

内部带有冷却面，设置于真空室和抽气系统之间用于冷凝大量水蒸气的一种真空容器。通常它有一个可闭锁的冷凝液收集罐,能在不中断真空过程情况下排出液体冷凝物。

5.4 真空封接和真空引入线

5.4.1

永久性真空封接 permanent seal

不能以简单的方式加以制造或拆卸的一种真空连接。例如:钎焊的真空连接、焊接的真空连接、玻璃-玻璃封接、玻璃-金属封接。

5.4.2

玻璃分级过渡封接 graded seal

由具有不同热膨胀系数的各种玻璃组成的一种永久性真空封接。因此避免了在各连接元件内不希望有的大应力(所谓麦杆式封接)。

5.4.3

压缩玻璃金属封接 compression glass-to-metal seal

将玻璃同金属或合金熔接在一起,并使玻璃始终处于压缩应变之下的一种永久性真空连接。

5.4.4

匹配式玻璃金属封接 matched glass-to-metal seal

通过将玻璃熔接到金属或合金上所制得的密封,使金属或合金在很大的温度范围内其热膨胀系数几乎与玻璃相同的一种永久性真空连接。

5.4.5

陶瓷金属封接 ceramic-to-metal seal

将陶瓷零件的金属化表面与一个金属零件钎焊在一起的一种永久性真空连接。

5.4.6

半永久性真空封接 semi-permanent seal

用蜡、胶、漆或类似物质接合的一种真空连接。

5.4.7

可拆卸的真空封接 demountable joint

用简单的方式,一般说来用机械的方法可以拆卸又可以重新组装起来的一种真空连接。

5.4.8

液体真空封接 liquid vacuum seal

借助于低蒸气压液体进行密封的一种可拆卸式真空连接。

5.4.9

熔融金属真空封接 molten metal vacuum seal

用低熔点金属进行密封的一种可拆卸式真空连接。加热金属使密封进行拆卸或组合。

5.4.10

研磨面搭接封接 ground and lapped seal

由两个经研磨的表面构成的一种可拆卸式真空连接。研磨面可以是平面形状、球形或锥状,通常它们都涂以油脂。

5.4.11

真空法兰连接 vacuum flange connection

在两个法兰之间用一个适宜的可变形的密封件造成一个真空密封连接的一种可拆卸式真空连接。

5.4.12

真空密封垫 vacuum-tight gasket

放置于两个零件之间的一个可拆卸的真空连接件,用其进行密封的一种可变形的构件。在某些场合借助于支承架(例如垫圈密封),材料的选择要视所要求的真空范围而定,通常用弹性体或金属。

5.4.13

真空密封圈 vacuum ring gasket

一种环形真空密封件。

注：有各种不同截面形状的真空密封圈，例如："O"形密封圈，"V"形密封圈，"L"形密封圈和其他型材的密封件（金属型材密封件）。

5.4.14

真空平密封垫 vacuum flat gasket

用扁平材料制得的一种真空密封件。

5.4.15

真空引入线 feedthrough(leadthrough)

通过真空容器器壁使运动气体或液体、电流或电压传递或引入的一种装置。这种装置通常支承在真空容器对大气密封的法兰上。在真空中能用来做多种运动，一般说来作平动和旋转运动的传递运动的真空引入线称作为"多关节操作机"。

5.4.16

真空轴密封 shaft seal

用来密封轴的一种真空密封件，它能将旋转和(或)移动运动相对无泄漏地传递到真空容器器壁内，以实现真空容器内机构的运动，满足所进行的工艺过程的需要。

5.4.17

真空窗 vacuum window

装在真空容器器壁上能使电磁辐射或微粒辐射穿透的一种装置(例如列纳尔特窗)。

5.4.18

观察窗 viewing window

作为观察真空容器内部情况的一种真空窗。

注：在某些应用场合必须对观察窗的光学性能提出一定的要求。

5.5 真空阀门

5.5.1

真空阀门的特性 characteristic of vacuum valves

主要是指真空阀门外壳的对大气的真空密封性，真空阀门的流导和真空阀门的阀座漏气率。

5.5.1.1

真空阀门的流导 conductance of vacuum valves

在阀门打开状态下的气体流动的流导。

注：在样本中，真空阀门的流导常常以"当量管长度"列出，这里设管的名义口径与阀的名义口径相同。

5.5.1.2

真空阀门的阀座漏气率 leak rate of the vacuum seat

在关闭状态下由阀座漏入的气体流率。它取决于气体种类、压力、温度和阀门出、进气口的压差。

5.5.2

真空调节阀 regulating valve

能调节由真空阀隔开的真空系统部件之间的流率的一种真空阀。

5.5.3

微调阀 micro-adjustable valve

用来微量调节进入真空系统中的气体量的真空阀。

5.5.4

充气阀 charge valve

用来控制调节气体充入真空系统中的真空阀。

5.5.5

进气阀　gas admittance valve

将气体放入到真空系统中的一种真空控制阀。

5.5.6

真空截止阀　break valve

用来使真空系统的两个部分相隔离的一种真空阀。

5.5.7

前级真空阀　backing valve

在前级真空管路中用来使前级真空泵和与其相连的真空泵隔离的一种真空截止阀。

5.5.8

旁通阀　by-pass valve

在旁通管路中的一种真空截止阀。

5.5.9

主真空阀　main vacuum valve

用来使真空容器同主真空泵隔离的一种真空截止阀。

5.5.10

低真空阀　low vacuum valve

在低真空管路中,用来使真空容器同其粗抽真空泵隔离的一种真空截止阀。

5.5.11

高真空阀　high vacuum valve

符合高真空技术要求的,主要在该真空区域内使用的一种真空阀。

5.5.12

超高真空阀;UHV 阀　ultra-high vacuum valve

符合超高真空技术要求的主要在该真空区域内使用的一种真空阀。超高真空阀的阀座和密封垫通常由金属制成,可以进行烘烤。

5.5.13

手动阀　manually operated valve

用手开闭的阀。

5.5.14

气动阀　pneumatically operated valve

用压缩气体为动力开闭的阀。

5.5.15

电磁阀　electromagnetically operated valve

用电磁力为动力开闭的阀。

5.5.16

电动阀　valve with electrically motorized operation

用电机开闭的阀。

5.5.17

挡板阀　baffle valve

阀板沿阀座轴向移动开闭的阀。

5.5.18

翻板阀　flap valve

阀板翻转一个角度开闭的阀。

5.5.19

插板阀　gate valve

阀板沿阀座径向移动开闭的阀。

5.5.20

蝶阀　butterfly valve

阀板绕固定轴在阀口中转动开闭的阀。

5.6　真空管路

5.6.1

粗抽管路　roughing line

连接被抽容器与粗抽真空泵的一种真空管路系统。

5.6.2

前级真空管路　backing line

连接前级真空泵的一种真空管路系统。

5.6.3

旁通管路;By-Pass 管路　by-pass line

与真空系统管路并联装配的一种真空管路系统。它可同时和系统管路一起工作或者可以单独工作。

5.6.4

抽气封口接头　pumping stem

用于容器的抽气,在抽气结束后通常进行真空密封连接,一般来说不能拆卸的一种连接管。

5.6.5

真空限流件　limiting conductance

在真空管路上,用来限制气体流经管路的一个特殊件,通常它是指隔板或毛细管。

5.6.6

过滤器　filter

真空管路中清除固体微粒并防止其落入真空泵中的装置。

6　检漏及有关术语

6.1　漏孔

6.1.1

漏孔　leaks

在真空技术中,在压力或浓度差作用下,使气体从壁的一侧通到另一侧的孔洞、孔隙、渗透元件或一个封闭器壁上的其他结构。

6.1.2

通道漏孔　channel leak

可以把它理想地当作长毛细管的由一个或多个不连续通道组成的一个漏孔。

6.1.3

薄膜漏孔　membrane leak

气体通过渗透穿过薄膜的一种漏孔。

6.1.4

分子漏孔　molecular leak

漏孔的质量流率正比于流动气体分子质量平方根的倒数的一种漏孔。

6.1.5

黏滞漏孔　viscous leak

漏孔的质量流率正比于流动气体黏度的倒数的一种漏孔。

6.1.6

校准漏孔　calibrated leak

在规定条件下，对于一种规定气体提供已知质量流率的一种漏孔。

6.1.7

标准漏孔　reference leak

在规定条件下（入口压力为 100 kPa±5%，出口压力低于 1 kPa，温度为 23℃±7℃），漏率是已知的一种校准用的漏孔。

6.1.8

虚漏　virtual leak

在系统内，由于气体或蒸气的放出所引起的压力增加。

6.1.9

漏率　leak rates

在规定条件下，一种特定气体通过漏孔的流量。

6.1.10

标准空气漏率　standard air leak rate

在规定的标准状态下，露点低于－25℃的空气通过一个漏孔的流量。

6.1.11

等值标准空气漏率　equivalent standard air leak rate

对于低于（10^{-7}～10^{-8}）Pa・m^3・s^{-1}标准空气漏率的分子漏孔，氦（分子量 4）流过这样的漏孔比空气（分子量 29.0）更快，即氦流率对应于较小的空气漏率，在规定条件下，等值标准空气漏率为$\sqrt{4/29}=0.37$氦漏率。

6.1.12

探索（示漏）气体　search gas

用来对真空系统进行检漏的气体。

6.2　本底

6.2.1

本底　background

一般地在没有注入探索气体时，检漏仪给出的总的指示。

6.2.2

探索气体本底　search gas background

由于从检漏仪壁或检漏系统放出探索气体所造成的本底。

6.2.3

漂移　drift

本底比较缓慢的变化。重要参量是规定周期内测得的最大漂移。

6.2.4

噪声　noise

本底比较迅速的变化。重要参量是规定周期内测得的噪声。

6.3 检漏仪

6.3.1

检漏仪 leak detector

用来检测真空系统或元件漏孔的位置或漏率的仪器。

6.3.2

高频火花检漏仪 H. F. spark leak detector

在玻璃系统上,用高频放电线圈所产生的电火花,能集中于漏孔处的现象来测定漏孔位置的检漏仪(通常用它对玻璃系统进行检漏)。

6.3.3

卤素检漏仪 halide leak detector

利用卤族元素探索气体存在时,使赤热铂电极发射正离子大大增加的原理来制做的检漏仪。

6.3.4

氦质谱检漏仪 helium mass spectrometer leak detector

利用磁偏转原理制成的对于漏气体氦反应灵敏,专门用来检漏的质谱仪。

6.3.5

检漏仪的最小可检漏率 minimum detectable rate of leak detector

当存在本底噪声时,将仪器调整到最佳情况下,纯探索气体通过漏孔时,检漏仪所能检出的最小漏率。

6.4 检漏

6.4.1

气泡检漏 leak detection by bubbles

将空气压入被检容器,然后将其浸入水中或者对其可疑表面涂上肥皂液,观察气泡确定漏孔位置。

6.4.2

氨检漏 leak detection by ammonia

将氨压入被检容器,然后通过观察覆在可疑表面上试纸或试布颜色的改变来确定漏孔位置。

6.4.3

升压检漏 leak detection of rise pressure

被抽空容器与真空泵隔离后,测定随时间的增加而升高的压力值,来确定漏气率。

6.4.4

放射性同位素检漏 radioactive isotope leak detection

在被检容器或零件内,装入适当半衰期的放射性同位素,利用测定从漏孔穿出的放射性同位素的放射能来确定漏孔位置。

6.4.5

荧光检漏 fluorescence leak detection

将被检零件浸入荧光粉的有机溶液(三氯乙烯或四氯化碳)中,漏孔处将留有荧光粉,用紫外线照射荧光粉发光来确定漏孔位置。

7 真空镀膜技术

7.1 一般术语

7.1.1

真空镀膜 vacuum coating

在处于真空下的基片上制取膜层的一种方法。

7.1.2

基片 substrate

膜层承受体。

7.1.3

试验基片 testing substrate

在镀膜开始、镀膜过程中或镀膜结束后用作测量和(或)试验的基片。

7.1.4

镀膜材料 coating material

用来制取膜层的原材料。

7.1.5

蒸发材料 evaporation material

在真空蒸发中用来蒸发的镀膜材料。

7.1.6

溅射材料 sputtering material

有真空溅射中用来溅射的镀膜材料。

7.1.7

膜层材料(膜层材质) film material

组成膜层的材料。

7.1.8

镀膜材料蒸发速率 evaporation rate of coating material

在给定的时间间隔内,蒸发出来的材料量除以该时间间隔。

7.1.9

溅射速率 sputtering rate

在给定的时间间隔内,溅射出来的材料量除以该时间间隔。

7.1.10

沉积速率 deposition rate

在给定的时间间隔内,沉积在基片上的材料量除以该时间间隔和基片表面积。

7.1.11

镀膜角度 coating angle

入射到基片上的粒子方向与被镀表面法线之间的夹角。

7.2 工艺

7.2.1

真空蒸镀 vacuum evaporation coating

使镀膜材料蒸发到基片上的真空镀膜过程。

7.2.1.1

同时蒸发 simultaneous evaporation

用数个蒸发器把各种蒸发材料同时蒸镀到基片上的真空蒸发镀膜。

7.2.1.2

蒸发场蒸发 evaporation field evaporation

由蒸发场同时蒸发的材料到基片上进行蒸镀的真空蒸发(此工艺应用于大面积蒸发以获得到理想的膜厚分布)。

7.2.1.3

反应性真空蒸发 reactive vacuum evaporation

通过与气体反应获得理想化学成分的膜层材料的真空蒸发。

7.2.1.4

蒸发器中的反应性真空蒸发　reactive vacuum evaporation in evaporator

与蒸发器中各种蒸发材料反应,从而获得理想化学成分膜层材料的真空蒸发。

7.2.1.5

直接加热的蒸发　direct heating evaporation

蒸发材料蒸发所必须的热量是对蒸发材料(在坩埚中或不用坩埚)本身加热的蒸发。

7.2.1.6

感应加热蒸发　induced heating evaporation

蒸发材料通过感应涡流加热的蒸发。

7.2.1.7

电子束蒸发　electron beam evaporation

通过电子轰击使蒸发材料加热的蒸发。

7.2.1.8

激光束蒸发　laser beam evaporation

通过激光束加热蒸发材料的蒸发。

7.2.1.9

间接加热的蒸发　indirect heating evaporation

在加热装置(例如小舟形蒸发器、坩埚、灯丝、加热板、加热棒、螺旋线圈等)中使蒸发材料获得蒸发所必须的热量并通过热传导或热辐射方式传递给蒸发材料的蒸发。

7.2.1.10

闪蒸　flash evaportion

将极少量的蒸发材料间断地做瞬时的蒸发。

7.2.2

真空溅射　vacuum sputtering

在真空环境中,惰性气体离子从靶表面上轰击出原子(分子)或原子团在基片上成膜的过程。

7.2.2.1

反应性真空溅射　reactive vacuum sputtering

通过与气体的反应获得理想化学成分的膜层材料的真空溅射。

7.2.2.2

偏压溅射　bias sputtering

在溅射过程中,将负偏压施加于基片以及膜层的溅射。

7.2.2.3

直流二级溅射　direct current diode sputtering

通过二个电极间的直流电压,使气体自持放电并把靶作为阴极的溅射。

7.2.2.4

非对称性交流溅射　asymmtric alternate current sputtering

通过二个电极间的非对称性交流电压,使气体自持放电并把靶作为吸收较大正离子流的电极。

7.2.2.5

高频二极溅射　high frequency diode sputtering

通过二个电极间的高频电压获得高频放电而使靶极获得负电位的溅射。

7.2.2.6

热阴极直流溅射(三极型溅射)　hot cathode direct current sputtering

借助于热阴极和阳极获得非自持气体放电,气体放电所产生的离子,由在阳极和阴极(靶)之间所施加的电压加速而轰击靶的溅射。

7.2.2.7

热阴极高频溅射(三极型溅射)　hot cathode high frequency sputtering

借助于热阴极和阳极获得非自持气体放电,气体放电产生的离子,在靶表面负电位的作用下加速而轰击靶的溅射。

7.2.2.8

离子束溅射　ion beam sputtering

利用特定的离子源获得的离子束使靶产生的溅射。

7.2.2.9

辉光放电清洗　glow discharge cleaning

利用辉光放电原理,使基片以及膜层表面经受气体放电轰击的清洗过程。

7.2.3

物理气相沉积;PVD　physical vapor deposition

在真空状态下,镀膜材料经蒸发或溅射等物理方法气化沉积到基片上的一种制取膜层的方法。

7.2.4

化学气相沉积;CVD　chemical vapor deposition

一定化学配比的反应气体,在特定激活条件下(通常是一定高的温度),通过气相化学反应生成新的膜层材料沉积到基片上制取膜层的一种方法。

7.2.5

磁控溅射　magnetron sputtering

借助于靶表面上形成的正交电磁场,把二次电子束缚在靶表面或靶表面与基片之间的特定区域,来增强电离效率,增加离子密度和能量,因而可取得很高的溅射速率或提高靶材溅射均匀性或提高成膜质量。

7.2.6

等离子体化学气相沉积;PCVD　plasma chemistry vapor deposition

通过放电产生的等离子体促进气相化学反应,在低温下,在基片上制取膜层的一种方法。

7.2.7

空心阴极离子镀;HCD　hollow cathode discharge deposition

利用空心阴极发射的电子束使坩埚内镀膜材料蒸发并电离,在基片上的负偏压作用下,离子具有较大能量,沉积在基片表面上的一种镀膜方法。

7.2.8

电弧离子镀　arc discharge deposition

以镀膜材料作为靶极,借助于触发装置,使靶表面产生弧光放电,镀膜材料在电弧作用下,产生无熔池蒸发并沉积在基片上的一种镀膜方法。

7.3　专用部件

7.3.1

镀膜室　coating chamber

真空镀膜设备中实施实际镀膜过程的部件。

7.3.2

蒸发器装置　evaporator device

真空镀膜设备中包括蒸发器和全部为其工作所需要的装置(例如电能供给、供料和冷却装置等)在内的部件。

7.3.3

蒸发器　evaporator

蒸发直接在其内进行的装置,例如小舟形蒸发器、坩埚、灯丝、加热板、加热棒、螺旋线圈等,必要时还包括蒸发材料本身。

7.3.4

直接加热式蒸发器　evaporator by direct heat

蒸发材料本身被加热的蒸发器。

7.3.5

间接加热式蒸发器　evaporator by indirect heat

蒸发材料通过热传导或热辐射被加热的蒸发器。

7.3.6

蒸发场　evaporation field

由数个排列的蒸发器加热相同蒸发材料形成的场。

7.3.7

溅射装置　sputtering device

包括靶和溅射所必要的辅助装置(例如供电装置、气体导入装置等)在内的真空溅射设备的部件。

7.3.8

靶　target

用粒子轰击的面。本标准中靶的意义就是溅射装置中由溅射材料所组成的电极。

7.3.9

挡板(真空镀膜技术)　shutter

用来在时间上和(或)空间上限制镀膜并借此能达到一定膜厚分布的装置。挡板可以是固定的也可以是活动的。

7.3.10

时控挡板　timing shutter

在时间上能用来限制镀膜,因此从镀膜的开始、中断到结束都能按规定时刻进行的装置。

7.3.11

掩膜　mask

用来遮盖部分基片,在空间上能限制镀膜的装置。

7.3.12

基片支架　substrate holder

可直接夹持基片的装置,例如夹持装置,框架和类似的夹持器具。

7.3.13

夹紧装置　clamp

在镀膜设备中用或不用基片支架支承一个基片或几个基片的装置,例如夹盘、夹鼓、球形夹罩、夹篮等。夹紧装置可以是固定的或活动的(旋转架,行星齿轮系等)。

7.3.14

换向装置　reversing device

在真空镀膜设备中,不打开设备能将基片、试验玻璃或掩膜放到理想位置上的装置(基片换向器、试验玻璃换向器、掩膜换向器)。

7.3.15

基片加热装置　substrate heating device

在真空镀膜设备中,通过加热能使一个基片或几个基片达到理想温度的装置。

7.3.16

基片冷却装置　substrate colding device

在真空镀膜设备中，通过冷却能使一个基片或几个基片达到理想温度的装置。

7.4 真空镀膜设备

7.4.1

真空镀膜设备　vacuum coating plant

在真空状态下制取膜层的设备。

7.4.1.1

真空蒸发镀膜设备　vacuum evaporation coating plant

借助于蒸发进行真空镀膜的设备。

7.4.1.2

真空溅射镀膜设备　vacuum sputtering coating plant

借助于真空溅射进行真空镀膜的设备。

7.4.2

连续镀膜设备　continuous coating plant

被镀膜物件(单件或带材)连续地从大气压经过压力梯段进入到一个或数个镀膜室，再经过相应的压力梯段，继续离开设备的连续式镀膜设备。

7.4.3

半连续镀膜设备　semi-continuous coating plant

被镀物件通过闸门送进镀膜室并从镀膜室取出的真空镀膜设备。

8 真空干燥和冷冻干燥

8.1 一般术语

8.1.1

真空干燥　vacuum drying

真空干燥是在低压条件下，使湿物料中所含水分的沸点降低，从而实现在较低温度下，脱除物料中水分的过程。

8.1.2

冷冻干燥　freeze drying

冷冻干燥是将湿物料先行冷冻到该物料的共晶点温度以下，然后在低于物料共晶点温度下进行升华真空干燥(亦称第一阶段干燥)，待湿物料中所含水粉除去90%之后转入解吸干燥(亦称第二阶段干燥)，直到物料中所含水粉满足要求的真空过程。

8.1.3

物料　material

需要干燥的物质称为。物料可以是固体、液体、溶液或浆料。

8.1.4

待干燥物料　material to be dried

干燥前为干燥过程准备的物料。

8.1.5

干燥产品　dried product

真空干燥或冷冻干燥之后的成品物料。

8.1.6

水分 moisture

物料中所含水的量。物料中的水分常用含湿量或湿度表示。

8.1.7

自由水分 free moisture

用升华热和蒸发热足以去除的水分。

8.1.8

结合水分 bound moisture

除了升华热和蒸发热之外,还要消耗能量才能去除的水分(结合水、结晶水、结构水)。

8.1.9

湿分 partial moisture

湿物料中所含有的总的水分。

8.1.10

含湿量 moisture content

湿物料中所含湿分质量与绝干物料之比,称为干基含湿量;湿物料中所含湿分质量与湿物料的质量之比,称为湿基含湿量。

8.1.11

初始含湿量 initial moisture content

待干燥物料的含湿量。

8.1.12

最终含湿量 final residual moisture

干燥结束后,从干燥器出来时被干燥物料的含湿量。

8.1.13

湿度 degree of moisture,degree of humidity

物料中湿分质量与绝干物料质量的百分比。

8.1.14

干燥物质 dry matter

物料质量与其所含湿分之差,也称绝干物料。

8.1.15

干物质含量 content of dry matter

干物质的质量除以物料质量。

8.2 干燥工艺

8.2.1

干燥阶段 stages of drying

被干燥物料在干燥器中进行干燥的时间,通常可包括预干燥、一次干燥和二次干燥等阶段。

8.2.1.1

预干燥 preliminary drying

待干物料在进入真空干燥器之前进行的脱水过程,包括过滤、蒸发、机械甩干等过程。

8.2.1.2

一次干燥 primary drying(in general)

一次干燥是指在真空干燥器中去除湿物料中自由水分的过程。在此干燥过程中的干燥速度几乎是不变的,因此也称为稳速干燥。

8.2.1.3

二次干燥　secondary drying

在一次干燥结束后,去除湿物料中结合水分或吸附水分直到最终含湿量的干燥过程。在此干燥过程中干燥速度随物料含湿量的变小而降低。因此又称降速干燥。

8.2.2　**干燥方式**

8.2.2.1

接触干燥　contact drying

湿物料主要通过与加热表面接触供给热量的干燥。

8.2.2.2

辐射干燥　drying by radiation

湿物料主要通过辐射供给热量的干燥(例如红外干燥)。

8.2.2.3

微波干燥　microwave drying

湿物料主要在交变电场中被直接加热的干燥。

8.2.2.4

汽相干燥　vapour phase drying

将待干燥物料送入真空干燥机,抽空之后通入合适的蒸气(例如有机物蒸气、煤油),使之冷凝于物料上并通过其释放的冷凝热使物料加热的干燥。

8.2.2.5

静态干燥　static drying

湿物料放在格层中、轨道或皮带等上面,其接触面不改变的干燥。

8.2.2.6

动态干燥　dynamic drying

湿物料不断运动或周期性运动的干燥。在干燥过程中使用机械装置(例如叶片式干燥机)或活动式接触面(例如震动式干燥机,筒式干燥机)对物料进行搅拌,这样使整个干燥时间缩短。

8.2.3

干燥时间　drying time

将物料由一定的初始含湿量干燥到规定的最终含湿量所需要的时间。

8.2.4

停留时间　length of stay(in the drying chamber)

停留时间就是物料在真空干燥机或冷冻干燥机中放置的时间。

8.2.5

循环时间　cycle time

物料在连续式工作的真空干燥机或冷冻干燥机中的停留时间。

8.2.6

干燥率　dessication ratio

在规定的干燥时间内,含湿量与初始含湿量的百分比。

8.2.7

去湿速率　mass flow rate of humidity

在某一事件间隔内,由物料中所去除的湿气量除以该时间。

8.2.8

单位面积去湿速率　mass flow rate of humidity per surface area

去湿速率除以干燥器与待干燥物料接触的面积。

8.2.9

干燥速度　drying speed

单位时间内，从湿物料中去除的水分质量。

8.2.10

干燥过程　drying process

湿物料从进入真空干燥器的初始湿含量，到离开真空干燥器的最终含湿量，所经历的历程。

8.2.11

加热温度　heating temperature

供热器(例如热辐射器，装载面)的表面温度。

8.2.12

干燥温度　temperature of the material being dried

在干燥过程中，物料在规定位置上测得的物料温度。应给出测量方法和测量位置。

注：应注意干燥物料的上限温度。

8.2.13

干燥损失　loss of material during the drying process

湿物料在干燥或冷冻过程中受损失的部分(例如由飞尘、磨损、沉积引起)。

8.2.14

飞尘　lift off(particles)

在干燥或冷冻干燥过程中，从物料脱落和去除的小颗粒物料。

8.2.15

堆层厚度　thickness of the material

物料在干燥过程中的厚度或颗粒物料在冷冻干燥中堆料的高度。

8.3　冷冻干燥

8.3.1

冷冻　freezing

将湿物料降温使其中所含水分冻结的过程。

8.3.1.1

静态冷冻　static freezing

待冷冻的物料在冷冻过程中不运动的冷冻。

8.3.1.2

动态冷冻　dynamic freezing

待冷冻的物料在冷冻过程中处于运动状态的冷冻。

8.3.1.3

离心冷冻　centrifugal freezing

湿物料在旋转的容器内靠离心力使物料到达容器壁并冷冻的一种冻结方式(例如滚动冷冻、旋转冷冻)。

8.3.1.4

滚动冷冻　shell freezing

湿物料缓慢地绕容器的水平轴或倾斜轴转，由容器壁向物料传递冷量的一种冻结方式。

8.3.1.5

旋转冷冻　spin-freezing

湿物料快速地绕容器轴旋转，由容器壁开始冷冻的一种冷冻方式。

8.3.1.6

真空旋转冷冻　vacuum spin-freezing

湿物料快速地绕容器轴旋转，在真空中通过溶剂蒸发进行冷冻的一种冷冻方式。

8.3.1.7

喷雾冷冻　spray freezing

采用雾化器将湿物料分散成雾滴然后在低温下冻结的一种方式。

8.3.1.8

气流冷冻　air blast freezing

自下而上穿过湿物料层通入冷却气体(例如空气)形成强制对流，使颗粒状物料保持悬浮状态进行冷冻的一种方式。

8.3.2

冷冻速率　rate of freezing

单位时间内冷冻的湿物料质量。

8.3.3

冷冻物料　frozen material

经受冷冻的湿物料。

8.3.4

冰核　ice core

湿物料被冻结时，其中水分最先凝固的分子团。

8.3.5

干燥物料外壳　envelope of dried matter

在冷冻干燥过程中，包围冰核甚至还包含结合水分的已干燥的物料层。

8.3.6

升华界面　sublimation front

在冷冻干燥过程中，已干物料层与冻结物料层的分界表面。

8.3.7

融化位置　freezer burn

在冷冻干燥过程中，冷冻物料没能实现升华干燥而被融化的位置。

8.4　真空干燥设备；真空冷冻干燥设备

8.4.1

真空干燥设备和真空冷冻干燥设备　vacuum drying plant and vacuum freeze drying plant

用来进行真空干燥和真空冷冻干燥的一种真空设备。

8.4.2

真空干燥器或冷冻干燥器　vacuum drying chamber or freeze drying chamber

湿物料在其中可实现真空干燥的容器。

8.4.3

加热表面　heating surface

能用来将热量传导给待干燥物料的热源表面。

8.4.4

搁板　shelf

在真空干燥器或冷冻干燥器中，用来接受物料或装载物料的装置。如果是接触式干燥，它同加热表面可以完全相同。

8.4.5

干燥器的处理能力　throughput(of the vacuum drying chamber)

单位时间干燥器能干燥湿物料的质量。

8.4.6

单位面积干燥器的处理能力　throughput per shelf area

在单位时间内,干燥器内单位面积搁板上,所能干燥湿物料的质量。

8.4.7

冰冷凝器　ice condenser

水蒸气主要是以固体聚合态形式冷凝在冷却表面上的容器。

8.4.8

冰冷凝器的负载　load of the ice condenser

在规定时间内,主要以固体聚合态形式冷凝在冰冷凝器冷凝表面的蒸汽质量。

8.4.9

冰冷凝器的额定负载　rated load of the ice condenser

冰冷凝器能经济地运转的最高负载。

9　表面分析技术

9.1　一般术语

9.1.1

试样　sample

对其表面按工艺进行全部或部分研究的固体或液体。

注:如果内边界层也要进行研究,要么需由适宜的制作方法制成或显露的表面。

9.1.1.1

表面层　surface layer

试样相对于气体、液体或固体的边界层。它包括可能存在的被吸附物或试样蒸气层原子的总体,其与介质交界的间距不应超过在特定情况下给出的值,在数量级上小于原子间距。表面层的厚度始终受观察的交界影响,它和处理方法有关,在某些情况下应给出表面层的厚度。

9.1.1.2

真实表面　true surface

冷凝物质与相邻介质之间的微观界面。

9.1.1.3

有效表面积　effective surface area

进行研究时所规定的真实表面积。

9.1.1.4

宏观表面;几何表面　macroscopic surface area;geometric surface area

真实表面的包封面,一般来说它是一个表面。

9.1.1.5

表面粒子密度　surface particle density

一定种类的表面粒子数与有效表面面积之商。

9.1.1.6

单分子层　monolayer

以一个原子或分子的厚度“完全地”覆盖真实表面的一定种类的粒子总体。

9.1.1.7

表面单分子层粒子密度 monolayer density

一定种类粒子的单分子层的表面粒子密度(表面单分子层粒子密度也经常称作为单分子层的覆盖)。

9.1.1.8

覆盖系数 coverage ratio

相同种类的粒子表面的粒子密度除以单分子层的表面分子密度。

9.1.2

激发 excitation

引起光子和粒子(例如原子、分子、离子、电子)发射(包括反射)的物理相互作用。

9.1.2.1

一次粒子 primary particles

用作激发的光子或粒子(例如原子、分子、离子、电子)。

注:“粒子”在特殊的场合可用“离子”、“电子”等代替。

9.1.2.2

一次粒子通量 primary particle flux

在给定时间间隔内出现在表面上的一次粒子数与该时间间隔之商。

9.1.2.3

一次粒子通量密度 density of primary particle flux

气体空间中通过给定面积一次粒子的通量与该面积之商。

9.1.2.4

一次粒子负荷 primary particle load

一次粒子通量与激发面之商。必须给出一次粒子的能量。

9.1.2.5

一次粒子积分负荷 integral load

一次粒子负荷在持续轰击时间上的积分。必须给出一次粒子的能量。

9.1.2.6

一次粒子入射能量 energy of the incident primary particles

一次粒子进入到表面层作用区域之前的动能。

9.1.2.7

激发体积 excited volume

发生激发的试样的体积。

9.1.2.8

激发面积 excited area

垂直于激发面积的激发体积的伸展深度。

9.1.2.9

激发深度 excited death

垂直于激发面积的激发体积的伸展深度。

9.1.2.10

二次粒子 secondary particles

由于激发引起表面发射或反射的光子或粒子(例如原子、分子、离子或电子)。

9.1.2.11

二次粒子通量　secondary particle flux

在给定时间间隔内，观察到的发射的二次粒子数与该时间间隔之商。

9.1.2.12

二次粒子发射能　energy of the emitted secondary particles

二次粒子从表面层作用范围发射之后的动能。

9.1.2.13

发射体积　emitting volume

产生发射的这部分激发体积。

9.1.2.14

发射面积　emitting area

同时限制发射体积的宏观试样表面。

9.1.2.15

发射深度　emitting depth

垂直于发射面积的发射体积的伸展深度。

9.1.2.16

信息深度　information depth

用作分析粒子的发射深度。信息深度至多只能与发射深度一样深。

9.1.2.17

平均信息深度　mean information depth

产生$(1-1/e^2)$的86%粒子的信息深度。

9.1.3

入射角　angle of incidence

入射粒子平均方向在其入射位置与宏观表面的法线之间的夹角。

9.1.4

发射角　angle of emission

被观察的二次粒子发射方向在其发射位置上与宏观表面的法线之间夹角。

9.1.5

观测角　angle of observation

表面法线与方向的分析器轴与一次粒子平均方向的夹角。它表示偏振脚和方位角。

9.1.6

分析表面积　analyzed surface area

用来作分析的发射面积。

9.1.7

产额　yield

与激发的方法有关的二次粒子数与一次粒子数之商。在说明产额时，必须列举出关联的参数(例如：一次粒子的能量和入射角，材料和表面状态)。

9.1.8

表面层微小损伤分析　minimum damage surface analysis

为达到研究的目标仅使表面层稍微发生变化的分析。

9.1.9

表面层无损伤分析　non-destructive surface analysis

表面层显示不出变化的分析。

9.1.10

断面深度分析 profile analysis in depth;depth profile analysis

对垂直于试样表面浓度分布的测定分析。有磨去表面层并产生新表面层和(或)对被磨去材料进行分析的断面深度分析法及不磨去表面层进行分析的方法(例如反射离散测量)。

9.1.11

可观测面积 observable area

由指示仪显示的试样宏观表面发射部分。

9.1.12

可观测立体角 observable solid angle

由试样一个点上发射的粒子可由分析器显示的立体角。

9.1.13

接受立体角;观测立体角 angle of acceptance

由分析器所显示的二次发射立体角。

9.1.14

角分辨能力 angular resolving power

接受立体角与 2π 之商。

9.1.15

发光度 luminosity

可观测面积与可观测立体角之积与固有发射之商。

9.1.16

二次粒子探测比 detection ratio for secondary particles

所记录下来的一定种类的二次粒子数与所发射的同一类型二次粒子数之商。

9.1.17

表面层分析仪的探测极限 detection limit of an apparatus for surface analysis

在激发体积中化学元素的最小可指示浓度。在说明指示极限时应该给出激发条件和所研究物质的种类。

9.1.18

表面层分析仪灵敏度 sensitivity of an apparatus for surface analysis

所测得的一定种类的二次粒子数与一次粒子数之商。该灵敏度与二次粒子激发系数与探测比之积。在说明灵敏度时应给出参数(例如被研究物质的种类和状体,一次粒子的能量)。

9.1.19

表面层分析仪质量分辨能力 mass resolving power of an apparatus for surface analysis

$M/\Delta M$ 之商。在给出能量分辨能力时,应说明 E 是在何种物质上测得的,ΔM 是如何确定的。对用作检验的已给出分辨能力的标准试样,往往需要给予命名。

9.1.20

表面层分析仪能量分辨能力 energy resolving power of an apparatus for surface analysis

$E/\Delta E$ 之商。在给出能量分辨能力时,应说明 E 是在何种物质上测得的,ΔE 是如何确定的。对用作检验的已给出分辨能力的标准试样,往往需要加以命名。能量分辨能力是通过测量行幅而确定的。

9.1.21

本底压力(表面分析技术) base pressure

测量试样时,在试样位置上的压力。

9.1.22

工作压力(表面分析技术)　working pressure

测量试样时,在试样位置上的压力。

9.2　分析方法

9.2.1

二次离子质谱术;SIMS　secondary ion mass spectroscopy;SIMS

用离子(一次离子)轰击表面,使其表面层发射出正离子和(或)负粒子(二次离子)来进行质谱分析的一种表面分析法。

9.2.1.1

静态二次离子质谱数;静态 SIMS　static secondary ion mass spectroscopy;static SIMS

静态 SIMS 满足微小破坏分析条件的一种二次离子质谱测定。

9.2.1.2

动态二次离子质谱术;动态 SIMS　dynamic secondary ion mass spectroscopy;dynamic SIMS

能识别表面出现变化的一种二次离子质谱测定,同时应给出激发参数。

9.2.2

二次离子质谱仪;SIMS 仪　secondary ion mass spectrometer;SIMS apparatus

真空仪器的一部分,它至少包括一个一次离子源,一个离子分析器(例如磁场或高频四极磁场)和一个离子检测器。

9.2.3

离子散射表面分析;ISS　ion scattering spectroscopy;ISS

一种散射的一次离子能达到层的成分的表面层的化学分析法。

9.2.4

低能离子散射的表面分析　low energy ion scattering spectroscopy

一次离子的能量约小于 5 keV 的表面散射化学分析法。

9.2.5

卢瑟福后向散射的表面分析;RBS;卢瑟福离子后向散射的表面分析;RIBS　Rutherford backscattering spectroscopy;RBS;Rutherford ion backscattering spectroscopy;RIBS

离子散射的一种表面分析。在这种分析中一次离子的能量约大于 100 keV。

9.2.6

离子散射谱仪　ionscattering spectrometer

真空仪器的一部分,它至少包括一个离子源,一个能量分析器和一个离子检波器。按照一次离子的不同能量,这样的光谱仪也叫 ISS 仪或 RBS 和 RISB 仪。

9.2.7

俄歇效应　Auger process

原子或原子键中的电子,从较高能量的状态跃迁到较低能量的状态,由此释放的能量传递给另一个电子(俄歇电子)的一种弛豫过程。

9.2.8

俄歇电子谱术;AES　Auger electron spectroscopy;AES

根据发射的俄歇电子能来分析表面层的化学成分的一种化学分析方法。采用这种方法,俄歇电子是由电子轰击激发的。

注:专有名称"俄歇电子谱术"只应用在本节中所阐述的方法。也有采用其他手段作为电子轰击的激发,采用别的方法固然也能激发出俄歇电子,对于这些方法只能用精确的激发机理加以说明。

9.2.9

俄歇电子能谱仪;AES仪　Auger electron spectrometer;AES apparatus

真空仪器的一部分,它至少包括电子源,一个能量分析器和一个电子监测器。

9.2.10

光电子谱术　photoelectron spectroscopy

用来测量由电磁辐射所释放出来的光电子和俄歇电子的一种表面层分析法。

9.2.10.1

紫外光电子谱术;UPS　ultraviolet photoelectron spectroscopy;UPS

通过单色紫外辐射产生激发的一种光电子谱术。

9.2.10.2

X射线光电子谱术;XPS X-ray　photoelectron spectroscopy;XPS

由X射线辐射激发产生的光电子谱术。

9.2.11

光电子谱仪　photoelectron spectrometer

真空仪器的一部分,它至少包含有一个光子源,一个能量分析器和一个电子监测器。

9.2.12

低能电子衍射;LEED　low energy electron diffraction;LEED

对给定能量的电子被表面(一般为凝聚且有弹性)后向散射的一种表面结构分析法。由通过表面层的晶体组织衍射电子的方向和电子束密度来分析表面结构。

9.2.13

低能电子衍射仪;LEED仪　apparatus for low energy electron diffraction;LEED-apparatus

真空仪器的一部分,至少包括有一个电子源和显示弹性散射电子的装置。在一次电子入射能量介于20 eV～300 eV时,显示装置必须适用于大立体角范围(几乎为2π)的分析。

9.2.14

电子能损失谱术;ELS(也称EELS)　electron energy loss spectroscopy(ELS)

用于研究表面本身及其吸附的电子结构和(或)几何结构的一种方法。采用此方法,电子以已知的脉冲受到表面的散射,于是从被散射电子的脉冲分布中获得有关吸附物-基底-系统的结合性质和排列的情况。

9.2.15

电子能损失光谱仪;ELS仪　electron energy loss spectrometer;ELS apparatus

真空仪器的一部分,它至少包括一个带有规定脉冲电子的电子源,一个脉冲分析器和一个电子检测器,在源电流为约1 nA时半宽值ΔE总约为10 meV,角半宽值约1.5°的仪表可以说得上是高分辨的EL光谱仪。只有用高分辨能力光谱仪才能研究振动状态。

10　真空冶金

10.1　真空冶金

10.1.1

真空冶金　vacuum metallurgy

在真空制造、处理和继续加工聚合状态金属的理论、经验和方法的总和。

10.1.2

真空精炼　vacuum refining

熔融金属或固体物料在真空下,以气相状态分离出不希望有的成分的一种处理法。

10.1.2.1

金属真空除气 metal vacuum degassing

将正常状态下气体的组分抽除的一种真空精炼。

10.1.2.2

金属真空蒸馏 metal vacuum distillation

制造和回收以有色金属为主的金属和合金的一种真空精炼。蒸馏时易挥发的成分在真空下被蒸发并凝结到冷凝器上。

10.1.2.3

化学反应真空精炼 chemical reaction vacuum refining

不希望有的成分通过与添加物的化学反应,与要求成分得到分离的一种真空精炼。在化学反应时,添加物同待分离成分一起形成挥发性化合物。

10.1.2.4

真空氧化 vacuum oxidation

通过加入氧化物或气态氧降低碳含量的一种化学反应真空精炼。

10.1.2.5

真空脱碳 vacuum decarbonizing

通过在熔融金属中溶解的氧与其内的碳的反应,来减少碳的一种化学反应真空精炼。

10.1.2.6

真空脱氧 vacuum deoxidation

主要通过碳降低游离氧含量的一种化学反应的真空精炼。

10.1.3

熔融金属真空精炼工艺 vacuum refining process for melting metal

熔融金属在真空下进行精炼的方法。也能同时进行或先后进行一些真空下其他加工过程,如炼制合金、扩散退火、金属渣反应。

10.1.3.1

真空钢包除气 vacuum ladle degassing

把钢水包中的熔融金属经真空处理的一种真空精炼工艺。

10.1.3.2

真空钢包脱气法 vacuum ladle degassing process

液态金属从钢包以液滴状态注入到真空室进行除气的一种真空精炼工艺(也称为BV法)。

10.1.3.3

真空虹吸脱气法 vacuum siphon degassing process

真空精炼熔融金属(主要是在炼钢时)的一种方法。采用这种方法,贮钢桶,例如浇注包中的熔融金属通过一根浸在其中的类似于气压计的管子吸升到真空室内。由于真空室中熔融金属液面上、下发生周期变化,于是引起贮钢桶和真空室之间熔融金属的交流。因此,在每次吸升时,新注入到真空室中的这部分熔融金属就进行除气(这种方法也称DH法)。

10.1.3.4

真空循环脱气法 vacuum cycle degassing process

真空精炼熔融金属的一种方法。采用这种方法时,在钢包上部有一真空室,它有两根管子浸入到钢包之中,当一浸管中有惰性气流动时,包内的熔融金属就流向真空室,于是便使金属产生循环作用(也称RH法)。

10.2 真空熔炼和真空浇注

10.2.1

电子束熔炼 electron beam melting

通过电子轰击将能量供给炉料进行熔化的一种真空熔炼法。

10.2.2

真空感应熔炼 vacuum induction melting

通过感应将能量供给炉料进行熔化的一种真空熔炼法。

10.2.3

真空电弧熔炼 vacuum arc melting

通过电弧将能量供给炉料进行熔化的一种真空熔炼法。

10.2.4

真空等离子体熔炼 vacuum plasma melting

由等离子体将能量供给炉料进行熔化的一种真空熔炼法。

10.2.5

真空电阻熔炼 vacuum resistance melting

利用炉料本身电阻或特殊加热电阻将热能供给炉料进行熔化的一种真空熔炼法。

10.2.6

真空坩埚熔炼 vacuum crucible melting

炉料完全在坩埚中熔化，并通过其倾斜(倾翻式坩埚)或底孔(底部设有放液口的坩埚)浇注到铸型或锭模中的一种真空熔炼法。

10.2.7

真空凝壳熔炼 vacuum skull melting

使冷却的坩埚内表面和熔融金属之间形成一层熔炼物料的凝结外壳，接着将壳层中的熔融金属浇注到铸型或锭模中的一种真空坩埚熔炼法。

10.2.8

底部真空浇注 bottom vacuum pouring

真空中的一种底部放液法。它用来炼制特别精密的材料(例如用于核技术)。

10.2.9

真空精密浇注 vacuum precision casting

在真空下将液态金属压入到截面小形状复杂的空腔中的一种真空精密铸造(首饰制造)。

10.2.10

真空压铸 vacuum die casting

一种压铸法。压铸时将上部封闭带有开孔的铸型被抽空并浸入到处于真空下的熔融金属中，接着将气体放入到熔炼室中，以作用于熔融金属表面的气体压力将熔融材料压入到铸型中。

10.2.11

真空锭模熔炼 vacuum ingot melting

在加热的锭模内使炉料熔化，从而铸出铸锭的一种真空熔炼。

10.2.12

真空悬浮熔炼 vacuum floating melting

使炉料悬浮(例如通过在炉料中产生的高频涡流)并使之熔化的一种真空熔炼。

10.2.13

真空重熔 vacuum remelting

真空熔炼的一种。熔炼时炉料持续地熔化，以液态停留一段时间后，熔融金属获得一个凝固面，因此连续地产生出固态金属体。炉料一般都是预熔材料，经常把它作为熔化电极使用。

10.2.14

真空区域熔炼 vacuum zone melting

棒状材料的熔炼区域按一个方向移动的一种真空熔炼。这种方法主要用于制取单晶和高纯材料。

10.2.15

真空拉单晶 vacuum pulling crystal

在真空中拉单晶，通常是从过冷熔融金属中以固定的低速拉制出均匀的定向相同的晶体。

10.3 固体金属材料的真空处理和真空加工

10.3.1

电子束处理和电子束加工 electron beam processing

用真空处理和真空加工的工艺方法。采用这些方法时，所必要的能量由电子束输送，这里，真空是获得电子束的必要条件。由于能把电子束能量迅速精确地调节并集中到工件中的限制区域，因此电子束处理和电子束加工特别适用于高精度要求的工艺中（例如精密焊接）。在某些工艺方法（例如切削和钻孔）中电子束可用来代替一种机械工具。

10.3.2

等离子体热处理 plasma heat treatment

使铁制材料的工件经受气体放电的一种真空热处理。气体放电时，所选择气体的离子打到工件的表面并能渗入到表面层，于是表面层在化学成分上起了变化。

按照所使用气体的种类，这类热处理的例子有等离子渗氮、等离子碳氮共渗、等离子体渗碳。

10.3.3

离子蚀刻 ion etching

用离子轰击除去表面层。由于各种材料溅射速率不同，这样由多种材料组成的表面层上便出现有选择性的损蚀，因此用这种方式便制得要求的外形表面。

10.3.4

真空蒸发 vacuum evaporation

金属材料或金属化合物在真空下蒸发并在真空下制取金属中间产品或最终产品的方法，例如制取粉末、模制体和张臂式薄箔。

10.3.5

真空雾化 vacuum atomization

制取金属粉末的一种方法。它是把感应熔化的熔融金属通过喷嘴喷入真空室，由于其溶解的气体在低压下快速膨胀，使熔融金属雾化，进而制成金属粉末。

10.3.6

真空热处理 vacuum heat treatment

通过把材料或零件在真空状态下按工艺规程加热、冷却来达到预期性能的一种处理方法（如真空退火、回火、淬火等）。

10.3.7

真空钎焊 vacuum brazing

在真空状态下，把一组焊接件加热到填充金属熔点温度以上，但低于基体金属熔点温度，借助于填充金属对基体金属的湿润和流动形成焊缝的一种焊接工艺（钎焊温度因材料不同而异）。

10.3.8

真空烧结 vacuum sintering

在真空状态下，把金属粉末制品加热，使相邻金属粉末晶粒通过粘着和扩散作用而烧结成零件的一种方法。

10.3.9

真空加压烧结　vacuum pressure sintering

把在真空状态下的粉末，通过加热和机械压力同时作用的一种烧结方法。

10.4　真空冶金设备和专用部件

10.4.1

真空冶金设备　vacuum metallurgy plant

由泵、元件、真空室和仪表组成，能在真空下实施一定过程或实验的工艺设备。

10.4.1.1

电子束焊接设备　electron beam

借助于电子束实施焊接的一种真空冶金设备。实施焊接的工件可以处于高真空、中真空、低真空或特殊场合之中，也可以处于大气之中。

10.4.1.2

高真空电子束焊接设备　high vacuum electron beam welding plant

工件处于高真空中的一种电子束焊接设备。这种高真空室在结构上也可以成为一个可放在较大工件上面的真空室。

10.4.1.3

中(低)真空电子束焊接设备　medium(low) vacuum electron beam welding plant

工件处于中真空室和低真空室中的电子束焊接设备。由压力梯段维持电子束枪所需要的压差。在焊接技术中，这种设备直到今天还经常被称作为高真空设备。常常将工作室做成凹模状，并有节奏地同电子枪作真空封密连接。

10.4.1.4

用于大气压下焊接的电子束焊接设备　electron beam welding plant under atmosphere

工件处于大气压下的一种电子束焊接设备。通过压力梯段将高真空中的电子束与大气隔开。必要时采用保护气体对工件进行保护。

10.4.2

真空炉　vacuum furnace

炉室抽空的炉子。真空炉经常按使用目的或能量供给的方式表示，例如：真空熔炼炉、真空电弧炉。

10.4.2.1

真空热壁炉　vacuum heat wall furnace

热量通过炉壁传给工件的真空炉。

10.4.2.2

负压真空热壁炉　negative pressure vacuum heat wall furnace

带有真空外壳的真空热壁炉。为减少热损失和降低对炉壁的压力，炉中包围真空室的炉壳被抽空。

10.4.2.3

真空冷壁炉　vacuum cold wall furnace

热量在真空室之内直接传给工件，在热源和炉壁之间设有隔热装置的一种真空炉。

10.4.2.4

真空连续式加热炉　vacuum continuity heating furnace

炉料依次通过前后相连的加热和冷却区域的一种真空炉。加热和抽空是通过闸室系统或压力梯段实现的。

10.4.2.5

真空感应炉　vacuum induce furnace

由感应线圈连同坩埚组成的一种装置，它可以带有或不带安装在真空室中的倾翻装置。

10.4.3

电子枪　electron gun

至少包含有一个电子源(阴极)的电子光学系统。加速阳极要么处于同一系统中(自加强)，要么就是熔炼物料或工件(外加速)。

为了维持高真空，电子源常常通过压力梯段同处理室分开。在某些情况下，用偏转系统阻止离子渗入到电子枪中。

10.4.3.1

自加速电子枪　self acceleration electron gun

电子源和加速阳极组成同一系统的一种电子枪。

10.4.3.2

电子平面射束枪　electron plane beam gun

线性阴极为伸展式或稍稍有点弧形的自加速电子枪。由线性阴极产生出扇形电子束。

10.4.3.3

电子束枪　electron beam gun

电子源附近的电子束扩展相当小的一种自加速电子枪。通过电子光学方法能使管内电子束产生密集的聚焦。

10.4.3.4

外加速电子枪　outer acceleration electron gun

由熔炼物料或工件构成的加速阳极的一种电子枪。

10.4.3.5

电子环射束近距离枪　electron ring beam short range gun

阴极为环形的外加速电子枪。熔融物料处于电子束的中央。

10.4.3.6

压力梯段电子枪　pressure gradient electron gun

在电子枪和工作室之间连续有一个或若干个压力梯段的电子枪。

10.4.4

自耗电极(熔化电极)　consumable electrode

在真空熔炼时，同熔池一起形成电弧，在此工艺过程中它被熔化。

10.4.5

非自耗电极(非熔化电极)　non-consumable electrode

由高熔点电导性材料组成，尽可能保持稳定的一种电极。一般情况熔池就是炉料。

附 录 A
（资料性附录）
在采用国际单位制(SI 制)之前使用的压力单位和换算系数

基本单位：见 2.5

参考 ISO 31-3

巴 bar(国际符号缩写：bar)[2)]

1 bar=10^5 Pa

微巴 barye

1 barye=10^{-1} Pa

一英尺水柱 conventional foot of water (缩写：ftH_2O)

1 ftH_2O≈2 989.07 Pa[3)]

一英寸汞柱 conventional inch of mercury(缩写：inHg)

1 inHg≈3 386.39 Pa[3)]

一英寸水柱 conventional inch of water(缩写：inH_2O)

1 inH_2O≈249.089 Pa[3)]

一毫米汞柱 conventional millimeter of mercury(缩写：mmHg)

1 mmHg≈133.322 Pa[3)]

一毫米水柱 conventional millietre of water(缩写：mmH_2O)

1 mmH_2O≈9.806 65 Pa[3)]

每平方厘米达因 dyne per square centimeter($dyn \cdot cm^{-2}$)

1 $dyn \cdot cm^{-2}$=10^{-1} Pa

英尺水柱 foot of water

见一英尺水柱换算

百皮爱兹 hectopièze(缩写：hpz)

1 hpz=10^5 Pa

英寸汞柱 inch of mercury

见一英寸汞柱换算

英寸水柱 inch of water

见一英寸水柱换算

每平方厘米千克力 kilogram-force per square centimeter(缩写：$kgf \cdot cm^{-2}$)

1 $kgf \cdot cm^{-2}$=98 066.5 Pa[3)]

每平方米千克力 kilogram-force per square metre(缩写：$kgf \cdot m^{-2}$)

1 $kgf \cdot m^{-2}$=9.806 65 Pa[3)]

微巴 microbar(缩写：μbar)

1 μbar=10^{-1} Pa

微米汞柱 micron of mercury(缩写：μHg,μmHg)

1 μHg≈0.133 322 Pa[3)]

微托 microtorr(缩写：μTorr)

---

2) C. I. P. M. (1969)设想暂时保持不属于 SI 制某些单位是可取的。它们是巴和标准大气压。

3) 系数圆整到 6 位有效数字。

1 μTorr≈0.000 133 322 Pa[3)]

毫巴 millibar(缩写:mbar,mb)

1 mbar=10^2 Pa

毫米汞柱 millimeter of mercury

见一毫米汞柱换算

毫米水柱 millimeter of water

见一毫米水柱换算

毫托 millitorr(缩写:mTorr)

1 mTorr≈0.133 322 Pa[3)]

标准大气压 normal atmosphere(国际符号缩写:atm)[2)]

自 1954

1 atm=101 325 N·m^{-2}

皮爱兹 pièze(缩写:pz)

1 pz=10^3 Pa

每平方英尺磅达 poundal per square foot(国际符号缩写:pdl·ft^{-2})

1 pdl·ft^{-2}≈1.488 16 Pa[3)]

每平方英尺磅力 pound-force per square foot(缩写:lbf·ft^{-2})

1 lbf·ft^{-2}≈47.880 3 Pa[3)]

每平方英寸磅力 pound-force per square inch(缩写:lbf·in^{-2},psi)

1 lbf·in^{-2}≈6 894.76 Pa[3)]

工程大气压 technical atmosphere(国际符号缩写:at)

1 at=980 66.5 Pa

托 torr(缩写:T)

1 Torr≈133.322 Pa[3)]

附 录 B
（资料性附录）
符 号 表

a	2.52	accommodation factor 适应系数
C,U	2.44	conductance 流导
C_i,U_i	2.45	intrinsic conductance 固有流导
C_N,U_N	2.43	molecule conductance 分子流导
D	2.25	diffusion coefficient 扩散系数
G	2.23	quantity of gas 气体量
l,λ	2.20	mean free path 平均自由程
n	2.17	number density of molecules 分子数密度
p	2.5	pressure 压力
P	2.66	permeability coefficient 渗透系数
P	2.65	permeability 渗透率
P_c	2.42	transmission probability 传输几率
p_L	2.13	saturation vapour pressure 饱和蒸气压
Ps	2.56	sticking probability 黏着几率
q_G	2.37	throughput 流量
q_{Gu}	2.63	desorption(or outgassing;or degassing) rate 解吸(或放气或去气)率
q_m	2.38	mass flow rate 质量流率
q_N	2.35	molecule flow rate,molecular flux 分子流率,分子通量
q_V	2.39	volume flow rate 体积流率
q_v	2.40	molar flow rate 摩尔流率
w	2.46	resistance 流阻
ν	2.53	impingement rate 入射率
ρ_u	2.19	unitary mass density 单位质量密度
τ	2.57	residence time 滞留时间
χ	2.22	volume collision rate 体积碰撞率
ψ	2.21	collision rate 碰撞率

附 录 C
（资料性附录）
真空泵分类表

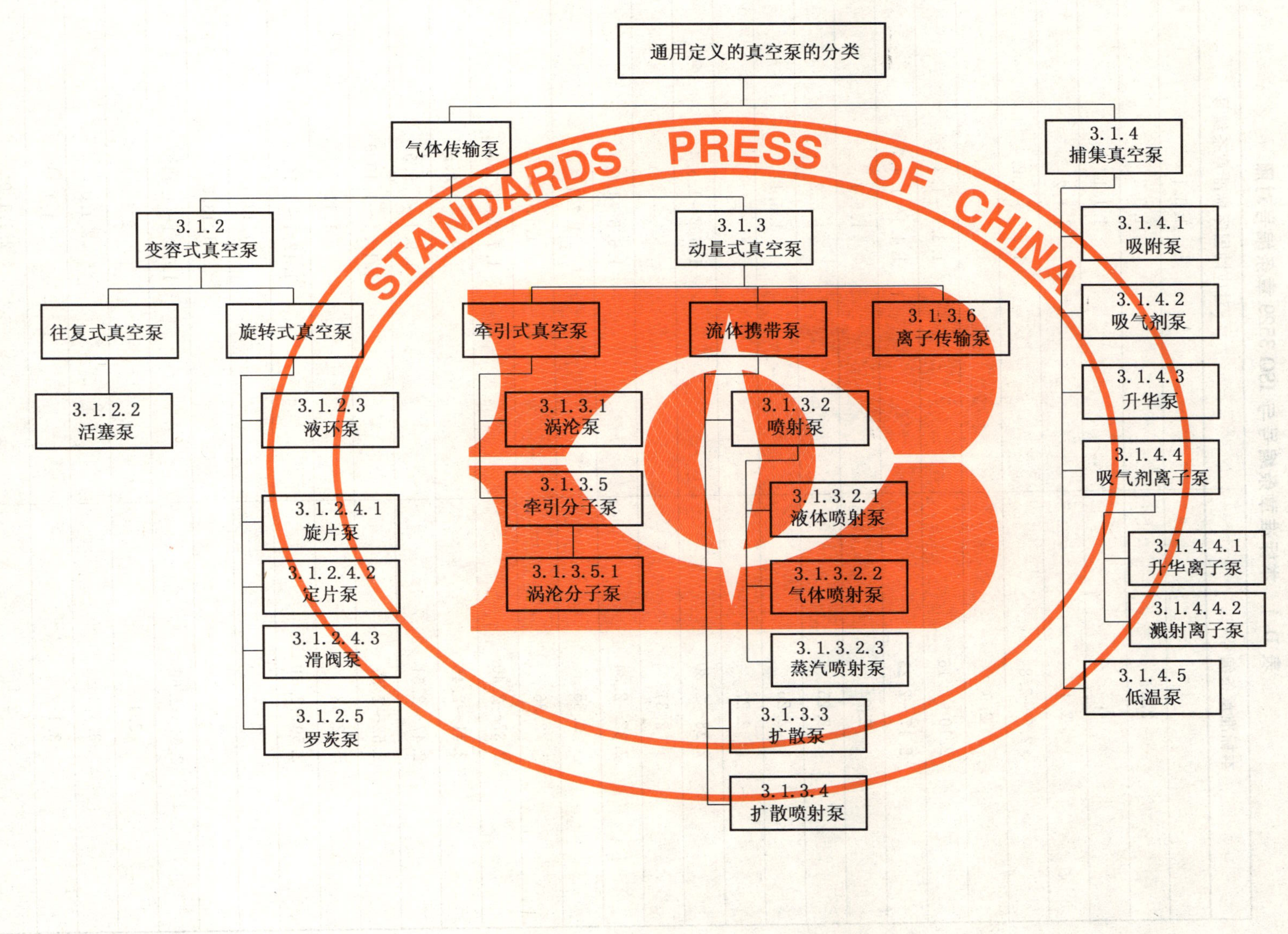

附　录　D
（资料性附录）
本标准章条编号与 ISO 3529:1981 章条编号的对照一览表

表 D.1 给出了本标准与 ISO 3529 章条编号对照的一览表。

表 D.1　本标准章条编号与 ISO 3529 章条编号对照

本标准章条编号	对应的国际标准章条编号
2.1	1.0.1
2.2	1.0.2
2.3	1.1.1
2.4	1.1.2
2.5～2.8	1.2.1～1.2.4
2.9	—
2.10～2.16	1.3.1～1.3.7
2.17～2.23	1.4.1～1.4.7
2.24	1.5.1
2.25	1.5.2
2.26	1.6.1
2.27	—
2.28～2.30	1.6.2～1.6.4
2.31	—
2.32～2.34	1.6.5～1.6.7
2.35	1.7.1
2.36	1.7.1.0
2.37～2.40	1.7.2～1.7.5
2.41～2.46	1.8.0～1.8.5
2.47～2.51	1.9.1～1.9.5
2.52～2.57	1.10.1～1.10.6
2.58	1.11
2.59～2.61	1.12.1～1.12.3
2.62	1.13.1
2.63	1.13.2
2.64～2.66	1.14.1～1.14.3
3.1	2.1
3.1.1	2.1.0
3.1.2	2.1.1
3.1.2.1	2.1.1.0

表 D.1（续）

本标准章条编号	对应的国际标准章条编号
3.1.2.1.1～3.1.2.1.3	2.1.1.0.1～2.1.1.0.3
3.1.2.2～3.1.2.4	2.1.1.1～2.1.1.3
3.1.2.4.1～3.1.2.4.3	2.1.1.3.1～2.1.1.3.3
3.1.2.5	2.1.1.4
3.1.2.6	2.1.1.5
3.1.3	2.1.2
3.1.3.1	2.1.2.1
3.1.3.2	2.1.2.2
3.1.3.2.1～3.1.3.2.3	2.1.2.2.1～2.1.2.2.3
3.1.3.3	2.1.2.3
3.1.3.3.1	2.1.2.3.1
3.1.3.3.2	2.1.2.3.2
3.1.3.4	2.1.2.4
3.1.3.5	2.1.2.5
3.1.3.5.1	2.1.2.5.1
3.1.3.6	2.1.2.6
3.1.4	2.1.3
3.1.4.1～3.1.4.4	2.1.3.1～2.1.3.4
3.1.4.4.1	2.1.3.4.1
3.1.4.4.2	2.1.3.4.2
3.1.4.5	2.1.3.5
3.2	2.2
3.2.1～3.2.3	2.2.0.1～2.2.0.3
3.2.4	2.2.1.1
3.2.5	2.2.1.2
3.2.6	—
3.2.7～3.2.9	2.2.1.3～2.2.1.5
3.2.10	2.2.2.1
3.2.11	2.2.2.2
3.2.11.1～3.2.11.3	2.2.2.2.1～2.2.2.2.3
3.2.12	2.2.2.3
3.2.13	2.2.2.4
3.2.13.1	2.2.2.4.1
3.2.14～3.2.16	2.2.2.5～2.2.2.7
3.3	2.3

表 D.1（续）

本标准章条编号	对应的国际标准章条编号
3.3.1	2.3.1
3.3.1.1～3.3.1.3	2.3.1.1～2.3.1.3
3.3.2～3.3.4	2.3.2～2.3.4
3.4	2.4
3.4.1～3.4.7	2.4.1～2.4.7
3.5	2.5
3.5.1	2.5.1.1
3.5.2	2.5.1.2
3.5.3	2.5.2
3.5.4～3.5.6	2.5.3.0～2.5.3.2
3.5.7～3.5.9	2.5.4～2.5.6
3.5.10	—
3.5.11	—
3.5.12	2.5.7.1
3.5.13	2.5.7.2
3.5.14	—
3.5.15	2.5.7.3
3.5.16	2.5.8.1
3.5.17	2.5.8.2
3.5.18	2.5.9.1
3.5.19	2.5.9.2
4.1	3.1
4.1.1	3.1.1
4.1.2	3.1.2
4.1.2.1	3.1.2.1
4.1.2.1.1	3.1.2.1.1
4.1.2.2	3.1.2.2
4.1.2.2.1	3.1.2.2.1
4.2	3.2
4.2.1～4.2.4	3.2.1～3.2.4
4.2.5	—
4.3	3.3
4.3.1～4.3.6	3.3.1～3.3.6
4.3.7～4.3.9	—
4.4	3.4

表 D.1（续）

本标准章条编号	对应的国际标准章条编号
4.4.1	3.4.1
4.4.1.1～4.4.1.4	3.4.1.1～3.4.1.4
4.4.2	3.4.2
4.4.2.1～4.4.2.3	3.4.2.1～3.4.2.3
4.4.3	3.4.3
4.4.3.1～4.4.3.3	3.4.3.0～3.4.3.2
4.4.3.3.1～4.4.3.3.3	3.4.3.2.1～3.4.3.2.3
4.4.3.4	3.4.3.3
4.4.3.4.1～4.4.3.4.6	3.4.3.3.1～3.4.3.3.6
4.4.3.4.7	—
4.4.3.4.8～4.4.3.4.10	3.4.3.3.7～3.4.3.3.9
4.5	3.5
4.5.1	3.5.1
4.5.2	3.5.2
4.5.2.1～4.5.2.3	3.5.2.1～3.5.2.3
4.5.3	3.5.3
4.5.3.1	3.5.3.1
4.5.3.2	3.5.3.1.1
4.5.3.3	3.5.3.1.2
4.5.3.4	3.5.3.4
4.5.4	3.5.4
4.5.4.1	3.5.4.1
4.6～10.4.5	—

附　录　E
（资料性附录）
本标准与 ISO 3529:1981 的技术性差异

表 E.1 给出了本标准与 ISO 3529:1981 的技术性差异及其原因的一览表。

表 E.1　本标准与 ISO 3529:1981 的技术性差异及其原因

本标准的章条编号	技术性差异	原　因
2.9	真空度	是根据我国长期使用的习惯和需求而增加
2.27	黏滞系数	
2.31	克努曾数	
3.2.6	气镇阀	
3.5.10	何氏系数	
3.5.11	抽速系数	
3.5.14	返流率	
4.2.5	相对真空计	
4.3.7	规管光电流	
4.3.8	逆 X 射线效应	
4.3.9	布利尔斯效应	
4.4.3.4.7	弯注型电离真空计	
4.6	真空计校准	
4.6.1	标准真空计	
4.6.2	校准系统	
4.6.3	校准系数 *K*	
4.6.4	压缩计法	
4.6.5	膨胀法	
4.6.6	流导法	
5	真空系统及有关术语	参考 GB/T 3163—1993《真空技术　术语》和 DIN 28400-5:1997《真空技术　术语及定义　真空系统、元件和附件》重新编写
6	检漏及有关术语	参考 GB/T 3163—1993《真空技术　术语》、ISO 3530:1979 真空技术　质谱检漏仪校准、DIN 28410:1976《真空技术　质谱分压测量仪　参数术语　操作条件》和 DIN 28411:1976《真空技术　质谱检漏仪验收规则术语》重新编写
7	真空镀膜技术	参考 GB/T 3163—1993《真空技术　术语》和 DIN 28400-4:1982《真空技术　术语及定义　真空镀膜技术》重新编写
8	真空干燥和冷冻干燥	参考 GB/T 3163—1993《真空技术　术语》和 DIN 28400-5:1981《真空技术　术语及定义　真空干燥和真空冷冻干燥》重新编写
9	表面分析技术	参考 GB/T 3163—1993《真空技术　术语》和 DIN 28400-6:1980《真空技术　术语及定义表面分析技术》重新编写
10	真空冶金	参考 GB/T 3163—1993《真空技术　术语》和 DIN 28400-7:1978《真空技术　术语及定义　真空冶金》重新编写

中文索引

堆层厚度	thickness of the material	8.2.15

E

俄歇电子能谱仪;AES 仪	Auger electron spectrometer;AES apparatus	9.2.9
俄歇电子谱术;AES	Auger electron spectroscopy;AES	9.2.8
俄歇效应	Auger process	9.2.7
二次干燥	secondary drying	8.2.1.3
二次离子质谱术;SIMS	secondary ion mass spectroscopy;SIMS	9.2.1
二次离子质谱仪;SIMS 仪	secondary ion mass spectrometer;SIMS apparatus	9.2.2
二次粒子	secondary particles	9.1.2.10
二次粒子发射能	energy of the emitted secondary particles	9.1.2.12
二次粒子探测比	detection ratio for secondary particles	9.1.16
二次粒子通量	secondary particle flux	9.1.2.11

F

发光度	luminosity	9.1.15
发射角	angle of emission	9.1.4
发射面积	emitting area	9.1.2.14
发射深度	emitting depth	9.1.2.15
发射体积	emitting volume	9.1.2.13
翻板阀	flap valve	5.5.18
反应性真空溅射	reactive vacuum sputtering	7.2.2.1
反应性真空蒸发	reactive vacuum evaporation	7.2.1.3
返流率	back-streaming rate	3.5.14
返迁移	back-migration	3.5.15
放电管指示器	discharge tube indicator	4.4.3.3.3
放气	outgassing	2.61
放射性电离计	radioactive ionization gauge	4.4.3.2
放射性同位素检漏	radioactive isotope leak detection	6.4.4
飞尘	lift off(particles)	8.2.14
飞行时间质谱仪	time of flight mass spectrometer	4.5.4.1
非对称性交流溅射	asymmtric alternate current sputtering	7.2.2.4
非可凝性气体	non-condensable gas	2.11
非自耗电极(非熔化电极)	non-consumable electrode	10.4.5
分离型真空计	extractor gauge	4.4.3.4.6
分馏扩散泵	fractionating diffusion pump	3.1.3.3.2
分析表面积	analyzed surface area	9.1.6
分压力	partial pressure	2.7

闪蒸	flash evaportion	7.2.1.10
射流	jet	3.2.12
射频质谱仪	radio frequency mass spectrometer	4.5.2.1
渗透	permeation	2.64
渗透率	permeability	2.65
渗透系数	permeability coefficient	2.66
升华(蒸发)泵	sublimation(evaporation)pump	3.1.4.3
升华界面	sublimation front	8.3.6
升华(蒸发)离子泵	sublimation(evaporation)ion pump	3.1.4.4.1
升压检漏	leak detection of rise pressure	6.4.3
湿度	degree of moisture,degree of humidity	8.1.13
湿分	partial moisture	8.1.9
时控挡板	timing shutter	7.3.10
试验基片	testing substrate	7.1.3
试样	sample	9.1.1
适应系数	accommodation factor	2.52
手动阀	manually operated valve	5.5.13
双金属线振荡器真空计	twin-wire oscillator gauge	4.4.3.4.9
双聚焦质谱仪	double focusing mass spectrometer	4.5.3.2
水分	moisture	8.1.6
水蒸气允许量	water vapour tolerable load	3.5.16
四极质谱仪	quadrupole mass spectrometer	4.5.2.2

T

弹性元件真空计	elastic element gauge	4.4.1.2
探索(示漏)气体	search gas	6.1.12
探索气体本底	search gas background	6.2.2
陶瓷金属封接	ceramic-to-metal seal	5.4.5
体积流率	volume flow rate	2.39
体积碰撞率	volume collision rate	2.22
调制型真空计	modulator gauge	4.4.3.4.4
停留时间	length of stay(in the drying chamber)	8.2.4
通道漏孔	channel leak	6.1.2
同时蒸发	simultaneous evaporation	7.2.1.1

W

外加速电子枪	outer acceleration electron gun	10.4.3.4
弯注型电离真空计	bent beam gauge	4.4.3.4.7

Z

真空冷壁炉	vacuum cold wall furnace	10.4.2.3
真空冷凝器;蒸汽冷凝器	device for condensing vapours	5.3.9
真空连续式加热炉	vacuum continuity heating furnace	10.4.2.4
真空炉	vacuum furnace	10.4.2
真空密封垫	vacuum-tight gasket	5.4.12
真空密封圈	vacuum ring gasket	5.4.13
真空凝壳熔炼	vacuum skull melting	10.2.7
真空平密封垫	vacuum flat gasket	5.4.14
真空岐管	vacuum manifold	5.3.5
真空钎焊	vacuum brazing	10.3.7
真空区域	ranges of vacuum	2.4
真空区域熔炼	vacuum zone melting	10.2.14
真空热壁炉	vacuum heat wall furnace	10.4.2.1
真空热处理	vacuum heat treatment	10.3.6
真空容器;真空室	vacuum chamber	5.3.1
真空容器的升压率	rate of pressure rise of a vacuum chamber	5.2.5
真空容器底板	vacuum base plate	5.3.4
真空烧结	vacuum sintering	10.3.8
真空调节阀	regulating valve	5.5.2
真空脱碳	vacuum decarbonizing	10.1.2.5
真空脱氧	vacuum deoxidation	10.1.2.6
真空雾化	vacuum atomization	10.3.5
真空系统	vacuum system	5.1.1
真空系统的放气率	degassing(outgassing) throughput of a vacuum system	5.2.3
真空系统的漏气率	leak throughput of a vacuum system	5.2.4
真空系统进气时间	venting time	5.2.14
真空系统时间常数	time constant of a vacuum system	5.2.13
真空限流件	limiting conductance	5.6.5
真空悬浮熔炼	vacuum floating melting	10.2.12
真空旋转冷冻	vacuum spin-freezing	8.3.1.6
真空循环脱气法	vacuum cycle degassing process	10.1.3.4
真空压铸	vacuum die casting	10.2.10
真空氧化	vacuum oxidation	10.1.2.4
真空冶金	vacuum metallurgy	10.1.1
真空冶金设备	vacuum metallurgy plant	10.4.1
真空引入线	feedthrough(leadthrough)	5.4.15
真空闸室	vacuum air lock	5.3.8
真空蒸镀	vacuum evaporation coating	7.2.1

英 文 索 引

A

B

D

E

energy of the incident primary particles	一次粒子入射能量	9.1.2.6
energy resolving power of an apparatus for surface analysis	表面层分析仪能量分辨能力	9.1.20
entrapment(capture)vacuum pump	捕集真空泵	3.1.4
envelope of dried matter	干燥物料外壳	8.3.5
equivalent nitrogen pressure	等效氮压力	4.3.5
equivalent standard air leak rate	等值标准空气漏率	6.1.11
evaporation field	蒸发场	7.3.6
evaporation field evaporation	蒸发场蒸发	7.2.1.2
evaporation material	蒸发材料	7.1.5
evaporation rate	蒸发率	2.62
evaporation rate of coating material	镀膜材料蒸发速率	7.1.8
evaporator	蒸发器	7.3.3
evaporator by direct heat	直接加热式蒸发器	7.3.4
evaporator by indirect heat	间接加热式蒸发器	7.3.5
evaporator device	蒸发器装置	7.3.2
excitation	激发	9.1.2
excited area	激发面积	9.1.2.8
excited death	激发深度	9.1.2.9
excited volume	激发体积	9.1.2.7
expansion chamber	膨胀腔	3.2.7
expansion method	膨胀法	4.6.5
extractor gauge	分离型真空计	4.4.3.4.6

F

feedthrough (leadthrough)	真空引入线	5.4.15
film material	膜层材料(膜层材质)	7.1.7
filter	过滤器	5.6.6
final residual moisture	最终含湿量	8.1.12
flap valve	翻板阀	5.5.18
flash evaportion	闪蒸	7.2.1.10
flow method	流导法	4.6.6
fluorescence leak detection	荧光检漏	6.4.5
fractionating diffusion pump	分馏扩散泵	3.1.3.3.2
free moisture	自由水分	8.1.7
freeze drying	冷冻干燥	8.1.2
freezer burn	融化位置	8.3.7
freezing	冷冻	8.3.1

minimum detectable rate of leak detector	检漏仪的最小可检漏率	6.3.5
modulator gauge	调制型真空计	4.4.3.4.4
moisture	水分	8.1.6
moisture content	含湿量	8.1.10
molar flow rate	摩尔流率	2.40
molecular drag pump	牵引分子泵	3.1.3.5
molecular effusion;effusive flow	分子泻流	2.32
molecular flow	分子流	2.29
molecular leak	分子漏孔	6.1.4
molecule conductance	分子流导	2.43
molecule flow rate,molecular flux	分子流率,分子通量	2.35
molecule flow rate density,density of molecular flux	分子流率密度,分子通量密度	2.36
molten metal vacuum seal	熔融金属真空封接	5.4.9
monolayer	单分子层	9.1.1.6
monolayer density	表面单分子层粒子密度	9.1.1.7
monopole mass spectrometer	单极质谱仪	4.5.2.3

N

negative pressure vacuum heat wall furnace	负压真空热壁炉	10.4.2.2
noise	噪声	6.2.4
non-condensable gas	非可凝性气体	2.11
non-consumable electrode	非自耗电极(非熔化电极)	10.4.5
non-destructive surface analysis	表面层无损伤分析	9.1.9
nozzle	喷嘴	3.2.11
nozzle assembly	喷嘴组件	3.2.15
nozzle clearance	喷嘴间隙	3.2.11.3
nozzle clearance area	喷嘴间隙面积	3.2.11.2
nozzle throat	喷嘴喉部	3.2.11.1
nude gauge	裸规	4.1.2.1.1
number density of molecules	分子数密度	2.17
number of Knudsen	克努曾数	2.31

O

observable area	可观测面积	9.1.11
observable solid angle	可观测立体角	9.1.12
oil free vacuum pump system	无油真空机组	5.1.4
oil purifier	油净化器	3.3.4
oil separator	油分离器	3.3.3

oil-sealed(liquid-sealed)vacuum pump	油封(液封)真空泵	3.1.2.1.2
omegatron mass spectrometer	回旋质谱仪	4.5.3.4
orbitron gauge	弹道型真空计	4.4.3.4.8
outgassing	放气	2.61
outer acceleration electron gun	外加速电子枪	10.4.3.4
outer chamber	真空保护层	5.3.7
outlet	出口	3.2.3

P

partial moisture	湿分	8.1.9
partial pressure	分压力	2.7
partial pressure vacuum gauge;partial pressure analyzer	分压真空计;分压分析仪	4.2.4
pascal	帕斯卡	2.6
PCVD plasma chemistry vapor deposition	等离子体化学气相沉积	7.2.6
Penning gauge	潘宁计	4.4.3.3.1
permanent seal	永久性真空封接	5.4.1
permeability	渗透率	2.65
permeability coefficient	渗透系数	2.66
permeation	渗透	2.64
photoelectron spectrometer	光电子谱仪	9.2.11
photoelectron spectroscopy	光电子谱术	9.2.10
photon current of vacuum gauge head	规管光电流	4.3.7
physisorption	物理吸附	2.49
piston vacuum pump	活塞真空泵	3.1.2.2
plasma heat treatment	等离子体热处理	10.3.2
pneumatically operated valve	气动阀	5.5.14
Poiseuille flow	伯谡叶流	2.28
positive displacement(vacuum)pump	变容(真空)泵	3.1.2
preliminary drying	预干燥	8.2.1.1
pressure	压力	2.5
pressure balance	压力天平	4.4.1.4
pressure gauge	压力计	4.1.1
pressure gradient electron gun	压力梯段电子枪	10.4.3.0
pressure range of a vacuum gauge	真空计压力测量范围	4.3.1
primary drying(in general)	一次干燥	8.2.1.2
primary particle flux	一次粒子通量	9.1.2.2
primary particle load	一次粒子负荷	9.1.2.4
primary particles	一次粒子	9.1.2.1

T

U

V

参考文献

[1] GB 3100 国际单位制及其应用(eqv ISO 1000)

[2] GB 3101 有关量、单位和符号的一般原则(eqv ISO 31-0)

[3] GB 3102(所有部分)量和单位[eqv ISO 31(所有部分)]

[4] GB/T 20001.1—2001 标准编写规则 第1部分:术语(ISO 10241:1992 International terminology standards—Preparation and layout,NEQ)

[5] ISO 3530:1979 真空技术 质谱检漏仪校准

[6] DIN 28400-4:1982 真空技术 术语及定义 真空镀膜技术

[7] DIN 28400-5:1981 真空技术 术语及定义 真空干燥和真空冷冻干燥

[8] DIN 28400-6:1980 真空技术 术语及定义 表面分析技术

[9] DIN 28400-7:1978 真空技术 术语及定义 真空冶金

[10] DIN 28400-8:1997 真空技术 术语及定义 真空系统、元件和附件

[11] DIN 28410:1976 真空技术 质谱分压测量仪 参数术语 操作条件

[12] DIN 28411:1976 真空技术 质谱检漏仪验收规则术语

ICS 23.160
J 78

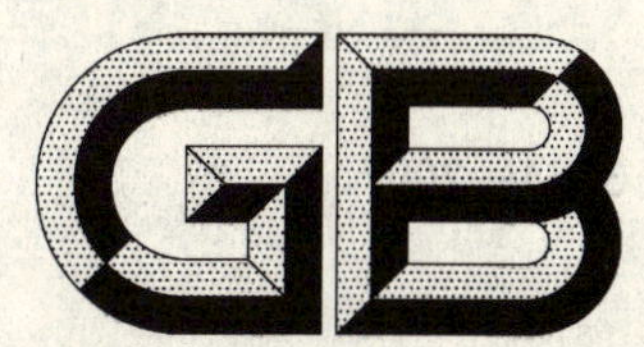

中华人民共和国国家标准

GB/T 3164—2007
代替 GB/T 3164—1993

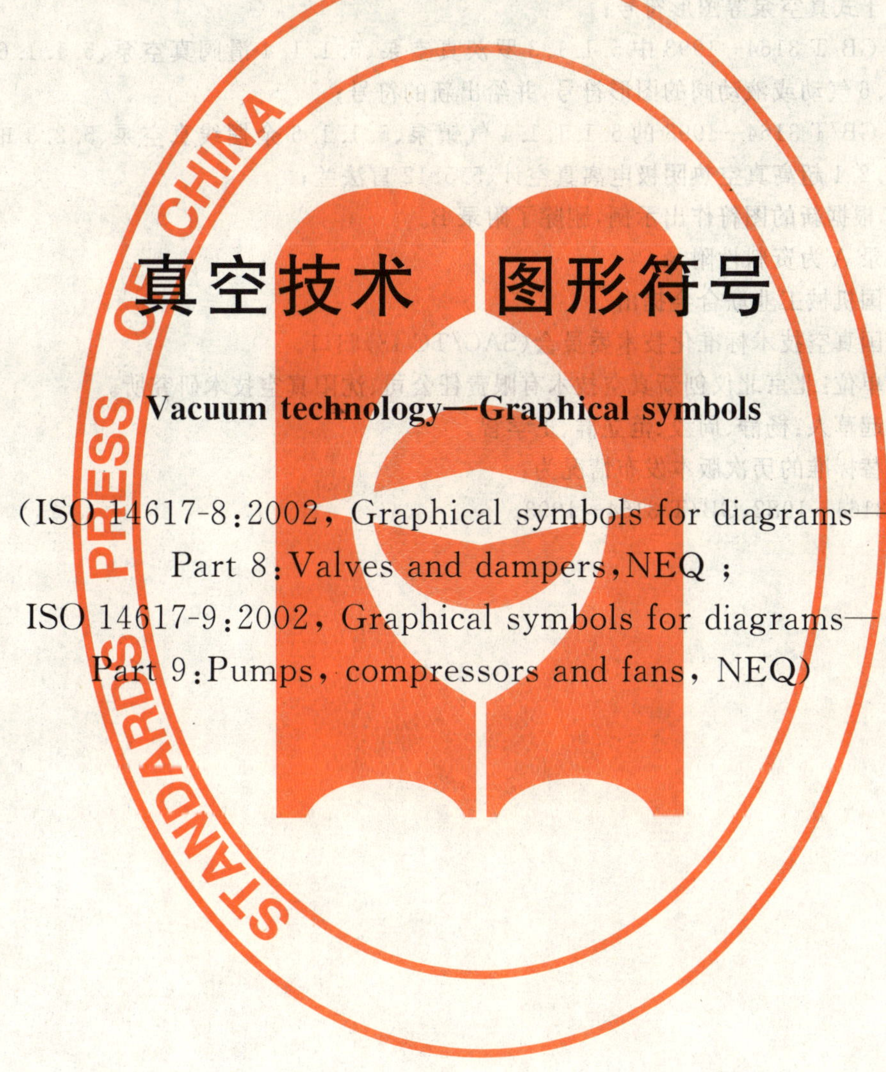

真空技术 图形符号

Vacuum technology—Graphical symbols

(ISO 14617-8:2002, Graphical symbols for diagrams—
Part 8:Valves and dampers,NEQ ;
ISO 14617-9:2002, Graphical symbols for diagrams—
Part 9:Pumps, compressors and fans, NEQ)

2007-12-02 发布　　　　2008-06-01 实施

中华人民共和国国家质量监督检验检疫总局
中国国家标准化管理委员会　发布

前言

本标准与国际标准 ISO 14617-8:2002《图形符号　第 8 部分:阀与阻尼器》、ISO 14617-9:2002《图形符号　第 9 部分:泵、压缩机与鼓风机》的一致性程度为非等效。

本标准代替 GB/T 3164—1993《真空技术系统图用图形符号》。

本标准与 GB/T 3164—1993 相比主要变化如下:

——增加了干式真空泵等图形符号;

——修改了 GB/T 3164—1993 中 5.1.1.3 罗茨真空泵、5.1.1.4 滑阀真空泵、5.1.1.6 往复真空泵、5.6.6 气动或液动阀的图形符号,并给出新的符号;

——删除了 GB/T 3164—1993 的 5.1.1.1.1 气镇泵、5.1.1.5 余摆线真空泵、5.2.3 珀尔帖型挡板、5.4.2.1 超高真空热阴极电离真空计、5.5.12 盲法兰;

——附录 A 根据新的图符作出示例,删除了附录 B。

本标准的附录 A 为资料性附录。

本标准由中国机械工业联合会提出。

本标准由全国真空技术标准化技术委员会(SAC/TC 18)归口。

本标准起草单位:北京北仪创新真空技术有限责任公司、沈阳真空技术研究所。

本标准主要起草人:杨静、周毅、范立群、王学智。

本标准所代替标准的历次版本发布情况为:

——GB/T 3164—1982、GB/T 3164—1993。

真空技术 图形符号

1 范围

本标准规定了真空泵、真空阀门、挡板、阱、过滤器、真空管道及连接器，压力测量仪表、真空容器等八个部分的图形符号。

本标准适用于与真空技术有关的各种系统图。

2 规范性引用文件

下列文件中的条款通过本标准的引用而成为本标准的条款。凡是注日期的引用文件，其随后所有的修改单(不包括勘误的内容)或修订版均不适用于本标准，然而，鼓励根据本标准达成协议的各方研究是否可使用这些文件的最新版本。凡是不注日期的引用文件，其最新版本适用于本标准。

GB/T 3163 真空技术 术语

GB/T 6567.1—1986 管路系统的图形符号 基本原则

GB/T 6567.2—1986 管路系统的图形符号 管路(eqv ISO 4067-1:1984)

GB/T 6567.3—1986 管路系统的图形符号 管件(eqv ISO 4067-1:1984)

GB/T 6567.4—1986 管路系统的图形符号 阀门和控制元件(eqv ISO 4067-1:1984)

ISO 14617-8:2002 图形符号 第8部分:阀与阻尼器

ISO 14617-9:2002 图形符号 第9部分:泵、压缩机与鼓风机

3 总则

3.1 本标准所用术语和定义，即图形符号的名称符合 GB/T 3163 的规定。

3.2 图形符号中的真空管路及其连接、真空阀门两部分遵守 GB/T 6567.1—1986 的基本原则，符合 GB/T 6567.2—1986、GB/T 6567.3—1986 和 GB/T 6567.4—1986 的规定。

3.3 图中规定的设备符号，除真空阀门外，如不引起基本符号的混淆，可以改变推荐的进出口位置。

3.4 新发展的泵没有符号时，可在机械驱动真空泵符号内填写全名称。

3.5 组合符号的有关尺寸，应大致与附录 A 中图 A.1 符号应用示例的图示比例对应。

4 图形符号

4.1 真空泵

4.1.1	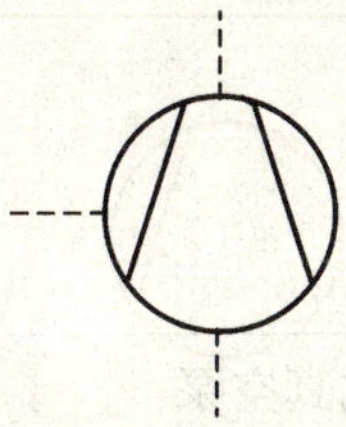	机械驱动真空泵 (不指明类型)	同 ISO 14617-9:2002 4.1.2
4.1.1.1	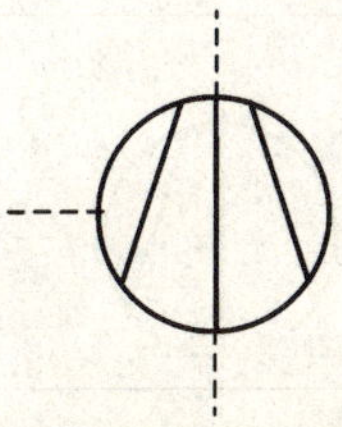	旋片真空泵	

4.1.1.2	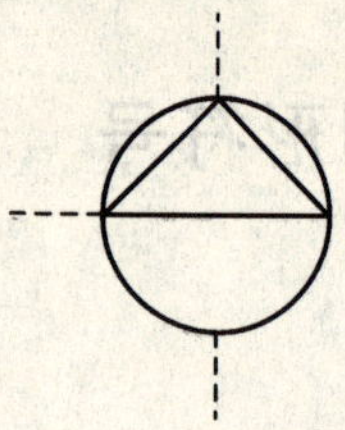	液环真空泵	同 ISO 14617-9:2002 4.3.5
4.1.1.3	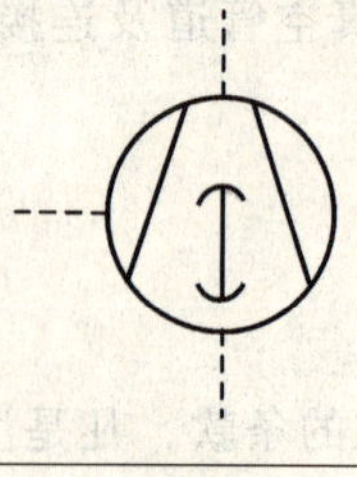	罗茨真空泵	
4.1.1.4	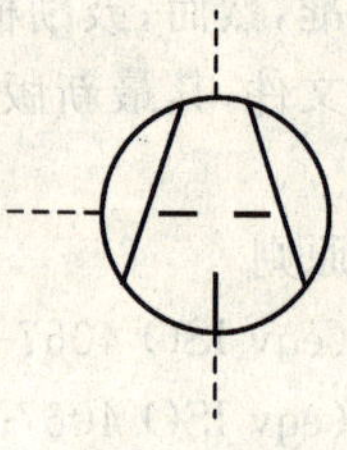	滑阀真空泵	
4.1.1.5	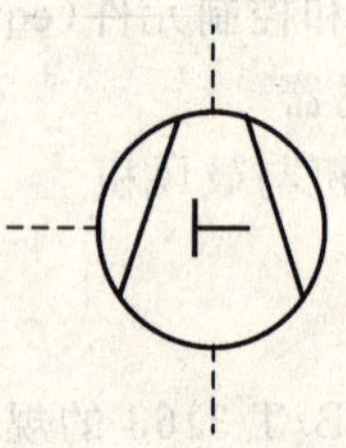	往复真空泵	
4.1.1.6	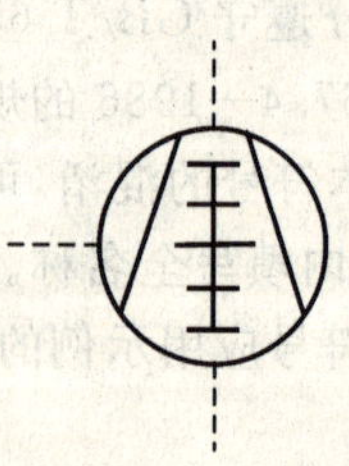	涡轮分子泵	同 ISO 14617-9:2002 4.3.7
4.1.1.7	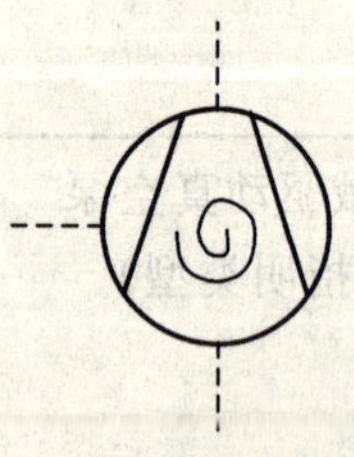	涡旋式真空泵	
4.1.1.8	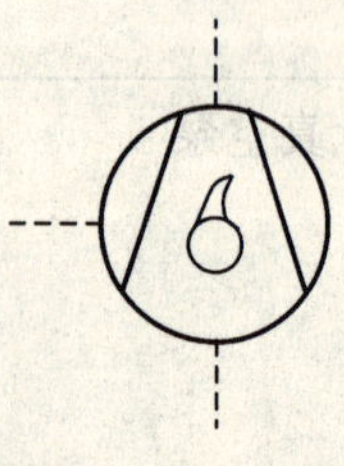	爪式真空泵	

4.1.1.9	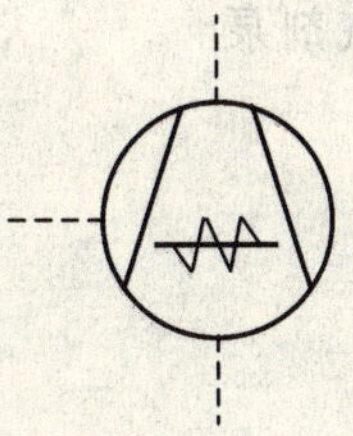	螺杆式真空泵	
4.1.2	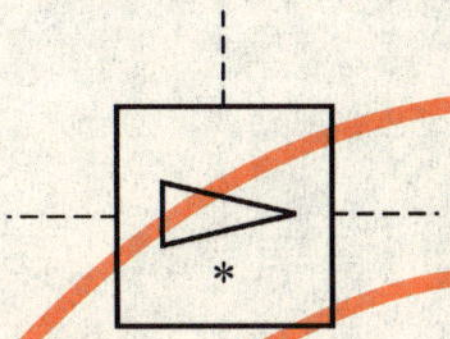	喷射真空泵	同 ISO 14617-9:2002 5.1.1 所用介质符号写在 * 处，油：CH 水：H_2O 汞:Hg
4.1.3	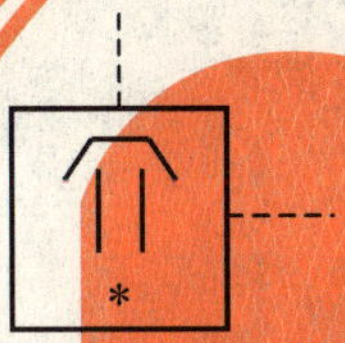	扩散真空泵	同 ISO 14617-9:2002 5.1.2 所用泵液为汞时，将 Hg 写在 * 处
4.1.4	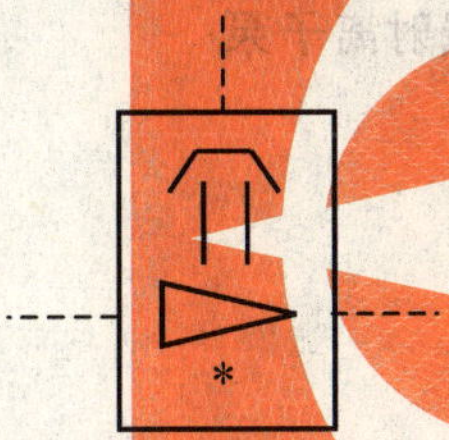	扩散喷射泵	同 ISO 14617-9:2002 5.1.3 所用泵液为汞时，将 Hg 写在 * 处
4.1.5	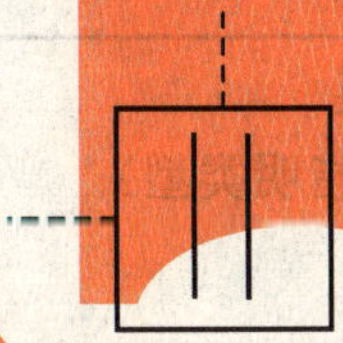	升华泵	同 ISO 14617-9:2002 5.1.4
4.1.6		捕集泵 （不指明类型）	同 ISO 14617-9:2002 5.1.5
4.1.6.1	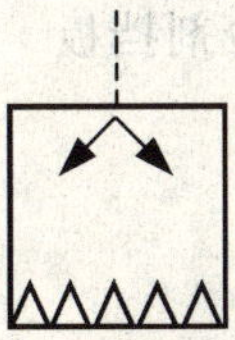	吸附泵	同 ISO 14617-9:2002 5.1.6

4.1.6.2	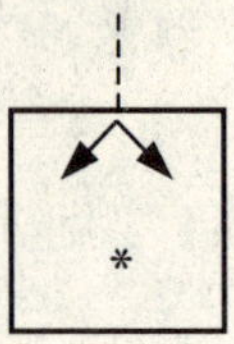	吸气剂泵	同 ISO 14617-9:2002 5.1.7 *化学剂符号
4.1.6.3	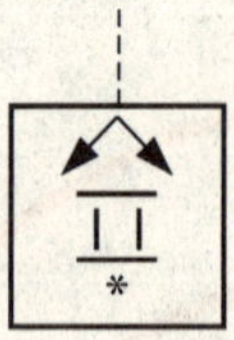	吸气剂离子泵	同 ISO 14617-9:2002 5.1.8 *化学剂符号
4.1.6.4	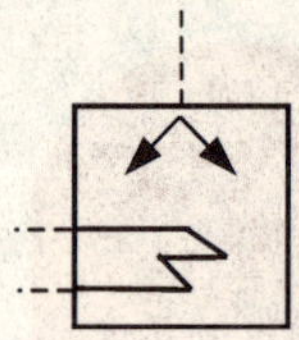	低温泵	同 ISO 14617-9:2002 5.1.9
4.1.6.5	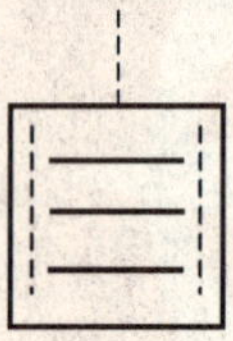	溅射离子泵	

4.2 **挡板**

4.2.1	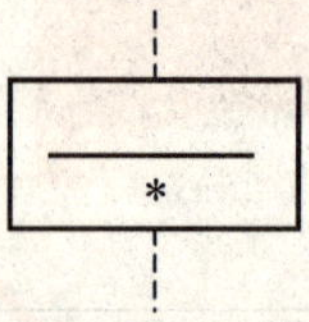	挡板 (不指明类型)	挡板温度可写在"*"处
4.2.2	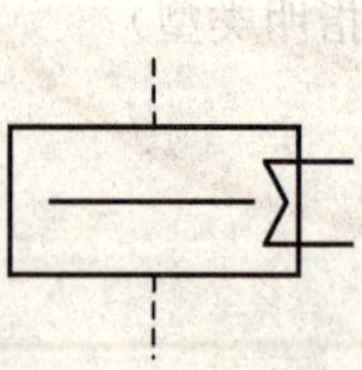	循环冷剂挡板	冷剂温度和种类分别写在左边和右边
4.2.3	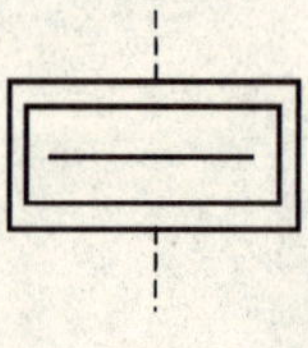	注入冷剂挡板	

4.2.4	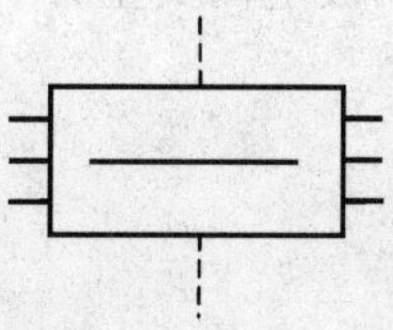	空气冷却挡板	

4.3 冷阱

4.3.1	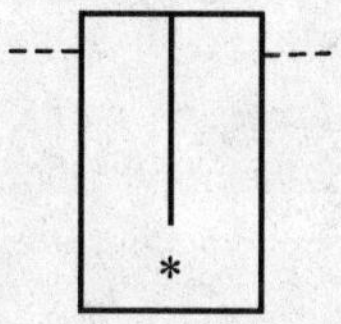	阱或冷凝器 (不指明类型)	阱的温度可写在“＊”处
4.3.2	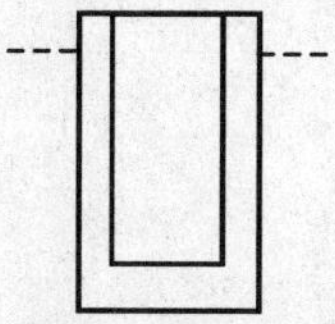	贮液式阱	
4.3.3	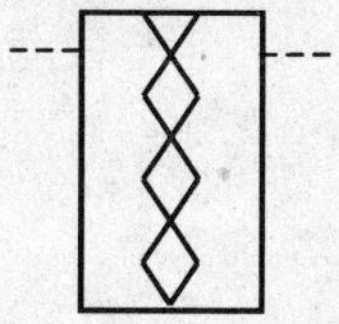	吸附阱	

4.4 压力测量仪表

4.4.1	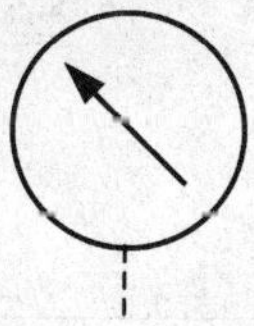	压力计 (不指明类型)	
4.4.2	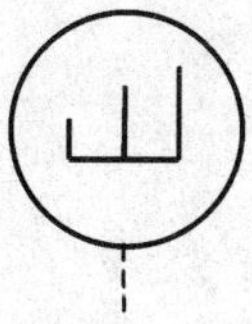	分压真空计	
4.4.3	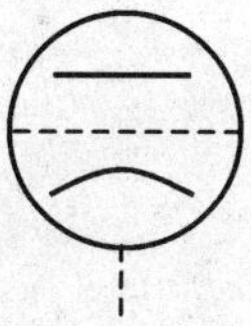	热阴极电离真空计	

4.4.4	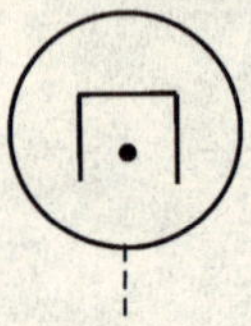	冷阴极电离真空计	
4.4.5	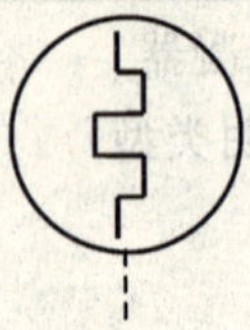	热传导真空计	
4.4.6		液位压力计	
4.4.7	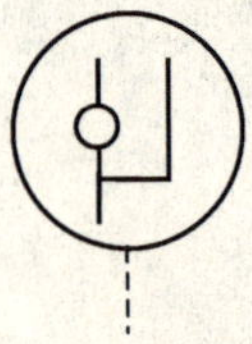	麦克劳真空计	
4.4.8	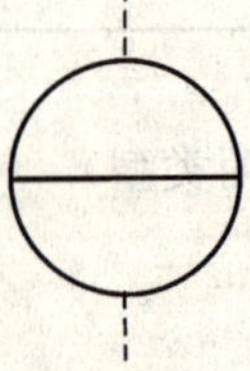	薄膜真空计	
4.4.9		电阻真空计	
4.4.10	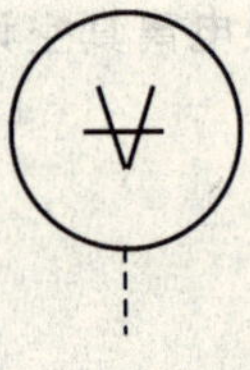	真空压力控制仪	

4.5 真空管路及其连结

4.5.1	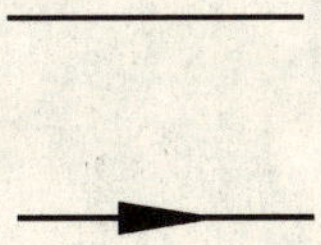	管路	流动方向可用箭头表示
4.5.2		接头	为实心圆，其直径为管路线粗的3倍
4.5.3	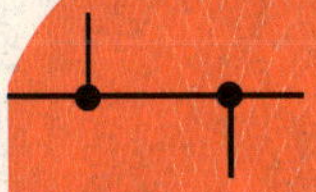	带有接头的管路	
4.5.4		十字接头管路	
4.5.5		交叉管路(不连接)	
4.5.6		橡胶管(塑料管)管路	
4.5.7	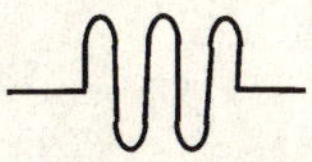	波纹管管路	

4.5.8	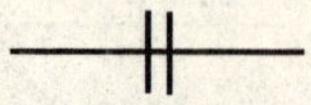	可拆法兰(不指明类型)	
4.5.9	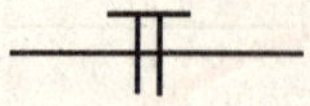	螺栓法兰	
4.5.10		快卸法兰	
4.5.11	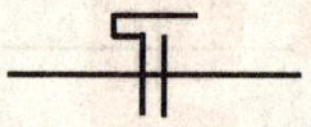	钩头螺栓法兰	
4.5.12	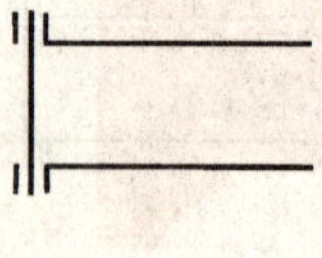	观察窗	
4.5.13	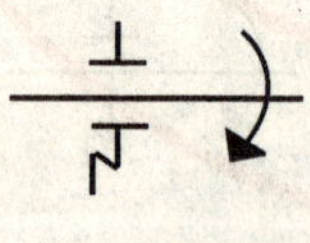	转动轴	
4.5.14	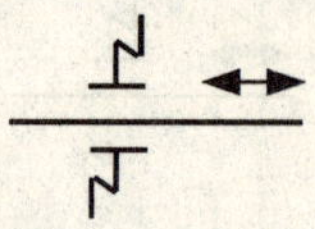	往复轴	

4.5.15		电极引线密封	
4.5.16		一个由若干元件组成的外壳	这种情况下管路符号可以省略,直接用组合符号表示
4.5.17		烘烤装置	

4.6 真空阀门

4.6.1		真空阀门(不指明类型)	同 ISO 14617-8:2002 4.1.1
4.6.2		插板阀	同 ISO 14617-8:2002 4.3.2.4
4.6.3		挡板阀或翻板阀	

4.6.4		调节阀	同 ISO 14617-8:2002 4.3.1.3
4.6.5		手动阀	同 ISO 14617-8:2002 4.5.2.2
4.6.6	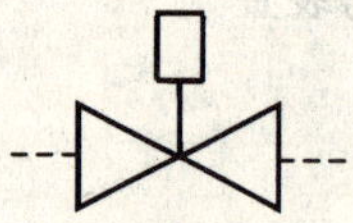	遥控阀	
4.6.7	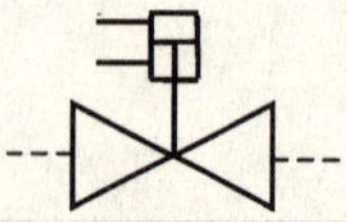	气动或液动阀	
4.6.8	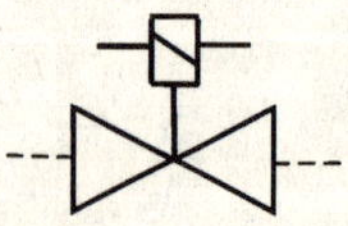	电磁阀	同 ISO 14617-8:2002 4.5.1.3
4.6.9		电动阀	同 ISO 14617-8:2002 4.5.1.4
4.6.10		球阀	同 ISO 14617-8:2002 4.3.2.1

4.6.11		隔膜阀	同 ISO 14617-8:2002 4.3.2.8
4.6.12		蝶阀	同 ISO 14617-8:2002 4.3.2.6
4.6.13		充气阀	
4.6.14		针形阀	同 ISO 14617-8:2002 4.3.2.5

4.7 真空容器

4.7.1	真空室	真空容器(真空室)	
4.7.2		钟罩	

4.8 除尘、过滤器

4.8.1	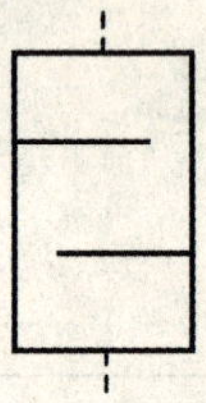	真空除尘器	
4.8.2	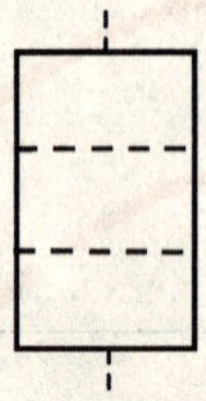	真空过滤器	

附 录 A
（资料性附录）
符号应用示例

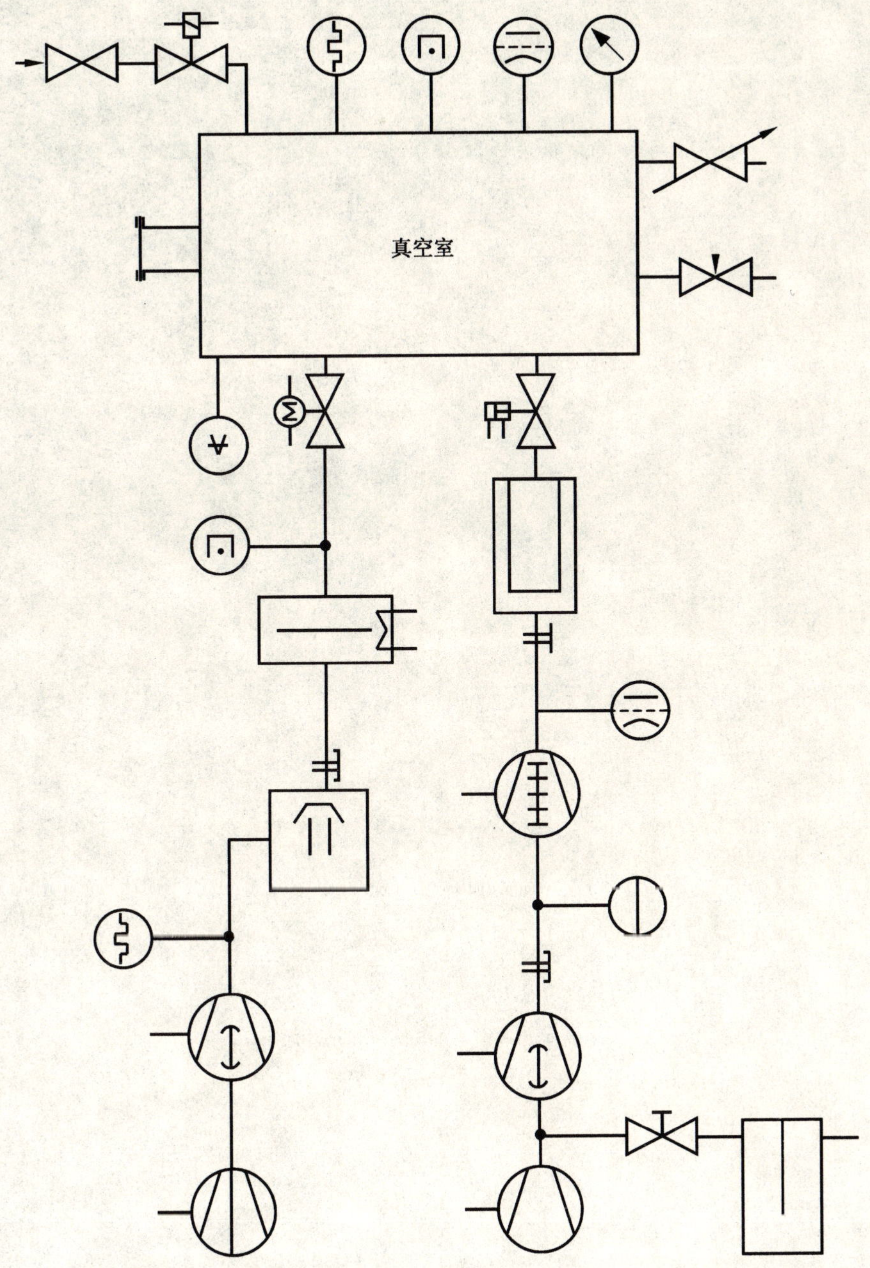

图 A.1 符号应用示例

附录A
（资料性附录）
符号应用示例

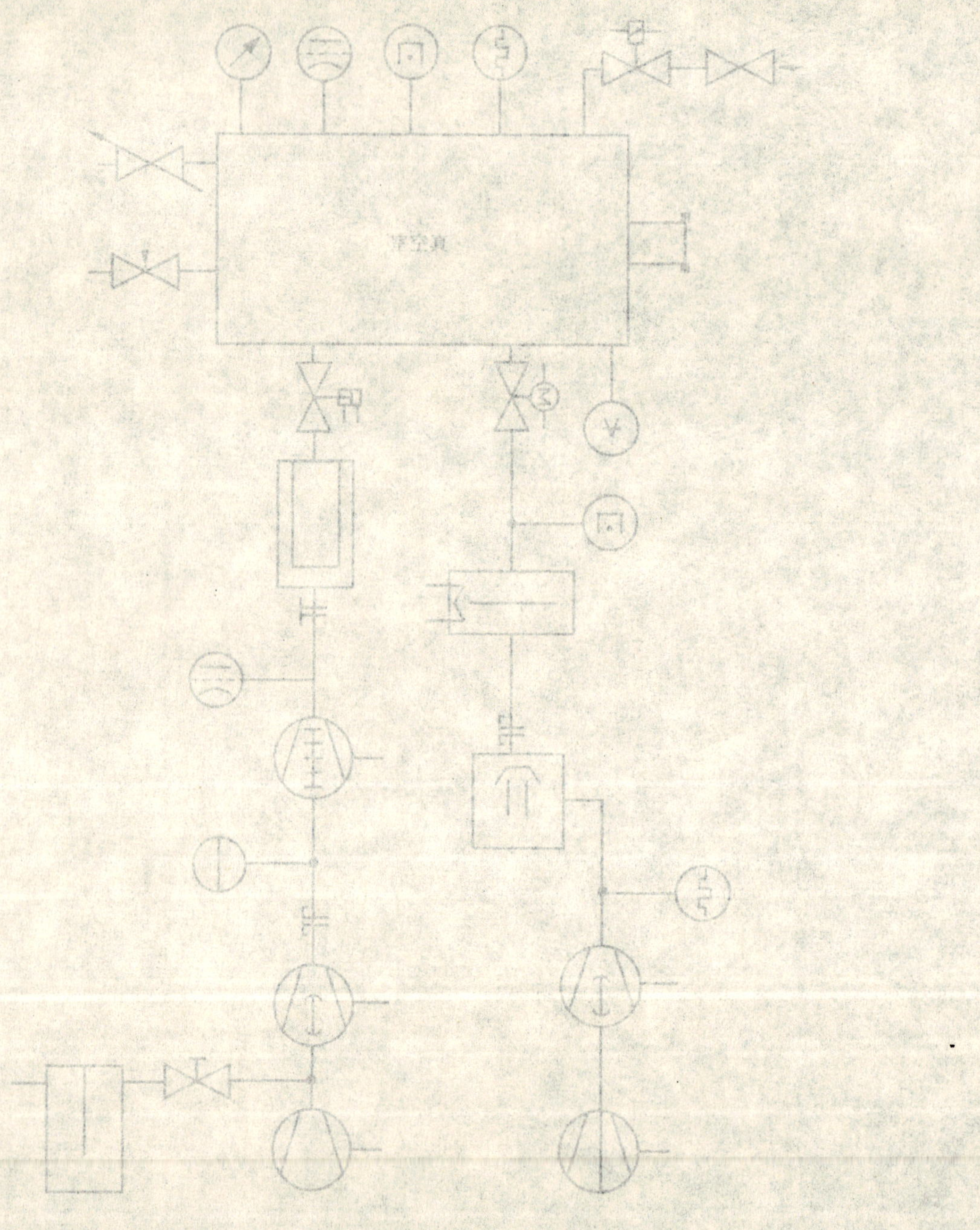

图A.1 符号应用示例

ICS 77.120.10
H 61

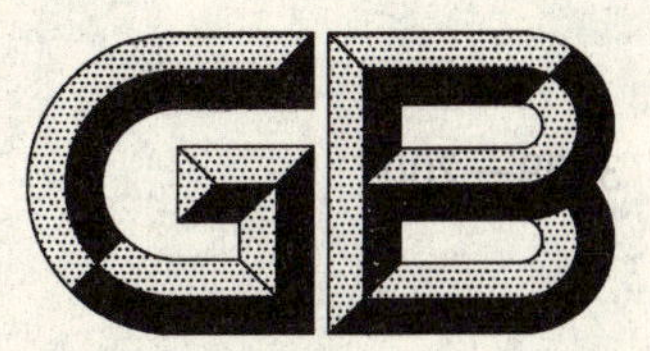

中华人民共和国国家标准

GB/T 3199—2007
代替 GB/T 3199—1996

铝及铝合金加工产品 包装、标志、运输、贮存

Wrought aluminium and aluminium alloy products—Packing, marking, transporting and storing

2007-04-30 发布 2007-11-01 实施

中华人民共和国国家质量监督检验检疫总局
中国国家标准化管理委员会 发布

前 言

本标准代替GB/T 3199—1996《铝及铝合金加工产品　包装、标志、运输、贮存》。

本标准与GB/T 3199—1996相比，主要变化如下：

——对铝材包装方式进行了修改，对每一种包装方式做了详细的描述并绘制了结构示意图；

——增加了铝材表面贴膜的质量要求；

——增加了出口木质包装箱检验检疫要求；

——增加了在起吊位置加保护铁角以及用塑钢带捆扎产品（或在钢扣与产品接触处加垫保护材料）的要求；

——增加了包装材料的种类，及其可回收、可降解处理的要求；

——增加了防锈油水份要求；

——取消了采用工业凡士林和机械油混用的涂油防锈要求。

本标准由中国有色金属工业协会提出。

本标准由全国有色金属标准化技术委员会归口并负责解释。

本标准负责起草单位：西南铝业（集团）有限责任公司。

本标准参加起草单位：广东坚美铝型材厂有限公司、福建省南平铝业有限公司、东北轻合金有限责任公司、云南新美铝铝箔有限公司、中铝瑞闽铝板带有限公司。

本标准主要起草人：邓志玲、卢继延、林洁、王国军、高珺、吴建国、李瑞山、章吉林。

本标准所代替标准的历次版本发布情况为：

——GB/T 3199—1982、GB/T 3199—1996。

铝及铝合金加工产品包装、标志、运输、贮存

1 范围

本标准规定了铝及铝合金加工产品的包装、标志、运输和贮存。

本标准适用于铝及铝合金加工产品:板、带、箔、管、棒、型、线、锻件和粉材。

2 规范性引用文件

下列文件中的条款通过本标准的引用而成为本标准的条款。凡是注日期的引用文件,其随后所有的修改单(不包括勘误的内容)或修订版均不适用于本标准,然而,鼓励根据本标准达成协议的各方研究是否可使用这些文件的最新版本。凡是不注日期的引用文件,其最新版本适用于本标准。

GB 190 危险货物包装标志

GB/T 191 包装储运图示标志

YB/T 025 包装用钢带

SH/T 0692 防锈油

3 包装通则

3.1 包装箱、架、托盘要求

3.1.1 包装箱、架、托盘可用木材制造,也可用金属或其他材料制成,要保证其有足够的强度,不能因其破损而使产品受到损坏。

3.1.2 包装箱、架、托盘的尺寸应能满足产品尺寸要求,保证产品在箱内无窜动或挤折。采用集装箱发运时,还应考虑与其尺寸匹配。

3.1.3 包装箱、架、托盘加强带的距离除能满足包装箱、架、托盘的坚固性要求外,还应满足吊车叉车的作业要求。

3.1.4 制作木质包装箱、架、托盘时,钉子应呈迈步形排列,钉帽要打靠,钉尖要盘倒,不得有冒钉、漏钉现象,吊运位置宜钉起吊保护铁角。

3.1.5 制作金属包装箱、架、托盘时,应焊(铆)接牢固,不得有漏焊(铆);焊疤(铆钉)要打磨,不得损伤铝材。

3.1.6 各种包装箱、架、托盘应规整、清洁、干燥。

3.2 包装材料要求

3.2.1 包装材料主要有纸类、木材类、金属类、塑料类、复合材料类、麻类等。所有包装材料应符合环保要求,并可回收、再生或降解处理。

3.2.2 与铝材直接接触的包装材料的水溶性应呈中性或弱酸性,其中纸的含水率≤10%,木材的含水率≤20%。

3.2.3 制作出口包装箱的木材应进行化学熏蒸处理、高温热处理或其他处理,且木材上不允许有残留的树皮。

3.2.4 保护膜用胶应与铝材表面状态相匹配，不得发生化学反应及胶转移现象。

3.3 其他要求

3.3.1 包装捆扎用钢带或塑钢带，钢带质量应符合 YB/T 025 标准要求。使用钢带时，应在钢带与产品直接接触的棱角处或钢扣处垫上保护材料。

3.3.2 产品的具体包装方式及处理方法应符合相应的产品标准要求或用户要求。

4 包装方式

4.1 板材包装方式

4.1.1 下扣式、普通箱式、夹板式及保护角式

4.1.1.1 下扣式、普通箱式、夹板式及保护角式包装方式的包装结构示意图如图 1～图 4 所示。

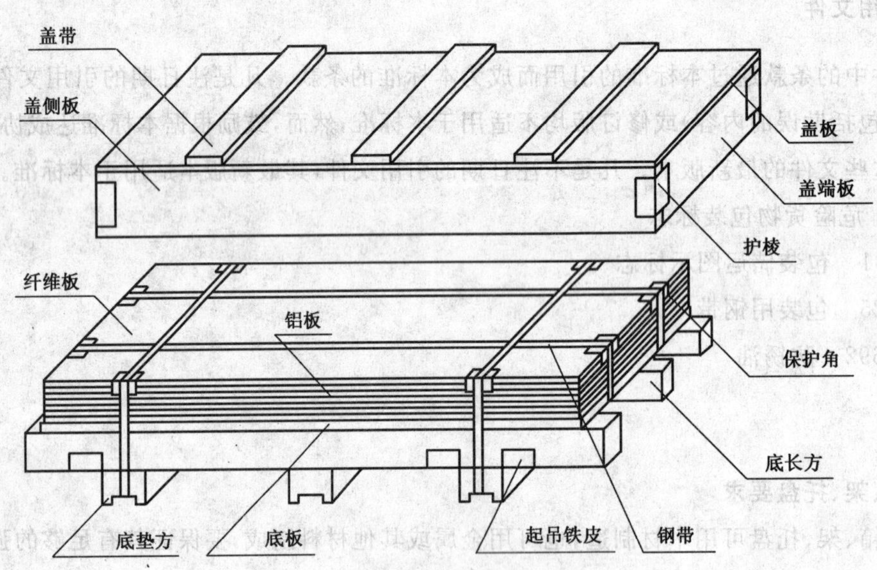

图 1 下扣式包装结构示意图

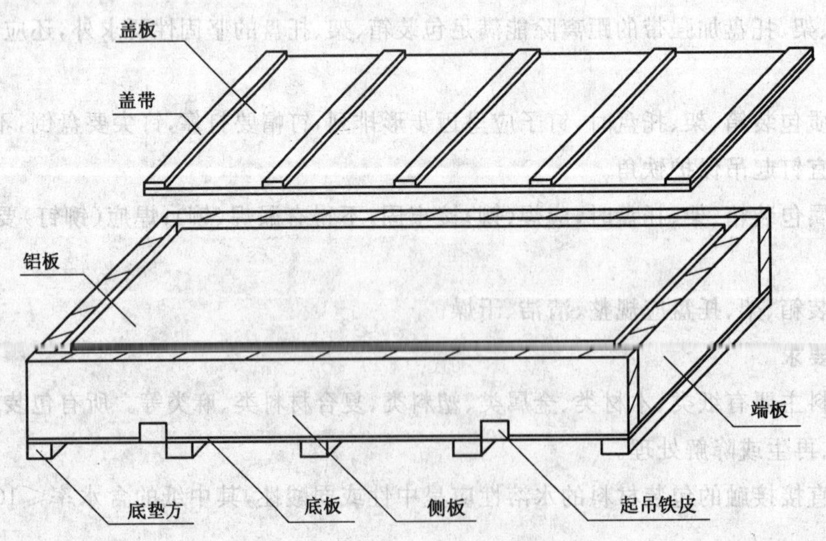

图 2 普通箱式包装结构示意图

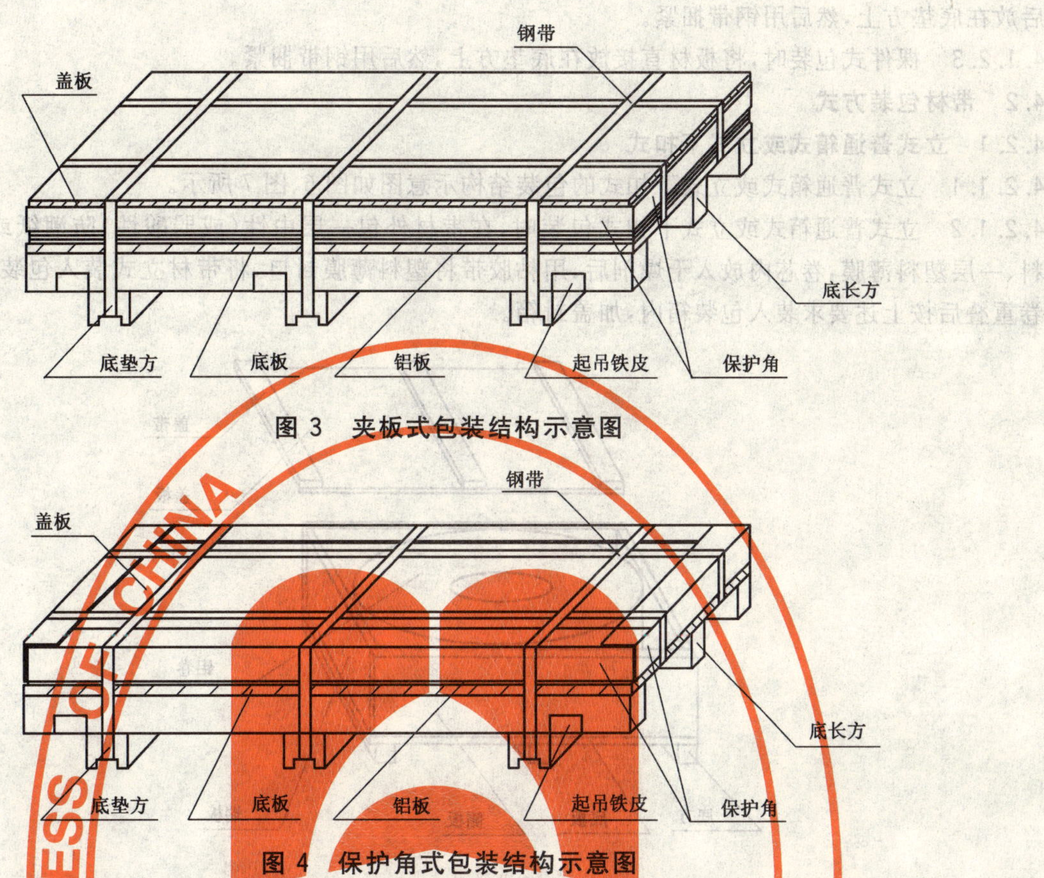

图 3 夹板式包装结构示意图

图 4 保护角式包装结构示意图

4.1.1.2 下扣式、普通箱式、夹板式及保护角式包装时，应首先在包装箱底铺上一层塑料薄膜，接着铺一层中性(或弱酸性)防潮纸或其他防潮材料，然后将板材按下述方法之一装入包装箱内：

a) 涂油、板间垫纸后装箱；

b) 涂油、板间不垫纸装箱；

c) 不涂油、板间垫纸或垫泡沫塑料片后装箱；

d) 不涂油、不垫纸装箱；

e) 表面贴膜后装箱。

4.1.1.3 装好后，再将已铺好的包装材料向上规则包好，接头处用粘胶带密封好，上面覆盖一层塑料薄膜，并用粘胶带固定好，然后加盖(加保护角)，用钢带捆紧。

4.1.2 简易式或裸件式

4.1.2.1 简易式或裸件式的包装结构示意图如图 5 所示。

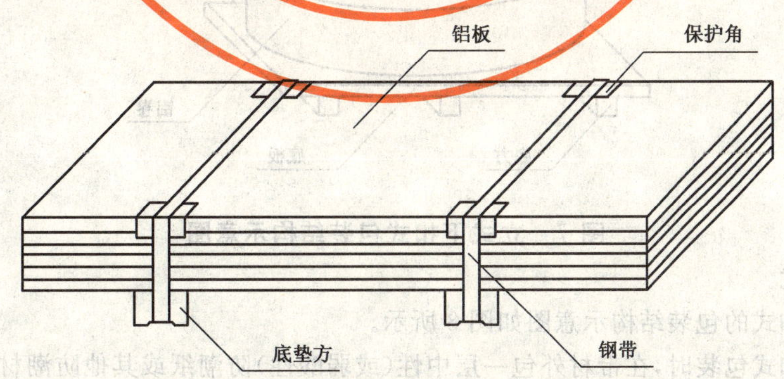

图 5 裸件式或简易式包装结构示意图

4.1.2.2 简易式包装时，在板材外包一层中性(或弱酸性)防潮纸或其他防潮材料，一层塑料薄膜，封口后放在底垫方上，然后用钢带捆紧。

4.1.2.3 裸件式包装时，将板材直接放在底垫方上，然后用钢带捆紧。

4.2 带材包装方式

4.2.1 立式普通箱式或立式下扣式

4.2.1.1 立式普通箱式或立式下扣式的包装结构示意图如图 6、图 7 所示。

4.2.1.2 立式普通箱式或立式下扣式包装时，在带材外包一层中性(或弱酸性)防潮纸或其他防潮材料、一层塑料薄膜，卷芯内放入干燥剂后，用粘胶带将塑料薄膜封口，将带材立式装入包装箱内，也可多卷重叠后按上述要求装入包装箱内，加盖封箱。

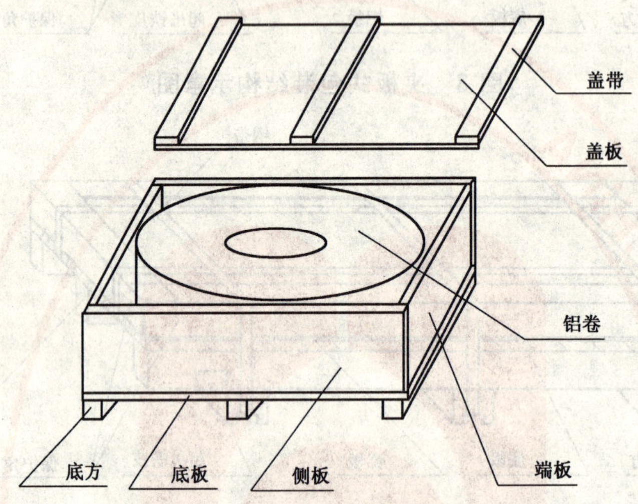

图 6 立式普通箱式包装结构示意图

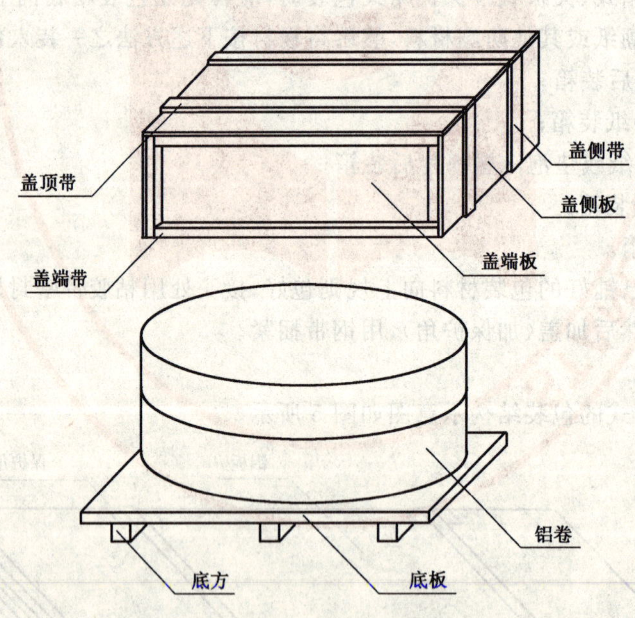

图 7 立式下扣式包装结构示意图

4.2.2 卧式下扣式

4.2.2.1 卧式下扣式的包装结构示意图如图 8 所示。

4.2.2.2 卧式下扣式包装时，在带材外包一层中性(或弱酸性)防潮纸或其他防潮材料、一层塑料薄膜，卷芯内放入干燥剂后，用粘胶带将塑料薄膜封口。将带材卧式装入包装箱内，也可多卷重叠后按上述要求装入包装箱内，加盖封箱。

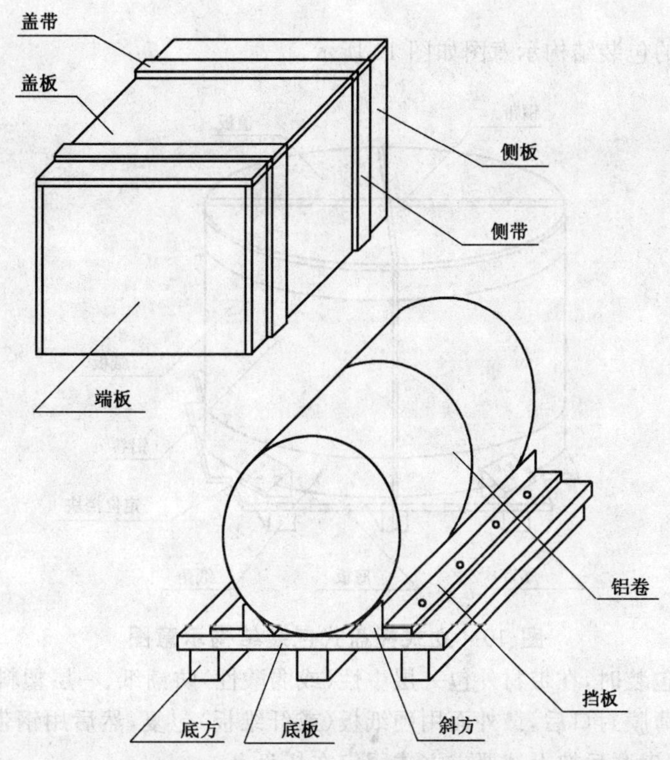

图 8 卧式下扣式包装结构示意图

4.2.3 卧式“井”字架式

4.2.3.1 卧式“井”字架式的包装结构示意图如图 9 所示。

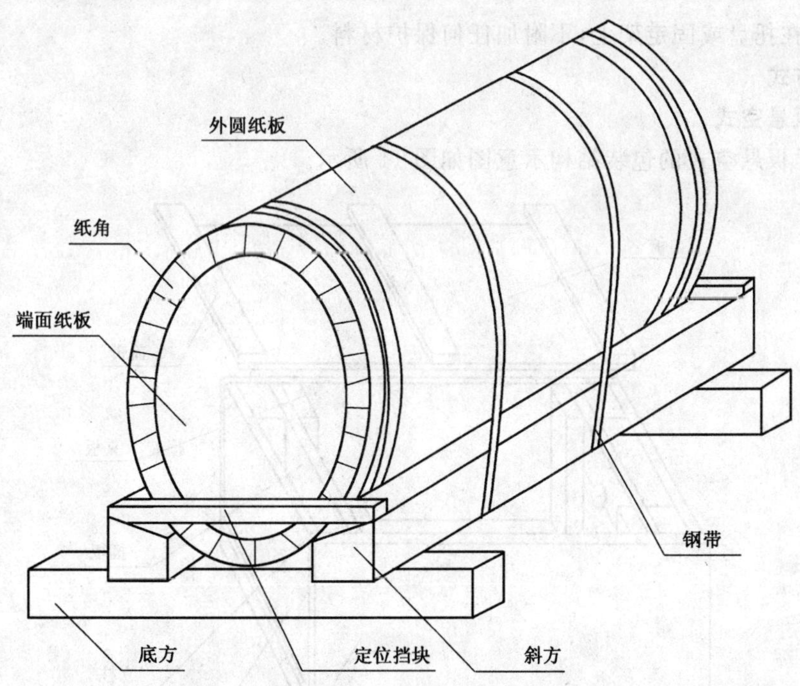

图 9 卧式“井”字架式包装结构示意图

4.2.3.2 卧式“井”字架式包装时，在带材外包一层中性(或弱酸性)防潮纸或其他防潮材料、一层塑料薄膜，卷芯内放入干燥剂后，用粘胶带将塑料薄膜封口后，最外面用硬纸板(或纤维板)包复，然后用钢带(或塑钢带)将带材固定在卧式“井”字架上，或多卷串联后按上述要求固定在卧式“井”字架上。

4.2.4 立式托盘式

4.2.4.1 立式托盘式的包装结构示意图如图 10 所示。

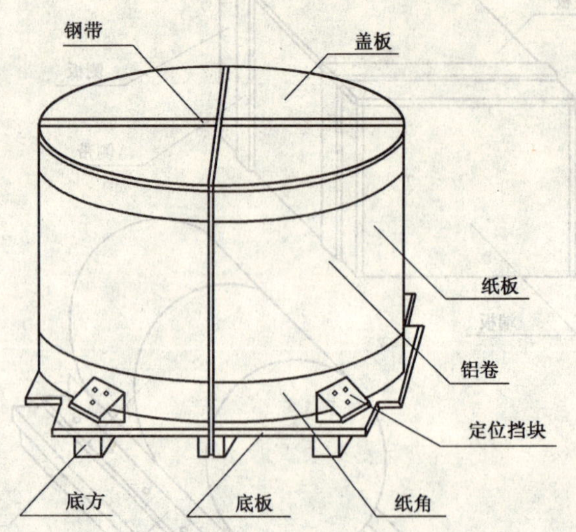

图 10 立式托盘式包装结构示意图

4.2.4.2 立式托盘式包装时，在带材外包一层中性（或弱酸性）防潮纸、一层塑料薄膜，卷芯内放入干燥剂后，用粘胶带将塑料薄膜封口后，最外面用硬纸板（或纤维板）包复，然后用钢带（或塑钢带）将带材立式固定在托盘上或多卷串联后按上述要求立式固定在托盘上。

4.2.5 简易式

在带材外包一层中性（或弱酸性）防潮纸、一层塑料薄膜后，用钢带固定在“井”字架或立式托盘上。

4.2.6 裸件式

将带材固定在托盘或固定架上，不附加任何保护材料。

4.3 铝箔包装方式

4.3.1 卧式插板悬空式

4.3.1.1 卧式插板悬空式的包装结构示意图如图 11 所示。

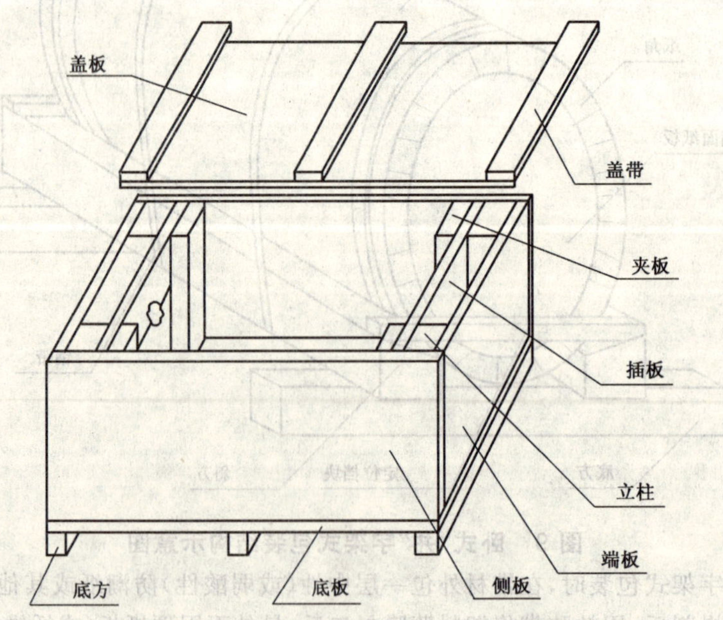

图 11 卧式插板悬空式包装结构示意图

4.3.1.2 卧式插板悬空式包装时，在铝箔卷外面包一层中性(或弱酸性)防潮纸或其他防潮材料，套上塑料袋，卷端面垫上软衬垫，放入干燥剂，然后将塑料袋两端收拢后塞入卷芯内密封好，在卷芯内插入钢管芯(木轴)后将铝箔卷以卧式悬空放入包装箱内，加盖封箱。

4.3.2 **卧式芯管支承扣合式**

4.3.2.1 卧式芯管支承扣合式的包装结构示意图如图 12 所示。

4.3.2.2 卧式芯管支承扣合式包装时，在铝箔卷外面包一层中性(或弱酸性)防潮纸或其他防潮材料，套上塑料袋，卷端面垫上软衬垫，放入干燥剂，然后将塑料袋两端收拢后密封固定好，将铝箔卷以卧式悬空放入包装箱内，加盖封箱。

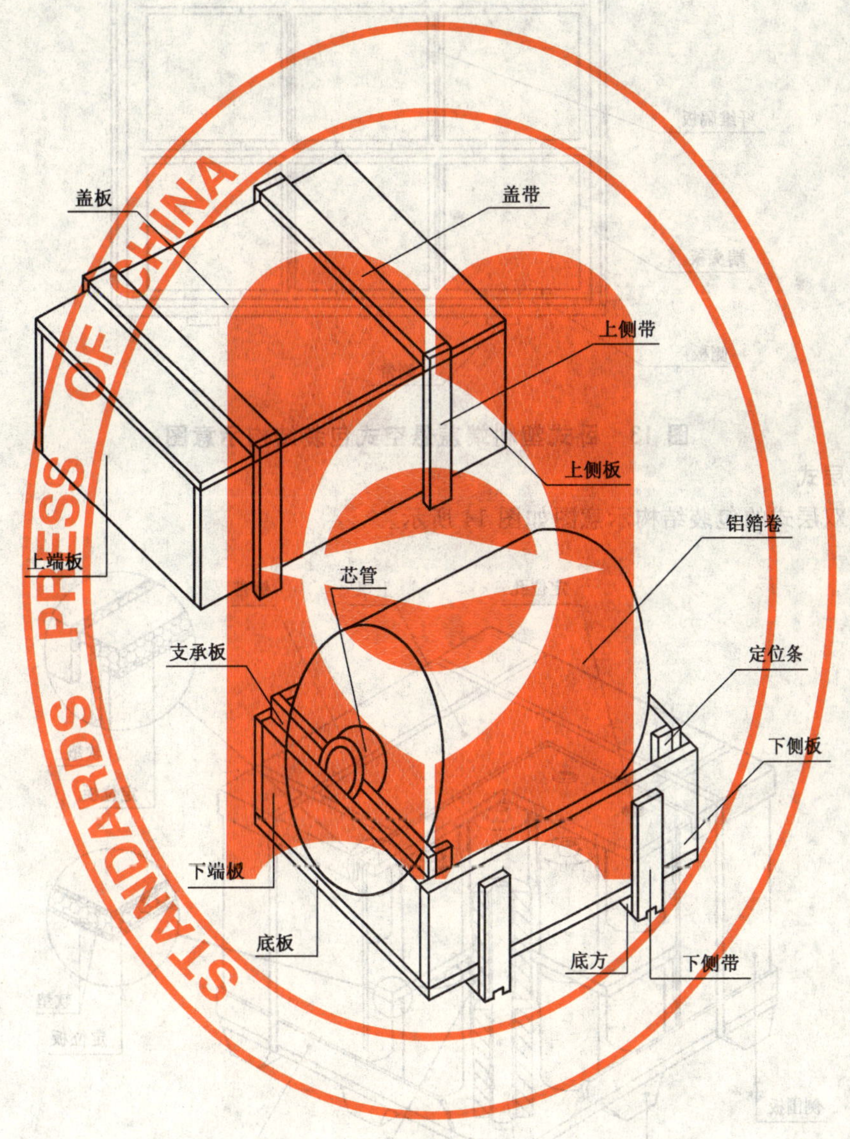

图 12 卧式芯管支承扣合式包装结构示意图

4.3.3 **卧式塑料端盖悬空式**

4.3.3.1 卧式塑料端盖悬空式的包装结构示意图如图 13 所示。

4.3.3.2 卧式塑料端盖悬空包装时，在铝箔卷外面包一层中性(或弱酸性)防潮纸或其他防潮材料，套上塑料袋，在卷芯内放入干燥剂，端面垫上软衬垫，将塑料袋两端收拢后塞入卷芯内，再插入塑料端盖，然后以卧式悬空放入包装箱内，加盖封箱。

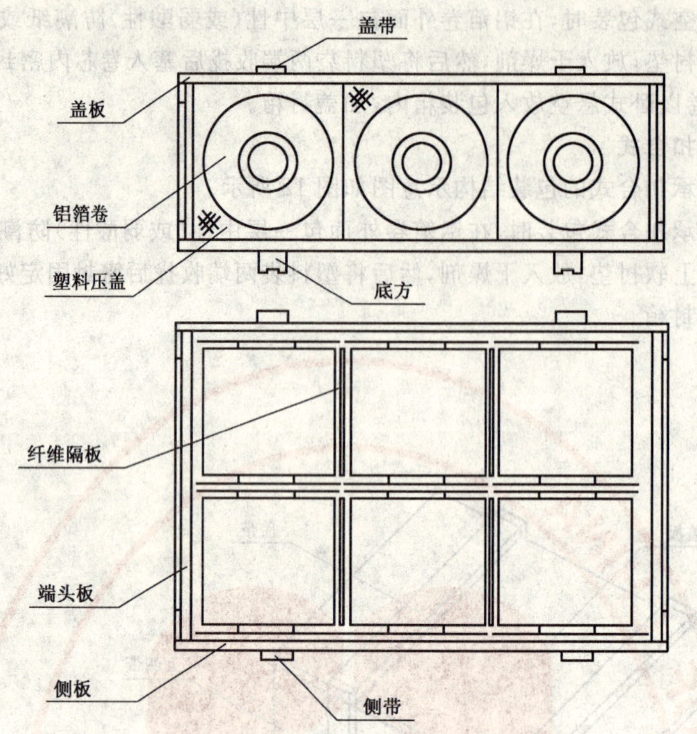

图 13　卧式塑料端盖悬空式包装结构示意图

4.3.4　立式双层式

4.3.4.1　立式双层式的包装结构示意图如图 14 所示。

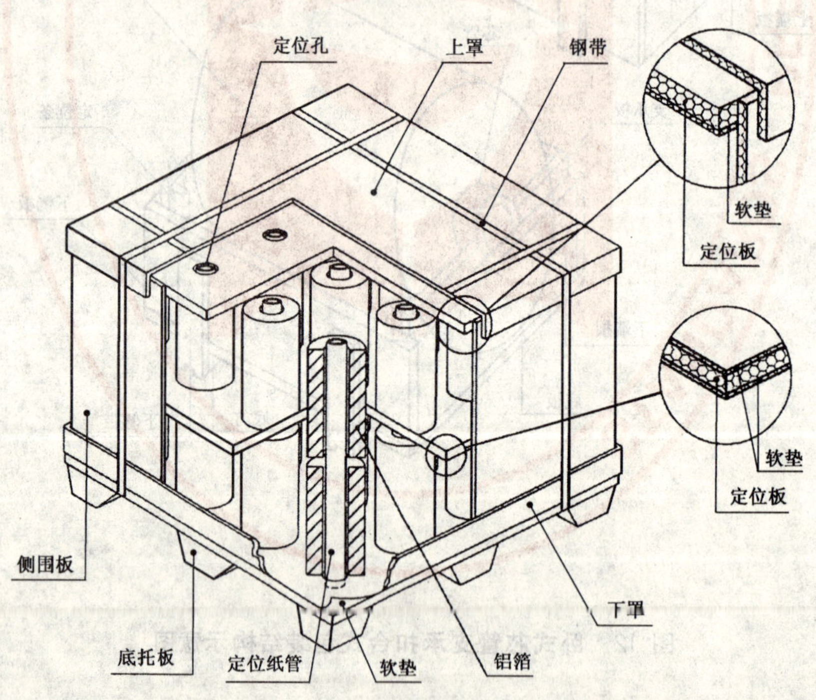

图 14　立式双层式包装结构示意图

4.3.4.2　立式双层式包装时，先在下罩上方铺一层软垫，将铝箔卷轴向垂直对正底板上的定位孔依次放置，当下层放置完毕后，在铝箔卷的顶部先铺一层软垫，然后放置定位板，重复上述步骤；当双层装满后，用定位纸管由上向下插入芯管中将上下铝箔卷定位，在铝箔卷的空隙处固定放置适量干燥剂，套上塑料袋、侧围板加罩封箱打包。

4.3.5 立式普通箱式或立式下扣式

4.3.5.1 立式普通箱式或立式下扣式的包装结构示意图如图6、图7所示。

4.3.5.2 立式普通箱式或立式下扣式包装时，在铝箔卷外包一层中性(或弱酸性)防潮纸或其他防潮材料、一层塑料薄膜，卷芯内放入干燥剂后，用粘胶带将塑料薄膜封口，将铝箔卷立式装入包装箱内或多卷重叠后按上述要求立式装入包装箱内，加盖封箱。

4.3.6 卧式下扣式

4.3.6.1 卧式下扣式的包装结构示意图如图8所示。

4.3.6.2 卧式下扣式包装时，在铝箔卷外包一层中性(或弱酸性)防潮纸或其他防潮材料、一层塑料薄膜，卷芯内放入干燥剂后，用粘胶带将塑料薄膜封口，将铝箔卷卧式装入包装箱内或多卷重叠后按上述要求装入包装箱内，加盖封箱。

4.3.7 卧式“井”字架式

4.3.7.1 卧式“井”字架式的包装结构示意图如图9所示。

4.3.7.2 卧式“井”字架式包装时，在铝箔卷外包一层中性(或弱酸性)防潮纸、一层塑料薄膜，卷芯以内放入干燥剂后，用粘胶带将塑料薄膜封口后，最外面用硬纸板(纤维板)包复，然后用钢带(塑钢带)将铝箔卷固定在卧式“井”字架上或多卷串联后按上述要求固定在卧式“井”字架上。

4.4 管、棒及工业型材的包装方式

4.4.1 普通箱式

4.4.1.1 普通箱式的包装结构示意图如图15所示。

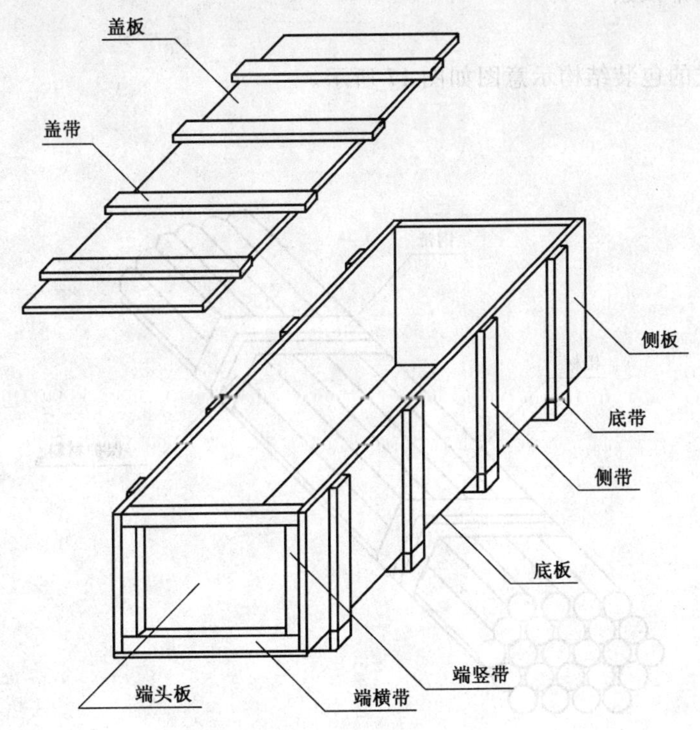

图15 普通箱式包装结构示意图

4.4.1.2 普通箱式包装时，应首先在包装箱内铺一层塑料薄膜，接着铺一层中性(或弱酸性)防潮纸或其他防潮材料，然后将产品涂油后或不涂油直接装入包装箱内，再将已铺好的包装材料向上规则包好，接头处用粘胶带密封好，加盖封箱。

4.4.2 简易式

4.4.2.1 简易式的包装结构示意图如图16所示。

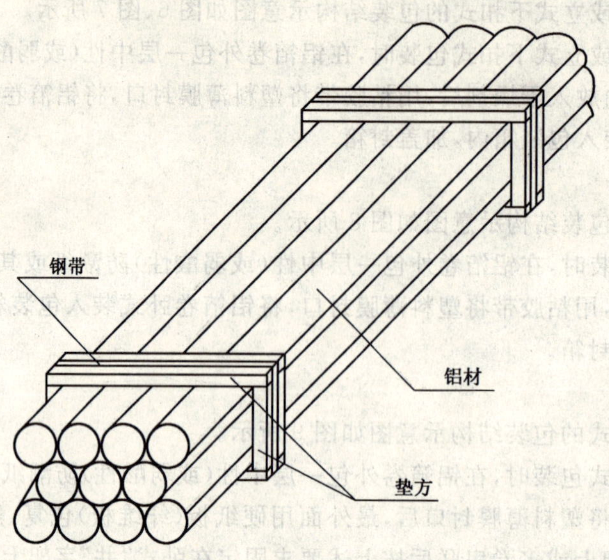

图 16 简易式包装结构示意图

4.4.2.2 简易式包装时，将产品放进垫有塑料薄膜或无塑料薄膜的四方形定位框架内，在打钢带处四周包上木方，然后用钢带捆紧。

4.4.3 **裸件成捆式**

4.4.3.1 裸件成捆式的包装结构示意图如图 17 所示。

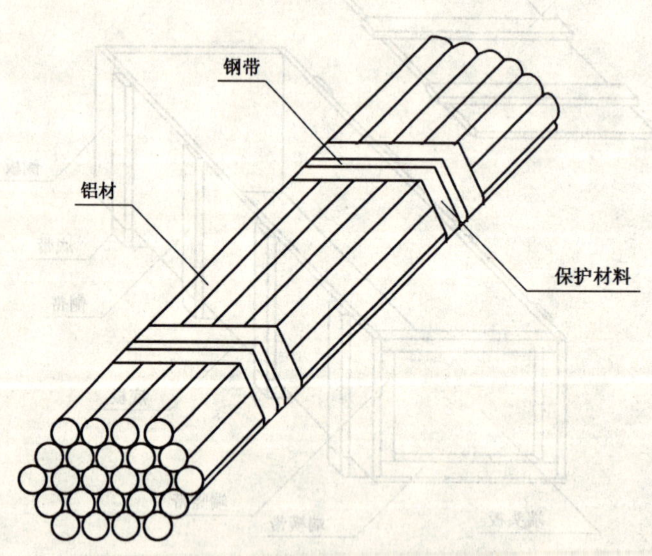

图 17 裸件成捆式包装结构示意图

4.4.3.2 裸件成捆式包装时，将产品用麻袋(或其他保护材料)缠绕后用钢带打紧或仅在打钢带处缠麻袋(或其他保护材料)，其他部位裸露。

4.4.4 **裸件成排式**

4.4.4.1 裸件成排式的包装结构示意图如图 18 所示。

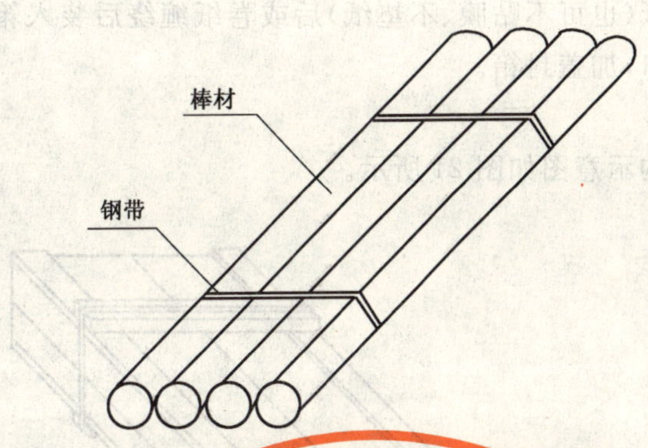

图 18　裸件成排式包装结构示意图

4.4.4.2　裸件成排式包装时，将产品摆成一排，然后用钢带打紧成排，以便于产品堆放和叉车装卸。

4.5　建筑型材的包装方式

4.5.1　卷纸缠绕式

4.5.1.1　卷纸缠绕式的包装结构示意图如图 19 所示。

4.5.1.2　卷纸缠绕式包装时，型材不涂油，装饰面贴膜、垫纸或其他材料（也可不贴膜、不垫纸或其他材料）后，按紧密排列方式堆叠成捆，再用包装材料以一定的间隔按相同的旋转缠绕方向（顺时针或逆时针方向）包裹型材。为了便于产品的堆放，每捆型材的横截面应尽量成矩形。

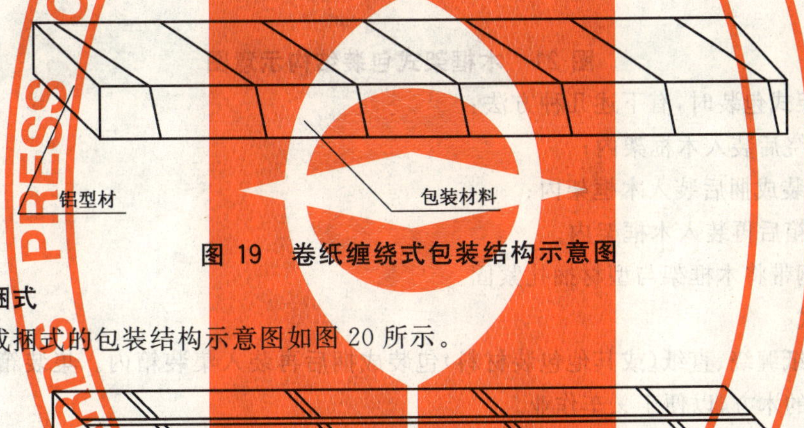

图 19　卷纸缠绕式包装结构示意图

4.5.2　直纸成捆式

4.5.2.1　直纸成捆式的包装结构示意图如图 20 所示。

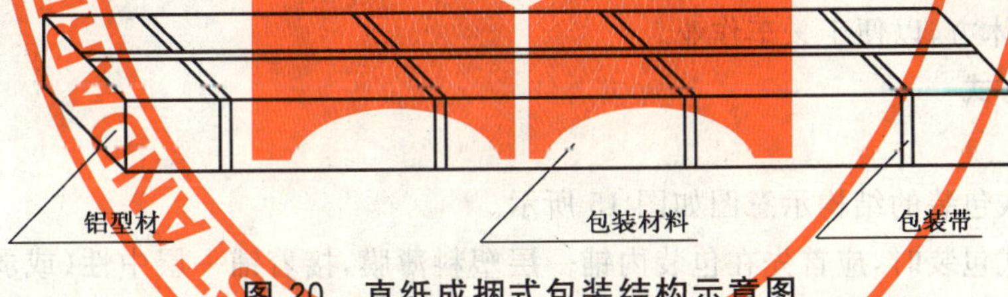

图 20　直纸成捆式包装结构示意图

4.5.2.2　直纸成捆式包装时，型材不涂油，装饰面贴膜、垫纸或其他材料（也可不贴膜、不垫纸或其他材料）后，按紧密排列方式堆叠成捆，再将包装材料平铺，将型材平放于包装材料上，使包装材料与型材的端头对齐，然后用包装材料包裹型材，并用包装带将包装材料缠紧在型材上。包装带的间距宜控制在 600 mm 左右，允许有一端头包装带的间距与中部的间距不一致。为了便于产品的堆放，每捆型材的横截面应尽量成矩形。

4.5.3　纸箱式

纸箱式包装时，型材不涂油，装饰面贴膜、垫纸或其他材料（也可不贴膜、不垫纸或其他材料）后，按紧密排列方式装入纸箱内，用粘胶带将纸箱封口，然后用包装带将纸箱捆扎紧固。

4.5.4　普通箱式

4.5.4.1　普通箱式的包装结构示意图见图 15。

4.5.4.2　普通箱式包装时，在包装箱内铺一层塑料薄膜，一层中性（或弱酸性）防潮纸或其他防潮材料，型材不涂油，装饰面贴膜或垫纸(也可不贴膜、不垫纸)后或卷纸缠绕后装入箱内，再将已铺好的包装材料向上规则包好，用粘胶带封口，加盖封箱。

4.5.5 木框架式

4.5.5.1 木框架式的包装结构示意图如图21所示。

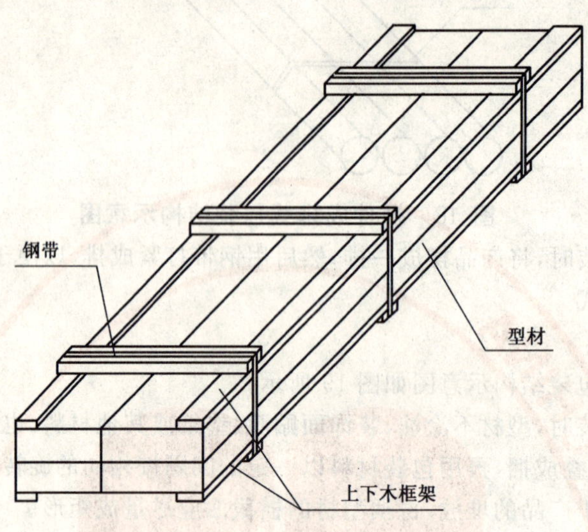

图21 木框架式包装结构示意图

4.5.5.2 木框架式包装时，有下述几种方法：

a) 卷纸缠绕后装入木框架内；

b) 直纸包装成捆后装入木框架内；

c) 装入纸箱后再装入木框架内。

然后，再用钢带将木框架与型材捆扎紧固。

4.5.6 集装箱式

型材先用卷纸缠绕、直纸(或其他包装材料)包装成捆后再装入集装箱内。集装箱底部应垫有高度不小于100 mm的木方，以便于叉车作业。

4.6 线材的包装方式

4.6.1 普通箱式

4.6.1.1 普通箱式包装的结构示意图如图15所示。

4.6.1.2 普通箱式包装时，应首先在包装内铺一层塑料薄膜，接着铺一层中性(或弱酸性)防潮纸或其他防潮材料，然后将产品涂油后或不涂油直接装入包装箱内，再将已铺好的包装材料向上规则包好，接头处用粘胶带密封好，加盖封箱。

4.6.2 简易式

将产品涂油或不涂油，缠纸或缠麻袋包装。

4.6.3 裸件式

不附加任何保护材料。

4.7 锻件的包装方式

4.7.1 普通箱式

4.7.1.1 普通箱式的包装结构示意图如图22所示。

4.7.1.2 普通箱式包装时，应先在箱内铺一层塑料薄膜，再铺一层中性(或弱酸性)防潮纸或其他防潮材料，产品装入后，再将已铺好的包装材料向上规则包好，接头处用粘胶带密封好，加盖封箱。

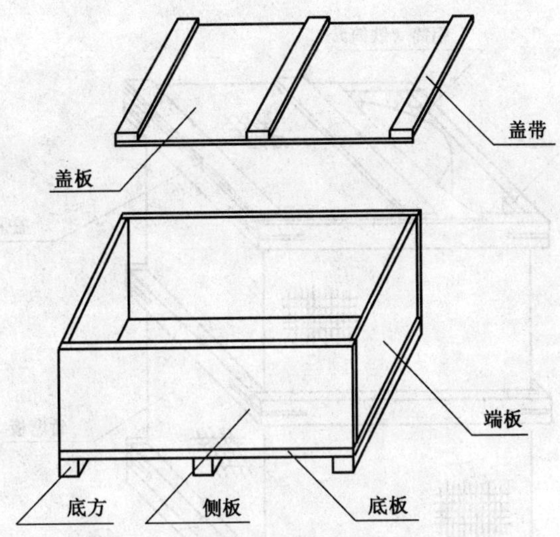

图 22 普通箱式包装结构示意图

4.7.2 简易“井”字架式

4.7.2.1 简易“井”字架式的包装结构示意图如图 23 所示。

4.7.2.2 简易“井”字架式包装时，将锻环放在“井”字架上，上面再盖一个“井”字架，用螺杆夹紧。

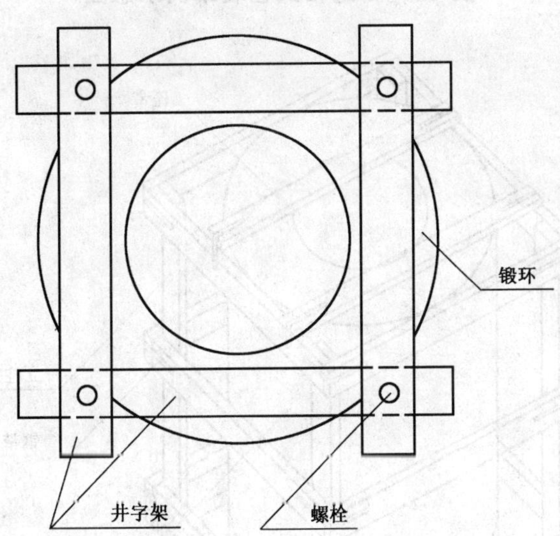

图 23 简易“井”字架式包装结构示意图

4.7.3 裸件式

不附加任何保护材料。

4.8 粉材包装方式

4.8.1 袋式

袋式包装时，将铝粉装入塑料编织袋或其他袋内。

4.8.2 桶式

桶式包装时，先将铝粉装入塑料袋，再装入铝桶或铁桶内。

4.8.3 普通箱式

将装有铝粉的铝桶或铁桶装入全封闭包装箱内，如图 24 所示。

4.8.4 木框架式

将装有铝粉的铝桶或铁桶装入木框架内(亦称花栏式)，如图 25 所示。

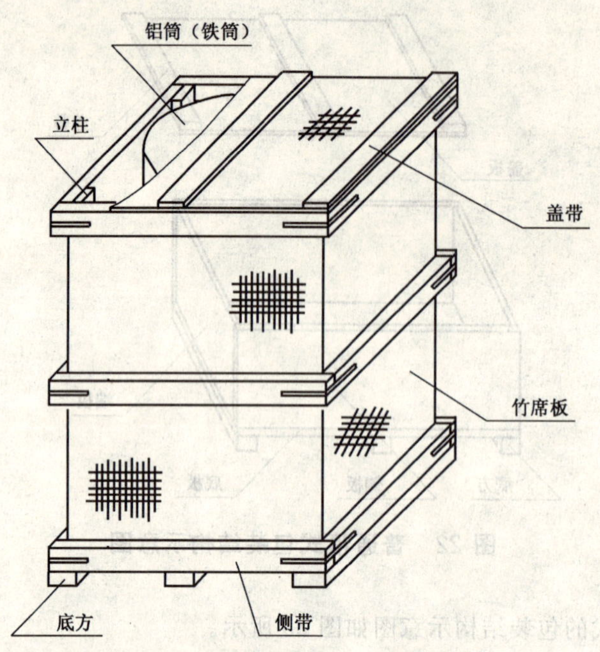

图 24 普通箱式包装结构示意图

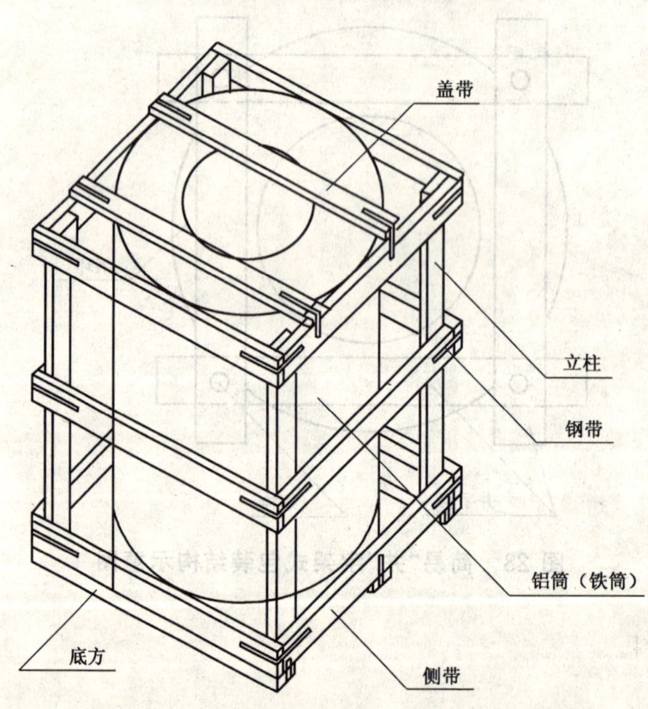

图 25 木框架式(花栏式)包装结构示意图

4.9 防腐处理

4.9.1 常用的防锈油有 FA101、7005 防锈油等,防锈油质量应符合 SH/T 0692 标准的要求。

4.9.2 防锈油应根据产品特点及气温适当调整使用粘度,防锈油的含水率≤0.03%。

4.9.3 需采用气相防腐等特殊要求的,由供需双方协商,并在合同中注明。

4.10 包装箱(件)净重

每个包装箱(件)的净重按产品标准或合同要求执行,当产品标准或合同中未做规定时,可参照表 1 的规定执行。

表 1

品　　种	每箱(件)净重/kg	品　　种	每箱(件)净重/kg
板	300～3 000	锻件	100～500
带	≥100	箔	35～1 000
管、棒、型	200～1 000	粉	≤50
线	≤100	—	—

5　标志

5.1　包装箱标志

5.1.1　在每个包装箱(件)上,贴(挂)上 2 个箱牌或标签。宜注明以下内容:

a)　到站;

b)　收货单位名称及代号;

c)　产品名称;

d)　批号;

e)　合金牌号及状态代号;

f)　规格(或型号);

g)　质量;

h)　包装件数;

i)　产品标准编号;

j)　发站;

k)　包装时间。

5.1.2　每个包装箱上应有明显的不易脱落的"防潮"、"小心轻放"、"向上"的字样及标志,粉材箱上还应有"易燃"字样和标志,其图案应符合 GB/T 191、GB/T 190 的规定。出口产品包装箱还应按中华人民共和国出入境检验检疫局文件要求,加施除害处理标识。

5.1.3　每个包装箱上应有注册商标或供应厂名称或代号。

5.2　产品标志

产品标志应符合产品标准规定,产品标准未规定时,宜在产品上打印或贴上标牌,打印或标牌的内容如下:

a)　牌号及状态代号;

b)　规格(或型号);

c)　批号;

d)　数量(件数或净重);

e)　产品标准编号;

f)　检验印记;

g)　生产日期。

6　运输

6.1　铝及铝合金加工产品可采用火车、汽车、轮船、飞机等交通工具运输。

6.2　装运产品的火车车厢、汽车车厢、轮船船舱和集装箱应清洁、干燥、无污染物。

6.3　严禁铝及铝合金加工产品同化学活性物质及潮湿材料装在同一个车厢、船舱、集装箱内运输。

6.4　敞车运输时必须盖好蓬布,以保证包装箱不被水浸入。

6.5　铝粉材的运输应符合国家有关易燃易爆危险品运输的规定。

6.6　产品在车站、码头中转时，应堆放在库房内。短暂露天堆放时，必须用蓬布盖好，下面要用木方垫好，垫高不小于 100 mm。

6.7　产品在车站码头中转或终点装卸时，应采用合适的装卸方式，并注意轻拿轻放，以防将包装箱(件)损坏，而导致产品损伤。

7　贮存

7.1　需方收到产品后，应立即检查包装箱有无破损或进水现象，如遇包装箱破损或进水，应立即组织开箱检查并妥善处理受损产品。属于外观质量及尺寸偏差的异议，应在收到产品之日起一个月内提出，属于其他性能的异议，应在收到产品之日起三个月内提出。如需仲裁，仲裁取样应由供需双方共同进行。

7.2　经复验合格的产品应及时保管在清洁、干燥、无腐蚀性气氛、防止雨雪浸入的库房内。

7.3　涂油产品的防腐期按产品标准规定，产品标准未规定时，防腐期为一年。若在运输、贮存期间，遭水浸入，应立即开箱并进行防腐处理，以防止产品腐蚀。需长期贮存时，不涂油的产品应涂油，涂油产品超过防腐期应重新涂油。

7.4　产品不能露天存放，但必须短暂露天存放时，用蓬布盖好。

7.5　裸件产品不允许直接放在地面上，下面用高度不小于 100 mm 的木方垫好。

ICS 23.080
J 71

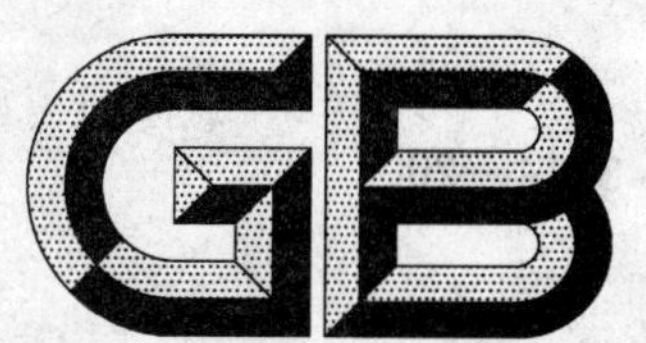

中华人民共和国国家标准

GB/T 3214—2007
代替 GB/T 3214—1991

水泵流量的测定方法

Methods for measurement of capacity of pump

2007-11-05 发布　　　　2008-02-01 实施

中华人民共和国国家质量监督检验检疫总局
中国国家标准化管理委员会　发布

前　言

本标准是对 GB/T 3214—1991《水泵流量的测定方法》的修订。与 GB/T 3214—1991 相比主要变化如下：

——结构编排按流量计的工作原理、测量的一般要求、安装要求、流量测量的不确定度等内容进行编制；

——调整了第 2 章引用文件的内容；

——增加了第 3 章：术语和定义；

——增加了流量计的测量原理；

——“标准孔板、标准喷嘴和标准文丘里喷嘴”改为“孔板、喷嘴和文丘里喷嘴”；

——增加了孔板、喷嘴和文丘里喷嘴的流量计算公式；

——增加了孔板、喷嘴和文丘里喷嘴的流出系数的定义和计算公式，见本标准的 3.6；

——引入了 GB/T 2624 中对孔板、喷嘴和文丘里喷嘴所要求的最短直管段长度（包括 0.5%附加不确定度）；

——规定了孔板上游管道连接处最大允许的台阶值，见本标准的 5.3.2.1.2；

——增加了孔板、喷嘴和文丘里喷嘴流量计使用限制条件；

——完善了孔板、喷嘴和文丘里喷嘴流量计的安装要求；

——完善了孔板、喷嘴和文丘里喷嘴流量计的取压装置及取压方式；

——增加了两个流动调整器的类型：栅格式流动调整器和径向叶片式流动调整器；

——删除了原标准中 4.2.5 的内容：β^4 的数值与流量系数 α 的关系；

——增加了用容器法测量流量可达到的精度及要满足这一精度的若干要求；

——将流量系统更正为流出系数；

——规定了容器、衡器、换向器、计时器及辅助测量方法的内容；

——增加了“8.1　工作原理”；

——完善了流量计的有关检定的内容；

——增加了第 9 章：电磁流量计；

——对流量测量的不确定度评定与表示进行了修正；

——修正了附录 B 中表 B.1“设计水堰的参考尺寸”的值；

——将附录 C 改为“流量测量的不确定度的分析”；

——增加了附录 D“封闭管路中泵的使用现场所用的流量计”。

本标准自实施之日起代替 GB/T 3214—1991。

本标准的附录 A、附录 B、附录 C 是规范性附录，附录 D 是资料性附录。

本标准由中国机械工业联合会提出。

本标准由全国泵标准化技术委员会归口。

本标准起草单位：沈阳水泵研究所、浙江新界泵业有限公司、浙江水泵总厂有限公司。

本标准主要起草人：袁宗久、陶洁宇、赵玉艳、许敏田、余伟平。

本标准所代替标准的历次版本发布情况为：

——GB/T 3214—1982，GB/T 3214—1991。

水泵流量的测定方法

1 范围

本标准规定了水泵流量的测量方法。

本标准适用于回转动力泵流量的测定。其他泵也可参照使用。

2 规范性引用文件

下列文件中的条款通过本标准的引用而成为本标准的条款。凡是注日期的引用文件，其随后所有的修改单(不包括勘误的内容)或修订版均不适用于本标准，然而，鼓励根据本标准达成协议的各方研究是否可使用这些文件的最新版本。凡是不注日期的引用文件，其最新版本适用于本标准。

GB/T 2624.1—2006 用安装在圆形截面管道中的差压装置测量满管流体流量 第1部分：一般原理和要求(ISO 5167-1:2003,IDT)

GB/T 2624.2—2006 用安装在圆形截面管道中的差压装置测量满管流体流量 第2部分：孔板(ISO 5167-2:2003,IDT)

GB/T 2624.3—2006 用安装在圆形截面管道中的差压装置测量满管流体流量 第3部分：喷嘴和文丘里喷嘴(ISO 5167-3:2003,IDT)

GB/T 3216—2005 回转动力泵水力性能验收试验 1级和2级(ISO 9906:1999,MOD)

GB/T 17612—1998 封闭管道中液体流量的测量 称重法(idt ISO 4185:1980)

GB/T 18660 封闭管道中导电液体流量的测量电磁流量计的使用方法(GB/T 18660—2002,ISO 6817:1992,IDT)

JJG 198 速度式流量计

JJG 640 差压式流量计

JJF 1059 测量不确定度评定与表示

3 术语和定义

GB/T 2624.1～2624.3—2006 中的术语和定义适用于本标准。

3.1

差压装置 differential pressure device

使管道中流动的流体产生静压力差的一套装置。整套装置由节流件、取压装置、符合要求的前、后直管段所组成。

同义词：节流装置 throttling device

3.2

节流件 throttling element

差压装置中造成流体收缩且在其上、下游两侧产生差压的元件。本标准所包括的节流件有孔板、喷嘴和文丘里喷嘴等。

3.3

直径比 diameter ratio

节流件的节流孔(或喉部)的直径与上游的测量管道内径之比。

3.4

差压 differential pressure

当已考虑上、下游取压口之间任何高度差时，在管壁取压口处测得的静压之差，其一是在节流件的上游取压口取得的静压，另一是在节流件的下游取压口取得的静压。

“差压”这个术语仅适用于本标准中所规定的取压口位置上所取得的静压之差。

3.5

雷诺数　Reynolds number

表征流体惯性力与黏性力之比的无量纲参数。本标准所用的雷诺数可以是以流体上游条件参数和上游管道直径所表示的雷诺数，如公式(1)。也可以是以流体上游条件参数和节流件的节流孔直径或喉部直径所表示的雷诺数，如公式(2)。

$$Re_{\mathrm{D}} = \frac{V_1 D}{\upsilon_1} = \frac{4q_{\mathrm{m}}}{\pi\mu_1 D} \quad \cdots\cdots(1)$$

$$Re_{\mathrm{d}} = \frac{Re_{\mathrm{D}}}{\beta} \quad \cdots\cdots(2)$$

3.6

流出系数　discharge coefficient

对不可压缩流体，流出系数 C 为通过节流装置的实际流量值与理论流量值之比。它是一个无量纲的纯数，孔板流出系数可用公式(3)确定，喷嘴流出系数可用公式(4)确定，文丘里喷嘴流出系数可用公式(5)确定。

$$C = 0.5961 + 0.026\beta^2 - 0.216\beta^8 + 0.000521\left(\frac{10^6\beta}{Re_{\mathrm{D}}}\right)^{0.7} + (0.0188 + 0.0063A)\beta^{3.5}\left(\frac{10^6}{Re_{\mathrm{D}}}\right)^{0.3} + (0.043 + 0.080e^{-10L_1} - 0.123e^{-7L_1})(1 - 0.11A)\frac{\beta^4}{1-\beta^4} - 0.031(M_2' - 0.8M_2'^{1.1})\beta^{1.3} \quad \cdots\cdots(3)$$

当 $D \leqslant 71.12$ mm 时，应在公式(3)后面加上 $+0.011(0.75-\beta)\left(2.8-\frac{D}{25.4}\right)$

$$M_2' = \frac{2L_2}{1-\beta^4} \qquad A = \frac{19000\beta}{Re_{\mathrm{D}}}$$

$$C = 0.9900 - 0.2262\beta^{4.1} - (0.00175\beta^2 - 0.0033\beta^{4.5})\left(\frac{10}{Re_{\mathrm{D}}}\right)^{1.15} \quad \cdots\cdots(4)$$

$$C = 0.9858 - 0.196\beta^{4.5} \quad \cdots\cdots(5)$$

式中：$L_1 = l_1/D$ 孔板上游取压口的距离与管道直径的比；

$L_2 = l_2/D$ 孔板下游取压口的距离与管道直径的比。

在一定的安装条件下对于给定的节流装置，该值仅与雷诺数有关。对于不同节流装置，只要这些装置是几何相似、并且在相同雷诺数的条件下，则 C 的数值是相同的。

3.7

流动调整器　flow stabilizer

组成测量系统一部分的一种结构，以保证液体供应管道中有一个稳定的流量。

3.8

测量不确定度　uncertainty [Of a measurement]

表征合理地赋予被测量之值的分散性，与测量结果相联系的参数。广义而言，测量不确定度意为对测量结果正确性的可疑程度。

3.9

扩展不确定度　expanded uncertainty

确定测量结果区间的量，合理赋予被测量之值分布的大部分可望含于此区间。

注：扩展不确定度有时也称展伸不确定度或范围不确定度。

4 符号和单位

本标准采用的量的名称、符号及单位见表1、表2。

表1 量的名称、符号及单位

量的符号	量的名称	单位	
A	堰通气孔的面积	平方米	m^2
b	堰口宽度	米	m
B	堰槽宽度	米	m
B_d	磁感强度	特斯拉	T
C	流出系数		
d	节流件的开孔直径	米	m
D	管道内径	米	m
E	堰口高度	米	m
E_d	感应电压	伏特	V
f	涡轮的测量频率		次/s
h	堰水头	米	m
j	两个管段错位位置与取压孔或环室的距离	米	m
κ	管道内壁的绝对粗糙度	米	m
k	仪表常数		
K_d	电磁流量计的校准系数,通常用湿式校准来得到		
L	长度	米	m
M	质量	千克	kg
q_m	质量流量	千克每秒	kg/s
q_v	体积流量	立方米每秒	m^3/s
Re	雷诺数		
Re_D	与D有关的雷诺数		
Re_d	与d有关的雷诺数		
T	时间	秒	s
V	管道中流体的平均轴向速度	米每秒	m/s
Y	两个管段之间的错位	米	m
Φ	角度	度	(°)
δ	不确定度	视量值而定	
ζ_0	经标定后的涡轮传感器仪表常数	次/升	次/L
ρ	流体密度	千克每立方米	kg/m^3
ρ_a	空气密度	千克每立方米	kg/m^3
Δp	差压	帕斯卡	Pa
α	流量标定系数		

表 1(续)

量的符号	量 的 名 称	单 位	
β	工作状态下的节流件的直径比		
μ	流体的动力黏度	帕斯卡秒	Pa·s
ν	流体的运动黏度	二次方米每秒	m^2/s
δ_q	流量测量的相对不确定度		
δ_S	系统分量引起测量的不确定度		
δ_R	随机分量引起测量的不确定度		

表 2 符号的右下角码意义

符 号	意 义
0	原始数值或零点数值
1	节流件上游侧
2	节流件下游侧
e	有效的
max	最大

5 孔板、喷嘴和文丘里喷嘴

本标准的喷嘴只适用于 GB/T 2624.3—2006 中的 ISA1932 型标准喷嘴。

5.1 工作原理和计算方法

5.1.1 测量原理

充满管道的流体经过安装在管道内的差压装置，流束将在节流件处形成局部收缩，从而流速增加，静压力降低，于是在节流件前后产生了一个静压差。流体的流速愈大，静压差愈大，可以通过测量差压来衡量流体流过节流装置时的流量大小。

假定这个装置与已经标定过的装置是几何相似的，而且使用条件也一样，亦符合本标准的要求，则在本标准所规定的不确定度之内，质量流量就可以根据测量的差压值和有关流体特性来确定。

5.1.2 计算方法

标准的差压装置，质量流量与差压的关系由公式(6)确定，体积流量与质量流量的关系由公式(7)确定。

$$q_m = \frac{C}{\sqrt{1-\beta^4}} \frac{\pi}{4} d^2 \sqrt{2\Delta p \times \rho} \quad \cdots\cdots(6)$$

$$q_v = \frac{q_m}{\rho} \quad \cdots\cdots(7)$$

5.2 测量的一般要求

5.2.1 差压装置

5.2.1.1 差压装置的设计、制造、安装应符合 GB/T 2624 标准规定的要求，若超出标准规定的极限时，差压装置必须进行单独检定。

5.2.1.2 当需提高差压装置测量精度时，需用具有较高精度的流量测定方法进行检定。

5.2.2 流体的种类

5.2.2.1 流体为不可压缩的液体。

5.2.2.2 流体必须是在物理学和热力学上是均匀的、单相的流体。具有高分散程度的胶质溶液(例如牛奶)，可认为相当于单相流体。

5.2.2.3 进行流量测量时，必须知道工作状态下的流体密度和黏度。

5.2.3 **流体状态**

5.2.3.1 管道内的流量应该不随时间变化，或实际上只随时间有微小和缓慢的变化。差压装置不适用于脉动流量的测量。

5.2.3.2 流体通过差压装置不发生相变化。

5.3 **安装要求**

5.3.1 **总则**

5.3.1.1 流体应充满测量管道。

5.3.1.2 应在紧邻差压装置上游，管道内流体流动状态接近典型的充分发展的紊流流动状态且无旋涡的位置上安装差压装置。

5.3.1.3 差压装置应安装在两段有恒定横截面积的圆筒形直管段之间，在此中间不应有障碍物和分支管。当直管段的偏差不超出管道长度的0.4%时，可以认为管道是直的。

5.3.1.4 用来计算节流件直径比的管道直径 D 值应为上游取压孔的上游 $0.5D$ 长度范围内的内径平均值。该内径平均值应是至少在垂直轴线的三个横截面内所测得内径的平均值，而三个横截面分布在 $0.5D$ 长度范围内，其中两个横截面距上游取压口分别为 $0D$ 和 $0.5D$，而在焊接颈部结构情况下，其中一个截面必须在焊接平面内。

5.3.1.5 在节流件上游至少 $10D$ 和下游至少 $4D$ 的长度范围内，管子的内表面应清洁，没有坑凹和沉积物和结垢。

5.3.1.6 管道可设置排泄孔和放气孔，用于排放固体沉积物和被测流体之外的流体。但在流量测量期间，流体不得通过排泄孔和放气孔。排泄孔和放气孔最好不在节流件附近，如果不得不设置在节流件附近时，它们的直径应小于 $0.08D$，并且这些孔的任意一个孔到差压装置同侧取压口轴线之间的直线距离必须大于 $0.5D$。此外这些孔的轴线所在的管路轴线平面与任一取压口轴线所在的管路轴线平面之间夹角不应大于30°。

5.3.1.7 上游最短直管段入口和下游最短直管段出口之间，流体温度超过测量所规定的限值范围时，测量管道和法兰加保温套。

5.3.2 **孔板、喷嘴和文丘里喷嘴的安装要求**

5.3.2.1 **管道的圆度**

在GB/T 2624.2—2006、GB/T 2624.3—2006中，孔板、喷嘴和文丘里喷嘴的安装要求有如下的规定。

5.3.2.1.1 邻近节流件(如有夹持环在邻近夹持环)的上游至少在 $2D$ 长度范围内，管道内径应是圆筒形的。当在任何平面上测量直径时，任意直径与5.3.1.4中规定的方法所测量的直径平均值之差不超过直径平均值的±0.3%，则认为管道是圆的。

5.3.2.1.2 离节流件 $2D$ 之外，敷设在节流件与第一个上游阻流件之间的上游管段，可由一种或多种截面的管道面组成。在孔板上游的 $2D$ 到 $10D$ 之间，任何一个两管段之间的管径突变(即台阶)值只要不超过管道内径的平均值 D 的±0.3%，则流出系数无附加不确定度。

在孔板上游 $10D$ 以外，只要任何一个两管段之间的管径突变(即台阶)值不超过管道内径平均值 D 的±2%，则流出系数无附加不确定度。

如果在形成台阶处的上游管径大于下游管径，则容许的管道内径的突变(台阶)值可以从 $2\%D$ 增加到 $6\%D$，即在台阶两边的管段，在上游侧的管径可以是 $1.06D$，其下游侧管径可以是 $1.0D$；或者上游侧管径为 $1.0D$ 而其下游侧的管径可以是 $0.98D$。

当任何一个两管段之间的管径突变(台阶)值 ΔD 超过上述规定，但符合以下两式的要求时，则流出系数 C 的不确定度应有算术相加的±0.2%的附加不确定度。

$$\frac{\Delta D}{D} \leqslant 0.002\left[\frac{S/D+0.4}{0.1+2.3\beta^4}\right] \quad \cdots\cdots(8)$$

$$\frac{\Delta D}{D} \leqslant 0.05 \quad \cdots\cdots(9)$$

式中 S 是上游取压口到台阶的距离，如使用夹持环，则 S 是从由夹持环所形成环形凹槽的上游边缘到台阶的距离。

5.3.2.1.3　在离节流件下游端面至少 $2D$ 长度的下游直管段上，管道内径与下游直管段的内径平均值之差不超过内径值的±3%。

5.3.2.2　节流件和夹持环的安装

5.3.2.2.1　节流件在管道中的安装方向，应保证使流体从节流件的上游端面流向节流件的下游端面。

5.3.2.2.2　节流件应垂直于管道轴线，其偏差允许在±1°之间。

5.3.2.2.3　节流件应与管或夹持环（当采用时）同轴。节流件的轴线与上、下游侧管道轴线之间的距离 e_x 应满足公式(10)要求，如果 e_x 满足公式(11)要求，则流出系数 C 的不确定度应算术相加±0.3%的附加不确定度；如果符合公式(12)要求，则不符合本标准。夹持环应注意对中心，它的任何部位不得突入管道内。

$$e_x \leqslant \frac{0.0025D}{0.1+2.3\beta^4} \quad \cdots\cdots(10)$$

$$\frac{0.0025D}{0.1+2.3\beta^4} < e_x \leqslant \frac{0.005D}{0.1+2.3\beta^4} \quad \cdots\cdots(11)$$

$$e_x > \frac{0.005D}{0.1+2.3\beta^4} \quad \cdots\cdots(12)$$

5.3.2.3　装配和垫圈

5.3.2.3.1　节流件安装在正确的位置上后，应保持不变，当节流件装在法兰之间时，应允许它自由膨胀以避免翘曲和变形。

5.3.2.3.2　使用垫圈时，垫圈应加工和安装得没有任何部位突入管道，并尽可能薄，在任何情况下不得厚于 $0.03D$。当采用角接取压装置时，垫圈不得挡住取压口或槽。

5.3.2.3.3　当在节流件与夹持环之间使用垫圈时，垫圈不应突入夹持环内。

5.3.3　安装时所要求的最短直管道

差压装置安装时所要求的最短直管段要求应符合 GB/T 2624.2—2006，GB/T 2624.3—2006 中的规定。

5.3.3.1　孔板的最短直管段要求见表 3，喷嘴和文丘里喷嘴的最短直管段要求见表 4。表中的数值为规定的最短直管段长度，实际应用时建议采用比所规定的直管段更长的直管段。

5.3.3.2　进行研究或校准试验时，推荐采用的直管段长度至少为表 3 或表 4 对于 A 栏所规定的 2 倍。当直管段长度等于或大于表 3 或表 4 中 A 栏的值时，流出系数不确定度上不必加附加不确定度。

5.3.3.3　上游和下游直管段长度小于 A 栏的值，且等于或大于 B 栏的值，应在流出系数的不确定度上算术相加±0.5%的附加不确定度。

5.3.3.4　最短直管段采用了 B 栏中的值，应在流出系数的不确定度上加上±0.5%的附加不确定度。

5.3.3.5　调节流量的阀门应位于差压装置的下游，位于上游的切断阀最好是"闸阀"型的，并且应全开。

5.3.4　流动调整器

在 GB/T 2624.1—2006 中规定了以下五种标准型式的流动调整器。

5.3.4.1　如果节流件安装在表 3 所没有列的各种阻流件的下游，建议使用 5.3.4.3 所列举的流动调整器。

5.3.4.2　流动调整器安装在节流件与最接近节流件上游的阻流件或管件之间的直管段中，此阻流件或管件与调整器之间的直管段长度应等于 $17D$，流动调整器与节流件之间的直管段长度至少应等于 $12D$，而且只有当流动调整器的阻流小管的周围有最小的空隙，使之没有妨碍其正常作用的旁通流时，流动调整器才是充分有效的。使用符合上述安装条件的流动调整器，不必加任何的不确定度。

表 3 孔板与阻流件之间所需要的直管段长度（无流动调整器）（数值以管径 *D* 倍数表示）

直径比 β	孔板上游侧（入口）																						孔板下游侧（出口）	
	单个 90°弯头 两个 90°弯头在任意平面 （$S^{a}>30D$）		在同一平面上的两个 90°弯头 S 形状（$30D\geqslant S>10D$）		在同一平面上的两个 90°弯头（$10D\geqslant S$）		在垂直平面上的两个 90°弯头（$30D\geqslant S\geqslant 5D$）		在垂直平面上的两个 90°弯头（$5D>S$）		单个 90°三通		单个 45°弯头在同一平面上两个 45°弯头 S 形状（$S\geqslant 2D$）		渐缩管在 1.5*D* 到 3*D* 的长度内由 2*D* 变为 *D*		渐扩管在 *D* 到 2*D* 长度内由 0.5*D* 变为 *D*		全孔球阀或闸阀全开		对称突缩管		温度计套管或插口[b]直径小于 0.03*D*		前面全部阻流件类型和密度计套管	
	A	B	A	B	A	B	A	B	A	B	A	B	A	B	A	B	A	B	A	B	A	B	A	B	A	B
0.20	6	3	10	10	10	10	19	18	34	17	3	3	7	7	5	5	6	6	12	6	30	15	5	3	4	2
0.40	16	3	10	10	10	10	44	18	50	25	9	3	30	9	5	5	12	8	12	6	30	15	5	3	6	3
0.50	22	9	18	10	22	10	44	18	75	34	19	9	30	18	8	5	20	9	12	6	30	15	5	3	6	3
0.60	42	13	30	18	42	18	44	18	65	25	29	18	30	18	9	5	26	11	14	7	30	15	5	3	7	3.5
0.67	44	20	44	18	44	20	44	20	60	18	36	18	44	18	12	6	28	14	18	9	30	15	5	3	7	3.5
0.75	44	20	44	18	44	22	44	20	75	18	44	18	44	18	13	8	36	18	24	12	30	15	5	3	8	4

注 1：对于 $\beta<0.2$ 可以取 $\beta=0.2$ 同样的长度。

注 2：最小直管段长度是指孔板的上下游阻流件之间的长度，该长度是从最靠近的弯头或三通的曲面部分下游末端或渐缩管和渐扩管的锥管部分下游末端测量起。

注 3：本表中大多数弯头其曲率半径等于 1.5*D*，但亦可用于任意曲率半径的弯头。

注 4：各种阻流件中 A 栏的长度是指“零附加不确定度”的。

注 5：各种阻流件中 B 栏的长度是指“0.5%附加不确定度”的。

a　*S*——两个弯头分隔的间距，从上游弯头曲面部分的下游端到下游弯头曲面部分的上游端的间距。

b　对于其他阻流件，温度计套管的安装不会变更其上游的最短直管段长度。恶劣的安装条件，可能的话，采用流动调整器。当 A 栏和 B 栏分别增加到 20*D* 和 10*D* 时，则可安装温度计套管的直径为 0.03*D* 到 0.13*D*。

表 4　喷嘴和文丘里喷嘴所要求的直管段长度(无流动调整器)(数值以管径 D 倍数表示)

直径比 β	喷嘴和文丘里喷嘴上游侧(入口)																				下游侧(出口)	
	单个 90°弯头或三通(流体仅从一个支管流出)		在同一平面上的两个或多个 90°弯头		在不同平面上的两个或多个 90°弯头		渐缩管在 1.5D 到 3D 的长度内由 2D 变为 D		渐扩管在 D 到 2D 长度内由 0.5D 变为 D		球阀全开		全孔球阀或闸阀全开		* * 对称骤缩管		* * 温度计套管或插孔[a]直径小于 0.03D		* * 温度计套管或插孔[a]直径在 0.03D 和 0.13D 之间		前面阻流件(* * 除外)	
	A	B	A	B	A	B	A	B	A	B	A	B	A	B	A	B	A	B	A	B	A	B
0.20	10	6	14	7	34	17	5	5	16	8	18	9	12	6	30	15	5	3	20	10	4	2
0.25	10	6	14	7	34	17	5	5	16	8	18	9	12	6	30	15	5	3	20	10	4	2
0.30	10	6	16	8	34	17	5	5	16	8	18	9	12	6	30	15	5	3	20	10	5	2.5
0.35	12	6	16	8	36	18	5	5	16	8	18	9	12	6	30	15	5	3	20	10	5	2.5
0.40	14	7	18	9	36	18	5	5	16	8	20	10	12	6	30	15	5	3	20	10	6	3
0.45	14	7	18	9	38	19	5	5	17	9	20	10	12	6	30	15	5	3	20	10	6	3
0.50	14	7	20	10	40	20	6	5	18	9	22	11	12	6	30	15	5	3	20	10	6	3
0.55	16	8	22	11	44	22	8	5	20	10	24	12	14	7	30	15	5	3	20	10	6	3
0.60	18	9	26	13	48	24	9	5	22	11	26	13	14	7	30	15	5	3	20	10	7	3.5
0.65	22	11	32	16	54	27	11	6	25	13	28	14	16	8	30	15	5	3	20	10	7	3.5
0.70	28	14	36	18	62	31	14	7	30	15	32	16	20	10	30	15	5	3	20	10	7	3.5
0.75	36	18	42	21	70	35	22	11	38	19	36	18	24	12	30	15	5	3	20	10	8	4
0.80	46	23	50	25	80	40	30	15	54	27	44	22	30	15	30	15	5	3	20	10	8	4

注 1：最短直管段长度是节流件上游或下游的各种阻流件与节流件之间的数值，全部直管段长度从节流件的上游端面测量起。

注 2：A 栏为“零附加不确定度”的长度值。

注 3：B 栏为“0.5%附加不确定度”的长度值。

注 4：有些节流件不是全部 β 值都允许采用的。

[a] 温度计套管或插孔的配置不变更其他阻流件需要的上游最短直管段长度。

5.3.4.3　五种标准型式的流动调整器如图1到图5，根据节流件上游管道中流体速度分布情况，以及流量测量系统允许的压力损失来选择流动调整器的型式。五种流动调整器所产生的压力损失大约值如表5。

5.3.4.4　A型：Zanker式流动调整器是由有尺寸圆孔的薄板和由多块平板交叉形成的槽道(每孔一个槽)所组成的。图1给出了主要尺寸。平板应具有最小厚度，但还要有足够强度。

5.3.4.5　B型：Sprenkle式流动调整器是由三块串接的多孔板组成，相邻板之间的长度等于一倍管径，最好在洞孔的上游侧倒角，而且每块板上开孔的总面积应该大于管道流通面积的40%，板厚与孔径的比至少是1.0，孔的直径应小于管径的1/20。三块板应当用棒或螺栓连在一起，棒或螺栓孔在同一中心距的圆周上分布，其直径尽可能小，但应满足强度要求。

5.3.4.6　C型：管束式流动调节器，是由一捆紧固在一起并且刚性地固定在管内的平行的管子所组成，管子的轴线彼此平行，外圆平行，而且与管道轴线平行，如不满足要求，流动调节器本身会对流动产生干扰。至少要有19根管子，共长度应大于或等于 $10d$，管子应彼此贴接，而19根管子所组成的管束应与管道内径相切。

5.3.4.7　D型：栅格式流动调整器(“AMCA”调整器)是由方形栅格组成蜂窝结构，尺寸如图4所示。

5.3.4.8　E型：径向叶片式流动调整器(“ETOILE”调整器)由八个径向叶片组成，叶片之间具有相等角度间隔，其长度等于2倍直径。这些叶片应有最小厚度且有足够强度。

表5　压力损失

流动调整器类型	压力损失
A型	$5\rho V^2/2$
B型(具有入口倒角)	$11\rho V^2/2$
B型(无入口倒角)	$14\rho V^2/2$
C型	$5\rho V^2/2$
D型	$0.25\rho V^2/2$
E型	$0.25\rho V^2/2$

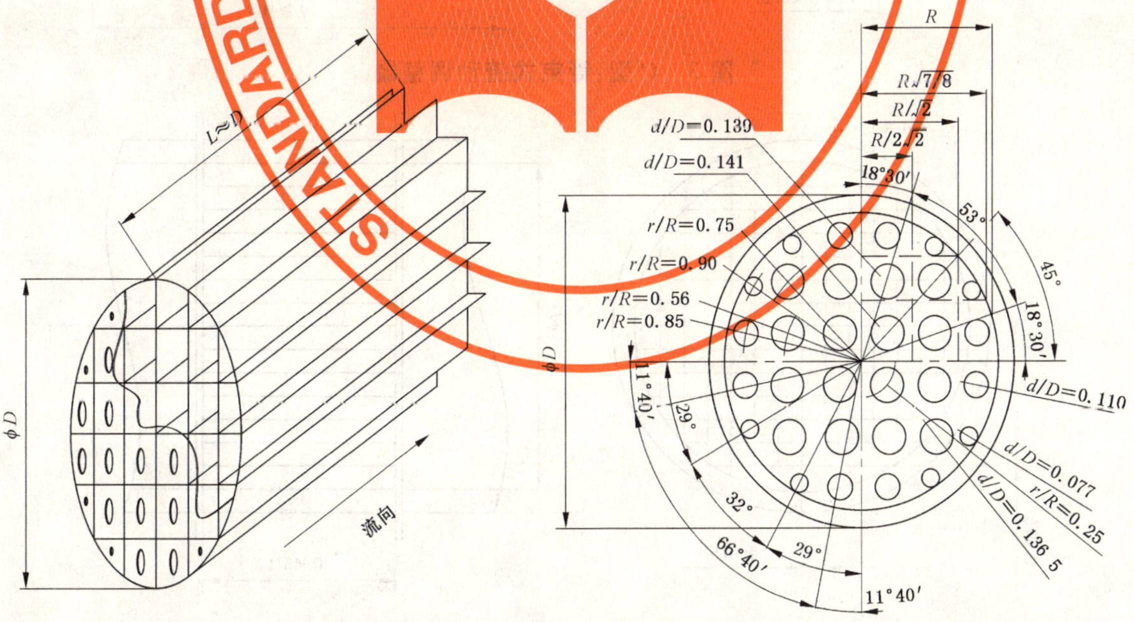

图1　A型：Zanker式流动调整器

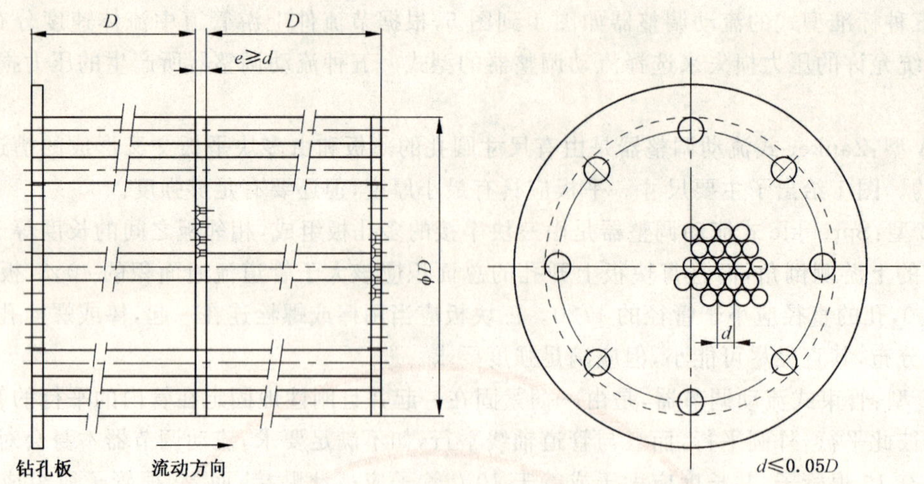

注：为了减少压力损失，孔的入口可以做成45°的倒角。

图2　B型：Sprenkle式流动调整器

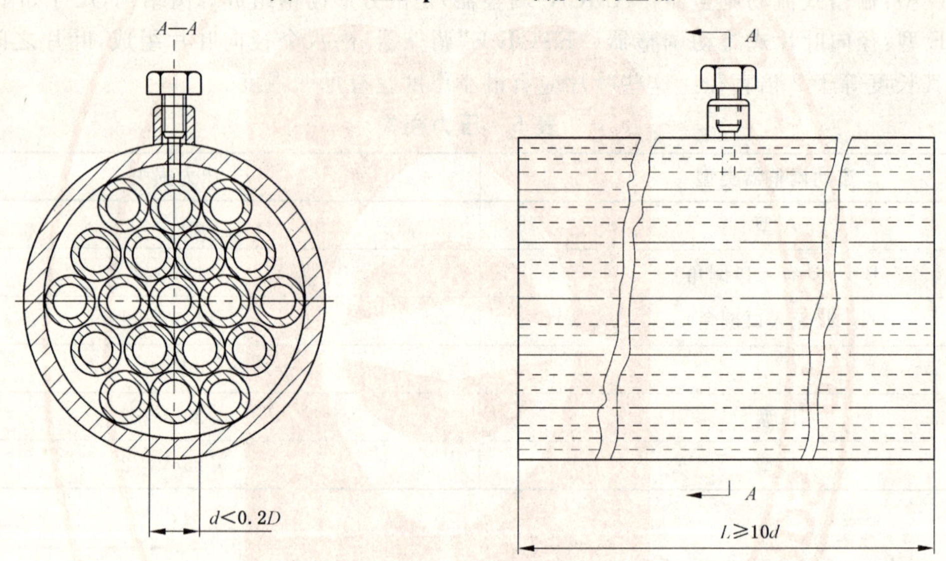

图3　C型：管束式流动调整器

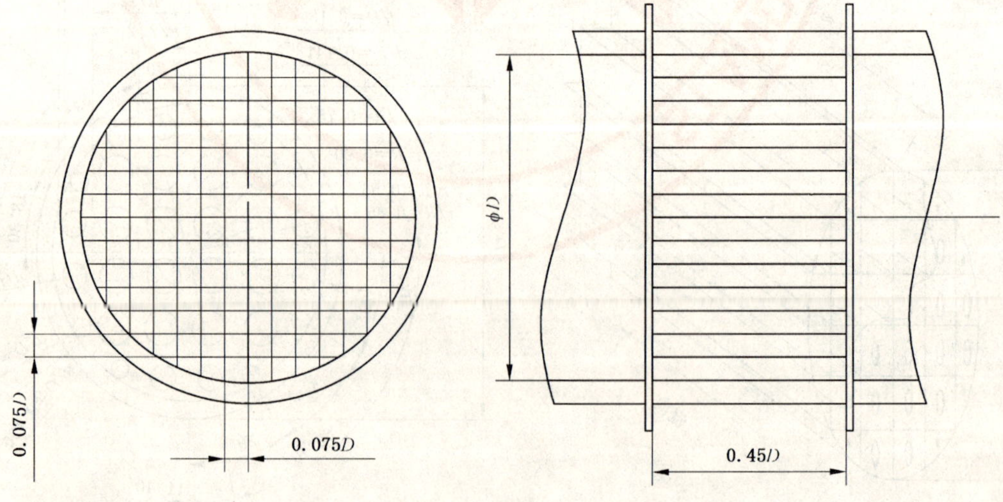

图4　D型：栅格式流动调整器

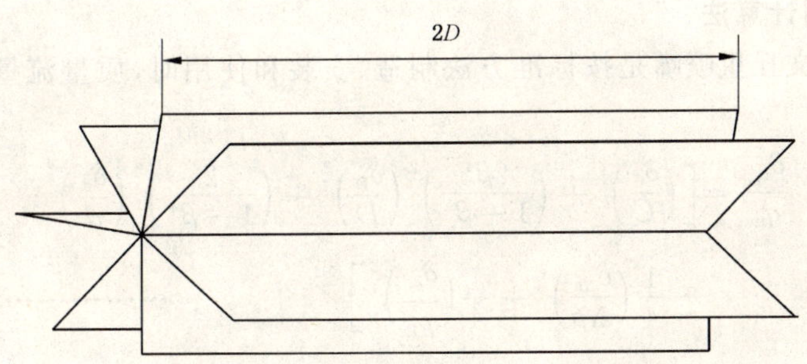

图 5　E 型：径向叶片式流动调整器

5.4　流量测量的不确定度

5.4.1　不确定度的定义

5.4.1.1　GB/T 2624.1—2006 中规定，用孔板、喷嘴和文丘里喷嘴测量流量时的不确定度定义为一个数值范围，在这范围内测量的结果按置信概率为 95%进行估算。

5.4.1.2　流量测量的不确定度可用绝对值或相对值表示：

流量$=q\pm\delta_q$

流量$=q(1\pm e)$

流量$=q$；不确定度在 100%e 之内

δ_q 和 q 有相同的量钢，相对不确定度 $e=\frac{\delta_q}{q}$为无量钢。

5.4.1.3　本规定的流量测量的随机不确定度是流量测量 N 次时所得的标准偏差的两倍，系统不确定度是系统误差引起的不确定度的合成，流量测量的总的不确定度是各分量随机不确定度与系统不确定度的合成。

5.4.2　流出系数的不确定度

5.4.2.1　β 和 Re 的定义

$$\beta=\frac{d}{D} \qquad \cdots\cdots(13)$$

$$Re=\frac{V\cdot D}{\nu} \qquad \cdots\cdots(14)$$

式中，$\nu=\frac{\mu}{\rho}$。

5.4.2.2　孔板流出系数的不确定度：按 GB/T 2624.2—2006 中规定，假定 β、D、Re 和 κ/D 为已知而且没有误差，则 C 值的相对不确定度见表 6。

表 6　C 值的相对不确定度

范　围	C 值的相对不确定度
$0.1\leqslant\beta<0.2$	$(0.7-\beta)\%$
$0.2\leqslant\beta\leqslant0.6$	0.5%
$0.6<\beta<0.75$	$1.667(\beta-0.5)\%$

5.4.2.3　喷嘴流出系数的不确定度：按 GB/T 2624.3—2006 中规定，假定 β、D、Re 和 κ/D 为已知而且没有误差，则 C 值的相对不确定度：

当 $\beta\leqslant0.6$ 时为 0.8%；

当 $\beta>0.6$ 时为$(2\beta-0.4)\%$。

5.4.2.4　文丘里喷嘴流出系数的不确定度：假定 β 为已知而且没有误差，则 C 的不确定度：

$$\frac{\delta_C}{C}=(1.2+1.5\beta^4)\% \qquad \cdots\cdots(15)$$

5.4.3 **不确定度的实用计算法**

5.4.3.1 孔板、喷嘴和文丘里喷嘴是按标准方法制造、安装和使用时，质量流量的不确定度的计算公式为：

$$\frac{\delta_{q_m}}{q_m}=\left[\left(\frac{\delta_C}{C}\right)^2+\left(\frac{2\beta^4}{1-\beta^4}\right)^2\left(\frac{\delta_D}{D}\right)^2+\left(\frac{2}{1-\beta^4}\right)^2\left(\frac{\delta_d}{d}\right)^2+\frac{1}{4}\left(\frac{\delta_{\Delta p}}{\Delta p}\right)^2+\frac{1}{4}\left(\frac{\delta_{\rho_1}}{\rho_1}\right)^2\right]^{\frac{1}{2}} \quad\cdots\cdots(16)$$

式中：

$\frac{\delta_C}{C}$——流出系数的不确定度，由本标准 5.4.2 给出。

$\frac{\delta_D}{D}$——管道内径的不确定度，可按技术条件估算最大值，或计算出较小的实际值，最大值可取 0.4%。

$\frac{\delta_d}{d}$——节流件开孔直径的不确定度可按技术条件估算最大值，或计算出较小的实际值，最大值可取 0.07%。

$\frac{\delta_{\Delta p}}{\Delta p}$——差压的不确定度，根据测量方法而定。

$\frac{\delta_{\rho_1}}{\rho_1}$——密度的不确定度，根据测量方法而定。

5.4.3.2 孔板、喷嘴和文丘里喷嘴是按湿式方法检定时，体积流量的计算公式如下：

$$q_v=\alpha\sqrt{\Delta p}$$

其不确定度计算公式可简写为：

$$\frac{\delta_{q_v}}{q_v}=\left[\left(\frac{\delta_\alpha}{\alpha}\right)^2+\frac{1}{4}\left(\frac{\delta_{\Delta p}}{\Delta p}\right)^2\right]^{\frac{1}{2}} \quad\cdots\cdots(17)$$

式中：

$\frac{\delta_\alpha}{\alpha}$——流量标定系数的不确定度，由标定精度确定。

$\frac{\delta_{\Delta p}}{\Delta p}$——差压的不确定度，由系统误差引起的不确定度和随机误差引起的不确定度的合成，可参考附录 C 的方法计算。

5.5 **差压的测定**

5.5.1 孔板、喷嘴和文丘里喷嘴的差压 Δp 可用差压计(差压变送器)来测量。

5.5.2 Δp 的测量不确定度 $\left(\frac{\delta_{\Delta p}}{\Delta p}\right)$ 根据采用的差压计(差压变送器)来确定。

5.5.3 **液柱差压计**

5.5.3.1 液柱差压计的玻璃管内径为 6 mm～12 mm。

5.5.3.2 压力导管内和液柱差压计内的空气必须完全排出。

5.5.3.3 压力导管一般可用内径 6 mm～12 mm 的连接管，连接管可根据不同系统压力选用不锈钢管、紫铜管、胶管、透明塑料管等。

5.5.3.4 液柱差压计的差压 Δp 测量的不确定度应在 ±1.0% 以内。

5.6 **取压装置**

本标准的取压装置按 GB/T 2624 的要求执行。

5.6.1 取压装置至少应有一个上游取压口和一个下游取压口，取压口的位置应符合本标准规定。当安装取压装置时，应预先考虑垫圈和(或)密封材料的厚度。

5.6.2 取压口的间距是取压口轴线与孔板的某一规定端面的距离。

5.6.3 **取压口**

5.6.3.1 D和$D/2$取压方式的取压口(见图6)

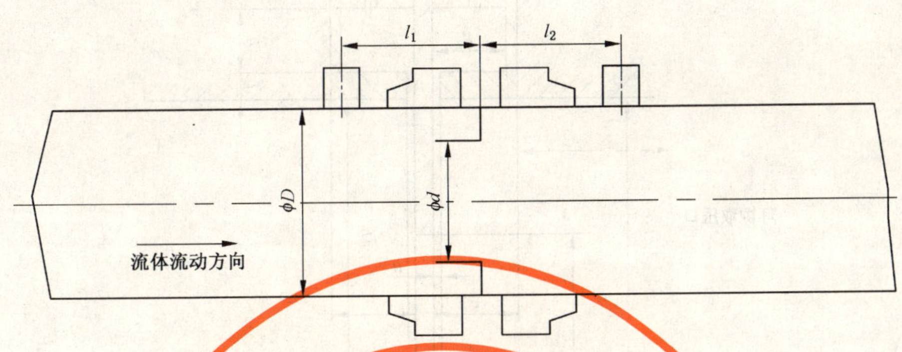

图6 D和$D/2$取压口

上游取压口的间距l_1名义上等于D,但l_1值在$0.9D$与$1.1D$之间时无需对流出系数进行修正。

下游取压口的间距l_2名义上等于$0.5D$,但l_2值在下列数值之间时无需对流出系数进行修正。

$\beta \leqslant 0.60$时,l_2值在$0.48D$与$0.52D$之间。

$\beta > 0.60$时,l_2值在$0.49D$与$0.51D$之间。

间距l_1和l_2均自孔板的上游端面量起。

5.6.3.2 法兰取压口(见图7)

图7 法兰取压口

上游取压口的间距l_1名义上等于25.4 mm,且是从孔板的上游端面量起。

下游取压口的间距l_2名义上等于25.4 mm,且是从孔板的下游端面量起。

在l_1和l_2之值为下列数值时无需对流出系数进行修正。

$\beta > 0.60$和$D < 150$ mm时,l_1和l_2之值均应在25.4 mm±0.5 mm之间。

$\beta \leqslant 0.60$或$\beta > 0.60$但150 mm$\leqslant D \leqslant$1 000 mm时,l_1和l_2之值均应在25.4 mm±1 mm之间。

5.6.3.3 角接取压方式的取压口(见图8)

5.6.3.3.1 取压口可以是单独钻孔的取压口或者是环隙取压口,这两种取压口可位于管道上或位于管道法兰上,亦可位于夹持环上。

5.6.3.3.2 取压口轴线与孔板各相应端面之间的间距等于取压口直径之半,或取压口环隙宽度之半。取压口出口边缘与孔板端面平齐。

5.6.3.3.3 单独钻孔取压口直径α或环隙宽度α如下:

清洁流体:$\beta \leqslant 0.65$时,$0.005D \leqslant \alpha \leqslant 0.03D$;

$\beta > 0.65$时,$0.01D \leqslant \alpha \leqslant 0.02D$。

对任何β值:

清洁流体,1 mm$\leqslant \alpha \leqslant$10 mm。

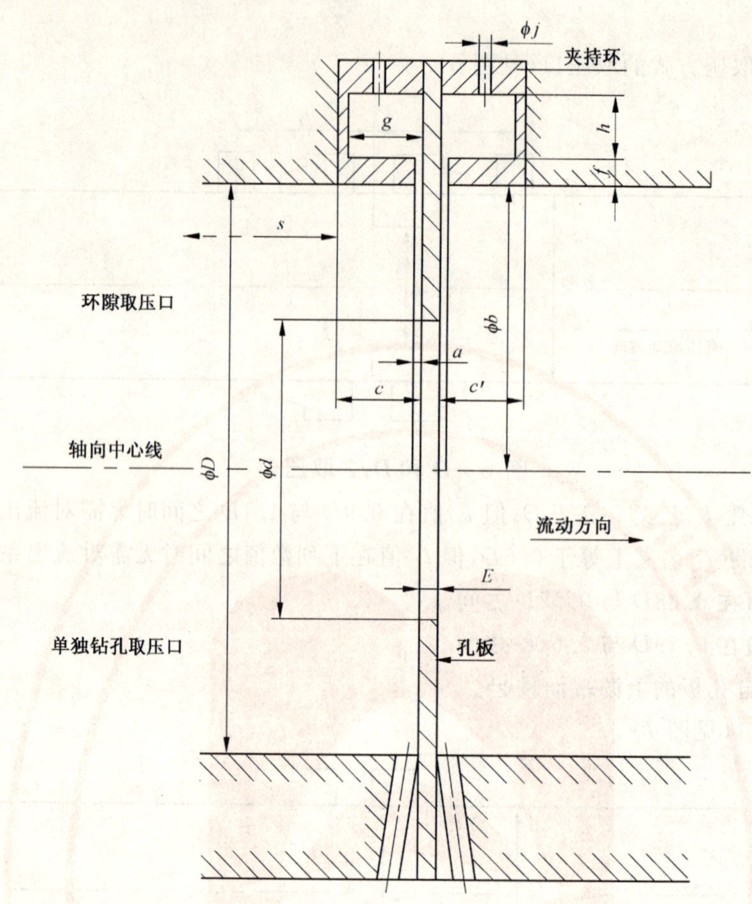

a——环隙宽度(或单独取压口直径)；

c——夹持环长度(上游)；

ϕb——夹持环直径；

g,h——环室尺寸；

f——环隙厚度；

c'——夹持环长度(下游)；

s——上游台阶到夹持环的距离；

ϕj——环室开孔直径。

图 8　角接取压方式的取压口

5.7　使用限制条件

差压装置的使用限制条件按 GB/T 2624.2—2006，GB/T 2624.3—2006 的规定执行。

5.7.1　孔板的使用限制条件

孔板的使用限制条件如表 7 所示。

表 7　孔板使用限制条件

<table>
<tr><th>名称</th><th>角接取压</th><th>D 和 D/2 取压</th><th>法兰取压</th></tr>
<tr><td>d/mm</td><td colspan="2">≥12.5</td><td>≥12.5</td></tr>
<tr><td>D/mm</td><td colspan="2">50≤D≤1 000</td><td>50≤D≤1 000</td></tr>
<tr><td>β</td><td colspan="2">0.10≤β≤0.75</td><td>0.1≤β≤0.75</td></tr>
<tr><td rowspan="2">Re_D</td><td colspan="2">当 0.10≤β≤0.65 时
Re_D≥5 000</td><td rowspan="2">Re_D≥5 000 和
Re_D≥$170\beta^2 D$</td></tr>
<tr><td colspan="2">当 β>0.65 时
Re_D≥$1\ 600\beta^2$</td></tr>
</table>

5.7.2　喷嘴的使用限制条件

喷嘴的使用限制条件如表 8 所示。

表 8　喷嘴使用限制条件

名　称	角接取压
D/mm	$50 \leqslant D \leqslant 500$
β	$0.30 \leqslant \beta \leqslant 0.80$
Re_D	当 $0.30 \leqslant \beta < 0.44$ 时 $70\ 000 \leqslant Re_D \leqslant 10^7$
	当 $0.44 \leqslant \beta \leqslant 0.80$ 时 $20\ 000 \leqslant Re_D \leqslant 10^7$

5.7.3　文丘里喷嘴的使用限制条件

文丘里喷嘴的使用限制条件如表 9 所示。

表 9　文丘里喷嘴使用限制条件

名称	角接取压
d/mm	$d > 50$
D/mm	$65 \leqslant D \leqslant 500$
β	$0.316 \leqslant \beta \leqslant 0.775$
Re_D	$1.5 \times 10^5 \leqslant Re_D \leqslant 2 \times 10^6$

5.8　检定

5.8.1　孔板、喷嘴和文丘里喷嘴检定

根据 GB/T 3216—2005 附录 E 的规定，除非怀疑关键尺寸有变化，否则，孔板、喷嘴和文丘里喷嘴可以不要求检定，如果要进行检定，应根据 JJG 640 中的规定进行。

5.8.2　差压计或差压变送器检定

差压计或差压变送器的检定应根据 JJG 640 中的规定进行。

5.8.2.1　差压计检定宜选用量具进行测量，结果符合精度要求即可。

5.8.2.2　差压变送器应送上级计量检定部门进行检定，检定周期为一年。

6　水堰

6.1　水堰的结构

6.1.1　堰板的结构如图 9 和图 10 所示。

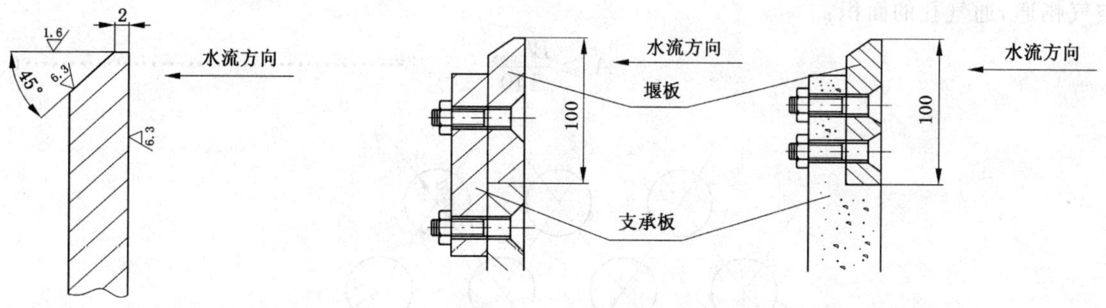

图 9　堰板截面图　　　　图 10　装配式堰板截面图

6.1.1.1　堰口与内侧面成直角，唇厚为 2 mm，且向外侧倒 45°倾斜面，面的毛刺应清除干净。

6.1.1.2　堰口棱缘要修整成锐棱，不得呈圆形，堰板内侧面(特别是从上端至 100 mm 的区域)要平滑。

6.1.1.3　堰板要采用不锈钢和耐腐蚀的材料。

6.1.1.4　堰板安装时必须铅直。堰口应位于堰槽宽度的中央，与堰槽两侧壁成直角。

6.1.1.5　各种水堰的堰口如图 11 所示。

直角三角堰的直角等分线应当铅直，直角允差为±5′。

全宽堰和矩形堰的堰口下缘应保证水平，堰口的直角允差为±5′，堰口宽度允差为±0.001b。

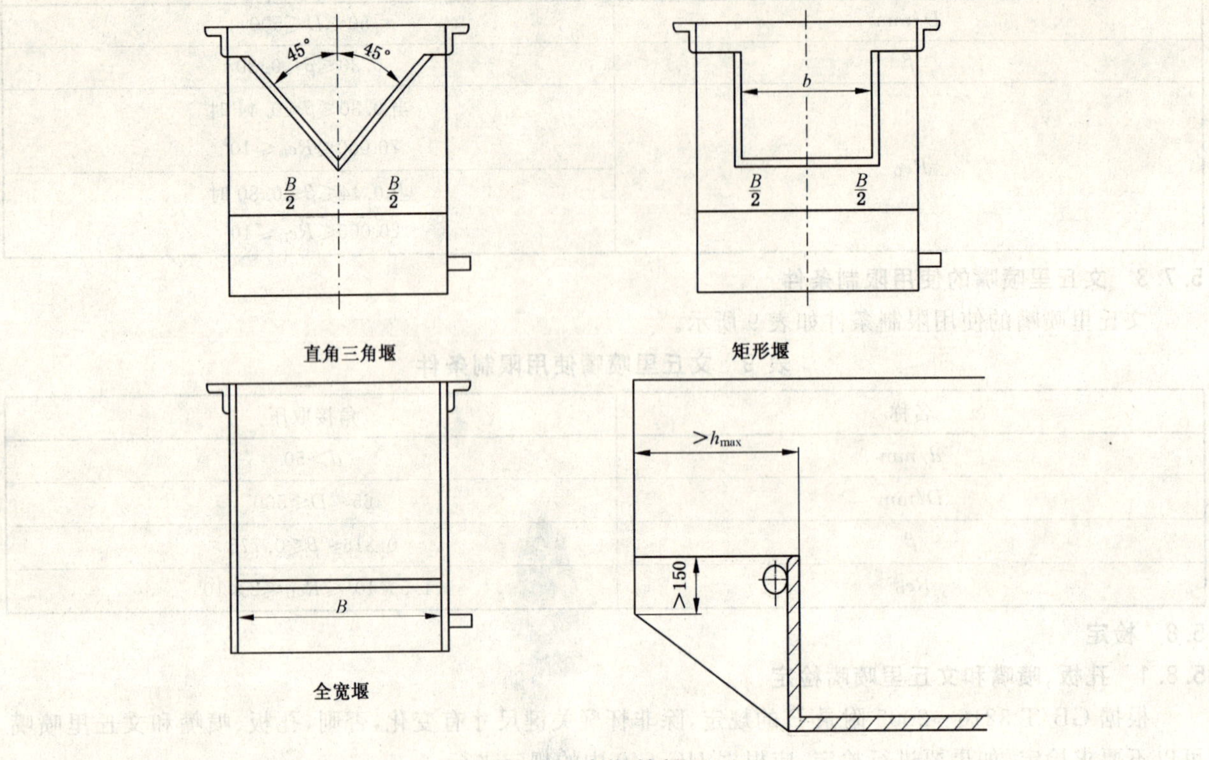

图 11　水堰的堰口

6.1.2　堰槽的结构

6.1.2.1　堰槽由导入部分、整流装置部分及稳流部分构成。

6.1.2.2　堰槽(包括支承板)要坚固不易变形，可用钢板或者混凝土制成。

6.1.2.3　在堰槽上游应设置整流装置(4～5 道整流栅板)，以减少水面的波动，推荐的栅孔尺寸如图 12 所示。稳流部分的宽度等于导入部分的宽度。

6.1.2.4　堰槽的底面和两侧面应平坦，侧面和底面应垂直。

6.1.2.5　全宽堰槽的两侧面应向外延长，如图 11 所示。延长壁应和两侧面一样平坦，与堰口边缘垂直，直角允差为±5′。延长壁上应设置通气孔，通气孔靠近堰口并在水头的下面，以保证测量时水头内侧空气畅通，通气孔的面积：

$$A \geqslant \frac{Bh_{\max}}{140} \quad \cdots\cdots(18)$$

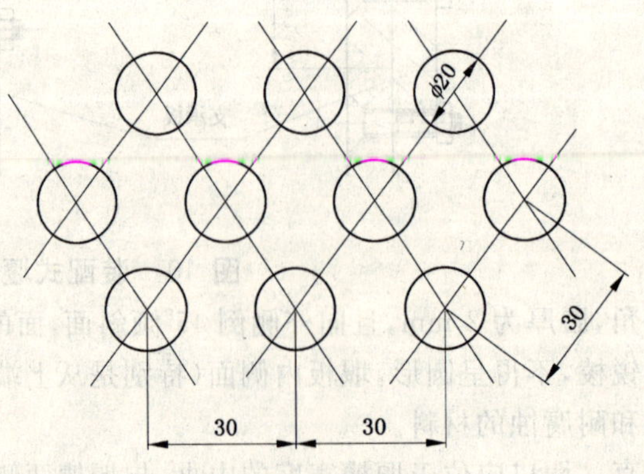

图 12　栅孔尺寸

6.1.2.6 导入部分的容量应尽可能大些，这部分的宽度和深度不应小于整流装置下游的宽度和深度，导水管应埋没在水中。

6.1.2.7 堰槽的长度如图 13 所示，具体尺寸见表 10。

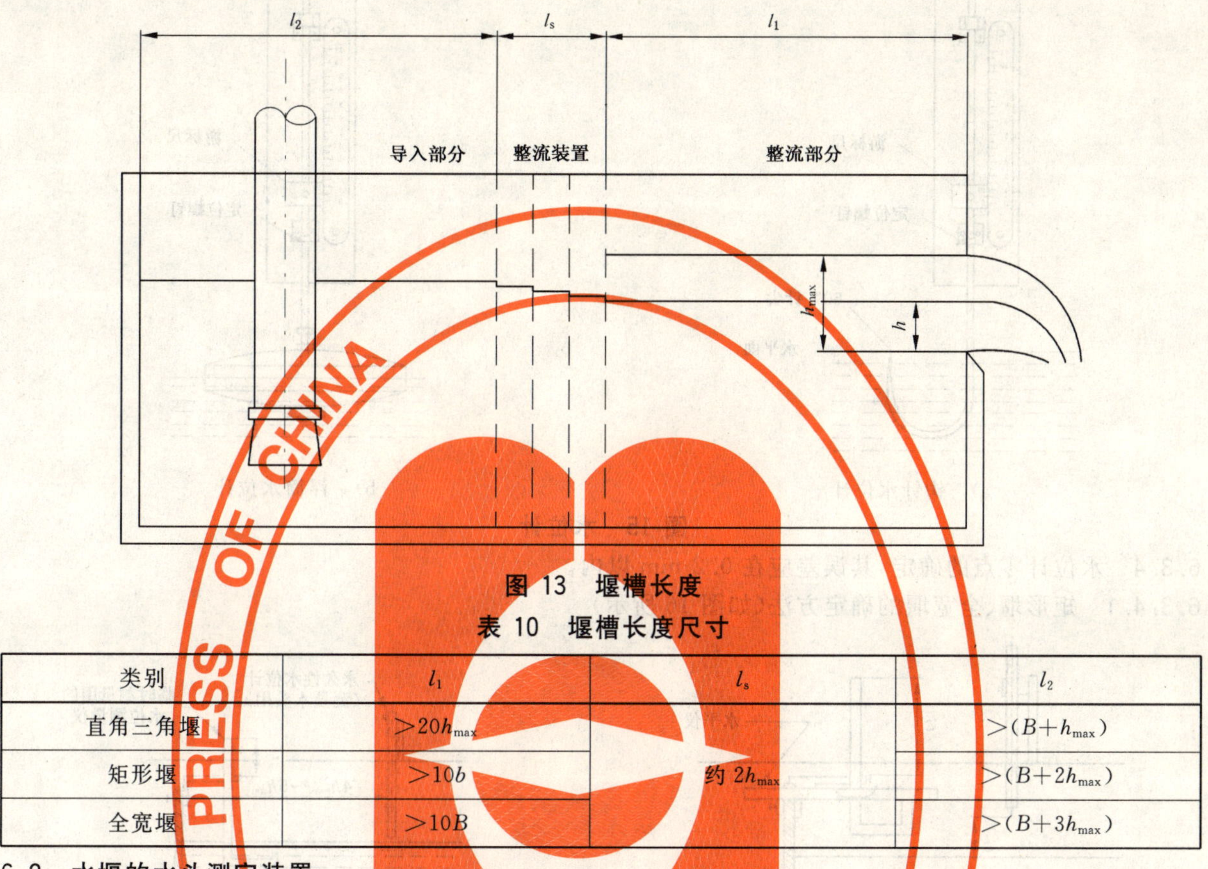

图 13 堰槽长度

表 10 堰槽长度尺寸

类别	l_1	l_s	l_2
直角三角堰	$>20h_{max}$	约 $2h_{max}$	$>(B+h_{max})$
矩形堰	$>10b$		$>(B+2h_{max})$
全宽堰	$>10B$		$>(B+3h_{max})$

6.2 水堰的水头测定装置

6.2.1 水堰的水头测定装置如图 14 所示，在堰槽侧壁上设有小孔与另一小水桶相连通，在桶内测量水位。桶和堰的连接管长应适当，以保证测量方便准确，管径为 10 mm～30 mm。

图 14 测定装置

6.2.2 小孔距堰口 $4h_{max}\sim5h_{max}$，距堰口的下边缘及堰槽底面的尺寸不小于 50 mm，小孔不应有毛刺，小孔的轴心线应和堰槽壁垂直。

6.3 水堰的水头测定方法

6.3.1 水堰的水头测定应当在越过堰口流下来的水流，与堰板不附着的情况下进行测量。

6.3.2 水堰的堰口至堰口外水池水面的高度不少于 100 mm。

6.3.3 可用钩针水位计或浮筒水位计(见图 15)来测量水位，但水位不稳定时不能使用钩针水位计。

使用钩针水位计时，应将针先沉入水内再提上对准水平面，以消除表面张力的影响。此外也可采用水位测量精度不低于上面两种水位计的其他水位计。

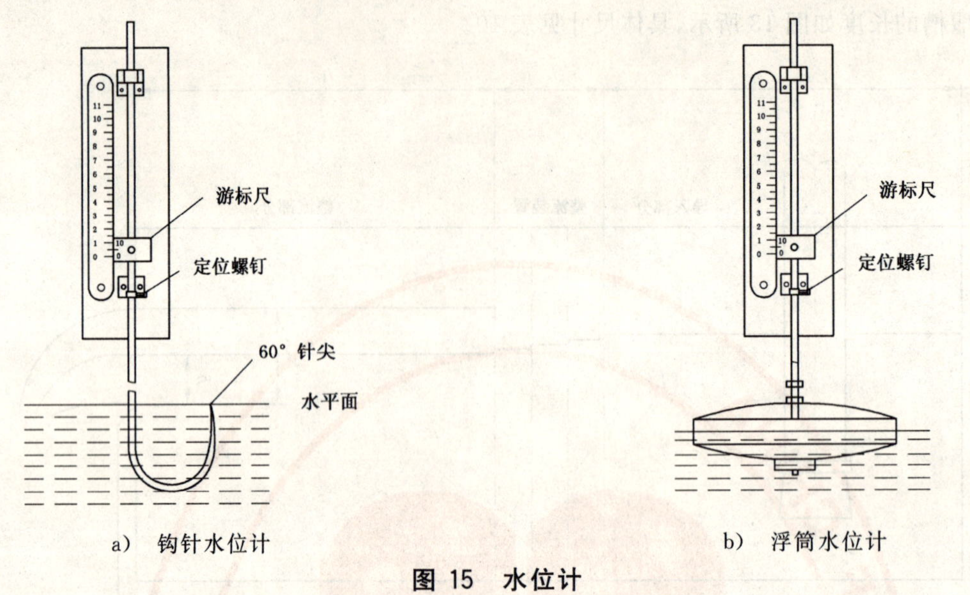

a) 钩针水位计　　b) 浮筒水位计

图 15 水位计

6.3.4 水位计零点的确定，其误差应在 0.2 mm 以内。

6.3.4.1 矩形堰、全宽堰的确定方法（如图 16 所示）

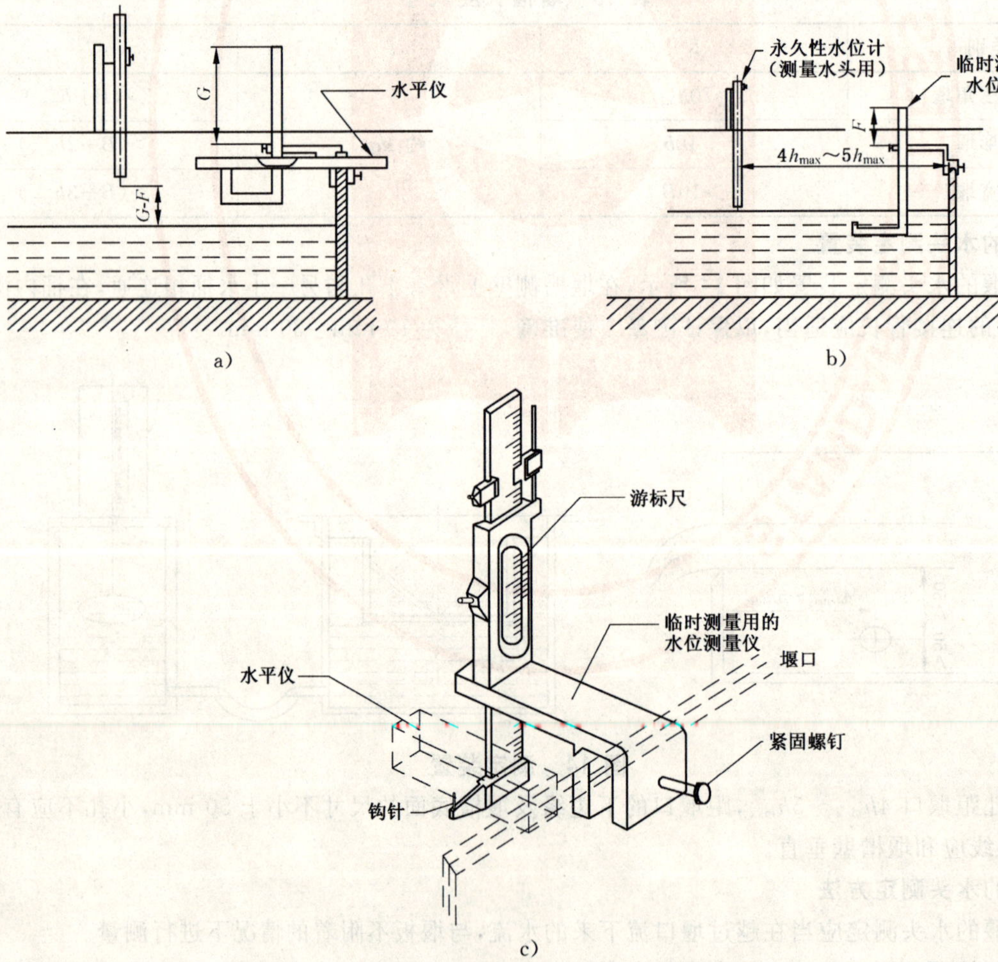

a)　　b)

c)

图 16 测量水头的水位计的零点确定示意图

6.3.4.1.1 先将临时测量用的带钩针的水位测量仪卡固在堰口上，并用水平仪找平，读出图中“G”数值。

6.3.4.1.2 将水放入堰槽中，并使水面低于堰口。

6.3.4.1.3 将特制的带钩针的水位测量仪的钩针下降并浸入水中。然后将钩针慢慢提起使针尖和水面一平。如图16b)所示，并读出图中“F”数值，读数 G 与 F 数值之差，即是堰口至堰槽中水面之间的距离。

6.3.4.1.4 将预先安装在至堰口 $4h_{max}$～$5h_{max}$ 的测量截面处或小水桶内的永久性的测量水头的水位计的钩针下降，使针尖和水面一平，并读出刻度数值。该数值减去读数 G 与 F 数值之差，得到的数值即是测量水头的永久性水位计的零点数值。

6.3.4.2 直角三角堰的确定方法

6.3.4.2.1 在堰口上放置和堰槽长轴平行的特制的直径 D 的圆棒，如图17所示，并用水平仪找正。

6.3.4.2.2 将监时测量用的特制的带钩针的水位测量仪放置在圆棒上面，钩针针尖和圆棒轴线切面的底线相接触，然后按照矩形堰、全宽堰测量方法中的6.3.4.1.2～6.3.4.1.4进行，把永久性的水位计的读数值减去读数 G 与 F 数值之差的数值，再减去 $0.207\ 1D$ 的值，得到的数值即是永久性水位计的零点值。

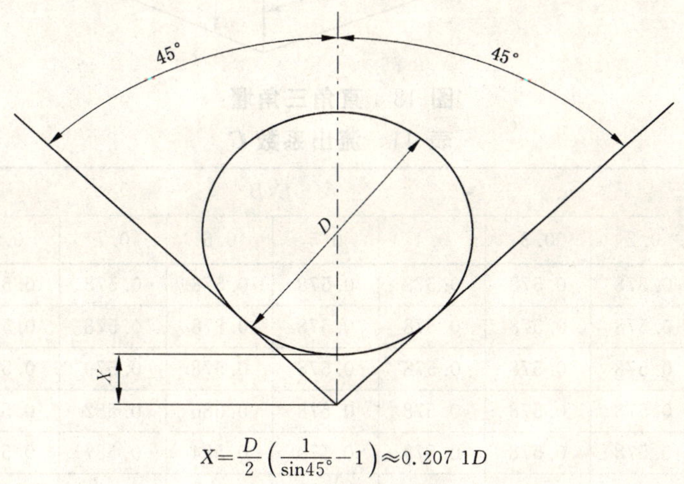

$$X=\frac{D}{2}\left(\frac{1}{\sin 45^{\circ}}-1\right)\approx 0.207\ 1D$$

图17 圆棒的位置

6.4 水堰流量测量的计算公式

6.4.1 直角三角堰的计算公式(如图18)

流量的计算公式为：

$$q_v = C \cdot \frac{8}{15}\sqrt{2g}\, h_e^{\frac{5}{2}} \qquad \cdots\cdots(19)$$

式中：

C——流出系数，可查表11，其不确定度$\frac{\delta_C}{C}=1.0\%$。

h_e——有效堰水头，单位为米(m)。

$$h_e = h + k_h$$

式中：

h——测量堰水头，单位为米(m)；

k_h——补偿黏度和表面张力影响的修正值，对直角三角堰 $k_h=0.000\ 85$ m。

适用范围：

$h/E\leqslant 0.4$；

$h/B\leqslant 0.2$；

$h=0.05$ m～0.38 m；

$E \geqslant 0.45$ m；

$B \geqslant 1.0$ m。

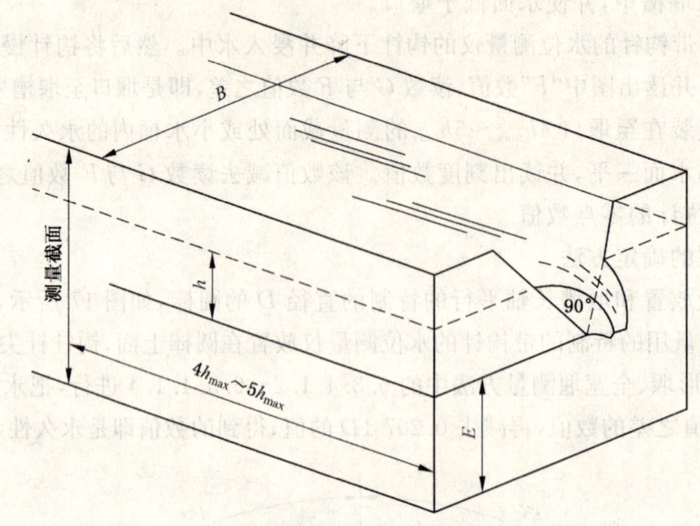

图 18　直角三角堰

表 11　流出系数 C

h/E	E/B									
	0.1	0.2	0.3	0.4	0.5	0.6	0.7	0.8	0.9	1.0
0.1	0.578	0.578	0.578	0.578	0.578	0.578	0.578	0.578	0.578	0.578
0.2	0.578	0.578	0.578	0.578	0.578	0.578	0.578	0.578	0.578	0.578
0.3	0.578	0.578	0.578	0.578	0.578	0.578	0.579	0.579	0.580	0.582
0.4	0.578	0.578	0.578	0.578	0.578	0.580	0.582	0.584	0.586	0.590
0.5	0.578	0.578	0.578	0.579	0.579	0.584	0.587	0.592	0.600	0.606
0.6	0.578	0.578	0.579	0.581	0.584	0.589	0.595	0.605		
0.7	0.577	0.578	0.580	0.584	0.589	0.596	0.607			
0.8	0.577	0.578	0.582	0.588	0.595	0.605				
0.9	0.576	0.579	0.584	0.593	0.602					
1.0	0.576	0.580	0.587	0.598	0.610					
1.1	0.576	0.581	0.590	0.604						
1.2	0.576	0.583	0.594	0.611						
1.3	0.576	0.585	0.597							
1.4	0.576	0.587	0.601							
1.5	0.577	0.589	0.604							
1.6	0.577	0.592	0.609							
1.7	0.578	0.595								
1.8	0.578	0.598								
1.9	0.579									
2.0	0.580									

注 1：可用内插法计算表中的中间数值。

注 2：E—堰口高度，即堰口底点至堰槽底面的高度，单位为米(m)。

6.4.2 **矩形堰和全宽堰($b/B=1$)流量的计算(结构型式见图 19)**

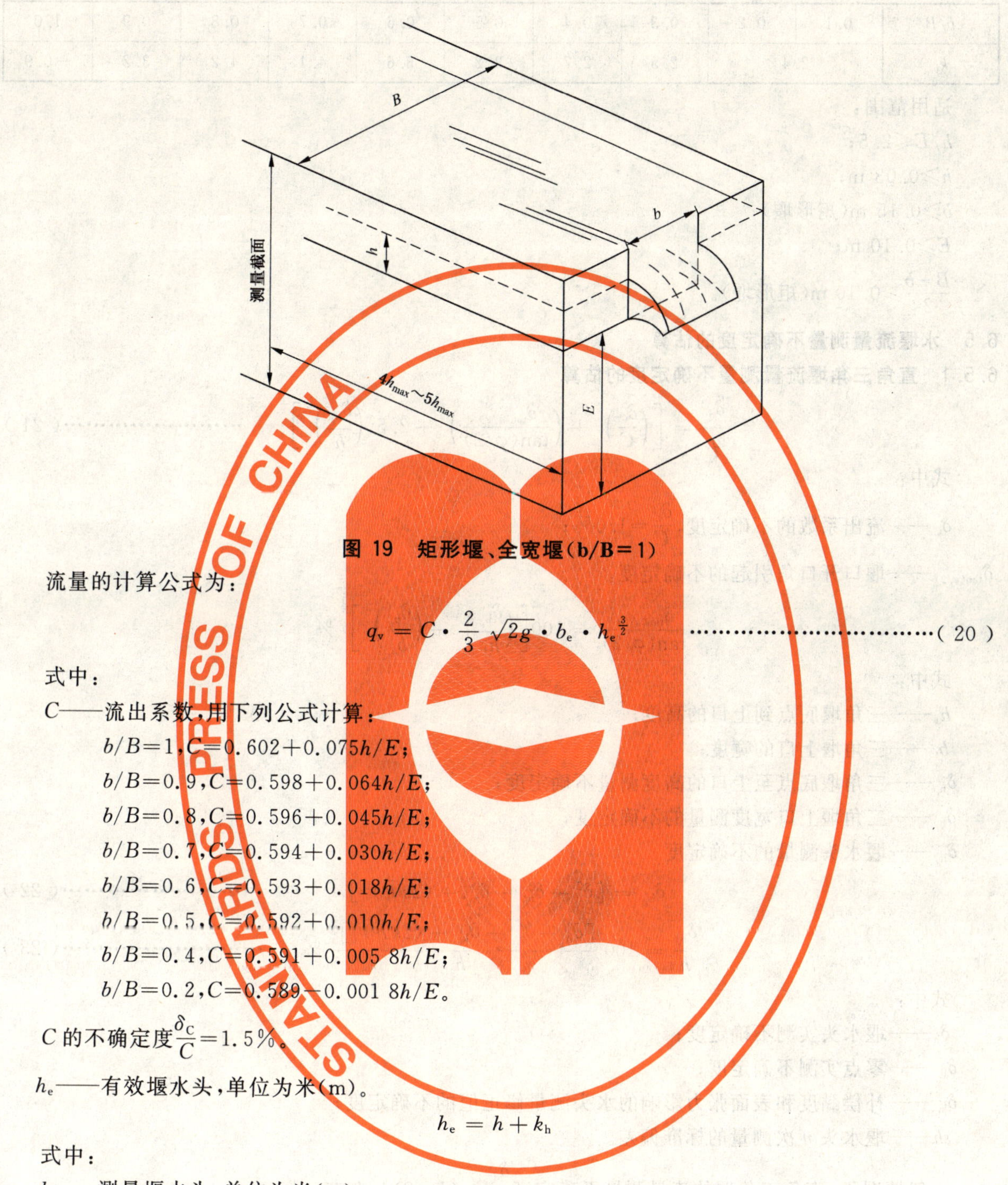

图 19 矩形堰、全宽堰(b/B=1)

流量的计算公式为:

$$q_v = C \cdot \frac{2}{3}\sqrt{2g} \cdot b_e \cdot h_e^{\frac{3}{2}} \quad \cdots\cdots (20)$$

式中:

C——流出系数,用下列公式计算:

$b/B=1, C=0.602+0.075h/E$;

$b/B=0.9, C=0.598+0.064h/E$;

$b/B=0.8, C=0.596+0.045h/E$;

$b/B=0.7, C=0.594+0.030h/E$;

$b/B=0.6, C=0.593+0.018h/E$;

$b/B=0.5, C=0.592+0.010h/E$;

$b/B=0.4, C=0.591+0.0058h/E$;

$b/B=0.2, C=0.589-0.0018h/E$。

C 的不确定度 $\frac{\delta_C}{C}=1.5\%$。

h_e——有效堰水头,单位为米(m)。

$$h_e = h + k_h$$

式中:

h——测量堰水头,单位为米(m)。

k_h——补偿黏度和表面张力影响的修正值,对矩形堰、全宽堰 $k_h=0.001$ m。

$$b_e = b + k_b$$

式中:

b_e——堰口有效宽度,单位为米(m);

b——测量堰口宽度,单位为米(m);

k_b——补偿黏度和表面张力影响的修正值,从表 12 中查得。

表 12 堰口宽度修正值

单位为毫米

b/B	0.1	0.2	0.3	0.4	0.5	0.6	0.7	0.8	0.9	1.0
k_b	2.4		2.5	2.7	3.2	3.6	4.1	4.2	3.2	−0.9

适用范围：

$h/E \leqslant 2.5$；

$h \geqslant 0.03$ m；

$b \geqslant 0.15$ m(矩形堰)；

$E \geqslant 0.10$ m；

$\frac{B-b}{2} \geqslant 0.10$ m(矩形堰)。

6.5 水堰流量测量不确定度的估算

6.5.1 直角三角堰流量测量不确定度的估算

$$\frac{\delta_{q_v}}{q_v} = \left[\left(\frac{\delta_C}{C}\right)^2 + \left(\frac{\delta_{\tan(\varphi/2)}}{\tan(\varphi/2)}\right)^2 + 2.5^2\left(\frac{\delta_{h_e}}{h}\right)^2\right]^{\frac{1}{2}} \quad \cdots\cdots(21)$$

式中：

δ_C——流出系数的不确定度，$\frac{\delta_C}{C}=1.0\%$；

$\delta_{\tan(\varphi/2)}$——堰口开口角引起的不确定度。

$$\frac{\delta_{\tan(\varphi/2)}}{\tan(\varphi/2)} = 100\left[\left(\frac{\delta_{h_t}}{h_t}\right)^2 + \left(\frac{\delta_{b_t}}{b_t}\right)^2\right]^{\frac{1}{2}}\%$$

式中：

h_t——三角堰底点到上口的高度；

b_t——三角堰上口的宽度；

δ_{h_t}——三角堰底点至上口的高度测量不确定度；

δ_{b_t}——三角堰上口宽度测量的不确定度；

δ_{h_e}——堰水头测量的不确定度。

$$\delta_{h_e} = [\delta_h^2 + \delta_{h_0}^2 + \delta_{k_h}^2 + (2s\bar{h})^2]^{\frac{1}{2}} \quad \cdots\cdots(22)$$

$$\frac{\delta_{h_e}}{h} = 100\frac{[\delta_h^2 + \delta_{h_0}^2 + \delta_{k_h}^2 + (2s\bar{h})^2]^{\frac{1}{2}}}{h}\% \quad \cdots\cdots(23)$$

式中：

δ_h——堰水头实测不确定度；

δ_{h_0}——零点实测不确定度；

δ_{k_h}——补偿黏度和表面张力影响的水头测量修正值的不确定度；

$s\bar{h}$——堰水头 n 次测量的标准偏差。

一般情况下，直角三角堰的流量测量不确定度$\frac{\delta_{q_v}}{q_v}=(1\sim2)\%$左右。

6.5.2 矩形堰、全宽堰流量测量不确定度的估算

$$\frac{\delta_{q_v}}{q_v} = \left[\left(\frac{\delta_C}{C}\right)^2 + \left(\frac{\delta_{b_e}}{b}\right)^2 + 1.5^2\left(\frac{\delta_{h_e}}{h}\right)^2\right]^{\frac{1}{2}} \quad \cdots\cdots(24)$$

式中：

δ_C——流出系数的不确定度，$\frac{\delta_C}{C}=1.5\%$；

δ_{b_e}——堰口宽度测量不确定度。

$$\delta_{b_e} = [\delta_b^2 + \delta_{k_b}^2]^{\frac{1}{2}} \qquad \cdots\cdots(25)$$

$$\frac{\delta_{b_e}}{b} = \frac{100[\delta_b^2 + \delta_{k_b}^2]^{\frac{1}{2}}}{b}\% \qquad \cdots\cdots(26)$$

式中：

δ_b——堰口宽度实测不确定度；

δ_{k_b}——补偿黏度和表面张力影响的堰口宽度测量修正值的不确定度；

δ_{h_e}——堰水头测量的不确定度。

$$\delta_{h_e} = [\delta_h^2 + \delta_{h_0}^2 + \delta_{k_h}^2 + (2s\bar{h})^2]^{\frac{1}{2}} \qquad \cdots\cdots(27)$$

$$\frac{\delta_{h_e}}{h} = 100\,\frac{[\delta_h^2 + \delta_{h_0}^2 + \delta_{k_h}^2 + (2s\,\bar{h})^2]^{\frac{1}{2}}}{h}\% \qquad \cdots\cdots(28)$$

式中：

δ_h——堰水头实测不确定度；

δ_{h_0}——零点实测不确定度；

δ_{k_h}——补偿黏度和表面张力影响的水头测量修正值的不确定度；

$s\bar{h}$——堰水头 n 次测量的标准偏差。

一般情况下，矩形堰和全宽堰流量测量不确定度$\frac{\delta_{q_v}}{q_v}$=(1～4)%左右。

7 容器

7.1 工作原理

用容器可以测定一段时间内的平均流量。测量原理(典型装置的示意图见图 20)是：在一定时间内，由一个容器(量筒)收集排出液体，然后用称重法或容积法计量液体容量，除以注水的时间来求得流量。

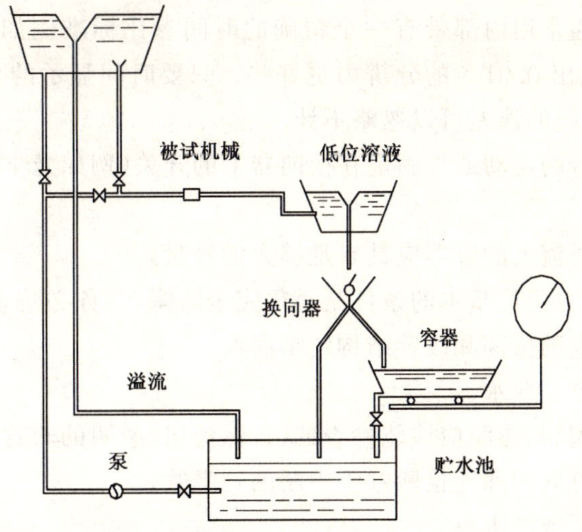

图 20 典型装置的示意图

7.2 用容器测量流量的精确度

7.2.1 用容器测量流量是一种流量的直接测量法，从原理上讲，这种方法只需求质量(或容积)和时间的测量。这种方法可认为是所有流量测量方法中最精确的一种方法，正因为这一原理它常常用作为检验用的方法。当仔细地建造、维护和使用时，这种装置的不确定度能够达到±0.1%(不确定度为 95%

的置信限)。

7.2.2 精确测量的若干要求

GB/T 17612—1998 中规定,只要符合下列条件,用容器测量流量就能给出一个精确的结果:

a) 在流动回路中没有泄漏,也没有未经计量的泄漏液体通过换向器;

b) 不会由于热的收缩(或膨胀)而使部分回路中积聚(或排出)液体,也不会由于含有未知的蒸气或气体的体积变化而使流量回路中积聚液体;

c) 需对大气浮力的影响进行修正,在校准衡器时可以进行这一修正;

d) 容器、计时器以及启动、停止计时器的平均值均应达到必要的精确度;

e) 相对于注水时间,换向器所需的换向时间要短;当换向器刚好通过水力中心时计时器正好启动和停止。

7.3 测量装置

7.3.1 称重法

主要装置有容器、衡器、换向器、计时器等,GB/T 17612—1998 中对称重法所用的测量装置有详细的描述。

7.3.2 容积法

量筒、换向器、计时器等。

7.3.3 换向器

换向器是一种用以引导液流交替地沿着正常通道流动或流向称重容器的可动装置。它可以由导管或可动的导流槽组成,或者更好的是由一块围绕水平或垂直轴旋转的导流板组成。

换向器动作应足够快,以减少在测量注水时间中引入较大误差的可能性。换向器可由各种电器或机械装置驱动,例如用弹簧或扭力杆,或者用电动或气动执行机构来驱动。在测量程序的任何阶段,换向器不应影响回路中的流动。

应该仔细设计装置和换向器的机械部分,而且在使用中要经常检查换向器是否发生液体泄漏或飞溅到外面,或从一个换向器通道泄漏或飞溅到另一边。

7.3.4 计时器

液体流入容器的时间通常用内部带有一个精确的时间参比标准例如石英晶体的电子计数器来测量。因而,换向周期能被读出 0.01 s 的分辨力更好些。只要时间显示的分辨力足够高,并且周期性地进行检定,则由计时装置引起的误差可以忽略不计。

计时器应由换向器本身的运动通过固定在换向器上的开关(例如光学或磁的开关)来驱动。

7.3.5 容器

在每次测量期间液体所流入的容器应具有足够大的容量。

容器可以是任何形状的,但最基本的条件是必须完全防漏,并务必防止液体外溢。可以利用内壁或阻尼板来减小液体在容器内的振荡和改善结构的牢固性。

容器可以用下列不同方法放水:

——在底部装一只闸阀,其渗漏应该能检查的(自然流出、透明的软管或检漏回路);

——或采用一只配有有效的和能检验虹吸中断的虹吸管;

——或装有一只自动泵或潜水泵。

排水速率应充分高以能在短时间内周而复始地进行试验。

7.3.6 衡器(秤)

可以采用任何形式的衡器,例如机械秤和带应变式负荷传感器的衡器,只要它们提供所需的灵敏度、精确度和可靠性满足要求。

衡器应定期地进行维护和周期地进行校准。

7.3.7 量筒

量筒应有足够大的容积，在测量时液体不应溢出量筒外面。确定量筒高度时，应使量筒内有500 mm以上的水位，水位测量的横截面应上下一致，充满液体后，不应发生变形。量筒的测量不确定度应在0.3%之内。

7.3.8 辅助测量

为了从质量流量求得体积流量，必须知道在称重期间的液体密度，其精确度要达到一定的要求。

GB/T 17612—1998中规定了液体密度的获得方法：如果被测量的液体非常洁净，则可以通过测量其温度并可从水的物理性质表中查得其密度。可用简单的水银玻璃温度计或更好的仪表如温度传感器来测量温度，温度计最好放在需要测量体积流量的回路中。对于水来说，考虑到环境温度下其密度随温度的变化较小，有0.5℃的精确度足以保证密度的估计误差低于10^{-4}。

如果对液体的纯度有怀疑，则必须实测密度。为此可收集一定量的样品，或者采用量筒放在分析天平上称重的直接法测量密度，或者采用间接法，例如测量作用在校准过的浮球（比重秤）上的流体静推力。不管用什么方法测量密度，都必须测量液体温度，在很多情况下，可以假定密度随温度的相对变化与纯净液体相同。

7.4 测量方法

7.4.1 为了消除剩余液体留在容器底部或依附在壁上的影响，应有足够量的液体首先注入容器。当容器排空后，操作换向器，使液体注入称重容器或量筒，而换向器的动作自动地启动计时器。当收集到适当的液体后，操作换向器向相反方向动作使液体回到贮水池内，并停止计时器，因而确定了注水时间t。当容器内液体的振荡平息后，记录称重容器的最终质量。然后使容器排水。进行液体注入时，流量要保持稳定。

7.4.2 向容器（或量筒）内注入液体的动作和注完撤离的动作应尽量快，两次切换时间之差不得超过0.02 s。

7.4.3 向容器（或量筒）内注入液体的时间应在30 s以上。

7.4.4 测定时应记下液体的温度。

7.4.5 注入容器（或量筒）的液体含有气泡时，待气泡消失后再进行测定。测定气泡不易消失的液体最好用称重法。

7.5 流量的计算

7.5.1 称重法流量的计算

在注水期间内的平均质量流量是用注水时间除注入液体实际质量而求得的：

$$q_{\mathrm{m}}=\frac{m}{t} \qquad \cdots\cdots(29)$$

$$q_{\mathrm{v}}=\frac{q_{\mathrm{m}}}{\rho} \qquad \cdots\cdots(30)$$

7.5.2 容积法流量的计算

$$q_{\mathrm{v}}=\frac{V_{\mathrm{r}}}{t} \qquad \cdots\cdots(31)$$

式中：

V_{r}——在t时间内注入量筒内的液体的体积，单位为立方米（m^3）。

7.6 流量测量不确定度的估算

7.6.1 称重法

$$\frac{\delta_{q_{\mathrm{v}}}}{q_{\mathrm{v}}}=\left[\left(\frac{\delta_{\mathrm{m}}}{m}\right)^2+\left(\frac{\delta_{\rho}}{\rho}\right)^2+\left(\frac{\delta_{\mathrm{t}}}{t}\right)^2\right]^{1/2} \qquad \cdots\cdots(32)$$

式中：

δ_{m}——质量测量的不确定度；

δ_{ρ}——密度测量的不确定度；

δ_{t}——时间测量的不确定度；

$$\delta_{t}=[\delta_{t_c}^{2}+\delta_{t_p}^{2}+(2s_{t})^{2}]^{1/2} \qquad (33)$$

$$\frac{\delta_{t}}{t}=\frac{100[\delta_{t_c}^{2}+\delta_{t_p}^{2}+(2s_{t})^{2}]^{1/2}}{t}\% \qquad (34)$$

式中：

δ_{t_c}——切换时间的不确定度；

δ_{t_p}——计时器的不确定度；

s_{t}——计时的 n 次测量的标准偏差。

7.6.2 容积法

$$\frac{\delta_{q_v}}{q_v}=\left[\left(\frac{\delta_{V}}{V}\right)^{2}+\left(\frac{\delta_{t}}{t}\right)^{2}\right]^{1/2} \qquad (35)$$

式中：

δ_{V}——容积测量的不确定度。

8 涡轮流量计

8.1 工作原理

在由永久磁钢和线圈组成的信号检测器的磁场中，放置一由导磁材料制造的带有螺旋叶片的叶轮，当流体流经传感器时，冲击叶轮旋转，导磁的叶片周期性地改变着信号检测器中磁路的磁阻值，使通过感应线圈的磁通量随之变化，这样在感应线圈的两端即感应出电脉冲信号，在一定的流量范围内，该电脉冲的频率与流经传感器的介质的体积流量成正比。

测量流量的计算公式：

$$q_{v}=3.6\frac{f}{\zeta_{0}} \qquad (36)$$

8.2 涡轮流量计的特点

涡轮流量计由涡轮流量传感器（以下简称传感器）与前置放大器及显示仪表组成，用来测量液体在一定时间内的平均流量。涡轮流量计属流速型流量计，测量精度较高，复现性好，尤其对流量较小的产品非常适用。

8.3 涡轮流量传感器的安装

涡轮流量传感器的安装见附录A（补充件）。

8.4 显示仪表的连接

8.4.1 传感器按附录A的要求安装在被测介质的流通管道上。根据具体使用要求所选用的显示仪表可装在传感器附近，亦可装在仪表控制室内。

8.4.2 传感器与显示仪表之间的连接传输电缆应采用屏蔽线，并有外包覆塑料或耐油橡胶绝缘层。

8.4.3 传输电缆的屏蔽要仅在一点接地，推荐在显示仪表端屏蔽接地。

8.4.4 传输电缆线要尽可能采用一条完整（连续）的屏蔽电缆线。

8.4.5 尽可能将传输线装在金属导管内，但同一导管内不得有大功率传输的电缆（如：一根传输电缆输送的最大功率大于传感器信号电缆输送的最小功率的10倍时，不能安装在同一管内）。

8.4.6 外界磁场的变化会在传感器的检测器里感应出干扰信号，为避免干扰信号的产生可采取下列措施：

8.4.6.1 使检出装置的轴线与外界磁场的磁通方向相垂直。

8.4.6.2 用高导磁材料对传感器外界磁源进行屏蔽，使外界的干扰减少到最小。

8.5 流量测量不确定度的计算

流量测量误差的随机分量和系统分量可引起测量的不确定度。涡轮流量计的基本误差为：传感器的误差(标定证书所给的准确度)和流量计显示仪表的误差。

$$\delta_q = (\delta_K^2 + \delta_0^2)^{1/2} \quad \cdots\cdots(37)$$

式中:

δ_K——流量计显示仪表的不确定度;

δ_0——传感器的不确定度。

具体计算方法可参照附录C进行。

8.6 涡轮流量计的检定

涡轮流量计的检定执行的检定规程:JJG 198。准确度为0.1,0.2,0.5级的流量计,检定周期为1年。对准确度低于0.5级的流量计,检定周期为2年。

9 电磁流量计

9.1 电磁流量计的特点

电磁流量计是非节流型、流速式流量计。由传感器和转换器组成。具有传感器前后直管段较短、可节省试验空间,耐腐蚀性强和磨损小、阻力小等特点,应用范围广范。但仅仅限于用来测量导电的且非磁性液体。

电磁流量计的准确度等级分为0.3,0.5,0.8,1级。

9.2 测量原理

电磁流量计的测量是基于法拉第电磁感应定律,导电介质在电磁场中作切割磁力线运动时,导体产生感应电动势为:

$$E_d = kB_d DU \quad \cdots\cdots(38)$$

在圆形管道中,体积流量是:

$$q_v = \frac{\pi D^2}{4} U \quad \cdots\cdots(39)$$

$$q_v = \frac{\pi D^2}{4k}\left(\frac{E_d}{B_d}\right) \quad \cdots\cdots(40)$$

或者:

$$q_v = K_d\left(\frac{E_d}{B_d}\right) \quad \cdots\cdots(41)$$

9.3 一般要求

9.3.1 管路内介质的流动应稳定。

9.3.2 在上游直管的入口处,液流应呈轴对称,并且没有明显的脉动和旋涡。

9.3.3 管道在任何时候都应充满介质。

9.3.4 管道内的介质为不夹杂空气和磁性颗粒,无其他可见颗粒的相当清洁的清水。

9.3.5 被测介质的流速应在0.3 m/s～12 m/s的范围内。

9.4 安装要求

9.4.1 管道安装

电磁流量计的安装应该根据GB/T 18660的规定安装。

为了避免夹附气体引起的测量误差,测量管应为充满介质的直管段。

介质的流动方向应和流量计上所标的箭头方向一致。流量计安装在垂直管道中介质流向由下向上为好,安装在水平管道中在管路的最低处为好。

流量计应安装在离任何上游扰动至少5倍公称通径(5DN)和离任何下游扰动3ND的直管段中。

在流量计附近,应避免强电磁场。

管路与流量计之间连接处应保证密封件不伸入流束中。

为了避免由真空引起的对聚四氟乙烯和橡胶衬里的损害,流量计决不能安装在泵的抽吸侧(防止真空)。

9.4.2 电气安装

被测介质和一次装置的电位应该相同，最好是地电位。介质和传感器外壳之间的电联接可由与相邻的导电管路直接接触或用传感器两端加接地环的方法来实现。传感器与转换器之间的内部连接应严格遵守制造厂的说明。与电源的联接也应按照使用说明书。

9.5 流量测量不确定度的计算

流量测量误差的随机分量和系统分量可引起测量的不确定度。电磁流量计的基本误差为流量计的误差。

$$\delta_q = (\delta_S^2 + \delta_R^2)^{1/2} \quad \cdots\cdots (42)$$

式中：

δ_S——系统分量引起测量的不确定度；

δ_R——随机分量引起测量的不确定度。

具体计算方法可参照附录C进行。

9.6 电磁流量计的检定

电磁流量计的检定执行的检定规程：JJG 198。准确度为0.1，0.2，0.5级的流量计，检定周期为1年。对准确度低于0.5级的流量计，检定周期为2年。

附 录 A
（规范性附录）
涡轮流量计的安装

A.1 现场条件

传感器安装的位置尽量避开温度高、机械振动大、磁场干扰强、腐蚀性能强的环境，选择易于维修的位置安装。

A.2 管道的安装

A.2.1 传感器应水平安装，壳体上的流向标志方向与流体流动方向一致。

A.2.2 传感器的上游侧一般不少于 20D 长度的直管段或按公式(26)计算，下游侧应有不小于 5D 长度的直管段。具体安装要求见图 A.1。

$$L = 0.35 \frac{K_S}{\lambda} D \qquad \text{(A.1)}$$

式中：

K_S——旋涡速度比，由传感器上游侧管路情况决定；

λ——管道内摩擦系数，处于紊乱状态 $\lambda = 0.0175$。

A.2.3 传感器上下游直管段的内径与传感器的内径相差应在传感器内径的 ±3% 之内或不得超过 5 mm(两者取小者)。在传感器上游 10D 长度内、下游 2D 长度内管道内壁应清洁，无明显凹痕、积垢和起皮现象。

A.2.4 当流体中含有杂质时，传感器的上游应装有能除去流体中各种杂质的过滤器，过滤网的目数为 20 目～60 目。

A.2.5 传感器的各类附件安装时，其中心线都应对准管道中心线，连接处的密封垫不得突入流体内。

A.2.6 用传感器测量流量的整个管路的安排应能防止气体进入传感器，如在传感器上游直管段前安装消气器。

A.2.7 为保证传感器充满液体，在传感器的下游应有必要的背压以防止出现两相状态。背压最小值推荐为最大流量时传感器压力损失的 2 倍，并加上最高工作温度下饱和蒸气压力的 1.25 倍。

A.2.8 传感器应采取不致引起过分变形和振动的方式安装，以尽量减少管道的膨胀和压缩对传感器的影响。

A.2.9 需要测量流体的温度时，应在传感器的下游 5D 的长度外测量。

A.2.10 在新的管道上安装传感器时，为避免管道中的杂质进入传感器，应对管道进行清洗，而后再安装传感器。

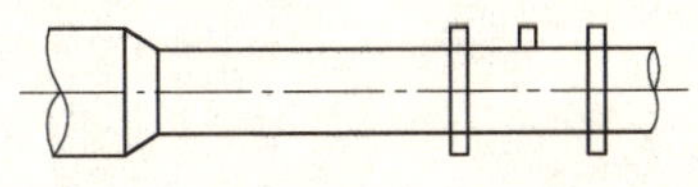

a) 传感器前有同心渐缩管 $K_S = 0.75$

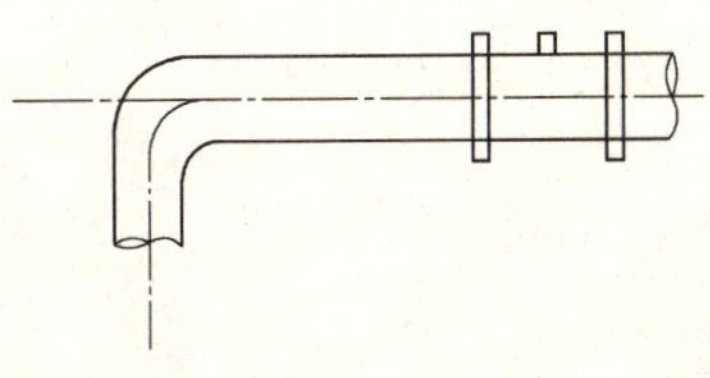

b) 传感器前有一个直角弯头 $K_S = 1.0$

图 A.1

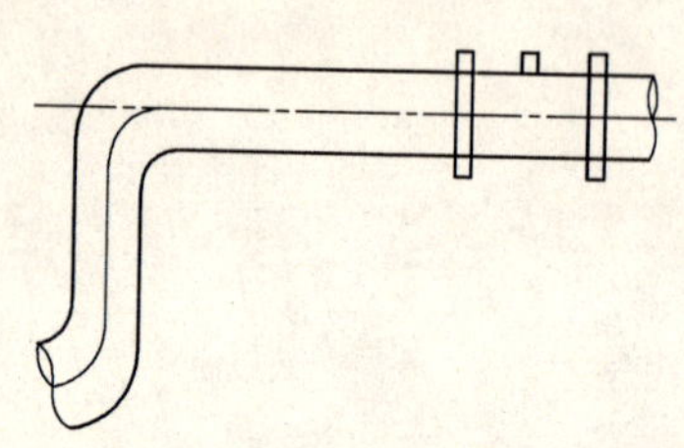

c） 传感器前在同一平面内有两个直角弯头 $K_S=1.25$

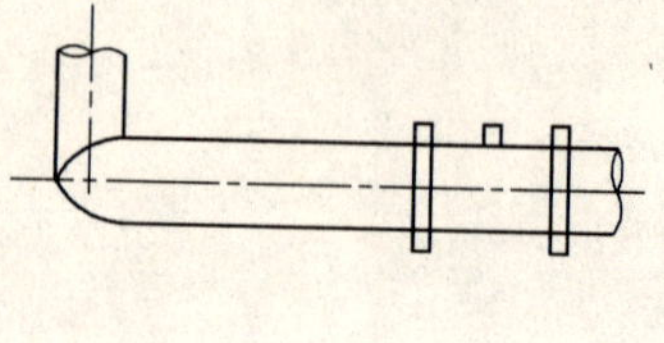

d） 传感器前在不同平面内有直角弯头 $K_S=1.0$

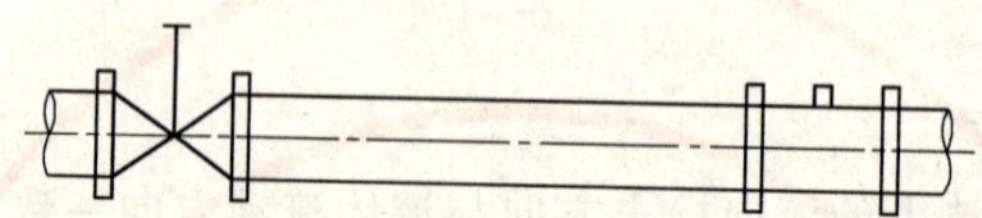

e） 传感器前有阀门全开 $K_S=1$；半开 $K_S=2.5$

图 A.1（续）

附 录 B
（规范性附录）
设计水堰的参考尺寸

B.1 设计水堰的参考尺寸见图 B.1 和表 B.1

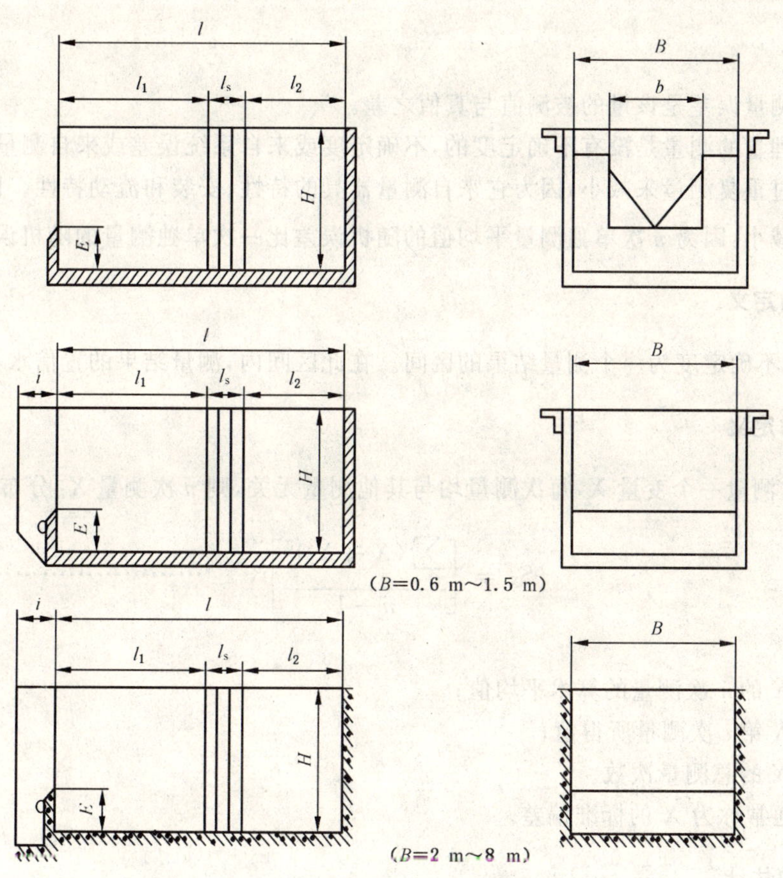

图 B.1 水堰的主要尺寸

表 B.1 设计水堰的参考尺寸

单位为米

堰的尺寸	$B\times b$	h_{max}	l_1	l_S	l_2	i	l	E	H
直角三角堰	1.50	0.30	>6.0	0.60	>1.80	—	>8.40	0.90	1.5
矩形堰	0.9×0.36	0.4	>4.0	0.8	>1.7	—	>6.5	0.20	0.7
	1.2×0.48	0.5	>5.0	1.0	>2.2	—	>8.2	0.25	0.8
全宽堰	0.6	0.5	>6.0	1.0	>2.1	0.15	>9.25	0.30	0.9
	0.9	0.5	>9.0	1.0	>2.4	0.23	>12.63		0.9
	1.2	0.6	>12.0	1.2	>3.0	0.30	>16.5		1.00
	1.5	0.8	>15.0	1.6	>3.9	0.38	>20.88	0.40	1.30
	2.0	1.0	>20.0	2.0	>5.0	0.50	>27.50	0.50	1.60
	3.0	1.25	>30.0	2.5	>6.75	0.75	>40.00	0.75	2.10
	5.0	1.50	>50.0	3.0	>9.5	1.00	>63.50	1.0	2.60
	8.0	1.80	>80.0	3.6	>13.4	1.00	>98.00	1.30	3.20

附 录 C
（规范性附录）
流量测量的不确定度的分析

流量测量不确定度应根据 JJF 1059 和 GB/T 3216 进行计算。本附录主要给出了流量测量的不确定度分析的基本原则和主要步骤。

C.1 误差的定义

一个“量”的测量误差是该量的被测值与真值之差。

没有一个物理量的测量是没有不确定度的，不确定度或来自系统误差或来自测量结果的随机分散。系统误差不能通过重复测量来减小，因为它来自测量器具的特性、安装和流动特性。而随机误差可以通过重复测量得以减小，因为 n 次单独测量平均值的随机误差比一次单独测量的随机误差小$\sqrt{n}$倍。

C.2 不确定度的定义

在本标准中，不确定度为一个测量结果的区间。在此区间内，测量结果的置信水平为 95%。

C.3 标准偏差的定义

C.3.1 如果多次测量一个变量 X，每次测量均与其他测量无关，则 n 次测量 X_i 分布的标准偏差 S_X 为

$$S_X = \left[\frac{\sum_{i=1}^{n} (\overline{X} - X_i)^2}{n-1} \right]^{1/2} \qquad \text{(C.1)}$$

式中：

$\overline{X}$——变量 X 的 n 次测量的算术平均值；

X_i——变量 X 第 i 次测量所得值；

n——变量 X 的总测量次数。

简言之，S_X 通常称为 X 的标准偏差。

C.4 不确定度的估计

C.4.1 随机误差引起的不确定度

引用 GB/T 3216 的 6.2.2 中规定：一个变量的测量随机不确定度取为该变量标准偏差的二倍，则随机误差引起的不确定度 δ_R 可取流量测量 n 次时所求得的标准偏差 S_X 的二倍。

C.4.2 系统误差引起的不确定度

流量测量时系统误差引起的不确定度包括流量计和显示仪表经检定所给出的不确定度。

$$\delta_S = (e^2 + \delta_z^2)^{1/2} \qquad \text{(C.2)}$$

式中：

e——流量计经检定所得出的不确定度；

δ_z——显示仪表经检定所得出的不确定度。

C.5 结果的表示形式

$$\delta_q = (\delta_S^2 + \delta_R^2)^{1/2} \qquad \text{(C.3)}$$

附 录 D
（资料性附录）
封闭管路中泵的使用现场所用的流量计

D.1 超声波流量计

D.1.1 特点

超声波流量计应用范围广泛，测量介质可以是水、海水、工业污水、酸碱液及各种油类等能传导声波的液体，并具有安装方便的特点。

D.1.2 测量原理

超声波流量计是利用超声波在流体中的传播特性来测量流量的流量计。目前主要有两类：

1） 速度差法——利用超声波在流动液体中顺流向与逆流向的传播速度差与流体流速成比例的关系作为测量原理。因此只要测得超声波在流动液体中的传播速度差以求得流体的流速，就可根据管路的横截面积获得流量。

流量计算公式：

$$q_v = A\bar{v} = (D^2/4)\bar{v} \quad \cdots\cdots\cdots\cdots (D.1)$$

2） 多普勒法——利用声学多普勒原理来确定流体中微粒的流动速度进而得到流体流量的方法。

D.1.3 测量的一般要求

D.1.3.1 流体在物理上或热力学上是均匀的，单相的或者可以认为是单相的。

D.1.3.2 流体浊度小于 10 000 mg/L，排水悬浮物小于 1 000 mg/L。

D.1.3.3 温度：0℃～50℃或 0℃～150℃，相对湿度不应大于 85%。

D.1.3.4 被测管道无强烈振动，流体应充满测量管。

D.1.3.5 流速范围：一般为 0.3 m/s～6 m/s。

D.1.4 安装要求

D.1.4.1 超声波流量计的安装应按照生产厂家的使用说明书进行。

D.1.4.2 测量管内壁应清洁，无明显凹坑、积垢和起皮；其内径的圆度误差应小于流量计基本误差限的 1/5。

D.1.4.3 带测量管的流量计测量管中心轴线与直管段中心轴线偏离应小于 3°；法兰连接处的密封垫圈压紧后不应突入管内。

D.1.4.4 流量计测量管的上下游侧应设置一定长度的直管段，其长度应满足生产厂家的要求的最短直管段的长度。

D.1.5 测量的不确定度

流量测量误差的随机分量和系统分量可引起测量的不确定度。流量计的基本误差为：流量计的误差。

$$\delta_q = (\delta_S^2 + \delta_R^2)^{1/2} \quad \cdots\cdots\cdots\cdots (D.2)$$

式中：

δ_S——系统分量引起测量的不确定度；

δ_R——随机分量引起测量的不确定度。

具体计算方法可参照附录 C 进行。

D.1.6 超声波流量计的检定

超声波流量计的检定执行的检定规程：JJG 198。准确度为 0.1、0.2、0.5 级的流量计，检定周期为 1 年。对准确度低于 0.5 级的流量计，检定周期为 2 年。

D.2 弯管流量计

D.2.1 工作原理

流体在流经弯管时，其内侧流速会增大，外侧流速会减小。根据流动连续性方程、能量守恒定律和动量守恒定律，流体在管道中流动时，在相同过流断面各元点流质点的能量不变。但由于各质点流速的变化，就形成了弯管的内外侧压差。流体的平均流速与压差的数学表达式为：

$$U=\alpha(R\cdot D)\sqrt{\frac{R}{D}}\cdot\sqrt{\frac{\Delta p}{\rho}} \quad \cdots\cdots(D.3)$$

式中：

$\alpha(R\cdot D)$——流量系数；

R——弯管弯曲半径，单位为米(m)。

流量计算公式：

$$q=3.6\cdot\frac{1}{4}\cdot\pi\cdot D^2\cdot U\cdot\rho \quad \cdots\cdots(D.4)$$

D.2.2 特点

弯管流量计由弯管传感器、三通阀和差压变送器组成。

D.2.2.1 弯管流量计可双向测量，适用于流速为 0.2 m/s～12 m/s 的液体介质流量的测量。

D.2.2.2 直管段要求短，前直管段 $5D$，后直管段 $2D$。

D.2.2.3 传感器寿命和管道寿命相同，并且几乎没有维护工作量。

D.2.2.4 准确度等级为 0.5 级～1.5 级(实流标定达 0.5 级，机加工产品为 1.0 级)。

D.2.3 安装的一般要求

弯管流量计的安装可参照生产厂家的使用说明书进行。一般要求如下：

D.2.3.1 前直管段大于等于 $5D$，后直管段大于等于 $2D$。

D.2.3.2 传感器与原管道采用焊接或法兰连接。

D.2.3.3 三通阀的连接要注意防止流体内气泡进入导压系统。

D.2.3.4 差压变送器的正压侧要与弯管传感器外弧的一次阀连接，负压侧与内弧的一次阀连接。

D.2.3.5 差压变送器应安装在弯管传感器的下方，便于导压系统的气体顺利漂浮回到主管道中。

D.2.4 弯管流量计的检定和不确定度

弯管流量计的检定执行 JJG 640，弯管流量计的不确定度可参照附录 C 进行计算。

D.3 流量测量的其他方法

对于超大流量的流量测量，可用示踪物法和速度面积法等方法。但由于这些方法使用上比较复杂，影响因素比较多，测量所得数据仅作参考。

ICS 23.080
J 71

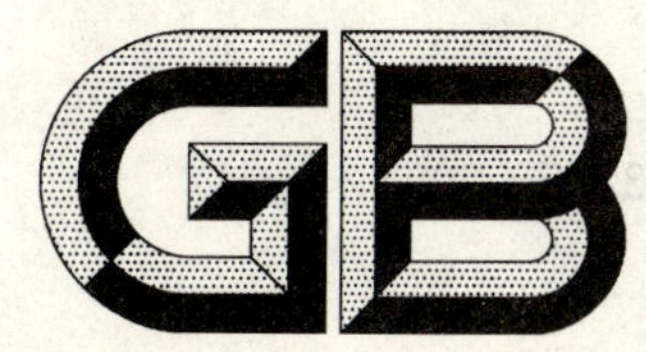

中华人民共和国国家标准

GB/T 3215—2007
代替 GB/T 3215—1982

石油、重化学和天然气工业用离心泵

Centrifugal pumps for petroleum petrochemical and natural gas industries

2007-11-05 发布　　2008-02-01 实施

中华人民共和国国家质量监督检验检疫总局
中国国家标准化管理委员会　发布

前　言

本标准等同采用 ANSI/API 610—2004《石油、重化学和天然气工业用离心泵》(英文版)。

本标准等同翻译 ANSI/API 610:2004。

本标准与 ANSI/API 610:2004 相比,编辑性修改内容如下:

——将“本国际标准”改为“本标准”;

——用小数点符号“·”代替作为小数点的逗号“,”;

——删除了 ANSI/API 610:2004 前言;

——对 ANSI/API 610:2004 中引用的国际标准和其他国家标准,有被采用为我国标准的用我国标准代替相应的国际标准和其他国家标准;

——本标准的计量单位采用国际单位制;

——本标准条款前的“·”是买方需执行的条款;

——删除 API 610—2004 的封面、前言、特别注解和美国石油学会前言。

本标准是对 GB/T 3215—1982 的修订。与 GB/T 3215—1982 相比,修改内容如下:

——将名称改为“石油、重化学和天然气工业用离心泵”;

——增加了用户要求或规定的条款,在条款前有“·”点的为提示内容;

——规定了产品有三大类十八种结构型式,并且规定了四种不完全满足本标准所有要求的结构型式;

——对泵的设计提出了明确的规定;

——规定了“性能允差范围”(见表 14)和可自行选择的试验内容。

本标准自实施之日起代替 GB/T 3215—1982。

本标准附录 B、附录 C、附录 D、附录 F、附录 H 、附录 I、附录 J、附录 K 均为规范性附录,附录 A、附录 E、附录 G、附录 L、附录 M、附录 N 均为资料性附录。

本标准由中国机械工业联合会提出。

本标准由全国泵标准化技术委员会归口。

本标准主要起草单位:沈阳水泵研究所、沈阳市耐蚀合金泵厂、上海连成(集团)有限公司、上海申工泵业制造有限公司、上海东方泵业(集团)有限公司、广州市白云泵业集团有限公司、昆明嘉和泵业有限公司。

本标准主要起草人:王安生、韩忠宝、于百芳、韩杰、宋青松、陈时云、刘卫伟、王琦、赵骏。

本标准所代替标准的历次版本发布情况为:

——GB/T 3215—1982。

石油、重化学和天然气工业用离心泵

1 适用范围

本标准详细规定了用于石油、重化学和天然气工业用离心泵(包括作为水力回收水轮机用的逆转泵)的最低限度要求。

本标准适用于悬臂式泵,两端支承式泵和立式悬吊式泵(见表1)。第8章中规定的要求适用于特定的泵型。本标准的所有其他条款适用于所有泵型。本标准中提供了各种泵型的插图,并列出了每种具体泵型的标识。

本标准不适用于无密封式离心泵。

2 规范性引用文件

下列文件中的条款通过本标准的引用而成为本标准的条款。凡是注日期的引用文件,其随后所有的修改单(不包括勘误的内容)或修订版均不适用于本标准,然而,鼓励根据本标准达成协议的各方研究是否可使用这些文件的最新版本。凡是不注日期的引用文件,其最新版本适用于本标准。

GB/T 193 普通螺纹 直径与螺距系列(GB/T 193—2003,ISO 261:1998,MOD)

GB/T 196 普通螺纹 基本尺寸(GB/T 196—2003,ISO 724:1993,MOD)

GB/T 197 普通螺纹 公差(GB/T 197—2003,ISO 965-1:1998,MOD)

GB 755 旋转电机 定额和性能(GB 755—2000,idt IEC 60034-1:1996)

GB/T 1800.1 极限与配合 基础 第1部分:词汇(GB/T 1800.1—1997,neq ISO 286-1:1988)

GB/T 1800.2 极限与配合 基础 第2部分:公差、偏差和配合的基本规定(GB/T 1800.2—1998,neq ISO 286-1:1988)

GB/T 1800.3 极限与配合 基础 第3部分:标准公差和基本偏差数值表(GB/T 1800.3—1998,neq ISO 286-1:1988)

GB/T 1800.4 极限与配合 标准公差等级和孔、轴的极限偏差表(GB/T 1800.4—1999,eqv ISO 286-2:1988)

GB/T 2516 普通螺纹 极限偏差(GB/T 2516—2003,ISO 965-3:1998,MOD)

GB/T 3216 回转动力泵 水力性能验收试验 1级和2级(GB/T 3216—2005,ISO 9906:1999,MOD)

GB 3836.1 爆炸性气体环境用电气设备 第1部分:通用要求(GB 3836.1—2000,eqv IEC 60079-0:1998)

GB 3836.2 爆炸性气体环境用电气设备 第2部分:隔爆型"d"(GB 3836.2—2000,eqv IEC 60079-1:1990)

GB 3836.3 爆炸性气体环境用电气设备 第3部分:增安型"e"(GB 3836.3—2000,eqv IEC 60079-7:1990)

GB 3836.4 爆炸性气体环境用电气设备 第4部分:本质安全型"i"(GB 3836.4—2000,eqv IEC 60079-11:1999)

GB 3836.5 爆炸性气体环境用电气设备 第5部分:正压外壳型"p"(GB 3836.5—2004,IEC 60079-2:2001,MOD)

GB 3836.6　爆炸性气体环境用电气设备　第6部分:油浸型“o”(GB 3836.6—2004,IEC 60079-6:1995,IDT)

GB 3836.7　爆炸性气体环境用电气设备　第7部分:充砂型“q”(GB 3836.7—2004,IEC 60079-5:1997,IDT)

GB 3836.8　爆炸性气体环境用电气设备　第8部分:“n”型电气设备(GB 3836.8—2003,IEC 60079-15:2001,MOD)

GB 3836.9　爆炸性气体环境用电气设备　第9部分:浇封型“m”(GB 3836.9—2006,IEC 60079-18:2004,IDT)

GB 3836.11　爆炸性环境用防爆电器设备　最大试验安全间隙测定方法(GB 3836.11—1991,eqv IEC 60079-1A:1975)

GB 3836.12　爆炸性环境用防爆电器设备　气体或蒸汽混合物按照其最大试验安全间隙和最小点燃电流的分级(GB 3836.12—1991,eqv IEC 60079-12:1978)

GB 3836.13　爆炸性气体环境用防爆电气设备　第13部分:爆炸性气体环境用电气设备的检修(GB 3836.13—1997,neq IEC 60079-19:1993)

GB 3836.14　爆炸性气体环境用防爆电气设备　第14部分:危险场所分类(GB 3836.14—2000,idt IEC 60079-10:1995)

GB 3836.15　爆炸性气体环境用防爆电气设备　第15部分:危险场所电气安装(煤矿除外)(GB 3836.15—2000,eqv IEC 60079-14:1996)

GB 3836.16　爆炸性气体环境用防爆电气设备　第16部分:电气装置的检查和维护(煤矿除外)(GB 3836.16—2006,IEC 60079-17:2002,IDT)

GB 3836.17　爆炸性气体环境用防爆电气设备　第17部分:正压房间或建筑物的结构和使用(GB 3836.17—2007,IEC 60079-13:1982,IDT)

GB/T 4604　滚动轴承　径向游隙(GB/T 4604—2006,ISO 5753:1991,MOD)

GB/T 5332　可燃液体和气体引燃温度试验方法(GB/T 5332—2007,IEC 60079-4:1975,IDT)

GB/T 6557　挠性转子机械平衡的方法和准则(GB/T 6557—1999,idt ISO 11342:1998)

GB/T 7306.1～7306.2　55°密封管螺纹(GB/T 7306.1～7306.2—2000,eqv ISO 7-1:1994,Pipe threads where pressure-tight joints are made on the threads—Part 1:Dimensions,tolerances and designation)

GB/T 7307　55°非密封管螺纹(GB/T 7307—2001,eqv ISO 228-1:1994, Pipe threads where pressure-tight joints are not made on the threads—Part 1:Dimensions,tolerances and designation)

GB/T 9114　突面带颈螺纹钢制管法兰(GB/T 9114—2000,ISO 7005-1:1992,Metallic flanges—Part 1:Steel flanges,NEQ)

GB/T 9144　普通螺纹　优选系列(GB/T 9144—2003,ISO 262:1998,MOD)

GB/T 9145　普通螺纹　中等精度、优选系列的极限尺寸(GB/T 9145—2003,ISO 965-3:1998,MOD)

GB/T 9239.1　机械振动　恒态(刚性)转子平衡品质要求　第1部分:规范与平衡允差的检验(GB/T 9239.1—2006,ISO 1940-1:2003,IDT)

GB/T 17241.1　铸铁管法兰　类型(GB/T 17241.1—1998,neq ISO 7005-2:1988,Metallic flanges—Part 2:Cast iron flanges)

GB/T 17241.2　铸铁管法兰盖(GB/T 17241.2—1998,neq ISO 7005-2:1988,Metallic flanges—

Part 2:Cast iron flanges)

GB/T 17241.3 带颈螺纹铸铁管法兰(GB/T 17241.3—1998,ISO 7005-2:1988,Metallic flanges—Part 2:Cast iron flanges,NEQ)

GB/T 17241.4 带颈平焊和带颈承插焊铸铁管法兰(GB/T 17241.4—1998,neq ISO 7005-2:1988,Metallic flanges—Part 2:Cast iron flanges)

GB/T 17241.5 管端翻边带颈松套铸铁管法兰(GB/T 17241.5—1998,neq ISO 7005-2:1988,Metallic flanges—Part 2:Cast iron flanges)

GB/T 17241.6 整体铸铁管法兰(GB/T 17241.6—1998,neq ISO 7005-2:1988,Metallic flanges—Part 2:Cast iron flanges)

GB/T 17241.7 铸铁管法兰 技术条件(GB/T 17241.7—1998,neq ISO 7005-2:1988,Metallic flanges—Part 2:Cast iron flanges)

GB/T 20801.1～20801.6 压力管道规范 工业管道(GB/T 20801.1～20801.6—2006,ISO 15649:2001,Petrolem and natural gas industries—Piping,NEQ)

ISO 281 滚动轴承 额定动载荷及额定寿命

ISO 8501 在使用涂料和有关介质之前钢衬底的准备 表面清洁度的外观鉴定(所有部分)

ISO 10436 石油和天然气工业 精炼厂用一般用途汽轮机

ISO 10438 石油和天然气工业 润滑、轴封及控制油系统和辅助设备(所有部分件)

ISO 10441 石油和天然气工业 机械动力传动的挠性联轴器 特殊用途应用场合

ISO 14691 石油和天然气工业 机械动力传动的挠性联轴器 一般用途的应用场合

ISO 21049 泵 离心泵和回转泵的轴封系统

ABMA 7 公制径向滚珠及滚柱轴承的轴与轴承箱的配合

AGMA 9000 挠性联轴器 潜在的不平衡分类

AGMA 9002 挠性联轴器的钻孔及键槽

API 541 绕线圈鼠笼式感应电机 等于和大于 250 hp

API 611 一般精炼厂用汽轮机

API 670 非接触振动和轴位监测系统

API 671 炼厂用特殊联轴器

API 677 石油、重化工和天然气工业用一般用途的齿轮传动装置

ASME B1.1 统一英制螺纹,UN 和 UNR 螺纹型式

ASME B15.1 机械动力传动机构用安全标准

ASME B16.1 铸铁管道法兰和法兰连接的管配件的等级 25,125 和 250

ASME B16.5 管道法兰和法兰连接的管配件 NPS 1/2—NPS 24

ASME B16.11 插口焊和带螺纹的锻造管配件

ASME B17.1 键和键槽

IEEE 841 石油化工标准 苛刻使用条件的等于和大于 370 kW(500 hp)全封闭风冷式鼠笼式感应电机

NFPA 70 国家电气规范手册

3 术语和定义

下列术语和定义适用于本标准。

3.1

轴向剖分 axially split

泵壳密封面与泵轴中心线平行的剖分。

3.2

筒型泵 barrel pump

双壳体型卧式泵。

3.3

隔离液 barrier fluid

引入到有压的双端面机械密封之间，把泵内的流程液体与环境完全隔离开的液体。该液体的压力始终高于被密封流程液体的压力。

3.4

最佳效率点 best efficiency point (BEP)

在该流量点泵达到其最高效率。

3.5

缓冲液 buffer fluid

引入到无压的双端面机械密封(串联机械密封)之间，用作一种润滑液或缓冲液的液体。此种液体的压力低于被密封流程液体的压力。

3.6

临界转速 critical speed

转子轴承支承系统处于共振状态时的轴转速。

3.7

干临界转速 dry critical speed

按照转子仅支承在轴承上和轴承具有无限大刚度这样的假设所计算出的转子临界转速。

3.8

湿临界转速 wet critical speed

涉及工作条件下的抽送液体在转子各处运转间隙内所起的附加支承作用和阻尼作用，并计及轴承内的柔度和阻尼作用这些因素后计算得出的转子临界转速。

3.9

基准标高 datum elevation

参照 NPSH 值(见 3.28)的标高。

3.10

双层泵壳 double casing

在这种泵结构型式中压力泵壳与包容在压力泵壳中的泵过流元件是独立分开的。

注：例如导叶、隔板、碗形导流壳和蜗壳式内泵壳。

3.11

驱动装置部件 drive train component

用于驱动泵转动的一系列设备。

例如电机、齿轮、发动机、液力偶合器、离合器。

3.12

组合体 element

指转子部件再加上离心泵的内部静止的水力零件的组装体。

3.13

集装式组合体 cartridge-type element

指能整体拆卸的组合体。

3.14

水力回收水轮机　hydraulic power recovery turbine

逆转泵用来回收流体能量的水轮机。

3.15

流体动压轴承　hydrodynamic bearing

指利用流体动压润滑原理的轴承。

3.16

最大允许转速　maximum allowable speed

制造厂设计的所允许的连续运转最高转速。

3.17

最大允许温度　maximum allowable temperature

制造厂为该设备(或所指术语的任何部分)在规定最大压力下输送规定液体而设计的最大连续温度。

3.18

最大允许工作压力　maximum allowable working pressure

制造厂为该设备(或所指术语的任何部分)按规定的最大工作温度下工作时设计的最大连续压力。

3.19

最大连续转速　maximum continuous speed

在任何规定的工况下,泵输送规定液体能连续工作的最高转速。

3.20

最大吐出压力　maximum discharge pressure

最大吸入压力加上在额定转速和规定的相对密度(比重)下的泵运转时产生的最大压差。

3.21

最大动态密封压力　maximum dynamic sealing pressure

在任何规定的工况下和在启动与停机的过程中,在密封处预计会受到的最高压力。

3.22

最大静密封压力　maximum static sealing pressure

泵在停机时密封处经受到的最高压力,不包括泵在做水静压试验期间遇到的压力。

3.23

最大吸入压力　maximum suction pressure

泵在运转期间经受的最高吸入压力。

3.24

最小允许转速　minimum allowable speed

制造厂设计的所允许的连续运转的最低转速(r/min)。

3.25

最小连续稳定流量　minimum continuous stable flow

在不超出本标准所规定的振动限定下泵能够工作的最小流量。

3.26

最小连续热控流量　minimum continuous thermal flow

泵能够维持工作而其运行不致被泵抽送液体的温升所损害的最小流量。

3.27

最小设计金属温度　minimum design metal temperature

在使用中所预料的最低平均金属温度(厚度方向),考虑因素应当包括运行失常、自动冷冻、以及介质和环境温度。

3.28

汽蚀余量 net positive suction head (NPSH)

从基准标高算起的泵吸入口总绝对吸入压力减去该液体的汽化压力。

注：泵液体的吸入水头以米液柱来计量。

3.29

有效汽蚀余量 net positive suction head available (NPSHA)

由买方根据该泵装置(液体在额定流量和正常抽送温度下)确定的汽蚀余量。

3.30

必需汽蚀余量 net positive suction bead required (NPSHR)

通过卖方用水进行试验来确定的导致扬程下降3%(对多级泵而言是首级扬程)的汽蚀余量。

3.31

公称管径 nominal pipe size (mm)

近似对应于管子孔径的数量标志,用 mm 表示。

3.32

正常工作点 normal operating point

在正常工艺流程条件下期望该泵工作的那个工况点。

3.33

正常磨损零件 normal wear parts

指泵每次大修时正常修复或更换的那些零件。例如典型的耐磨环、级间衬套、平衡装置、卸压衬套、机械密封环、轴承和垫圈。

3.34

监察 observed

应将规定的检查或试验时间通知给买方,无论买方或其代表是否出席,均应按照进度表的规定进行的检查或试验。

3.35

油雾润滑 oil mist lubrication

指用油雾来润滑轴承的润滑系统,油雾由中央供雾装置内的喷雾机产生,借助于压缩空气送往轴承内来润滑的系统。

3.36

完全油雾润滑 pure oil mist lubrication

油雾既润滑轴承,又吹洗轴承箱,而且池内无油位(干油池)的润滑。

3.37

吹洗油雾润滑 purge oil mist lubrication

油雾只吹洗轴承箱(湿油池)的润滑。

3.38

工作区 operating region

在泵的水力性能有效区内,泵工作的区间。

3.39

允许工作区 allowable operating region

泵被允许的工作区域,这一区域是根据振动处在本标准的上限之内,或根据温升,或根据其他限制而划定，允许工作区由制造厂规定。

3.40

优先工作区　preferred operating region

在该区域内，泵的振动处于本标准的基本限度之内。

3.41

悬臂泵　overhung pump

指叶轮悬臂伸出轴承部件之外的泵。

3.42

压力泵壳　pressure casing

泵上所有静止承压零件的组合体，包括所有管口，密封压盖、密封室和装接在泵壳上的其他零件，但不包括机械密封静止元件和旋转元件。

3.43

买方　purchaser

向卖方发布采购订单和技术规范的个人或机构。

3.44

径向剖分　radially split

泵壳密封面与泵轴中心线垂直的剖分。

3.45

额定工况点　rated operating point

卖方确认泵性能处在本标准所述的允差范围内的工作点。

注：一般情况下额定工况点为规定的最大流量工作点。

3.46

相对密度　relative density

（比重　specific gravity）

液体的一种性质，表示该液体的密度与4℃(39.2 ℉)的水的密度之比。

3.47

转子　rotor

离心泵的所有旋转件的组合。

3.48

比转速　specific speed

对于几何形状相似的泵，表示流量、扬程和转速之间关系的特征量。见附录A。

3.49

备用　standby service

指能够立即自动起动或手动起动并能投入连续运转，而在正常情况下是处于停机闲置或空转的设备。

3.50

汽蚀比转速　suction-specific speed

对于几何形状相似的泵，表示流量、必需汽蚀余量(NPSHR)和转速之间关系的特征量。见附录A。

3.51

卸压衬套（喉部衬套）　throat bushing

装在密封与叶轮之间，在轴套（或轴）周围构成细小节流间隙的装置。

3.52

总指示器读数　total indicator reading

总指示器跳动　total indicator runout

指在监视表面旋转一周过程中，安装在表面或圆筒形表面上的千分表或类似装置的最大与最小读数之间的差。

注：对于一个全圆筒形的表面、千分表读数指示出偏心距等于该读数 1/2。对于一个全平的表面，千分表读数指示出不垂直度等于该读数。如果上述的那个直径不是全圆筒形的或全平的，那么，总指示器读数(TIR)意思的解释更复杂了，可能表示为椭圆度或圆柱的凸角。

3.53

脱扣转速　trip speed

在最大电源频率时电机的同步转速。

3.54

跳闸转速　trip speed

独立的事故超速保险装置产生动作使驱动机紧急停机的转速。

3.55

机组责任　unit respon sibitity

指协调解决该设备与列入订单范围内的所有辅助系统的技术问题的责任。

注：考虑到的技术方面包括(但不限定于)功率要求、转速、转向、总体布置、联轴器、动力学、润滑、密封系统、材料试验报告、仪表装备、管路、元器件的试验和技术要求的一致性。

3.56

卖方　vendor

供货方　supplier

指提供设备的制造厂或制造厂的代理商，此方在一般情况下应对使用的设备负有责任。

3.57

立式管道泵　vertical in-line pump

指泵的吸入口和吐出口具有共同中心线且与泵轴轴心线相交的泵。

注：这种泵的驱动机一般直接安装在泵上。

3.58

立式悬吊式泵　vertically suspended pump

指泵的过流部分悬吊在底座和立管(连接管，有时也起扬水管作用)上的立轴泵。

注：泵的过流部分通常浸没在抽送的液体中。

3.59

目睹　witnessed

把检查或试验的时间安排通知给买方，只有买方或其代理人出席才能进行检查或试验。

4　分类和型式标识

4.1　概述

本标准中包括的泵分类和标志如表 1 中所示。

4.2　泵的型式

4.2.1　OH 1 型泵

底脚安装式的单级悬臂式泵，称为 OH 1 型泵(此型泵不能满足本标准的所有要求，见表 2)。

表 1　泵分类型式

结构特征					型式编码
离心泵	悬臂式	挠性联轴器传动	卧式	底脚安装式	OH 1
				中心线安装式	OH 2
			有轴承架的立式管道泵		OH 3
		刚性联轴器传动	立式管道泵		OH 4
		共轴式传动	立式管道泵		OH 5
			与高速齿轮箱成一整体		OH 6
	两端支承式	单级和双级	轴向剖分式		BB 1
			径向剖分式		BB 2
		多级	轴向剖分式		BB 3
			径向剖分式	单壳式	BB 4
				双壳式	BB 5
	立式悬吊式	单壳式	通过扬水管排出	导流壳式	VS 1
				蜗壳式	VS 2
				轴流式	VS 3
			独立排液管	长轴式	VS 4
				悬臂式	VS 5
		双壳式	导流壳式		VS 6
			蜗壳式		VS 7
注：在 4.2 中提供了不同型式泵的图示。					

图 1　**OH 1 型泵**

4.2.2　OH 2 型泵

中心线安装式的单级悬臂式泵，称为 OH 2 型泵，此型泵有单独的轴承箱承受所有施加在泵轴上的力，并保持转子位置。此型泵安装在底座上且由挠性联轴器连接到驱动机上。

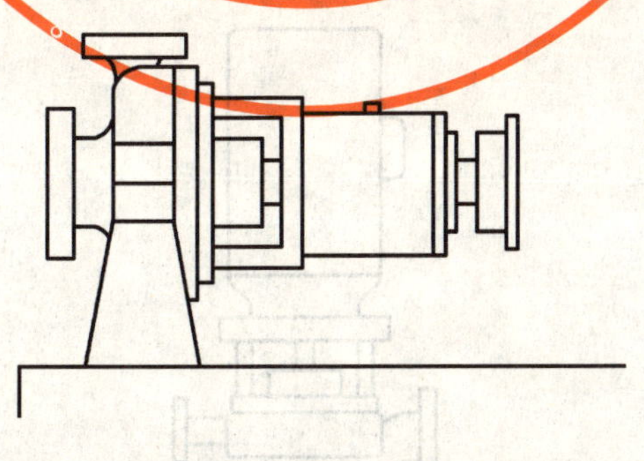

图 2　**OH 2 型泵**

4.2.3 **OH 3 型泵**

带有独立轴承箱的立式管道单级悬臂式泵，称为 OH 3 型泵。此型泵具有与泵成一体的轴承箱来承受所有的泵负荷。驱动机安装在与泵成一体的支架上。泵与驱动机用挠性联轴器连续。

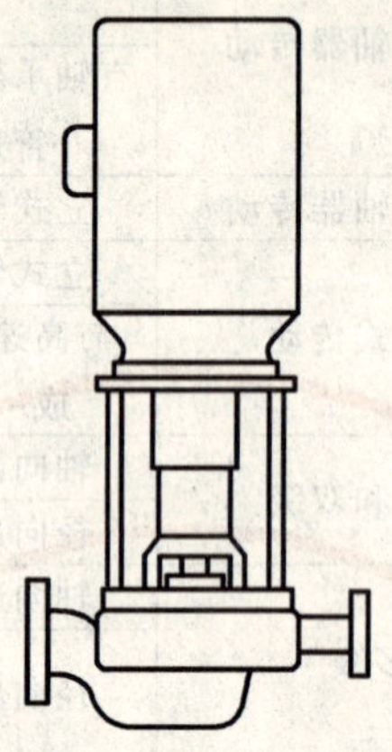

图 3 **OH 3 型泵**

4.2.4 **OH 4 型泵**

刚性联轴器传动的立式管道单级悬臂式泵，称为 OH 4 型泵。泵轴用刚性联轴器连接到驱动机轴上(此型泵不能满足本标准的所有要求，见表 2)。

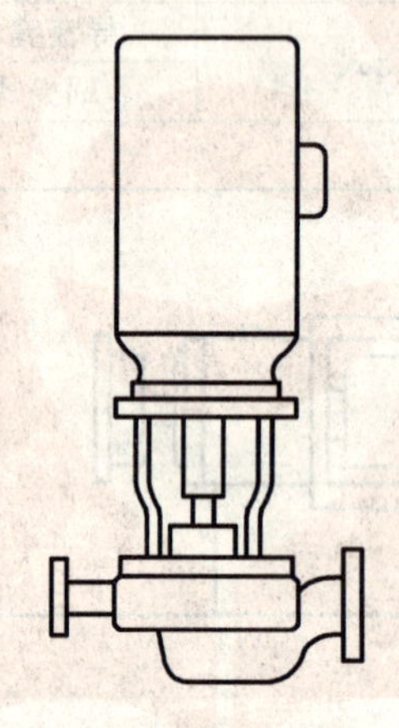

图 4 **OH 4 型泵**

4.2.5 **OH 5 型泵**

共轴式驱动立式管道单级悬臂式泵，称为 OH 5 型泵。共轴式驱动的泵的叶轮直接安装在驱动机轴上(此型泵不能满足本标准的所有要求，见表 2)。

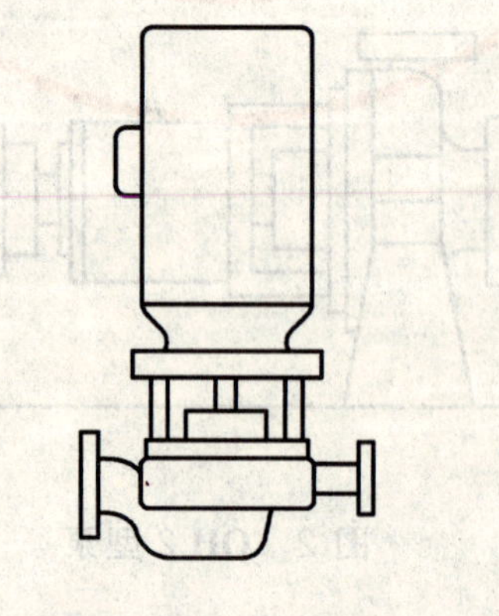

图 5 **OH 5 型泵**

4.2.6 **OH** 6 型泵

与高速齿轮箱成一整体的单级悬臂式泵，称为 OH 6 型泵。此种泵具有一个与泵成一体的增速齿轮箱。叶轮直接安装在齿轮箱输出轴上。齿轮箱与泵之间没有联轴器；但是，齿轮箱与其驱动机用挠性联轴器连接。此型泵可为立式或卧式。

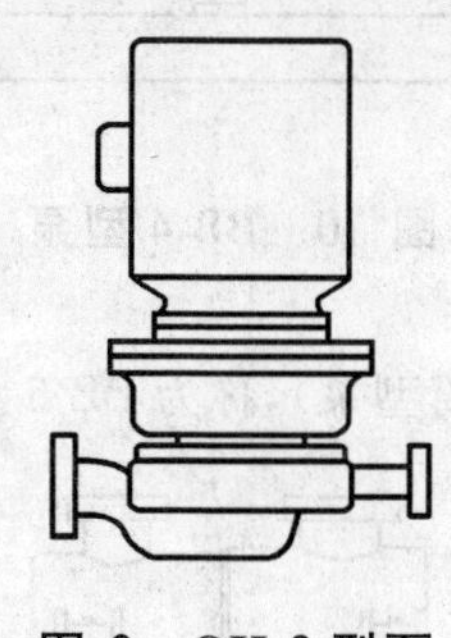

图 6 **OH** 6 型泵

4.2.7 **BB** 1 型泵

轴向剖分 1 级和 2 级两端支承式泵，称为 BB 1 型泵。

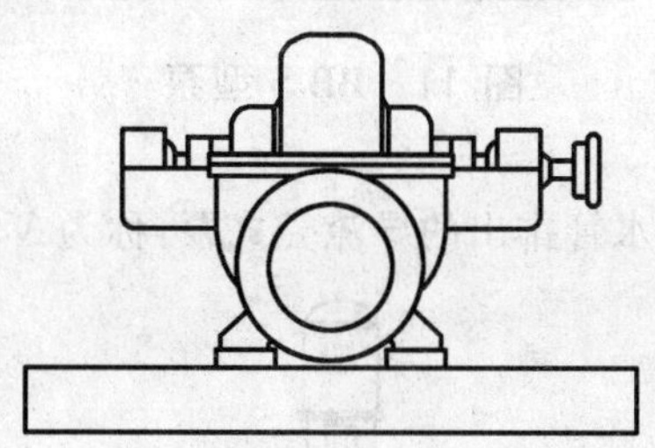

图 7 **BB** 1 型泵

4.2.8 **BB** 2 型泵

径向剖分 1 级和 2 级两端支承式泵，称为 BB 2 型泵。

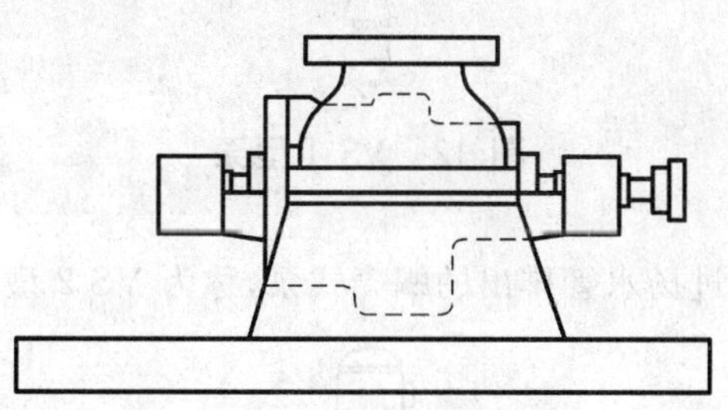

图 8 **BB** 2 型泵

4.2.9 **BB** 3 型泵

轴向剖分多级两端支承式泵，称为 BB 3 型泵。

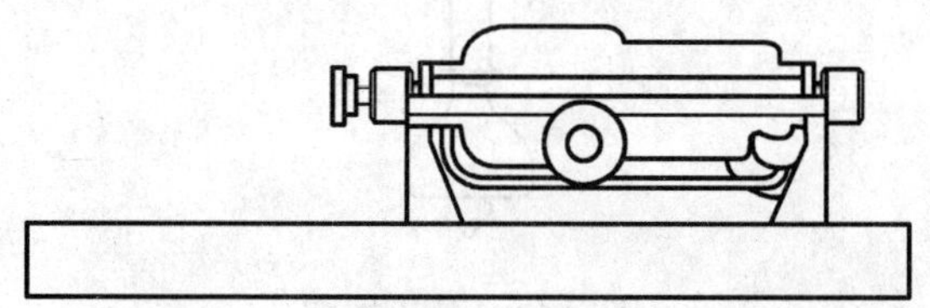

图 9 **BB** 3 型泵

4.2.10 **BB** 4 型泵

单壳径向剖分多级两端支承式泵，称为 BB 4 型泵。这种泵也称为单泵壳节段式多级泵、分段泵。(在每级之间有潜在的泄漏途径。此型泵不能满足本标准中的所有要求，见表 2)。

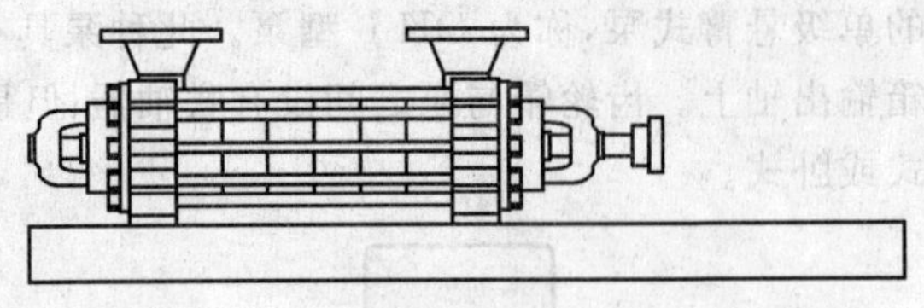

图 10 BB 4 型泵

4.2.11 BB 5 型泵

双壳、径向剖分、多级两端支承式泵(筒型泵),称为 BB 5 型泵。

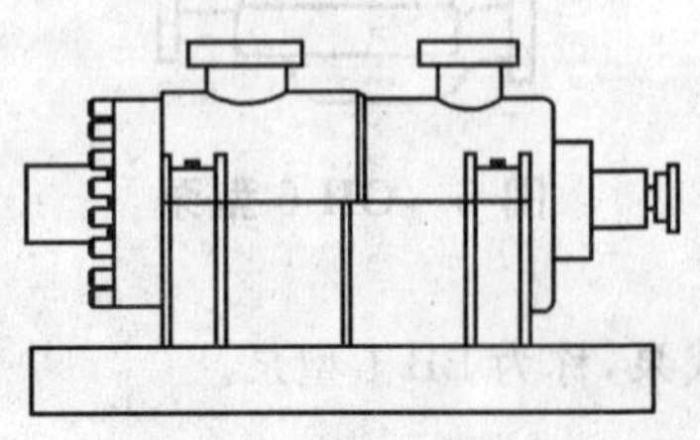

图 11 BB 5 型泵

4.2.12 VS 1 型泵

湿坑、立式悬吊式、单壳,通过扬水管排出的导流壳式泵,称为 VS 1 型泵。

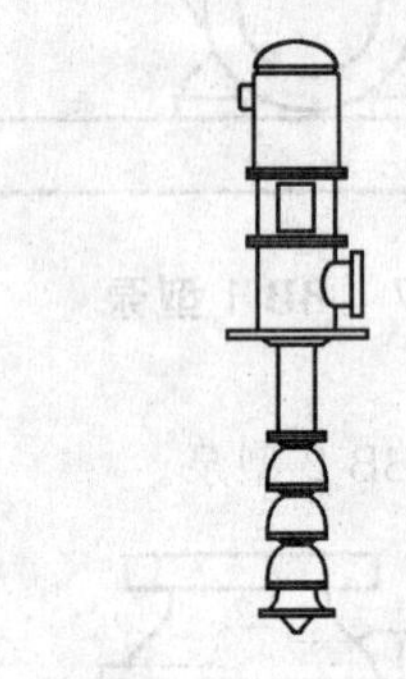

图 12 VS 1 型泵

4.2.13 VS 2 型泵

湿坑、立式悬吊式、单壳,通过扬水管排出的蜗壳式泵,称为 VS 2 型泵。

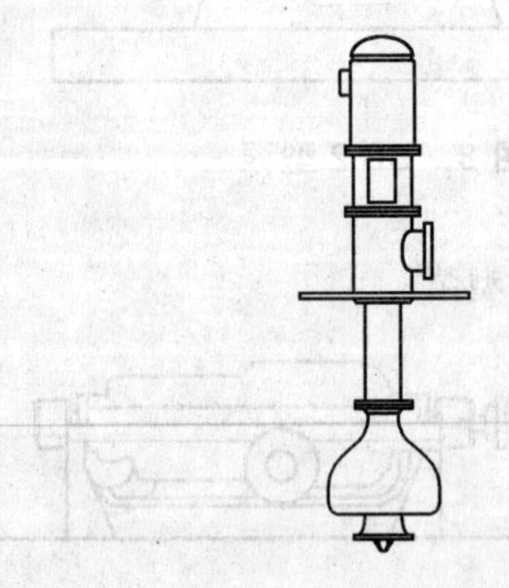

图 13 VS 2 型泵

4.2.14 VS 3 型泵

湿坑、立式悬吊式、单壳,通过扬水管排出的轴流式泵,称为 VS 3 型泵。

图 14 VS 3 型泵

4.2.15 **VS 4 型泵**

立式液下泵(悬吊式、单层蜗壳、长轴驱动油池泵有独立排液管),称为 VS 4 型泵。

图 15 VS 4 型泵

4.2.16 **VS 5 型泵**

立式液下泵(悬吊式、悬臂油池泵),称为 VS 5 型泵。

图 16 VS 5 型泵

4.2.17 **VS 6 型泵**

双层泵壳(内层为导流壳式)立式悬吊式泵,称为 VS 6 型泵。

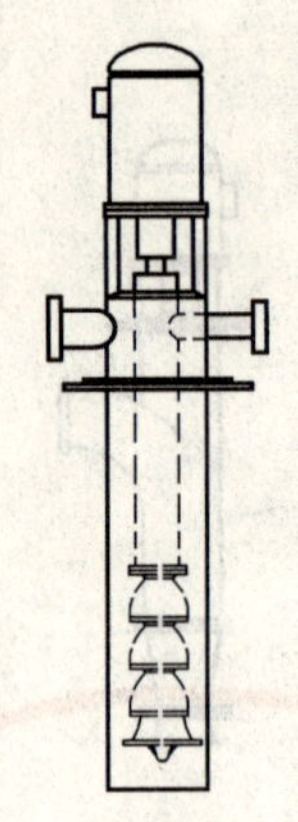

图 17 **VS 6 型泵**

4.2.18 **VS 7 型泵**

双层泵壳(内层为蜗壳式)立式悬吊式泵,称为 VS 7 型泵。

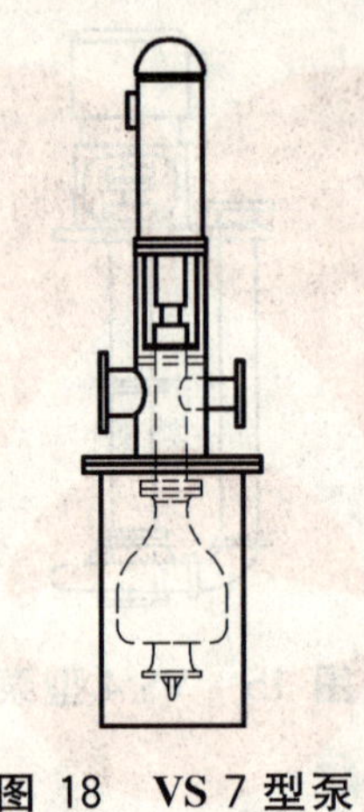

图 18 **VS 7 型泵**

4.3 单位和特定要求

●4.3.1 本标准规定使用国际制单位(SI)。如买方要求使用其他制单位,应特殊说明,并与卖方达成协议。

4.3.2 当第 8 章中规定的特定泵的要求与任何其他章节中的要求有抵触时,应按第 8 章中规定的要求执行。

5 基本设计

5.1 概述

5.1.1 本标准中所涉及的设备(包括辅助设备)应当设计和制造成使用寿命至少为 20 年(不包括表 18 中所示的易损件),连续运转寿命至少为 3 年。已经公认这些要求是设计的准则,当操作或使用条件苛刻、误操作或不正常维护会使设备不能达到这些准则的要求。

术语“设计”一词只能应用到制造厂供应设备的参数或特性上。术语“设计”一词不应用于买方询价或技术规范中,因为它会造成对订货理解上的混淆。

5.1.2 卖方应承担列入订单范围内的所有设备和所有辅助系统的机组责任。

●5.1.3 买方应规定出操作工况、液体性质、现场条件(如水文、地质等)、公用设施条件(如电、水、蒸汽等),以及数据表(附录 N)中应由买方规定的全部数据。买方还应规定该泵是否可作为水力回收水轮机(HPRT)使用,以及附录 C 是否适用。

5.1.4 设备应能在正常的和额定的工况点以及买方规定的任何其他预期的工况点上工作。

●5.1.5 当输送的液体是易燃的或危险的时,买方必须指明。

5.1.6 当更换一个较大直径的或不同水力设计的、具有调速能力的或采用一个空级的叶轮后，在额定工况下，泵的扬程至少应当能够提高5%。

在已经购买该泵之后，此要求的意图是为了适应由于水力要求的改变而导致选型的变化。它不是用于将来扩充生产能力的。如果有将来工作的要求，则应分别做说明，并应在选择中加以考虑。

5.1.7 泵至少应当能够在达到最大连续转速时工作。最大连续转速应考虑到：

a) 等于电机最大电源频率时的同步转速相应的转速；

b) 变速泵在至少达105%的额定转速下工作及在紧急情况下变速泵能在驱动机脱扣转速下短期运转。

5.1.8 变速泵应设计成在跳闸转速下运行而不损坏的泵。

5.1.9 为了在密封端面上保持稳定的液膜所必须的密封室内条件，包括温度、压力、液体流量，以及当泵在真空使用条件下停机闲置时，为了确保密封住大气压力而在设计上采取的充分措施，都应当由泵的卖方和密封制造厂双方共同商定，经买方批准同意，并记录在数据单上。

注：当输送接近其汽化压力的液体(例如液化石油气)时，在真空使用条件下为了密封住外界大气压力而采取的措施是特别重要的。

5.1.10 卖方应该在数据单上规定出泵在额定流量和额定转速下输送水时的(水温低于65℃)必需汽蚀余量(NPSHR)。对水以外的液体(例如烃类)的必需汽蚀余量不能用降低系数或修正系数的方法规定。

除了规定NPSHA外，买方应当考虑一个适当的NPSH安全余量。NPSH安全余量是一个超过泵的必需汽蚀余量的NPSH，通常希望有一个工作NPSH安全余量，这个工作NPSH安全余量足以在所有流量下(从最小连续稳定流量到最大预期运转流量)保护泵免遭回流、脱流，以及汽蚀引起的损坏。卖方应当根据具体的泵型和预定的使用条件磋商一个NPSH安全余量的推荐值。

在确定有效汽蚀余量时，买方和卖方应当确定最小连续稳定流量与泵的汽蚀比转速之间的关系，一般说来，以与泵的最佳效率点流量的百分数表示的最小连续稳定流量值随汽蚀比转速的增加而增加。但是，其他因素诸如泵的能级(常指每级扬程)和水力设计、输送的液体，以及NPSH安全余量也会影响到泵在较宽流量范围内良好地运转的能力。研制能胜任小流量工况运行的泵设计是一项正在发展中的技术。选择汽蚀比转速大小和NPSH安全余量时，应当考虑现有的工业水平和制造厂经验。

除非另有规定，基准面应是卧式泵的轴中心线、立式管道泵的吸入口中心线，以及立式悬吊式泵基础的顶部。

●5.1.11 如果有规定，按附录A的规定计算的汽蚀比转速应限制为数据单上注明的值。

5.1.12 抽送黏性大于水的液体的泵根据美国水力学会HI 1.3第2章的流体黏性修正方法给出修正后的水的性能值。修正系数和试验曲线与报价单一起提交。

●5.1.13 对于所有应用条件，泵最好是具有稳定的扬程/流量曲线(即到关死点为止，扬程曲线呈连续上升状)。如果买方规定是并联运行，则曲线上的扬程上升量至少应当是额定流量点扬程的10%。如果采用在吐出口加孔板作为实现直到关死点为止使扬程曲线呈连续上升的手段，则应在报价单上注明。

5.1.14 应当给泵确定一个优先选用的工作区，此工作区位于所提供叶轮的最佳效率点流量的70%～120%区间内。额定流量点应位于所提供叶轮最佳效率点流量的80%～110%区间内。

为优先工作区确定具体范围和给额定流量点定位的目的并不是想要诱使人们去开发更多规格数的小泵或是排斥使用高比转速泵。对那些已确知在规定区间以外的流量点工作得令人满意的小泵，和对优先工作区比规定工作区间狭窄的高比转速泵，如果合适的话，在提出报价单时也应把这两种泵同时列上，并且把他们的优先工作区清晰地标示在报价单曲线上。应当按照附录A中的规定计算泵的比转速。

5.1.15 所提供的泵的最佳效率点最好位于额定流量点和正常流量点之间。

• 5.1.16　如果买方有规定，卖方应当提供设备的最大声压级或声功率级数据。提供的所有设备的声功率级的控制应当由买方和卖方共同作出努力。卖方提供的设备应当符合买方规定的最大允许声功率级。ISO 3740、ISO 3744 和 ISO 3746 可作为参与性指导文件。

5.1.17　单级扬程超过 200 m 和单级功率超过 225 kW(300 hp)的泵可能需要特殊措施来减小叶轮叶片通过导叶或隔舌所产生的频率振动和小流量时的低频振动。对于这类泵，导叶或蜗舌与叶轮叶片外圆周之间的径向间隙至少应当为最大叶轮叶尖半径的 3%(对于导叶式泵)和最大叶轮叶片尖半径的 6%(对于蜗壳式泵)。最大叶轮叶尖半径是指能够用在泵壳内的最大叶轮的半径(见 5.1.6)。百分比间隙按下式计算：

$$P = 100(R_2 - R_1)/R_1$$

式中：

P——百分比间隙；

R_2——蜗壳半径或导叶进口(导叶头部)的半径；

R_1——最大叶轮叶片尖的半径。

本条所包括的泵的叶轮，在发货前，卖方为达到规定的性能，采取钳工修锉(叶片)或 V 型切割(叶片)的方法进行水力性能的修正，并经试验确认。卖方应把这些修改按 9.3.4.1 的规定形成文件，并通告买方。

5.1.18　工作转速高于 3 600 r/min，单级功率在 300 kW(400 hp)以上的泵甚至可能需要更大的间隙和其他特殊的结构特点，对于这类泵，应当由买方和卖方共同商定特殊要求，把对各种具体泵型的实际运转经验考虑进去。

• 5.1.19　是否需要冷却应由买卖双方共同商定。应选用附录 B 中的所列方法之一。冷却系统应适合冷却液的种类，压力和温度应由买方规定。卖方应规定必需的冷却液流量。为了避免冷凝，通入轴承箱的冷却水最低温度应当高出周围空气温度。

5.1.20　如果提供冷却水室应当设有清理孔，以使整个冷却水通路能够用机械方式进行清理、冲洗和放液。

5.1.21　如果提供，冷却水室系统应当设计成能够可靠地防止工艺流程液体泄入冷却系统的型式。冷却液通路不应与泵壳密封面相通。

5.1.22　水冷却系统应当按下列条件设计：

换热器表面流速	1.5 m/s～2.5 m/s
最大允许工作压力，表压	700 kPa
试验压力(>1.5 MAWP)，表压	1 050 kPa
最大压力降	100 kPa
最大吸入口温度	30℃
最大吐出口温度	50℃
最大温升	20 K
过水壁的结垢系数	0.35 m^2·K/kW
泵壳壁腐蚀余量(不用于管子)	3.0 mm

应采取能将系统中的气体和液体完全排尽的措施。

换热器表面流速的这一设计准则的本意是想尽量减少过水壁的结垢。

5.1.23　本设备的布置，包括管路和辅助设备，应由买卖双方共同研究确定。这种布置应当提供充分的空间和保证运行和维护用的安全通道。

• 5.1.24　电机、电器元件以及电气装置应当适合买方在数据单上规定的该地区分类(区、级和组)，并应符合买方规定的当地法规的要求，例如 GB/T 5332、GB 3836.1～3836.17 或 NFPA 70 中第 500、501、502、504 和 505 条款的要求。

5.1.25 润滑油箱和内装被润滑转动零件（诸如轴承、轴密封、磨光的零件、测量仪表和控制元件）的轴承箱应当设计成在泵运行或停机闲置期间尽量少受潮湿、灰尘，以及其他外界杂质的污染的影响。

5.1.26 所有设备均应设计成可以进行快速和经济的维护工作的型式。主要零件诸如泵壳零部件和轴承箱应当设计和制造成可保证在重新装配时能够准确对正。这可以通过使用止口、定位销和键来完成。

5.1.27 除了立式悬吊式泵和整体齿轮箱驱动泵外，泵应当设计成无需拆卸吸入管或吐出管或挪动驱动机即可拆除转子或内部零件的型式。

5.1.28 根据 5.9.3 中规定的验收准则，泵及其驱动机应当在试验台和其永久性基础上进行试验。安装之后，泵和驱动机总装机组的性能应当由买方和卖方共同负责。

5.1.29 泵的所有备件和替换件以及提供的所有辅助设备均应达到本标准的所有准则。

5.1.30 设备（包括所有辅助设备）应按室外安装和规定的现场环境条件设计。卖方应提出所有设备在使用现场的保护要求（即为低温环境的防寒，防止异常的湿度、灰尘或腐蚀等的保护措施要求）。

5.1.31 压力泵壳的连接螺栓应符合下列要求：

a) 螺纹的详细尺寸应符合 GB/T 193、GB/T 9144、GB/T 196 以及 GB/T 197、GB/T 2516、GB/T 9145 或 ASME B1.1 的规定。

b) 在螺栓连接的位置上应留出适当的空隙，以便于使用扳手或套筒扳手。

c) 除非另有规定，否则要求使用外六角头螺栓连接。

d) 紧固件直径不应小于 12 mm。

e) 紧固件（不包括垫圈和无头定位螺钉）在 10 mm 直径的双头螺柱的一端和 6 mm 直径的螺栓头部应有材料等级和制造厂的标识符号。如果可用的面积不充足，等级符号可以标志在一端，而制造厂的标识符号可以标志在另一端。双头螺柱可以标志在裸露的一端上。

注：定位螺钉是无头螺钉，在一端有一个六角头插口。

f) 不应当采用各种细牙螺纹。

5.2 泵型

表 2 中所列的泵型具有特殊设计的特点，而且只当买方有规定时和制造厂以证明对这类有成功经验时才可提供。表 2 列出了对这些泵需要特殊考虑的要点，并在括号内给出与本标准相关的子条款。

5.3 压力泵壳

5.3.1 最大吐出压力应当是最大吸入压力加上泵在额定转速和规定的标准相对密度（比重）的工况下使用提供的叶轮工作时能够产生的最大压差。

注：确定最大吐出压力的依据是出口压力。

● 5.3.2 如果有规定，最大吐出压力应增加下列一项或几项情况下所产生的附加压差：

a) 在任何规定的工况时的最大相对密度；

b) 泵能适应的最大叶轮直径和/或级数的安装；

c) 达到脱扣转速的运转。

在说明这些之前，买方应当估计到上述这些情况出现的可能性。

在脱扣转速下产生的附加压差通常视为水压试验安全余量包含的正常的瞬时偏离。

5.3.3 压力泵壳应设计成：

a) 在同时承受最大允许工作压力（和对应的温度）和表 4 中列出的作用到每个管口上两倍的允许管口负荷的最坏组合的情况下，做到运转无泄漏或转动部件与静止部件之间无接触；

b) 经得住水压试验（见 7.3.2）。

注：两倍的管口负荷要求是压力泵壳设计的准则。管道设计者所用的允许管口负荷值为表 4 中所列的值。诸如泵壳支架或底座刚度等其他因素对允许的管口负荷是有影响。

表 2 几种特定泵型的特殊设计要点

泵　型	要求特殊考虑的要点
共轴式泵(叶轮装在电机轴上),OH 5	1) 驱动机结构(6.1) 2) 抽送温度高时的电机轴承和绕组温度 3) 密封拆除(5.8.2)
刚性联轴器驱动的立式管道泵,OH 4	1) 驱动机结构(6.1) 2) 转子刚性(5.6.9) 3) 用输送介质润滑的导向轴承(5.10.1.1) 4) 轴在密封部位的径向跳动(5.6.8,5.8.5)
卧式、底脚安装式的悬臂泵,OH 1	1) 压力等级(5.3.5) 2) 中心线安装式的泵壳(5.3.11)
两级悬臂泵	转子刚性(5.6.9)
双吸悬臂泵	转子刚性(5.6.9)
(多级)单泵壳节段式泵,BB 4	1) 压力密封(5.3.3,5.3.10) 2) 拆卸(5.1.27)
装在内部的机械密封(无可拆式密封压盖)	密封的拆卸(5.8.2)

5.3.4 任何材料的压力泵壳设计中使用的拉伸应力不应当超出最大规定工作温度时材料最低抗拉强度极限的0.25倍,对于铸件,应乘以表3中所列的相应铸件系数。在报价单中,制造厂还应当说明材料性能以及所用铸件系数的来源(例如ASTM标准)。

注1:通常,泵壳设计时,5.3.3中导致变形(应变)的准则是确定的依据。极限抗拉或屈服强度很少是限制因素。

注2:对于连接螺栓,总的断面积是按在静水压负荷和垫片预紧负荷作用下用许用的拉伸应力来确定的。为得到可靠的螺栓连接,公认要求提供一个预负荷,螺栓将被拧紧到产生大于设计拉伸应力的预应力,其值一般都在0.7倍的屈服范围之内。

表 3 铸件系数

无损检验的型式	铸件系数
磁粉探伤检查和/或液体着色渗透检查	0.8
抽样X射线检查	0.9
超声波检查	0.9
全部X射线检查	1.0

5.3.5 除了5.3.6中说明的情况之外,最大允许工作压力至少应当是最大吐出压力(参见5.3.1和5.3.2)加上10%的最大压差,而且不应低于:

a) 对于轴向剖分的单级和两级(两端)支承泵和单壳式的立式悬吊式泵来说:压力泵壳的压力等级应等于GB/T 17241.1~17241.7 PN20铸铁法兰的压力等级或GB/T 9114 PN20钢制管法兰的压力等级,钢法兰的材料应相当于压力泵壳的材料。

b) 对于其他型式的泵来说:在38℃时,按最小表压4 000 kPa,或至少应当等于GB/T 9114 PN50钢制管法兰的压力等级。

注1:10%的压差安全余量是用来调节扬程增量(5.1.6)、变速泵的较高转速(5.1.7)和扬程测试误差的(参见7.3.3.4)。

注2:该条款规定的最大允许工作压力与现在出版的标准的设计要求相一致。对于将来的设计,最好要考虑泵壳的最大允许工作压力与邻近的法兰压力等级相匹配。

•5.3.6 除非另有规定，立式悬吊式泵、双壳泵、整体齿轮驱动泵(OH 6 型)，以及卧式多级泵(3 级或 3 级以上的泵)可以设计成双压力等级的形式。如果买方有规定，吸入部位应设计成具有和吐出部位一样的最大允许工作压力。

买方应当考虑在这种泵的吸入侧安装安全阀。

5.3.7 压力泵壳设计中应当考虑另加腐蚀余量以满足 5.1.1 的要求。除非另有规定，最小腐蚀余量应当为 3 mm。

如果使用优等耐腐蚀材料，且能降低成本而不影响其安全性和可靠性，卖方应考虑提供可采用的腐蚀余量。

5.3.8 双层壳体泵的内壳应当设计成能承受最大压差或 350 kPa 表压的压力，二者中取大者。

5.3.9 除非另有规定，如果规定的工况属于下列情况之一者，则必须使用径向剖分泵壳的泵：

a) 如果抽送温度超过 200℃(如果泵可能遭到热冲击，则应当考虑更低的温度极限)；

b) 在规定的抽送温度下抽送相对密度小于 0.7 的易燃或危险液体；

c) 在额定吐出压力超过 10 MPa 条件下抽送易燃或危险液体。

轴向剖分的泵壳通常能在较高压力或较低相对密度(比重)时应用，已经有了超过上述限定范围的成功应用的经验。此种应用的成功取决于设计压力与额定压力之间的安全余量、制造厂在类似应用场合的经验、剖分式密封的设计与制造，以及用户在现场能正确形成剖分面密封的能力。在确定轴向剖分泵壳用于超出上述限定范围之前，买方应当考虑到这些因素。

5.3.10 径向剖分的泵壳应当采取金属对金属的接触配合，中间夹有受约束的可控制压缩量的受压垫圈，例如 O 形环或蜗形缠绕垫。

5.3.11 中心线安装式的泵壳可适用于所有的卧式泵(8.2.1.2 中允许的泵除外)。

5.3.12 放置 O 形环的密封面，包括所有的槽和孔，对静态 O 形环最大表面粗糙度平均值(Ra)应为 1.6 μm，对动态 O 形环滑动的表面应为 0.8 μm。装 O 形环的内孔应当切削出成圆角或成倒棱的引入端，对装静态 O 形环圆角半径至少为 3 mm，倒棱至少为 1.5 mm；对动态 O 形环，倒棱至少为 2 mm。倒棱角最大为 30°。

5.3.13 为了便于泵壳的拆卸，应当装设顶丝。所顶的接触面应当加工出凹陷部位(平底埋头孔或凹陷槽)，以防由于损伤密封面而造成密封面泄漏或密封面间的配合不吻合。

5.3.14 应当减少受内压零件的丝孔。为了防止泵壳内受内压部位泄漏，在钻孔和丝孔的周围和孔底下面，应当留出足够厚度的金属，除了腐蚀余量之外，金属厚度至少等于螺栓或双头螺柱公称直径的 1/2。

内部的螺栓连接应当用完全耐抽送液体腐蚀的材料制造。

除非买方特别批准采用有头螺钉，在泵壳的所有主要连接部位都应当提供双头螺柱。

5.4 管口和压力泵壳接头

5.4.1 泵壳口径

5.4.1.1 管口和压力泵壳上其他接头的孔口都应采用标准的管径。不应当采用 DN 32、DN 65、DN 90、DN 125、DN 175 和 DN 225 的孔口。

5.4.1.2 对于吐出口径不大于 DN 50 的泵，除了吸入口和吐出口外，泵壳上其他接头的孔口口径至少应当是 DN 15(NPS 1/2)。对于吐出口径不小于 DN 80 的泵，除了密封冲洗管路接头和压力表接头，不考虑泵的口径大小，可以采用 DN 15 之外，泵壳上其他接头的孔口口径至少应当为 DN 20(NPS 3/4)。

5.4.2 吸入口和吐出口

5.4.2.1 吸入口和吐出口应当采用法兰连接。单级和双级泵的吸入口和吐出口应当采用同等压力等级法兰。

5.4.2.2 铸铁法兰应当是平面法兰，除了在5.4.2.4中注明的之外，还应符合GB/T 17241.1～17241.7的尺寸要求和ASME B16.1法兰粗糙度要求。用于口径不小于DN 200的泵，PN 20法兰应当具有等同于PN 40法兰厚度的最低厚度。

5.4.2.3 除了在5.4.2.4中注明的和ASME B16.5的法兰粗糙度要求外，非铸铁法兰至少应当符合GB/T 9114 PN 50的尺寸要求。

5.4.2.4 允许采用各种材料制成的，厚度大于或外径大于与本标准要求的厚度或外径的法兰。在装配图上应当完整地标出非标(超规格)法兰的尺寸。如果超规格的法兰需要非标长度的双头螺柱或螺栓，则应在装配图纸上做出此种要求的标志。

5.4.2.5 法兰背面应当全部车平或在规定部位锪平。除了外套遮盖的泵壳外，法兰还应当设计成适合贯穿螺栓连接的型式。

5.4.3 **辅助接头**

5.4.3.1 对于非易燃和非危险液体，压力泵壳的辅助接头可以制成螺纹接头。

5.4.3.2 除非另有规定，管螺纹应当是符合GB/T 7306.1～7306.2的锥形螺纹。管螺纹的丝孔和凸台应当符合ASME B16.5的规定。

• 5.4.3.3 如果有规定，可以采用符合GB/T 7307的圆柱形螺纹。如果采用圆柱形螺纹，则应当使用一个平面垫圈来密封接头。接头凸台应当具有适合于垫圈密封的机械加工的平面(见图19)。

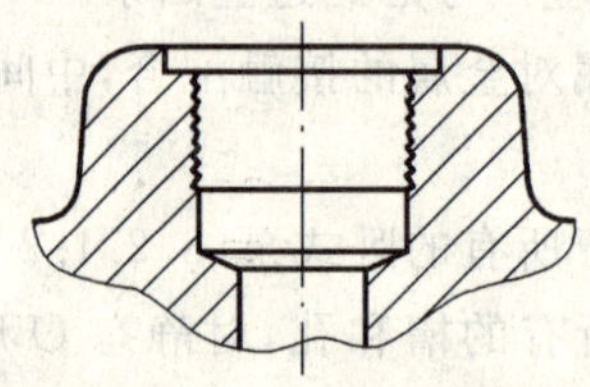

图19 适合于垫圈密封的机械加工平面(用于采用圆柱形管螺纹时)

5.4.3.4 对于易燃的或危险的液体，通入压力泵壳的辅助管路接头应当采用插口焊接、对接焊或整体式法兰连接，买方接口接头应当端接一个法兰。

5.4.3.5 焊接到泵壳上的接头应当达到或超过泵壳的材料要求(包括冲击韧性值)，而不是被连接的管的材料要求。在泵壳做水静压试验(参见7.3.2)之前就应当完成所有接头的焊接工作。

5.4.3.6 拧到或焊接到泵壳上的螺纹管的长度不应当超过150 mm，对于不大于DN 25的管径，至少应当是壁厚等级为160的无缝钢管，对于不小于DN 40的管径至少应当是壁厚等级为80的无缝钢管。

5.4.3.7 不与辅助管路连接的丝孔口只允许在密封压盖内和具有1-1和1-2材料级的泵内(参见附录H)。如果提供，这些丝孔口应用管堵堵上。锥形管堵应当是长柄、实心圆头、或长柄六角头的棒状管堵。如果是5.4.3.3中规定的圆柱形螺纹，管堵应是实心六角头型管堵。这些管堵应符合泵壳的材料要求。应当使用适合于高温作业的润滑剂/密封剂来保证螺纹的气密性。不允许使用塑料管堵。

• 5.4.3.8 在买方接口接头处，使用机械加工的和双头螺柱连接的接头需要买方同意。如果买方同意使用，这些接头应当符合GB/T 9114或GB/T 17241.1～17241.7的车平端面和钻孔加工的要求。双头螺栓和螺母应以安装好的型式提供。每个双头螺栓两端开始的1.5扣螺纹应当切削掉。

5.4.3.9 所有接头应当适合接头所在的泵壳区的水静压试验压力。

5.4.3.10 所有泵均应设有排气孔接头和排液孔接头。如果通过管口的布置安排，泵做成自身排气式，则可省去排气孔接头。

作为指导原则，如果管口布置和泵壳的构形可以使得泵内气体从首级叶轮和蜗壳区充分排走，以防在泵起动期间丧失引水能力，则把泵视为自身排气式。

●5.4.3.11　在不需要拆卸泵或泵的任何主要部件的情况下，所有的买方接头应当便于拆卸。

5.5　作用在管口上的外力和外力矩

5.5.1　钢和合金钢卧式泵及其底座以及立式悬吊式泵，应该设计成在承受表4中的力和力矩时有令人满意的性能。对于卧式泵，应考虑管口上负荷的两个影响：泵壳的变形（见5.3.3和5.3.4）以及泵和驱动机轴的不对中（参见6.3.5）。

5.5.2　立式管道泵上允许的力和力矩应当是表4中侧面管口负荷值的两倍。

5.5.3　对于泵体不是钢或合金钢或者泵的口径大于DN 400的泵，卖方应该提供相应于表4中数据的允许管口负荷。

表4　管口负荷

	法兰的公称口径(DN)								
	≤50	80	100	150	200	250	300	350	400
力/N									
每个顶部管口									
F_X	710	1 070	1 420	2 490	3 780	5 340	6 670	7 120	8 450
F_Y	580	890	1 160	2 050	3 110	4 450	5 340	5 780	6 670
F_Z	890	1 330	1 780	3 110	4 890	6 670	8 000	8 900	10 230
F_R	1 280	1 930	2 560	4 480	6 920	9 630	11 700	12 780	14 850
每个侧面管口									
F_X	710	1 070	1 420	2 490	3 780	5 340	6 670	7 120	8 450
F_Y	890	1 330	1 780	3 110	4 890	6 670	8 000	8 900	10 230
F_Z	580	890	1 160	2 050	3 110	4 450	5 340	5 780	6 670
F_R	1 280	1 930	2 560	4 480	6 920	9 630	11 700	12 780	14 850
每个端部管口									
F_X	890	1 330	1 780	3 110	4 890	6 670	8 000	8 900	10 230
F_Y	710	1 070	1 420	2 490	3 780	5 340	6 670	7 120	8 450
F_Z	580	890	1 160	2 050	3 110	4 450	5 340	5 780	6 670
F_R	1 280	1 930	2 560	4 480	6 920	9 630	11 700	12 780	14 850
力矩/(N·m)									
每个管口									
M_X	460	950	1 330	2 300	3 530	5 020	6 100	6 370	7 320
M_Y	230	470	680	1 180	1 760	2 440	2 980	3 120	3 660
M_Z	350	720	1 000	1 760	2 580	3 800	4 610	4 750	5 420
M_R	620	1 280	1 800	3 130	4 710	6 750	8 210	8 540	9 820

5.5.4　图20～图24中所示的坐标系适用于表4中的力和力矩。

●5.5.5　附录F中列出了超出表4中所列值时考核管口负荷的方法。如果买方同意，可以使用这些方法，且买方应当相应地指导管道的设计者。买方应当意识到使用附录F的方法比使用表4中的负荷值所产生的不对中高达50％。

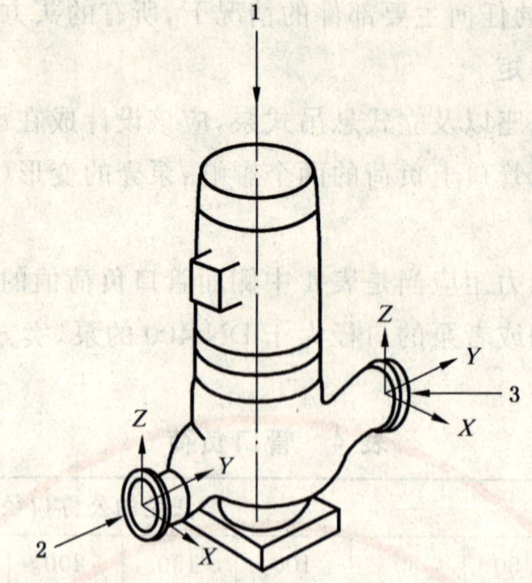

1——轴中心线；

2——吐出口；

3——吸入口。

图 20　表 4 中力和力矩的坐标系——用于立式管道泵

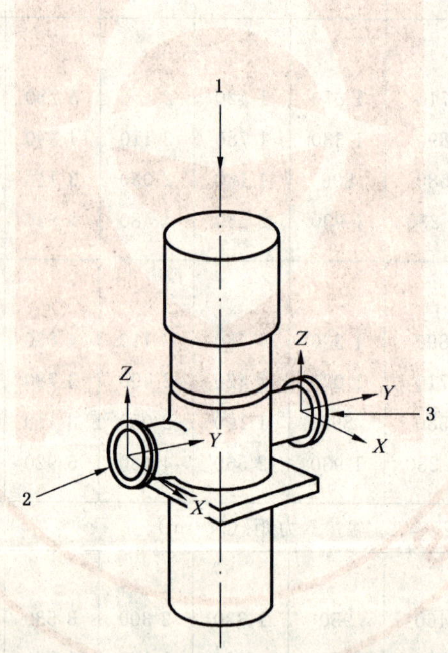

1——轴中心线；

2——吐出口；

3——吸入口。

图 21　表 4 中力和力矩的坐标系——用于立式悬吊式双壳体泵

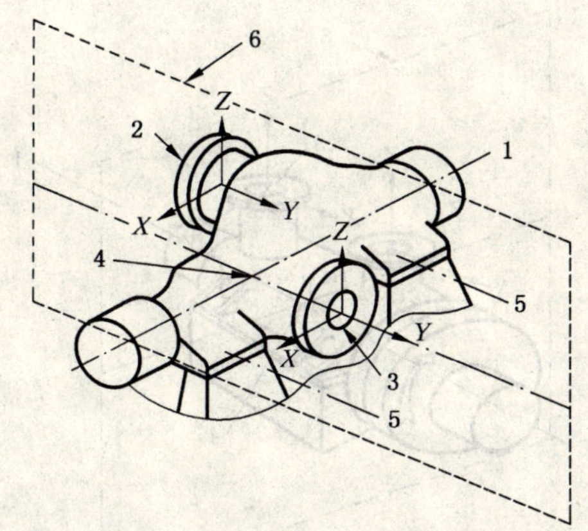

1——轴中心线；

2——吐出口；

3——吸入口；

4——泵中心线；

5——支座中心线；

6——垂直平面。

图 22 表 4 中力和力矩的坐标系——用于侧面吸入和侧面吐出的卧式泵

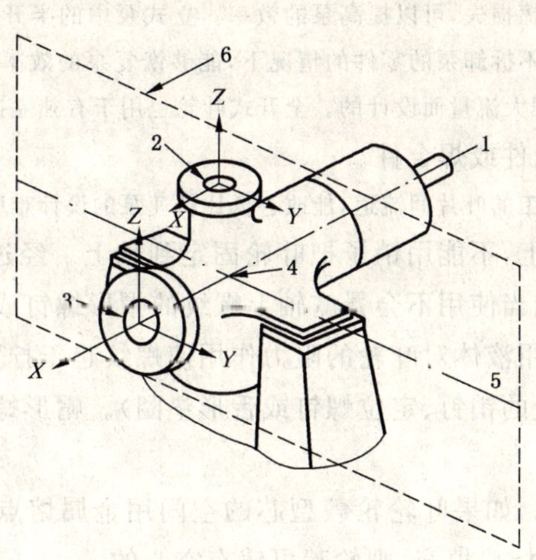

1——轴中心线；

2——吐出口；

3——吸入口；

4——泵中心；

5——支座中心线；

6——垂直平面。

图 23 表 4 中力和力矩的坐标系——用于端面吸入的卧式泵

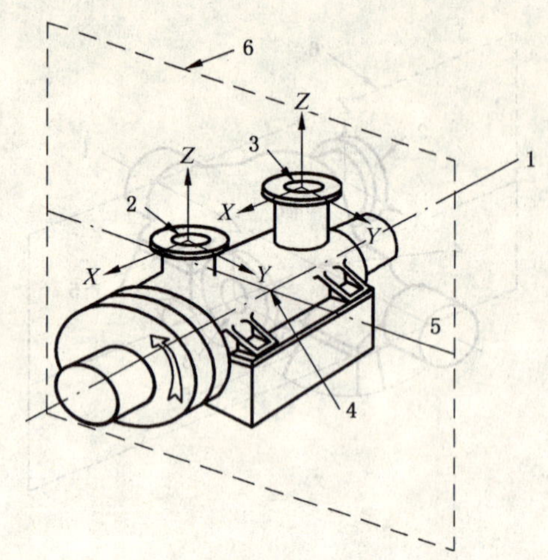

1——轴中心线；
2——吐出口；
3——吸入口；
4——泵中心；
5——支座中心线；
6——垂直平面。

图 24 表 4 中力和力矩的坐标系——用于顶部出入口的卧式泵

5.6 转子

5.6.1 除非经买方批准，否则叶轮应当是闭式的。

注：闭式叶轮对轴位置不敏感，因此，更适用于热膨胀/收缩或轴向力可能引起轴向位移的长轴组件。半开式叶轮由于少了一个盖板的圆盘摩擦损失，可以提高泵的效率。立式泵中的半开式叶轮的运转间隙可以从联轴器或电机的顶部来调整，因此，在不拆卸泵的零件的情况下，能够恢复泵的效率和输出功率。轴流式叶轮是一种典型的全开式叶轮，是为低扬程大流量而设计的。全开式叶轮也用于有独立排液管的蜗壳式油池泵。

5.6.2 叶轮应当是整体铸件、锻件或焊合件。

注：锻造或焊合的叶轮有机械加工的叶片间流道，能改善低比转速泵的设计难度。

5.6.3 叶轮应该用键固定在轴上，不能用销子把叶轮固定到轴上。经过买方批准，在立式悬吊式泵上可以使用夹紧套筒。悬臂叶轮应当使用不会暴露轴上螺纹的帽形螺钉或帽形螺母来固定到轴上。在正常转向时，上述紧固装置应当利用液体对叶轮的阻力作用使螺纹趋于拧紧，并且需要一个可靠的机械锁紧办法（例如，用耐腐蚀材料制造的销钉、定位螺钉或舌形垫圈）。帽形螺钉的小于螺纹的空刀槽上应有圆角用来减少应力集中。

5.6.4 叶轮应当有实心的轮毂。如果叶轮轮毂型芯的空间用金属熔点不低于 260℃（对铸铁材料）和金属熔点不低于 540℃（对铸钢材料）填充，则轮毂可铸有空心的。

注：充填空心叶轮轮毂的目的是为了在用热装法拆卸叶轮时，尽量减少对工作人员的危害。

5.6.5 对于要求轴套垫片通过螺纹的轴，在螺纹和垫片内径之间应该留出至少 1.5 mm 的径向间隙，而且直径的过渡段应按照 5.3.12 的规定倒角。

5.6.6 轴与密封套的配合应按 GB/T 1800.1～1800.4 中规定的 h6/G7。

5.6.7 可能被定位螺钉损坏的轴面处减细，以便于轴套或其他部件的拆卸。

5.6.8 应沿轴的全长进行机械加工并精细抛光，使总指示器读数不大于 25 μm。

5.6.9 为得到良好的密封效果，在泵的允许工作范围内的最苛刻状态下（最大叶轮直径和在规定转速和介质条件下），在主要的密封面处，轴的总挠度小于 50 μm。这个轴的挠度极限可以通过轴径、轴跨度或悬臂长及泵体设计（包括采用双蜗室或导叶）组合来达到。对于单级和两级泵，可以不考虑叶轮耐磨环的流体刚性支承作用。对于多级泵，应当考虑流体刚性支承作用，并且应当按一倍和两倍标准设计间隙进行两种计算。用抽送介质润滑的轴承和轴承衬套的流体刚性作用应当按一倍和两倍标准设计间隙进行计算。

5.6.10 如果按 6.4.2.2 的规定安装非接触式测振传感器(包括径向测振和轴向测位移)，应当做到：

a) 与轴颈同心。

b) 在探头的每一侧有一个探头尖部直径的最小距离内没有记号标志和划痕或任何其他表面不连续性的现象，例如油孔或键槽。

c) 在转子上没有金属喷涂层、轴套或镀层。

d) 最终表面粗糙度 *Ra* 为 0.8 μm，最好采用精磨或抛光方法加工。

e) 适当地去磁以达到 API 670 标准规定的级别，或者做其他处理，以使电的和机械的组合的径向跳动总量不超过下列值：

   1) 对于用径向振动传感器探测的部位，允许的峰对峰振幅的 25%或 6 μm，两者中取较大者。

   2) 对于用轴向位传感器探测到的部位是 13 μm。

5.6.11 如果轴是使用显示铁阻导电性材料制成的，轴的传感部位可借助热装的配合套或安装到轴上的"测力环"实现。测力环应按照 5.6.10 的规定精加工。使用测力环需要买方明确批准。

已知的显示铁阻导电性的材料有高铬合金，例如 7-4PH、双相不锈钢和 ASTM A479 XM-19 号钢。

5.6.12 如果有规定，应当制定安装非接触式振动传感器的条款(6.4.2.2)，轴应当按照 5.6.10 和 API 670 的要求制造。

5.6.13 如果安装了非接触式振动传感器，在每个传感器的测振部位的整个 360°上测取的电的和机械跳动的精确记录应当记载在机械测试报告中。

5.6.14 所有的轴键槽应当具有符合 ASME B17.1 规定的圆角半径。

注：这些要求不仅适用于联轴器键槽，而且适用于所有轴键槽。

5.6.15 单级和两级泵的转子应设计成它的第一干临界转速至少高于泵最大连续工作转速的 20%。

5.7 耐磨环(口环)和运转间隙

5.7.1 径向运转间隙用来限制内部泄漏，必要时可包括轴向运转间隙。但不应当使用叶轮辅助叶片或紧密的轴向间隙来平衡轴向推力。泵壳内部应当装有可更换的耐磨环。叶轮应当有整体的耐磨表面或可更换的耐磨环。

5.7.2 由可硬化材料制造的摩擦副耐磨表面应当具有至少 50 布氏硬度的差，除非静止的和旋转的耐磨表面都具有至少是 400 的布氏硬度。

5.7.3 如果使用可更换的耐磨环，耐磨环应用紧配合定位，并用锁紧销或骑缝螺钉或通过点焊来定位(轴向或径向)。在磨损环上装的径向销钉或骑缝螺钉的孔径不应大于耐磨环宽度的三分之一。

5.7.4 运转间隙应符合 5.7.4 a)~5.7.4 c)的规定。

a) 在确定耐磨环和其他转动部件之间的运转间隙时，应考虑抽送介质的温度、吸入条件、输送液体的性质、材料的热膨胀和咬合特性以及泵的效率。间隙应足够大，以保证在所有规定工况下可靠运转和避免咬合。

b) 对于铸铁、青铜、经硬化处理的马氏体不锈钢以及具有类似低咬合趋势的材料，应采用表 5 中所列的最小间隙。对于咬合趋势较大的材料和工作温度大于 260℃ 的各种材料，应当在上述直径间隙上再加 125 μm。

c) 对于有非常低或没有咬合趋势的非金属耐磨环材料(见附录 H 的表 H.4)，卖方可以建议采用低于表 5 中所列值的间隙。应考虑到诸如变形和热梯度的因素。间隙应足够大，以保证在所有规定的工况下可靠运转和避免咬合。

表 5 最小运转间隙

间隙部位的旋转零件的直径/mm	最小直径间隙/mm
<50	0.25
50～64.99	0.28
65～79.99	0.30
80～89.99	0.33
90～99.99	0.35
100～114.99	0.38
115～124.99	0.40
125～149.99	0.43
150～174.99	0.45
175～199.99	0.48
200～224.99	0.50
225～249.99	0.53
250～274.99	0.55
275～299.99	0.58
300～324.99	0.60
325～349.99	0.63
350～374.99	0.65
375～399.99	0.68
400～424.99	0.70
425～449.99	0.73
450～474.99	0.75
475～499.99	0.78
500～524.99	0.80
525～549.99	0.83
550～574.99	0.85
575～599.99	0.88
600～624.99	0.90
625～649.99	0.95

5.8 机械密封(轴封)

● 5.8.1 泵应当配有 ISO 21049 中规定的机械密封和密封系统，包括泵和密封接触面尺寸(参见表 6 和图 25)。买方应当规定所要求的密封种类。为此，买方应使用 ISO 21049 标准中的数据表。

注：对于此项条款，API 682 等同于 ISO 21049。

5.8.2 整体密封部件应当是不必拆卸原动机即可拆除的形式。

5.8.3 密封室应符合图 25 和表 6 中所示的尺寸。对于装有法兰和压力级超出 5.3.5 中最低限定值的泵，可以增大压盖双头螺柱尺寸和/或双头螺柱的中心圆。只当需要时才提供较大的双头螺柱，以符合 5.3.4 中的应力要求，或按制造厂的技术规范要求充分地压缩蜗形缠绕垫。

单位为毫米

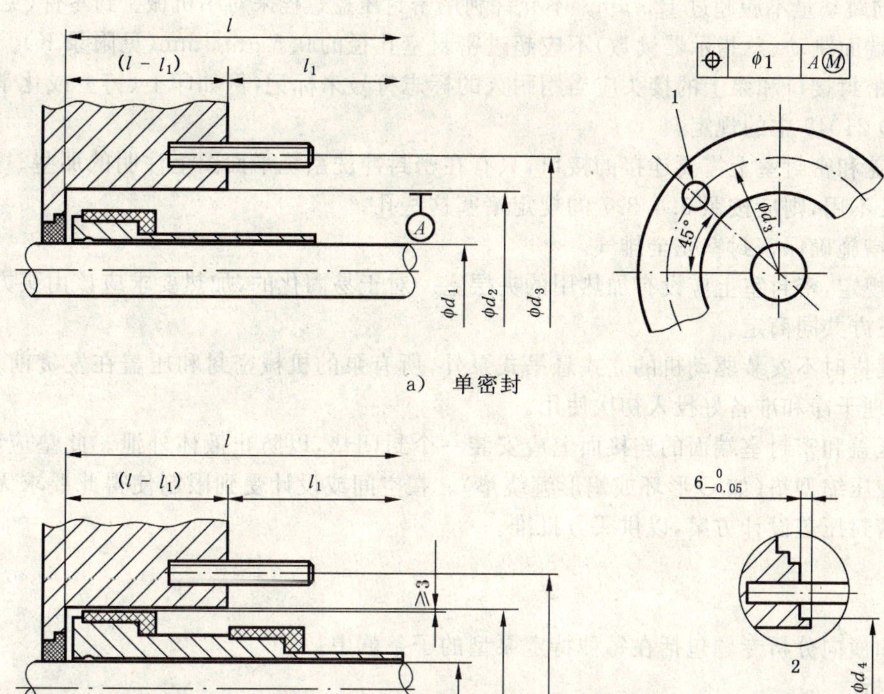

1——压盖双头螺柱(4个);

2——自由选用的压盖外止口;

l——至最近障碍物的总长;

l_1——从密封室端面到最近障碍物的长度。

图 25 密封室示意图

表 6 密封室、密封压盖附件和集装式机械密封套的标准尺寸(参见图 25) 单位为毫米

密封室规格号	最大轴径[a] d_1	密封室孔径[b] d_2	压盖双头螺栓中心圆直径 d_3	压盖外止口直径[c] d_4	最小总长 l	最小活动距 l_1	双头螺柱尺寸
1	20.00	70.00	105	85.00	150	100	M12×1.75
2	30.00	80.00	115	95.00	155	100	M12×1.75
3	40.00	90.00	125	105.00	160	100	M12×1.75
4	50.0	100.00	140	115.00	165	110	M16×2.0
5	60.00	120.00	160	135.00	170	110	M16×2.0
6	70.00	130.00	170	145.00	175	110	M16×2.0
7	80.00	140.00	180	155.00	180	110	M16×2.0
8	90.00	160.00	205	175.00	185	120	M20×2.5
9	100.00	170.00	215	185.00	190	120	M20×2.5
10	110.00	180.00	225	195.00	195	120	M20×2.5

a 尺寸公差等级为 h6。

b 尺寸公差等级为 H7;对于轴向剖分泵,考虑垫厚度的附加公差±75 μm。

c 尺寸公差等级为 h6;对于轴向剖分泵,考虑垫厚度的附加公差±75 μm。

d 轴挠度准则(见 5.6.9),可要求密封室规格号 1 号或 2 号密封室的尺寸(l)和(l_1)降低到低于表列的最小值,这要随具体的泵结构和泵体设计而定。

5.8.4 为了使密封压盖用外止口或内止口与密封室准确对中，应当采取一定的措施。止口表面应当与轴同心，而且总径向跳动量不应超过 125 μm。不允许利用密封压盖螺栓来对中机械密封零件(见附录 K)。

5.8.5 密封室端面跳动(总指示器读数)不应超过密封室孔径的 0.5 μm/ mm(见附录 K)。

5.8.6 规定的密封接口和泵上的接头应当用耐久的标志符号来标记(例如印上、铸上或化学蚀刻)。符号应当按照 ISO 21049 中的规定。

5.8.7 密封压盖和密封室上需要连接的接口，只有在密封冲洗系统平面图上注明的那些。如果规定了额外的丝孔而又不用，则应按照 5.4.3.7 的规定堵塞这些孔。

5.8.8 应采取措施确保密封室完全排气。

• 5.8.9 如果有规定，密封室上应设有加热用的夹层室。对于易固化的，加热要求应该由买方、卖方和机械密封制造厂三方共同商定。

5.8.10 除了发货时不安装驱动机的立式悬吊式泵外，所有泵的机械密封和压盖在发货前均应安装在泵上，并且应清理干净和准备好投入初次使用。

5.8.11 密封压盖和密封室端面的连接面上应安装一个封闭垫，以防止液体外泄。此垫应该是金属对金属接触的可控压缩型垫(如 O 形环或蜗形缠绕垫)。在空间或设计受到限制使得此要求无法实现时，应提出替代的密封压盖设计方案，以供买方批准。

5.9 动力学

5.9.1 概述

临界转速和横向分析专题包括在每种特定泵型的子条款中。

5.9.2 扭矩分析

5.9.2.1 除非另有规定，如果驱动机是下列情况之一时，应当由负有机组责任的制造厂进行扭矩分析：

a) 通过齿轮(增速机)的电动机或汽轮机，其额定功率为 1 500 kW(2 000 hp)或更大者；

b) 内燃机，额定功率为 250 kW(335 hp)或更大者；

c) 同步电机，额定功率为 550 kW(670 hp)或更大者；

d) 有变频传动装置(VFD)电机，额定功率为 1 000 kW(1 350 hp)或更大者。

应该把整个机组作为一个整体来进行分析，除非机组中包含具有柔性动力式联轴器的装置，例如液力联轴器和液力变矩器。

5.9.2.2 与 5.9.2.1 中的各项相对应，下列频率对扭矩分析的干扰应进行计算：

a) 有齿轮的机组：$1\times n$，$2\times n$(两根轴中任一根轴的转速)；

b) 内燃机驱动：$N\times n$；

c) 同步电机：$N\times$空载(起动)频率　1×线频率，2×线频率；

d) 变频驱动装置：$N\times n$，1×线频率，2×线频率。

式中：

n——转子的转速，单位为转每分(r/min)；

N——由驱动机制造厂确定的系数(整数)：

对于内燃机：每转的动力冲程数，

对于电机：电机的极数。

注：线频率应是电流频率。

电机驱动装置的 c)项和 d)项的激励频率，包括过渡状态和稳定状态两种情况。

5.9.2.3 整个机组的无阻尼扭转固有频率应当比规定的转速范围内(从最小到最大连续转速)任何可能的(稳态)激励频率至少高出 10%或低于 10%。

5.9.2.4 如果计算的扭转固有频率落在 5.9.2.3 规定的范围内(并且买方和卖方都同意，为使临界频率离开禁止的频率范围已经竭尽全力)，应该进行应力分析，以证明共振对整个机组没有不利的影响。应当清楚地说明在有关激励和阻尼程度的分析中所做的假设。此项分析验收准则应当由买方和卖方共同商定。

5.9.2.5 如果进行扭矩分析，应向买方提供一份仅作参考资料用的“康普拜尔”(Campbell)图。

●5.9.2.6 如果有规定，制造厂应提供一份该项扭转分析的详细报告。该报告应包括下列内容：

a) 计算固有频率使用的方法的说明；

b) 一份质量弹性系统图；

c) 一份质量弹性系统每个元件的质量力矩和扭转刚度的表格；

d) 一份 Campbell 图；

e) 如果进行应力分析时，对每个共振频率示出的标有峰值应力的模态图(mode shape diagram)。

5.9.3 **振动**

5.9.3.1 离心泵的振动随着流量而变，通常在最佳效率点流量附近其值最小，并且随着流量的增大或减少而增加。从最佳效率点流量起振动随流量的变化取决于泵的能量密度(比能)、比转速及汽蚀比转速。通常，振动的变化随能量密度的增加、比转速增大和汽蚀比转速增大而增加。

根据这些规律，离心泵的工作流量范围可以分成两个区，一个称为“最佳效率区”或“优先工作区”，在此区内，泵表现出低振动，另一个称为“允许工作区”，此区以这样的流量点来确定，即在此区内的流量下泵的振动较高，但仍然是“可以接受的”水平。图 26 中示出了这一概念。除振动之外的其他几种因素，例如，温升随着流量减少而增大，或必需汽蚀余量随着流量增大而增大，这两个因素可能会决定“允许工作区”变得更窄。见 5.1.14。

允许的工作区应在报价单中说明。如果允许工作区受到振动以外因素的限制，则这个因素也应在报价单中予以说明。

5.9.3.2 在性能试验过程中，在除了关死点之外的每个试验点上进行超出 5 Hz 至 1 000 Hz 范围的全振动测量和快速傅里叶变换(FFT)测量。应在下列位置进行振动测量：

a) 在各种泵的轴承箱或相应部位，在图 27 和图 28 所示的位置；

b) 如果泵规定用传感器装置，则其应当装在流体动压轴承的泵轴上。

●5.9.3.3 快速傅里叶变换应包括从 5 Hz 到 2 Z 倍运行转速的频率范围(这里，Z 是叶轮叶片数；在装有不同叶轮的多级泵中，Z 是任何一级中叶轮叶片的最高数)。

注：1.0、2.0 和 Z 倍于运行转速的这三个互无联系的频率关系到各种不同的泵现象，因而在该变换频谱中具有特别意义。

1——流量的允许工作区；

2——流量的优先工作区；

3——流量限定的最大允许振动限定；

4——基本振动限定；

5——流量最佳效率点；

6——示出最大允许振动的典型振动和流量曲线；

7——扬程流量曲线；

8——扬程与流量的最佳效率点。

图 26 流量与振动的关系

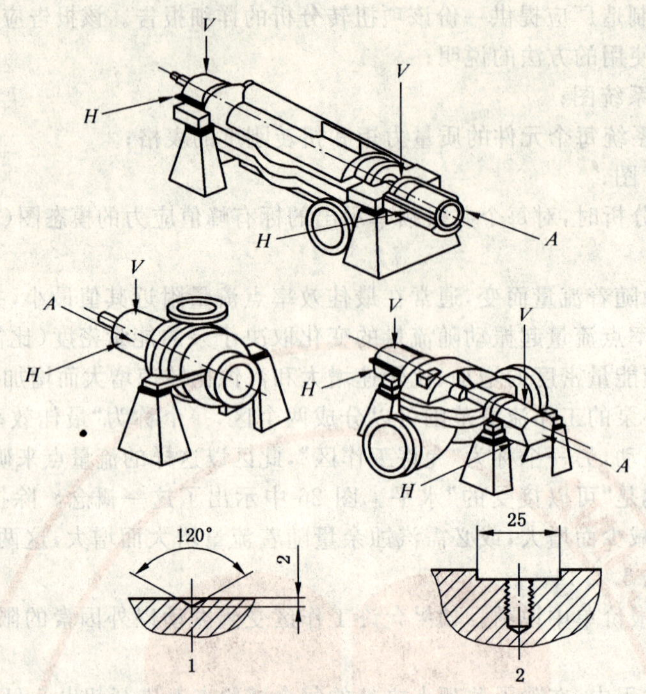

1——凹坑(见 5.10.2.10)；

2——安装振动测量设备的可自由选用的区域(见 5.10.2.11)；

A——轴向；

H——水平方向；

V——垂直方向。

图 27　卧式泵上测取振动读数的位置

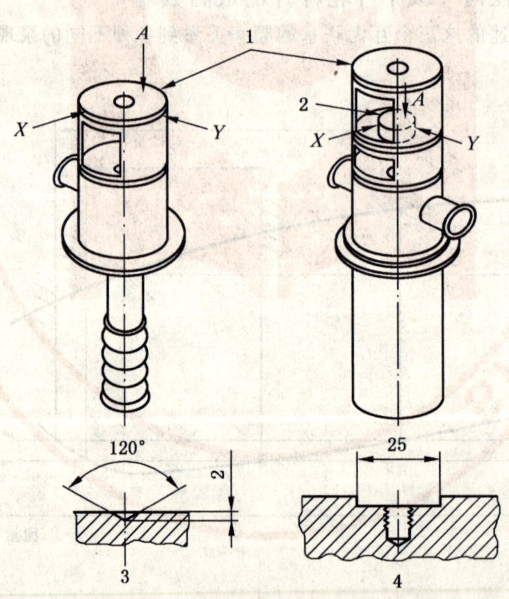

1——驱动机安装表面；

2——泵轴承箱；

3——凹坑(见 5.10.2.10)；

4——安装振动测量设备的可自由选用的区域(见 5.10.2.11)；

A——轴向；

X——X 轴；

Y——Y 轴。

图 28　立式悬吊式泵上测取振动读数的位置

5.9.3.4　轴承箱的总振动测量应该用均方根(RMS)速度,测量单位为 mm/s。

5.9.3.5　轴振动测量的单位应是峰对峰值位移,单位是 μm。

5.9.3.6　在性能试验过程中测得的振动值不应超出下列值:

——表 7 用于悬臂泵和两端支承泵。

——表 8 用于立式悬吊式泵。

装有传感器装置的泵应满足轴承箱和轴振动极限的要求。

注:轴承箱总振动极限只按 RMS(均方根)测量。

表 7　悬臂泵和两端支承泵的振动极限

项　　目	测量振动的部位	
	轴承箱(参见图 27)	泵轴(靠近轴承)
	泵轴承型式	
	全部	流体动压支承轴承
	在泵优选工作区内任意流量点的振动	
全部	对于转速达到 3 600 r/min 和单级轴功率达到 300 kW(400 马力)的泵。$v_u < 3.0$ mm/s RMS 对于转速超过 3 600 r/min 和单级轴功率超过 300 kW(400 马力)的泵按图 29 计算	$A_u < (5.2 \times 10^6/n)^{0.5}$ μm 峰对峰值 $A_u < 50$ μm 峰对峰值
互不相关的频率	$v_f < 0.67 v_u$	$f < n$;$A_f < 0.33\ A_u$
在优先工作区之外,而在允许工作区之内的各流量点的允许振动增量	30%	30%

注:单级轴功率是指液体的相对密度(比重)为 1.0 时,额定叶轮在最佳效率点的计算功率,其中:v_u——未滤波速度;v_f——滤波速度;A_u——未滤波的位移振幅;A_f——滤波的位移振幅;f——频率;n——转速,用 r/min 表示,从基本极限值中算出的振动速度和振幅应四舍五入到两位有效数字。

表 8　立式悬吊式泵的振动极限

项　　目	测量振动的部位	
	泵推力轴承箱或电机安装法兰(参见图 28)	泵轴(靠近轴承)
	在泵优选工作区内任意流量点的振动	
全部	$v_u < 5.0$ mm/s RMS 对于转速超过 3 600r/min 和单级轴功率超过 300 kW(400 马力)的泵按图 29 计算	$A_u < (6.2 \times 10^6/n)^{0.5}$ μm 峰对峰值 $A_u < 100$ μm 峰对峰值
互不相关的频率	$v_f < 0.67\ v_u$	$A_f < 0.75\ A_u$
在优先工作区之外,而在允许工作区之内的各流量点的允许振动增量	30%	30%

注:从基本极限值中算出的振动速度和振幅应四舍五入到两位有效数字。

其中:v_u——未滤波速度;

v_f——滤波速度;

A_u——未滤波的位移振幅;

A_f——滤波的位移振幅;

n——转速,用 r/min 表示。

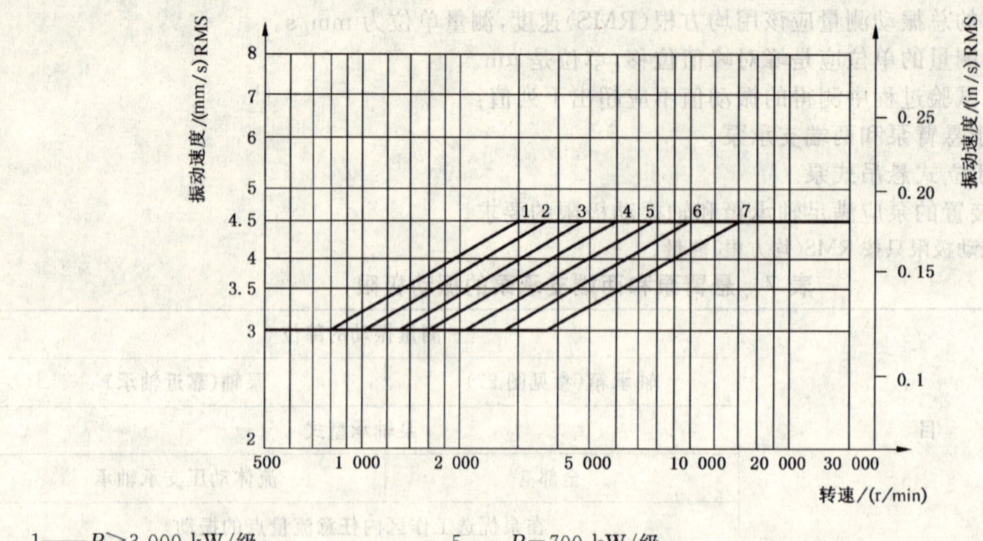

1——$P \geqslant 3\ 000$ kW/级；
2——$P = 2\ 000$ kW/级；
3——$P = 1\ 500$ kW/级；
4——$P = 1\ 000$ kW/级；
5——$P = 700$ kW/级；
6——$P = 500$ kW/级；
7——$P \leqslant 300$ kW/级；

注：3.0 mm/s 至 4.5 mm/s 的计算公式是：$v_u = 3.0(n/3\ 600)^{0.30}[(\text{kW/级})/300]^{0.21}$

图 29 转速超过 3 600r/min 或单级轴功率大于 300 kW(400 hp)卧式泵的振动极限

5.9.3.7 在高出最大连续转速，直到驱动机的跳闸转速的任何转速下，振动值不得超过最大连续转速时最高记录值 150%。

5.9.3.8 可调转速泵在超出其规定转速范围之外工作时，不得超出本标准的振动极限。

5.9.4 平衡

5.9.4.1 叶轮、平衡鼓及类似的主要转动部件应当进行到 GB/T 9239.1 G2.5 级的动平衡。平衡用的芯轴的质量不应超过被平衡零件的质量。

5.9.4.2 如果零件的 D/b 比(见图 30)不小于 6.0，零件平衡可以在一个平面上进行。

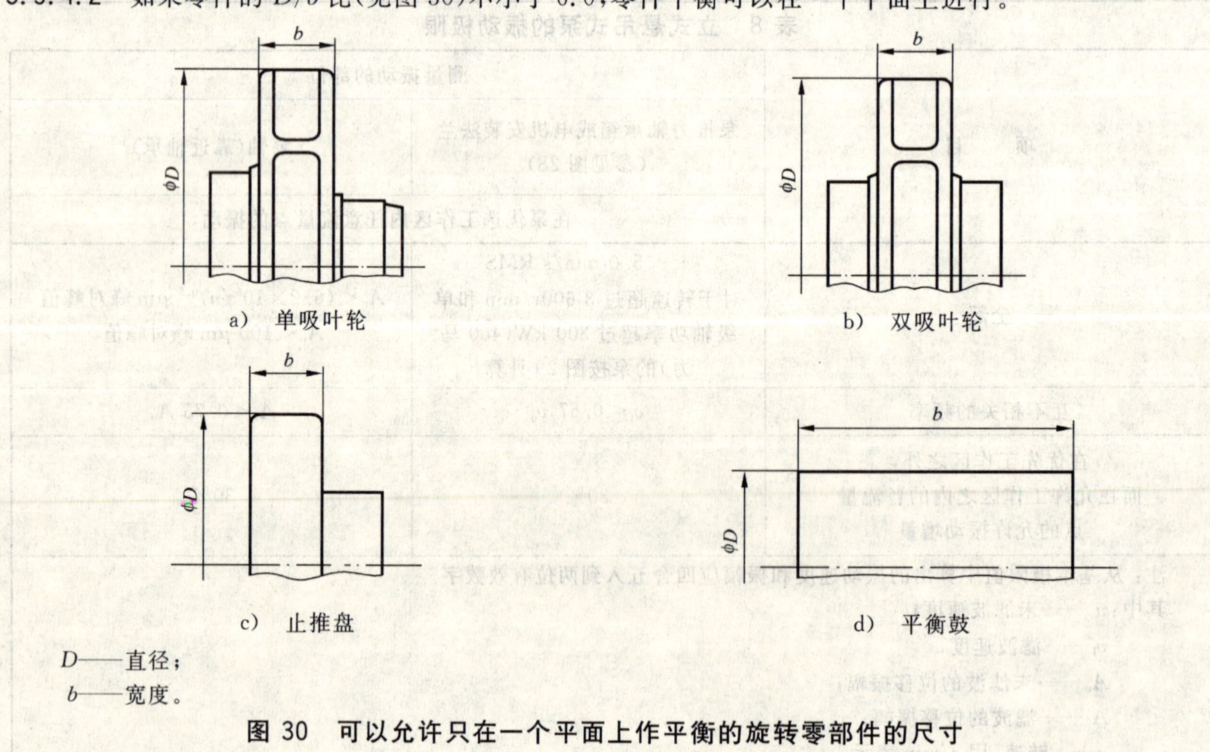

D——直径；
b——宽度。

图 30 可以允许只在一个平面上作平衡的旋转零部件的尺寸

5.9.4.3 应按照具体泵章节中的要求进行转子平衡。

● 5.9.4.4 如果有规定，叶轮、平衡鼓及类似的主要旋转部件应当进行到 GB/T 9239.1 G1 级的规定的动平衡。

使用现代平衡机，使装在平衡芯轴上的零部件可平衡到 GB/T 9239.1 G1 级甚至更小的值，这要视该部件的质量而定，以及用残余不平衡量的校核来验证该部件的不平衡量是可以做到的。但是，与小于 GB/T 9239.1 G2.5 级不平衡量关联的质量偏心距 e 甚小[例如，对于一个想在 3 600 r/min 下运转的部件来说，G1.0 级会得出 $e=1.78\ \mu m$]，以致于如果该部件经过拆卸和重装，此质量偏心距就不能保持。因此，零部件的平衡等级低于 G2.5 时，平衡等级就无法重复再现。

5.10 轴承和轴承箱

5.10.1 轴承

● 5.10.1.1 每根轴均应由两个径向轴承和一个双作用用的轴向(推力)轴承支承，此双作用轴向轴承可与两个径向轴承中的一个组合或不组合使用。轴承应该采用下列组合中的一种：径向滚动轴承和滚动推力轴承、流体动压径向轴承和滚动推力轴承、或者流体动压径向轴承和推力轴承。除非另有规定，轴承的型式及组合应按表 9 中规定的界限或根据用户的规定选用。

表 9 轴承的选择

条 件	轴承型式及组合
径向和推力轴承的转速及其使用寿命在滚动轴承的极限之内和泵的能量强度低于极限值	径向滚动轴承和滚动推力轴承
径向轴承的转速及其使用寿命超过滚动轴承的极限和推力轴承的转速及其使用寿命在滚动轴承的极限之内和泵的能量强度低于极限值	流体动压径向轴承和滚动推力轴承或流体动压径向轴承和推力轴承
径向和推力轴承的转速及其使用寿命超过滚动轴承的极限或泵的能量强度超过极限值	流体动压径向轴承和推力轴承
其限定值如下： a) 滚动轴承转速：$n \times d_m$ 系数不超过 500 000 其中， d_m——平均轴承直径[$(d+D)/2$]，mm； n——转速，r/min。 b) 滚动轴承使用寿命：根据 ISO 281 标准规定，其基本额定寿命 L_{10}，在额定条件下连续运转至少为 25 000 h，在最大径向和轴向负荷下的额定转速下至少为 16 000 h。 注：ISO 281 标准为额定寿命下了定义为 L_{10}，以转数的百万单位计算。工业实地应用时将其换算成小时并将它称作 $L_{10\,h}$。 c) 如果能量强度[即泵额定功率 kW(hp)和额定转速 r/min 的乘积为]400 万(540 万)或更大，则必须使用流体动压径向轴承和推力轴承。	

5.10.1.2 推力轴承的承载能力应设计成能在所有规定的工况下连续工作，包括最大压差时。应当按设计内间隙和两倍设计内间隙两种情况来确定所有轴承负荷。除了由于最极端的允许情况下，由转子和任何内部齿轮反作用力引起的推力外，通过弹性联轴器传来的轴向力应当认为是推力轴承负荷的一部分。如果泵是反转(不是正常转向)，推力轴承应当具备承受全负荷的承载能力。

挠性金属元件联轴器的推力应该在联轴器制造厂允许的最大容许偏差的基础上进行计算。

如果套筒型轴承(滑动轴承)的电机(无推力轴承)直接用联轴器与泵轴连接，则联轴器传递的推力应假定是最大的电机推力。

5.10.1.3 滚动轴承应按下列规定定位、固定或安装：

a) 轴承应当使用过盈配合安装到轴上，并沿直径方向稍留间隙的装入轴承箱内，这两种安装都应按照 ABMA 7 的规定。

b) 轴承应直接安装在轴上。在买方同意的情况下允许使用轴承承载套。

c) 轴承应该使用轴肩、轴环或其他可靠的装置定位在轴上。不允许使用开口环和弹簧垫圈。

d) 把推力轴承固定到轴上的装置应该是一个带舌形锁紧垫圈的锁紧螺母。

注：这些子条款适用于所有滚动轴承，包括滚珠和滚柱轴承。对于某些滚柱轴承，轴承箱直径方向的间隙是不适合的，例如，外环可分离的圆柱滚子轴承。

5.10.1.4 单列深沟球轴承应具有 GB/T 4604 的 3 类中规定的径向游隙(大于正常的游隙)。单列或双列轴承应该是无安装槽的(conrad 型)。较大的间隙能够降低润滑剂的温升。但是，振动速度可以随着游隙的加大而增大。卖方应当保证温升值(5.10.2.4)和振动值(5.9.3.6)符合本标准的要求。

5.10.1.5 滚珠推力轴承应当是成对的单列轴承，40°(0.7 弧度)角接触型(7 000 系列)带有机械加工的黄铜保持架。不应当使用非金属的保持架。如果买方同意，可以使用承压的钢保持架。除非另有规定，这种轴承应当采用成对组合安装的背对背安装形式。是否需要轴承间隙或预载应由卖方决定，以便适合应用条件并达到表 9 的轴承使用寿命要求。

注：有应用条件采用替换性的轴承组合是更可取的，尤其是轴承以最小的轴向负荷连续工作的应用场合。

5.10.1.6 如果负荷超出 5.10.1.5 中所述的成对角接触轴承的负荷能力，建议使用可替代的滚动组合轴承。

5.10.2 轴承箱

5.10.2.1 轴承箱应布置成无需移动泵的驱动机或安装支架就可更换轴承的形式。

5.10.2.2 非强制供油的稀油润滑轴承的轴承箱应该有装设塞堵的加油孔和排油孔，孔径至少是 DN 15(1/2 NPS)。轴承箱应装有容量至少为 0.12L 的可视恒油位给油器，其上装有确定油位的定位器(不是外部的螺纹)、带耐热玻璃的盛油器和金属丝保护罩。如果有规定，给油器应满足买方的选择。应该有探测轴承箱过度注油的措施。应当准确地定出油位的永久性标记，并用耐久的金属标牌、在铸件上铸出标记或用其他耐久的方法清晰地标示在轴承箱的外侧。如果需要特殊型号的注油器，买方应当说明。

5.10.2.3 对于强制润滑的流体动压轴承的轴承箱，应设计成尽量减少泡沫形成。排油系统应保持油位，使泡沫液位低于轴端密封。

5.10.2.4 应该提供充分的冷却(包括结垢余量)在规定的运转条件下和环境温度为 43℃时应保持油和轴承温度为：

a) 对于强制润滑系统，油的吐出口温度应低于 70℃，轴承金属的温度(如果提供轴承温度传感器)，应小于 93℃。在工厂试验时，在最不利的工况下，轴承的油温升不应超过 28 K(50°R)。

b) 对于油环润滑或油雾润滑系统，油池温度应低于 82℃。在工厂试验时，油池的油温升不应超过 40 K(70°R)，(如果提供轴承温度传感器)，轴承外环温度不应超过 93℃。

注：对配有油环润滑或油雾润滑系统的泵，在短期的性能试验期间可以不达到温度稳定化。温度稳定化试验将在 7.3.4.7.1 中论述。

5.10.2.5 在要求水冷却处最好使用冷却盘管。该盘管(包括管配件)应当由有色金属或奥氏体不锈钢制造，并且不应该有承受内压的接头。管的最小壁厚为 1.0 mm，外径至少为 12 mm。如果使用水冷套的话，在上半和下半轴承箱水冷套之间只能用外部接头，水冷套上既不该有密封垫片，也不该有螺纹接头，密封接缝和螺纹接头可能会使水泄漏入油箱中。

除了外支承环之外，水冷套应设计成能冷却油池而不是冷却轴承外环。

注：冷却轴承外环能减少轴承的游隙和导致轴承故障。

5.10.2.6 对于输送易燃或危险液体的泵，其轴承箱、承受负荷的轴承箱盖，以及泵壳或端盖与轴承箱之间的支架应该用钢制造。利用驱动机的推力轴承来支承轴的立式泵的驱动机支架应该用钢制造。

5.10.2.7 滚动轴承的轴承箱应设计成防止湿气、灰尘和其他杂质污染的形式。轴承箱上应配备有可更换的迷宫式密封、磁性端部密封或挡油盘，而不应当采用唇形密封。密封和挡油盘应该用不产生火花的材料制造。密封和挡油盘的设计应当有效地把油保持在轴承箱内，并防止杂物进入轴承箱。

5.10.2.8 如果规定采用油雾润滑（见 5.11.3），轴承和轴承箱应达到 5.10.2.8 a)～5.10.2.8 e)的要求。

a) 6 mm(1/4 NPS)管内径的油雾入口接头应该装在轴承箱的上半部。完全油雾管接头应当固定，以便于油雾流经滚动轴承。在完全油雾系统中不应当有使油雾从入口到放气口形成短路的内部通路。

b) 滚动轴承与轴承室隔板之间的每个空间都应该在轴承箱或端盖上装设 6 mm(1/4 NPS)管内径的放气接头。或者在每个轴承箱隔板和轴承箱之间设有油雾接头时，轴承箱应该设置一个放气中心。只有滑动轴承的轴承箱，才应该在靠近轴承箱端部设置放气孔。

c) 不应采用护罩型或密封型轴承。

d) 如果规定使用完全油雾润滑，则不应当安装油盘、甩油环以及恒油位注油器。也不需要标示油位的标记。如果规定使用吹洗油雾润滑，则需装设这些零件，并且注油器应当采用管连接，以保持轴承箱的内部压力。

注：在抽送温度超过 300℃时，采用完全油雾润滑的轴承箱，可以采取特殊措施降低从抽送液体传递到轴承保持架的热量。典型的措施如下：

1) 散热式甩油环；

2) 具有低导热的不锈钢轴；

3) 热屏；

4) 风扇冷却；

5) 带有油(油池)冷却的吹洗油雾润滑(代替完全油雾润滑)。

e) 买方应提供供油雾管和排油管件。

5.10.2.9 油环润滑轴承的轴承箱应当设有塞堵上的观察窗口，其位置应在泵运转时便于观察油环状况的地方。

5.10.2.10 所有的轴承箱应该在图 27 和图 28 所示的位置上做出小坑，以便于进行测取结果始终一致的振动测量。小凹坑应当适合于带有延伸接长杆的手提式振动传感器的精确定位。小凹坑可以铸出或机械加工而成。凹坑应是 2 mm 深的 120°的坡口角。

5.10.2.11 如果有规定，轴承箱应该有用于永久性地安装符合 API 670 要求的振动传感器的螺纹接头。如果提供公制紧固件，螺纹应当用 M 8 规格的(见图 27 和图 28)。

5.10.2.12 如果有规定，应提供至少 25 mm 直径的平坦表面作为放置磁基座振动测量设备的地方。

5.11 润滑

5.11.1 除非另有规定，轴承和轴承箱应当按用矿务油(烃类油)进行润滑来设计。

5.11.2 使用与维护说明书应当说明如何使用润滑系统循环油。

5.11.3 如果有规定，应当制定完全油雾润滑或者吹洗油雾润滑的措施(要求见 5.10.2.8)。

5.11.4 如果有规定，滚动轴承应采用下列 a)至 d)规定的润滑脂进行润滑。

a) 润滑脂寿命(重新注入润滑脂的时间间隔)应采用轴承制造厂建议的方法或买方同意的替代方法来估算。

b) 如果估算的润滑脂寿命低于 2 000 h，则不应当使用润滑脂润滑。

c) 如果估算的润滑脂寿命 2 000 h 以上，但低于 2 5000 h，应采取措施给运行中的轴承注入润滑脂，并有效地排出旧的或多余的润滑脂，卖方应通知买方重新注入润滑脂的时间间隔。

d) 如果估算的润滑脂使用寿命不小于 25 000 h，则不用安装润滑脂管接头或任何其他系统。

5.12 材料

5.12.1 概述

5.12.1.1 买方应当指定泵材料的等级。表 G.1 中提供的材料等级选用指南适合于各种使用条件。卖方推荐的可替换的材料，包括能够提高使用寿命和使用性能的材料，也可以包括在报价单内或根据使用条件列在最终数据表上。

5.12.1.2 列于表 H.1 中的所有零件材料规范在卖方报价单中应当清楚地说明。材料应根据相应的国际标准进行标识，包括材料等级(表 H.2 和 H.3 可以作为指导)。如果不采用国际标准材料，也可以使用国际上公认的国家或其他标准的材料。如果所用的材料无材料牌号，卖方在报价单中应该给出材料的技术规范，包括物理性能、化学成分和检验要求。

5.12.1.3 所有裸露在抽送液体中的垫片和 O 形环的材料应在报价单中标记出。如选择 O 形环，其限定的应用场合如 ISO 21049 中的规定。

5.12.1.4 在表 H.1 中把具有强度或压力整体性要求的泵零件的材料称为“完全一致”材料，它们应符合适当规范的所有要求。所有其他零件(例如，主要考虑抗腐蚀性的)，仅需满足化学成分的规定。辅助管路材料将在 6.5 中规定。

5.12.1.5 卖方应当规定出为保证材料满足使用条件所必须的自选的试验方法和检查方法。如果要求做额外的试验和检查，特别是对重要零部件的检查，则买方应当加以说明。买方规定的试验和检查要求应记录在附录 N 数据表的“备注”栏内。

5.12.1.6 压力泵壳的材料应符合下列要求：

a) 双层壳体泵的压力泵壳零件应当是碳钢或合金钢的；

b) 输送易燃或危险液体的压力泵壳零件应当是碳钢或合金钢的；

c) 对于其他的使用条件可以提供铸铁件。

5.12.1.7 如果处于会加剧晶间腐蚀条件下的奥氏体不锈钢零件需要进行焊合、表面硬化、堆焊或焊补的，这些零件应该选用低碳类或稳定化类的奥氏体不锈钢制造。

注：对于含碳量超过 0.1% 的奥氏体不锈钢的堆焊层或硬化表面，对晶间腐蚀是敏感的，除非采用一层对于晶间腐蚀不敏感的过渡层。

5.12.1.8 如果有规定，卖方应提供承压铸件、锻件、叶轮和轴的每一炉次号的材料合格证，该合格证包括化学成分和力学性能。除非另有规定，管螺纹接头，辅助管路元件和螺栓连接不包括在本要求的范围之内。

5.12.1.9 买方应当详细说明，在流程液体以及现场环境中是否存在任何腐蚀或腐蚀剂，包括会引起应力腐蚀裂纹或侵蚀弹性体材料的介质(包括微量)。

注：涉及到的典型腐蚀剂有硫化氢、胺、氯化物、溴化物、碘化物、氰化物、氟化物、萘酸，以及聚硫酸。其他影响弹性体材料选择的腐蚀剂包括甲酮、环氧乙烷、氢氧化钠、甲醇、苯及溶液。

5.12.1.10 如果有规定，买方和卖方之间协商的涂层形式应适用于叶轮和其他抽送液体流经的零件，以减少腐蚀。如果涂层用于转动部件上，在做过涂层之后应进行平衡检查。平衡过程和转动件涂层的顺序应当经过协商。数据表第 2 页“备注”部分(见附录 N)应用来说明这些涂层的要求。

为了减少对已经涂漆表面的平衡修正，转动件在涂层之前就应当进行平衡。通过减少重新涂层的面积，在做完涂层修复之后可以不要求作最后的平衡检查。

5.12.1.11 在采用奥氏体不锈钢或有类似咬合倾向的材料制造的配合零件，例如，双头螺栓和螺母时，应该用适于使用温度条件并与接触液体相容的抗咬合剂润滑。

注：达到必要的预负荷所要求的扭矩载荷值明显地不同，这要视螺纹润滑剂而定。

5.12.1.12 如果提供 NACE MR0175 中规定的降低硬度的材料，买方应当说明。如果规定降低硬度的材料，不包括在 NACE MR0175 标准中规定的钢铁材料应具有不超出 620 N/mm^2 的屈服强度和不超出 HRC 22 的洛氏硬度。如果需要的话，使用焊接方法焊合的元件应当做焊后热处理，以使焊缝和热效应区符合屈服强度和硬度的要求。

注：NACE MR0175 是美国国家腐蚀工程师学会提出的抗硫化物应力腐蚀的材料。

下列情况适用于：

a) 5.12.1.12 中的要求适合于下列部件：

1) 压力泵壳；

2) 轴系统(包括接触泵送液体的轴螺母)；

3) 承压的机械密封部件(包括密封面)；

4) 接触泵送液体的螺栓连接；

5) 碗形导流壳。

双壳体泵的内壳部件处于压缩状态，例如导叶和碗形导流壳，不看作为压力泵壳零件。在某些应用场合，希望也适合于对叶轮的要求。

b) 对于正常工作的泵，必须硬化到洛氏硬度 HRC22 以上的可更换的叶轮耐磨环，不适于用在酸性介质使用条件。此时，耐磨环可以采用表面硬化或涂覆适当的涂层来硬化。如果买方批准，耐磨表面可通过进行表面硬化或涂覆适当的涂层来硬化，以取代可更换的耐磨环。

c) 买方应说明可能存在的湿 H_2S 的量，应考虑到正常运转、启动、停机、闲置、失常或诸如催化剂再生的异常操作条件。

d) NACE MR0175 的应用有两步过程。第一步是确定需要特殊材料；第二步是选择材料。本条款的技术规范假设买方已经确定需要，且限定了材料的硬度。

e) 在很多应用场合，少量的湿 H_2S 足以要求材料有耐 H_2S 应力腐蚀裂纹的能力。如果已知含有微量的湿 H_2S，或者如果对可能含有的湿 H_2S 的含量不确定，则买方应在数据单中注明要求选用耐湿 H_2S 腐蚀的材料。

5.12.1.13 只有把完全镇静钢，正火钢制成细晶粒方可使用。禁止使用会形成粗奥氏体晶粒的钢。

5.12.1.14 如果有很大电位差的不同材料，处于一种电解质溶液中时，会产生电偶，导致惰性较差的材料产生严重的腐蚀，故选择材料时应避免这种情况发生。难以避免这种条件时，买方和卖方之间应就材料的选择和采取何种其他措施进行协商。此种情况下，NACE 腐蚀工程师参考手册[86]是一本适当材料选用的参考书。

5.12.2 铸件

5.12.2.1 铸件表面应当用喷砂、喷丸、化学清理或任何其他标准方法进行清理，以达到 MSS-SP-55 标准的铸件外观要求。分型面飞边和浇冒口的残余应该切除、锉掉或打磨成与铸件平面齐平的程度。

注：可参照 JB/T 6880.1 和 JB/T 6880.2 标准执行。

5.12.2.2 承压铸件中应当尽量少用型心撑。型心撑应该是干净的，无腐蚀作用的(允许涂覆)，成分应该与铸件一致。叶轮铸件中不应当采用型心撑。

5.12.2.3 除 a) 和 b) 中规定的以外，钢铁材料的承压铸件和叶轮铸件不应该采用焊接、尖锤敲击、用塞堵堵塞、喷灯烧熔或浸渍树脂的方法进行修补。

a) 可焊接类的钢铸件可以用焊补方式进行修复。应该按照用来检查铸件的同样质量标准来检查焊补修复件。

b) 铁铸件可以使用在相应的材料规范限定范围内堵塞法来修复。用于堵塞的钻孔应该用液体着色渗透剂仔细作探伤检查，以保证清除所有不合格的材料，不包括在材料规范内的所有修补方法都必须取得买方的同意。

5.12.2.4 全封闭的型心内空腔，包括用堵塞、焊接或组装方法封闭住的内空腔都不能使用。

● 5.12.2.5 如果有规定，在卖方工厂所做的铸件修复，修复程序包括焊接图，须提交买方批准。如果在修复之前需要批准，买方应当作出说明。在铸造厂所做的修复应按铸件材料规范的规定执行。

5.12.2.6 碳钢承压铸件按正火和回火状态提供。

5.12.3 焊接

●5.12.3.1 根据焊接规范的规定和表10的要求，由操作工进行焊接和补焊。卖方可以推荐替换性的标准交买方认可。为此，可以使用附录N中焊接和材料检查数据表。

表10 焊接要求

要　　求	相应的规范和标准
焊工/焊接操作工资格	ASME IX 或 EN 287
焊接工艺规程	相应的材料规范或焊接工艺规程不包括在本标准中时，按 ASME IX 或 EN 288
非承压结构焊接，例如底座或支架	AWS D1.1
板边缘焊缝的磁粉探伤或液体着色渗透检验	ASME Ⅷ，第一部分，UG-93(d)(34)
焊后热处理	相应材料规范或 ASME Ⅷ，第一部分，UW 40
泵壳焊合焊缝的焊后热处理	相应材料规范或 ASME Ⅷ，第一部分

5.12.3.2 卖方有责任检查全部修复件和补焊焊缝，以保证这些焊缝能进行正常地热处理和无损探伤检查，经检查应证明完好无缺陷和符合合格的工艺规程(参见5.12.3.1和7.2.2.1)。

5.12.3.3 由锻材或锻材与铸材的组合做成的承压泵壳应该符合a)至c)中的规定。这些要求不适用于泵壳的接头和辅助接头(参见5.12.3.4)。

a) 在焊接表面打磨或机加工修整后，以及再次焊后热处理之后或者对于奥氏体不锈钢在固溶化退火之后，焊缝的易受影响表面应该用磁粉探伤或液体着色渗透探伤检验法进行检查。

b) 所有的承压焊缝，包括泵壳与水平和垂直连接法兰的焊缝，都应该是全焊透的焊缝。

c) 如果为了确保泵运转一致性，必须保证这种泵的泵壳零件的尺寸稳定性，那么，不管厚度是多少，都应当进行焊后热处理。

5.12.3.4 焊到压力泵壳上的接头应当符合a)至e)的规定。

a) 吸入管口和吐出管口的焊接应该采用全熔化、全焊透焊缝。输送易燃或危险液体的泵，应当使用焊颈法兰。不允许使用不同类的金属焊合件。

b) 焊接到合金钢泵壳上的辅助管路应该采用与泵壳材料有同样性能的材料，或者应该采用低碳奥氏体不锈钢。经过买方批准后，可以使用与泵壳材料能相容并符合预定使用条件的其他材料。

c) 如果有要求，应在所有焊接完成之后，包括管路焊接。再进行焊后热处理。

●d) 如果有规定，推荐的接头设计方案应在焊合之前提交买方批准。此图应示出焊缝设计、尺寸、材料、焊前和焊后热处理等要求。

●e) 吸入管口和吐出管口的焊缝，在修平之后和再次焊后热处理之后或对于奥氏体不锈钢在固溶化退火之后，应通过磁粉探伤检查或液体着色渗透检查。如果需要下列的附加检查方法，买方应当作出规定：

1) 辅助接头焊缝的磁粉探伤检查或液体着色渗透检查；

2) 任何泵壳焊缝的超声波检查或X射线检查。

5.12.4 低温作业

●5.12.4.1 买方应规定泵在使用中能够承受的最低设计金属温度。此温度用于确定冲击试验的要求。一般情况下，此温度是最低环境温度或最低抽送液体温度两者的最低值。但是，买方可以根据抽送液体的性质来规定一个最低设计金属温度。

5.12.4.2 为了避免脆裂故障，低温作业的结构材料应当适合于本标准和其他规范中规定的最低设计金属温度。买方和卖方应就使用、维护、运输、安装、试运转以及试验期间可能出现的情况所需要采取的特殊措施进行协商。

卖方在规定制造方法、焊接工艺、以及钢制承压零件材料的选择(此材料处在塑性-脆性转变温度之下使用)时,必须遵照以取得的成功的设计经验。因为公认的各种标准上给出的材料许用应力皆是依据材料的最小抗拉强度确定的,没有把材料的不脱氧、半镇静、全镇静、热轧或正火分开,也没有把细化晶粒或粗化晶粒分开。卖方在选择预期在—30℃条件下使用的材料时应特别慎重。

•5.12.4.3 买方应规定 EN 13445(所有部分)或 ASME Ⅷ,第1部分是否将适用,且不涉及冲击试验要求。

5.12.4.4 用于确定冲击试验要求的控制厚度应是下列中的最大者:

a) 最大对接焊接头的公称厚度。

b) 承压泵壳的最大公称截面,不包括下列各项:

1) 结构的支承部分,例如支脚或起吊环;

2) 为了减小轴的挠度增大刚性而要求增加厚度的部分;

3) 结构要求的附加部分,例如夹套或密封室。

c) 公称法兰厚度的四分之一,包括轴向剖分泵壳的法兰厚度(确认法兰的主应力不是薄膜应力)。

5.12.4.5 如果采用 ASME 第Ⅷ卷 第1册(见5.12.4.3),下列情况将适用:

a) 在规定的最低设计金属温度低于—30℃下使用的所有承受内压的钢材,要求对母体金属和焊接连接处作V形切口的摆锤式冲击试验,除非根据 ASME 规范第Ⅷ卷 第1册,UHA-51节的要求,方可免去此项试验;

b) 在规定的最低设计金属温度在—30℃和40℃之间使用的碳钢和低合金钢承压零件应该要求按下列规定进行冲击试验。

——对于控制厚度不大于25 mm 的零件不要求做冲击试验。

——对于控制厚度大于25 mm 的零件要免除冲击试验,应按 ASME 规程第Ⅷ卷 第1册的 UCS-66节来确定。没有冲击试验的最低设计金属温度,可以按图 UCS-66.1所示降低。如果此种材料不允许免除冲击试验,V形切口摆锤式冲击试验的试验结果应该达到 ASME 规范 UG-84节的最小冲击能量的要求。

注:关于摆锤式冲击试验 GB/T 229 可作为参考。

5.13 铭牌和转向箭头

5.13.1 铭牌应当牢固地固定到设备上和辅助设备的任何其他主要部件上。

5.13.2 铭牌上应刻印有下列内容,单位与数据表中相一致:

a) 买方的设备号;

b) 卖方的规格和型号;

c) 泵的出厂顺序编号;

d) 额定流量;

e) 额定扬程;

f) 泵壳水压试验压力;

g) 转速;

h) 轴承制造厂的轴承代号;

i) 最大允许工作压力(MAWP);

j) 最大允许工作压力时的温度。

5.13.3 泵的出厂顺序编号除了标明在铭牌上外,还应永久性地标志在泵壳上。

5.13.4 转向箭头应当铸出或者固定在旋转设备的某个主要零部件的易于见到的地方。

6 附助设备

6.1 驱动机

●6.1.1 买方应当规定要求的驱动机的型式和技术规范。

6.1.2 驱动机应做到：

a) 适合于在规定的现场工况下满意地运行；

b) 适合于在规定的公用设施条件下运行；

c) 适当选型以适合于所有规定的工艺流程变化(例如压力变化、温度变化或输送介质的特性变化)；

d) 适当选型以适合所有装置起动条件；

e) 适当选型以满足最大的规定运转条件，包括所有损失(例如，轴承损失，机械密封损失，外部齿轮箱损失和联轴器损失)。

6.1.3 电机的额定功率，包括计算系数(如果有的话)，至少应当等于表11中所列的在泵额定条件下功率的百分数。但是，在额定条件下的功率不应超过电机铭牌的额定功率。如果这个推荐数值会明显地导致电机容量不必要的过大，则应提出一份可替代的推荐值供买方批准。

表 11 电机的额定功率

电机标牌额定功率		泵额定功率的百分比
kW	(hp)	%
<22	(<30)	125
22～55	(30～75)	115
>55	(>75)	110

●6.1.4 买方应当规定电机的型号、特性以及附件，包括下列各项：

a) 电特性；

b) 起动条件(包括预期起动时的电压降)；

c) 外壳的型式；

d) 声功率级；

e) 地区类别；

f) 绝缘型式；

g) 要求的计算系数；

h) 环境温度和海拔高度；

i) 传输损失；

j) 温度探测器、振动传感器和加热器(如果有要求)；

k) 振动验收准则；

l) GB 755、API 541 和 IEEE 841 标准的适用性。

6.1.5 驱动机的起动力矩应当超出从动设备的速度矩要求。除非另有规定，在80%电压时电机能够把泵加速到额定转速。

某些泵配备有旁通阀，在此种情况下应当使用其他的起动条件。

6.1.6 在传动系统中，承受由泵传递过来的径向负荷或轴向负荷的滚动轴承应当达到下列要求：

a) 在泵的额定工况下连续工作时，根据 ISO 281 标准的规定，轴承的基本额定寿命至少应当是25 000 h。

b) 当传动系统承受由于泵内部间隙增至设计值的两倍而引起的最大负荷(径向、轴向或二者兼有)时，以及当泵在最小连续稳定流量和额定流量之间任何点运行时，传动系统中滚动轴承的基本额定寿命至少应当是 16 000 h。装有鼓形或锥形滚柱轴承的 750 kW(1 000 hp)及更大功率的立式电机在最恶劣的工况下工作时,其使用寿命可以少于 16 000 h,以避免在正常工况下运转时发生滑移。在这种情况下,卖方应在报价单中注明经过缩短后的较短设计寿命。

c) 对于立式电机和直角齿轮传动,推力轴承应当设在非驱动端,并应限制轴向浮动量为 125 μm。

d) 单列深槽滚珠轴承应具有 GB/T 4604 3 类规定的径向游隙(大于正常的游隙)。单列或双列轴承不应当有填充槽(conrad 型)。

e) 推力轴承应该设计成能承受泵在起动、停机中在任何流量下工作时可能产生的最大推力。

f) 流体动压推力轴承应当选择不得超过 5.7.4 中规定的泵内部间隙的两倍时,轴承制造厂的额定使用寿命的 50%。

6.1.7 除非另有规定,立式泵用电机应该是实心轴。如果泵的推力轴承设在电机内,电机应达到图 31 中所示的轴和基准面间的公差要求。

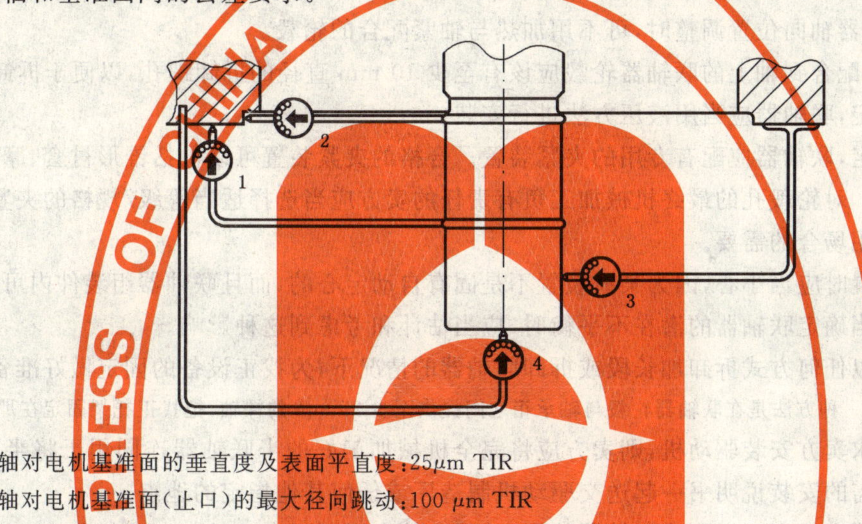

1——轴对电机基准面的垂直度及表面平直度:25μm TIR

2——轴对电机基准面(止口)的最大径向跳动:100 μm TIR

3——转子自由转动时轴的最大径向跳动:25 μm TIR

4——轴的最大轴向浮动:125 μm TIR

装配好的电机在立式位置时应当进行的各项测量。

图 31 立式悬吊式泵电机——电机轴和基准面间的公差要求

6.1.8 除非另有规定,汽轮机应符合 ISO 10436 标准的要求。在标准蒸汽条件下汽轮机应能按规定的条件连续地输给泵的额定功率 110%的动力。

6.1.9 除非另有规定,齿轮应符合 API 677 标准的要求。

6.1.10 质量大于 225 kg 的驱动机组构件,该设备的支脚应配备顶丝。

6.2 联轴器和联轴器护罩

6.2.1 驱动机与从动设备之间的联轴器和护罩应由泵的制造厂提供并安装。

6.2.2 应按 AGMA 9000 第 9 级提供各种金属挠性元件和加长型联轴器。此外,联轴器应符合下列条件:

a) 挠性元件应采用耐腐蚀材料;

b) 联轴器应设计成(如果挠性元件断裂)能保留住加长段的型式;

c) 联轴器轮毂应是钢制的;

d) 加长段公称长度至少为 125 mm,并且可以在不拆卸驱动机和吸入、吐出口管路的情况下能够方便地拆下联轴器、轴承、密封和转子;

e) 转速超过 3 800 r/min 的联轴器应当达到 ISO 10441 或 API 671 关于零部件平衡和装配后平衡检查的要求。

• 6.2.3 如果有规定,联轴器应平衡到 GB/T 9239.1 G6.3 级。

●6.2.4 如果有规定，联轴器应当达到 ISO 14691、ISO 10441 或 API 671 的要求。

6.2.5 轴、键槽尺寸(如果有的话)的资料以及由于轴端浮动和热效应引起的轴端位移资料应该提供给联轴器的卖方。

6.2.6 除非规定有专用的夹紧装置(参见 6.2.11)，挠性联轴器应该用键固定在轴上。键、键槽及接头应当符合 AGMA 9002 商业级。

注：可参照 GB/T 3852。

6.2.7 联轴器和联轴器与轴的连接至少应按最大的驱动机功率来确定，其中包括计算系数。

6.2.8 对于轴径大于 60 mm，如果必须拆下联轴器轮毂来维修机械密封，则轮毂应用安装一个锥形接头。联轴器锥形接头应是 1∶16。其他安装方法应由买方和卖方共同协商。对于由联轴器外套和轮毂构成的分体型联轴器，轮毂应用固定螺钉压在轴的键上，联轴器外套与轮毂是采用圆柱面的动配合。

必须采用适当的装配和维护措施来保证联轴器锥孔压紧在轴上。通过圆柱面动配合的分体型联轴器，在现场进行联轴器轴向位置调整时，可不用加热与轴紧配合的轮毂。

6.2.9 设计成的紧配合到轴上的联轴器轮毂应该有至少 10 mm 直径的拆卸螺孔，以便于拆卸。

●6.2.10 如果有规定，联轴器应当用液压方法进行安装。

●6.2.11 如果有规定，联轴器应配有专用的夹紧装置。合格的夹紧装置可以包括锥形衬套、摩擦锁紧的组装件以及收缩盘。对轮毂孔的最终机械加工负有责任的卖方应当选择适当等级/规格的夹紧装置，以适合联轴器及其应用场合的需要。

在选择这些装置时应当小心，因为某些装置不是固有自动定心的，而且联轴器组装件内可能掺入偏心和不平衡因素。当确定联轴器的潜在不平衡时，应当估计和考虑到这种影响。

6.2.12 在不需要以任何方式拆卸加长段或拆卸联轴器的情况下，为找正设备的固定做好准备工作。

注：达到此目的的一种方法是在联轴器轮毂与轴承箱之间提供至少 25 mm 的裸轴，把找正托架固定在那里。

6.2.13 如果不要求卖方安装驱动机，则卖方应将完全机械加工好的半联轴器连同用于将半联轴器装到驱动机轴上所必需的安装说明书一起送交驱动机制造厂或任何其他指定的地点。

6.2.14 每个联轴器应具有可拆除式联轴器护罩，并且应符合下列要求。

● a) 联轴器护罩应当罩住联轴器和轴，在设备机组工作期间防止人接触转动的部件。允许有接近的尺寸应符合有关标准的规定，例如 ISO 14120、EN 953 或 ASME B15.1。

● b) 护罩应当具有足够的刚度，能经得住 900 N 的来自任何方向的静止点负荷，而护罩不接触转动部件。

● c) 护罩的支撑应当使用实心钢材或无孔薄板制成。如果开孔的尺寸不超过 10 mm，可以使用多孔金属网或多孔钢板来制造护罩的罩板。护罩的罩板应是钢、铜或非金属(聚合物)材料制成的。如果有规定，应提供经过协商的防火花材料的护罩。

6.3 底座

6.3.1 应当为卧式泵提供一体化的集液盘或集液盆式底座。底座的集液盘或集液盆应当至少以 1∶120 的斜度向泵端倾斜，排液用的螺孔至少应是 DN 50(2 NPS)并应设置得能将集液全部排尽。

6.3.2 底座应延伸到泵和驱动机组组合件之下，使得任何泄漏液都收集在底座范围内。为了尽可能减少偶然的损伤组合件，所有的管路接头和管子法兰面，包括泵的吸入口和吐出口法兰都应该处在集液盘或集液盆的收集范围之内。提供设备的所有其他接头应该落入底座的最大周边之内。当有买方批准时，超尺寸的接线盒也可以伸到底座周边之外。

●6.3.3 底座应当为泵和全部驱动机组，例如电机和齿轮箱提供安装突台，安装突台应当大于安装设备的底脚，以便找平底座而不需移动设备。安装突台应当完全机械加工成平直和平行。各安装突台之间距离的允差在 150 μm/m 范围内。如果有规定，在设备安装之前，需在泵卖方的工厂内用实例证明达到这种要求。

安装的底座平直度可能会受到运输、装卸以及超出卖方规定范围的安装程序的影响。故应按照API RP 686安装实地应用规范中的要求去实施。

6.3.4 在泵的下面不应当使用垫片。驱动机组组合件的所有垫都应当进行机械加工,以便能在每个组合件之下装进至少3 mm厚的垫片。如果由卖方安装组合件,应提供一套至少是3 mm厚的不锈钢垫片。垫片组不应当厚于13 mm,里面的垫片也不应该超过5片。所有的垫片组应骑在压紧螺栓和立式顶丝上,并且超出设备支脚外边缘至少5 mm。如果卖方不安装驱动机组的组合件,则这些垫片不用开豁口,也不必提供这些垫片。

6.3.5 由于管路负荷的影响,为使泵和驱动机轴的不对中减到最小程度,泵及其底座应该设计得有足够的结构刚性,以使泵轴驱动端或者泵轴在联轴器轮毂配合处的位移在按6.3.6进行检验时,限制在表12所示的数值内。灌浆不应该作为获得必要刚性的手段。

已经认识到灌浆能大大增加底座的刚性,应不计入灌浆的影响,底座的刚性在卖方的工厂很容易得到验证。

表12 刚性试验验收准则

灌浆的底座		不灌浆的底座	
负荷条件	泵轴位移/μm	泵轴位移/μm	方向
M_{YC}	175	12	+Z
M_{ZC}	75	50	−Y

M_{YC}和M_{ZC}等于表4中吸入管和吐出管上允许力矩之和。

$M_{YC}=(M_Y)$吸入口$+(M_Y)$吐出口

$M_{ZC}=(M_Z)$吸入口$+(M_Z)$吐出口

• 6.3.6 如果有规定,卖方应该用试验证明,当泵及其底座固定在基础的地脚螺栓上时刚性符合6.3.5的规定。泵壳体应该承受得住施加于每一个管口上的力矩M_{YC}和M_{ZC},M_{YC}和M_{ZC}不能于任一管口,且两个管口也不能同时受此力矩。相应的轴位移能够测量,并记录下来,轴位移测量值应该是绝对值(而不相对于底座的测量值)。为记录需要,卖方的试验资料应包括试验装置简图、计算的力矩载荷(M_{YC}和M_{ZC})以及施加的力矩载荷及其在泵轴驱动端造成的相应位移。

6.3.7 在泵与驱动机支架正下方的焊合底座的底侧应该焊接横向加固肋,加固肋的形状应有利于牢固地固定在灌浆中。

6.3.8 所有接头,包括焊接到结构件的钢腹板应是连续的致密焊接,以防止间隙腐蚀。顶部或底部的间断焊接是不允许的。

6.3.9 所有的底座在每个分隔段内应该至少设一个灌浆孔,灌浆孔的净面积最小为125 cm²,且间距尺寸不小于75 mm。这些孔的设置应该使得能灌满底座下面的整个空穴,而不致于形成空气囊。在实地应用时,灌浆孔应当便于为已经安装泵和驱动机的底座灌浆。在集液盆区内的灌浆孔应该有凸起13 mm的凸唇缘。如果灌浆孔设在液体能够溅落到暴露灌浆的地方,则应配置最小厚度为1.5 mm的金属盖。在底座的每个分隔段的最高点,应当设置直径最小为13 mm的放气孔。

6.3.10 从平面图上看,与灌浆接触的底座外角半径至少应为50 mm(参见附录D的图D.1)。

6.3.11 底座的底部在两个结构件之间应该是畅通的。当底座安装在混凝土基础上时,在每个承受负荷构件之下都应有灌浆通路。底座的底面应该在一个平面内,以便于采用单一水平面的基础。

6.3.12 如果驱动机和泵的规格尺寸允许,底座应该采用附录D中给出的标准化尺寸,并应设计成便于灌浆的型式。这些底座应当称为“标准底座”,编号是0.5号～12号。

• 6.3.13 如果有规定,底座和轴承座支架组装件应当有足够的刚性,以便于在没有灌浆的情况下安装。

6.3.14 质量超过 250 kg 的驱动机组构件应该装设横向和轴向找正定位用的顶丝，以便于做水平的横向调整和纵向调整。固定这些定位螺钉的吊耳应该安装到底座上，以使这些吊耳不妨碍这些组合件的安装或拆卸。这些螺钉的规格至少应是 M12。为了防止变形，安装突台的机械加工应该推迟到底座上的焊接工作十分接近于安装垫的时候再来完成。

6.3.15 在底座的外周上应设有等间隔的水平调整螺钉。水平调整螺钉应设在靠近地脚螺栓处，以最大限度地减少安装过程中底座的变形。水平调整螺钉的数量应足以支承底座、泵及驱动机组构件的重量而不致产生过大的变形，但无论如何螺钉数量不应少于 6 个。

6.3.16 泵轴中心线高出底座的高度应该取最小值。在泵壳的排液接头和底座之间应该有足够的空间，以便安装排液管路。排液管的管径应该与排液接头相同，不应采用异径(阳螺纹-阴螺纹)弯管。

6.3.17 卖方应当按照 ISO 8501 Sa2 级标准对底座所有的与灌浆接触表面做工业喷砂处理，并使用与环氧树脂砂浆相容的底漆涂覆这些接触表面。

非环氧树脂砂浆可能为另外要求的表面准备的，对于这些表面采用全粘结强度的环氧树脂砂浆是没有必要的(6.3.7)。

6.3.18 底座上应设置至少供四点起吊的吊环。起吊底座和所有安装设备的配套装置时，不应使底座或安装在底座上的设备产生永久变形或损坏。

6.3.19 地脚螺栓属于买方的安装范围。卖方提供的地脚螺栓应足以经得住泵在起动和运转时的管口反作用力。

6.3.20 固定在设备上的起吊环设计时的最大许用拉应为材料规定的最小屈服强度的三分之一。

6.4 检测仪表

6.4.1 仪表

如果提供，温度计和压力计应符合 ISO 10438 的规定。

6.4.2 振动、位置和温度探测器

● 6.4.2.1 如果有规定，应按照 API 670 的规定提供、安装和调试加速计。

● 6.4.2.2 如果规定采用流体动压轴承，应该采取以下措施：在每个轴承箱中安装两个测径向振动的传感器；在每台泵的推力端安装两个测轴向位移的传感器；在每台泵上安装一个转数传感器。买方应当说明卖方是否需要供应这些探测器。这些探测器及其安装和校准应当按照 API 670 标准的规定来供应、安装和调试。

● 6.4.2.3 如果有规定，流体动压推力轴承和径向轴承应该装设轴承金属的温度探测器。如果强制润滑的流体动压推力轴承和径向轴承与温度探测器一起提供，则探测器及其安装和校准应该按照 API 670 的规定提供、安装和调试。

● 6.4.2.4 如果有规定，用电缆将振动探测器、轴向位置探测器或温度探测器连到监视器上，应按照 API 670标准的规定提供和/或安装。

6.5 管路系统和附件

6.5.1 概述

6.5.1.1 管路应符合 ISO 10438 标准的规定。

6.5.1.2 下列用途的辅助系统定义为管路系统：

a) 辅助的流程液体；

b) 蒸汽；

c) 冷却水；

d) 润滑油(参见 8.2.6)。

辅助系统材料应符合附录 H，表 H.5 的规定。

注：辅助接头已在 5.4.3 中作了规定。

6.5.1.3 管路系统应该完全装配和安装好。如果这种要求造成发货和搬运上的困难，在买方同意的情

况下，使用替换性方式也是允许的。

• 6.5.1.4 如果有规定，隔离液/缓冲液的容器应当设计成离开底座一定距离来安装的形式，而且应当分开发货。除了不提供液体循环管的情况以外，这些容器应该完全装配好。

6.5.1.5 卖方应提供并安装全部管路系统，包括在底座范围内安装的附件。

• 6.5.1.6 如果有规定，每种管路系统通向买方的单一吸入口接头或吐出口接头的总管应该在底座附近的边缘上。

注：数据表中对排气管、冷却水管和排液管可有任选项的选择。

• 6.5.1.7 5.1.31 中的螺栓连接要求适用于辅助管路与设备的连接。除非另有规定，不锈钢管路系统上的法兰紧固件在使用润滑油工作时，不必是不锈钢的。如果买方没有规定使用不锈钢紧固件，那么这些紧固件应当是低合金钢制的(例如 ASMT A193 B7 级)，而且买方应说明是否涂漆(例如使用聚四氟乙烯涂层或电镀)或喷漆。

6.5.1.8 塞堵应符合 5.4.3.7 的规定。

6.5.2 辅助流程液体管路

6.5.2.1 辅助流程液体管路包括放气管、排液管、平衡管、介质冲洗管以及外供液体注入管。

6.5.2.2 管路零部件具有的压力—温度额定值至少应等于泵壳的最大允许工作压力，但是决不能低于在环境温度下(5.3.5)GB/T 9114 PN 50 法兰等级。

6.5.2.3 经过流程液体的管路和零部件应具有等于或好于泵壳耐腐蚀性的能力。否则，管路的所有零部件都应采用钢制的。

• 6.5.2.4 如果抽送的液体中出现氯化物，其浓度会超过 10 mg/kg(10 ppm)，则买方应当指明。如果使用不锈钢，应当引起注意。

6.5.2.5 节流孔的孔口直径不应小于 3 mm。

6.5.2.6 如果没有规定设置阀门、螺纹放气孔和排液孔都应该用塞堵堵上。铸铁泵壳应该使用碳钢塞堵。

6.5.2.7 如果提供加热或冷却，每个换热器的零部件都应该适合于从其中流过的流程液体或冷却水。

• 6.5.2.8 除了 6.5.2.1 至 6.5.2.7 要求的之外，对于含有易燃或危险液体的管路，买方应说明何处需要用法兰代替承插焊接头。

6.5.3 冷却水管路

6.5.3.1 冷却水管路的布置应该符合图 B.2 至 B.9。

6.5.3.2 冷却水管路应当按照 5.1.22 的规定设计。

6.5.3.3 在每个吐出口管路上应当装设可视流量指示器。

6.5.3.4 除非另有规定，各种支管的吸入口和吐出口应当装设阀门。

6.6 专用工具

6.6.1 如果为了拆卸、装配或维护本机组需要专门的工具和夹具，则此类专用的工具和夹具应该包括在报价单中，并作为本设备的首批供货的一部分予以提供。对于安装多台机组的情况，专用工具和夹具的需求量应由买、卖双方共同商定。在工厂装配及试验后拆卸本设备时，应该使用这些专用工具或类似的专用工具。

6.6.2 如果提供专用工具，这些工具应包装在单独的、坚固的金属箱内，并且标上“某种设备(标签/位号)的专用工具”。每件工具应该标出其预定用途的标志或标签。

7 检查、试验和发货前的准备工作

7.1 概述

7.1.1 在卖方预先通知买方之后，买方代表应当获准进入该设备正在制造加工、试验或检验中的所有卖方工厂和卖方附属工厂。

7.1.2 卖方应将买方的检查和试验要求通知子卖方。

7.1.3 在进行某项买方已经规定需到场目睹或监察的检查或试验项目之前，卖方通知买方的时间应当有充足的提前量。

•7.1.4 买方应说明其参与检查和试验的人员范围。

a) 如果买方已经规定要进行工厂检查和试验，则买方和卖方应当协调好有关制造过程中的预留细节和买方检查人员的到访。

b) 预定的试验日期至少应提前 30 天通知买方，实际的试验日期应经过协商确定。除非有其他协议，卖方应提前 5 个工作日通知买方目睹检查或试验。

对于安装和试验时间较短的泵，可以提前 5 天通知，卖方并可将泵从初次试验的试验台上拆下。

所有的目睹检查或试验是预留细节。对于目睹试验，买方应要求在工厂的时间要比监察试验的时间更长些。

c) 如果有规定，目睹的机械运转试验和性能试验应要求一份成功的初步试验的书面通知。如果机械试验设备必须维护或者机器是否从初次试验的试验台上拆卸下来，卖方和买方之间应当共同协商。

为了了解在试验期间遇到的任何困难，在目睹试验之前很多买方不情愿做初次试验。如果是这种情况，买方应向卖方做出明确地说明。

7.1.5 卖方应当提供做规定的检查和试验用的设备、材料及公用设施条件。

•7.1.6 如果有规定，在发货之前，买方代表、卖方代表或双方代表应当核实检查员的核查清单与附录 E 相符，在此清单上签名、注明日期、并将填写齐全的核查清单提交买方。

7.1.7 买方的代表应该获得卖方的质量大纲，以供审查之用。

7.2 检查

7.2.1 概述

•7.2.1.1 卖方应当将下列资料至少保留 20 年：

a) 必要的或规定的材料证明书，例如材料制造厂的试验报告；

b) 证明已经达到技术规范要求的试验数据和试验结果；

c) 如果有规定，所有维修的详细情况和作为维修的一部分而进行的所有热处理的记录；

d) 质量检查试验和检查结果；

e) 装配完的运转间隙；

f) 买方规定的或应用规范和规定所要求的其他资料(见 9.3.1 和 9.3.2)。

7.2.1.2 承压零件，在完成其规定检查项目之前不得涂漆。

•7.2.1.3 除 5.12.1.5 的要求以外，买方可以规定下列内容：

a) 部件须经表面检查和近表面检查；

b) 要求检查的型式诸如磁粉探伤、液体着色渗透、X 射线照相探伤和超声波探伤。

7.2.1.4 在买方检查之前，所有的初步运转试验和机械的检查均由卖方来完成。

7.2.2 材料检查

•7.2.2.1 应根据材料规范的要求做无损探伤检验。如果对焊缝或买方规定的材料做附加的 X 射线照相探伤、超声波探伤、磁粉探伤或液体着色渗透探伤，检查的方法和验收标准应符合表 13 中所列标准内容。替代的标准可由卖方推荐或由买方规定。为此，可以使用附录 N 中的焊接和材料检查数据表。

•7.2.2.2 如果有规定，在装配之前买方可以检查由卖方提供的或通过卖方提供的设备和所有管路及附件的清洁度。

注：JB/T 6880.1 和 JB/T 6880.2 是可参照的标准。

•7.2.2.3 如果有规定，应当通过试验来证实零件的硬度、焊缝的硬度以及热效应区的硬度是在允许的范围内。其试验的方法、范围、文件和试验的见证应当由买方和卖方共同商定。

表 13 材料检查标准

检查型式	方 法	验收标准	
		用于焊合件	用于铸件
X射线照相检查	ASME规范，第Ⅴ卷，第2章和第22章	ASME规范，第Ⅷ卷，第1册，UW-51(100% X射线照相)和UW-52，(抽样X射线照相)	ASME规范，第Ⅷ卷，第1册，附录7
超声波检查	ASME规范，第Ⅴ卷，第5章和第23章	ASME规范，第Ⅷ卷，第1册，附录12	ASME规范，第Ⅷ卷，第1册，附录7
磁粉探伤检查	ASME规范，第Ⅴ卷，第7章和第25章	ASME规范，第Ⅷ卷，第1册，附录6	ASME规范，第Ⅷ卷，第1册，附录7
液体着色渗透检查	ASME规范，第Ⅴ卷，第6章和第24章	ASME规范，第Ⅷ卷，第1册，附录8	ASME规范，第Ⅷ卷，第1册，附录7
注：对应的标准是JB/T 4730(所有部分)。			

7.3 试验

7.3.1 概述

7.3.1.1 性能试验和汽蚀余量试验应按照GB/T 3216 1级、HI1.6(用于离心泵)或H2.6(用于立式泵)标准的规定进行，但效率除外，效率只作为参考值而不作为额定值用。性能允差应按照表14中的规定。

注：本标准规定的性能允差与GB/T 3216标准规定的不相同。

表 14 性能允差

工 况	额定点/%	关死点/%
额定的扬程允差		
−0 m～150 m	−2 +5	+10 −10[a]
151 m～300 m	−2 +3	+8 −8[a]
>300 m	−2 +2	+5 −5[a]
额定功率允差	+4[b]	
额定汽蚀余量允差	0	—

注：效率不是额定值。

a 如果规定扬程流量曲线是上升型(参见5.1.13)，只有当试验曲线仍然呈上升型特性曲线时才允许使用此表中规定的负允差。

b 在上述任何组合下均为此值(累积允差是不允许的)。

●7.3.1.2 如果有规定，在计划排定的第一次运转试验之前至少6周，卖方应向买方提交所有运转试验和所有规定的可自由选择的试验项目(7.3.4)的详细说明，包括对所有监测参数的验收准则，以供买方审查和提出意见。

7.3.1.3 在水静压试验期间不应当使用机械密封，而在所有运转试验或性能试验期间应该使用机械密封。

7.3.2 **水静压试验**

7.3.2.1 所有压力泵壳组件，应进行至少为 1.5 倍的最大允许工作压力的水静压试验，试验可按下列规定的特殊条款进行。

a) 双层壳体泵、卧式多级泵、整体齿轮箱驱动泵（如 5.3.6 中所述）以及其他经买方同意特殊设计的泵可以分段地进行试验。

b) 冷却水通道和组件，包括轴承冷却水套、密封室、油冷却器和密封冷却器应以 1 000 kPa (10 bar) 的最低表压进行试验。

c) 蒸汽、冷却水和润滑油管路，如果是通过焊接焊合的，应以 1.5 倍最大工作表压或 1 000 kPa (10 bar) 压力进行试验，两者中取较大者。

d) 试验液体的温度应高出正在被试材料的韧性-脆性转变点温度。

e) 装配好的压力泵壳在做水静压试验过程中所用的垫圈，不包括密封压盖的、应用设计规定的泵供货时所配带的相同的垫圈。

f) 水压试验可以不安装密封压盖或密封室。如果使用铸造材料的压盖或密封室，可以分别地做水压试验达到与压力泵壳一致的压力要求。

7.3.2.2 如果被试零件必须在这样一个温度下运转，在此温度下材料的强度低于该材料在试验温度下的强度，则水静压试验压力应当乘上一个系数，把试验温度下该材料的允许工作应力除以运转温度下该材料的允许工作应力即可获得此系数。使用的应力值应按 5.3.4 中的规定来确定。对于管路，应力值应符合 GB/T 20801.1～20801.6 标准的规定。由此获得的压力应当是进行水静压试验的最小压力。数据表上应当列出真实的水静压试验压力。

7.3.2.3 用于试验奥氏体不锈钢材料的液体的氯化物含量不应超过 50 mg/kg。为了防止氯化物因蒸发干燥而沉积，在试验结束时应把所有残余液体从被试零件中排除掉。

注：为防止应力腐蚀裂纹应当限制氯化物的含量。

7.3.2.4 水静压试验应维持足够长一段时间，以便在压力作用下对零件作全面彻底的检验。在历时至少 30 min 内，如果发现泵壳或泵壳密封面既无泄漏也无渗漏现象，则应认为水静压试验合格。大型和重型承内压部件可以要求更长的试验时间，这需要买、卖双方共同商定。经过内部隔板（这种隔板是供试验分段的泵壳和试验泵为了维持试验压力用的）的渗漏是可以允许的。

通过焊接焊合的管路系统应按照 GB/T 20801.1～20801.6 的规定进行水压试验。装配好的压力泵壳在做水压试验期间使用的垫圈应当与随泵一起供货的垫圈有同样的设计型式。

注：对此条款，ASME B31.3 等同于 ISO 15649。

7.3.2.5 如果存在下列情况中的一种或多种情况时，水静压试验的液体中应当包括一种润湿剂以减小表面张力。

a) 抽送的液体在抽送温度下相对密度（比重）小于 0.7。

b) 抽送温度高于 260℃ (500 ℉)。

c) 泵壳是从新模型或修改的模型铸出的。

d) 众所周知此种材料的铸造流动性不良。

7.3.2.6 奥氏体或双相不锈钢压力泵壳组件，对那些要求机械加工到至关重要的尺寸和重要公差的区域（部位），可以用额外增加一定量的材料厚度后再做水静压试验。额外增加的（材料）厚度值不应当超过 1 mm 或者 5% 的最小允许壁厚，二者中取较小者。

对于在水静压试验之后再做机械加工的任何部位，都应当在水压试验报告中做出标记。

注：由于因最后淬火引起的残余应力和此类材料固有的相对较低的屈服强度，在水静压试验过程中的一些至关重要的尺寸上可能产生少量的永久变形。在水静压试验过程中的这些至关重要部位允许保留少量加工余量，以避免在水压试验后，需要利用焊接来增加厚度，以便恢复到公差要求很严的尺寸。

7.3.3 **性能试验**

7.3.3.1 除非另有规定,每台泵都要用低于65℃的清水做性能试验。

●7.3.3.2 在进行性能试验之前,当泵在试验台上运转时应当达到下列的a)至h)的要求。

a) 在做性能试验时泵内应使用合同规定的密封和轴承。

b) 如果经买方批准,为了防止损坏合同规定的密封或者合同规定的密封与试验液体不相容,则在性能试验过程中可以使用代用密封。

c) 在泵进行性能试验的任何阶段,密封不应当有超出ISO 21049的规定或买方与卖方协商范围之外的泄漏率。在泵进行性能试验期间出现任何不允许的泄漏都需要拆卸和维修密封。如果拆开或者卸下密封,则应按照7.3.3.5 d)中规定的准则,采用对泵进行的空气试验的方式重新进行密封试验。

当泵在试验台上用水作为试验液体时,适合于以水作试验的液态密封没有出现泄漏迹象。应根据ISO 21049附录A.1.3的规定来审核确定无可见泄漏标准适合于正在做试验的密封。

注:对于此项条款,API 682等同于ISO 21049。

d) 如果有规定,在试验期间密封泄漏应要求组装好的泵和密封重新运转,以证明有良好的密封性能。

e) 所有的润滑油压力、黏度和温度应当在卖方使用说明书中对规定的被试机组推荐的运转值范围内。

f) 规定正常需用完全油雾系统润滑的轴承在进行性能试验之前应当用一种合适的烃类油来进行预润滑。

g) 所有密封面和接头应检查其严密性,应当消除任何泄漏。

h) 对在试验期间使用的所有报警装置、保护装置和控制系统都应按规定进行检验和调整。

●7.3.3.3 除非另有规定,性能试验应按a)至d)的规定进行。

a) 卖方应测取至少5个点的试验数据包括扬程、流量、功率、适当的轴承温度及振动。正常情况下这5个点应当是:

1) 关死点(不需要振动数据);

2) 最小连续稳定流量点;

3) 最小与额定流量之间的中间点;

4) 额定流量点;

5) 最大允许流量点(至少为最佳效率点的120%)。

b) 额定流量的试验点应在额定流量±5%公差范围之内。

对于高能泵(参见5.1.18)、整体齿轮箱驱动泵以及多级泵,在关死点进行试验可能是不行的。某些低比转速的泵不能达到120%的最佳效率点流量。

c) 除非双方另有商定,试验转速应在泵数据表中(参见附录N中示例)所列额定转速的3%以内。试验结果应当换算成额定转速下的结果。

d) 卖方应保留一套包括所有最终试验的完整详尽的记录,并应准备好必需份数的经确认正确无误的复印本。资料应当包括试验曲线和一份试验性能数据与保证点比较的汇总图表(参见9.2.4、9.3.2.2和附录M中的示例)。

e) 如果有规定,除了按照9.3.2.2的规定正式提交最终资料外,在完成性能试验的24 h之内,把性能曲线和试验数据(进行转速、密度和黏度换算后的)提交买方,以供进行发货前的技术审核和验收。

●7.3.3.4 在性能试验过程中,应达到下列的a)至d)的要求。

a) 在试验过程中应当按照 5.9.3.2 的规定记录振动值。振动值不应当超出 5.9.3.6 中的规定值。

b) 泵应在 5.10.2.4 限定的轴承温度限定值内工作，不应显示出不良运转的迹象，例如汽蚀引起的噪声。

c) 当泵在额定转速下运转时，泵性能应当在表 14 给出的允差范围内。

d) 如果有规定，也应该记录轴承箱的真实峰值作为参考资料用。

● 7.3.3.5 完成性能试验之后应达到下列的 a)至 d)的要求。

a) 如果在性能试验之后必须拆卸泵，目的是为了车削叶轮以达到规定的扬程，则不需要重新再试，除非叶轮直径切削量超过原来直径的 5%。在工厂试验时的叶轮直径，以及叶轮的最后直径，都应记录在工厂试验曲线上，此曲线示出的是叶轮直径切割后的性能曲线。

b) 如果有规定，在试验之后为调整扬程(包括 5%以下的直径变化)而进行的多级泵任何拆卸，都是重新试验的原因。

c) 如果由于某些其他修正项目，例如改善功率、改善汽蚀余量或改善机械运转情况而必须拆卸泵，则最初的试验不能用于验收，而必须在完成这些修正项目之后再进行最后的性能试验。

d) 如果在性能试验之后必须改换机械密封部件或者如果要用工作密封副来代替试验密封副，则最后的密封部件应按下列规定进行空气试验：

1) 对每个密封部分独立地用清洁的空气加压到 175 kPa(1.75 bar)的试验表压；

2) 把试验装置与压力源隔离开，并且保持压力至少 5 min，或者每试验容积 30 L 保压5 min。二者中取大者；

3) 试验期间的最大允许压降应为 15 kPa(0.15 bar)。

7.3.4 可自由选择的试验

7.3.4.1 概述

如果有规定，应当进行 7.3.4.2 至 7.3.4.6 中所述的工厂试验。试验细则应由买、卖双方共同商定。

7.3.4.2 必需汽蚀余量试验

● 7.3.4.2.1 如果有规定，应该对除了关死点以外的每个试验点[7.3.3.3a)]确定必需汽蚀余量。

7.3.4.2.2 应该把扬程(对多级泵为第 1 级扬程)下降 3%看作是性能断裂的标志。两级或多级泵的第 1 级扬程只要有可能都应当从第 1 级吐出口利用一独立的接头来测量。如果这样做不到，应该考虑只试验第 1 级。

7.3.4.2.3 额定点的必需汽蚀余量不应超过限定值(参见表 14)。为修正必需汽蚀余量拆装过的泵需要重新做试验(参见 7.3.3.5 和 7.4.3.1)。

● **7.3.4.3 整台机组试验**

如果有规定，泵和驱动机机组，与机组配套的所有辅助设备应当一起进行试验。如果有规定，应当做扭振测量来验证卖方的分析。应当做整合机组试验以代替各个单机的单独试验，或按买方的规定对各个单机做单独试验之后，再做整台机组的试验。

● **7.3.4.4 声功率级试验**

如果有规定，应按买、卖双方之间的协议进行声功率级试验。

注：ISO 3740、ISO 3744 以及 ISO 3746 标准可以作为协商的指导依据。

● **7.3.4.5 辅助设备试验**

如果有规定，诸如润滑油系统、齿轮箱、控制系统的辅助设备都应当在卖方工厂内进行试验。辅助设备试验的细节应由买、卖双方共同制定。

●7.3.4.6 **轴承箱共振试验**

如果规定做共振试验，在泵未接管路的情况下，应当利用冲击或其他适当的方法来激振轴承箱，并由响应来确定固有频率。在固有频率和下列激振频率之间应该存在至少为10%的安全间隔范围：

a) 转速的倍数(r/min)：1.0、2.0、3.0；

b) 叶片通过频率的倍数：1.0、2.0。

试验验收标准应在买、卖双方之间共同协商。

7.3.4.7 **机械运转试验**

●7.3.4.7.1 如果有规定，泵应在试验台上运转直至达到油温稳定(5.10.2.4)。

●7.3.4.7.2 如果有规定，泵应当进行4 h的机械运转试验。除非另有规定或商定，这种机械运转试验应在额定流量下进行。

●7.3.4.7.3 如果有规定，在油温稳定之前不能开始做机械运转试验。

7.4 发货前的准备工作

●7.4.1 买方应当规定要求的发运和存放型式。必要时应对转子加以限制。锁住的转子应当使用不锈钢钢丝系牢的耐腐蚀标签做标记。准备工作应使该设备从发货之日算起适合于在露天保存6个月，除了检查轴承和密封外，在运转之前无需进行拆卸检查。如果打算要存放更长的时间，买方与卖方应就有关推荐的必须遵循的方法进行磋商。

7.4.2 卖方应向买方提供必要的说明，以使该设备运到工作现场后在起动之前的保管准备工作达到完善化。

7.4.3 在全部试验和检查都已完成并且该设备买方已准运之后，该设备应当做好发运准备工作。准备工作应包括7.4.3.1至7.4.3.10规定的内容。

7.4.3.1 除非另有规定，在最终性能试验之后不要拆卸泵。泵，包括密封室应当完全放空，在试验的4 h之内充入一种替代水的防腐剂并且应再次放空。

7.4.3.2 除了机械加工的表面外，所有外表面至少应涂上一层制造厂的标准漆。此种漆应不含铅或铬酸盐。不锈钢零件不需涂漆。底座的下侧应按6.3.17中的规定准备好灌浆。

7.4.3.3 除了防腐蚀材料之外，外部机械加工表面应涂一层防锈漆。

7.4.3.4 轴承箱内表面和碳钢润滑油系统零部件内表面都应涂一层适当且与润滑油相容的可溶性油防锈剂。

7.4.3.5 法兰连接的孔口应该装上至少5 mm厚的金属盖板，并带有橡胶垫圈和至少4个配该法兰螺孔相应直径的螺栓。对于使用双头螺柱连接的孔口，应当用泵出厂时用的螺母来紧固金属盖板。

7.4.3.6 螺纹孔口应当按照5.4.3.7的规定塞堵。

7.4.3.7 开有焊接坡口的孔口应当装上罩，以避免杂质进入或损伤坡口。

7.4.3.8 应当醒目地标明起吊点和吊耳的位置。

7.4.3.9 每台设备应当标明设备编号、出厂顺序编号。单独发运的材料应该牢固地钉上耐蚀金属的标签，标签上包括所用设备的编号和序号。装箱的设备应附带两份装箱单，一份放在包装箱内，一份贴在包装箱的外侧。

7.4.3.10 裸露的轴和联轴器应当用防水的塑性涂蜡的布或者用带有腐蚀抑制剂的纸包上。接缝处应用防油胶带密封住。

7.4.4 为订购泵提供的辅助管路接头应该打上硬印或做上永久性标志，以便与卖方的连接图或总体布置图相吻合。应当标出辅助管路的用途和接头的名称。所有泵接头的符号，包括堵上的接头符号均应符合附录B的规定。

7.4.5 轴承部件应当完全防止潮气和脏物侵入。如果将包成几小袋的吸湿剂晶粒装在大空腔内吸收潮气，则此类晶粒小袋必须系在容易接近的部位以便于取出。如果适用的话，晶粒小袋应装入系在法兰盘上的钢丝笼内，晶粒小袋的位置应当用不锈钢丝系住的耐蚀标牌标明。

7.4.6 一份制造厂的标准安装说明书应随设备一起装箱和发运。

8 特定泵型

8.1 单级悬臂式泵

8.1.1 卧式泵(OH 2 型)

不允许使用轴承箱后部泵支架。

8.1.2 立式管道泵(OH 3 型)

8.1.2.1 在泵壳的底部应当设一个平的接触面，使泵独立地放在垫板上或基础上时能保持稳定。该机组重心高度与接触面宽度之比不应当超过 3∶1。通过泵壳的设计或利用一个永久性的外部台架可以达到这一稳定性。

8.1.2.2 泵应当设计成通过与吸入管和吐出管连接以固定的形式，或者设计成用螺栓固定在垫板或基础上的形式。

8.1.2.3 应该设有最小 DN 15(1/2 NPS)的螺纹排泄接头，以使液体不会积聚在盖上或驱动机支架上。

8.1.2.4 泵和密封室应当利用设在密封室上或密封冲洗管路上的高位接头连续放气。系统要求手动放气必须经买方批准。

8.1.2.5 泵应设计成在不拆卸驱动机的情况下便于拆卸的后开门结构型式。

•8.1.2.6 如果有规定，应该提供这样一种装置，使得可以直接从带有驱动机的电机支架的外面卸出或起吊出可卸式部件。

8.1.2.7 得到买方的批准后，轴承箱可以采用润滑脂润滑(5.11.4)。在环境温度 43℃下工作时，稳定的轴承箱温度不应超过 82℃。推荐的润滑脂应该适合于在此温度下工作。

8.1.2.8 在发运之前，驱动机应在卖方工厂合装。

8.1.3 整体齿轮箱驱动泵(OH 6 型)

8.1.3.1 叶轮应当用键或者花键固定到齿轮箱的输出轴上。

8.1.3.2 整体齿轮箱驱动泵可以要求拆卸驱动机，以便于转子和密封部件的拆卸。

8.1.3.3 可根据不同应用场合选择叶轮的型式，叶轮可以是开式、半开式，或者是全封闭式的。

•8.1.3.4 是否对转子做横向分析应按照 8.2.4.1 中的规定来确定。只有对于独特的、新型的或危险条件下工作的泵才应当规定做横向分析。

注：转子的横向分析可能与 OH 6 型泵有关，正常情况下这种型式的泵在开发过程中已经经过了充分的研究，其典型的转子动力学分析是有效的，而且是适用的。

8.1.3.5 可以采用整体式流体动压径向轴承。

•8.1.3.6 直接安装到齿轮箱上的温度计和压力计应当符合 ISO 10438 的要求，仪表直径 50 mm 的除外。如果有规定，应为温度计配备可分离式的螺纹连接的套管。

8.1.3.7 导流轮、叶轮以及类似的主要转动部件应按照 GB/T 9239.1 G2.5 级或 7g · mm 的残余不平衡量的要求做动平衡试验，两者中取较大者。如果有可能的话，用来做平衡的芯轴的质量不应当超过正在平衡的部件的质量。在性能试验期间测得的振动不应当超出表 7 中的限定值。

8.2 两端支承式泵(BB 1、BB 2、BB 3 和 BB 5 型)

8.2.1 压力泵壳

8.2.1.1 轴向剖分式泵壳可以采用一个复合垫片或采用金属对金属的密封面；卖方的投标书应该指明轴向剖分面采用哪种密封方式。

8.2.1.2 使用温度低于150℃的泵可以采用底脚安装式。

8.2.1.3 对于轴向剖分泵壳的泵应当设有仅供上半壳起吊用的吊耳或吊环丝孔，并且应用标签做出标志。起吊装配好的机器的方法应该由卖方规定[参见9.2.2.1 a)和附录L]。

•8.2.1.4 如果有规定，建议的接头设计应当在焊合之前提交给买方批准。图纸应示出焊缝设计、规格、材料，以及焊前和焊后的热处理情况。

8.2.2 **转子**

8.2.2.1 多级泵的叶轮应当独立地在轴上定位，在正常的液力推力方向用一个轴台或静止的剖分环来固定。

8.2.2.2 有动配合叶轮的转子应有机械装置来限制叶轮在正常液力推力的相反方向移动不大于0.75 mm。

•8.2.2.3 如果有规定，有紧配合叶轮的转子应有机械装置来限制叶轮在正常液力推力的相反方向移动不大于0.75 mm。

8.2.2.4 将轴或转子支承在靠近轴承处放置的V形铁或滚子工作台上测量轴和装配完工的转子的径向跳动，径向跳动值应该在表15给定的限定值范围内。

表15 轴和转子的径向跳动要求

挠性系数 $F_f^{a,b}$/mm²	允许的轴跳动 TIR/μm	零部件在轴上的配合	允许的转子径向跳动 TIR[c]/μm
$>1.9\times10^9$	40	动配合	90
		静配合	60
$\leqslant1.9\times10^9$	25	动配合	75
		静配合	50

a $F_f=L^4/D^2$

式中：

L——轴承跨距；

D——叶轮处的轴直径(最大值)。

b 轴的挠性系数 F_f 与简单支承的轴的静挠度直接相关，因而它是在制造过程中可以达到跳动值的一个良好指标，它又是能够达到并维持平衡质量的一个良好指标。

c 叶轮轮毂、平衡鼓和轴套的跳动。

8.2.3 **运转间隙**

8.2.3.1 在所有的级间部位处都应该装设可更换的泵壳衬套和级间轴套或等效的零件。

8.2.3.2 倘若在报价单中已经说明这些间隙不采用本标准规定的间隙(参见5.7.4)并且已经通过买方批准，与用来平衡轴向推力或作为介质润滑内部轴承用的部件有关的运转间隙可以采用制造厂的标准间隙。如果制造厂的标准间隙是根据显示优良耐磨特性的各种材料组合而制定的，则应该在报价单中列出这些有说服力的数据。

8.2.4 **动力学**

8.2.4.1 **横向分析**

8.2.4.1.1 随着泵设计的不同，多级泵和高速泵的一阶或二阶湿横向临界转速可能会和工作转速恰好重合，特别是当内部间隙随磨损而增大时。横向分析能够预测出何时可能发生这种重合，以及由此引起的振动是否可以接受。

8.2.4.1.2 除非另有规定，泵的转子是否需要做横向分析应该用表16中规定的流程来确定，对于此流程，下列定义适用：

a) 相同的泵：相同的规格、水力设计、级数、转速、间隙、轴封型式(含卸压衬套)、轴承型式、联轴器重量、联轴器悬臂长及抽送相同的液体。

b) 相似的泵：在买方和制造厂之间取得一致意见，把上述定义a)项中列出的许多因素考虑进去。

c) 传统的刚性转子：一阶干临界转速高出泵的最大允许连续转速为下列数值：

1) 对于设计仅作湿运转的转子为20%；

2) 对于设计成能够干运转的转子为30%。

表16 转子横向分析的判断逻辑

步骤	操　作
1	设计泵
2	是否与现有的泵相同或相似？ 如果“是”转到第5步 如果“否”转到第3步
3	转子是否为刚性的？ 如果“是”转到第5步 如果“否”转到第4步
4	需要分析
5	建议不做横向分析

● 8.2.4.1.3 如果8.2.4.1.2中的流程要求做横向分析，或者如果买方已规定，就应当进行此项分析，其结果按附录I进行评估。

8.2.4.2 **转子平衡**

8.2.4.2.1 下列类型的转子应该以低速作双面动平衡，以达到表17平衡等级要求。

——多级泵(3级或3级以上)；

——最大连续转速超过3 800 r/min的单级和两级泵。

转子装配和平衡修正的顺序应该遵照GB/T 6557的规定。做平衡时，转子不包括泵的半联轴器轮毂或机械密封的旋转部件。

表17示出GB/T 9239.1 G2.5级平衡等级，适用于所有3 800 r/min转速的静配合转子。这是基于两个因素：

——在3 800 r/min时，G2.5平衡等级的上限所产生的由于不平衡而引起的力仅为转子重量的10%，这意味着不平衡对转子工作时的形状将不会有任何实质性的影响。

——对于挠性高的转子(见表15)，要达到并保持G1级平衡等级所需的转子直线度是不切实际的。

与平衡级G1有关的质量偏心距是很小的；例如：3 800 r/min工作时，最大为2.5 μm。这有下列两种结果：

——平衡部件好于G2.5(见5.9.4.1)是不切合实际的，因为当安装部件时，芯轴实际上在变化。

——如果转子在平衡机上偏离其位置，或者转子被拆卸并重新装配过，平衡质量可能会无法验证。但是，进行一次残余不平衡量的检查来验证平衡机的精确度通常是可能的。

表17 转子的平衡要求

轴上的零件配合	最大连续转速/(r/min)	挠性系数 L^4/D^2/mm^2	转子的平衡等级
动配合	≤3 800[a]	不限制	[b]
静配合	≤3 800	不限制	G2.5[d]
	>3 800	$\leqslant 1.9\times 10^9$ [c]	G1[d]

表 17(续)

轴上的零件配合	最大连续转速/(r/min)	挠性系数 $L^4/D^2/mm^2$	转子的平衡等级
注：轴和转子跳动要求见表 15。			
a 允许 5%的转速增大。 b 在装配过程中完成平衡修正是做不到的，因为动配合不能保持修正后的平衡。 c 如果具有较高挠性的转子用于转速超过 3 800 r/min，要达到和保持这样的平衡水平将要对设计、制造和维护予以特别的关注。 d 近似等于相应的 ISO 平衡质量等级的中间级。			

8.2.4.2.2　为了转子平衡，任何空缺的单键槽都应该用冠状半键填充。

8.2.4.2.3　如果把转子当作一个装配件来平衡，应当进行一次残余不平衡量试验。检查应该在转子完成最终平衡之后进行，按照附录 J 中给出的方法。在装配好的转子进行最终平衡过程中所使用的各个半键的重量都应该记录在残余不平衡量工作单上。

8.2.5　**轴承和轴承箱**

8.2.5.1　如果提供的话，流体动压径向轴承应符合 8.2.5.1.1 至 8.2.5.1.4 的要求。

8.2.5.1.1　(滑动)轴承应是轴向剖分的(便于拆装)，轴承内孔是整体镗加工的，轴孔应是圆柱形的或多油楔的，轴承是由钢壳和其内浇铸材料为巴氏合金层构成，上、下轴承之间应有防转和定位销，并沿轴向牢固地固定。

8.2.5.1.2　轴承(轴瓦)应装在轴向剖分的轴承箱内，并且应该做到不必拆卸泵体的任何部分或拆除联轴器轮毂便能更换。

8.2.5.1.3　轴承应当设计成既能防止前后倒装又能避免上下倒装，或前后上下倒装。

8.2.5.1.4　如果轴含有 10%以上的铬和如果轴颈表面速度高于 20 m/s，则轴颈应当是镀硬铬的、涂硬层的或者是装有碳钢的轴套。

注：这种设计的目的是避免损坏轴承(轴瓦)。

8.2.5.2　流体动压推力轴承是由推力盘和推力环(承压极)组成，应符合 8.2.5.2.1 至 8.2.5.2.5 的规定。

8.2.5.2.1　推力盘是由多个瓦块和瓦块座组成，瓦块应是其上浇铸巴氏合金材料的钢壳，瓦块应设计成在瓦块座上能自动找平(即垂直)，以保证每个瓦块能承受相等的轴向推力负荷(即使是瓦块在厚度上有微小差异时)。推力盘两侧布置有相等数量的瓦块，推力盘应设计成能在两个方向(向前或向后)承受相等的轴向推力负荷，并能对每侧进行连续的强制润滑。

8.2.5.2.2　推力环应牢固地固定在轴上，以防止微振磨损。

8.2.5.2.3　推力环两面的表面粗糙度 Ra 不大于 0.4 μm，并且在装配后，两面中任何一面的径向总跳动量都不应超过 13 μm。

● 8.2.5.2.4　推力轴承应当按最大连续施加的负荷确定尺寸(参见 5.10.12)。在此负荷和相应的转速下，符合下列规定的参数：

a)　8 μm 的最小油膜厚度；

b)　3 500 kPa(35 bar)的最大单位压力(负荷除以面积)；

c)　计算出的 130℃最大的巴氏合金表面温度。

如果有规定，推力轴承的设计应该由买方审查和批准。

上述限制是相应于轴承最大连续推力承载能力的设计系数不小于 2 时给出的。计算出的巴氏合金表面温度是设计值，而不代表这些工况下的实际巴氏合金温度。确定尺寸并符合上述规定的轴承在工厂试验和在现场使用时应当具有下列允许的金属温度(参见 5.10.2.4)：

——在工厂用水试验和在现场正常的工作(7.3.3.4.b):93℃;

——现场报警或跳闸:115℃。

8.2.5.2.5 推力轴承应布置得使转子相对于泵壳能轴向定位,并能调整轴承的间隙或预负荷。

8.2.5.3 如果吸入口油温超过50℃,应对轴承设计、供油量和允许温升给予特殊考虑。推力轴承的油出口应该由轴承制造厂根据止推盘的转速和所涉及的润滑方法推荐。轴承箱上的油管接头应符合6.5的规定。

8.2.5.4 轴向剖分的轴承箱应该采用金属对金属的剖分式接合面,两个半体用圆柱定位销加以定位。

8.2.6 **润滑**

•8.2.6.1 如果有规定或者卖方建议并经买方同意,应该提供一套强制润滑系统,以合适的压力向泵轴承、驱动机以及任何其他从动设备,包括齿轮箱供油。图B.10和表B.1示出了可接受的最基本的润滑系统的详细内容。

8.2.6.2 外部的强制润滑系统应符合ISO 10438-3和图B.10及表B.1的要求。

8.2.6.3 排油管路倾斜坡度为1:50。

8.2.6.4 如果从一个公共系统向两个或更多的机器(如泵、齿轮箱和电动机)供油,油的性能应适合于提供的所有设备。具有机组责任的卖方将获得买方的批准和其他选择润滑油的设备卖方批准。

注:公共供油系统中所用的典型润滑油是矿物(烃类)油。根据ISO 3448的规定,此类油相当于ISO 32级至38级。

•8.2.6.5 如果有规定,强制润滑系统应当符合ISO 10438-2要求,对于这种润滑系统,应该提供数据表。

8.2.7 **试验**

8.2.7.1 对于强制润滑的轴承,试验台润滑油和过滤器下游的油系统元件应符合ISO 10438-3规定的清洁度要求。

8.2.7.2 装有强制润滑轴承的泵在工厂试验期间,应当测量并记录通往每个轴承箱的油流量。

8.2.7.3 所有购买来的振动测头、传感器和振荡—解调器均应当在试验期间使用。如果卖方不提供振动测头或如果购买来的振动探头与工厂拥有的读数装置不相配,则应采用达到API标准670精度要求的工厂振动测头和读数装置。用此仪器测得的振动应该成为该泵验收或拒收的依据(见5.9.3.6)。

8.2.7.4 经过买方同意,单级双吸泵在试验时,可装配成与合同的机组布置相反的泵的驱动端驱动。在最终装配后不要求重新试验。如果需要这种布置,应在报价单中说明。

注:有时需要用这种布置的目的是适应试验台的管路限制。

•8.2.7.5 如果有规定,在完成性能试验后,应该拆卸流体动压轴承,由买方或其代表进行检查并且重新装配。

8.2.8 **发货前的准备工作**

8.2.8.1 如果订购一套备用转子或零件,应当准备好在无采暖的室内存放至少3年。存放准备工作包括转子应当用防锈剂处理过,并且放在一个装有缓慢释放除湿剂的防潮封套内。转子或零件应当按指定的发运方式用箱子包装。在转子与其支架之间至少应使用3 mm厚的弹性材料(但不是铅、四氟乙烯或聚四氟乙烯),支架不应位于转子的轴颈处(指轴承处)。转子的零件应当固定,以防止在箱内移动。

•8.2.8.2 如果有规定,备用转子和卡盘式零件应当处于垂直悬吊状态贮存。转子应该在其联轴器端用一个不会损坏轴的,能承受1.5倍转子重量的夹具夹持。夹盘式零件由泵壳来支承(转子吊挂在其推力轴承上)。

•8.2.8.3 如果有规定,发运和存放的箱子应设计成垂直存放转子或夹盘式零件的型式。

•8.2.8.4 如果有规定,发运和存放的容器应设计成在存放期间允许使用惰性气体保护。

8.3 **立式悬吊式泵(VS 1~VS 7型)**

8.3.1 **概述**

8.3.1.1 规定的吐出口压力应位于买方的吐出口接头处。为此应根据排液管的高度和水力损失进行泵的性能曲线修正计算,碗形导流壳或泵壳的性能曲线应与修正计算后的性能曲线一起提交给买方。

8.3.1.2 立式悬吊式泵的轴承箱,可以设计成在拆卸驱动机或安装架的情况下更换轴承。

8.3.2 压力泵壳

8.3.2.1 对于有止口的碗形导流壳部件不需要顶丝和泵壳对正销。

8.3.2.2 应为泵的吸入圆筒和密封室装设放气接头。

8.3.3 转子

8.3.3.1 全封闭式叶轮(5.6.1)的要求不适用于立式悬吊式泵。

8.3.3.2 所有的泵轴应对其全长进行机械加工或磨光。所示的总径向跳动不应超出 40 μm/m。在轴的全长上的总跳动量不应超过 80 μm。

8.3.3.3 除非买方另有批准,(由于轴的总长度或发货运输上的限制)泵轴应是一根整体件。

8.3.4 易损零件和运转间隙

8.3.4.1 在所有的级间部位和衬套部位应该设置可更换的泵壳衬套,但应依据级间压差和输送液体的特性(例如,不清洁和无润滑性)决定是否需要在相应位置采用轴套。

8.3.4.2 在 5.7.4 中规定的运转间隙不适合衬套的间隙。所采用的衬套间隙应该在报价单中说明并且由买方批准。

8.3.4.3 在腐蚀条件下使用时,装半开式叶轮的泵应当采用可更换的泵壳内衬。

8.3.5 动力学

• 如果有规定,卖方应提供泵及其支承结构的动力分析以证明此设计是合理的。买方和卖方应对这个分析的范围、方法和验收准则进行协商。

立式悬吊式泵通常是柔性结构(指定子组件),其运转转速在两个固有频率之间。因此,如果其安全间隔范围未在设计中得到证实,立式悬吊式泵易产生共振。基本结构元件主要包括基础、泵的定子构件和电机座。基础的变形必须显示出小于结构诸元件的总变形的5%。如果在分析时基础的资料数据不齐全,则应该采用双方协商的数据。通常,电机支承结构件的固有频率和工作转速之间应该保持20%的安全间隔范围。

8.3.6 导轴承和轴承

8.3.6.1 对于规定的输送介质和温度,导轴承应当耐腐蚀和耐磨蚀。导轴承之间的最大间隔应按照图 32 的规定,以保持最大允许连续转速低于第一阶临界转速。

8.3.6.2 与驱动机成为一个整体的推力轴承应符合 6.1.6 的规定。与泵成一体的推力轴承及轴承箱应符合 5.10.1 的规定。为了使转子可作轴向调整和稀油润滑,推力滚动轴承应该用紧配合装在一个动配合的、键传动的轴承套上。

8.3.6.3 除了VS 4型湿坑泵外,第一级叶轮应位于导轴承之间。

注:虽然第一级叶轮装在两个导轴承之间可以有好的转子支承,但是要求良好吸入性能的某些应用条件(例如湿坑)可以从采用悬臂式第一级叶轮的布置方式中受益。

8.3.7 润滑

立式泵内的导轴承一般采用抽送的液体润滑。如果抽送的液体不适合,应建议采用替代的润滑方法。

8.3.8 辅助设备

8.3.8.1 驱动机

可能因逆转而损坏泵和电机组件时,应装设一个反逆转棘轮机构或者其他经买方批准的装置,以防止逆转。

8.3.8.2 联轴器和护罩

8.3.8.2.1 联轴器端面应垂直于联轴器的轴线,端面的偏差在 0.1 μm/mm 或跳动指示总读数 13 μm 之内,两者中取较大值。

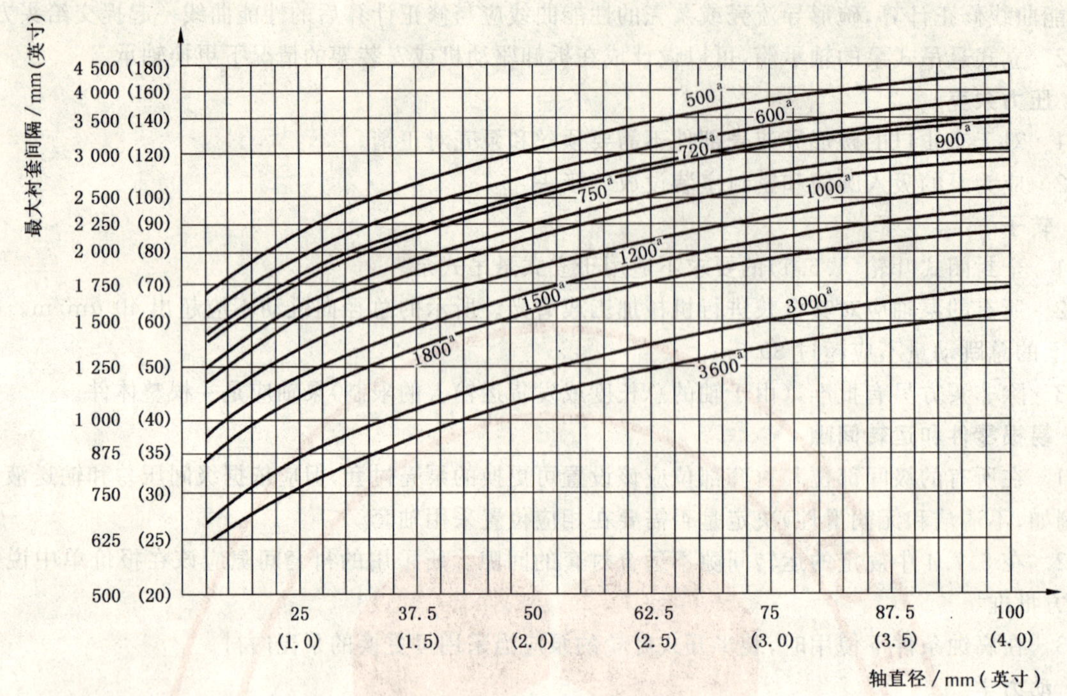

a 不同转速的曲线。

图 32 导轴承之间的最大间距

8.3.8.2.2 没有与泵成一整体推力轴承的立式泵应该用刚性可调式的联轴器。

8.3.8.2.3 在配有刚性联轴器和机械密封的立式泵上,联轴器应当是加长式的。该加长段应具有足够的长度,以使能在不拆卸驱动机的情况下更换密封组件,包括轴套。

8.3.8.3 安装板

•8.3.8.3.1 如果有规定,双层壳体泵用的安装板应该与主体法兰分开,而且定位得比主体法兰足够低,使得在泵体法兰上可以使用贯穿螺栓连接(见图 33)。这会使接合面有较好的整体性,并且应当考虑到苛刻的和低温的使用场合。

8.3.8.3.2 至少应为质量超过 250 kg 的每个驱动机组构件配备 4 个对中用的顶丝,以便于作水平方向的调整。

•8.3.8.3.3 如果有规定,泵应当配备独立的用螺栓连接和向基础灌浆的底座(见图 33)。该底座的顶部表面应当机械加工,以便安装吐出口,外层圆筒或电机支架。

8.3.8.4 管路及附件

如果在发货前不安装机械密封和驱动机,则密封管路系统不应当完全装配好。

8.3.9 试验

8.3.9.1 泵应该完全装配好后进行试验。不推荐仅用碗形导流壳和叶轮进行试验。在用装配好的机组进行试验行不通的情况下,卖方应当在报价单中提出替代的试验方法。外层的吸入圆罐(如果提供的话),不要求做性能试验。

•8.3.9.2 如果有规定,未连接管路的泵的共振试验应该在泵和驱动机机座的合装机组上进行。应按下列要求进行试验。

——沿着泵吐出口法兰方向,在驱动机机座上做一个敲击来激励机组。

——利用响应来确定固有频率。

——在与吐出口法兰成 90°的方向上做一次敲击来激励机组。

——利用响应来确定固有频率。

这样确定的固有频率应当至少低于最小连续工作转速的10%，或者应当至少高于最大连续工作转速的10%。

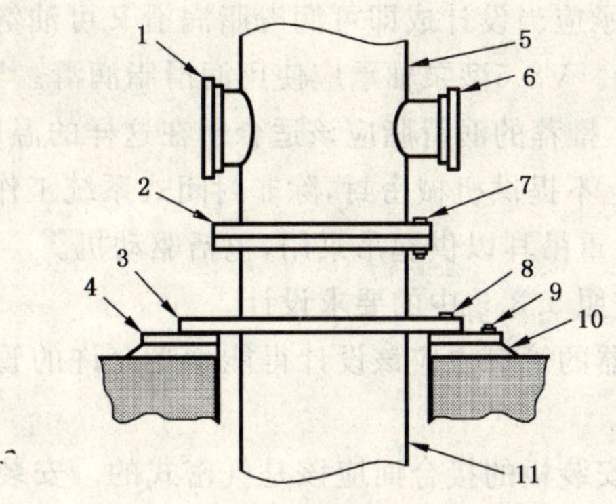

1——吸入法兰；

2——主体法兰；

3——安装板；

4——底座；

5——泵扬水管；

6——吐出法兰；

7——主体法兰穿透螺栓；

8——压紧螺栓；

9——地脚螺栓；

10——灌浆；

11——外层圆筒(外部泵壳)。

图33　带有底座的立式悬吊式双层壳体泵(VS 6型和VS 7型)的典型安装

8.3.10　单泵壳导流壳式泵(VS 1型)和蜗壳式泵(VS 2型)

8.3.10.1　组成压力泵壳的部件是碗形导流壳、扬水管和吐出口。

8.3.10.2　长轴可以是开式的或闭式的。对于闭式的长轴，润滑型式应当由买方批准。

开式的长轴用抽送液体润滑。如果抽送液体不适于作为润滑剂，可以装备封闭式的长轴，以保证为长轴的轴承供应清洁的润滑液。

8.3.10.3　机械加工的单独底座应设计成便于灌浆和与吐出口的连接。

8.3.10.4　如果在吐出管口上安装一个伸缩接头，则在泵上必须有推力限制。建议对卖方提出的安装和管路布置方案作设计审查。

● 8.3.10.5　如果有规定，导轴承处轴上应装有经过硬化处理的轴套。

8.3.10.6　除非另有规定，所有规格排液管的导轴承支架应是有定位止口的、整体的和带三叉形肋的。

8.3.10.7　除非另有规定，碗形导流壳是法兰连接的，并且应当有金属对金属的止口配合。

8.3.11　单泵壳轴流泵(VS 3型)

8.3.11.1　组成压力泵壳的部件是泵壳(碗形导流壳)、扬水管和吐出口。

8.3.11.2　除非另有规定，所有规格扬水管的导轴承支架应是有定位止口的、整体的和带三叉形肋的。

8.3.11.3　碗形导流壳应当有金属对金属的止口配合。

8.3.12　单泵壳长轴泵(VS 4型)和悬臂式泵(VS 5型)

8.3.12.1　对于VS 4型泵，应提供导轴承来支承轴和叶轮。

8.3.12.2　VS 5型泵应符合8.3.12.2a)至8.3.12.2d)的规定。

a)　叶轮应当悬臂的装在轴承部件之外。淹没于液体中的底部衬套不作为导轴承用。

b)　轴的刚度应被限制在总挠度小于泵壳衬套的间隙，这样在最苛刻的动力条件下，在整个扬程流量曲线区内，用最大直径的叶轮并在最大转速和最大液体密度下，叶轮不会与泵壳接触。

c)　悬臂式泵转子的第一阶干临界转速，应高出其最大允许连续转速的30%。

d)　对于悬臂式VS 5型泵，当在轴上紧靠高出机械密封或填料函处测量时，轴的总跳动指示值不应超过50 μm。

8.3.12.3　对于敞开式系统的湿坑泵使用条件，VS 4型和VS 5型泵的承内压部件是由泵壳、吸入盖和排液管组成的。对于封闭式系统的承压或真空的使用条件，密封室、泵盖板和容器盖也都成了承内压部件。

8.3.12.4 对于VS 4型泵，推力轴承应当设计成即可润滑脂润滑又可油雾润滑的型式。导轴承可以使用水、润滑脂或介质润滑，或自润滑。VS 5型泵轴承应使用润滑脂润滑。当在环境温度 43℃下工作时，轴承箱温度应稳定在不超过 82℃。推荐的润滑脂应该适合于在这样的温度下工作。

8.3.12.5 在VS 4型和VS 5型泵上不提供机械密封，除非封闭式系统工作另有要求。

8.3.12.6 应该在安装板上装设起重吊耳以供起吊泵用，包括驱动机。

8.3.12.7 吐出管口和安装板应按照 5.3.3 中的要求设计。

如果泵安装在一个容器中，容器的管口也应该设计得能承受允许的管口负荷。允许的管口负荷见 5.5。

8.3.12.8 对于易燃和危险液体，安装板的接合面应该是气密式的。安装板的设计和安装方法应该由买方和卖方共同商定。

8.3.12.9 如果提供机械密封，机械密封应安装在安装板上，用以密封储罐或容器中的气态介质。正常情况下机械密封引用密封蒸汽，但是，万一储罐或容器内液体满溢时，机械密封也应该设计成能在液体中工作的型式。密封室上应该设置用于高位放气的装置。

8.3.12.10 可以使用辅助叶片代替耐磨环以减少返回到湿坑(液池)中的泄漏液。

8.3.12.11 在VS 4型和VS 5型泵上不使用加长联轴器。联轴器轮毂与轴应当采用滑动配合。联轴器轮毂和键应使用定位螺钉固定到轴上，以便于最终的联轴器的调整。

8.3.13 双泵壳导流壳式泵(VS 6型)和双泵壳蜗壳式泵(VS 7型)

8.3.13.1 VS 6型泵组成压力泵壳的部件是吐出口和外层的吸入圆筒。VS 7型泵组成压力泵壳的部件是外部泵壳(与吐出管口成一体)、吐出口座和吸入管。

• 8.3.13.2 如果有规定，碗形导流壳和扬水管做水静压试验，试验压力至少为导流壳组所产生最大压差的 1.5 倍，水静压试验应当按 7.3.2 的规定进行。

8.3.13.3 应当利用在高位设放气接头来保证整个外泵壳的排气。

8.3.13.4 应当采取措施来保证密封室的内部组件或与它关联的辅助流程管路中的气体完全排掉。

• 8.3.13.5 如果有规定，外层的吸入圆筒应设有一个通往地面上的扬水管。

8.3.13.6 导轴承支架应与扬水管合成一体，而且对所有口径的扬水管应当采用止口配合。

9 卖方的资料

9.1 概述

9.1.1 由卖方提供的资料拟在 9.2 和 9.3 中规定。

9.1.2 卖方的资料应当在递交信的封面扉页和标题部位上或其他图纸上的明显的位置标出下列内容：

a) 买方/用户的企业名称；

b) 工位号/工程号；

c) 设备编号和用途名称；

d) 询价书号或买方订单号；

e) 询价书或买方订单规定的其他各种标识；

f) 卖方的有标识的报价单号、工厂订单号、出厂顺序编号或完整清楚地标识回函所必须的其他参考标志。

• 9.1.3 如果有规定，应该在买方作出采购承诺之后 4 至 6 周内，最好在卖方的工厂内举行一次协调会议。除非另有规定，在此会议举行之前，卖方应当准备并下发一个议事日程，该议程至少应包括下列项目：

a) 买方的订单、供货范围、机组责任以及子卖方的项目；

b) 数据表；

c) 适用的技术规范和事先商定的例外情况；

d) 分期提交资料，生产制造和试验的时间进度表；

e) 质量保证大纲和规程；

f) 目睹、监察和试验；

g) 辅助系统示意图和材料单；

h) 设备、管路和辅助系统的方位；

i) 联轴器选择和等级；

j) 推力轴承和支承轴承的规格、估计负荷及规定的结构图；

k) 转子动力学分析(根据要求做横向扭转和瞬时扭转；通常在 10 至 12 周后提交)；

l) 设备性能、可选择的工况条件、起动、停机以及任何工况的限定条件；

m) 任何脉动或振动分析的范围和详细要求；

n) 测量仪表及控制系统；

o) 应力分析或其他设计审查项目的确定；

p) 其他技术项目。

9.2 报价单

9.2.1 概述

9.2.1.1 卖方应该将原始的报价单及规定份数的副本寄送到询价函件上规定的地址。报价单最低限度应当包括 9.2.2 至 9.2.5 中规定的资料，以及系统及其所有组成件是严格符合本标准的具体说明。如果系统及组成件不完全符合本标准，则卖方应列出一份清单详述并解释每一个不符合之处。卖方应提供详细资料使买方能够评估各项建议的替代设计。所有往来通讯函件都应当按照 9.1.2 中的规定做出清晰的标志。

9.2.1.2 小于表 5 中要求的间隙必须作为本标准的例外情况而在报价单中说明。

9.2.2 图纸

9.2.2.1 在必要的卖方图纸和资料表(参见附录 L 中的示例)中指明的图纸应该包括在报价单中。至少应当提供下列资料：

a) 每个主要设备或系统的总体布置图或外形图，图中应该表示出旋转方向，主要买方接头的位置和规格；外形尺寸、维修间隙的尺寸；总质量，安装质量；最大维修质量(按每个件标出)，组装好的机器的起吊点和起吊方法，如果应用的话，标准的底座号(见附录 D)；

b) 表示出所建议设备细节的剖面图；

c) 所有辅助系统的简图，包括密封冲洗系统、润滑油系统、控制系统及电气线路系统；应当包括材料清单。

9.2.2.2 如果采用标准图、简图和材料清单，这些资料应该标出正确的质量和尺寸数据并且应当反映出所建议的实际设备及使用范围。

9.2.3 技术资料

报价单中应当包括下列资料：

a) 买方的数据表上规定由卖方填写的数据，卖方填写齐全的数据表以及充分描述该报价设备的文件资料；

b) 预测到的噪声数据(5.1.16)；

c) 必要的卖方图纸和资料(参见附录 L 中的示例)，表中指出卖方同意递交全部资料的时间进度表，这些资料是作为买方订单的一部分规定的；

d) 收到订单后的几周内，提出一份设备发运的时间安排表；

e) 一份主要易损件清单，清单上应标明可与买方的其他机组零件的互换性；

f) 一份供起动和正常维修用的推荐的备件清单(见表 18);

g) 为维修用提供的专用工具清单(见 6.6.1);

h) 在数据表中规定的现场条件下,对于起动、工作和停机闲置期间需要的任何特殊气候下和冬季御寒保护措施的说明,此说明应明确地指出由买方提供的保护措施,以及包括在卖方供货范围内的保护措施;

i) 对公用设施条件的要求列出的完整一览表,例如对蒸汽、水、电、空气、煤气及润滑油的要求(包括必需的润滑油量、供油压力及需要由润滑油带走的热量),以及铭牌额定功率和辅助驱动机的必需运转功率。应当明确地指出上项各项的近似值;

j) 按 7.3.4 规定可自由选择的试验说明以及按 7.2.2.1 规定的材料检查说明;

k) 对在买方询价单和在 5.1.11、5.1.12、5.1.13、5.2.12.2、5.3.4、5.9.3.1、5.10.2.4、6.1.3、6.1.6、6.2.13、8.2.1.1、8.2.3.2、8.2.7.4、8.3.4.2、8.3.9.1、9.2.1.2、9.2.2.1、9.3.4.2、9.3.5.1 和 9.3.9.1 中列出的各种特殊要求的说明;

• l) 如果有规定,对已经安装的和在类似工况下工作的相似机组的一览表;

m) 为了保护设备的整体性能必需的任何起动停机或工作限制;

n) 计算出的汽蚀比转速;

o) 试验设施的限制条件,这些限制条件可能要求卖方为了试验而从相反端装配并驱动单级双吸泵(8.2.7.4);

p) 对任何可以做替代设计的构件进行分析的清单,然后要求买方批准(4.2)。

9.2.4 曲线

卖方应该提供完整的性能曲线,包括对水试的扬程、效率、必需汽蚀余量和功率对流量的关系曲线。除低比转速泵不可能外,这些曲线至少应延伸到最佳效率点流量的 120%处,并且应该标出额定工况点。应当包括最大和最小叶轮直径的扬程曲线。曲线上应当示出叶轮代号、比转速和汽蚀比转速。如果用到的话,曲线应当示出黏度修正值。应当标出最小流量(最小连续热控流量和最小连续稳定流量)、优先工作区和允许工作区以及任何使用限制条件。

9.2.5 可自由选择的试验项目

• 如果有规定,卖方应当提供一份各种特殊试验项目或可自由选择试验项目的试验方法清单,这些试验项目是已经由买方规定的或已由卖方建议的。

表 18 推荐的备件

备件	相同泵的台数(N)						
	1~3	4~6	≥7	1~3	4~6	7~9	≥10
	推荐的备件						
	起动用			正常维护用			
集装式组合体[b,e]				1	1	1	1
组合体(转子与泵内静止件)[b,f]				1	1	1	1
转子[c,g]				1	1	1	1
泵壳[a]							1
泵头(泵壳盖及填料函)							1
轴承箱[a]							1
轴(带键)				1	1	2	N/3
叶轮				1	1	2	N/3

表 18(续)

备　件	相同泵的台数(N)						
	1～3	4～6	≥7	1～3	4～6	7～9	≥10
	推荐的备件						
	起动用			正常维护用			
耐磨环(组)[h]	1	1	1	1	1	2	N/3
轴承组(径向滚动)[a,i]	1	1	2	1	2	N/3	N/3
轴承组(推力滚动)[a,i]	1	1	2	1	2	N/3	N/3
轴承组(径向流体动压)[a,i]	1	1	2	1	2	N/3	N/3
轴瓦(对)(径向流体动压)[a,i]	1	1	2	1	2	N/3	N/3
轴承组(推力流体动压)[a,i]	1	1	2	1	2	N/3	N/3
瓦块(组)(推力流体动压)[a,i]	1	1	2	1	2	N/3	N/3
机械密封/填料[d,h,i]	1	2	N/3	1	2	N/3	N/3
轴套[h]	1	2	N/3	1	2	N/3	N/3
垫圈、垫片、O形环(组)[h]	1	2	N/3	1	2	N/3	N/3
立式泵增加下列部件							
碗形导流壳						N/3	
导轴承支架或支架衬套(组)			1	1	1	N/3	N/3
导轴承、轴套(组)	1	1	2	1	1	N/3	N/3
高速整体齿轮箱增加下列部件							
齿轮箱		1		1	1	1	N/3
导叶及泵盖	1	1	1	1	1	1	N/3
花键轴	1	1	1	1	1	1	N/3
齿轮箱外壳				1	1	1	N/3
内部油泵		1		1	1	1	N/3
外部油泵		1		1	1	1	N/3
油过滤器	1	2	N/3	1	2	3	N/3

a　仅用于卧式泵。

b　重要用途泵通常不贮存备件，或者多级泵贮存部分备件。如果重要的泵一旦停机，会导致生产受损失或者破坏环境。

c　运行时要求做基本工作的泵有一装好的备泵。仅在主泵和备用泵同时出现故障时才会造成生产损失。

d　集装式机械密封应当包括轴套和压盖。

e　集装组合体包括装配好的零件加上吐出口、密封和轴承箱。

f　组合体包括装配好的转子加上静止的水力零件(导叶或蜗壳)。

g　转子包括除半联轴器之外所有装在轴上的旋转零件。

h　易损件(参见5.1.1)。

i　每台泵。

9.3 合同资料

9.3.1 概述

9.3.1.1 卖方应按照协议的必要的卖方图纸、资料、表格的要求提供合同资料(参见附录L中的示例)。

9.3.1.2 在每张图纸的右下角应当有一个标题栏,此栏中标有确认日期和9.1.2中规定的卖方资料的修改编号和日期以及修改内容提要。其他有关文件也应提供类似的内容。

9.3.1.3 买方和卖方应当协商图纸和资料的审查范围和时间安排。除非双方有书面的特别协议,否则,这种审核不应允许与订单中的任何要求有不符之处。

9.3.1.4 卖方资料的完整清单应当包括首次发送的主要图纸。这份清单应当包含标题、图纸号、以及卖方应当提供的全部资料的递交时间进度表(参见附录L中的示例)。

9.3.2 图纸和技术资料

9.3.2.1 卖方提供的图纸和资料应当包含足够的资料信息,以使买方能够根据9.3.5中规定的说明正确地安装、使用和维护所订购的设备。所有的合同图纸和资料必须清晰易懂,应当包括经过协商的卖方图纸资料表格的适用范围(参见附录L中的示例)并且应达到应用的详细说明的要求。

尺寸外形图应当示出泵吸入管口和吐出管口端面尺寸的公差,中心线相对最近的底座地脚螺栓孔中心线的位置。底座地脚螺栓孔的中心线位置应示出与底座上共用基准点的公差。

9.3.2.2 经确认的试验曲线和资料(见附录M中的示例)应在试验后15天之内提交,并应当包括相对于流量绘制的扬程,按照真实相对密度重新计算出的功率以及效率曲线。如果用到的话,应该绘制黏度的修正曲线。应当包括由同一个模型铸出的叶轮按真实试验数据绘制的水试的必需汽蚀余量曲线。曲线图上应该包括所提供叶轮设计的最大和最小直径叶轮或叶轮组的识别代号以及泵的出厂顺序编号。

9.3.3 进度报告

卖方应当在必要的卖方图纸和资料表(见附录L中的示例)上规定的时间间隔内向买方提供进度报告。

9.3.4 零部件清单及推荐的备件

9.3.4.1 卖方应当提交所供应的全部设备和辅助设备的全套零部件清单。该清单应包括制造厂的统一零部件编号、材料以及交货时间。材料应该按照5.12.1中规定作识别标志。每个零部件应该无遗漏地加以标识,并应在剖面图或装配图上示出,使得买方可以确定这些零部件与其他设备的互换性。已从标准尺寸经过修改最终达到特定性能要求的零部件,应该用零部件号加以统一地标识,以利于互换性和今后复制。标准的订购设备应该用原始制造厂的名称和零部件号加以标识。

9.3.4.2 卖方应在上述零部件清单上指出哪些零部件是供起动用的和正常维护用的推荐备件以及每种部种建议的存放数目。这些零部件包括子卖方推荐的但尚未提供的备件。卖方应当在收到经审核的图纸后迅速地将该零部件单寄送给买方,并允许及时订货和在现场起动之前发送零部件。在递交的信函中应当包括9.1.2中规定的资料。

9.3.5 资料手册

9.3.5.1 概述

卖方应该提供足够份数的书面说明书和所有必须的图纸,以使得买方能够正确地安装、使用和维护订购的所有设备。这些资料应当编辑在一本手册中或一本带封面的手册、汇编集之中,该手册或汇编集中包含9.1.2中所列的资料信息,一份索引表和一份齐全并带有标题及图纸号的图纸装箱清单。应该为订购单中所包括的设备专门准备一本手册或说明书。其中可以包括有详细说明的事先印好的章节,但是“标准化”的手册是不允许的。

9.3.5.2 安装手册

为正确安装设备所必需的各种资料应该汇编在一本手册中,此手册的发送不应当晚于最终检定合格图纸发送的时间。因此,该手册可以与使用和维护说明书分开提供。该手册应包含有关对中方法和灌浆方法的资料、正常的和最大的公用设施条件,手册还应包括重心的位置、吊装措施和步骤,以及其他安装资料。在 9.2.2 和 9.2.3 中规定的与正确安装有关的所有图纸和资料也应作为本手册的一部分。

9.3.5.3 使用、维护和技术资料手册

包括使用、维护和技术资料的手册应当在发货时一并发送。除了包括在所有规定的条件下使用外，还应包括在极端条件下使用的专门说明。本手册还应包括重心位置的简图和吊装措施的简图，此吊装措施应能够移动泵壳的上半部分，转子和任何质量超过 135 kg 的子组装件。该手册至少还应当包括在附录 L 中所列的所有资料数据。

附　录　A
（资料性附录）
比转速和汽蚀比转速

按泵装最大直径叶轮，以最佳效率点的泵的性能计算出比转速。在数学上比转速用下述方程式表示：

$$n_s = n(q)^{0.5}/(H)^{0.75} \quad \cdots\cdots(A.1)$$

式中：

n_s——比转速，无因次的；

n——转速，单位为转每分(r/min)；

q——泵的总流量，单位为立方米每秒(m^3/s)；

H——每级扬程，单位为米(m)。

注1：与国内常用的比转速其值相差3.65倍。有时使用比转速的另一个定义(叶轮每侧进口的流量而不是总流量)。买方应知道使用哪种意义的比转速。

按泵装最大直径叶轮，以最佳效率点的泵性能计算汽蚀比转速。汽蚀比转速是泵对内部回流的敏感程度的评估标志。汽蚀比转速在数学上用下述方程式表示：

$$S = n(q)^{0.5}/(\mathrm{NPSHR})^{0.75} \quad \cdots\cdots(A.2)$$

式中：

S——汽蚀比转速，无因次的；

n——转速，单位为转每分(r/min)；

q——叶轮每侧进口的流量，单位为立方米每秒(m^3/s)；

对单吸叶轮，为总流量；

对双吸叶轮，为总流量的1/2；

NPSHR——必需汽蚀余量，单位为米(m)。

注2：与国内常用的汽蚀比转速其值相差5.62倍。

附 录 B
（规范性附录）
冷却水和润滑系统示意图

本附录包括冷却水和润滑系统示意图。在图 B.1 中所示的注解用于图 B.2 至图 B.10 中。这些管路系统平面示意图代表了常用的系统。

如果有规定，或者如果买卖双方已经商定，则可以使用其他外形图和系统图。

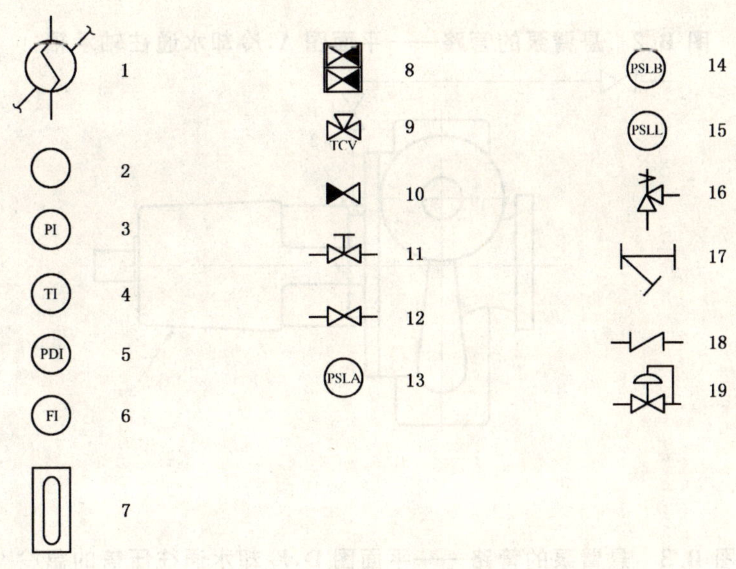

1——换热器；
2——仪表（字母指示功能）；
3——压力表；
4——温度计；
5——压差指示器；
6——流量指示器；
7——回复型液位指示器；
8——手动三通阀；
9——温度控制阀；
10——关闭和排泄阀；
11——流量调节阀；
12——闸阀；
13——低压开关（辅助泵起动）；
14——低压开关（报警）；
15——低压开关（跳闸）；
16——安全阀；
17——管型过滤器；
18——逆止阀；
19——压力控制阀。

图 B.1 在图纸中所用的符号

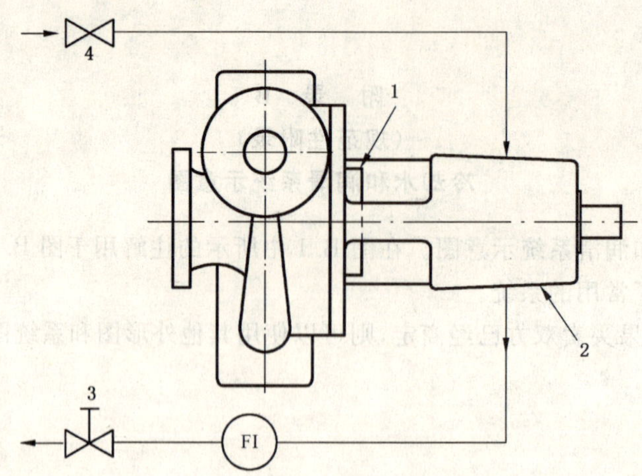

1——压盖；
2——轴承箱；
3——出口阀；
4——进口阀。

图 B.2　悬臂泵的管路——平面图 A，冷却水通往轴承箱

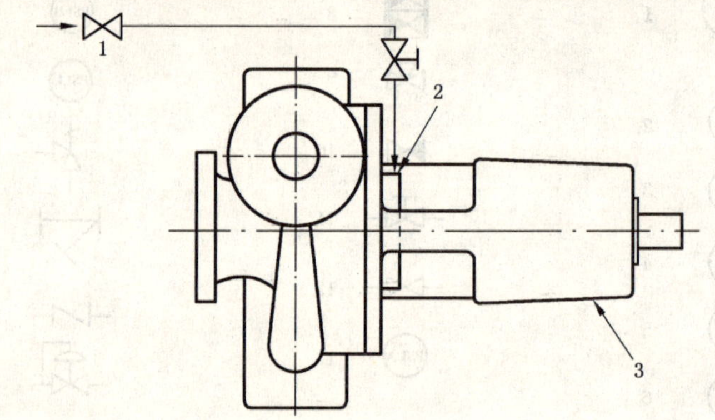

1——进口阀；
2——压盖；
3——轴承箱。

图 B.3　悬臂泵的管路——平面图 D，冷却水通往压盖的急冷

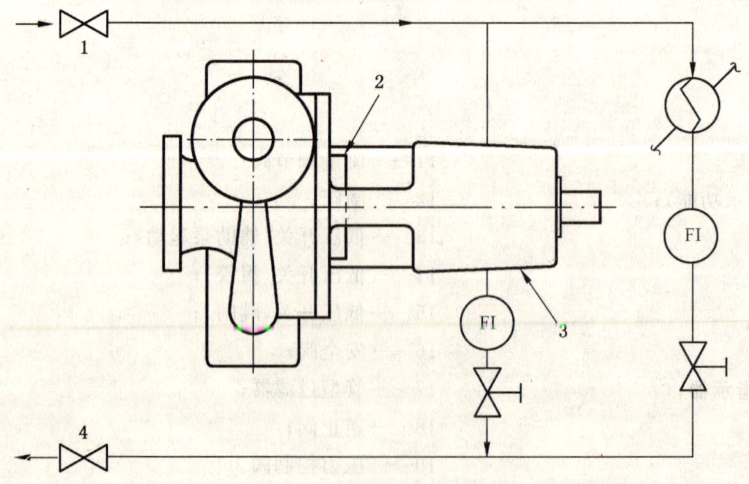

1——进口阀；
2——压盖；
3——轴承箱；
4——出口阀。

图 B.4　悬臂泵的管路——平面图 K，冷却水通往轴承箱，同时并联通往密封的换热器

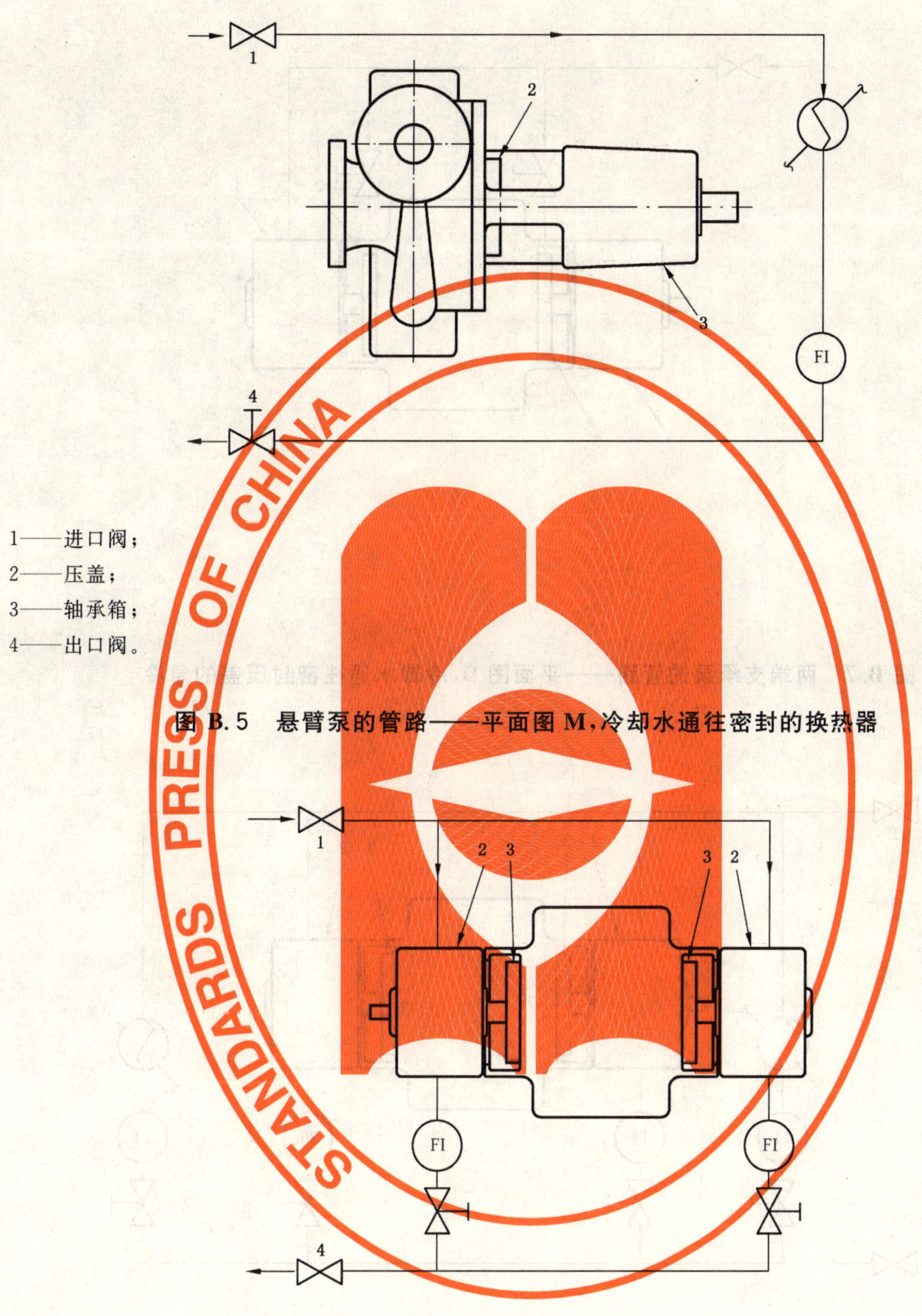

1——进口阀；
2——压盖；
3——轴承箱；
4——出口阀。

图 B.5 悬臂泵的管路——平面图 M,冷却水通往密封的换热器

1——进口阀；
2——轴承箱；
3——压盖；
4——出口阀。

图 B.6 两端支承泵的管路——平面图 A,冷却水通往轴承箱

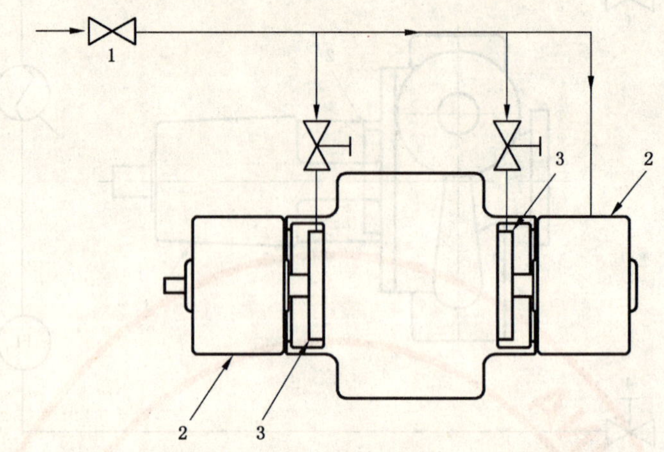

1——进口阀；

2——轴承箱；

3——压盖。

图 B.7 两端支承泵的管路——平面图 D，冷却水通往密封压盖的急冷

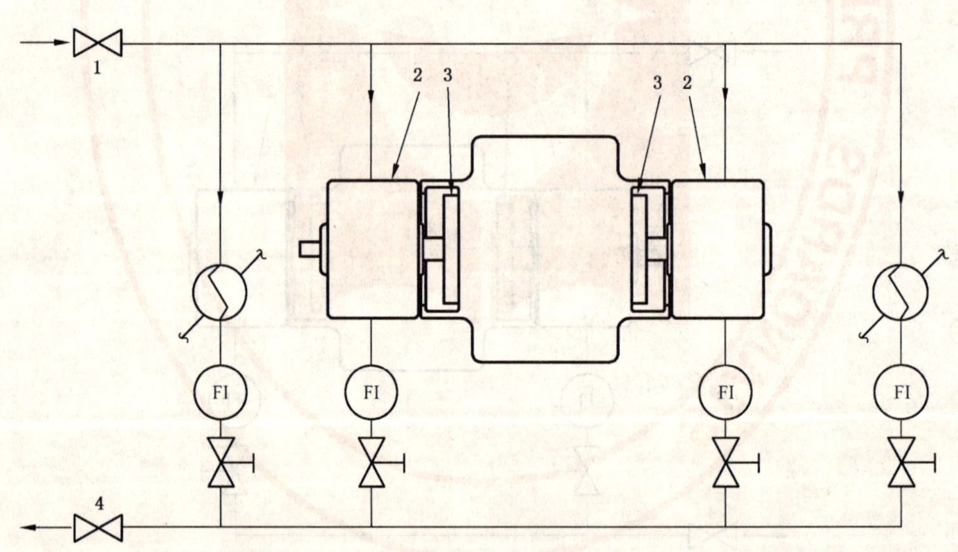

1——进口阀；

2——轴承箱；

3——压盖；

4——出口阀。

图 B.8 两端支承泵的管路——平面图 K，冷却水通往轴承箱，同时并联通往密封的换热器

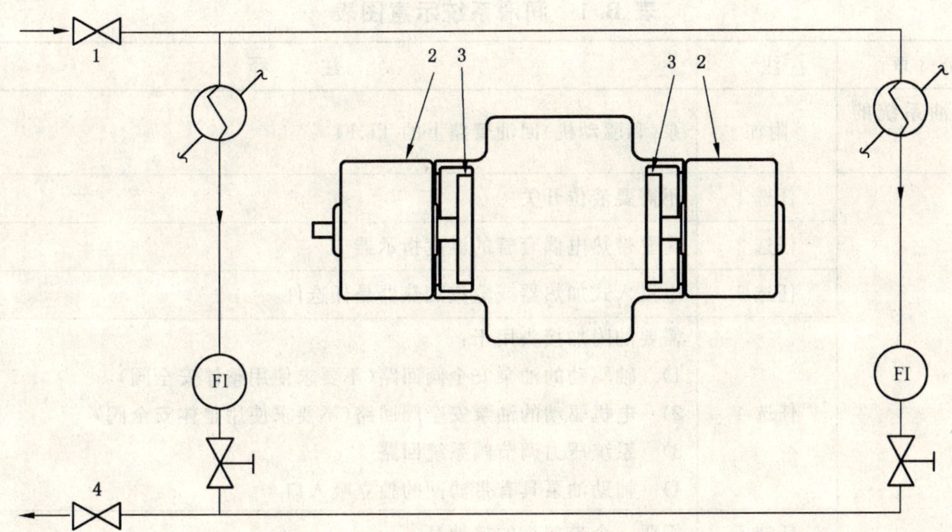

1——进口阀；

2——轴承箱；

3——压盖；

4——出口阀。

图 B.9　两端支承泵的管路——平面图 M，冷却水通往密封的换热器

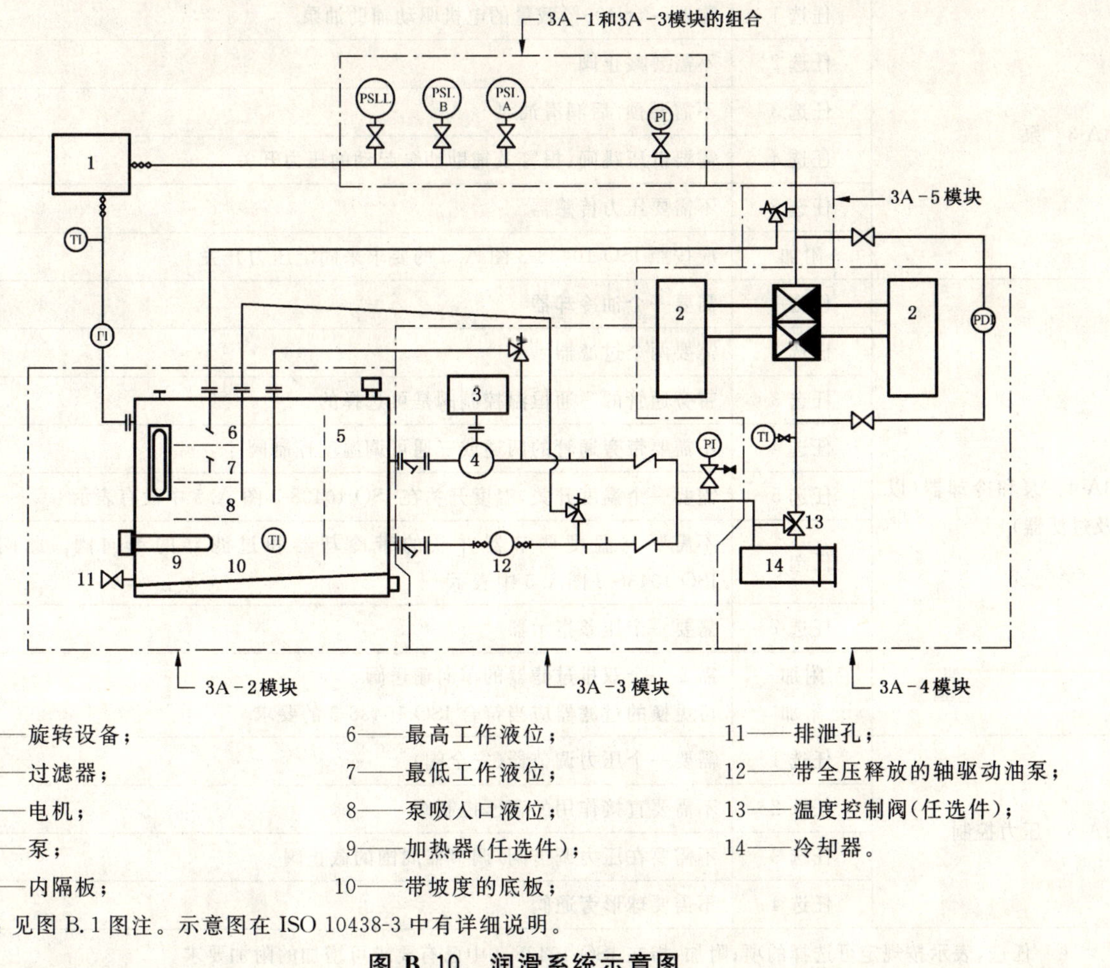

1——旋转设备；

2——过滤器；

3——电机；

4——泵；

5——内隔板；

6——最高工作液位；

7——最低工作液位；

8——泵吸入口液位；

9——加热器(任选件)；

10——带坡度的底板；

11——排泄孔；

12——带全压释放的轴驱动油泵；

13——温度控制阀(任选件)；

14——冷却器。

注：见图 B.1 图注。示意图在 ISO 10438-3 中有详细说明。

图 B.10　润滑系统示意图

表 B.1 润滑系统示意图表

ISO 10438-3 章	注[a]	注 释
3A-1 一般油系统的最低要求	附加	泵(和驱动机)回油管路上的 TI、FI
3A-2 油箱	任选 1	不需要液位开关
	任选 2	需要带热电偶套管的温度指示器
	任选 3	电浸入式加热器或蒸汽加热器是任选件
	任选 4	需要的附加接头用于: 1) 轴驱动的油泵安全阀回路(不要求使用整体安全阀) 2) 电机驱动的油泵安全阀回路(不要求使用整体安全阀) 3) 系统压力调节阀系统回路 4) 辅助油泵具有带滤网的独立吸入口
	任选 5	需要一个带接头的接地耳
	任选 6	指示器玻璃管可以是铠装的和延长的
	附加 附加 附加 附加 附加	需要一个带滤网的排风孔(呼吸孔) 油箱应有一个带坡度的底板 带法兰连接的阀门的排泄接头并应包括一个至少 50 mm 的盲板法兰 应按照 ISO 10438-3 的规定装设液位玻璃管 压力调节阀系统的回油管应当低于最低工作油位
3A-3 泵	任选 1	需要一台 100%载量的电机驱动辅助油泵
	任选 2	不需要截止阀
	任选 3	不需要预/后润滑油泵
	任选 4	需要低压跳闸、报警及辅助油泵起动的压力开关
	任选 5	不需要压力传感器
	附加	应按照 ISO 10438-3 图 A.5 的要求来固定压力开关
3A-4 泵和冷却器(以及过滤器)	任选 1	需要一个油冷却器
	任选 2	需要两个过滤器
	任选 3	带旁通管的三通恒温控制阀是可选择的
	任选 4	不需要带旁通管的两通或三通可调温度控制阀
	任选 5	需要一个温度开关,温度开关在 ISO 10438-3 图 A.5 中没有表示
	任选 6	不需要与温度调节器并联的带冷却器和过滤器的单向阀。此阀未在 ISO 10438-3 图A.5 中表示
	任选 7	需要一个压差指示器
	附加 附加	需要一个双排过滤器的单向输送阀 可更换的过滤器应当符合 ISO 10438-3 的要求
3A-5 压力控制	任选 1	需要一个压力调节器(安全阀)
	任选 2	不需要直接作用的背压控制阀
	任选 3	不需要在压力调节阀/调节器周围的截止阀
	任选 4	不需要球形旁通阀

a 任选,表示按规定可选择的项;附加:指在 ISO 10438-3 中已有要求可增加的附加要求。

附 录 C
（规范性附录）
水力回收水轮机

C.1 概述

本附录适用于水力回收水轮机(HPRTs)。

一般通过降低流体压力，有时也利用降压期间蒸汽或气体逸出所释放的能量来实现能量的回收。水力回收水轮机可以是一种利用逆流工作的泵。

C.2 术语

当本标准应用于水力回收水轮机时，本标准采用的名词术语有的需要加以改变，或予以删除。水力回收水轮机的流动方向是泵的流动方向的相反方向。在这样的文句中，泵这一词的意义应当理解为水力回收水轮机，术语泵的吸入口这一词的意义应当理解为水力回收水轮机的吐出口，术语泵的吐出口这一词的意义应当理解为水力回收水轮机的吸入口。

C.3 设计

C.3.1 流体特性

•C.3.1.1 买方应当告知水力回收水轮机制造厂，进入该水轮机的工艺流程流体中的任何成分是否会闪蒸成蒸汽和流程流体中所吸收的气体在压力低于进口压力时是否会逸出。

•C.3.1.2 买方必须规定出在水轮机出口处的蒸汽和气体的体积百分比或蒸汽和气体这两者的体积百分比，以及闪蒸出蒸汽的压力和温度。

C.3.1.3 如果上述值是已知的，则还应当说明流体成分，液体和蒸汽(或气体)密度与压力的变化关系。必须控制水力回收水轮机出口压力来限制闪蒸成蒸汽的流体的量或由溶液中逸出的气体的量。

C.3.2 密封冲洗系统

为了避免缩短密封的使用寿命，必须考虑密封冲洗流体中的气体的释放和汽化(形成蒸汽)问题。如果存在这种潜在可能性，一般建议从水力回收水轮机进口以外的外供液源提供密封冲洗液。

C.3.3 超速跳闸装置

C.3.3.1 如果机组中的水力回收水轮机和其他设备不能容许计算的飞逸转速(当不带负荷和承受规定的进、出口条件的最恶劣组合时，水力回收水轮机达到的最大转速)时，应当考虑采用超速跳闸装置。一般，超速跳闸转速设定在额定转速的115%到120%的范围内。重要的是，当使用的进口液体中富含吸收进的气体或使用(当液体流经水力回收水轮机时)部分闪蒸的液体时出现的飞逸转速可能要比使用水时出现的飞逸转速高出若干倍。使用这种液体时，不能精确地确定飞逸转速。

C.3.3.2 如果从动设备是泵或风机，实际上不会失去负荷，则会降低超速的危险性。如果从动设备是一台发电机，则会增大超速的危险性，因为电源电路的突然切断会引起水力回收水轮机的甩负荷。在后一种情况下，应当装设自动传感器和虚载开关。

C.3.3.3 具有低惯性和受到甩负荷的转子系统应当装设快速动作的制动闸，以免遭到超速引起的损坏。

C.3.4 双重驱动机

C.3.4.1 如果一台水力回收水轮机是用来协助另外一台驱动机时，C.3.4.2至C.3.4.5的规定适用。

C.3.4.2 在无水力回收水轮机协助的情况下，主驱动机应能够驱动机组。

C.3.4.3 在水力回收水轮机与机组之间一般应采用一个超速离合器(即一种单向传递扭矩和在另一方向离合能自由空转的单向离合器)，以便使从动设备在水力回收水轮机维修期间也能运转和使从动设备在水力回收水轮机的工艺流程流体管路接通之前就可起动。

C.3.4.4　流往水力回收水轮机的流量可能会大幅度地和频繁地改变。当流量下降到约40%的额定流量时，水力回收水轮机不仅不输出功率，还会对主驱动机施加阻力。装设超速离合器可以防止这种阻力。

C.3.4.5　千万不要把水力回收水轮机放置在主驱动机和从动设备之间。

C.3.5　发电机

如果使用含富气的工艺流程流体的水力回收水轮机来驱动发电机，则发电机的功率应定得较大，由于释放的气体或闪蒸液体的影响，水力回收水轮机的输出功率要比用水试验预测的输出功率能够高出多达20%至30%以上。

C.3.6　节流阀

对于大多数的应用场合，用来控制通往水力回收水轮机流量的调节阀应安装在水力回收水轮机的上游靠近进口处(参见图C.1)。布置在上游可以使机械密封在该水力回收水轮机的出口压力下工作，另外对于含有富气的工艺流程流体来说，可以使气体释放，气体释放会增加功率输出。

C.3.7　旁通阀

无论水力回收水轮机的机组如何布置，必须安装一个具有调节能力的全流量旁通阀。可调节的旁通阀和水力回收水轮机进口调节阀的共同控制一般是借助于一个差层式的装置来实现的(参见图C.1)。

C.3.8　安全阀

为保护水力回收水轮机出口机壳的安全和使机械密封免受下游可能出现的背压瞬变的影响，应当考虑在水力回收水轮机出口管路内安装一个安全阀(参见图C.1)。

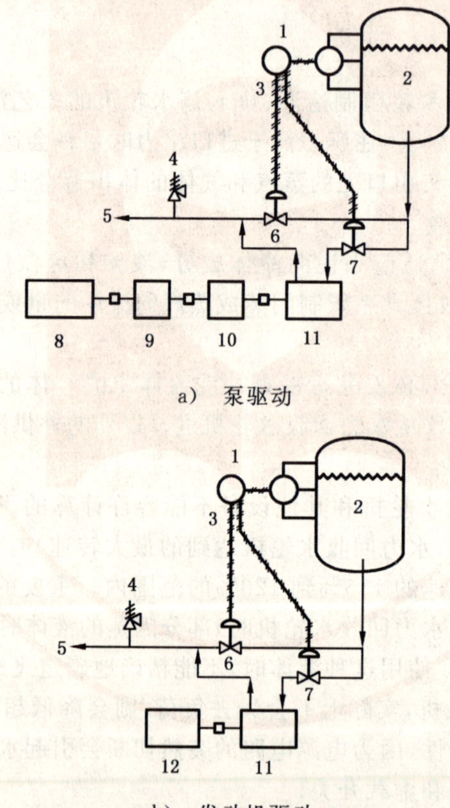

1——液位指示器，控制器；
2——高压容器；
3——差层式装置；
4——安全阀；
5——通往低压容器；
6——旁通阀；
7——进口节流阀；
8——泵；
9——电机；
10——超速离合器；
11——水力回收水轮机；
12——发电机。

图C.1　水力回收水轮机的典型布置

C.4 试验

C.4.1 水力回收水轮机应当在制造厂的试验台上进行性能试验。水力和机械性能的保证应当以水试验为依据。

C.4.2 图 C.2 所示为推荐的水力回收水轮机试验性能允差。本标准的正文中给出的泵的准则(试验性能允差要求)在此不适用。

C.4.3 水力回收水轮机的振动级应当达到本标准正文中对泵给出的振动级要求。

C.4.4 在制造厂的试验台上通过试验来验证水力回收水轮机的超速跳闸装置是有益的。可以考虑在水试验期间确定飞逸转速,不过一旦知道用水试的性能,就能够精确地计算出该飞逸转速。对于含富气的蒸汽,用水试验不能确定其飞逸转速。

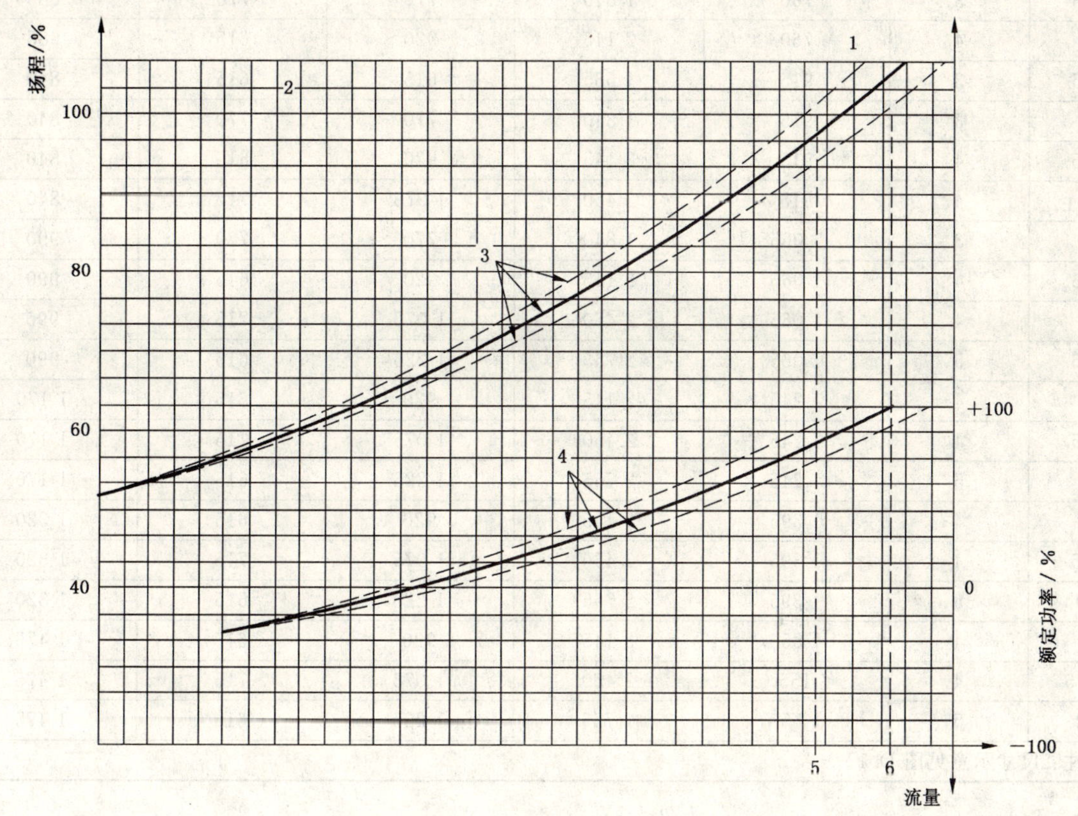

1——额定流量;

2——额定扬程;

3——典型的扬程与流量曲线;

4——典型的功率与流量曲线;

5——低侧允差(95%);

6——高侧允差(105%)。

图 C.2 水力回收水轮机试验性能允差

附 录 D
（规范性附录）
标 准 底 座

表 D.1 标准底座的尺寸

单位为毫米

底座号	每侧孔数	l_1 ±13	l_2 ±25	l_3 ±3	l_4 ±3	l_5 ±3
0.5	3	760	1 230	465	465	685
1	3	760	1 535	615	615	685
1.5	3	760	1 840	770	770	685
2	4	760	2 145	920	615	685
2.5	3	915	1 535	615	615	840
3	3	915	1 840	770	770	840
3.5	4	915	2 145	920	615	840
4	4	915	2 450	1 075	715	840
5	3	1 065	1 840	770	770	990
5.5	4	1 065	2 145	920	615	990
6	4	1 065	2 450	1 075	715	990
6.5	5	1 065	2 755	1 225	615	990
7	4	1 245	2 145	920	615	1 170
7.5	4	1 245	2 450	1 075	715	1 170
8	5	1 245	2 755	1 225	615	1 170
9	4	1 395	2 145	920	615	1 320
9.5	4	1 395	2 450	1 075	715	1 320
10	5	1 395	2 755	1 225	615	1 320
11	4	1 550	2 145	920	615	1 475
11.5	4	155	2 450	1 075	715	1 475
12	5	1 550	2 755	1 225	615	1 475

注：尺寸示意见图 D.1。

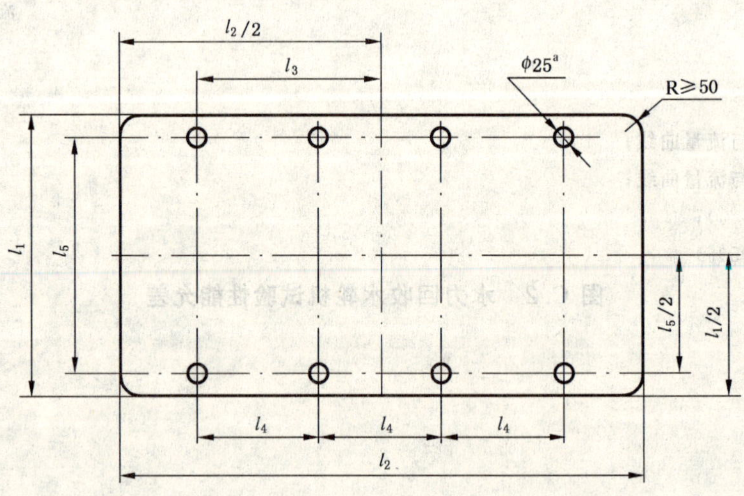

a 用于 22 mm 直径的地脚螺栓。

图 D.1 标准底座图

附 录 E
（资料性附录）
检查员的核查清单

下面核查表中列出的各层次的特点规定如下：
第一层次主要用于一般使用条件的泵；
第二层次包括性能和材料的要求，比第一层次要求严格；
第三层次的条款应当考虑用于苛刻使用条件下的泵。
第一栏中指出要求的检查是：
——C：仅仅是合格证；
——O：监察性检查；
——W：目睹检查。

表 E.1 检查员的检查清单

要求的检查	项 目	ISO 13709 子条款号	检查日期	检查人员	状况
	第一层次——基本级别				
	泵壳标志(序号)	5.13.3			
	电机与电器元件的地区分类	5.1.24			
	泵壳丝顶	5.3.13			
	管口规格、额定等级及粗糙度	外形图 5.4.1.1;5.4.2			
	底座要求	6.3.1;6.3.2;6.3.3;6.3.4;6.3.7;6.3.8;6.3.9;6.3.10;6.3.11;6.3.13;6.3.14;6.3.15;6.3.17;6.3.18			
	检定合格的水压试验	7.3.2.1			
	允差内的性能(合格的)	7.3.3.4c)			
	允差内的必需汽蚀余量(合格的)	7.3.4.2.3			
	极限内的振动	7.3.3.4a)			
	转向箭头	5.13.4			
	外形尺寸和接头部位[a]	外形图			
	地脚螺栓布置及规格[a]	外形图			
	辅助管路流程图	附录 B			
	管路系统与安装	6.5.1			
	设备铭牌数据	5.13.2			
	受约束的转子	7.4.1			
	库存储藏说明	7.4.2			
	防锈	7.4.3.4;7.4.3.5;7.4.3.10			
	涂漆	7.4.3.3			

表 E.1(续)

要求的检查	项　　目	ISO 13709 子条款号	检查日期	检查人员	状况
	发货准备	7.4.1;7.4.3.6;7.4.3.7			
	发货文件和标签	7.4.3.9;7.4.4;7.4.6			
	第二层次——中间级别(第一层次的增加项)				
	子卖方采购订单的复印件				
	材料合格证	5.12.1.8			
	无损探伤(零部件)	5.12.1.5;7.2.2.1			
	目睹水静压试验	7.3.2.1			
	制造过程记录(跳动、间隙)	5.6.6;5.6.8;5.6.10;5.6.13; 5.7.4;8.2.2.4;8.3.3.2; 8.3.4.2;8.3.8.2.1;8.3.12.2d)			
	目睹性能试验和 NPSH 试验	7.3.3;7.3.4.2			
	第三层次——特殊级别(第一和第二层次的增加项)				
	批准的焊接程序	5.12.3.1			
	批准的补焊	5.12.3.2			
	补焊图	无			
	叶轮/转子平衡	5.9.4;8.2.4.2			
	试验后检查轴承	8.2.7.5			
	管口力和力矩试验	6.3.6			
	整台机组试验	7.3.4.3			
	声功率级试验	7.3.4.4			
	辅助设备试验	7.3.4.5			
	(轴承箱)共振试验	7.3.4.6;8.3.9.2			

a　按已经确认的尺寸外形图检查。

附 录 F
（规范性附录）
管道设计准则

F.1 卧式泵

F.1.1 可以接受的管路构形不应当引起泵与驱动机之间过大的不对中。泵管口负荷处在表 4 规定限度内的管路构成将会使泵壳（体）变形限制在泵制造厂设计准则的一半以内（参见 5.3.3）并保证泵轴位移小于 250 μm。

F.1.2 造成泵管口各分负荷超出表 4 规定范围之外的管路构成，在未同泵制造厂协商情况下，只要满足 F.1.2a)～F.1.2c) 规定的条件，则这种管路构成也是可以接受的。满足这些条件将会保证泵壳的任何变形将处在制造厂的设计准则之内（参见 5.3.3），并保证泵的轴位移小于 380 μm。

a) 作用在每个泵管口法兰上的各个分力和分力矩不得超过表 4（在此用 T4 或下角标 T4 表示表 4 的规定值）规定限度的 2 倍以上。

b) 作用在每个泵管口法兰上的合成外加力（F_{RSA}、F_{RDA}）和合成外加力矩（M_{RSA}、M_{RDA}）应当满足公式（F.1）和（F.2）的规定。

$$[F_{RSA}/(1.5\times F_{RST4})]+[M_{RSA}/(1.5\times M_{RST4})]\leqslant 2 \quad\cdots\cdots(F.1)$$

$$[F_{RDA}/(1.5\times F_{RDT4})]+[M_{RDA}/(1.5\times M_{RDT4})]\leqslant 2 \quad\cdots\cdots(F.2)$$

c) 作用在每个泵管口法兰上的外加分力和分力矩必须平移到该泵的中心。外加的合力（F_{RCA}）、外加合力矩（M_{RCA}），以及外加力矩应当满足公式（F.3）、（F.4）和（F.5）的规定（在计算这些方程式时应当采用图 20～图 24 所示的惯用符号和右手法则）。

$$F_{RCA}<1.5(F_{RST4}+F_{RDT4}) \quad\cdots\cdots(F.3)$$

$$|M_{YCA}|<2.0(M_{YST4}+M_{YDT4}) \quad\cdots\cdots(F.4)$$

$$M_{RCA}<1.5(M_{RST4}+M_{RDT4}) \quad\cdots\cdots(F.5)$$

式中：

$$F_{RCA}=[(F_{XCA})^2+(F_{YCA})^2+(F_{ZCA})^2]^{0.5}$$

式中：

$$F_{XCA}=F_{XSA}+F_{XDA}$$

$$F_{YCA}=F_{YSA}+F_{YDA}$$

$$F_{ZCA}=F_{ZSA}+F_{ZDA}$$

$$M_{RCA}=[(M_{XCA})^2+(M_{YCA})^2+(M_{ZCA})^2]^{0.5}$$

式中：

$$M_{XCA}=M_{XSA}+M_{XDA}-[(F_{YSA})(zS)+(F_{YDA})(zD)-(F_{ZSA})(yS)-(F_{ZDA})(yD)]/1\,000$$

$$M_{YCA}=M_{YSA}+M_{YDA}+[(F_{XSA})(zS)+(F_{XDA})(zD)-(F_{ZSA})(xS)-(F_{ZDA})(xD)]/1\,000$$

$$M_{ZCA}=M_{ZSA}+M_{ZDA}-[(F_{XSA})(yS)+(F_{XDA})(yD)-(F_{YSA})(xS)-(F_{YDA})(xD)]/1\,000$$

常数 1 000 是 mm 换成 m 的换算系数。

F.1.3 造成泵管口超出 F.1.2 允许限度的管路构成，必须由买卖双方共同批准。

F.2 立式管道泵

仅依靠连接管路来支承的立式管道泵可以承受超出表 4 所示值 2 倍以上的管路分负荷，条件是这些负荷在两个泵管口中任何一个泵管口上都不致于引起超过 41 N/mm² 的主应力。为计算需要，管口纵断面的管壁厚，按壁厚等级为 40 号管的壁厚（壁厚等级为 40 号管的公称口径等于相应的泵口径）。

可以按公式(F.6)、(F.7)、(F.8)来分别计算泵口上的主应力、纵向应力以及剪切应力。

$$\sigma_P = (\sigma/2) + (\sigma^2/4 + \tau^2)^{0.5} < 41 \quad \cdots\cdots(F.6)$$

$$\sigma_I = [1.27 \times F_Y/(D_o^2 - D_i^2)] + [10\ 200 \times D_o(M_X^2 + M_Z^2)^{0.5}]/(D_o^4 - D_i^4) \quad \cdots\cdots(F.7)$$

$$\tau = [1.27 \times (F_X^2 + F_Z^2)^{0.5}]/(D_o^2 - D_i^2) + [5\ 100 \times D_o(|M_Y|)]/(D_o^4 - D_i^4) \quad \cdots\cdots(F.8)$$

式中：

σ_P——主应力，单位为兆帕(MPa)；

σ_I——纵向应力，单位为兆帕(MPa)；

τ——剪切应力，单位为兆帕(MPa)；

F_X——施加在 X 轴上的力；

F_Y——施加在 Y 轴上的力；

F_Z——施加在 Z 轴上的力；

M_X——施加在 X 轴上的力矩；

M_Y——施加在 Y 轴上的力矩；

M_Z——施加在 Z 轴上的力矩；

D_i,D_o——管口的内径和外径，单位为毫米(mm)。

F_X、F_Y、F_Z、M_X、M_Y 以及 M_Z 代表作用在吸入口或吐出口上的外加负荷，省略角标 SA 和 DA，以便简化公式(在计算时还要加上)。如果外加负荷使泵管口受到拉伸，则 F_Y 的符号为“正”；如果负荷使泵管口受到压缩，则其符号为“负”。人们必须查看图 20 和外加于泵管口的负荷，以便确定泵管口究竟是受到“拉伸”还是受到“压缩”。在公式(F.8)中 M_Y 用绝对值。

F.3 名词术语

下列定义适用于 F.4 的典型问题：

C——泵中心。对于有两个支架的 OH 2 型泵和 BB 2 型泵，泵中心通过泵轴中心线与通过两个支承中心的垂直平面的相交点来确定(参见图 22 和图 23)。对于 BB 1、BB 3、BB 4 和 BB 5 型泵有 4 个支承支架，泵中心通过泵轴中心线与通过 4 个支承中心的中间点的垂直平面的相交点来确定(参见图 24)；

下角标 D——吐出口；

D_i——壁厚等级 40 号管子的内径，其公称口径等于该泵口口径，单位为毫米(mm)；

D_o——壁厚等级 40 号管子的外径，单位为毫米(mm)；

F——力，单位为牛(N)；

F_R——合力(F_{RSA} 和 F_{RDA} 是对作用于泵管口法兰上的各外加分力利用“平方之和的平方根”方法计算出来的。F_{RST4} 和 F_{RDT4} 是利用近似的泵管口径从表 4 中获得的)；

M——力矩，单位为牛米(N·m)；

M_R——合力矩 M_{RSA} 和 M_{RDA}。(该力矩是对作用于泵管口法兰上的各外加分力矩利用“平方之和的平方根”方法计算出来的。M_{RST4} 和 M_{RDT4} 是利用近似的泵管口径从表 4 中获得的)；

σ_P——主应力，单位为兆帕(MPa)；

σ_I——纵向应力，单位为兆帕(MPa)；

τ——剪切应力，单位为兆帕(MPa)；

下角标 s——吸入口；

x、y、x——管口法兰相对于泵中心的位置坐标，单位为毫米(mm)；

X、Y、Z——负荷的方向(见图 20～图 24)；

下角标 A——施加的负荷；

下角标 T4——从表 4 中获得的负荷。

F.4 典型问题举例

F.4.1 例 1A

F.4.1.1 问题

对一台悬臂型式轴向吸入式流程泵(OH 2),泵管口径和位置坐标如表 F.1 所示,泵管口的外加负荷如表 F.2 所示。本问题是要确定是否满足 F.1.2a)、F.1.2b)及 F.1.2c)规定的条件。

F.4.1.2 解法

F.4.1.2.1 条件的校核[F.1.2a)]如下:

对于 DN 250 的轴向吸入口:

$$|F_{XSA}/F_{XST4}| = |+12\ 900/6\ 670| = 1.93 < 2.00$$

$$|F_{YSA}/F_{YST4}| = |0/5\ 340| = 0 < 2.00$$

$$|F_{ZSA}/F_{ZST4}| = |-8\ 852/4\ 450| = 1.99 < 2.00$$

$$|M_{XSA}/M_{XST4}| = |-1\ 356/5\ 020| = 0.27 < 2.00$$

$$|M_{YSA}/M_{YST4}| = |-5\ 017/2\ 440| = 2.06 > 2.00$$

$$|M_{ZSA}/M_{ZST4}| = |-7\ 458/3\ 800| = 1.96 > 2.00$$

由于 M_{YSA} 超过表 4 规定限度的 2 倍以上,它不能令人满意,假设 M_{YSA} 能够降低到 −4 879,则:

$$|M_{YSA}/M_{YST4}| = |-4\ 879/2\ 440| = 1.999 < 2.00$$

对于 DN 200 的顶部吐出口:

$$|F_{XDA}/F_{XDT4}| = |+7\ 117/3\ 780| = 1.88 < 2.00$$

$$|F_{YDA}/F_{YDT4}| = |-445/3\ 110| = 0.14 < 2.00$$

$$|F_{ZDA}/F_{ZDT4}| = |+8\ 674/4\ 890| = 1.77 < 2.00$$

$$|M_{XDA}/M_{XDT4}| = |+678/3\ 530| = 0.19 < 2.00$$

$$|M_{YDA}/M_{YDT4}| = |-3\ 390/1\ 760| = 1.93 < 2.00$$

$$|M_{ZDA}/M_{ZDT4}| = |-4\ 882/2\ 580| = 1.89 < 2.00$$

倘若 M_{YSA} 能够降低到 −4 879,则作用在每台泵口上的外加管路负荷满足 F.1.2a)规定条件。

表 F.1 例 1A 的泵口口径和位置坐标

泵口	口径 DN	x/mm	y/mm	z/mm
吸入口	250	+267	0	0
吐出口	200	0	−311	+381

表 F.2 例 1A 的泵口外加负荷

力	值/N	力矩	值/(N·m)
		吸入口	
F_{XSA}	+12 900	M_{XSA}	−1 356
F_{YSA}	0	M_{YSA}	−5 017[a]
F_{ZSA}	−8 852	M_{ZSA}	−7 458
		吐出口	
F_{XDA}	+7 117	M_{XDA}	+678
F_{YDA}	−445	M_{YDA}	−3 390
F_{ZDA}	+8 674	M_{ZDA}	−4 882

[a] 见 F.4.1.2.1。

F.4.1.2.2 条件的校核[F.1.2b)]如下：

对于吸入口，利用“平方之和的平方根”方法确定 F_{RSA} 和 M_{RSA}：

$$F_{RSA}=[(F_{XSA})^2+(F_{YSA})^2+(F_{ZSA})^2]^{0.5}=[(+12\ 900)^2+(0)^2+(-8\ 852)^2]^{0.5}=15\ 645$$

$$M_{RSA}=[(M_{XSA})^2+(M_{YSA})^2+(M_{ZSA})^2]^{0.5}=[(-1\ 356)^2+(-4\ 879)^2+(-7\ 458)^2]^{0.5}=9\ 015$$

代入公式(F.1)：

$$F_{RSA}/(1.5\times F_{RST4})+M_{RSA}/(1.5\times M_{RST4})\leqslant 2$$

$$15\ 645/(1.5\times 9\ 630)+9\ 015/(1.5\times 6\ 750)\leqslant 2$$

$$1.96<2$$

对于吐出口，利用求出 F_{RSA} 和 M_{RSA} 所用的同样方法确定 F_{RDA} 和 M_{RDA}：

$$F_{RDA}=[(F_{XDA})^2+(F_{YDA})^2+(F_{ZDA})^2]^{0.5}=[(+7\ 117)^2+(-445)^2+(+8\ 674)^2]^{0.5}=11\ 229$$

$$M_{RDA}=[(M_{XDA})^2+(M_{YDA})^2+(M_{ZDA})^2]^{0.5}=[(+678)^2+(-3\ 390)^2+(-4\ 882)^2]^{0.5}=5\ 982$$

代入公式(F.2)：

$$F_{RDA}/(1.5\times F_{RDT4})+M_{RDA}/(1.5\times M_{RDT4})\leqslant 2$$

$$11\ 229/(1.5\times 6\ 920)+5\ 982/(1.5\times 4\ 710)\leqslant 2$$

$$1.93<2$$

作用于在每个泵管口上的各负荷满足公式(F.1)和(F.2)的规定，所以 F.1.2b)规定的条件已被满足。

F.4.1.2.3 条件的校核[F.1.2c)]如下：

为了校核这一条件，把外加的各分力和力矩平移和分解到该泵的中心，按如下步骤确定 F_{RCA}[参见 F.1.2c)]，

$$F_{XCA}=F_{XSA}+F_{XDA}$$

$$F_{YCA}=F_{YSA}+F_{YDA}$$

$$F_{ZCA}=F_{ZSA}+F_{ZDA}$$

$$F_{RCA}=[(F_{XCA})^2+(F_{YCA})^2+(F_{ZCA})^2]^{0.5}$$

$$F_{XCA}=(+12\ 900)+(+7\ 117)=+20\ 017$$

$$F_{YCA}=(0)+(-445)=-445$$

$$F_{ZCA}=(-8\ 852)+(+8\ 674)=-178$$

$$F_{RCA}=[(+20\ 017)^2+(-445)^2+(-178)^2]^{0.5}=20\ 023$$

代入公式(F.3)：

$$F_{RCA}<1.5\times(F_{RST4}+F_{RDT4})$$

$$20\ 023<1.5\times(9\ 630+6\ 920)$$

$$20\ 023<24\ 825$$

按如下步骤确定 M_{YCA}[参见 F.1.2c)]：

$$\begin{aligned}M_{YCA}&=M_{YSA}+M_{YDA}+[(F_{XSA})(zS)+(F_{XDA})(zD)-(F_{ZSA})(xS)-(F_{ZDA})(xD)]/1\ 000\\&=(-4\ 879)+(-3\ 390)+[(+12\ 900)(0.00)+(+7\ 117)(+381)\\&\quad-(-8\ 852)(+267)-(+8\ 674)(0.00)]/1\ 000\\&=-3\ 194\end{aligned}$$

代入公式(F.4)：

$$|M_{YCA}|<2.0(M_{YST4}+M_{YDT4})$$

$$|-3\ 194|<2.0(2\ 440+1\ 760)$$

$$3\ 194<8\ 400$$

如按如下步骤确定 M_{RCA}[参见 F.1.2c)]：

$$M_{XCA}=M_{XSA}+M_{XDA}-[(F_{YSA})(zS)+(F_{YDA})(zD)-(F_{ZSA})(yS)-(F_{ZDA})(yD)]/1\,000$$

$$M_{YCA}=M_{YSA}+M_{YDA}+[(F_{XSA})(zS)+(F_{XDA})(zD)-(F_{ZSA})(xS)-(F_{ZDA})(xD)]/1\,000$$

$$M_{ZCA}=M_{ZSA}+M_{ZDA}-[(F_{XSA})(yS)+(F_{XDA})(yD)-(F_{YSA})(xS)-(F_{YDA})(xD)]/1\,000$$

$$M_{RCA}=[(M_{XCA})^2+(M_{YCA})^2+(M_{ZCA})^2]^{0.5}$$

$$M_{XCA}=(-1\,356)+(+678)-[(0)(0.00)+(-445)(+381)-(-8\,852)(0.00)-(+8\,674)(-311)]/1\,000=-3\,206$$

$M_{YCA}=-3\,194$(见上述计算)

$$M_{ZCA}=(-7\,458)+(-4\,882)-[(+12\,900)(0.00)+(+7\,117)(-311)-(0)(+267)-(-445)(0.00)]/1\,000=-10\,127$$

$$M_{RCA}=[(-3\,206)^2+(-3\,194)^2+(-10\,127)^2]^{0.5}=11\,092$$

代入公式(F.5):

$$M_{RCA}<1.5\times(M_{RST4}+M_{RDT4})$$

$$11\,092<1.5\times(6\,750+4\,710)$$

$$11\,092<17\,190$$

所以F.1.2c)的所有要求已被满足。

F.4.2 例2A

F.4.2.1 问题

对一台DN 80×DN 100×178 mm立式管道泵(OH 3～OH 6),建议的外加管口负荷如表F.3所示,经检查,F_{ZSA}、M_{ZSA}及M_{XDA}超出表4所示值2倍以上。正如F.2中所述,倘若计算出的主应力小于41 MPa,则这些分负荷是可以接受的。本问题是要确定吸入口和吐出口的主应力。

表F.3 例2A建议的外加管口负荷

力	值/N	力矩	值/(N·m)
		DN 100吸入口	
F_{XSA}	−2 224	M_{XSA}	+136
F_{YSA}	−5 338	M_{YSA}	−2 034
F_{ZSA}	+1 334	M_{ZSA}	+1 356
		DN 80吐出口	
F_{XDA}	+1 334	M_{XDA}	+2 712
F_{YDA}	−2 224	M_{YDA}	+271
F_{ZDA}	+445	M_{ZDA}	+136

F.4.2.2 解法

F.4.2.2.1 吸入口计算如下:

对公称口径为DN 100的壁厚等级为40号管子,$D_o=114$ mm和$D_i=102$ mm

$$D_o^2-D_i^2=(114)^2-(102)^2=2\,592$$

$$D_o^4-D_i^4=(114)^4-(102)^4=6.065\times10^7$$

$$[(F_{XSA})^2+(F_{ZSA})^2]^{0.5}=[(-2\,224)^2+(+1\,334)^2]^{0.5}=2\,593$$

$$[(M_{XSA})^2+(M_{ZSA})^2]^{0.5}=[(+136)^2+(+1\,356)^2]^{0.5}=1\,363$$

利用公式(F.7)来确定吸入口的纵向应力 σ_S：

作用在吸入口上的外加负荷 F_{YSA} 是负的 Y 方向，并将产生一个压缩应力，因而，对于 F_{YSA} 采用负号。

$$\sigma_S = [1.27 \times F_{YSA}/(D_o^2 - D_i^2)] + [10\,200 \times D_o(M_{XSA}^2 + M_{ZSA}^2)^{0.5}]/(D_o^4 - D_i^4)]$$

$$= [1.27 \times (-5\,338)/2\,592] + [10\,200 \times 114 \times 1\,363/(6.065 \times 10^7)] = 23.52$$

利用公式(F.8)来确定吸入口的剪切应力 τ_S：

$$\tau_S = [1.27 \times (F_{XSA})^2 + (F_{ZSA})^2]^{0.5}/(D_o^2 - D_i^2) + [5\,100 \times D_o(|M_{YSA}|)]/(D_o^4 - D_i^4)$$

$$= (1.27 \times 2\,593/2\,592) + [5\,100 \times 114 \times (|-2\,034|)]/(6.065 \times 10^7) = 20.77$$

利用公式(F.6)计算吸入口的主应力 $\sigma_{P,S}$：

$$\sigma_{P,S} = (\sigma/2) + (\sigma_S^2/4 + \tau_S^2)^{0.5} < 41$$

$$= (+23.52/2) + [(+23.52)^2/4 + (+20.77)^2]^{0.5} < 41$$

$$= +35.63 < 41$$

因此，吸入口负荷是令人满意的。

F.4.2.2.2 吐出口计算如下：

对于公称口径为 80 mm 的壁厚等级为 40 号管子，$D_o = 89$ mm 和 $D_i = 78$ mm。

$$D_o^2 - D_i^2 = (89)^2 - (78)^2 = 1\,837$$

$$D_o^4 - D_i^4 = (89)^4 - (78)^4 = 2.573 \times 10^7$$

$$[(F_{XDA})^2 + (F_{ZDA})^2]^{0.5} = [(+1\,334)^2 + (+445)^2]^{0.5} = 1\,406$$

$$[(M_{XDA})^2 + (M_{ZDA})^2]^{0.5} = [(+2\,712)^2 + (+136)^2]^{0.5} = 2\,715$$

利用公式(F.7)来确定吐出口的纵向应力 σ_D：

作用在吐出口上的外加负荷 F_{YDA} 是负的 Y 方向，并将产生一个拉伸应力，因而对于 F_{YDA} 采用正号。

$$\sigma_D = [1.27 \times F_{YDA}/(D_o^2 - D_i^2)] + [10\,200 \times D_o(M_{XDA}^2 + M_{ZDA}^2)^{0.5}]/(D_o^4 - D_i^4)]$$

$$= [1.27(+2\,224)/1\,837] + [10\,200 \times (89)(2\,715)]/2.573 \times 10^7 = 97.33$$

利用公式(F.8)来确定吐出口的剪切应力 τ_D：

$$\tau_D = [1.27 \times (F_{XDA})^2 + (F_{ZDA})^2]^{0.5}/(D_o^2 - D_i^2) + [5\,100 D_o(|M_{YDA}|)]/(D_o^4 - D_i^4)$$

$$= (1.27 \times 1\,406/1\,837) + [5\,100 \times 89 \times (|+271|)]/(2.573 \times 10^7) = 5.75$$

利用公式(F.6)来计算吐出口的主应力 $\sigma_{P,D}$：

$$\sigma_{P,D} = (\sigma_D/2) + (\sigma_D^2/4 + \tau_D^2)^{0.5} < 41$$

$$= (+97.33/2) + [(+97.33)^2/4 + (+5.75)^2]^{0.5}$$

$$= +97.67 > 41$$

因此，吐出口负荷太大，经检查，如果 M_{XDA} 减小 50%降低到 1 356 N·m，则合成的主应力还超过 41 MPa，因而，M_{XDA} 的最大值将是 M_{XDT4} 的 2 倍，即 1 900 N·m。

注：对于本例，M_{XDA} = 1 900 N·m 时，合成主应力还超过 41 MPa，这时只能选大的壁厚等级的管子。

附 录 G
（资料性附录）
材料等级选用指南

表 G.1 仅作为供流程装置内和流程装置外流体输送和进料的使用的一般指导用。如果没有专门的判断知识和使用经验，则不建议利用此表。

表 G.1 材料等级选用指南

使用条件	温度范围/℃	压力范围	材料等级	参见注
淡水、冷凝水和冷却塔水	<100	不限	Ⅰ-1 或 Ⅰ-2	
沸水和工业流程用水	<120	不限	Ⅰ-1 或 Ⅰ-2	a
	120～175	不限	S-5	a
	>175	不限	S-6、C-6	a
锅炉供水				
轴向剖分	>95	不限	C-6	
双层壳体（圆筒体）	>95	不限	S-6	
锅炉循环器	>95	不限	C-6	
污水、回流储罐水、排泄水以及含有水的烃类，包括回流液	<175	不限	S-3 或 S-6	b
	>175	不限	C-6	
丙烷、丁烷、液化石油气、氨、乙烯、低温使用（最低金属温度）	230	不限	S-1	
	>−46	不限	S-1(LCB)	h
	>−73	不限	S-1(LC2)	h
	>−100	不限	S-1(LC3)	h,i
	>−196	不限	A-7 或 A-8	h,i
柴油；汽油；石脑油；煤油；粗柴油；轻的、中等的和重润滑油；燃料油；残渣油；原油；沥青；合成原油底油	<230	不限	S-1	
	230～370	不限	S-6	b,c
	>370	不限	C-6	b
无腐蚀性烃类，例如催化重整油、加氢裂化油、脱硫油等	230～370	不限	S-4	c
二甲苯、甲苯、丙酮、苯、糖醛、甲乙基铜(MEK)、异丙基苯	<230	不限	S-1	
碳酸钠	<175	不限	I-1	
浓度<20%的苛性钠（氢氧化钠）	<100	不限	S-1	d
	>100	不限	—	e
海水	<95	不限	—	f
酸性水	<260	不限	D-1	
生产用后的水、地层水及盐水	不限	不限	D-1 或 D-2	f
硫磺（液态）	不限	不限	S-1	
FCC 浆	<370	不限	C-6	

表 G.1(续)

使用条件		温度范围/℃	压力范围	材料等级	参见注
碳酸钾		<175	不限	C-6	
		<370	不限	A-8	
乙醇胺、二乙醇胺、醇胺、原料溶液		<120	不限	S-1	
二乙醇胺、醇胺－贫溶液		<120	不限	S-1 或 S-8	d,g
乙醇胺－贫溶液(只有 CO_2)		80～150	不限	S-9	d
乙醇胺－贫溶液(CO_2 和 H_2S)		80～150	不限	S-8	d,g
乙醇胺、二乙醇胺、醇胺富溶液		<80	不限	S-1 或 S-8	d
硫酸浓度	>85%	<38	不限	S-1	b
	≤85%	<230	不限	A-8	b
浓度>96%的氢氟酸		<38	不限	S-9	b

注：各种材料等级的泵零件材料在附录 H 中已经列出。

凡是使用条件与本表所列的使用条件有明显不同时，应取得特定的具体推荐材料。

推荐用于化学物料的铸铁泵壳，只限于无危险的场合。在工艺流程装置附近使用的泵或者由于事故逸出的蒸汽会造成危险处境的泵，或者可能受到水力冲击(例如进料用)的泵应当采用钢制泵壳(5.12.1.6)。

a 水的含氧量和缓冲作用在选择材料时应予以考虑。

b 污水腐蚀度超过 230℃的烃类酸类和酸渣可能差别很大。应当取得各种工作条件下的推荐材料。上表中指出的材料等级对于很多这类工作条件是令人满意的，但必须经过验证。对于工作温度低于 95℃也可以考虑 S-8 材料。

c 如果物料的腐蚀性低，S-4 级材料可用于 231℃～370℃的使用条件。应取得各种工作条件下的推荐材料。

d 所有焊缝都应当消除应力。

e 应当使用 UNS N08007 或 Ni-Cu 合金泵材料。

f 对于海水、生产用后的水、地层水及盐水的工作条件，买方和卖方应该共同商定最适合预定使用条件的结构材料。

g 如果工作温度超过 95℃，买方应当考虑泵壳与转子之间不同材料膨胀的影响，并且应证实材料的适用性。

h 为低温作业条件所选择的材料应符合 5.12.4 和 5.12.1.6 的要求。所示的铸铁合金 ASTM A352、LCB、LC2 和 LC3 级仅供参考。对于可锻的合金使用同等材料。

i 基于铝、铜、铝铜和镍的合金材料也可以考虑实施－196℃的低温条件。

附　录　H
（规范性附录）
离心泵零件的材料和材料技术规范

表 H.1 中列出供买方选择的材料等级(参见 5.12.1.1)。

表 H.2、H.3、H.4 及 H.5 可以作为有关材料规范的指南。如果使用这些表格,在没有全面考虑它们适用哪些工作场合的情况下,则不应当假设该材料规范是可以接受的。表 H.2 列出了可以接受的相应于国际标准的材料。这些材料仅代表种类/型号和级别。这些要求的最终条件或硬度等级(适合使用之处)没有规定。对于所有的应用场合这些材料不可以互换。

表 H.1　离心泵零件的材料等级

零件	材料是否完全一致[a]	材料等级和材料缩写											
		I-1	I-2	S-1	S-3	S-4	S-5	S-6	S-8[k]	S-9[k]	C-6	A-7	A-8	D-1[i]	D-2[i]
		泵壳材料													
		铸铁	铸铁	钢	钢	钢	钢	钢	钢	钢	12%铬钢	奥氏体不锈钢	316 奥氏体不锈钢	双相不锈钢	优质双相不锈钢
		内部零件材料													
		铸铁	青铜	铸铁	耐蚀镍合金	钢	钢 12%铬钢	12%铬钢	16 奥氏体不锈钢	镍铜合金	12%铬钢	奥氏体不锈钢[b,c]	316 奥氏体不锈钢[c]	双相不锈钢	优质双相不锈钢
压力泵壳	是	铸铁	铸铁	碳钢	碳钢	碳钢	碳钢	碳钢	碳钢	碳钢	12%铬钢	奥氏体不锈钢	316 奥氏体不锈钢	双相不锈钢	优质双相不锈钢
内壳部件（碗形导流壳、导流体、隔板）	否	铸铁	青铜	铸铁	耐蚀镍合金	铸铁	碳钢	12%铬钢	316 奥氏体不锈钢	镍铜合金	12%铬钢	奥氏体不锈钢	316 奥氏体不锈钢	双相不锈钢	优质双相不锈钢
叶轮	是	铸铁	青铜	铸铁	耐蚀镍合金	碳钢	碳钢	12%铬钢	316 奥氏体不锈钢	镍铜合金	12%铬钢	奥氏体不锈钢	316 奥氏体不锈钢	双相不锈钢	优质双相不锈钢
泵壳耐磨环[j]	否	铸铁	青铜	铸铁	耐蚀镍合金	铸铁	12%铬钢淬火钢	12%铬钢淬火钢	硬面处理的 316 奥氏体不锈钢[d]	镍铜合金	12%铬钢淬火钢	硬面处理的奥氏体不锈钢[d]	硬面处理的 316 奥氏体不锈钢[d]	硬面处理的双相不锈钢[d]	硬面处理的优质双相不锈钢[d]

表 H.1(续)

零件	材料是否完全一致[a]	材料等级和材料缩写												
		I-1	I-2	S-1	S-3	S-4	S-5	S-6	S-8[k]	S-9[k]	C-6	A-7	A-8	D-1[i]	D-2[i]
		泵 壳 材 料													
		铸铁	铸铁	钢	钢	钢	钢	钢	钢	钢	12%铬钢	奥氏体不锈钢	316 奥氏体不锈钢	双相不锈钢	优质双相不锈钢
		内部零件材料													
		铸铁	青铜	铸铁	耐蚀镍合金	钢	钢 12%铬钢	12%铬钢	16 奥氏体不锈钢	镍铜合金	12%铬钢	奥氏体不锈钢[b,c]	316 奥氏体不锈钢[c]	双相不锈钢	优质双相不锈钢
叶轮耐磨环[j]	否	铸铁	青铜	铸铁	耐蚀镍合金	铸铁	12%铬钢淬火钢	12%铬钢淬火钢	硬面处理的 316 奥氏体不锈钢[d]	镍铜合金	12%铬钢淬火钢	硬面处理的奥氏体不锈钢[d]	硬面处理的 316 奥氏体不锈钢[d]	硬面处理的双相不锈钢[d]	硬面处理的优质双相不锈钢[d]
轴[e]	是	碳钢	碳钢	碳钢	碳钢	碳钢	AISI 4140 钢	AISI 4140 钢[e]	316 奥氏体不锈钢	镍铜合金	12%铬钢	奥氏体不锈钢	316 奥氏体不锈钢	双相不锈钢	优质双相不锈钢
喉部衬套[j]	否	铸铁	青铜	铸铁	耐蚀镍合金	铸铁	12%铬钢淬火钢	12%铬钢淬火钢	316 奥氏体不锈钢	镍铜合金	12%铬钢淬火钢	奥氏体不锈钢	316 奥氏体不锈钢	双相不锈钢	优质双相不锈钢
级间衬套[j]	否	铸铁	青铜	铸铁	耐蚀镍合金	铸铁	12%铬钢淬火钢	12%铬钢淬火钢	硬面处理的 316 奥氏体不锈钢[d]	镍铜合金	12%铬钢淬火钢	硬面处理的奥氏体不锈钢[d]	硬面处理的 316 奥氏体不锈钢[d]	硬面处理的双相不锈钢[d]	硬面处理的优质双相不锈钢[d]
泵壳和密封压盖的双头螺柱	是	碳钢	碳钢	AISI 4140 钢	AISI 4140 钢	AISI 4140 钢	AISI 4140 钢	AISI 4140 钢	AISI 4140 钢	镍铜合金淬火钢[h]	AISI 4140 钢	AISI 4140 钢	AISI 4140 钢	双相不锈钢[h]	优质双相不锈钢[h]
泵壳垫片	否	奥氏体不锈钢蜗形缠绕垫[f]	奥氏体不锈钢蜗形缠绕垫[f]	奥氏体不锈钢蜗形缠绕垫[f]	奥氏体不锈钢蜗形缠绕垫[f]	奥氏体不锈钢蜗形缠绕垫[f]	奥氏体不锈钢蜗形缠绕垫[f]	奥氏体不锈钢蜗形缠绕垫[f]	316 奥氏体不锈钢蜗形缠绕垫[f]	镍铜合金，蜗形缠绕垫，聚四氟乙烯[f]	奥氏体不锈钢蜗形缠绕垫[f]	奥氏体不锈钢蜗形缠绕垫[f]	316 奥氏体不锈钢蜗形缠绕垫[f]	双相不锈钢蜗形缠绕垫[f]	双相不锈钢蜗形缠绕垫[f]
吐出头/外层吸入圆筒	是	碳钢	碳钢	碳钢	碳钢	碳钢	碳钢	碳钢	碳钢	碳钢	奥氏体不锈钢	奥氏体不锈钢	316 奥氏体不锈钢	双相不锈钢	优质双相不锈钢

表 H.1(续)

零件	材料是否完全一致[a]	材料等级和材料缩写													
		I-1	I-2	S-1	S-3	S-4	S-5	S-6	S-8[k]	S-9[k]	C-6	A-7	A-8	D-1[i]	D-2[i]
		泵壳材料													
		铸铁	铸铁	钢	钢	钢	钢	钢	钢	钢	12%铬钢	奥氏体不锈钢	316奥氏体不锈钢	双相不锈钢	优质双相不锈钢
		内部零件材料													
		铸铁	青铜	铸铁	耐蚀镍合金	钢	钢 12%铬钢	12%铬钢	16奥氏体不锈钢	镍铜合金	12%铬钢	奥氏体不锈钢[b,c]	316奥氏体不锈钢[c]	双相不锈钢	优质双相不锈钢
排液管/碗形导流壳衬套	否	丁腈橡胶[g]	青铜	充填碳	丁腈橡胶[g]	充填碳	充填碳	充填碳	充填碳	充填碳	充填碳	充填碳	充填碳	充填碳	充填碳
过流的紧固件(螺栓)	是	碳钢	碳钢	碳钢	碳钢	碳钢	316奥氏体不锈钢	316奥氏体不锈钢	316奥氏体不锈钢	镍铜合金	316奥氏体不锈钢	316奥氏体不锈钢	316奥氏体不锈钢	双相不锈钢	优质双相不锈钢

a 参见5.12.1.4。

b 奥氏体不锈钢包括ISO 683-13-10/19(AISI标准302、303、304、316、321和347型)。

c 对于轴裸露在液体中和衬套中运转的立式悬吊式泵,除了对S-9、A-7、A-8和D-1级材料外,轴应当采用12%铬钢。如果使用液体允许,悬臂式(VS 5型)泵可以采用35CrMo型钢(参见附录G的表G.1)。

d 除非另有规定,对每种具体应用条件是否需要采取硬面处理和特殊的硬面覆盖材料,应当由卖方决定并且在报价单中作以说明。硬面处理的替代办法可以包括采用宽松的运转间隙(见5.7.4)或采用无咬合倾向的材料,这应取决于抽送液体的腐蚀性而定。

e 对于S-6级材料,如果温度超过175℃或如果用于锅炉给水(参见附录G的表G.1),其轴的材料应当采用12%铬钢。

f 如果提供轴向剖分泵壳的泵,适合使用的薄垫片是可以接受的。蜗形缠绕垫应当含有适合使用条件的充填材料。如果被证实适合工作条件,并且取得买方的专门批准,可以建议并提供除蜗形缠绕垫片之外的垫片。

g 对于液体温度超过45℃或其他特殊的使用条件,可以换用替代材料。

h 除非另有规定,AISI 4140钢可以用于非过流部位(即流动介质不接触的)的泵壳和密封压盖的双头螺柱。

i 某些应用场合可以需要高于表H.2中所列双相不锈钢材料等级的合金。
“优质双相不锈钢”材料级别与耐蚀当量值(PRE)值大于40是必要的。
当PRE值以化学成分分析为依据时,PRE≥40。

$$PRE = \%铬_{自由} + (3.3\times\%钼) + (2\times\%铜) + (2\times\%钨) + (16\times\%氮)$$
$$= [(\%铬) - (14.5\times\%碳)] + (3.3\times\%钼) + (2\times\%铜) + (2\times\%钨) + (16\times\%氮)$$

注意:也可以考虑采用诸如“优质双相不锈钢”的替代材料。

j 非金属磨损件材料如果被证实适合于规定的工艺流程液体,则表H.4中所列的应用场合限定范围内可以予以推荐。

k 如果工作温度超过95℃,卖方应当考虑在泵壳和转子之间不同材料膨胀的影响并应证实材料的适用性。

表 H.2 离心泵部件的材料规范

材料类别	应用	国际标准 ISO	美国标准 ASME	美国标准 UNS[a]	欧洲标准 EN[b]	欧洲标准 等级	欧洲标准 材料号	日本标准 JIS
铸铁	承压铸件	185/Gr. 250	A 278 级 30	F12401	EN 1561	EN-GJL-250	JL1040	G5501,FC300
	一般铸件	185/Gr. 300	A 48 级 25/30/40	F11701/ F12101	EN 1561	EN-GJL-250 EN-GJL-300	JL1040 JL1050	G5501, FC250/300
碳钢	承压铸件	4991 C23-45AH	A 216/Gr. WCB	J03002	EN 10213-2	GP240 GH	1.0619	G5151,CI SCPH2
	轧材/锻件	683-18-C25	A 266 级 2	K03506	EN 10222-2	P280 GH	1.0426	G3202,CI SFVC2A
	棒材:承压	683-18-C25	A 696 Gr. B40	G10200	EN 10273	P295 GH	1.0481	G4051,CI S25C
	棒材:一般	683-18-C45e	A 576 Gr. 1045	G10450	EN 10083-2	C45	1.0503	G4051,CI S45C
	螺栓和双头螺栓(一般)	2604-2-F31	A 193 Gr. B7	G41400	EN 10269	42Cr. Mo4	1.7225	G4107,2 级,SNB7
	螺母(一般)	683-1-C35e	A 194 Gr. 2H	K04002	EN 10269	C35E	1.1181	G4051,CI S45C
	板材	9328-4 P355 TN/PL 355TN	A516 Gr. 65/70	K02403/ K02700	EN 10028-3	P355N P355NL1	1.0562 1.0566	G3106,Gr. SM 400B
	管材	9329-2 PH26	A106 Gr. B	K03006	EN 10208-1	L245GA	1.0459	G3456,Gr. STPT 370/410
	管配件		A105	K03504				G4051,CI S25C G3202,CISFVC2A,SFVC2B
AISI4140 钢	棒材		A 434 BB 级 A 434 BC 级	G41400[c]	EN 10083-1	42 Cr. Mo4	1.7225	G4105,CISCM440
	螺栓和螺柱		A 193 Gr. B7	G41400	EN 10269	42 Cr. Mo4	1.7225	G4107,2 级,SNB7
	螺母	2604-2-F31	A 194 Gr. 2H	K04002	EN 10269	C45E	1.1191	G4051,CICIS45C
12%铬钢	承压铸件		A 217 Gr. CA15	J91150	EN 10213-2	GX8Cr Ni12	1.4107	G5121, CI SCS1
			A 487 Gr. CA6NM	J91540	EN 10213-2	GX4Cr Ni13-4	1.4317	G5121, CI SCS6

表 H.2(续)

材料类别	应用	国际标准	美国标准		欧洲标准			日本标准
		ISO	ASME	UNS[a]	EN[b]	等级	材料号	JIS
12%铬钢	一般铸件		A 743 Gr. CA15	J91150	EN 10283	GX12 Cr 12	1.4011	
			A 743 Gr. CA6NM	J91540	EN 10283	GX4Cr Ni13-4	1.4317	
	轧材/锻件:承压	683-13-3	A 182 Gr. F6aCl1 A 182 Gr. F6NM	S41000 S41500	EN 10250-4 EN 10222-5	X12Cr 13 X3CrNiMo 13-4-1	1.4006 1.4313	G3214Gr. SUS 410-A G3214,Cl SUS F6NM
	轧材/锻件:一般	683-13-2	A 473 型 410	S41000	EN 10088-3	X12Cr 13	1.4006	G3214Gr. SUS 410-A
	棒材: 承压	683-13-3	A 479 型 410	S41000	EN 10272	X12Cr 13	1.4006	G4303,Gr. SUS 410 或 403
	棒材: 一般	683-13-3	A 276 型 410	S41400	EN 10088-3	X12Cr 13	1.4006	G4303,Gr. SUS 403 或 410
	棒材: 锻件[c]	683-13-4	A 276 型 420 A 473 型 416 A 582 型 416	S42000 S41600 S41600	EN 10088-3	X20Cr 13 X20Cr S13 X20Cr S13	1.4021 1.4005 1.4005	G4303,Gr. SUS 420 J1 或 420 J2
	螺栓和螺柱[d]	3506-1, C4-70	A 193 Gr. B6	S41000	EN 10269	X22CrMoV 12-1	1.4923	G4303,Gr. SUS 403 或 410
	螺母[d]	3506-2, C4-70	A194 Gr. 6	S41000	EN 10269	X22CrMoV 12-1	1.4923	G4303,Gr. SUS 403 或 410
	板材	683-13-3	A 240 型 410	S41000	EN 10088-2	X12Cr 13	1.4006	G4304/4305,Gr. SUS 403 或 410
奥氏体不锈钢	承压铸件	683-13-10	A 351 Gr. CF3	J92500	EN 10213-4	GX2Cr Ni 19-11	1.4309	G5121, CI SCS13A
		683-13-19	A 351 Gr. CF3M	J92800	EN 10213-4	GX2CrNiMo 19-11-2	1.4409	G5121, CI SCS14A

表 H.2(续)

材料类别	应用	国际标准 ISO	美国标准		欧洲标准			日本标准 JIS
			ASME	UNS[a]	EN[b]	等级	材料号	
奥氏体 不锈钢	一般铸件		A 743 Gr. CF3	J92500	EN 10283	GX2Cr Ni 19-11	1.4309	G5121, CI SCS13A
			A 743 Gr. CF3M	J92800	EN 10283	GX2CrNiMo 19-11-2	1.4409	G5121, CI SCS14A
	轧材/锻件	9327-5 XCrNi 18-10	A 182 Gr. F304L	S30403	EN 10222-5	X2CrNi 19-11	1.4306	G3214 Gr. SUS F304L
		9327-5 XCrNiMo 17-12	A 182 Gr. F316L	S31603	EN 10222-5 EN 10250-4	X2CrNiMo 17-12-2	1.4404	G3214 Gr. SUS F3316L
	棒材[c]	9327-5 X2CrNi18-10 9327-5 X2CrNiMo 17-12	A 479 型 304L A 479 型 316L	S30403 S31603	EN 10088-3 EN 10088-3	X2CrNi 19-11 X2CrNiMo 17-12-2	1.4306 1.4404	G4303,Gr. SUS 304L G4303,Gr. SUS 316L
			A 479 型 XM19	S20910				
	板材	9328-5 X2CrNiMo 17-12-2	A 240 Gr. 304L/ 316L	S30403 S31603	EN 10028-7 EN 10028-7	X2CrNi 19-11 X2CrNiMo 17-12-2	1.4306 1.4404	G4304/305, Gr. SUS 04L/316L
	管材	683-13-10 683-13-19	A 312 型 304L 316L	S30403 S31603				G3459,Gr. SUS 304LTP/ 316LTP
	管配件	9327-5 X2CrNi18-10 9327-5 X2CrNiMo 17-12	A 182 Gr. F304L Gr. F316L	S30403 S31603	EN 10222-5	X2CrNi 19-11 X2CrNiMo 17-12-2	1.4306 1.4404	G3214, Gr. SUS F304L/ 316L
	螺栓和螺柱	3506-1, A4-70	A 193 Gr. B8M	S31600	EN 10250-4	X6CrNiMoTi 17-12-2	1.4571	G4303, Gr. SUS 316
	螺母	3506-2, A4-70	A 194 Gr. B8M	S31600	EN 10250-4	X6CrNiMoTi 17-12-2	1.4571	G4303, Gr. SUS 316

表 H.2(续)

材料类别	应用	国际标准 ISO	美国标准 ASME	美国标准 UNS[a]	欧洲标准 EN[b]	欧洲标准 等级	欧洲标准 材料号	日本标准 JIS
双相不锈钢	承压铸件		A 351 Gr. CD4MCu A 390Gr1B	J93370 J93372	EN 10213-4	GX2CrNiMoCuN 25-6-3-3	1.4517	
			A 890 Gr. 3[c]	J93371				G5121, Gr. SCS11
			A 890 Gr. 4[c]	J92205	EN 0213-4	GX2CrNiMoCuN 25-6-3-3	1.4517	G5121, Gr. SCS10
	轧材/锻件	9327-5 X2CrNiMoN 22-5-3	A 182 Gr. F51	S31803	EN 0250-4 EN 0222-5	X2CrNiMoN 22-5-3	1.4462	
			A 479	S32550	EN 10088-3	X2CrNiMoCuN 25-6-3	1.4507	
	棒材	9327-5 X2CrNiMoN 22-5-3	A 276-S31803	S31803	EN 10088-3	X2CrNiMoN 22-5-3	1.4462	G4303 Gr. SUS 329 J3L
	板材		A 240-S31803	S31803	EN 10028-7	X2CrNiMoN 22-5-3	1.4462	G4304/G4305 Gr. SUS 329 J3L
	管材		A 790-S31803	S31803				G3459, Gr. SUS 329 J3L TP
	管配件	9327-5 X2CrNiMoN 22-5-3	A 182 Gr. F51	S31803	EN 0250-4 EN 0222-5	X2CrNiMoN 22-5-3	1.4462	B2312/B2316 Gr. SUS 329 J3L
	螺栓和螺柱		A 276-S31803	S31803	EN 10088-3	X2CrNiMoN 22-5-3	1.4462	G4303, Gr. SUS 329 J3L
	螺母		A 276-S31803	S31803	EN 10088-3	X2CrNiMoN 22-5-3	1.4462	G4303, Gr. SUS 329 J3L

表 H.2(续)

材料类别	应　用	国际标准 ISO	美国标准		欧洲标准			日本标准 JIS
			ASME	UNS[a]	EN[b]	等级	材料号	
优质双相不锈钢[f]	承压铸件		A 351Gr. CD3MW CuN	J93380				
			A 890 Gr5A	J93404	EN 0213-4	GX2CrNiMoN 26-7-4	1.4469	
			A 890Gr. 6A	J93380				
	轧材/锻件		A 182 Gr. 55	S32760	EN 0250-4 EN 0088-3	X2CrNiMo CuWN25-7-4	1.4501	G4303, Gr. SUS 329 J4L
	棒材		A 276-S32760 A 479-S32760	S32760	EN 0088-3		1.4501	G4304/G4305, Gr. SUS 329 J4L
	板材		A 240-S32760	S32760	EN 0028-7	X2CrNiMo CuWN25-7-4	1.4501	
	管材		A 790-S32760	S32760				G3459 Gr. SUS 329 J4LTP
	管配件		A 182 Gr. F55	S32760	EN 0250-4 EN 0088-3	X2CrNiMo CuWN25-7-4	1.4501	B2312/2316 Gr. SUS 329 J4L
	螺栓和螺柱	9327-5 X2CrNiMoN22-5-3	A 276-S32760	S32760	EN 0088-3	X2CrNiMo CuWN25-7-4	1.4501	G4303, Gr. SUS 329 J4L
	螺母		A 276-S32760	S32760	EN 0088-3	X2CrNiMo CuWN25-7-4	1.4501	G4303, Gr. SUS 329 J4L

a　统一编号系统符号只用于化学成分。

b　在没有 EN 标准时,可以采用欧洲国家标准。例如 AFNOR、BS、DIN 等等。

c　在淬火的情况下不适用于轴(超过 302HB)。

d　特殊情况下,正常使用 AISI 4140。

e　对于轴,可以用 304 和 316 标准钢号可以代替低碳(L)级的。

f　优质双相不锈钢耐点蚀当量值(PRE)大于或等于 40。

$PRE = \%Cr_{自由} + (3.3\times\%钼) + (2\times\%铜) + (2\times\%钨) + (16\times\%氮)$

$= [\%铬 - (14.5\times\%碳)] + (3.3\times\%钼) + (2\times\%铜) + (2\times\%钨) + (16\times\%氮)$

表 H.3 其他材料技术规范

材料	技术规范
巴氏合金	ASTM B23,1 至 9 级,由卖方根据使用条件来要求
青铜	UNS C87200(硅青铜),C90700 或 C92200(锡青铜) C95200(铝青铜)或 C95800(镍铝青铜)
硬面	3 型碳化钨等等;堆焊层最小成品厚度 0.8 mm(0.030 in)或可以用同等材料的一体化铸造部分来代替堆焊层
	1 型碳化钨——根据使用条件的需要而定,采用钴粘合剂(一体化部分,无覆盖层) 2 型碳化钨——根据使用条件的需要而定,采用镍粘合剂(一体化部分,无覆盖层) 3 型碳化钨——根据使用条件的需要而定,涂覆盖层
低碳镍钼铬合金	ASTM B564,UNS N10276(锻件) ASTM B574,UNS N10276(棒材和杆材) ASTM B575,UNS N10276(板材、薄板和带材) ASTM A494,CW-2M 级(可焊的铸件)
镍铜合金	ASTM B564,UNS N04400(锻件) ASTM B164,级 A,UNS N04400(棒材和杆材) ASTM B127,UNS N04400(板材、薄板和带材) ASTM A494,M30C 级(可焊的铸件)
耐蚀镍	ASTM A436,1、2 或 3 型,UNS F41000、F41002 和 F41004 分别为(奥氏体铸铁) ASTM A439,D2 型,UNS F43000(奥氏体球墨铸铁)
沉淀硬化镍合金	ASTM B637,UNS N07718(锻件和棒材) ASTM B670,UNS N07718(板材、薄板和带材)
沉淀硬化不锈钢	ASTM A564,630 级,UNS S17400 或 631 级,UNS 17700(轧材) ASTM A747,CB7Cu-1 级,UNS J92180(铸铁)
薄垫片	适用于使用条件的含有合成橡胶粘合剂的长纤维材料或蜗形缠绕不锈钢垫和同等垫片材料
注:作为滑动轴承,巴氏合金国内执行 GB/T 1174,该标准非等效采用 ISO 4382-1;青铜,国内执行 GB/T 1176,该标准非等效采用 ISO 1338。	

表 H.4 非金属耐磨部件材料

材料	温度限定值		压力限定值	应用
	最低	最高		
聚醚醚酮(PEEK)填充短碳纤维	−30℃	135	2 000 kPa	静止件
聚醚醚酮(PEEK)用连续的碳纤维缠绕	−30℃	230℃	3 500 kPa 如有适当支承可达 14 000 kPa(140 bar)	静止或转动件
聚酰胺	需要相关经验的资料			

表 H.4(续)

材料	温度限定值		压力限定值	应用
	最低	最高		
碳石墨 浸渍树脂 浸渍巴氏合金 浸渍的镍 浸渍的铜	 −50℃ −100℃ −195℃ −100℃	 285℃ 150℃ 400℃	 2 000 kPa 2 750 kPa 3 500 kPa	静止件

注：已被证实与规定的流程流体相容的非金属耐磨零件材料可以推荐在上述限定值所限定的范围内使用。参见5.7.4c)。

可以选取这些材料制成耐磨零件，与适当的金属材料制成的耐磨零件配对使用。例如，淬火的12%铬钢或表面硬化的奥氏体不锈钢。如果能提供经证明的使用经验，并且如果经买方批准，可以使用超出以上限定的材料。

表 H.5 管道材料

元件名称	流体					
	辅助流程流体		蒸汽		冷却水	
	种类		表压		公称尺寸	
	非易燃/非危险	易燃/危险	≤500 kPa	>500 kPa	标准件≤DN 25	任选件≥DN 40
管道	无缝[a]	无缝[a]	无缝[a]	无缝[a]	—	碳钢(ASTM A 120 SCH40 管 ASTM A153 镀锌)
管子[b]	不锈钢(ASTM A 269 316 型无缝钢管)	不锈钢(ASTM A 269 316 型无缝钢管)	不锈钢(ASTM A 269 316 型无缝钢管)	不锈钢(ASTM A 269 316 型无缝钢管)	不锈钢(ASTM A 269 316 型无缝钢管)	—
所有阀门	800 级	800 级	800 级	800 级	200 级青铜	200 级青铜
闸阀和球阀	螺栓固定的阀盖和密封压盖	螺栓固定的阀盖和密封压盖	螺栓固定的阀盖和密封压盖	螺栓固定的阀盖和密封压盖	—	—
管道配件和管道接头	锻造等级 3000	锻造等级 3000	锻造等级 3000	锻造等级 3000	可锻铸铁(ASTM A338 和 A197 150 级)按 ASTM A153 镀锌	可锻铸铁(ASTM A338 和 A197 150 级)按 ASTM A153 镀锌
管配件	制造厂标准	制造厂标准	制造厂标准	制造厂标准	制造厂标准	—
焊合的接头≤DN 25(1NPS)	螺纹连接	承插焊接的	螺纹连接	承插焊接的	螺纹连接	—
焊合的接头≥DN 40	—	—	—	—	—	买方规定

表 H.5(续)

元件名称	流　体					
	辅助流程流体		蒸　汽		冷却水	
	种　类		表　压		公称尺寸	
	非易燃/非危险	易燃/危险	≤500 kPa	＞500 kPa	标准件 ≤DN 25	任选件 ≥DN 40
垫片	—	304 或 316 型不锈钢螺旋缠绕垫	—	304 或 316 型不锈钢螺旋缠绕垫	—	—
法兰螺栓连接	—	低合金钢(ASTM A193 B7 级,ASTM A194 2H 级)	—	低合金钢(ASTM A193 B7 级,ASTM A194 2H 级)	—	—

注:列出的 ASTM 标准是每种型号合格材料的例证。而且如果经买方同意,可以使用可替换材料(表 2 可以作为使用指南)。

材料验收的实例是:

碳钢管道:ASTM A53,B 级;ASTM A106,B 级;ASTM A524 或 API 规范 5L A 或 B 级。

碳钢管配件、阀门及法兰连接件:ASTM A105 和 ASTM A181。

不锈钢管道:ASTM A312,316L 型不锈钢。

不锈钢管配件、阀门及法兰连接件:ASTM A182,316L 型不锈钢。

a　壁厚等级 80 应当用于管规格为 DN 15 到 DN 40;壁厚等级 40 应当用于管规格为 DN 50 和较大值。

b　合格的管规格为(ISO 4200):12.7 mm 直径×1.66 mm 壁厚;19 mm 直径×2.6 mm 壁厚;25 mm 直径×2.9 mm 壁厚。

附 录 I
(规范性附录)
横 向 分 析

I.1 横向分析

I.1.1 概述

如果要求做横向分析(见8.2.4.1),其方法和结果的评定应当按I.1.2～I.1.5中的规定。表I.1中示出了分析过程。所规定的方法和评定因每种输送液体的回转机械的不同而异。

表 I.1 转子横向分析逻辑图

步骤	如果……	则……
1	泵与现有的泵相同或相似	不需要进行分析
2	转子是传统的刚性转子	不需要进行分析
3	既不是第1种情况,又不是第2种情况	需要进行分析

I.1.2 固有频率

报告应说明下述情况:

a) 转子的第1、第2和第3阶干临界转速(见5.6.15)。

注:这些值可以作为阻尼固有频率随后分析的有用参考点。

b) 在从零到2.2倍最大连续转速的频率范围内,所有转子的固有频率都应该按额定转速的25%～125%转速范围计算,同时应考虑到下述各项:

1) 在预期试验温度下,下述内部运转间隙的刚度和阻尼:

——输送水时的规定间隙和2倍的规定间隙;

——输送液体时的规定间隙和2倍的规定间隙。

2) 在轴封处的刚度和阻尼(如果是迷宫型密封)。

3) 在平均间隙和平均油温时轴承内的刚度和阻尼。泵中轴承刚度和阻尼的影响与内部运转间隙的影响相比一般是很小的。因此,按其平均间隙和平均油温分析轴承是足够的。

4) 轴承支承结构的质量和刚度。

5) 泵半联轴器轮毂和半个加长联轴器的惯性。

c) 在此计算中所用的刚度和阻尼系数的数值或依据。

I.1.3 安全间隔范围和阻尼

对于规定间隙和2倍的规定间隙这两种情况,阻尼系数与任何阶固有频率和同步运行线之间的安全间隔范围应该在图I.1所示的“可以接受”区内。如果这个条件不能满足,应当确定对不平衡量的阻尼响应(见I.1.4)。

注:在输送液体的回转机械中,转子动力学特性的评估首先以阻尼对安全间隔范围的变化关系为基础,而不是以增大系数对安全间隔范围的变化关系为基础。有两个因素是此依据的原因。第一,转子的固有频率随旋转的转速而增加,另外,经过内部间隙的压力差也随旋转的转速而增加。在图I.2的Campbell图中显示出,较小的间隔范围是在运转速度和固有频率之间,而不是在旋转转速和临界转速之间。由于在较小的间隔范围时的增大系数与转子的同步(不平衡)激励无关,此增大系数只用一个基于阻尼的近似计算就能求得。其次,使用的阻尼使得可以规定出一个最小值,此最小值使固有频率对旋转转速的比值为0.8到0.4,从而保证转子免遭重大的次同步振动。

阻尼系数与对数衰减率有关，由下式算出：

$$\sigma = (2\pi\xi)/(1-\xi^2)^{0.5120} \quad \cdots\cdots\cdots\cdots\cdots\cdots(\text{I.1})$$

式中：

σ——对数衰减率；

ξ——阻尼系数。

对于 ξ 在 0.4 以下的情况，ξ、δ 和增大系数 F_a 之间的关系，对于实用目的而言，下列近似关系已足够精确：

$$\xi = \delta/2\pi = 1/2 \times F_a \quad \cdots\cdots\cdots\cdots\cdots\cdots(\text{I.2})$$

临界阻尼条件相应于下列范围：$\xi \geqslant 0.2$，$\delta \geqslant 1.2$，$F_a \leqslant 2.5$。

I.1.4 阻尼不平衡响应分析

对于某种振型或某几种振型，如果阻尼系数对安全间隔范围的关系按图 I.1 中的准则是不可接受的，则该转子的不平衡阻尼响应应当按下列基本条件确定：

a) 抽送液体；

b) 间隙条件，规定间隙的值和 2 倍规定间隙值，产生不适当的安全间隔范围的变化与阻尼；

c) 4 倍于允许值的总的不平衡量(见 8.2.4.2.1)，此允许值集中于一点或几点，用于激励所研究的振型。

在每次计算机计算过程中只应当研究一种振型。

I.1.5 允许位移

在最大位移点上不平衡转子的峰对峰值位移不应当超过该点处直径运转间隙的 35%。

注：在离心泵中，当共振大到足以评估出增大系数时，对不平衡的典型的阻尼响应不显示出位移峰值。有这种限制时，对不平衡的阻尼响应的评估限制于转子位移与实际存在的间隙大小的比较。

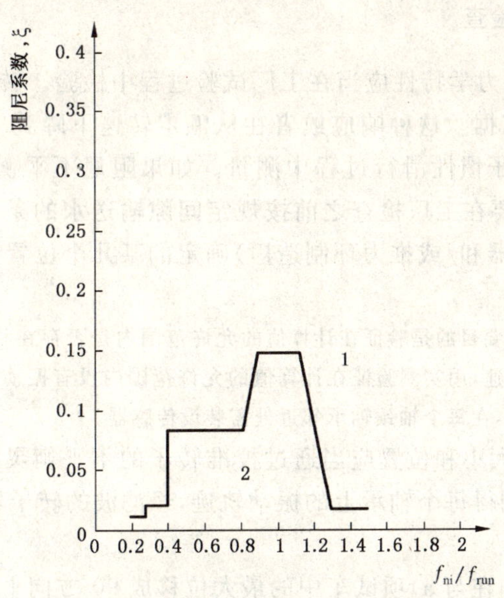

1——可接受的区域；

2——不可接受的区域。

图 I.1 阻尼系数与频率比的关系

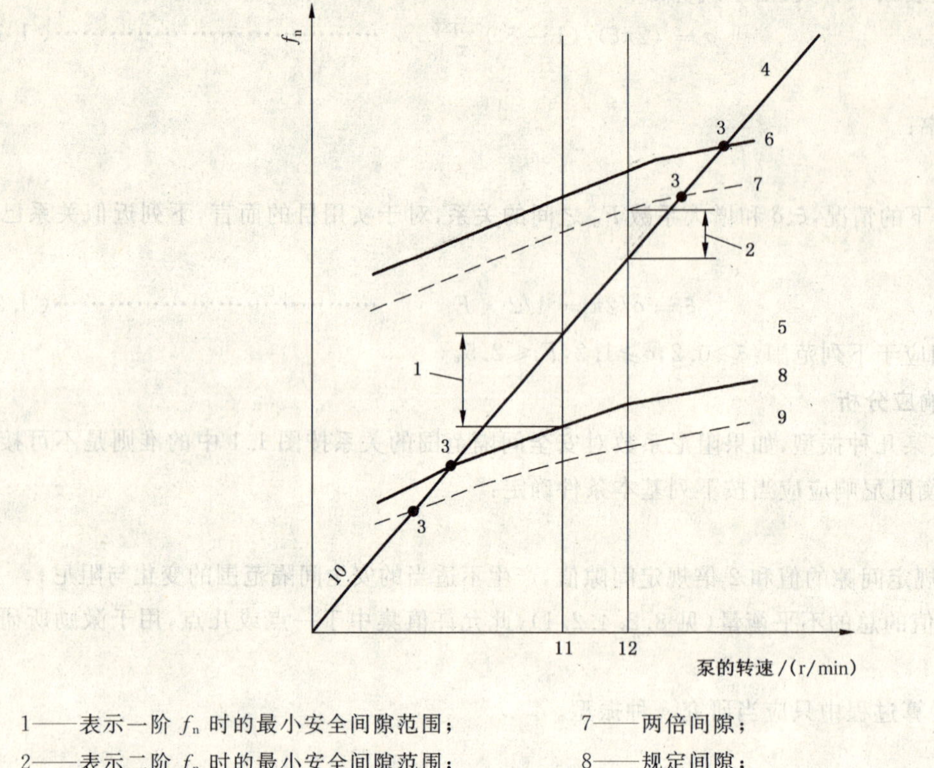

1——表示一阶 f_n 时的最小安全间隙范围；
2——表示二阶 f_n 时的最小安全间隙范围；
3——临界转速；
4——二阶弯曲；
5——一阶弯曲；
6——规定间隙；
7——两倍间隙；
8——规定间隙；
9——两倍间隙；
10——运转线；
11——最小；
12——最大。

图 I.2 典型的 Campbell 图

I.2 转子动力学特性的工厂检查

I.2.1 如果有规定，转子的动力学特性应当在工厂试验过程中检验。转子的真实不平衡响应应当是证实阻尼横向分析的有效性的依据。这种响应或者在从额定转速下降到75%的第一临界转速的调速运转过程中进行测量，或者在转子惯性滑行过程中测量。如果阻尼不平衡响应不以原始的转子分析(见I.1.4)来确定，则这个响应需要在工厂检查之前按规定间隙输送水的条件来计算确定。应当把试验不平衡量与制造厂(通常是联轴器和/或推力环制造厂)确定的某几个位置上的残余不平衡量按矢量法同相相加。

注：工厂检查不平衡响应的主要目的是验证在计算值的允许范围内是否存在临界转速(振动峰值)，或者如果分析已预见有高阻尼的临界转速，用实测验证在计算值的允许范围内没有振动峰值。这种工厂检查方法只对于有滑动轴承的泵才是可行的，在每个轴颈轴承邻近处需装设传感器。

I.2.2 试验不平衡量的量值大小和位置应当通过校准转子的不平衡灵敏度来确定。校准工作应当按照在下述的两次试车过程中测得每个轴承上的振动轨迹，经滤波的转子转速(1×)来完成：

a) 转子在制造时；

b) 将试车不平衡重量加在与a)项试车中的最大位移成90°方向上。

试验不平衡量的大小应该这样，使得由合成的总不平衡量(残余不平衡量加试验不平衡量)引起计算的最大轴位移，在轴承传感器处是从表7或表8查得的允许位移值的150%～200%，但不应当超过最大允许转子不平衡量的8倍。

I.2.3 在试验过程中，应当测量并记录转子的转速、振动位移及相应的相位角、过滤的转子转速(1×)。

I.2.4 如果符合下列要求，则应当认为转子的特性经实测验证是合格的：

a) 观察到的临界转速(明显的振动峰值和适当的相移)在计算值的±10%之内。

b) 测得的振动振幅在计算值的135%以内。

高阻尼临界转速是不能观察到的，因此，在计算的高阻尼临界转速的区域内，实测表明，不存在转子响应将证明此项分析是正确的。

I.2.5 如果达不到I.2.4中给出的验收准则，则在固有频率计算中所使用的刚度系数或阻尼系数(或这两者)应当调整到使计算值和测量结果一致。某种型式元件的系数，$L/D<0.15$的环形间隙系数、$L/D>0.15$的环形间隙系数、叶轮的相互影响系数以及轴承系数都应该用相同的修正系数予以调整。一旦达到一致，应当用相同的修正系数来计算转子的固有频率及该抽送液体的阻尼，并对转子的安全间隔范围对阻尼系数的变化曲线重新校验其可接受性。

在用于转子横向分析的系数中，用于计算环形间隙中的阻尼系数具有最大的不确定度，因而通常是首先需要调整的。环形间隙的刚度系数典型地具有低的不确定度，因而只应当调节支承数据。轴承系数的调整需要具体的正当理由，因为其典型值是基于可靠的经验数据。

I.2.6 验证转子动力学特性的其他替代方法，例如，用泵在旋转转速时的可调频率激励来确定转子的固有频率是有效的。所采用的替代方法和对测得结果的解释应当在买方和制造厂之间达成一致。

I.3 文件

横向分析报告应包括下列各项：

a) 初始评估的结果(见8.2.4.1.1)；

b) 用于此分析的转子基本数据；

c) Campbell图(见图I.2)；

d) 阻尼比对安全间隔范围的变化曲线；

e) 在确定阻尼不平衡响应时所用的临界转速下的振型(见I.1.4)；

f) 在工厂验证不平衡量过程中得到的预报曲线图(见I.2.3)；

g) 与工厂的验证结果达到一致的分析修正的总结。

上述e)～g)项只有当需要用文件来证明分析有效或买方有规定时才予以提供。

附 录 J
（规范性附录）
确定残余不平衡量的方法

J.1 范围

本附录说明了用于确定机器转子上残余不平衡量的方法。虽然某些平衡机可以调整到读出精确的不平衡量，但其标定可能有误差。确定残余不平衡量的唯一可靠的方法是用一个已知的不平衡量来检验转子。

J.2 术语和定义

J.2.1 残余不平衡量

是指在平衡后残留在转子上的不平衡量。

注：除非另有规定，残余不平衡量应当用 g·mm 来表示。

J.3 最大允许残余不平衡量

J.3.1 每个平面上的最大允许残余不平衡量应该按本标准中的表 17 来确定。

J.3.2 如果每个轴颈上真实的静负荷为未知，则假定总的转子质量均等地支承在轴承上。例如，一个质量 2 700 kg 的双支承转子可以假设会对每个轴颈施加静负荷 1 350 kg。

J.4 残余不平衡量的检查

J.4.1 概述

J.4.1.1 当平衡机的读数指出，转子已经平衡到规定的允差范围之内，则在把转子从平衡机上卸下之前应当检查其残余不平衡量。

J.4.1.2 为了检查残余不平衡量，将一个已知质量的配重块，依次固定到转子上 6 个（或 12 个，如果买方有规定）相同半径、相等间隔的径向位置上。在每个校正平面上进行检查，并且采用 J.4.2 规定的方法将每个平面上的读数在图上绘成曲线。

J.4.2 方法

J.4.2.1 配重块质量和半径应该选择在相当于最大允许残余不平衡量的 1～2 倍之间[即如果 U_{max} 为 1 440 g·mm，则配重块应该产生 1 440 g·mm～2 880 g·mm 的不平衡]。

J.4.2.2 从每个校正平面内的最后的已知偏重点上开始，围绕转子以相等的（60°或 30°）间隔刻划出规定数目的径向位置标记（6 个或 12 个）。将此配重块加到一个平面上的最后的已知偏重点上。如果转子已经很精确地平衡，并且最终的偏重点不能确定，则应将配重块加到任何一个已作出标记的径向位置上。

J.4.2.3 为了验证是否已经选取一个恰当的配重块质量，开动平衡机，并注意计数器上显示的不平衡量的读数。如果计数器读数超限，则应该采用一个较小质量的配重块。如果读数太小或甚至无读数，则应当采用一个较大质量的配重块。计数器上读数小或无读数，通常表示该转子尚未正确平衡好、平衡机灵敏度不够，或者平衡机有故障（即读出装置有故障）。无论何种差错，在检查残余不平衡量之前必须予以修正好。

J.4.2.4 依次在每个相等间隔的位置上放置配重块。并记录每个位置上计数器显示的不平衡量的大小。重复做一次初始位置的检查。全部检验应该只用该平衡机上的一个灵敏度量程来进行。

J.4.2.5 将读数绘制在残余不平衡量工作单上，并计算残余不平衡量（见图 J.1 和 J.2）。将配重块质量加到转子的偏重点上，可得到最大的计数器读数；将配重块质量加到偏重点的相反位置上，可得到最小的计数器读数。这样，把这些读数画成曲线应当形成一个近似圆（见图 J.3 和 J.4）。计数器的最大和最小读数的平均值代表配重块质量的影响。从所绘制的极坐标曲线的原点到圆心的距离代表此平面上的残余不平衡量。

J.4.2.6 对每个平衡平面重复J.4.2.1至J.4.2.5所述的步骤。如果在某个平衡面上已经超过规定的最大允许残余不平衡量，则转子应更精确地再次作平衡和检查。如果在某个平衡面上作了修正，则应该对所有的平面重复进行残余不平衡量的检查。

J.4.2.7 对于多重元件组成的平衡转子，至少应该在转子第一个元件加入及平衡之后，并且在完成整个转子的平衡时，检查其残余不平衡量。

注：这样做可保证不浪费时间，并且在试图用一个有缺陷的平衡机来平衡多重元件组成的转子时，转子元件不会遭受到不必要的材料去重。

设备(转子)号：

买方订货号： ________

修正平面(进口、驱动端等——用草图说明) ________

平衡转速： ________ r/min

n——允许最大转子转速： ________ r/min

W——轴颈质量(最靠近此修正平面的轴颈) ________ kg

U_{max}——允许最大残余不平衡量，6 350 W/n

6350× ________ kg/ ________ r/min； ________ g·mm

检验不平衡量($2U_{max}$) ________ g·mm

R——质量放置处的半径 ________ mm

检验不平衡质量=检验不平衡量/R

________ g·mm/ ________ mm ________ g

转子示意图

试验数据

位置	配重块质量的角位置	平衡机振幅读数
1		
2		
3		
4		
5		
6		
7		

试验数据—图解分析

步骤1：将数据绘制在极坐标图上(图J.2)。选择适当的比例，使得最大和最小振幅适宜。

步骤2：用圆规通过6个点画出最佳的拟合圆，并标出其圆心。

步骤3：以步骤1中选定的刻度单位，测量出此圆的直径并记录之。 单位

步骤4：从上述工作中记录检验不平衡量。 ________ g·mm

步骤5：将步骤4中的检验不平衡量加倍(可以采用真实残余不平衡量的两倍。) ________ g·mm

步骤6：将步骤5中的答案除以步骤3中的答案现在可以得到一个极坐标图上的单位和真实平衡量。 ________ 刻度系数

已画出的圆必须包含极坐标图的坐标原点。否则，转子的残余不平衡量会超过所施加的测试不平衡量。

注：所画出的圆不包含极坐标图坐标原点的几种可能性是：平衡过程中的操作者误差；平衡机的传感器或电缆有故障；或平衡机灵敏度不够。

如果此圆包含极坐标图的坐标原点，则此图的坐标原点和所画出圆的圆心之间的距离就是存在于转子校正面上的真实的残余不平衡量。用步骤1中所选择的刻度单位测量得此距离，并以步骤6中确定的刻度系数乘以此数，按刻度单位量得的原点和此圆的圆心之间的距离乘以刻度系数就等于真实的残余不平衡量。

记录真实的残余不平衡量 ________ g·mm

记录允许的残余不平衡量 ________ g·mm

校正平面 ________ 转子号 ________

检验通过(检验不通过) 操作者 ________ 日期 ________

图J.1 残余不平衡量工作单

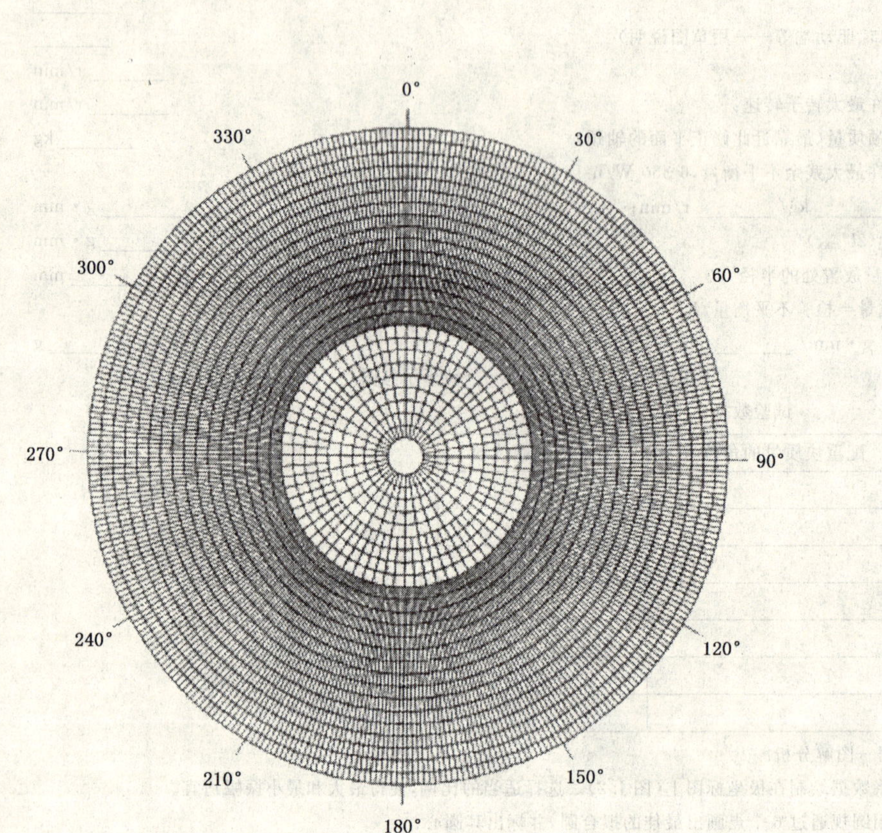

图 J.2 残余不平衡工作单——极坐标图

设备(转子)号: C-101

买方订货号:

修正平面(进口、驱动端等——用草图说明) A

平衡转速: 800 r/min

n——允许最大转子转速: 10 000 r/min

W——轴颈质量(最靠近此修正平面的轴颈) 411.8 (kg)

U_{max}——允许最大残余不平衡量=6 350 W/n

6 350×411.8 kg/10 000 r/min. 261.5(g·mm)

检验不平衡量(2.U_{max}) 523(g·mm)

R——质量放置处的半径 174.6mm

检验不平衡质量=检验不平衡量/R

523 g·mm/194.6 mm 2.99(g)

转子草图

试验数据

位置	配重块重量的角位置	平衡机振幅读数
1	0°	14.0
2	60°	12.0
3	120°	14.0
4	180°	23.5
5	240°	23.0
6	300°	15.5
7	0°	13.5

试验数据—图解分析

步骤1:将数据绘制在极坐标图上(图J.4)。选择适当的比例,使得最大和最小振幅适宜。

步骤2:用圆规通过6个点画出最佳的拟合圆,并标出其圆心。

步骤3:以步骤1中选定的比例单位,测量出此圆的直径并做记录。 35 单位

步骤4:从上述工作中记录检验不平衡量。 523 (g·mm)

步骤5:将步骤4中的检验不平衡量加倍(可以采用真实残余不平衡量的两倍。) 1.046 (g·mm)

步骤6:将步骤5中的答案除以步骤3中的答案,现在可以得到一个极坐标图上的单位和真实平衡量。 29.88 比例系数

已画出的圆必须包含极坐标图的坐标原点。否则,转子的残余不平衡量会超过所施加的测试不平衡量。

注:所画出的圆不包含极坐标图坐标原点的几种可能性是:平衡过程中的操作者误差;平衡机的传感器或电缆有故障或平衡机灵敏度不够。

如果此圆包含极坐标图的坐标原点,则此图的坐标原点和所画出圆的圆心之间的距离就是存在于转子校正面上的真实的残余不平衡量。用步骤1中所选择的比例单位测量得此距离,并以步骤6中确定的比例系数乘以此数,按比例单位量得的原点和此圆的圆心之间的距离乘以比例系数就等于真实的残余不平衡量。

记录真实的残余不平衡量 6.5(29.88)=194.4(g·mm)

记录允许的残余不平衡量 261.5 (g·mm)

校正平面 A 转子号 C-101 检验通过

检查员 JohnInspector 日期 2002年4月30日

图 J.3 残余不平衡量工作单的示例

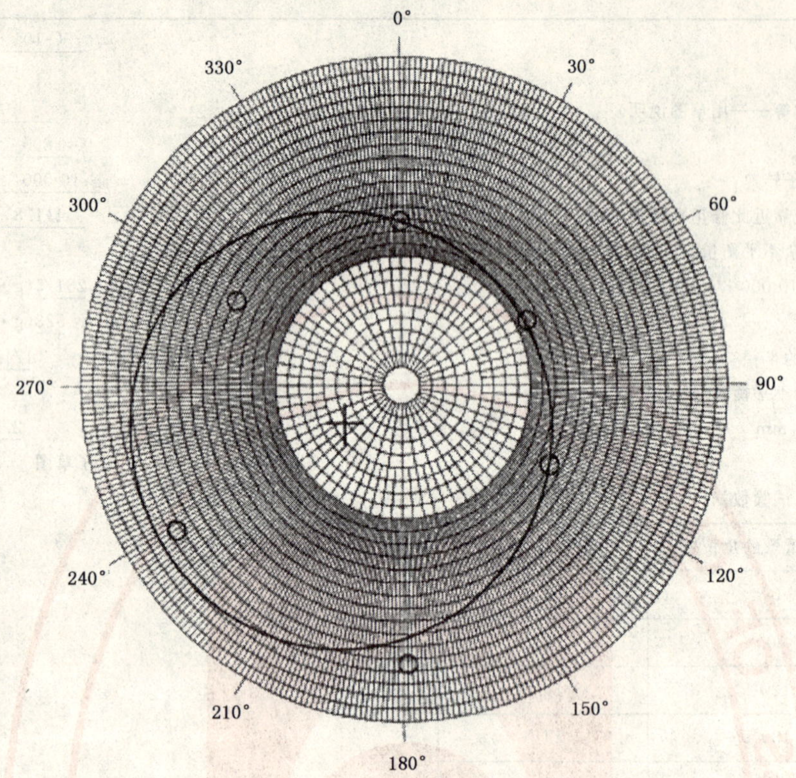

图 J.4 残余不平衡最佳配合图

附 录 K
（规范性附录）
密封室跳动值测量示意图

本附录的示意图只示出要求测量的位置，而不示出测量方法或方位。

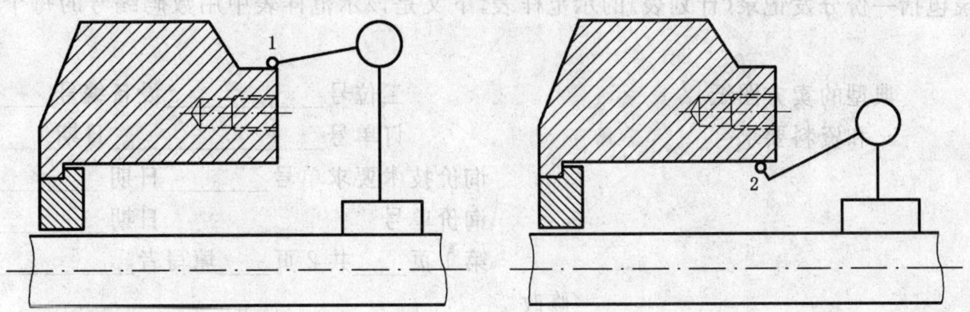

1——外径测量的位置；

2——内径测量的位置。

图 K.1 密封室同心度(5.8.4)

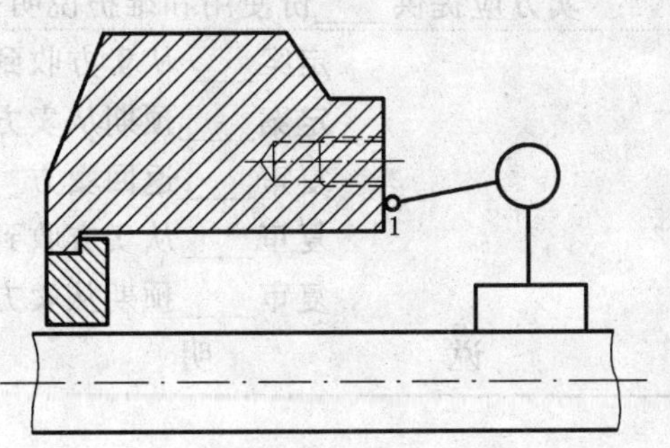

1——端面跳动测量的位置。

图 K.2 密封室端面跳动(5.8.5)

附 录 L
（资料性附录）
卖方图纸及资料要求

L.1 概述

本附录包括一份分发记录（计划表）的示范样表，下文是该示范样表中用数码编号的每个条款的内容说明。

典型的卖方图纸
和资料要求

工位号________ 设备编号________
订单号________ 日期________
询价技术要求单号________ 日期________
询价单号________ 日期________
第 1 页____共 2 页____填写者________

订户________ 修改________
地点________ 装置________
用途________ 需要数量________

报价单[a] 投标者应提供____份指出的全部设备的数据的副本（填写上×份）

复审[b] 卖方应提供____份指出的图纸和数据的副本及____份透明底图

定案[c] 卖方应提供____份指出的图纸和数据的副本及____份透明底图

卖方应提供____份使用和维护说明书

分发记录

定案____从卖方收到
定案____预期从卖方得到[c]
复审____返回卖方
复审____从卖方收到
复审____预期从卖方得到[c]

			说　　明					
			泵					
			1. 确认合格的外形图纸					
			2. 剖面图和材料单					
			3. 轴封图和材料单					
			4. 联轴器装配图和材料单					
			5. 主密封和辅助冲洗管路示意图及材料单					
			6. 冷却和加热系统示意图及材料单					
			7. 润滑油系统图及材料单					
			8. 润滑油系统布置图					
			9. 润滑油系统部件图					
			10. 电气和仪表系统图、接线图和材料单					
			11. 电气和仪表布置图和接头清单					
			12. 性能曲线					
			13. 振动分析数据					
			14. 阻尼不平衡响应分析					

			15. 横向分析					
			16. 扭转临界转速分析					
			17. 确认合格的静水压试验数据					
			18. 材料合格证书					
			19. 进度报告					
			20. 焊接方法					
			21. 性能试验数据					
			22. 可自由选择试验的数据和报告					
			23. 多级泵经确认合格的转子平衡数据					
			24. 残余不平衡量检查					
			25. 转子用机械的和电测法测出的跳动，对泵采用非接触振动传感器					
			26. 适用于报价单、采购和制造时用的数据表					
			27. 噪声数据表					
			28. 制造装配时的间隙					
			29. 安装、使用和维护说明书					
			30. 推荐的备件数和价格表					
			31. 贮存、包装及发货方法					
			32. 材料安全数据表					
			电动机					
			33. 合格的外形图(仅对于磁力驱动泵)					
			34. 剖面图和材料单					
			35. 适用于报价、采购和制造时用的数据表					
			36. 噪声数据表					
			37. 性能数据					
			38. 合格的辅助系统图					
			39. 安装、使用和维护说明书					
			40. 推荐的备件数和价格表					
			41. 材料安全数据表					

a 报价单图纸和数据不是必须合格的或制造用的。典型数据应当清楚地标示出。

b 对于单级泵机组，这些部件一般在说明书中指明。

c 这些部件一般情况下仅适用于多级泵机组。

将全部图纸和资料发送至＿＿＿＿＿＿＿＿＿＿＿＿＿＿＿＿＿＿

全部图纸和资料除了注明工厂地点和装置之外，还应标明工程项目、订单和设备编号。除了上述规定的副本外，为现场安装所必要的一套图纸和说明书务必随货发运。

术语：

＿＿＿＿＿＿S——发货前的周数

＿＿＿＿＿＿F——公司订货后的周数

＿＿＿＿＿＿D——批准的图纸收到后的周数

卖方＿＿＿＿＿＿＿＿＿＿＿＿＿＿＿＿＿＿＿＿

日期＿＿＿＿＿＿＿＿卖方证明介绍人＿＿＿＿＿＿＿＿＿＿＿＿＿＿

签名＿＿＿＿＿＿＿＿＿＿＿＿＿＿＿＿＿＿＿＿

L.2 说明

L.2.1 泵

a) 确认合格的外形尺寸图包括：

   1) 全部用户接头的管径、额定值和位置；
   2) 近似的总质量和起吊质量；
   3) 外形尺寸，维修及拆卸间隙；
   4) 轴中心线高度；
   5) 底座(如提供的话)尺寸，连同螺栓孔的直径、数量和位置，以及螺栓必须通过的各剖面的厚度；
   6) 灌浆细节；
   7) 吸入口管口和吐出口管口的力和力矩；
   8) 重心和起吊点；
   9) 轴端间隔及对中数据；
   10) 旋转方向；
   11) 当需要时，关于防寒、防湿热措施和/或降低噪声的细节。

b) 剖面图和材料单。

c) 轴封图和材料单。

d) 轴联轴器装配图和材料单，包括不对中允差和联轴器护罩的类型。

e) 主密封和辅助密封示意图和材料单，包括密封液体、液体流量、压力、管径及阀门规格、仪表以及节流孔尺寸。

f) 冷却或加热系统示意图及材料单，包括冷却或加热介质、液体流量、压力、管路及阀门规格、仪表以及节流孔规格尺寸。

g) 润滑油示意图及材料单，包括下述内容：

   1) 在每个工作点上的油流量、温度及压力；
   2) 控制、报警和跳闸(压力和建议的温度)；
   3) 总的阻力损失；
   4) 公用设施要求，包括电、水及压缩空气；
   5) 管路、阀门及节流孔尺寸；
   6) 仪表系统、安全装置、控制系统简图及接线图。

h) 润滑油系统布置图，包括尺寸、额定值和所有买方接头的位置。

i) 润滑油系统布置图及数据，包括下述内容：

   1) 泵和驱动机；
   2) 冷却器、过滤器及贮油器；
   3) 仪表；
   4) 备件清单及推荐数目。

j) 电气和仪表系统图、接线图及材料单，包括下述内容：

   1) 振动报警和停车界限；
   2) 轴承温度报警和停车界限；
   3) 润滑油温度报警和停车界限；
   4) 驱动机。

k) 电气和仪表布置图及接头清单。

l) 性能曲线。

m) 振动分析数据。

n) 阻尼不平衡响应分析。

o) 横向分析:横向分析报告需要的份数,应在不迟于订货后的 3 个月提交,报告应按附录 I.3 的规定。

p) 扭转临界转速分析:扭转临界转速分析报告需要的份数,应在不迟于订货后的 3 个月提交,报告应按 5.9.2.6 的规定。

q) 确认合格的静水压试验数据。

r) 材料合格证:卖方提供的来自轧(铸)钢厂的关于承压件、叶轮和轴的化学成分和力学性能的数据报告(或合格证书)。

s) 详细说明各种延迟原因的进度报告:此报告应包括各主要零部件的工程、采购、制造和试验计划。对计划中每个重大日程,应当指出计划和实际的日期及完成的百分率。

t) 焊接工艺。

u) 性能试验资料:确认合格的性能试验的工厂记录。工厂试验数据的记录(这份记录卖方在发货后应至少保存 20 年)。卖方应在发货前向买方提供审查合格的试验数据的副本。

v) 可自由选择的试验数据和报告:该报告包括必需汽蚀余量试验、整台机组试验、整台噪声功率级试验、辅助设备试验、轴承箱共振试验以及买卖双方共同商定的任何其他试验项目。

w) 确认合格的多级泵转子平衡数据。

x) 残余不平衡量的检查。

y) 使用非接触式振动传感器测出的机械的和电测的泵转子跳动。

z) 适用于报价、采购和制造时用的数据表。

aa) 噪声数据表。

bb) 装配及安装用的间隙。

cc) 叙述安装、使用和维护方法的说明书。每个说明书应包括下述章节:

1) 第一章 安装
   - i) 贮存;
   - ii) 基础;
   - iii) 灌浆;
   - iv) 设备就位、吊装方法、零部件质量和起吊图;
   - v) 找正;
   - vi) 管路推荐方案;
   - vii) 泵和驱动机机组的组装外形图,包括地脚螺栓位置;
   - viii) 拆卸空间。

2) 第二章 运行
   - i) 起动,包括起动前的试验和检查;
   - ii) 常规的操作规程;
   - iii) 润滑油的推荐意见。

3) 第三章 拆卸和组装
   - i) 泵壳内的转子;
   - ii) 径向轴承;
   - iii) 推力轴承(包括耐磨轴承的间隙和预载荷);
   - iv) 密封;
   - v) 止推环(如果有的话);
   - vi) 运转间隙的允许磨损;

vii） 重装时的间隙与配合；

viii） 日常维护规程和间隔。

4） 第四章 性能曲线，包括扬程、效率、功率、水试的 NPSHR 对数据表上规定的全部运行工况点流量的变化曲线。

5） 第五章 振动数据

i） 振动分析数据；

ii） 横向分析；

iii） 扭转临界转速分析。

6） 第六章 装配与安装用数据

i） 装配和安装用数据表；

ii） 装配和安装用的间隙；

iii） 多级泵的转子平衡数据；

iv） 噪声数据表；

v） 性能数据。

7） 第七章 图纸和资料要求

i） 确认合格的外型尺寸图和接头清单；

ii） 剖面图和材料单；

iii） 轴封图和材料单；

iv） 润滑油系统布置图和接头清单；

v） 润滑油系统部件图和数据及材料单；

vi） 电气和仪表系统图、接线图及材料单；

vii） 电气和仪表布置图及接头清单；

viii） 联轴器装配图及材料单；

ix） 主密封和辅助密封示意图及材料单；

x） 主密封和辅助密封管路、仪表布置和接头清单；

xi） 冷却或加热系统示意图和材料单；

xii） 冷却或加热管路、仪表布置和接头清单。

dd） 推荐的备件和价格表。

ee） 贮存包装及发货程序。

ff） 材料安全数据表。

L.2.2 电机

a） 电机和所有辅助设备的确认合格的外形尺寸图，包括下列各项：

1） 尺寸规格、位置、用户所有的接头的用途，包括水管、仪表、各种管路或管道；

2） 法兰连接的压力等级和端面型式；

3） 地脚螺栓孔的孔径和位置以及地脚螺栓必须通过的断面的厚度；

4） 每项设备（电机和辅助设备）的质量加上负荷，最大质量和该部件名称；

5） 外形尺寸及拆卸所必须的所有垂直方向和水平方向的空间，起吊吊耳的大致位置；

6） 轴中心线高度；

7） 轴端尺寸，加上联轴器的公差；

8） 旋转方向。

b） 剖面图及材料单，包括转子轴向浮动量。

c） 适合于报价、采购及制造用的数据表。

d） 噪声数据表。

e) 性能数据，包括：

1) 对不大于 150 kW(200 hP)的感应电机：

i) 在二分之一、四分之三和全负荷时的效率及功率因素；

ii) 转速-扭矩曲线。

2) 对超过 150 kW(200 hP)的感应电机，各项试运转的确认合格的试验报告和性能曲线，列出如下：

i) 时间-电流发热曲线；

ii) 在额定电压的 70%、80%、90%、100%时的转速-扭矩曲线；

iii) 从零到额定使用系数的效率及功率因数曲线；

iv) 从零到额定使用系数的电流对负荷的曲线；

v) 从零到 100%额定转速时电流对转速的曲线。

f) 确认合格的辅助和系统图纸，包括所供应的每个辅助系统的线路图。图上应清晰地标明需由制造厂供应的系统范围和需由其他方面供应的范围。

g) 叙述安装、使用和维护程序的电机说明书。

每册说明书应包括下列章节：

1) 第一章 安装

i) 贮存；

ii) 电机的安装方法、吊装方法、零部件质量和起吊图；

iii) 管路和导管的推荐意见；

iv) 包括地脚螺栓孔位置的电机综合外形图；

v) 拆卸空间。

2) 第二章 运行

i) 起动，包括起动之前的检查；

ii) 正常停车；

iii) 运行限制，包括连续起动的次数；

iv) 润滑油系统的建议。

3) 第三章 拆卸与组装说明书

i) 电机的转子；

ii) 径向轴承；

iii) 密封；

iv) 日常维护规程和间隔。

4) 第四章 按 L.2.2e)要求的性能数据。

5) 第五章 数据表

i) 装配与安装用数据表；

ii) 噪声数据表。

6) 第六章 图纸和数据要求

i) 电机和所有辅助设备的确认合格的外形尺寸图和接头清单；

ii) 剖面图和材料单。

h) 推荐的备件和价格表。

i) 材料安全数据表。

附　录　M
（资料性附录）
试验数据一览表

表 M.1　试验数据一览表

试验数据一览表						
用户			曲线号			
买方			试验日期			
订单号						
工位号			出证厂			
泵出厂编号			（卖方代表）			
规格和型式			目睹者			
级数			（买方代表）			
泵的性能（表 14）						
	额定值	试验值	实际偏差 +/−%	验收允差 +/−%		
流量						
扬程						
功率						
NPSHR						
关死扬程						
转速/(r/min)						
泵的结构数据						
第 1 级			次级			
叶轮直径	mm		叶轮直径	mm		
叶轮型号			叶轮型号			
叶片数			叶片数			
蜗室/导叶模型号			蜗室/导叶模型号			
叶片端间隙(5.1.17)	%		叶片端间隙(5.1.17)	%		
机械性能						
在规定流量范围内记录的最大的振动值(5.9.3)						
	额定流量		优先工作区		允许工作区	
	试验值	规定值	试验值	规定值	试验值	规定值
轴承箱速度： 驱动端： 总的/滤波值						
非驱动端： 总的/滤波值						
轴位移： 驱动端： 总的/滤波值						
非驱动端： 总的/滤波值						
轴承温度/℃(5.10.2.4;8.2.5.2d)和 8.2.5.3)						
强制润滑系统			油环或喷雾润滑			
环境温度			环境温度			
油温升			油温升			
回油温度			油池温度			
最大轴承金属温度						
驱动端轴颈						
非驱动端轴颈						
推力轴承						
此机械性能一览表用于记录每个工作区相对规定值的最大试验值。此一览表并不试图取代工厂试验数据记录表。测量单位对速度应取均方根速度值取 mm/s，对位移峰/峰值取 mm，对温度取℃。						

表 M.1(续)

<table>
<tr><td>泵出厂(顺序)编号______
型式和规格______
级数______
转速 r/min ______
叶轮号______</td><td>抽送液体______
相对密度______
温度______℃
运动黏度______ mm^2/s
叶轮吸入口面积______ mm^2</td><td>曲线编号
额定点
流量 $m^3/h=180.0$
扬程 m=94
NPSHR m=6.3
功率 kW=55.9
计算效率: 82.3%</td></tr>
</table>

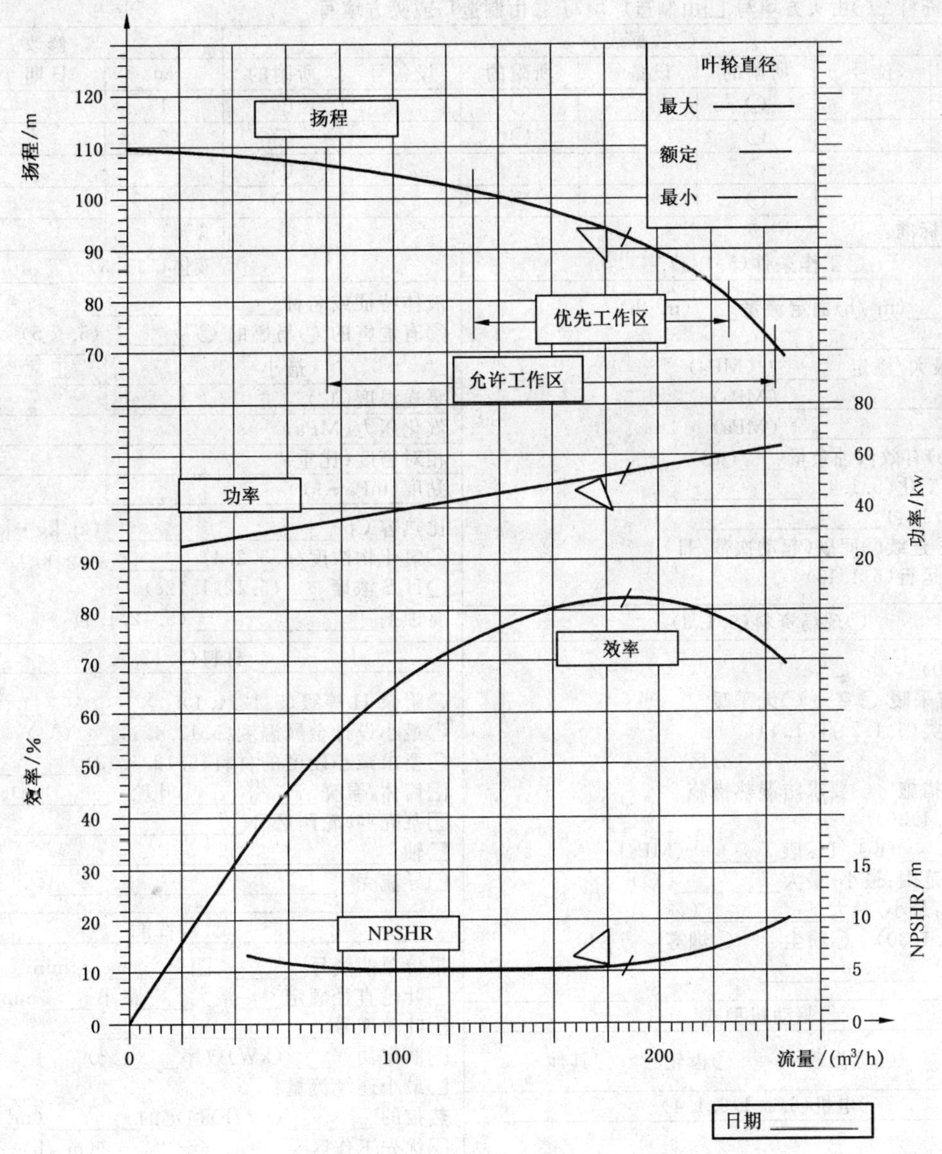

图 M.1 试验曲线的示例

附　录　N
（资料性附录）
离心泵数据

表 N.1　数据表

下列标记适用于：○报价单 ○订购 ◎供制造时用

用户____________________ 装置____________________

地点____________________ 使用条件____________________

注：以下的资料　○由买方填写 □由制造厂填写 ◎由制造厂或买方填写

○数据表							修改		
	位号	所附的	设备号	所附的	设备号	所附的	№	日期	修改者
泵		○		○		○	1		
电机		○		○		○	2		
齿轮		○		○		○	3		
透平机		○		○		○	4		
应用的覆盖标准：							5		

○工作条件(5.1.3)

流量，正常____(m^3/h)额定流量____(m^3/h)

其他____________________

吸入压力，最大/额定________(MPa)

吐出压力____________(MPa)

压力差____________(MPa)

扬程____(m)有效汽蚀余量____(m)

流程条件的变化(5.1.4)____________

起动条件(5.1.4)____________

使用方式：○连续○间歇(起动次数/日)____

○要求并联运行(5.1.13)

○现场资料(5.1.3)

位置(5.1.30)

○室内 ○有采暖 ○室外 ○无采暖

○雷电区分类(5.1.24/6.1.4)

气候区　　　　类　　　　分区

○要求防寒措施　○要求防湿热措施

现场资料(5.1.30)

○海拔________(m) 气压表________(MPa)

○环境温度范围：最小/最大____/____(℃)

○相对湿度：最小/最大____/____(%)

异常条件(5.1.30)　○粉尘　○烟雾

○其他____________________

○驱动机型式

○感应电机　○蒸汽透平　○齿轮　○其他

○电机(6.1.1/6.1.4)

◎制造厂

□____________(kW) □____________r/min

□机座____________ ◎机壳____________

◎卧式　◎立式　◎计算系数

◎电压/相位/赫兹____/____/____

○型号

○最低起动电压(6.1.5)____________

○液体(5.1.3)

液体特征或名称____________

○有危害的 ○易燃的 ○________(5.1.5)

	最小	正常	最大
泵送温度(℃)			
汽化压力(MPa)			
相对密度(比重)			
黏度(mPa·s)			

比热容 Cp________________(kj/kg·k)

○氯化物浓度(6.5.2.4)________(mg/kg)

○H_2S 浓度____(5.12.1.12c)

腐蚀剂____________(5.12.1.9)

材料(5.12.1.1)

○附录 H 等级(5.12.1.1)________

○最小设计金属温度(5.12.4.1)____(℃)

○要求减小硬度的材料(5.12.1.12)________

□筒体/泵壳________ 叶轮________

□泵壳/叶轮耐磨环____________

□轴____________________

□导流壳____________________

◎性能

报价单曲线号________ □________r/min

□叶轮直径额定____最大____最小____(mm)

□叶轮型号

□额定功率____(kW)效率____(%)

□最小连续流量：

热控的________(m^3/h)稳定的________(m^3/h)

□优先工作区________至________(m^3/h)

□允许工作区________至________(m^3/h)

□额定叶轮的最大扬程________(m)

□额定叶轮的最大功率________(kW)

□额定流量时的必需汽蚀余量____(m)(5.1.10)

◎最大汽蚀比转速____________(5.1.11)

◎要求的最大声压级________(dBA)(5.1.16)

◎预计的最大声压级________(dBA)(5.1.16)

◎预计的最大声功率级________(dBA)(5.1.16)

表 N.1(续)

<table>
<tr><td colspan="1" rowspan="12">◎绝缘______○温升______
◎满载电流______
◎堵转电流______
◎起动方式______
◎润滑______
轴承(型式/数量)
□径向______/______
□推力______/______
□立式推力能力
向上______(N)向下______(N)</td><td colspan="5">○公用事业条件(5.1.3)</td></tr>
<tr><td rowspan="2">电机
加热</td><td>电压</td><td>相位</td><td colspan="2">赫兹</td></tr>
<tr><td></td><td></td><td colspan="2"></td></tr>
<tr><td colspan="5">系统电压压降　○80%○其他______(6.1.5)</td></tr>
<tr><td></td><td>最大压力</td><td>最高温度</td><td>最小压力</td><td>最低温度</td></tr>
<tr><td>蒸汽驱动机
加热</td><td></td><td></td><td></td><td></td></tr>
<tr><td colspan="5">冷却水(5.1.19)水源______</td></tr>
<tr><td colspan="5">供水温度____(℃) 最大回水温度____(℃)</td></tr>
<tr><td colspan="5">标准压力____(MPa) 设计压力____(MPa)</td></tr>
<tr><td colspan="5">最小回水压力____(MPa) 最大允许设计压力____(MPa)</td></tr>
<tr><td colspan="5">氯化物浓度______(mg/kg)</td></tr>
<tr><td colspan="6">备　注</td></tr>
</table>

表 N.2 单级悬臂式(OH型)离心泵数据表

结　构

转向:(从联轴器端看)□顺时针□逆时针

泵型:(4.1)

◎OH2 ◎OH3 ◎OH6 ◎OTHER

泵壳安装方式:

◎中心线安装 ◎管式安装 □其他

泵壳型式:

□单蜗壳 □双蜗壳 □导流壳

泵壳压力额定值:

○OH6泵吸入压力区必须按最大允许工作压力(MAWP)设计(5.3.6)

□最大允许工作压力______(MPa)

在______℃

□水压试验压力______(MPa)

□管口连接(5.4.2)

	口径(DN)	法兰压力等级	密封面	朝向位置
吸入口				
吐出口				

压力泵壳辅助接头(5.4.3)

	数目	管径(DN)	型式
◎排液孔			
◎排气孔			
◎回液管			

◎机加工的和双头螺柱连接的接头(5.4.3.8)

○要求圆柱管螺纹(5.4.3.3)

转子:

○部件平衡到ISO 1940 G1.0的要求(5.9.4.4)

联轴器:(6.2.2)

○制造厂______◎模型______

□额定值(kW per 100 r/min)______

◎加长段长度______(mm)◎计算系数______

○联轴器平衡到GB/T 9239.1 G6.3的要求(6.2.3)

○联轴器带专用的夹紧设备(6.2.11)

○联轴器按ISO 14691(6.2.4)

○联轴器按ISO 10441(6.2.4)

○联轴器按API 671(6.2.4) ○ASME B15.1

○非火花材料联轴器护罩(6.2.14c)

○联轴器护罩依照标准(6.2.14a)

底座

□API底座号______(附录D)

○非灌浆结构(6.3.13)

○其他

机械密封(5.8.1)

○见所附的ISO 21049/API 682数据表

表面准备和涂漆

○制造厂的标准 ○其他(见下文)

○技术规范号

泵:

○底漆

○罩面漆

底座:(6.3.17)

○底漆______

○罩面漆______

○起吊环(6.3.20)______

发货:(7.4.1)

○国内 ○出口 ○出口装箱要求

○室外存放6个月以上

包装的备用转子部件:

○水平存放 ○垂直存放

○发运准备方式

加热和冷却

○要求加热套(5.8.9) ◎要求冷却

◎冷却水管路布置平面图(6.5.3.1)

冷却水管路

◎管路◎管子;管配件______

冷却水管路材料:

◎不锈钢◎碳钢◎镀锌

冷却水要求:

□轴承箱______ m^3/h ______(MPa)

换热器______ m^3/h ______(MPa)

总冷却水流量______ m^3/h

热介质:○蒸汽 ○其他

加热管路:○管子 ○管路

轴承和润滑

轴承(型式/数量)(5.10.1)

□径向______/______

□推力______/______

润滑(5.11.3;5.11.4)

◎润滑脂 ◎油

○吹洗油雾 ○完全油雾

○可视恒油位给油器(5.10.2.2):______

◎国际标准级油黏度

仪器仪表

○加速计(6.4.2.1)

○仅供安装用的设备(5.10.2.11)

○要求平坦表面(5.10.2.12)

○温度计(带热电偶套管)(8.1.3.6)

○压力表型号______

______

______

备注:

○质量(kg)

泵______

底座______

驱动机______

总计______

表 N.2(续)

<table>
<tr><th>备件(表 18)</th><th colspan="4">质量保证检验和试验(续)</th></tr>
<tr><td>○起动　　○正常维护
○规定＿＿＿＿＿＿</td><td>试验</td><td>非目睹</td><td>目睹</td><td>监察</td></tr>
<tr><td>买方其他要求</td><td>○水静压试验(7.3.2)</td><td>○</td><td>○</td><td>○</td></tr>
<tr><td rowspan="20">○需要双方协调会晤(9.1.3)
○最大吐出压力包括(5.3.2)
　○最大相对密度
　○最大叶轮直径和/或级数
　○工作到跳闸转速
○OH3 轴承,HS6 起吊设备(8.1.2.6)
○接头设计批准(5.12.3.4)
◎要求扭矩分析(5.9.2.1)
○扭矩分析报告(5.9.2.6)
○进度报告(9.3.3)
○可自由选择试验的程序概要(9.2.5)
○附加数据要求保留 20 年(7.2.1.1f)
管道和附属设备
有多支管的管路的每个接头(6.5.1.6)
◎排气管　　◎排液管　　◎冷却水管
◎离开底座安装密封箱(6.5.1.4)
◎要求用法兰代替插焊接头(6.5.2.8)
◎报价单中的安装清单(9.2.3l)
连接螺栓
○聚四氟乙烯涂层　　○镀锌
○涂漆　　○不锈钢
质量保证检验和试验
○工厂检查(7.1.4)
○特性曲线的批准
◎用代用密封试验(7.3.3.2b)
○要求材料合格证(5.12.1.8)
○泵壳　　○叶轮　　○轴
○其他＿＿＿＿
○铸件修复程序要求批准(5.12.2.5)
◎接头焊缝要求的探伤检验(5.12.3.4e)
◎磁粉探伤　　◎液体着色渗透
◎X 射线照相　　◎超声波探伤
◎铸件要求的探伤检验(7.2.1.3/5.12.1.5)
◎磁粉探伤　　◎液体着色渗透
◎X 射线照相　　◎超声波探伤
○要求的硬度试验(7.2.2.3)
○要求的附加近表面/表面下检验(7.2.1.3)
零件＿＿＿＿＿＿
方法＿＿＿＿＿＿</td><td>○性能试验(7.3.3)</td><td>○</td><td>○</td><td>○</td></tr>
<tr><td>○密封漏泄重新试验(7.3.3.2d)</td><td>○</td><td>○</td><td>○</td></tr>
<tr><td>○汽蚀余量试验(7.3.4.2)</td><td>○</td><td>○</td><td>○</td></tr>
<tr><td>○速度实际峰值数据(7.3.3.4d)</td><td>○</td><td>○</td><td>○</td></tr>
<tr><td>○整体机组试验(7.3.4.3)</td><td>○</td><td>○</td><td>○</td></tr>
<tr><td>○噪声功率级试验(7.3.4.4)</td><td>○</td><td>○</td><td>○</td></tr>
<tr><td>○最终组装前的清洁程度(7.2.2.2)</td><td>○</td><td>○</td><td>○</td></tr>
<tr><td>○管口负荷试验(6.3.6)</td><td>○</td><td>○</td><td>○</td></tr>
<tr><td>○底座安装突台的表面检查(6.3.3)</td><td>○</td><td>○</td><td>○</td></tr>
<tr><td>○机械运转直到油温稳定(7.3.4.7.1)</td><td>○</td><td>○</td><td>○</td></tr>
<tr><td>○油温稳定后 4 h 机械运转(7.3.4.7.3)</td><td>○</td><td>○</td><td>○</td></tr>
<tr><td>○4 h 机械运转试验(7.3.4.7.2)</td><td>○</td><td>○</td><td>○</td></tr>
<tr><td>○轴承箱共振试验(7.3.4.6)</td><td>○</td><td>○</td><td>○</td></tr>
<tr><td>○辅助设备试验(7.3.4.5)</td><td>○</td><td>○</td><td>○</td></tr>
<tr><td>◎摆锤式冲击试验(5.12.4.3)
　○根据 EN 13445 的规定
　○根据 ASME Ⅷ的规定</td><td>○</td><td>○</td><td>○</td></tr>
<tr><td>○＿＿＿＿＿＿</td><td>○</td><td>○</td><td>○</td></tr>
<tr><td colspan="4">○卖方保存返修和热处理报告(7.2.1.1c)
○卖方提交试验程序(7.3.1.2/9.2.5)
○卖方在 24 h 内提交试验数据(7.3.3.3e)
○包括已绘制的振动图谱(5.9.3.3)
○提交检查的核准清单(7.1.6)</td></tr>
<tr><th colspan="5">备注</th></tr>
<tr><td></td><td colspan="4"></td></tr>
<tr><td></td><td colspan="4"></td></tr>
</table>

表 N.3 双端支承式(BB型)离心泵数据表

结构

转向:(从联轴器端看)□顺时针□逆时针
泵型:(4.1)
◎BB1 ◎BB2 ◎BB3 ◎BB5
泵壳安装方式:
□中心线安装 □靠近中心线安装 □底脚安装

泵壳剖分型式:
◎轴向 ◎径向
泵壳型式:
□单蜗壳 □双蜗壳 □导流壳
□两端支承 ◎筒型
泵壳压力额定值:
□最大允许工作压力________(MPa)
在________℃
□水压试验压力________(MPa)
○吸入口压力区必须按最大允许工作压力(MAWP)设计(5.3.6)
□管口连接(5.4.2)

	口径(DN)	法兰额定值	密封面	朝向位置
吸入口				
吐出口				
回液管				

压力泵壳辅助接头(5.4.3)

	数目	管径(DN)	型式
◎排液口			
◎排气口			
◎压力表			
◎温度计			
◎加热			
◎平衡/泄漏			

◎机加工的和双头螺柱连接的接头(5.4.3.8)
○要求圆柱管螺纹(5.4.3.3)
转子:
○部件平衡到 GB/T 9239.1 G1.0(5.9.4.4)
○热装-限制移动的叶轮(8.2.2.3)
联轴器:(6.2.2)
○制造厂________◎模型________
□额定值(kW per 100 r/min)
◎加长段长度________(mm)◎计算系数________
驱动机半联轴器的安装者:
○泵制造厂 ○驱动机制造厂 ○买方
○液压装配联轴器(6.2.10)
○联轴器平衡 GB/T 9239 G6.3(6.2.3)的要求
○联轴器按照 ISO 14691(6.2.4)的规定
○联轴器按照 ISO 10441(6.2.4)的规定
○联轴器按照 API 671(6.2.4)的规定
○非火花材料联轴器护罩(6.2.14c)
○联轴器护罩依照标准(6.2.14a)
底座:
□API 标准的底座号________(附录 D)
○非灌浆结构(6.1.13)
○其他________
机械密封:(5.8.1)
○见附带的 ISO 21049/API 682 数据表

表面准备和涂漆

○制造厂的标准 ○其他(见下文)
○技术规范号________
泵:
○泵表面准备________
○底漆________
○罩面漆________
底座:(6.3.17)
○底座表面准备________
○底漆________
○罩面漆________
○起吊环(6.3.20)________
发货:(7.4.1)
○国内 ○出口 ○出口装箱要求
○室外存放 6 个月以上
包装的备用转子部件:
○发运包装箱 ○垂直存放(8.2.8.2)
○发运准备方式 ○N_2 保护(8.2.8.4)

加热和冷却

○要求加热套(5.8.9) ◎要求冷却
◎冷却水管路布置平面图(6.5.3.1)
冷却水管路:
◎管路◎管子;管配件________
冷却水管路材料:
◎不锈钢 ◎碳钢 ◎镀锌
冷却水要求:
□轴承箱________ m^3/h @________(MPa)
换热器________ m^3/h @________(MPa)
蒸汽管路:○管子 ○管路

轴承和润滑

轴承(型式/数量)(5.10.1)
□径向________/________
□推力________/________
润滑(5.11.3;5.11.4)
◎油环 ◎流体动压 ○吹洗油雾 ○完全油雾
○可视恒油位给油器(5.10.2.2);
○强制润滑系统依照 ISO 10438-3
○ISO 10438-2(8.2.6.1/8.2.6.5)
◎国际标准级油黏度
○油压必须大于冷却剂的压力
○审核和批准的推力轴承规格(8.2.5.2d)
◎要求的油加热器 ○蒸汽 ○电

仪器仪表(6.4.2)

○详见附带的 API 670 的数据表
○加速计(6.4.2.1)
○振动传感器(6.4.2.2)
○径向________○轴向________
○仅用于安装振动感应器的螺纹接头(5.10.2.11)
○要求平坦表面(5.10.2.12)
○径向轴承金属温度
○推力轴承金属温度
○温度计(带热电偶套管)
○提供的监视器和电缆(6.4.2.4)________
备注:

□质量(kg)

泵________底座________
驱动机________总计________
齿轮________

表 N.3(续)

备件(表 18)	质量保证检验和试验(续)

备件(表 18)

○起动　　　　○正常维护

○规定________

○其他买方要求

○需要双方协调会晤(9.1.3)

○最大吐出压力包括(5.3.2)

　○最大相对密度

　○最大叶轮直经和/或级数

　○工作到跳闸转速

○接头设计批准(5.12.3.4/8.2.1.4)

○惰性气体保护储存-备用机组(8.2.8.4)

○要求扭矩分析(5.9.2.1)

○扭矩分析报告(5.9.2.6)

○进度报告(9.3.3)

○可自由选择试验程序概要(9.2.5)

○附加数据要求保留 20 年(7.2.2.1f)

◎需要横向分析(8.2.4.1/8.2.4.1.3)

◎转子动平衡(8.2.4.2)

有多支管的管路的每个接头(6.5.1.6)

◎排气管　◎排液管　◎冷却水管

◎离开底座安装的密封箱(6.5.1.4)

◎要求用法兰代替插焊接接头(6.5.2.8)

连接螺栓

○聚四氟乙烯涂层　○镀锌

○涂漆　◎不锈钢

◎报价单中的装置业绩清单(9.2.3l)

质量保证检验和试验

○工厂检查(7.1.4)

○特性曲线的批准

◎用代用密封试验(7.3.3.2)

○要求材料合格证(5.12.1.8)

○泵壳　○叶轮　○轴

○其他________

○铸件修复程序要求批准(5.12.2.5)

◎接头焊缝要求的探伤检验(5.12.3.4e)

◎磁粉探伤　◎液体着色渗透

◎X 射线照相　◎超声波探伤

◎铸件需要的探伤检验(7.2.1.3/5.12.1.5)

◎磁粉探伤　◎液体着色渗透

◎X 射线照相　◎超声波探伤

○要求的硬度试验(7.2.2.3)

○要求的附加近表面/表面下检验 7.2.1.3

零件________

方法________

质量保证检验和试验(续)

试验	非目睹	目睹	监察
○水静压试验(7.3.2)	○	○	○
○性能试验(7.3.3)	○	○	○
○汽蚀余量试验(7.3.4.2)	○	○	○
○密封漏泄重新试验(7.3.3.2d)	○	○	○
○最终扬程调整后需要重新试验(7.3.3.5b)	○	○	○
○整体机组试验(7.3.4.3)	○	○	○
○噪声功率级试验(7.3.4.4)	○	○	○
○最终组装前的清洁程度(7.2.2.2)	○	○	○
○管口负荷试验(6.3.6)	○	○	○
○底座安装突台的表面检查(6.3.3)	○	○	○
○机械运转直到油温稳定(7.3.4.7.1)	○	○	○
○油温稳定后 4 h 机械运转试验(7.3.4.7.3)	○	○	○
○4 h 机械运转试验(7.3.4.7.2)	○	○	○
○速度实际峰值数据(7.3.3.4d)	○	○	○
○轴承箱共振试验(7.3.4.6)	○	○	○
○试验后拆卸/检查流体动压轴承(8.2.7.5)	○	○	○
○辅助设备试验(7.3.4.5)	○	○	○
◎摆锤式冲击试验(EN 13445/ASME Ⅷ)	○	○	○
○________	○	○	○
○________	○	○	○
○________	○	○	○

○卖方保存返修和热处理记录(7.2.1.1c)

○卖方提交试验程序(7.3.1.2/9.2.5)

○卖方在 24 h 内提交试验数据(7.3.3.3e)

○包括已绘制的振动图谱(5.9.3.3)

○记录最终装配运转间隙

○完成检查的核准清单(7.1.6)

备注

表 N.4 立式悬吊式(VS 型)离心泵数据表

结 构

转向:(从联轴器端看)□顺时针□逆时针

泵型:(1.3)

◎VS1◎VS2◎VS3◎VS4◎VS5◎VS6◎VS7

泵壳安装方式:

□湿坑盖板 □独立安装板(8.3.8.3.1)

□管道内 □独立底座(8.3.8.3.3)

泵壳剖分型式:

◎轴向 ◎径向

泵壳型式:

□单蜗壳 □双蜗壳 □导流壳

泵壳压力额定值:

□最大允许工作压力______(MPa)

在______℃

□水静压试验压力______(MPa)

○吸入口压力区必须按最大允许工作压力(MAWP)设计(5.3.6)

□管口连接(5.4.2)

	口径(DN)	法兰额定值	密封面	朝向位置
吸入口				
吐出口				
回液管				

压力泵壳辅助接头(5.4.3)

	数目	管径(DN)	型式
◎排液孔			
◎排气孔			
◎加热			
◎平衡/泄漏			

◎机加工的和双头螺柱连接的接头(5.4.3.8)

○要求的圆柱管螺纹(5.4.3.3)

转子:

○部件平衡到 ISO 1940 G1.0(5.9.4.4)的要求

○热装—限制移动的叶轮(5.4.3.3)

联轴器:

○制造厂______◎型号______

□额定值(kW per 100 r/min)______

◎加长段长度______(mm)◎计算系数______

◎刚性直联联轴器:

○制造厂______◎型号______

□额定值(kW per 100 r/min)___○润滑油____

◎加长段长度______(mm)◎计算系数______

◎刚性驱动机半联轴器的安装者:

○泵制造厂 ○驱动机制造厂 ○买方

○联轴器平衡到 ISO 1940.1 G6.3(6.2.3)的要求

○联轴器按照 ISO 14691(6.2.4)的规定

○联轴器按照 ISO 10441(6.2.4)的规定

○联轴器按照 API 671(6.2.4)的规定

○非火花材料联轴器护罩(6.2.14c)

○联轴器护罩依照标准(6.2.14a)

机械密封:

○见所附的 ISO 21049/API 682 数据表

表面准备和涂漆

○制造厂的标准

泵:

○泵表面准备

◎底漆

○罩面漆

底座/排液管:(6.3.17)

○底座表面准备

○底漆______

○罩面漆______

发货:(7.4.1)

○国内 ○出口 ○出口装箱要求

○室外存放 6 个月以上

包装的备用转子部件:

○水平存放 ○垂直存放

○发运准备方式______

加热和冷却

○要求加热套(5.8.9)

◎要求冷却

◎冷却水管路布置平面图(6.5.3.1)

冷却水管路:

◎管路 ◎管子;管配件______

冷却水管路材料:

◎不锈钢 ◎碳钢 ◎镀锌

冷却水要求:

□轴承箱______ m^3/h 在______(MPa)

换热器______ m^3/h 在______(MPa)

蒸汽管路:○管子 ○管路

轴承和润滑

轴承(型式/数量)

□径向______/______

□推力______/______

润滑(5.11.3;5.11.4)

◎润滑脂 ◎浸没介质中 ○吹洗油雾

◎甩油环 ○完全油雾

○可视恒油位给油器(5.10.2.2):______

◎国际标准级油黏度

○审核和批准的推力轴承规格

◎要求油的加热器 ○蒸汽 ○电

仪器仪表(6.4.2)

○加速计(6.4.2.1)

○用于安装振动传感器的螺纹接头(5.10.2.11)

○要求平坦平面(5.10.2.12)

○压力表型号______

备注:

质量(kg)

泵______

底座______

齿轮______

驱动机______

总计______

表 N.4(续)

备件(表 18)

○起动　　○正常维护

○规定________

○其他买方要求

○符合协调会议(9.1.3)

○最大吐出压力包括(5.3.2)

　○最大相对密度

　○最大叶轮直径和/或级数

　○工作到跳闸转速

○接头设计批准(5.12.3.4)

○要求扭矩分析(5.9.2.1)

○扭矩分析报告(5.9.2.6)

○进度报告(9.3.3)

○可自由选择试验程序概要(9.2.5)

○附加数据要求保留 20 年(7.2.2.1f)

有多支管的管路的每个接头(6.5.1.6)

◎排气管头　　◎排液管　　◎冷却水管

◎离井底座安装密封箱(6.5.1.4)

◎要求用法兰代替插焊接接头(6.5.2.8)

螺栓连接　○聚四氟乙烯涂层　○不锈钢

　　　　　○涂漆　　　　　　○镀锌

◎报价单中的装置业绩清单(9.2.3l)

○立式泵

□泵推力　　(+)向上　　(−)向下

在最小流量时________(N)________(N)

在额定流量时________(N)________(N)

最大推力________(N)________(N)

◎要求的独立底座(8.3.8.3.3)____(m)X____(m)

○要求的独立安装板(8.3.8.3.1)

□独立底座厚度________(mm)

排液管：□法兰连接　　□螺纹连接

□直径________(mm)长度________(m)

导轴承

□数量

□长轴导轴承间隔________(mm)

导轴承润滑

　　□水　　□油

　　□润滑脂　　□输送液

长轴　　◎开式　　◎封闭式

□长轴直径________(mm)

□管直径________(mm)

长轴联轴器：

□长轴直径　　□轴套和键　　□螺纹

□吸入圆筒厚度________(mm)

□长度________(m)

□直径________(m)

○吸入滤网型式

○浮子和杆　　○浮子开关

○叶轮用弹性夹头固定可以接受(5.6.3)

○轴承部位轴套硬化处理(8.3.10.5)

立式泵(续)

○泵及其结构的动态分析(8.3.5)

○排液管通地面(8.3.13.5)

质量保证检验和试验

○工厂检查(7.1.4)　　○特性曲线验收

◎用代用密封试验(7.3.3.2b)

试验	非目睹	目睹	监察
○碗形导流壳和排液管的水压试验(8.3.13.2)	○	○	○
○水静压试验(7.3.2)	○	○	○
○性能试验(7.3.3)	○	○	○
○密封漏泄重新试验(7.3.3.2d)	○	○	○
○汽蚀余量试验(7.3.4.2)	○	○	○
○整体机组试验(7.3.4.3)	○	○	○
○噪声功率级试验(7.3.4.4)	○	○	○
○最终组装前的清洁程度(7.2.2.2)	○	○	○
○管口负荷试验(6.3.6)	○	○	○
○4 h 机械运转试验(7.3.4.7.2)	○	○	○
○机械运转直到油温稳定(7.3.4.7.1)	○	○	○
○油温稳定后 4 h 机械运转(7.3.4.7.3)	○	○	○
○实际峰值速度数据(7.3.3)	○	○	○
○共振试验(8.3.9.2)	○	○	○
○辅助设备试验(7.3.4.5)	○	○	○
◎摆锤式冲击试验(5.12.4.3)	○	○	
○根据 EN 13445 规定			
○根据 ASME Ⅷ的规定			

○卖方保存返修和热处理报告(7.2.1.1c)

○卖方提交试验程序(7.3.1.2/9.2.5)

○卖方在 24 h 内提交试验数据(7.3.3.3e)

○包括已绘制的振动图谱(5.9.3.3)

○最终组装运转间隙记录

　○完成检查的核准清单(7.1.6)

　○要求材料合格证(5.12.1.8)

○泵壳　　○叶轮　　○轴

○其他

○铸件修复程序验收要求(5.12.2.5)

◎接头焊缝检验要求(5.12.3.4)

◎磁粉探伤　　◎液体着色渗透

◎X 射线照相　　◎超声波探伤

◎铸件需要的探伤检验(7.2.1.3/5.12.1.5)

◎磁粉探伤　　◎液体着色渗透

◎X 射线照相　　◎超声波探伤

○要求硬度试验(7.2.2.3)

○附加的近表面/表面下检验(7.2.1.3)

零件________

方法________

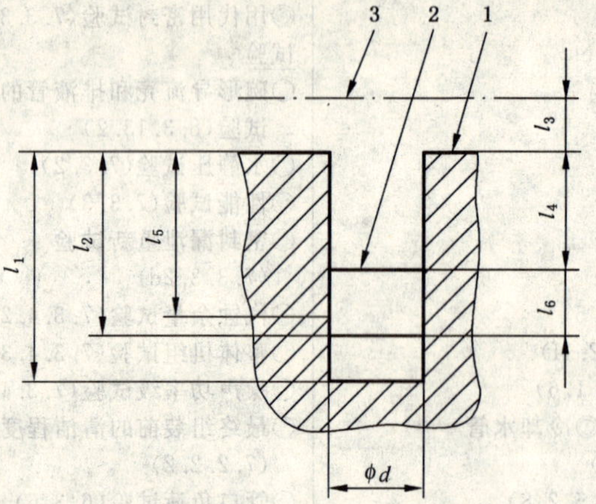

1——地平面；

2——低液位；

3——吐出口中心线；

l_1——湿坑深度；

l_2——泵长度；

l_3——吐出口中心线高度；

l_4——高于低液位的地平面高度；

l_5——第一级叶轮基准高度；

l_6——要求的浸没深度；

ϕd——湿坑直径。

○l_1 ________ m　□l_2 ________ m

○ϕd ________ m　□l_6 ________ m

○l_4 ________ m　□l_3 ________ m

□l_5 ________ m

图 N.1　湿坑布置图

表 N.5 离心泵参考文献表

下列标记适用于:○报价单○订购◎供制造时用 用户________ 装置________ 地点________ 使用条件________			
注:以下的资料由 :○由买方填写□由制造厂填写 ◎由制造厂或买方填写			
压力容器设计规范的参考文献			
□由制造厂出示这些标准的参考文献 在设计中使用的铸件系数(5.3.4)(表3) 材料性能的来源		□ □	
焊接与补焊(5.12.3) 以下参考文献由买方列出(如果买方未选择或未说明,则不履行表10)			
○替代的焊接规范和标准(5.12.3.1)			
焊接要求(适用的规范和标准)		买方规定的	不履行表10
焊工/焊接操作者资格		○	○
焊接工艺规程		○	○
非承压构件焊接,例如底座或支架		○	○
焊缝的磁粉探伤或液体着色渗透探伤		○	○
焊后热处理		○	○
泵壳焊合焊缝的焊后热处理		○	○
材料检查(7.2.2.1(7.2.1.3)) 以下参考文献由买方列出(如果买方未选择或未说明,则不履行表13) ○可替换的材料检验和验收标准(参见表13)			
检查型式	方法	用于焊合件	用于铸件
X射线照相检查	○	○	○
超声波检查	○	○	○
磁粉探伤检查	○	○	○
液体着色渗透探伤检查	○	○	○
备注			

参考文献

[1] ISO 185 灰口铸铁 分类

[2] ISO 683-1 热处理钢、合金钢和易切削钢 第1部分:按照不同成形的黑钢制件直接硬化的非合金钢和低合金锻钢

[3] ISO 683-13:1986 热处理钢、合金钢和易切削钢 第13部分:锻造不锈钢

[4] ISO 683-18 热处理钢、合金钢和易切削钢 第18部分:非合金和低合金钢光亮产品

[5] ISO 2604-2 压力容器钢制产品 质量要求 第2部分:锻造无缝钢管

[6] ISO 3448 工业用液体润滑剂 ISO 黏度分级

[7] ISO 3740 声学 噪声源的声功率级测定 基本标准使用指南

[8] ISO 3744 声学 噪声源的声功率级测定 反射平面上自由区域条件的工程法

[9] ISO 3746 声学 使用声压级的噪声源的声功率级测定 在反射平面上使用包络测量平面的测量法

[10] ISO 4991 耐压钢铸件

[11] ISO 14120 机械安全 护罩 固定和可移动护罩的设计和制造的一般要求

[12] EN 953 机械安全 防护装置 固定和移动防护装置设计和制造的一般要求

[13] EN 1561 铸造 灰口铸铁

[14] EN 10028-2 压力用途的钢板制品 第2部分:具有规定的耐高温性能的非合金钢和合金钢

[15] EN 10028-7 压力用途的钢板制品 第7部分:不锈钢管

[16] EN 10083-1 淬火钢和回火钢 第1部分:特种钢交货技术条件

[17] EN 10083-2 淬火钢和回火钢 第2部分:非合金级钢交货技术条件

[18] EN 10088-1 不锈钢 第1部分:不锈钢目录

[19] EN 10088-3 不锈钢 第3部分:一般用途的半成品、钢棒、线材和型钢的交货技术条件

[20] EN 10208-1 易燃流体管道用钢管 交货技术条件 第1部分:符合A类要求的管材

[21] EN 10213-2 压力用途的钢铸件的交货技术条件 第2部分:环境温度和室温下使用的钢号

[22] EN 10213-4 压力用途的钢铸件的交货技术条件 第4部分:奥氏体和奥氏体-铁素体钢号

[23] EN 10222-2 压力用途的钢锻件 第2部分:有规定高温特性的铁素体钢和马氏体铁钢

[24] EN 10222-5 压力用途的钢锻件 第5部分:马氏体、奥氏体、奥氏体-铁素体不锈钢

[25] EN 10250-4 一般工程用途的敞口钢模锻件 第4部分:不锈钢

[26] EN 10269 规定高温和/或低温性能的紧固件用钢及镍合金

[27] EN 10272 压力用途的不锈钢棒材

[28] EN 10273 压力用途的规定高温性能的热轧可焊接钢棒

[29] EN 10283 耐腐蚀铸钢件

[30] ABMA 9 滚珠轴承的负荷额定值和疲劳寿命

[31] ABMA 20 与基本边界平面一致的公制滚珠和滚柱轴承(锥形滚柱轴承除外):边界尺寸、公差以及标志符号

[32] API Spec. 5L 长管技术规范

[33] API 614 特殊用途的润滑、轴封和控制油系统

[34] API 682 离心泵和回转泵用轴封系统

[35] API RP 686 机械安装及安装设计

[36] ASME B1.20.1 一般用途(英制)管螺纹
[37] ASME B31.3 工艺流程的管路
[38] ASTM A48 灰口铸铁件标准规范
[39] ASTM A53 管道、钢管、黑色和热浸钢管、镀锌钢管、焊接钢管及无缝钢管标准规范
[40] ASTM A105 管路零部件用碳钢锻件标准规范
[41] ASTM A106 高温作业用无缝碳钢管标准规范
[42] ASTM A153 铁和钢硬件上的镀锌(热浸法)标准规范
[43] ASTM A181 一般用途管路的碳钢锻件标准规范
[44] ASTM A182 高温作业用锻造或轧制合金钢管法兰、锻造配件、阀和零件标准规范
[45] ASTM A193 高温作业用合金钢和不锈钢螺栓连接材料标准规范
[46] ASTM A194 高压和高温作业用螺栓的碳钢和合金钢螺母标准规范
[47] ASTM A197 冲天炉可锻铸件标准规范
[48] ASTM A216 高温作业用的适合于熔焊的碳铸锻件标准规范
[49] ASTM A217 适合于高温作业用的承内压零件的马氏体不锈钢和合金钢铸件标准规范
[50] ASTM A240 压力容器用抗热铬和铬-镍不锈钢板材、薄板材和带材标准规范
[51] ASTM A266/ 压力容器部件用碳素钢锻件标准规范
[52] ASTM A269 一般用途无缝和焊接奥氏体不锈钢薄管标准规范
[53] ASTM A276 不锈钢棒材和型材标准规范
[54] ASTM A278 温度达 650 ℉的承内压零件用灰铸铁铸件标准规范
[55] ASTM A312 无缝钢管和焊接奥氏体不锈钢管标准规范
[56] ASTM A338 650 ℉以下温度的铁道、船舶和其他重型作业条件用可锻铸铁法兰、管配件和阀零件标准规范
[57] ASTM A351 适合于承内压部件的铸件、奥氏体钢铸件、奥氏体-铁素体(双相)钢铸仲标准规范
[58] ASTM A352 低温受压零件用铁素体和马氏体钢铸件的标准规范
[59] ASTM A434 淬火和回火合金、热轧或冷轧精加工钢棒、合金钢标准规范
[60] ASTM A473 不锈钢锻件标准规范
[61] ASTM A479 锅炉及其他压力容器用不锈钢棒与型材的标准规范
[62] ASTM A487 适合于承内压作业用钢铸件
[63] ASTM A515 适合于中温和高温作业的压力容器钢板、碳钢的标准规范
[64] ASTM A516 中温和较低温压力容器用碳钢板材标准规范
[65] ASTM A524 常温和较低温用无缝碳钢管标准规范
[66] ASTM A576 特殊质量的热轧碳钢棒材标准规范
[67] ASTM A582 快削不锈钢棒标准规范
[68] ASTM A696 压力管道部件用特级热锻或冷精轧碳素钢棒标准规范
[69] ASTM A743 一般用途铁铬、铁铬镍耐腐蚀铸件的标准规范
[70] ASTM A790 无缝钢管与焊接铁素体/奥氏体不锈钢管标准规范
[71] ASTM A890 通用铁铬镍钼耐腐蚀双相(奥氏体/铁素体)铸件的标准规范
[72] JSA G 3106 焊接结构用轧制钢材[1)]
[73] JSA G 3202 压力容器用碳素钢锻钢件
[74] JSA G 3214 压力容器用不锈钢锻件

1) 日本工业标准,1-24 Akaska 4 Minato-ku,东京,日本 107

[75] JSA G 3456 高温作业用碳素钢钢管标准规范
[76] JSA G 3459 不锈钢钢管
[77] JSA G 4051 机械结构用碳素钢钢材
[78] JSA G 4105 铬钼钢
[79] JSA G 4107 高温作业用合金钢栓接材料
[80] JSA G 4303 不锈钢棒
[81] JSA G 4304 热轧不锈钢板、薄钢板及带钢
[82] JSA G 4319 不锈钢锻件用钢坯
[83] JSA G 5121 不锈钢铸件
[84] JSA G 5501 灰口铁铸件
[85] JSA G 5151 高温高压作业用铸钢件
[86] NACE 腐蚀工程师参考书

ICS 77.040.10
H 22

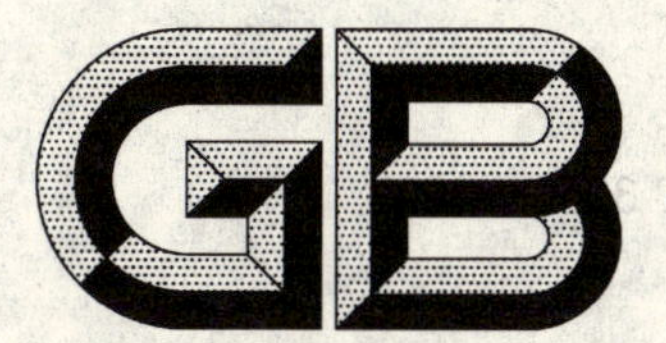

中华人民共和国国家标准

GB/T 3250—2007
代替 GB/T 3250—1982、GB/T 3252—1982

铝及铝合金铆钉线与铆钉剪切试验方法及铆钉线铆接试验方法

Aluminium and aluminium alloys shear test method for rivet wire and rivets and riveting test method for rivet wire

2007-04-30 发布　　2007-11-01 实施

中华人民共和国国家质量监督检验检疫总局
中国国家标准化管理委员会　发布

前言

本标准代替GB/T 3250—1982《铝及铝合金铆钉线铆接试验方法》、GB/T 3252—1982《铝及铝合金铆钉线与铆钉剪切试验方法》。

本标准与GB/T 3250—1982、GB/T 3252—1982相比，主要在以下方面进行了修改和补充：

——增加了试验温度的限定；

——增加了规范性引用文件一章；

——修改了剪切定义及试样长度、最大剪切力、试样原始横截面积、表面粗糙度的符号；

——删除了计量单位中不符合国家标准的计量单位；

——增加了试验机测力准确度的要求；

——修改了面积计算有效数字的保留位数。

本标准由中国有色金属工业协会提出。

本标准由全国有色金属标准化技术委员会归口并负责解释。

本标准由东北轻合金有限责任公司负责起草。

本标准主要起草人：邱纪微、韩啸、赵胜强、王龙、何滨。

本标准所替代标准的历次版本发布情况为：

——GB/T 3250—1982、GB/T 3252—1982。

铝及铝合金铆钉线与铆钉剪切试验方法及铆钉线铆接试验方法

1 范围

本标准规定了铝及铝合金铆钉线与铆钉室温(10℃～35℃)剪切(双剪)试验方法及铆钉线铆接试验方法。

本标准适用于直径不大于 10 mm 的铝及铝合金铆钉线与铆钉。

2 规范性引用文件

下列文件中的条款通过本标准的引用而成为本标准的条款。凡是注日期的引用文件,其随后所有的修改单(不包括勘误的内容)或修订版均不适用于本标准,然而,鼓励根据本标准达成协议的各方研究是否可使用这些文件的最新版本。凡是不注日期的引用文件,其最新版本适用于本标准。

GB/T 16825(所有部分) 静力单轴试验机的检验

GB/T 8170 数值修约规则

3 方法提要

3.1 剪切试验方法提要

试验机通过剪切工具对试样施力,使试样的一个横截面受剪,或相距有限距离的两个横截面对称受剪。通过测定试样发生剪切断裂前所能承受的最大力,计算出试样的抗剪强度。

3.2 铆接试验方法提要

锤击夹紧于铆接工具孔内的试样,直至试样露出工具孔外的平头高度为 0.5 倍的试样直径。检查镦粗后的铆钉平头侧面,观察是否出现裂纹、开裂或折叠现象,从而评定铆接性能是否合格。

4 试样

4.1 试样长度

试样的长度(L)与试样直径(d)的关系为:$L=1.4d+10$ mm。

4.2 剪切试样

4.2.1 从线材上切取一段适当长度(4.1)的试样样坯,其上应附有牌号、规格、批号、试样号及特殊热处理制度或试验日期要求等标记。

4.2.2 对铆钉体长度小于剪切工具总厚度的短铆钉,可从同一批铆钉线上切取试样样坯。

4.2.3 从样坯上切取试样。试样如有弯曲,应予矫直,但不允许损伤试样表面或改变试样的原有性能。

4.3 铆接试样

4.3.1 从线材上切取一段适当长度(4.1)的试样样坯,其上应附有牌号、规格、批号、试样号及特殊热处理制度或试验日期要求等标记。

4.3.2 从样坯上切取试样时不允许损伤试样原表面。试样的两个端面应平整,并与中心线垂直,周边无毛刺。

5 试验设备及工具

5.1 剪切试验设备

5.1.1 拉力、压力或万能试验机应符合相关国家标准规定,并满足下列基本要求:

a) 按照 GB/T 16825 进行检验，试验机应为 1 级或优于 1 级准确度；

b) 试验机通过剪切工具对试样施力时，能保证同轴度不大于 10%。

c) 试验机力值度盘的选择，应使其预计最大剪切力 F_m 位于试验机量程的 20%～80%。

5.1.2 拉式(如图 1)或压式双剪工具应满足下列基本要求：

a) 剪刀和夹板选用优质合金钢，硬度达到 HRC 62～HRC64；

b) 剪刀与夹板之间的接触平面应精磨，表面粗糙度 $Ra \leqslant 0.2\ \mu m$；

c) 剪刀及夹板工作孔的表面应光滑，表面粗糙度 $Ra \leqslant 0.2\ \mu m$，孔的接触棱边应锋利；

d) 工作孔于施力销孔(拉式工具)的轴线应位于工具的中心面上，且与剪刀、夹板的表面相垂直；

e) 拉式双剪工具主要部件(剪刀、垫块、夹板及其工作孔)尺寸及偏差应符合表 1 的规定。

单位为毫米

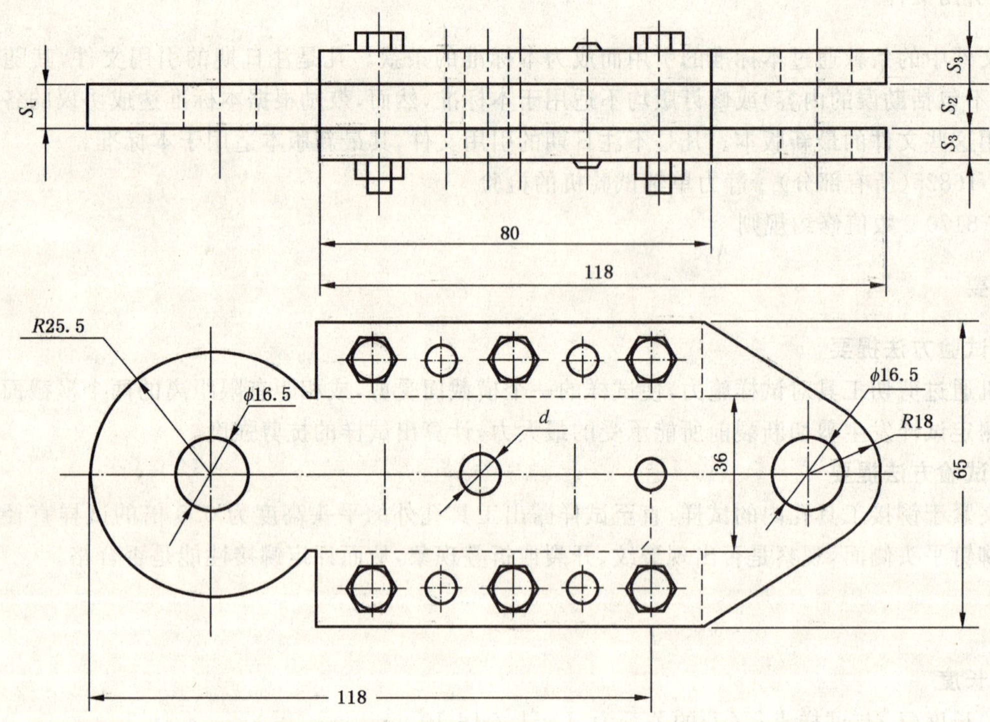

图 1

表 1

单位为毫米

<table>
<tr><td rowspan="2">铆钉线
名义直径
d</td><td colspan="2">工作孔</td><td colspan="2">剪刀</td><td colspan="2">垫块</td><td rowspan="2">夹板
名义厚度
S_3</td></tr>
<tr><td>名义直径[1)]
d_1</td><td>孔径偏差</td><td>名义厚度
S_1</td><td>厚度偏差</td><td>名义厚度
S_2</td><td>厚度偏差</td></tr>
<tr><td>≥1.6～4</td><td rowspan="3">d+0.05</td><td rowspan="3">$^{+0.025}_{0}$</td><td>6</td><td rowspan="3">$^{0}_{-0.010}$</td><td rowspan="3">$S_1+0.015$</td><td rowspan="3">$^{+0.015}_{0}$</td><td>5</td></tr>
<tr><td>>4～8</td><td>8</td><td>6</td></tr>
<tr><td>>8～10</td><td>12</td><td>8</td></tr>
<tr><td colspan="8">1) 该名义直径为铆钉线名义直径加铆钉制造的允许偏差。</td></tr>
</table>

5.2 铆接试验工具

铆接试验工具如图 2 所示。

单位为毫米

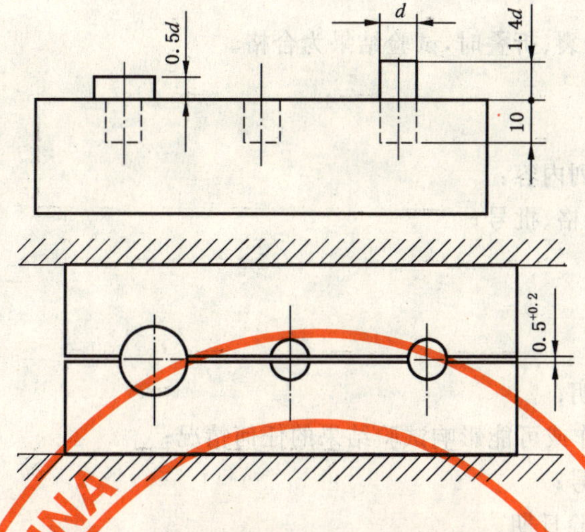

图 2　线材铆接试验工具

6　试验步骤

6.1　剪切试验

6.1.1　试验前用精度不低于 0.01 mm 的量具测量试样两个相互垂直方向上的直径，取其算术平均值，计算后的试样横截面面积保留 4 位有效数字(S_0)，所需数位后的数字按 GB/T 8170 进行修约。

6.1.2　按试样的公称直径选择孔径相宜的工具，并在试验机上固定，不允许偏心。

6.1.3　将试样插入剪切工具工作孔内，不得损伤试样表面。

6.1.4　使试验机夹头以不超过 20 mm/min 的速度移动，但不应使试验力产生冲击现象。

6.1.5　记录试样发生剪切断裂前，所承受的最大试验力(F_m)。

6.2　铆接试验

6.2.1　淬火后试样的铆接时间应符合相关产品标准规定。

6.2.2　根据线材直径选择孔径适宜的工具，将试样直插到孔底，并在孔内夹紧。除有关标准另有规定外，试样露出工具外的部分之高度为 1.4d。

6.2.3　用手锤、汽锤或铆枪对准试样锤击，镦粗到试样露出工具外的平头高度为 0.5d 为止。

6.2.4　镦粗后的铆钉平头应呈椭圆形或稍呈椭圆形。如果试样突出部分被锤弯或平头靠向一边呈显著的椭圆形，则试验结果无效，应补取试样重做试验。

6.2.5　肉眼观查试样平头侧面，必要时，可借助 5 倍放大镜检验。

7　试验结果

7.1　剪切试验结果

7.1.1　按式(1)计算抗剪强度：

$$\tau = \frac{F_m}{2S_0} \qquad \cdots\cdots(1)$$

式中：

τ——抗剪强度，单位为牛顿每平方毫米(N/mm^2)；

F_m——试样发生剪切断裂前，所承受的最大试验力，单位为牛顿(N)；

S_0——试样原始横截面积，单位为平方毫米(mm^2)。

7.1.2　以抗剪强度计算值表示试验结果。抗剪强度的计算值取三位有效数字，所需位数后的数字按 GB/T 8170 进行修约。

7.2 铆接试验结果

试样平头侧面无裂纹、开裂、折叠时，试验结果为合格。

8 试验报告

试验报告应至少包括下列内容：

a） 试样的合金牌号、规格、批号；

b） 试样的委托单位；

c） 试样的试验结果；

d） 特殊热处理制度；

e） 检测样品的必要说明；

f） 本标准未规定的操作或可能影响试验结果的任何情况；

g） 本标准的名称及编号；

h） 试验者、审核者、试验日期。

ICS 77.140.50
H 46

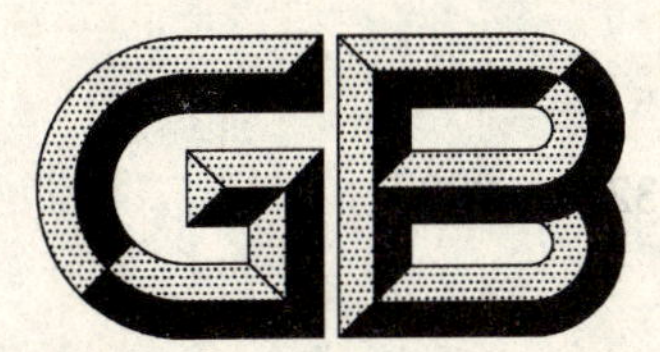

中华人民共和国国家标准

GB/T 3274—2007
代替 GB/T 3274—1988

碳素结构钢和低合金结构钢 热轧厚钢板和钢带

Hot-rolled plates and strips of carbon structural steels and high strength low alloy structural steels

2007-08-14 发布　　2008-03-01 实施

中华人民共和国国家质量监督检验检疫总局
中国国家标准化管理委员会　发布

前 言

本标准与 ISO 630:1995《结构钢》、ISO 13976:2005《结构级热轧厚钢板卷》的一致性程度为非等效。

本标准代替 GB/T 3274—1988《碳素结构钢和低合金结构钢热轧厚钢板和钢带》。与原标准对比，主要变化如下：

——引用标准增加了 GB/T 14977、GB/T 18253；

——增加了订货内容；

——修改了表面质量的规定；

——增加了焊接修补的规定；

——修改了组批的规定。

本标准由中国钢铁工业协会提出。

本标准由全国钢标准化技术委员会归口。

本标准主要起草单位：鞍钢股份有限公司、天津钢铁有限公司、冶金工业信息标准研究院、济南钢铁股份有限公司。

本标准主要起草人：刘徐源、王晓虎、许克亮、朴志民、吴波、孙根领、唐一凡。

本标准 1988 年首次发布。

碳素结构钢和低合金结构钢热轧厚钢板和钢带

1 范围

本标准规定了碳素结构钢和低合金结构钢热轧厚钢板和钢带的订货内容、尺寸、外形、重量及允许偏差、技术要求、试验方法、检验规则、包装、标志和质量证明书等。

本标准适用于厚度为 3 mm～400 mm 碳素结构钢和低合金结构钢热轧厚钢板和厚度为 3 mm～25.4 mm 热轧钢带。

2 规范性引用文件

下列文件中的条款通过本标准的引用而成为本标准的条款。凡是注日期的引用文件，其随后所有的修改单(不包括勘误的内容)或修订版均不适用于本标准，然而，鼓励根据本标准达成协议的各方研究是否可使用这些文件的最新版本。凡是不注日期的引用文件，其最新版本适用于本标准。

GB/T 222 钢的成品化学成分允许偏差

GB/T 223.3 钢铁及合金化学分析方法 二安替吡啉甲烷磷钼酸重量测定磷量

GB/T 223.5 钢铁及合金化学分析方法 还原型硅钼酸盐光度法测定酸溶硅含量

GB/T 223.10 钢铁及合金化学分析方法 钢铁试剂分离-铬天青S光度法测定铝量

GB/T 223.11 钢铁及合金化学分析方法 过硫酸铵氧化容量法测定铬量

GB/T 223.14 钢铁及合金化学分析方法 钽试剂萃取光度法测定钒量

GB/T 223.17 钢铁及合金化学分析方法 二安替吡啉甲烷光度法测定钛量

GB/T 223.18 钢铁及合金化学分析方法 硫代硫酸钠分离-碘量法测定铜量

GB/T 223.19 钢铁及合金化学分析方法 新亚铜灵-三氯甲烷萃取光度法测定铜量

GB/T 223.23 钢铁及合金化学分析方法 丁二酮肟分光光度法测定镍量

GB/T 223.24 钢铁及合金化学分析方法 萃取分离-丁二酮肟分光光度法测定镍量

GB/T 223.32 钢铁及合金化学分析方法 次磷酸钠还原-碘量法测定砷含量

GB/T 223.37 钢铁及合金化学分析方法 蒸馏分离-靛酚蓝光度法测定氮量

GB/T 223.40 钢铁及合金 铌含量的测定 氯磺酚S分光光度法

GB/T 223.58 钢铁及合金化学分析方法 亚砷酸钠-亚硝酸钠滴定法测定锰量

GB/T 223.59 钢铁及合金化学分析方法 锑磷钼蓝光法测定磷量

GB/T 223.60 钢铁及合金化学分析方法 高氯酸脱水重量法测定硅含量

GB/T 223.63 钢铁及合金化学分析方法 高碘酸钠(钾)光度法测定锰量

GB/T 223.64 钢铁及合金化学分析方法 火焰原子吸收光谱法测定锰量

GB/T 223.68 钢铁及合金化学分析方法 管式炉内燃烧后碘酸钾滴定法测定硫含量

GB/T 223.71 钢铁及合金化学分析方法 管式炉内燃烧后重量法测定碳含量

GB/T 223.72 钢铁及合金化学分析方法 氧化铝色层分离-硫酸钡重量法测定硫量

GB/T 228 金属材料 室温拉伸试验方法 (GB/T 228—2002,eqv ISO 6892:1998)

GB/T 229 金属夏比缺口冲击试验方法(GB/T 229—1994,eqv ISO 83:1976,eqv ISO 148:1983)

GB/T 232 金属材料 弯曲试验方法(GB/T 232—1999,eqv ISO 7438:1985)

GB/T 247 钢板和钢带检验、包装、标志及质量证明书的一般规定

GB/T 700 碳素结构钢

GB/T 709 热轧钢板和钢带的尺寸、外形、重量及允许偏差

GB/T 1591 高强度低合金结构钢

GB/T 2975 钢及钢产品力学性能试验取样位置及试样制备(GB/T 2975—1998,eqv ISO 377:1997)

GB/T 4336 碳素钢和中低合金钢火花源原子发射光谱分析方法(常规法)

GB/T 14977 热轧钢板表面质量的一般要求

GB/T 17505 钢及钢产品一般交货技术要求(GB/T 17505—1998,eqv ISO 404:1992)

GB/T 18253 钢及钢产品检验文件的类型(GB/T 18253—2000,eqv ISO 10474:1991)

GB/T 20066 钢和铁 化学成分测定用试样的取样和制样方法(GB/T 20066—2006,ISO 14284:1996,IDT)

YB/T 081 冶金技术标准的数值修约与检测数值的判定原则

3 订货内容

3.1 按本标准订货的合同或订单应包括下列内容:

a) 标准编号;

b) 产品名称(单轧钢板、连轧钢板、钢带);

c) 牌号;

d) 尺寸;

e) 边缘状态(切边 EC、不切边 EM);

f) 单轧钢板厚度偏差种类(N、A、B、C);

g) 钢带和连轧钢板厚度精度(PT. A、PT. B);

h) 重量;

i) 交货状态;

j) 用途;

k) 特殊要求。

3.2 订货合同对 e)~g)项内容未明确时,按如下规定:

a) 单轧钢板通常切四边交货;钢带通常不切边交货,由钢带剪切的钢板通常切边交货;

b) 单轧钢板厚度偏差种类按对称偏差(N 类);

c) 钢带和连轧钢板厚度精度按普通精度(PT. A 类)。

4 尺寸、外形、重量及允许偏差

钢板和钢带的尺寸、外形、重量及允许偏差应符合 GB/T 709 的规定。

5 技术要求

5.1 牌号和化学成分

钢的牌号和化学成分应符合 GB/T 700、GB/T 1591 的规定。成品钢板和钢带的化学成分允许偏差应符合 GB/T 222 的规定。

5.2 冶炼方法

钢由转炉或电炉冶炼。

5.3 交货状态

钢板和钢带以热轧、控轧或热处理状态交货。

5.4 **力学性能和工艺性能**

钢板和钢带的力学和工艺性能应符合 GB/T 700、GB/T 1591 的规定。

5.5 **表面质量**

5.5.1 钢板和钢带表面不应有结疤、裂纹、折叠、夹杂、气泡和氧化铁皮压入等对使用有害的缺陷。钢板和钢带不得有分层。

5.5.2 钢板和钢带表面允许有不影响使用的薄层氧化铁皮、铁锈和轻微的麻点、划痕等局部缺陷，其凹凸度不得超过钢板和钢带厚度公差之半，并应保证钢板和钢带的允许最小厚度。

5.5.3 钢板表面缺陷允许清理。清理处应平缓无棱角，并应保证钢板的允许最小厚度。

5.5.4 对于钢带，由于没有机会切除有缺陷部分，允许带缺陷交货，但带缺陷部分不应超过每卷钢带总长度的 8%。

5.5.5 供需双方协商，表面质量可执行 GB/T 14977 的规定。

5.6 **焊接修补**

钢板表面存在不能按 5.5.3 规定清理的缺陷，经供需双方协商，可进行焊接修补，并应满足以下要求：

a) 采用适当的焊接方法；

b) 在焊补前采用铲平或磨平等适当的方法完全除去钢板上的有害缺陷，除去部分的深度在钢板公称厚度的 20%以内，单面的修磨面积合计应在钢板面积的 2%以内；

c) 钢板焊接部位的边缘上不得有咬边或重叠。堆高应高出轧制面 1.5 mm 以上，然后用铲平或磨平等方法除去堆高；

d) 热处理钢板焊接修补后应再次进行热处理。

6 试验方法

6.1 每批钢板和钢带的检验项目、取样数量、取样方法及试验方法应符合表 1 的规定。

表 1 检验项目、取样数量及试验方法

序号	检验项目	取样数量(个)	取样方法	试验方法
1	化学成分	1/每炉	GB/T 20066	GB/T 223、GB/T 4336
2	拉伸试验	1	GB/T 2975	GB/T 228
3	弯曲试验	1	GB/T 2975	GB/T 232
4	冲击试验	3	GB/T 2975	GB/T 229

6.2 钢板和钢带的表面质量用肉眼检查。

7 检验规则

7.1 钢板和钢带的检查和验收由供方技术质量监督部门负责，需方有权按本标准或合同所规定的任一检验项目进行检查和验收。

7.2 钢板和钢带应成批验收，每批由同一牌号、同一炉号、同一质量等级、同一交货状态的钢板和钢带组成，每批重量应不大于 60 t。轧制卷重大于 30 t 的钢带和连轧板可按两个轧制卷组批。

7.3 同一批最小钢板厚度大于 10 mm 时，厚度差应不大于 5 mm；同一批最小钢板厚度不大于 10 mm 时，厚度差应不大于 2 mm。应在同一批中最厚钢板上取样。

7.4 公称容量比较小的炼钢炉冶炼的钢轧成的钢板和钢带组成的混合批，应符合 GB/T 700 和 GB/T 1591的有关规定。

7.5 钢板和钢带的复验和判定按 GB/T 17505 的规定。

8 包装、标志和质量证明书

钢板和钢带的包装、标志及质量证明书应符合 GB/T 247 的规定。钢板和钢带的质量证明书类型可按 GB/T 18253 的规定。

9 数值修约

数值修约应符合 YB/T 081 的规定。

ICS 77.140.50
H 46

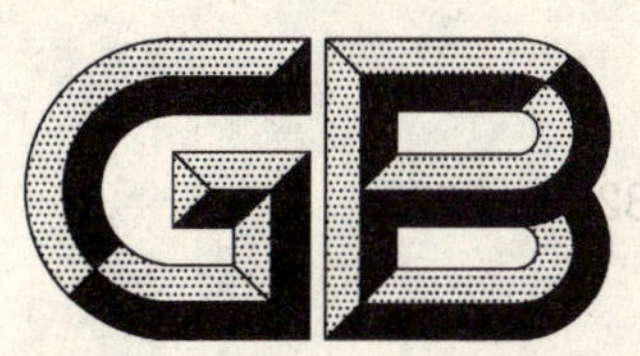

中华人民共和国国家标准

GB/T 3280—2007
代替 GB/T 3280—1992，部分代替 GB/T 4239—1991

不锈钢冷轧钢板和钢带

Cold rolled stainless steel plate, sheet and strip

2007-03-09 发布　　　　2007-10-01 实施

中华人民共和国国家质量监督检验检疫总局
中国国家标准化管理委员会　发布

前言

本标准参照国际标准 ISO 9445:2002《连续冷轧不锈钢窄带、宽带、定尺钢板及定尺薄钢板——尺寸和形状公差》和 ASTM A240/A240M-05a《压力容器用铬、铬镍不锈钢厚板、薄板及钢带》等国外先进标准，对 GB/T 3280—1992《不锈钢冷轧钢板》和 GB/T 4239—1991《不锈钢和耐热钢冷轧钢带》两个标准合并修订而成。

本标准代替 GB/T 3280—1992《不锈钢冷轧钢板》，部分代替 GB/T 4239—1991《不锈钢和耐热钢冷轧钢带》。

本标准与原标准对比，主要修订内容如下：

——增加宽钢带卷切定尺钢板和纵剪宽钢带及其卷切定尺钢带Ⅰ的相关内容。

——调整规范性引用文件。

——增加“术语符号”和“订货内容”2 章。

——调整钢板和钢带的尺寸精度、外形以及测量方法；增加对钢带边浪的具体规定。

——修改牌号的命名方法和序号；增加新旧牌号对比。

——增加 29 个牌号，对引进牌号采用相应标准中牌号的化学成分、力学性能及热处理制度。

——对 19 牌号的化学成分进行调整。

——取消 14 个牌号。

——取消厚度大于 4 mm 钢板(或钢坯)的横向酸浸低倍检验要求。

——对表面加工类型做重新规定。

——取消原标准中表面质量特征的组别之分。

——增加附录 A《不锈钢的热处理制度》。

——增加附录 B《不锈钢的特性及用途》。

本标准的附录 A、附录 B 均为资料性附录。

本标准由中国钢铁工业协会提出。

本标准由全国钢标准化技术委员会归口。

本标准主要起草单位：太原钢铁(集团)有限公司、冶金工业信息标准研究院。

本标准主要起草人：牛晓玲、董莉、李学锋、任建新、刘洪涛、弓建忠。

本标准所代替标准的历次版本发布情况为：

——GB 3280—84，GB/T 3280—1992；

——GB 4239—84，GB/T 4239—1991。

不锈钢冷轧钢板和钢带

1 范围

本标准规定了不锈钢冷轧钢板和钢带的牌号、尺寸、允许偏差及外形、技术要求、试验方法、检验规则、包装、标志及产品质量证明书。

本标准适用于耐腐蚀不锈钢冷轧宽钢带(以下称宽钢带)及其卷切定尺钢板(以下称卷切钢板)、纵剪冷轧宽钢带(以下称纵剪宽钢带)及其卷切定尺钢带(以下称卷切钢带Ⅰ)、冷轧窄钢带(以下称窄钢带)及其卷切定尺钢带(以下称卷切钢带Ⅱ),也适用于单张轧制的钢板。

2 规范性引用文件

下列文件中的条款通过本标准的引用而成为本标准的条款。凡是注日期的引用文件,其随后所有的修改单(不包括勘误的内容)或修订版均不适用于本标准,然而,鼓励根据本标准达成协议的各方研究是否可使用这些文件的最新版本。凡是不注日期的引用文件,其最新版本适用于本标准。

GB/T 222 钢的成品化学成分允许偏差

GB/T 223.3 钢铁及合金化学分析方法 二安替吡啉甲烷磷钼酸重量法测定磷量

GB/T 223.4 钢铁及合金化学分析方法 硝酸铵氧化容量法测定锰量

GB/T 223.5 钢铁及合金化学分析方法 还原型硅钼酸盐光度法测定酸溶硅含量

GB/T 223.8 钢铁及合金化学分析方法 氟化钠分离-EDTA 滴定法测定铝含量

GB/T 223.9 钢铁及合金化学分析方法 铬天青 S 光度法测定铝量

GB/T 223.10 钢铁及合金化学分析方法 铜铁试剂分离-铬天青 S 光度法测定铝量

GB/T 223.11 钢铁及合金化学分析方法 过硫酸铵氧化容量法测定铬量

GB/T 223.16 钢铁及合金化学分析方法 变色酸光度法测定钛量

GB/T 223.18 钢铁及合金化学分析方法 硫代硫酸钠分离-碘量法测定铜量

GB/T 223.19 钢铁及合金化学分析方法 新亚铜灵-三氯甲烷萃取光度法测定铜量

GB/T 223.23 钢铁及合金化学分析方法 丁二酮肟分光光度法测定镍量

GB/T 223.24 钢铁及合金化学分析方法 萃取分离-丁二酮肟分光光度法测定镍量

GB/T 223.25 钢铁及合金化学分析方法 丁二酮肟重量法测定镍量

GB/T 223.26 钢铁及合金化学分析方法 硫氰酸盐直接光度法测定钼量

GB/T 223.27 钢铁及合金化学分析方法 硫氰酸盐-乙酸丁酯萃取分光光度法测定钼量

GB/T 223.28 钢铁及合金化学分析方法 α-安息香肟重量法测定钼量

GB/T 223.36 钢铁及合金化学分析方法 蒸馏分离-中和滴定法测定氮量

GB/T 223.40 钢铁及合金化学分析方法 离子交换分离-氯磺酚 S 光度法测定铌量

GB/T 223.53 钢铁及合金化学分析方法 火焰原子吸收分光光度法测定铜量

GB/T 223.58 钢铁及合金化学分析方法 亚砷酸钠-亚硝酸钠滴定法测定锰量

GB/T 223.60 钢铁及合金化学分析方法 高氯酸脱水重量法测定硅含量

GB/T 223.61 钢铁及合金化学分析方法 磷钼酸铵容量法测定磷量

GB/T 223.68 钢铁及合金化学分析方法 管式炉内燃烧后碘酸钾滴定法测定硫含量

GB/T 223.69 钢铁及合金化学分析方法 管式炉内燃烧后气体容量法测定碳含量

GB/T 228 金属材料 室温拉伸试验方法(GB/T 228—2002,eqv ISO 6892:1998)

GB/T 230.1 金属洛氏硬度试验 第1部分:试验方法(A、B、C、D、E、F、G、H、K、N、T 标尺)

(GB/T 230.1—2004,ISO 6508-1:1999,MOD)

GB/T 231.1 金属布氏硬度试验 第1部分:试验方法(GB/T 231.1—2002,eqv ISO 6506-1:1999)

GB/T 232 金属材料 弯曲试验方法[GB/T 232—1999,eqv ISO 7438:1985(E)]

GB/T 247 钢板和钢带验收、包装、标志及质量证明书的一般规定

GB/T 708 冷轧钢板和钢带的尺寸、外形、重量及允许偏差

GB/T 1172 黑色金属硬度及强度换算值

GB/T 2975 钢及钢产品力学性能试验取样位置及试样制备(GB/T 2975—1998,eqv ISO 377:1997)

GB/T 4334.1 不锈钢 10%草酸浸蚀试验方法

GB/T 4334.2 不锈钢 硫酸-硫酸铁腐蚀试验方法

GB/T 4334.3 不锈钢 65%硝酸腐蚀试验方法

GB/T 4334.5 不锈钢 硫酸-硫酸铜腐蚀试验方法

GB/T 4340.1 金属维氏硬度试验 第1部分:试验方法(GB/T 4340.1—1999,eqv ISO 6507-1:1987)

GB/T 9971—2004 原料纯铁

GB/T 10125 人造气氛中的腐蚀试验 盐雾试验(SS试验)

GB/T 11170 不锈钢的光电发射光谱分析方法

GB/T 20066 钢和铁 化学成分测定用试样的取样和制样方法(GB/T 20066—2006,ISO 14284:1996,IDT)

GB/T 20878 不锈钢和耐热钢 牌号及化学成分

3 术语符号

下列术语符号适用于本标准:

低冷作硬化状态	H 1/4
半冷作硬化状态	H 1/2
冷作硬化状态	H
特别冷作硬化状态	H2
切边钢带	EC
不切边钢带	EM
宽度较高精度	PW
厚度较高精度	PT
长度较高精度	PL
不平度较高级	PF

4 订货内容

根据本标准订货,在合同中应注明下列技术内容:

a) 产品名称(或品名);

b) 牌号;

c) 标准编号;

d) 尺寸及精度;

e) 重量或数量;

f) 表面加工类型;

g) 交货状态；

h) 标准中应由供需双方协商并在合同中注明的项目或指标，如未注明，则由供方选择；

i) 需方提出的其他特殊要求，经供需双方协商确定，并在合同中注明。

5 尺寸、外形、重量及允许偏差

5.1 尺寸及允许偏差

5.1.1 宽钢带及卷切钢板、纵剪宽钢带及卷切钢带Ⅰ、窄钢带及卷切钢带Ⅱ的公称尺寸范围见表1，其具体规定应执行GB/T 708。如需方要求并经双方协商可供应其他尺寸的产品。

表1 公称尺寸范围

单位为毫米

形态	公称厚度	公称宽度
宽钢带、卷切钢板	≥0.10～≤8.00	≥600～<2 100
纵剪宽钢带、卷切钢带Ⅰ	≥0.10～≤8.00	<600
窄钢带、卷切钢带Ⅱ	≥0.01～≤3.00	<600

5.1.2 厚度允许偏差

5.1.2.1 宽钢带及卷切钢板、纵剪宽钢带及卷切钢带Ⅰ的厚度允许偏差应符合表2普通精度的规定，如需方要求并在合同中注明时，可执行表2中较高精度(PT)的规定。

表2 宽钢带及卷切钢板、纵剪宽钢带及卷切钢带Ⅰ的厚度允许偏差

单位为毫米

公称厚度	厚度允许偏差					
	宽度≤1 000		1 000<宽度≤1 300		1 300<宽度≤2 100	
	普通精度	较高精度	普通精度	较高精度	普通精度	较高精度
≥0.10～<0.20	±0.025	±0.015	—	—	—	—
≥0.20～<0.30	±0.030	±0.020	—	—	—	—
≥0.30～<0.50	±0.04	±0.025	±0.045	±0.030	—	—
≥0.50～<0.60	±0.045	±0.030	±0.05	±0.035	—	—
≥0.60～<0.80	±0.05	±0.035	±0.055	±0.040	—	—
≥0.80～<1.00	±0.055	±0.040	±0.06	±0.045	±0.065	±0.050
≥1.00～<1.20	±0.06	±0.045	±0.07	±0.050	±0.075	±0.055
≥1.20～<1.50	±0.07	±0.050	±0.08	±0.055	±0.09	±0.060
≥1.50～<2.00	±0.08	±0.055	±0.09	±0.060	±0.10	±0.070
≥2.00～<2.50	±0.09	—	±0.10	—	±0.11	—
≥2.50～<3.00	±0.11	—	±0.12	—	±0.12	—
≥3.00～<4.00	±0.13	—	±0.14	—	±0.14	—
≥4.00～<5.00	±0.14	—	±0.15	—	±0.15	—
≥5.00～<6.50	±0.15	—	±0.16	—	±0.16	—
≥6.50～≤8.00	±0.16	—	±0.17	—	±0.17	—

5.1.2.2 宽钢带头尾不正常部分(总长度不大于25 000 mm)的厚度偏差值允许比正常部分增加50%。

5.1.2.3 窄钢带及卷切钢带Ⅱ的厚度允许偏差应符合表3中普通精度的规定，如需方要求并在合同中注明时，可执行表3中较高精度(PT)的规定。

表 3　窄钢带及卷切钢带Ⅱ的厚度允许偏差　　单位为毫米

公称厚度	厚度允许偏差					
	宽度＜125		125≤宽度＜250		250≤宽度＜600	
	普通精度	较高精度	普通精度	较高精度	普通精度	较高精度
≥0.05～＜0.10	±0.10t	±0.06t	±0.12t	±0.10t	±0.15t	±0.10t
≥0.10～＜0.20	±0.010	±0.008	±0.015	±0.012	±0.020	±0.015
≥0.20～＜0.30	±0.015	±0.012	±0.020	±0.015	±0.025	±0.020
≥0.30～＜0.40	±0.020	±0.015	±0.025	±0.020	±0.030	±0.025
≥0.40～＜0.60	±0.025	±0.020	±0.030	±0.025	±0.035	±0.030
≥0.60～＜1.00	±0.030	±0.025	±0.035	±0.030	±0.040	±0.035
≥1.00～＜1.50	±0.035	±0.030	±0.040	±0.035	±0.045	±0.040
≥1.50～＜2.00	±0.040	±0.035	±0.050	±0.040	±0.060	±0.050
≥2.00～＜2.50	±0.050	±0.040	±0.060	±0.050	±0.070	±0.060
≥2.50～≤3.00	±0.060	±0.050	±0.070	±0.060	±0.080	±0.070
供需双方协商，偏差值可全为正偏差、负偏差或正负偏差不对称分布，但公差值应在表列范围之内。 厚度小于0.05时，由供需双方协定。 如需方要求较高精度时，应保证钢带任意一点的厚度偏差。 钢带边部毛刺高度应小于或等于产品公称厚度×10%。						
注：t为公称厚度。						

5.1.3　宽度允许偏差

5.1.3.1　切边(EC)宽钢带及卷切钢板、纵剪宽钢带及卷切钢带Ⅰ的宽度允许偏差应符合表4普通精度的规定，如需方要求并在合同中注明时，可执行表4中的较高精度(PW)的规定。

表 4　切边宽钢带及卷切钢板、纵剪宽钢带及卷切钢带Ⅰ宽度允许偏差　　单位为毫米

公称厚度	宽度允许偏差							
	宽度≤125		125＜宽度≤250		250＜宽度≤600		600＜宽度≤1 000	宽度＞1 000
	普通精度	较高精度	普通精度	较高精度	普通精度	较高精度	普通精度	普通精度
＜1.00	+0.5 0	+0.3 0	+0.5 0	+0.3 0	+0.7 0	+0.6 0	+1.5 0	+2.0 0
≥1.00～＜1.50	+0.7 0	+0.4 0	+0.7 0	+0.5 0	+1.0 0	+0.7 0	+1.5 0	+2.0 0
≥1.50～＜2.50	+1.0 0	+0.6 0	+1.0 0	+0.7 0	+1.2 0	+0.9 0	+2.0 0	+2.5 0
≥2.50～＜3.50	+1.2 0	+0.8 0	+1.2 0	+0.9 0	+1.5 0	+1.0 0	+3.0 0	+3.0 0
≥3.50～≤8.00	+2.0 0	—	+2.0 0	—	+2.0 0	—	+4.0 0	+4.0 0
经需方同意，产品可小于公称宽度交货，但不应超出表列公差范围。 经需方同意，对于需二次修边的纵剪产品其宽度偏差可增加到5。								

5.1.3.2 不切边(EM)宽钢带及卷切钢板的宽度允许偏差应符合表5的规定。

表5 不切边宽钢带及卷切钢板宽度允许偏差 单位为毫米

边缘状态	宽度允许偏差		
	600≤宽度<1 000	1 000≤宽度<1 500	宽度≥1 500
轧制边缘	+25 0	+30 0	+30 0

5.1.3.3 切边(EC)窄钢带及卷切钢带Ⅱ的宽度允许偏差应符合表6普通精度的规定，如需方要求并在合同中注明时，可执行表6中较高精度(PW)的规定。

表6 切边窄钢带及卷切钢带Ⅱ宽度允许偏差 单位为毫米

公称厚度	宽度允许偏差							
	宽度≤40		40<宽度≤125		125<宽度≤250		250<宽度≤600	
	普通精度	较高精度	普通精度	较高精度	普通精度	较高精度	普通精度	较高精度
≥0.05～<0.25	+0.17 0	+0.13 0	+0.20 0	+0.15 0	+0.25 0	+0.20 0	+0.50 0	+0.50 0
≥0.25～<0.50	+0.20 0	+0.15 0	+0.25 0	+0.20 0	+0.30 0	+0.22 0	+0.60 0	+0.50 0
≥0.50～<1.00	+0.25 0	+0.20 0	+0.30 0	+0.22 0	+0.40 0	+0.25 0	+0.70 0	+0.60 0
≥1.00～<1.50	+0.30 0	+0.22 0	+0.35 0	+0.25 0	+0.50 0	+0.30 0	+0.90 0	+0.70 0
≥1.50～<2.50	+0.35 0	+0.25 0	+0.40 0	+0.30 0	+0.60 0	+0.40 0	+1.0 0	+0.80 0
≥2.50～<3.00	+0.40 0	+0.30 0	+0.50 0	+0.40 0	+0.65 0	+0.50 0	+1.2 0	+1.0 0
注：经供需双方协商，宽度偏差可全为正偏差或负偏差，但公差值应不超出表列范围。								

5.1.3.4 不切边(EM)窄钢带及卷切钢带Ⅱ的宽度允许偏差由供需双方协商确定。

5.1.4 长度允许偏差

5.1.4.1 卷切钢板及卷切钢带Ⅰ的长度允许偏差应符合表7普通精度的规定，如需方要求并在合同中注明时，可执行表7较高精度(PL)的规定。

表7 卷切钢板及卷切钢带Ⅰ的长度允许偏差 单位为毫米

公称长度	长度允许偏差	
	普通精度	较高精度
≤2 000	+5 0	+3 0
>2 000	+0.002 5×公称长度 0	+0.001 5×公称长度 0

5.1.4.2 卷切钢带Ⅱ的长度允许偏差应符合表8普通精度的规定，如需方要求并在合同中注明时，可执行表8较高精度(PL)的规定。

表 8 卷切钢带Ⅱ的长度允许偏差　　单位为毫米

公称长度	长度允许偏差	
	普通精度	较高精度
≤2 000	+3 0	+1.5 0
>2 000～≤4 000	+5 0	+2 0

公称长度大于 4 000 的卷切钢带Ⅱ的长度允许偏差由供需双方协商确定。

5.2 外形

5.2.1 不平度

5.2.1.1 卷切钢板及卷切钢带Ⅰ的不平度应符合表 9 普通级的规定，如需方要求并在合同中注明时，可执行表 9 中较高级(PF)的规定。

表 9 卷切钢板及卷切钢带Ⅰ的不平度　　单位为毫米

公称长度	不平度	
	普通级	较高级
≤3 000	≤10	≤7
>3 000	≤12	≤8

表 9 不适用于冷作硬化钢板及 2D 产品。

5.2.1.2 卷切钢带Ⅱ的不平度应符合表 10 普通级的规定，如需方要求并在合同中注明时，可执行表 10 中较高级(PF)的规定。

表 10 卷切钢带Ⅱ的不平度　　单位为毫米

公称长度	不平度	
	普通级	较高级
任意长度	≤10	≤7

表 10 不适用于冷作硬化钢板及 2D 产品。

5.2.1.3 对冷作硬化处理后的卷切钢板不平度应符合表 11 规定。

表 11 不同冷作硬化状态下卷切钢板的不平度　　单位为毫米

公称宽度	厚　度	不平度		
		H1/4	H1/2	H、H2
≥600～<900	≥0.10～<0.40	≤19	≤23	按供需双方协议规定
	≥0.40～<0.80	≤16	≤23	
	≥0.80	≤13	≤19	
≥900～<1 219	≥0.10～<0.40	≤26	≤29	按供需双方协议规定
	≥0.40～<0.80	≤19	≤29	
	≥0.80	≤16	≤26	

表 11 仅适用于奥氏体型和奥氏体·铁素体型除软板及深冲板之外的钢种。

5.2.2 镰刀弯

5.2.2.1 宽钢带及卷切钢板、纵剪宽钢带及卷切钢带Ⅰ的镰刀弯应符合表 12 的规定。冷作硬化卷切钢板的镰刀弯由供需双方协商确定。

表 12 宽钢带及卷切钢板、纵剪宽钢带及卷切钢带Ⅰ的镰刀弯

单位为毫米

公称宽度	任意 1 000 长度上的镰刀弯
≥10～<40	≤2.5
≥40～<125	≤2.0
≥128～<600	≤1.5
≥600～<2 100	≤1.0

5.2.2.2 窄钢带及卷切钢带Ⅱ的镰刀弯应符合表 13 普通精度的规定，如需方要求并在合同中注明时，可执行表 13 中较高精度的规定。冷作硬化卷切钢板的镰刀弯由供需双方协商确定。

表 13 窄钢带及卷切钢带Ⅱ的镰刀弯

单位为毫米

公称宽度	任意 1 000 长度上的镰刀弯	
	普通精度	较高精度
≥10～<25	≤4.0	≤1.5
≥25～<40	≤3.0	≤1.25
≥40～<125	≤2.0	≤1.0
≥125～<600	≤1.5	≤0.75

5.2.3 切斜度

5.2.3.1 卷切钢板及卷切钢带Ⅰ的切斜度应不大于产品公称宽度×0.5%或符合表 14 的规定。

表 14 卷切钢板及卷切钢带Ⅰ的切斜度

单位为毫米

卷切钢板长度	对角线最大差值
≤3 000	≤6
>3 000～≤6 000	≤10
>6 000	≤15

5.2.3.2 卷切钢带Ⅱ的切斜度应符合表 15 的规定。

表 15 卷切钢带Ⅱ的切斜度

单位为毫米

公称宽度	切斜度
≥250	≤公称宽度×0.5%
<250	供需双方协商

5.2.4 宽钢带、纵剪宽钢带、窄钢带的边浪应符合如下规定：边浪＝浪高 h/浪形长度 L

经平整或矫直后的窄钢带：厚度≤1.0 mm，边浪≤0.03；厚度>1.0 mm，边浪≤0.02；

宽钢带或纵剪宽钢带：边浪≤0.03；

冷作硬化钢带及 2D 产品的边浪由供需双方协商确定。

5.2.5 钢卷外形

钢卷应牢固成卷并尽量保持圆柱形和不卷边。钢卷内径应在合同中注明。

钢卷塔形应符合：切边钢卷及纵剪宽钢带不大于 35 mm；不切边钢卷不大于 70 mm。

5.3 单张轧制钢板的尺寸、外形及允许偏差由供需双方协商确定。

5.4 测量方法

5.4.1 尺寸的测量

5.4.1.1 厚度测量

5.4.1.1.1 宽钢带及卷切钢板、纵剪宽钢带及卷切钢带Ⅰ：

a) 不切边状态距钢带边部不小于 30 mm 的任意点测量；切边状态距钢带边部不小于 20 mm 的任意点测量。

b) 纵剪宽钢带及卷切钢带Ⅰ，宽度不大于 30 mm 时，沿钢带宽度方向的中心部位测量。

5.4.1.1.2 窄钢带及卷切钢带Ⅱ：宽度大于 20 mm 时，距边部不小于 10 mm 任意点测量；宽度不大于 20 mm 时，沿钢带宽度方向的中心部位测量。

5.4.1.2 外形的测量

5.4.1.2.1 不平度：钢板在自重状态下平放于平台上，测量钢板任意方向的下表面与平台间的最大距离。

5.4.1.2.2 镰刀弯：测量方法见图 1，可用 1 m 直尺测量。窄钢带的测量位置在钢卷头尾 3 圈之外。

5.4.1.2.3 切斜度：测量方法见图 2。

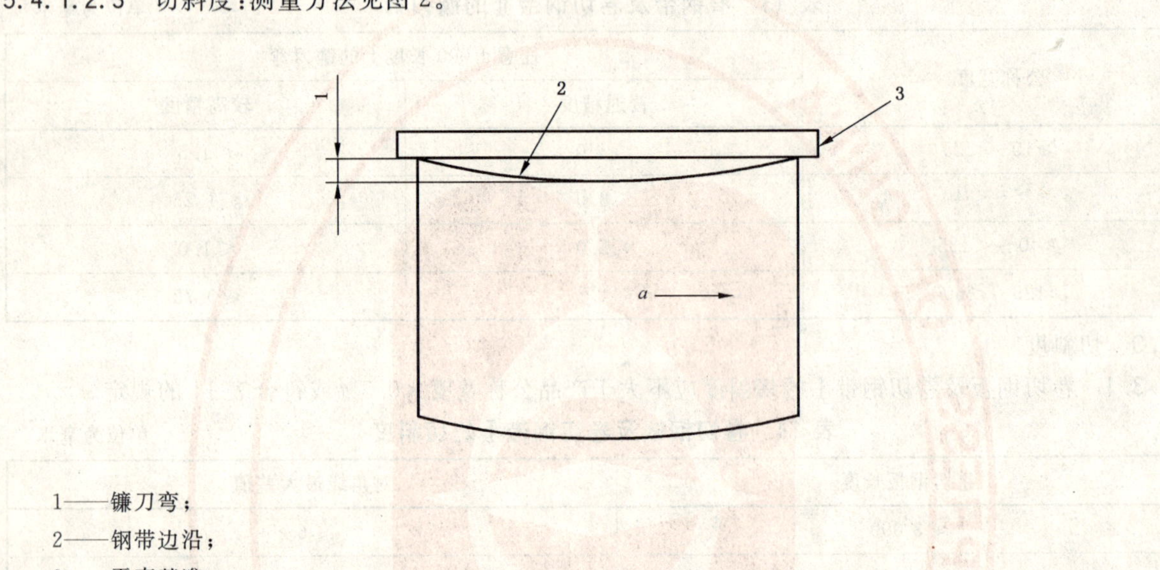

1——镰刀弯；
2——钢带边沿；
3——平直基准；
a——轧制方向。

图 1 镰刀弯测量方法

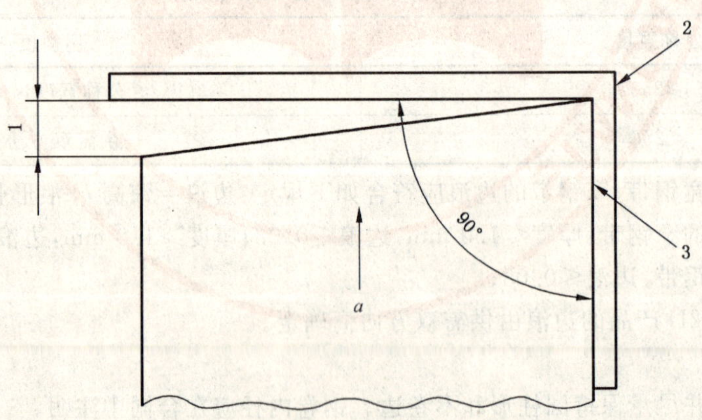

1——切斜度；
2——直角尺；
3——侧边；
a——轧制方向。

图 2 切斜度测量方法

5.4.1.2.4 边浪:测量方法见图3。

钢带的边浪测量仅适用于产品边部。

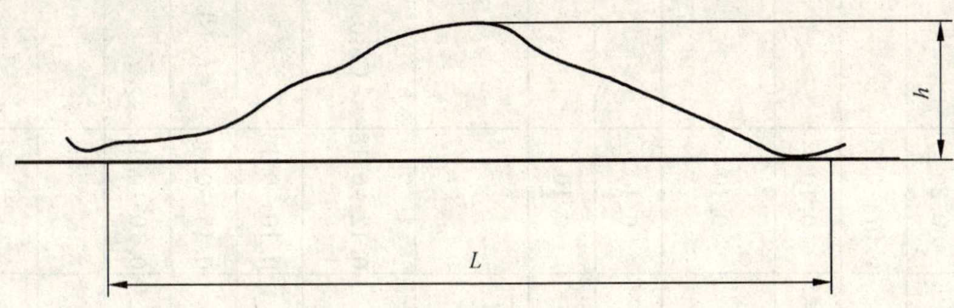

h——边浪高度;

L——边浪波长。

图3 边浪测量方法

5.5 重量

钢板和钢带按实际重量或理论重量交货。按理论重量交货时,钢的密度按GB/T 20878—2007附录A计算,未规定者,由供需双方协商。

6 技术要求

6.1 牌号、分类及化学成分

6.1.1 钢的牌号、分类及化学成分(熔炼分析)应符合表16~表20的规定。

6.1.2 成品化学成分允许偏差应符合GB/T 222的规定。

6.2 冶炼方法:优先采用粗炼钢水加炉外精炼。

6.3 交货状态

6.3.1 钢板和钢带经冷轧后,可经热处理及酸洗或类似处理后交货。当进行光亮热处理时,可省去酸洗等处理。热处理制度参见附录A。

6.3.2 根据需方要求,钢板和钢带可按不同冷作硬化状态交货。

6.3.3 对于沉淀硬化型钢的热处理,需方应在合同中注明热处理的种类,并应说明是对钢带、钢板本身还是对试样进行热处理。

6.3.4 必要时可进行矫直、平整或研磨。

表 16 奥氏体型钢的化学成分

GB/T 20878 中序号	新牌号	旧牌号	化学成分(质量分数)/%									
			C	Si	Mn	P	S	Ni	Cr	Mo	Cu	N	其他元素
9	12Cr17Ni7	1Cr17Ni7	0.15	1.00	2.00	0.045	0.030	6.00～8.00	16.00～18.00	—	—	0.10	—
10	022Cr17Ni7[a]		0.030	1.00	2.00	0.045	0.030	6.00～8.00	16.00～18.00	—	—	0.20	—
11	022Cr17Ni7N[a]		0.030	1.00	2.00	0.045	0.030	6.00～8.00	16.00～18.00	—	—	0.07～0.20	—
13	12Cr18Ni9	1Cr18Ni9	0.15	0.75	2.00	0.045	0.030	8.00～10.00	17.00～19.00	—	—	0.10	—
14	12Cr18Ni9Si3	1Cr18Ni9Si3	0.15	2.00～3.00	2.00	0.045	0.030	8.00～10.00	17.00～19.00	—	—	0.10	—
17	06Cr19Ni10[a]	0Cr18Ni9	0.08	0.75	2.00	0.045	0.030	8.00～10.50	18.00～20.00	—	—	0.10	—
18	022Cr19Ni10[a]	00Cr19Ni10	0.030	0.75	2.00	0.045	0.030	8.00～12.00	18.00～20.00	—	—	0.10	—
19	07Cr19Ni10[a]		0.04～0.10	0.75	2.00	0.045	0.030	8.00～10.50	18.00～20.00	—	—	—	—
20	05Cr19Ni10Si2N		0.04～0.06	1.00～2.00	0.80	0.045	0.030	9.00～10.00	18.00～19.00	—	—	0.12～0.18	Ce:0.03～0.08
23	06Cr19Ni10N[a]	0Cr19Ni9N	0.08	0.75	2.00	0.045	0.030	8.00～10.50	18.00～20.00	—	—	0.10～0.16	—
24	06Cr19Ni9NbN[a]	0Cr19Ni10NbN	0.08	1.00	2.50	0.045	0.030	7.50～10.50	18.00～20.00	—	—	0.15～0.30	Nb:0.15
25	022Cr19Ni10N[a]	00Cr18Ni10N	0.030	0.75	2.00	0.045	0.030	8.00～12.00	18.00～20.00	—	—	0.10～0.16	—
26	10Cr18Ni12	1Cr18Ni12	0.12	0.75	2.00	0.045	0.030	10.50～13.00	17.00～19.00	—	—	—	—
32	06Cr23Ni13	0Cr23Ni13	0.08	0.75	2.00	0.045	0.030	12.00～15.00	22.00～24.00	—	—	—	—
35	06Cr25Ni20	0Cr25Ni20	0.08	1.50	2.00	0.045	0.030	19.00～22.00	24.00～26.00	—	—	—	—
36	022Cr25Ni22Mo2N[a]		0.020	0.50	2.00	0.030	0.010	20.50～23.50	24.00～26.00	1.60～2.60	—	0.09～0.15	—
38	06Cr17Ni12Mo2[a]	0Cr17Ni12Mo2	0.08	0.75	2.00	0.045	0.030	10.00～14.00	16.00～18.00	2.00～3.00	—	0.10	—

表 16(续)

GB/T 20878 中序号	新牌号	旧牌号	化学成分(质量分数)/%										
			C	Si	Mn	P	S	Ni	Cr	Mo	Cu	N	其他元素
39	022Cr17Ni12Mo2[a]	00Cr17Ni14Mo2	0.030	0.75	2.00	0.045	0.030	10.00～14.00	16.00～18.00	2.00～3.00	—	0.10	—
41	06Cr17Ni12Mo2Ti[a]	0Cr18Ni12Mo3Ti	0.08	0.75	2.00	0.045	0.030	10.00～14.00	16.00～18.00	2.00～3.00	—	—	Ti≥5C
42	06Cr17Ni12Mo2Nb		0.08	0.75	2.00	0.045	0.030	10.00～14.00	16.00～18.00	2.00～3.00	—	0.10	Nb:10C～1.10
43	06Cr17Ni12Mo2N[a]	0Cr17Ni12Mo2N	0.08	0.75	2.00	0.045	0.030	10.00～14.00	16.00～18.00	2.00～3.00	—	0.10～0.16	—
44	022Cr17Ni12Mo2N[a]	00Cr17Ni13Mo2N	0.030	0.75	2.00	0.045	0.030	10.00～14.00	16.00～18.00	2.00～3.00	—	0.10～0.16	—
45	06Cr18Ni12Mo2Cu2	0Cr18Ni12Mo2Cu2	0.08	1.00	2.00	0.045	0.030	10.00～14.00	17.00～19.00	1.20～2.75	1.00～2.50	—	—
48	015Cr21Ni26Mo5Cu2		0.020	1.00	2.00	0.045	0.035	23.00～28.00	19.00～23.00	4.00～5.00	1.00～2.00	0.10	—
49	06Cr19Ni13Mo3[a]	0Cr19Ni13Mo3	0.08	0.75	2.00	0.045	0.030	11.00～15.00	18.00～20.00	3.00～4.00	—	0.10	—
50	022Cr19Ni13Mo3	00Cr19Ni13Mo3	0.030	0.75	2.00	0.045	0.030	11.00～15.00	18.00～20.00	3.00～4.00	—	0.10	—
53	022Cr19Ni16Mo5N		0.030	0.75	2.00	0.045	0.030	13.50～17.50	17.00～20.00	4.00～5.00	—	0.10～0.20	—
54	022Cr19Ni13Mo4N		0.030	0.75	2.00	0.045	0.030	11.00～15.00	18.00～20.00	3.00～4.00	—	0.10～0.22	—
55	06Cr18Ni11Ti[a]	0Cr18Ni10Ti	0.08	0.75	2.00	0.045	0.030	9.00～12.00	17.00～19.00	—	—	0.10	Ti≥5C
58	015Cr24Ni22Mo8Mn3CuN		0.020	0.50	2.00～4.00	0.030	0.005	21.00～23.00	24.00～25.00	7.00～8.00	0.30～0.60	0.45～0.55	—
61	022Cr24Ni17Mo5Mn6NbN		0.030	1.00	5.00～7.00	0.030	0.010	16.00～18.00	23.00～25.00	4.00～5.00	—	0.40～0.60	Nb:0.10
62	06Cr18Ni11Nb[a]	0Cr18Ni11Nb	0.08	0.75	2.00	0.045	0.030	9.00～13.00	17.00～19.00	—	—	—	Nb:10C～1.00

注：表中所列成分除标明范围或最小值，其余均为最大值。

[a] 为相对于 GB/T 20878 调整化学成分的牌号。

表 17　奥氏体·铁素体型钢的化学成分

GB/T 20878 中序号	新牌号	旧牌号	化学成分(质量分数)/%										
			C	Si	Mn	P	S	Ni	Cr	Mo	Cu	N	其他元素
67	14Cr18Ni11Si4AlTi	1Cr18Ni11Si4AlTi	0.10～0.18	3.40～4.00	0.80	0.035	0.030	10.00～12.00	17.50～19.50	—	—	—	Ti:0.40～0.70 Al:0.10～0.30
68	022Cr19Ni5Mo3Si2N	00Cr18Ni5Mo3Si2	0.030	1.30～2.00	1.00～2.00	0.030	0.030	4.50～5.50	18.00～19.50	2.50～3.00	—	0.05～0.10	—
69	12Cr21Ni5Ti	1Cr21Ni5Ti	0.09～0.14	0.80	0.80	0.035	0.030	4.80～5.80	20.00～22.00	—	—	—	Ti:5(C−0.02)～0.80
70	022Cr22Ni5Mo3N		0.030	1.00	2.00	0.030	0.020	4.50～6.50	21.00～23.00	2.50～3.50	—	0.08～0.20	—
71	022Cr23Ni5Mo3N		0.030	1.00	2.00	0.030	0.020	4.50～6.50	22.00～23.00	3.00～3.50	—	0.14～0.20	—
72	022Cr23Ni4MoCuN		0.030	1.00	2.50	0.040	0.030	3.00～5.50	21.50～24.50	0.05～0.60	0.05～0.60	0.05～0.20	—
73	022Cr25Ni6Mo2N		0.030	1.00	2.00	0.030	0.030	5.50～6.50	24.00～26.00	1.50～2.50	—	0.10～0.20	—
74	022Cr25Ni7Mo4W-CuN		0.030	1.00	1.00	0.030	0.010	6.00～8.00	24.00～26.00	3.00～4.00	0.50～1.00	0.20～0.30	W:0.50～1.00
75	03Cr25Ni6Mo3Cu2N		0.04	1.00	1.50	0.040	0.030	4.50～6.50	24.00～27.00	2.90～3.90	1.50～2.50	0.10～0.25	—
76	022Cr25Ni7Mo4N		0.030	0.80	1.20	0.035	0.020	6.00～8.00	24.00～26.00	3.00～5.00	0.50	0.24～0.32	—

注：表中所列成分除标明范围或最小值，其余均为最大值。

表 18　铁素体型钢的化学成分

GB/T 20878 中序号	新牌号	旧牌号	化学成分(质量分数)/%										
			C	Si	Mn	P	S	Ni	Cr	Mo	Cu	N	其他元素
78	06Cr13Al	0Cr13Al	0.08	1.00	1.00	0.040	0.030	(0.60)	11.50～14.50	—	—	—	Al:0.10～0.30
80	022Cr11Ti		0.030	1.00	1.00	0.040	0.020	(0.60)	10.50～11.70	—	—	0.030	Ti≥8(C+N), Ti:0.15～0.50; Cb:0.10

表 18(续)

GB/T 20878 中序号	新牌号	旧牌号	化学成分(质量分数)/%										
			C	Si	Mn	P	S	Ni	Cr	Mo	Cu	N	其他元素
81	022Cr11NbTi		0.030	1.00	1.00	0.040	0.020	(0.60)	10.50～11.70	—	—	0.030	Ti+Nb:8(C+N)+0.08～0.75
82	022Cr12Ni		0.030	1.00	1.50	0.040	0.015	0.30～1.00	10.50～12.50	—	—	0.030	—
83	022Cr12	00Cr12	0.030	1.00	1.00	0.040	0.030	(0.60)	11.00～13.50	—	—	—	—
84	10Cr15	1Cr15	0.12	1.00	1.00	0.040	0.030	(0.60)	14.00～16.00	—	—	—	—
85	10Cr17	1Cr17	0.12	1.00	1.00	0.040	0.030	0.75	16.00～18.00	—	—	—	—
87	022Cr17Ti[a]	00Cr17	0.030	0.75	1.00	0.035	0.030	—	16.00～19.00	—	—	—	Ti 或 Nb:0.10～1.00
88	10Cr17Mo	1Cr17Mo	0.12	1.00	1.00	0.040	0.030	—	16.00～18.00	0.75～1.25	—	—	—
90	019Cr18MoTi		0.025	1.00	1.00	0.040	0.030	—	16.00～19.00	0.75～1.50	—	0.025	Ti,Nb,Zr 或其组合:8×(C+N)～0.80
91	022Cr18NbTi		0.030	1.00	1.00	0.040	0.015	—	17.50～18.50	—	—	—	Ti:0.10～0.60 Nb:≥0.30+3C
92	019Cr19Mo2NbTi	00Cr18Mo2	0.025	1.00	1.00	0.040	0.030	1.00	17.50～19.50	1.75～2.50	—	0.035	(Ti+Nb):[0.20+4(C+N)]～0.80
94	008Cr27Mo	00Cr27Mo	0.010	0.40	0.40	0.030	0.020	—	25.00～27.50	0.75～1.50	—	0.015	(Ni+Cu)≤0.50
95	008Cr30Mo2	00Cr30Mo2	0.010	0.40	0.40	0.030	0.020	—	28.50～32.00	1.50～2.50	—	0.015	(Ni+Cu)≤0.50

注:表中所列成分除标明范围或最小值,其余均为最大值。括号内值为允许含有的最大值。

a 为相对于 GB/T 20878 调整化学成分的牌号。

表 19 马氏体型钢的化学成分

GB/T 20878 中序号	新牌号	旧牌号	化学成分(质量分数)/%										
			C	Si	Mn	P	S	Ni	Cr	Mo	Cu	N	其他元素
96	12Cr12	1Cr12	0.15	0.50	1.00	0.040	0.030	(0.60)	11.50～13.00	—	—	—	—
97	06Cr13	0Cr13	0.08	1.00	1.00	0.040	0.030	(0.60)	11.50～13.50	—	—	—	—
98	12Cr13[a]	1Cr13	0.15	1.00	1.00	0.040	0.030	(0.60)	11.50～13.50	—	—	—	—
99	04Cr13Ni5Mo		0.05	0.60	0.50～1.00	0.030	0.030	3.50～5.50	11.50～14.00	0.50～1.00	—	—	—

表 19(续)

GB/T 20878 中序号	新牌号	旧牌号	化学成分(质量分数)/%										
			C	Si	Mn	P	S	Ni	Cr	Mo	Cu	N	其他元素
101	20Cr13	2Cr13	0.16～0.25	1.00	1.00	0.040	0.030	(0.60)	12.00～14.00	—	—	—	—
102	30Cr13	3Cr13	0.26～0.35	1.00	1.00	0.040	0.030	(0.60)	12.00～14.00	—	—	—	—
104	40Cr13	4Cr13	0.36～0.45	0.80	0.80	0.040	0.030	(0.60)	12.00～14.00	—	—	—	—
107	17Cr16Ni2[a]		0.12～0.20	1.00	1.00	0.025	0.015	2.00～3.00	15.00～18.00	—	—	—	—
108	68Cr17	7Cr17	0.60～0.75	1.00	1.00	0.040	0.030	(0.60)	16.00～18.00	(0.75)	—	—	—

注：表中所列成分除标明范围或最小值，其余均为最大值。括号内值为允许含有的最大值。

a 为相对于 GB/T 20878 调整化学成分的牌号。

表 20 沉淀硬化型钢的化学成分

GB/T 20878 中序号	新牌号	旧牌号	化学成分(质量分数)/%										
			C	Si	Mn	P	S	Ni	Cr	Mo	Cu	N	其他元素
134	04Cr13Ni8Mo2Al[a]		0.05	0.10	0.20	0.010	0.008	7.50～8.50	12.30～13.25	2.00～2.50	—	0.01	Al:0.90～1.35
135	022Cr12Ni9Cu2NbTi[a]		0.05	0.50	0.50	0.040	0.030	7.50～9.50	11.00～12.50	0.50	1.50～2.50	—	Ti:0.80～1.40 (Nb+Ta):0.10～0.50
138	07Cr17Ni7Al	0Cr17Ni7Al	0.09	1.00	1.00	0.040	0.030	6.50～7.75	16.00～18.00	—	—	—	Al:0.75～1.50
139	07Cr15Ni7Mo2Al	0Cr15Ni7Mo2Al	0.090	1.00	1.00	0.040	0.030	6.50～7.75	14.00～16.00	2.00～3.00	—	—	Al:0.75～1.50
141	09Cr17Ni5Mo3N[a]		0.07～0.11	0.50	0.50～1.25	0.040	0.030	4.00～5.00	16.00～17.00	2.50～3.20	—	0.07～0.13	—
142	06Cr17Ni7AlTi		0.08	1.00	1.00	0.040	0.030	6.00～7.50	16.00～17.50	—	—	—	Al:0.40 Ti:0.40～1.20

注：表中所列成分除标明范围或最小值，其余均为最大值。

a 为相对于 GB/T 20878 调整化学成分的牌号。

6.4 力学性能

经热处理的各类型钢板和钢带的力学性能应符合6.4.1～6.4.5的规定。各类钢板和钢带的规定非比例延伸强度及硬度试验、退火状态的铁素体型和马氏体型钢的弯曲试验，仅当需方要求并在合同中注明时才进行检验。对于几种硬度试验，可根据钢板和钢带的不同尺寸和状态选择其中一种方法试验。

6.4.1 经固溶处理的奥氏体型钢板和钢带的力学性能应符合表21的规定。

表21 经固溶处理的奥氏体型钢的力学性能

GB/T 20878 中序号	新牌号	旧牌号	规定非比例延伸强度 $R_{P0.2}$/MPa	抗拉强度 R_m/MPa	断后伸长率 A/%	硬度值[a] HBW	HRB	HV
			不小于			不大于		
9	12Cr17Ni7	1Cr17Ni7	205	515	40	217	95	218
10	022Cr17Ni7		220	550	45	241	100	—
11	022Cr17Ni7N		240	550	45	241	100	—
13	12Cr18Ni9	1Cr18Ni9	205	515	40	201	92	210
14	12Cr18Ni9Si3	1Cr18Ni9Si3	205	515	40	217	95	220
17	06Cr19Ni10	0Cr18Ni9	205	515	40	201	92	210
18	022Cr19Ni10	00Cr19Ni10	170	485	40	201	92	210
19	07Cr19Ni10		205	515	40	201	92	210
20	05Cr19Ni10Si2NbN		290	600	40	217	95	—
23	06Cr19Ni10N	0Cr19Ni9N	240	550	30	201	92	220
24	06Cr19Ni9NbN	0Cr19Ni10NbN	345	685	35	250	100	260
25	022Cr19Ni10N	00Cr18Ni10N	205	515	40	201	92	220
26	10Cr18Ni12	1Cr18Ni12	170	485	40	183	88	200
32	06Cr23Ni13	0Cr23Ni13	205	515	40	217	95	220
35	06Cr25Ni20	0Cr25Ni20	205	515	40	217	95	220
36	022Cr25Ni22Mo2N		270	580	25	217	95	—
38	06Cr17Ni12Mo2	0Cr17Ni12Mo2	205	515	40	217	95	220
39	022Cr17Ni12Mo2	00Cr17Ni14Mo2	170	485	40	217	95	220
41	06Cr17Ni12Mo2Ti	0Cr18Ni12Mo3Ti	205	515	40	217	95	220
42	06Cr17Ni12Mo2Nb		205	515	30	217	95	—
43	06Cr17Ni12Mo2N	0Cr17Ni12Mo2N	240	550	35	217	95	220
44	022Cr17Ni12Mo2N	00Cr17Ni13Mo2N	205	515	40	217	95	220
45	06Cr18Ni12Mo2Cu2	0Cr18Ni12Mo2Cu2	205	520	40	187	90	200
48	015Cr21Ni26Mo5Cu2		220	490	35	—	90	—
49	06Cr19Ni13Mo3	0Cr19Ni13Mo3	205	515	35	217	95	220
50	022Cr19Ni13Mo3	00Cr19Ni13Mo3	205	515	40	217	95	220
53	022Cr19Ni16Mo5N		240	550	40	223	96	—

表 21(续)

GB/T 20878 中序号	新牌号	旧牌号	规定非比例延伸强度 $R_{P0.2}$/MPa	抗拉强度 R_m/MPa	断后伸长率 A/%	硬度值[a] HBW	HRB	HV
			不小于			不大于		
54	022Cr19Ni13Mo4N		240	550	40	217	95	—
55	06Cr18Ni11Ti	0Cr18Ni10Ti	205	515	40	217	95	220
58	015Cr24Ni22Mo8Mn3CuN		430	750	40	250	—	—
61	022Cr24Ni17Mo5Mn6NbN		415	795	35	241	100	—
62	06Cr18Ni11Nb	0Cr18Ni11Nb	205	515	40	201	92	210

[a] 未给出 HV 值的牌号，请各单位在生产中注意积累数据，以利于在适当的时候再对本标准进行修订、补充。此前，建议参照 GB/T 1172 进行换算。下同。

6.4.2 不同冷作硬化状态钢板和钢带的力学性能应符合表 22～表 25 的规定。表中未列的牌号以冷作硬化状态交货时的力学性能及硬度由供需双方协商确定并在合同中注明。

表 22 H1/4 状态的钢材力学性能

GB/T 20878 中序号	新牌号	旧牌号	规定非比例延伸强度 $R_{P0.2}$/MPa	抗拉强度 R_m/MPa	断后伸长率 A/% 厚度 <0.4 mm	厚度 ≥0.4 mm～<0.8 mm	厚度 ≥0.8 mm
			不小于				
9	12Cr17Ni7	1Cr17Ni7	515	860	25	25	25
10	022Cr17Ni7		515	825	25	25	25
11	022Cr17Ni7N		515	825	25	25	25
13	12Cr18Ni9	1Cr18Ni9	515	860	10	10	12
17	06Cr19Ni10	0Cr18Ni9	515	860	10	10	12
18	022Cr19Ni10	00Cr19Ni10	515	860	8	8	10
23	06Cr19Ni10N	0Cr19Ni9N	515	860	12	12	12
25	022Cr19Ni10N	00Cr18Ni10N	515	860	10	10	12
38	06Cr17Ni12Mo2	0Cr17Ni12Mo2	515	860	10	10	10
39	022Cr17Ni12Mo2	00Cr17Ni14Mo2	515	860	8	8	8
41	06Cr17Ni12Mo2Ti	0Cr18Ni12Mo3Ti	515	860	12	12	12

表 23 H1/2 状态的钢材力学性能

GB/T 20878 中序号	新牌号	旧牌号	规定非比例延伸强度 $R_{P0.2}$/MPa	抗拉强度 R_m/MPa	断后伸长率 A/% 厚度 <0.4 mm	厚度 ≥0.4 mm～<0.8 mm	厚度 ≥0.8 mm
			不小于		不小于		
9	12Cr17Ni7	1Cr17Ni7	760	1 035	15	18	18
10	022Cr17Ni7		690	930	20	20	20
11	022Cr17Ni7N		690	930	20	20	20

表 23(续)

GB/T 20878 中序号	新牌号	旧牌号	规定非比例延伸强度 $R_{P0.2}$/MPa	抗拉强度 R_m/MPa	断后伸长率 A/% 厚度 <0.4 mm	厚度 ≥0.4 mm~<0.8 mm	厚度 ≥0.8 mm
			不小于		不小于		
13	12Cr18Ni9	1Cr18Ni9	760	1 035	9	10	10
17	06Cr19Ni10	0Cr18Ni9	760	1 035	6	7	7
18	022Cr19Ni10	00Cr19Ni10	760	1 035	5	6	6
23	06Cr19Ni10N	0Cr19Ni9N	760	1 035	6	8	8
25	022Cr19Ni10N	00Cr18Ni10N	760	1 035	6	7	7
38	06Cr17Ni12Mo2	0Cr17Ni12Mo2	760	1 035	6	7	7
39	022Cr17Ni12Mo2	00Cr17Ni14Mo2	760	1 035	5	6	6
43	06Cr17Ni12Mo2N	0Cr17Ni12Mo2N	760	1 035	6	8	8

表 24 H 状态的钢材力学性能

GB/T 20878 中序号	新牌号	旧牌号	规定非比例延伸强度 $R_{P0.2}$/MPa	抗拉强度 R_m/MPa	断后伸长率 A/% 厚度 <0.4 mm	厚度 ≥0.4 mm~<0.8 mm	厚度 ≥0.8 mm
			不小于		不小于		
9	12Cr17Ni7	1Cr17Ni7	930	1 205	10	12	12
13	12Cr18Ni9	1Cr18Ni9	930	1 205	5	6	6

表 25 H2 状态的钢材力学性能

GB/T 20878 中序号	新牌号	旧牌号	规定非比例延伸强度 $R_{P0.2}$/MPa	抗拉强度 R_m/MPa	断后伸长率 A/% 厚度 <0.4 mm	厚度 ≥0.4 mm~<0.8 mm	厚度 ≥0.8 mm
			不小于		不小于		
9	12Cr17Ni7	1Cr17Ni7	965	1 275	8	9	9
13	12Cr18Ni9	1Cr18Ni9	965	1 275	3	4	4

6.4.3 经固溶处理的奥氏体·铁素体型钢板和钢带的力学性能应符合表 26 的规定。

表 26 经固溶处理的奥氏体·铁素体型钢力学性能

GB/T 20878 中序号	新牌号	旧牌号	规定非比例延伸强度 $R_{P0.2}$/MPa	抗拉强度 R_m/MPa	断后伸长率 A/%	硬度值 HBW	硬度值 HRC
			不小于			不大于	
67	14Cr18Ni11Si4AlTi	1Cr18Ni11Si4AlTi	—	715	25	—	—
68	022Cr19Ni5Mo3Si2N	00Cr18Ni5Mo3Si2	440	630	25	290	31

表 26(续)

GB/T 20878 中序号	新牌号	旧牌号	规定非比例延伸强度 $R_{P0.2}$/MPa	抗拉强度 R_m/MPa	断后伸长率 A/%	硬度值 HBW	硬度值 HRC
			不小于			不大于	
69	12Cr21Ni5Ti	1Cr21Ni5Ti	—	635	20	—	—
70	022Cr22Ni5Mo3N		450	620	25	293	31
71	022Cr23Ni5Mo3N		450	620	25	293	31
72	022Cr23Ni4MoCuN		400	600	25	290	31
73	022Cr25Ni6Mo2N		450	640	25	295	31
74	022Cr25Ni7Mo4WCuN		550	750	25	270	—
75	03Cr25Ni6Mo3Cu2N		550	760	15	302	32
76	022Cr25Ni7Mo4N		550	795	15	310	32
奥氏体·铁素体双相不锈钢不需要做冷弯试验。							

6.4.4 经退火处理的铁素体型、马氏体型钢板和钢带的力学性能应符合表 27 和表 28 的规定。

表 27 经退火处理的铁素体型钢的力学性能

GB/T 20878 中序号	新牌号	旧牌号	规定非比例延伸强度 $R_{P0.2}$/MPa	抗拉强度 R_m/MPa	断后伸长率 A/%	冷弯 180°	硬度值 HBW	硬度值 HRB	硬度值 HV
			不小于				不大于		
78	06Cr13Al	0Cr13Al	170	415	20	$d=2a$	179	88	200
80	022Cr11Ti		275	415	20	$d=2a$	197	92	200
81	022Cr11NbTi		275	415	20	$d=2a$	197	92	200
82	022Cr12Ni		280	450	18	—	180	88	—
83	022Cr12	00Cr12	195	360	22	$d=2a$	183	88	200
84	10Cr15	1Cr15	205	450	22	$d=2a$	183	89	200
85	10Cr17	1Cr17	205	450	22	$d=2a$	183	89	200
87	022Cr18Ti	00Cr17	175	360	22	$d=2a$	183	88	200
88	10Cr17Mo	1Cr17Mo	240	450	22	$d=2a$	183	89	200
90	019Cr18MoTi		245	410	20	$d=2a$	217	96	230
91	022Cr18NbTi		250	430	18	—	180	88	—
92	019Cr19Mo2NbTi	00Cr18Mo2	275	415	20	$d=2a$	217	96	230
94	008Cr27Mo	00Cr27Mo	245	410	22	$d=2a$	190	90	200
95	008Cr30Mo2	00Cr30Mo2	295	450	22	$d=2a$	209	95	220
注:"—"表示目前尚无数据提供,需在生产使用过程中积累数据。d:弯芯直径　a:钢板厚度。									

表 28　经退火处理的马氏体型钢的力学性能

GB/T 20878 中序号	新牌号	旧牌号	规定非比例延伸强度 $R_{P0.2}$/MPa	抗拉强度 R_m/MPa	断后伸长率 A/%	冷弯 180°	硬度值		
							HBW	HRB	HV
			不小于				不大于		
96	12Cr12	1Cr12	205	485	20	$d=2a$	217	96	210
97	06Cr13	0Cr13	205	415	20	$d=2a$	183	89	200
98	12Cr13	1Cr13	205	450	20	$d=2a$	217	96	210
99	04Cr13Ni5Mo		620	795	15	—	302	32[a]	—
101	20Cr13	2Cr13	225	520	18	—	223	97	234
102	30Cr13	3Cr13	225	540	18	—	235	99	247
104	40Cr13	4Cr13	225	590	15	—	—	—	—
107	17Cr16Ni2[b]		690	880～1 080	12	—	262～326	—	—
			1 050	1 350	10	—	388	—	—
108	68Cr17	1Cr12	245	590	15	—	255	25[a]	269

a　为 HRC 硬度值。

b　表列为淬火、回火后的力学性能。d:弯芯直径　a:钢板厚度。

6.4.5　经固溶处理的沉淀硬化型钢板和钢带的试样的力学性能应符合表 29 的规定,根据需方指定并经时效处理的试样的力学性能应符合表 30 的规定。

表 29　经固溶处理的沉淀硬化型钢试样的力学性能

GB/T 20878 中序号	新牌号	旧牌号	钢材厚度/mm	规定非比例延伸强度 $R_{P0.2}$/MPa	抗拉强度 R_m/MPa	断后伸长率 A/%	硬度值	
							HRC	HBW
				不大于		不小于	不大于	
134	04Cr13Ni8Mo2Al		≥0.10～<8.0	—	—	—	38	363
135	022Cr12Ni9Cu2NbTi		≥0.30～≤8.0	1 105	1 205	3	36	331
138	07Cr17Ni7Al	0Cr17Ni7Al	≥0.10～<0.30	450	1 035	—	—	—
			≥0.30～≤8.0	380	1 035	20	92[a]	—
139	07Cr15Ni7Mo2Al	0Cr15Ni7Mo2Al	≥0.10～<8.0	450	1 035	25	100[a]	—
141	09Cr17Ni5Mo3N		≥0.10～<0.30	585	1 380	8	30	—
			≥0.30～≤8.0	585	1 380	12	30	—
142	06Cr17Ni7AlTi		≥0.10～<1.50	515	825	4	32	—
			≥1.50～≤8.0	515	825	5	32	—

a　为 HRB 硬度值。

表 30 沉淀硬化处理后的沉淀硬化型钢试样的力学性能

GB/T 20878 中序号	新牌号	旧牌号	钢材厚度/mm	处理[a]温度/℃	非比例延伸强度 $R_{P0.2}$/MPa	抗拉强度 R_m/MPa	断后[b]伸长率 A/%	硬度值 HRC	硬度值 HB
					不小于			不小于	
134	04Cr13Ni8Mo2Al		≥0.10～<0.50	510±6	1 410	1 515	6	45	—
			≥0.50～<5.0		1 410	1 515	8	45	—
			≥5.0～≤8.0		1 410	1 515	10	45	—
			≥0.10～<0.50	538±6	1 310	1 380	6	43	—
			≥0.50～<5.0		1 310	1 380	8	43	—
			≥5.0～≤8.0		1 310	1 380	10	43	—
135	022Cr12Ni9Cu-2NbTi		≥0.10～<0.50	510±6 或 482±6	1 410	1 525	—	44	—
			≥0.50～<1.50		1 410	1 525	3	44	—
			≥1.50～≤8.0		1 410	1 525	4	44	—
138	07Cr17Ni7Al	0Cr17Ni7Al	≥0.10～<0.30	760±15	1 035	1 240	3	38	—
			≥0.30～<5.0	15±3	1 035	1 240	5	38	—
			≥5.0～≤8.0	566±6	965	1 170	7	43	352
			≥0.10～<0.30	954±8	1 310	1 450	1	44	—
			≥0.30～<5.0	−73±6	1 310	1 450	3	44	—
			≥5.0～≤8.0	510±6	1 240	1 380	6	43	401
139	07Cr15Ni7Mo2Al	0Cr15Ni7Mo-2Al	≥0.10～<0.30	760±15	1 170	1 310	3	40	—
			≥0.30～<5.0	15±3	1 170	1 310	5	40	—
			≥5.0～≤8.0	566±6	1 170	1 310	4	40	375
			≥0.10～<0.30	954±8	1 380	1 550	2	46	—
			≥0.30～<5.0	−73±6	1 380	1 550	4	46	—
			≥5.0～≤8.0	510±6	1 380	1 550	4	45	429
			≥0.10～≤1.2	冷轧	1 205	1 380	1	41	—
			≥0.10～≤1.2	冷轧＋482	1 580	1 655	1	46	—
141	09Cr17Ni5Mo3N		≥0.10～<0.30	455±8	1 035	1 275	6	42	—
			≥0.30～≤5.0		1 035	1 275	8	42	—
			≥0.10～<0.30	540±8	1 000	1 140	6	36	—
			≥0.30～≤5.0		1 000	1 140	8	36	—
142	06Cr17Ni7AlTi		≥0.10～<0.80	510±8	1 170	1 310	3	39	—
			≥0.80～<1.50		1 170	1 310	4	39	—
			≥1.50～≤8.0		1 170	1 310	5	39	—
			≥0.10～<0.80	538±8	1 105	1 240	3	37	—
			≥0.80～<1.50		1 105	1 240	4	37	—
			≥1.50～≤8.0		1 105	1 240	5	37	—
			≥0.10～<0.80	566±8	1 035	1 170	3	35	—
			≥0.80～<1.50		1 035	1 170	4	35	—
			≥1.50～≤8.0		1 035	1 170	5	35	—

a 为推荐性热处理温度，供方应向需方提供推荐性热处理制度。

b 适用于沿宽度方向的试验，垂直于轧制方向且平行于钢板表面。

6.4.6 沉淀硬化型钢固溶处理状态的弯曲试验应符合表31的规定。

表31 沉淀硬化型钢固溶处理状态的弯曲试验

<table>
<tr><th>GB/T 20878
中序号</th><th>新牌号</th><th>旧牌号</th><th>厚度/mm</th><th>冷弯角度/(°)</th><th>弯芯直径</th></tr>
<tr><td>135</td><td>022Cr12Ni9Cu2NbTi</td><td></td><td>≥0.10 ≤5.0</td><td>180</td><td>$d=6a$</td></tr>
<tr><td>138</td><td>07Cr17Ni7Al</td><td>0Cr17Ni7Al</td><td>≥0.10 <5.0
≥5.0 ≤7.0</td><td>180
180</td><td>$d=a$
$d=3a$</td></tr>
<tr><td>139</td><td>07Cr15Ni7Mo2Al</td><td>0Cr15Ni7Mo2Al</td><td>≥0.10 <5.0
≥5.0 ≤7.0</td><td>180
180</td><td>$d=a$
$d=3a$</td></tr>
<tr><td>141</td><td>09Cr17Ni5Mo3N</td><td></td><td>≥0.10 ≤5.0</td><td>180</td><td>$d=2a$</td></tr>
<tr><td colspan="6">注：d 弯芯直径，a 试验钢板厚度。</td></tr>
</table>

6.5 耐腐蚀性能

6.5.1 钢板和钢带按表32～表35进行耐晶间腐蚀试验，试验方法由供需双方协商确定并在合同中注明，未注明时，可不作试验。对于Mo≥3%的低碳不锈钢，试验前的敏化处理应由供需双方协商。

6.5.2 如需方要求其他耐腐蚀试验，或对表32～表35未列入的牌号需进行耐腐蚀试验时，其试验方法和要求，由供需双方协商确定并在合同中注明。

表32 10%草酸浸蚀试验的判别

<table>
<tr><th>GB/T 20878
中序号</th><th>新牌号</th><th>旧牌号</th><th>试验状态</th><th>硫酸-硫酸铁
腐蚀试验</th><th>65%硝酸
腐蚀试验</th><th>硫酸-硫酸铜
腐蚀试验</th></tr>
<tr><td>17
19</td><td>06Cr19Ni10
07Cr19Ni10</td><td>0Cr18Ni9</td><td rowspan="2">固溶处理
（交货状态）</td><td rowspan="2">沟状组织</td><td>沟状组织
凹状组织Ⅱ</td><td rowspan="2">沟状组织</td></tr>
<tr><td>38
45
49</td><td>06Cr17Ni12Mo2
06Cr18Ni12Mo2Cu2
06Cr19Ni13Mo3</td><td>0Cr17Ni12Mo2
0Cr18Ni12Mo2Cu2
0Cr19Ni13Mo3</td><td>—</td></tr>
<tr><td>18</td><td>022Cr19Ni10</td><td>00Cr19Ni10</td><td rowspan="3">敏化组织</td><td rowspan="2">沟状组织</td><td>沟状组织
凹状组织Ⅱ</td><td rowspan="3">沟状组织</td></tr>
<tr><td>39
50</td><td>022Cr17Ni12Mo2
022Cr19Ni13Mo3</td><td>00Cr17Ni14Mo2
00Cr19Ni13Mo3</td><td rowspan="2">—</td></tr>
<tr><td>41
55
62</td><td>06Cr17Ni12Mo2Ti
06Cr18Ni11Ti
06Cr18Ni11Nb</td><td>0Cr18Ni12Mo3Ti
0Cr18Ni10Ti
0Cr18Ni11Nb</td><td>—</td></tr>
</table>

表33 硫酸-硫酸铁腐蚀试验的腐蚀减量

<table>
<tr><th>GB/T 20878
中序号</th><th>新牌号</th><th>旧牌号</th><th>试验状态</th><th>腐蚀减量/[g/(m²·h)]</th></tr>
<tr><td>17
19
38
45
49</td><td>06Cr19Ni10
07Cr19Ni10
06Cr17Ni12Mo2
06Cr18Ni12Mo2Cu2
06Cr19Ni13Mo3</td><td>0Cr18Ni9

0Cr17Ni12Mo2
0Cr18Ni12Mo2Cu2
0Cr19Ni13Mo3</td><td>固溶处理
（交货状态）</td><td>按供需双方协议</td></tr>
<tr><td>18
39
50</td><td>022Cr19Ni10
022Cr17Ni12Mo2
022Cr19Ni13Mo3</td><td>00Cr19Ni10
00Cr17Ni14Mo2
00Cr19Ni13Mo3</td><td>敏化处理</td><td>按供需双方协议</td></tr>
</table>

表 34 65%硝酸腐蚀试验的腐蚀减量

GB/T 20878 中序号	新牌号	旧牌号	试验状态	腐蚀减量/[g/(m²·h)]
17 19	06Cr19Ni10 07Cr19Ni10	0Cr18Ni9	固溶处理 （交货状态）	按供需双方协议
18	022Cr19Ni10	00Cr19Ni10	敏化处理	按供需双方协议

表 35 硫酸-硫酸铜腐蚀试验后弯曲面状态

GB/T 20878 中序号	新牌号	旧牌号	试验状态	试验后弯曲面状态
17 19 38 45 49	06Cr19Ni10 07Cr19Ni10 06Cr17Ni12Mo2 06Cr18Ni12Mo2Cu2 06Cr19Ni13Mo3	0Cr18Ni9 0Cr17Ni12Mo2 0Cr18Ni12Mo2Cu2 0Cr19Ni13Mo3	固溶处理 （交货状态）	不得有晶间腐蚀裂纹
18 39 41 50 55 62	022Cr19Ni10 022Cr17Ni12Mo2 06Cr17Ni12Mo2Ti 022Cr19Ni13Mo3 06Cr18Ni11Ti 06Cr18Ni11Nb	00Cr19Ni10 00Cr17Ni14Mo2 0Cr18Ni12Mo3Ti 00Cr19Ni13Mo3 0Cr18Ni10Ti 0Cr18Ni11Nb	敏化处理	不得有晶间腐蚀裂纹

6.5.3 如需方要求并在合同中注明可对钢板和钢带进行盐雾腐蚀试验，试验方法执行 GB/T 10125 的规定。

6.6 表面加工及质量要求

6.6.1 表面加工类型见表 36，需方应根据使用需求指定钢板表面加工类型，并在合同中注明。

表 36 表面加工类型

简称	加工类型	表面状态	备 注
2D 表面	冷轧、热处理、酸洗或除鳞	表面均匀、呈亚光状	冷轧后热处理、酸洗。亚光表面经酸洗或除鳞产生。可用毛面辊进行平整。毛面加工便于在深冲时将润滑剂保留在钢板表面。这种表面适用于加工深冲部件，但这些部件成型后还需进行抛光处理
2B 表面	冷轧、热处理、酸洗或除鳞、光亮加工	较 2D 表面光滑平直	在 2D 表面的基础上，对经热处理、除鳞后的钢板用抛光辊进行小压下量的平整。属最常用的表面加工。除极为复杂的深冲外，可用于任何用途
BA 表面	冷轧、光亮退火	平滑、光亮、反光	冷轧后在可控气氛炉内进行光亮退火。通常采用干氢或干氢与干氮混合气氛，以防止退火过程中的氧化现象。也是后工序再加工常用的表面加工
3# 表面	对单面或双面进行刷磨或亚光抛光	无方向纹理、不反光	需方可指定抛光带的等级或表面粗糙度。由于抛光带的等级或表面粗糙度的不同，表面所呈现的状态不同。这种表面适用于延伸产品还需进一步加工的场合。若钢板或钢带做成的产品不进行另外的加工或抛光处理时，建议用 4# 表面

表 36(续)

简称	加工类型	表面状态	备　注
4# 表面	对单面或双面进行通用抛光	无方向纹理、反光	经粗磨料粗磨后，再用粒度为 120#～150# 或更细的研磨料进行精磨。这种材料被广泛用于餐馆设备、厨房设备、店辅门面、乳制品设备等
6# 表面	单面或双面亚光缎面抛光，坦皮科研磨	呈亚光状、无方向纹理	表面反光率较 4# 表面差。是用 4# 表面加工的钢板在中粒度研磨料和油的介质中经坦皮科刷磨而成。适用于不要求光泽度的建筑物和装饰。研磨粒度可由需方指定
7# 表面	高光泽度表面加工	光滑、高反光度	是由优良的基础表面进行擦磨而成。但表面磨痕无法消除。该表面主要适用于要求高光泽度的建筑物外墙装饰
8# 表面	镜面加工	无方向纹理、高反光度、影像清晰	该表面是用逐步细化的磨料抛光和用极细的铁丹大量擦磨而成。表面不留任何擦磨痕迹。该表面被广泛用于模压板、镜面
TR 表面	冷作硬化处理	应材质及冷作量的大小而变化	对退火除鳞或光亮退火的钢板进行足够的冷作硬化处理。大大提高强度水平
HL 表面	冷轧、酸洗、平整、研磨	呈连续性磨纹状	用适当粒度的研磨材料进行抛光，使表面呈连续性磨纹
单面抛光的钢板，另一面需进行粗磨，以保证必要的平直度。 标准的抛光工艺在不同的钢种上所产生的效果不同。对于一些关键性的应用，订单中需要附"典型标样"做参照，以便于取得一致的看法。			

6.6.2　钢板及钢带表面质量

6.6.2.1　钢板不得有影响使用的缺陷。允许有个别深度小于厚度公差之半的轻微麻点、擦划伤、压痕、凹坑、辊印和色差等不影响使用的缺陷。允许局部修磨，但应保证钢板最小厚度。

6.6.2.2　钢带不得有影响使用的缺陷。但成卷交货的钢带由于一般没有除去缺陷的机会，允许有少量不正常的部分。对不经抛光的钢带，表面允许有个别深度小于厚度公差之半的轻微麻点、擦划伤、压痕、凹坑、辊印和色差。

6.6.2.3　钢带边缘应平整。切边钢带边缘不允许有深度大于宽度公差之半的切割不齐和大于钢带厚度公差的毛刺；不切边钢带不允许有大于宽度公差的裂边。

6.7　特殊要求

根据需方要求，可对钢的化学成分、力学性能作特殊要求，或补充规定非金属夹杂物、无损检验等项目，具体内容由供需双方协商确定。

7　试验方法

每批钢板或钢带的检验项目及试验方法应符合表 37 的规定。

表 37　取样方法、数量及试验方法

序号	检验项目	取样方法及部位	取样数量	试验方法
1	化学成分	GB/T 20066	1	GB/T 223、GB/11170 及 GB/T 9971—2004 中的附录 A
2	拉伸试验	GB/T 2975 取横向试样	1	GB/T 228

表 37(续)

序号	检验项目	取样方法及部位	取样数量	试验方法
3	弯曲试验	GB/T 232	1	GB/T 232
4	硬度	任一张或任一卷	1	GB/T 230.1,GB/T 231.1,GB/T 4340
5	耐腐蚀性	GB/T 4334	2	GB/T 4334
6	尺寸外形	逐张或逐卷	—	本标准第5章
7	表面质量	逐张或逐卷	—	目视

8 检验规则

8.1 检查和验收

钢板和钢带的质量由供方质量监督部门负责检查和验收。供方必须保证交货的钢材符合有关标准的规定,需方有权按相应标准的规定进行检查和验收。

8.2 组批规则

钢板或钢带应成批提交验收,每批由同一牌号、同一炉号、同一厚度和同一热处理制度的钢板或钢带组成。

8.3 取样部位及取样数量

钢板或钢带的取样部位及取样数量应符合表37的规定。

8.4 复验和判定规则

若某项试验结果不符合本标准要求,允许按GB/T 247进行复验。

9 包装、标志及质量证明书

钢板和钢带的包装、标志及质量证明书应符合GB/T 247的规定。

附 录 A
（资料性附录）
不锈钢的热处理制度

表 A.1 奥氏体型钢的热处理制度

单位为摄氏度

GB/T 20878 中序号	新牌号	旧牌号	热处理温度及冷却方式
9	12Cr17Ni7	1Cr17Ni7	≥1 040 水冷或其他方式快冷
10	022Cr17Ni7		≥1 040 水冷或其他方式快冷
11	022Cr17Ni7N		≥1 040 水冷或其他方式快冷
13	12Cr18Ni9	1Cr18Ni9	≥1 040 水冷或其他方式快冷
14	12Cr18Ni9Si3	1Cr18Ni9Si3	≥1 040 水冷或其他方式快冷
17	06Cr19Ni10	0Cr18Ni9	≥1 040 水冷或其他方式快冷
18	022Cr19Ni10	00Cr19Ni10	≥1 040 水冷或其他方式快冷
19	07Cr19Ni10		≥1 095 水冷或其他方式快冷
20	05Cr19Ni10Si2N		≥1 040 水冷或其他方式快冷
23	06Cr19Ni10N	0Cr19Ni9N	≥1 040 水冷或其他方式快冷
24	06Cr19Ni9NbN	0Cr19Ni10NbN	≥1 040 水冷或其他方式快冷
25	022Cr19Ni10N	00Cr18Ni10N	≥1 040 水冷或其他方式快冷
26	10Cr18Ni12	1Cr18Ni12	≥1 040 水冷或其他方式快冷
32	06Cr23Ni13	0Cr23Ni13	≥1 040 水冷或其他方式快冷
35	06Cr25Ni20	0Cr25Ni20	≥1 040 水冷或其他方式快冷
36	022Cr25Ni22Mo2N		≥1 040 水冷或其他方式快冷
38	06Cr17Ni12Mo2	0Cr17Ni12Mo2	≥1 040 水冷或其他方式快冷
39	022Cr17Ni12Mo2	00Cr17Ni14Mo2	≥1 040 水冷或其他方式快冷
41	06Cr17Ni12Mo2Ti	0Cr18Ni12Mo3Ti	≥1 040 水冷或其他方式快冷
42	06Cr17Ni12Mo2Nb		≥1 040 水冷或其他方式快冷
43	06Cr17Ni12Mo2N	0Cr17Ni12Mo2N	≥1 040 水冷或其他方式快冷
44	022Cr17Ni12Mo2N	00Cr17Ni13Mo2N	≥1 040 水冷或其他方式快冷
45	06Cr18Ni12Mo2Cu2	0Cr18Ni12Mo2Cu2	1 010～1 150 水冷或其他方式快冷
48	015Cr21Ni26Mo5Cu2		
49	06Cr19Ni13Mo3	0Cr19Ni13Mo3	≥1 040 水冷或其他方式快冷
50	022Cr19Ni13Mo3	00Cr19Ni13Mo3	≥1 040 水冷或其他方式快冷
53	022Cr19Ni16Mo5N		≥1 040 水冷或其他方式快冷
54	022Cr19Ni13Mo4N		≥1 040 水冷或其他方式快冷
55	06Cr18Ni11Ti	0Cr18Ni10Ti	≥1 040 水冷或其他方式快冷
58	015Cr24Ni22Mo8Mn3CuN		≥1 150 水冷或其他方式快冷

表 A.1(续)

单位为摄氏度

GB/T 20878 中序号	新牌号	旧牌号	热处理温度及冷却方式
61	022Cr24Ni17Mo5Mn6NbN		1 120～1 170 水冷或其他方式快冷
62	06Cr18Ni11Nb	0Cr18Ni11Nb	≥1 040 水冷或其他方式快冷

表 A.2 奥氏体·铁素体型钢的热处理制度

单位为摄氏度

GB/T 20878 中序号	新牌号	旧牌号	热处理温度及冷却方式
67	14Cr18Ni11Si4AlTi	1Cr18Ni11Si4AlTi	1 000～1 050,水冷或其他方式快冷
68	022Cr19Ni5Mo3Si2N	00Cr18Ni5Mo3Si2	950～1 050 水冷
69	12Cr21Ni5Ti	1Cr21Ni5Ti	950～1 050,水冷或其他方式快冷
70	022Cr22Ni5Mo3N		1 040～1 100,水冷或其他方式快冷
71	022Cr23Ni5Mo3N		1 040～1 100,水冷,除钢卷在连续退火线水冷或类似方式快冷
72	022Cr23Ni4MoCuN		950～1 050,水冷或其他方式快冷
73	022Cr25Ni6Mo2N		1 025～1 125,水冷或其他方式快冷
74	022Cr25Ni7Mo4WCuN		1 050～1 125,水冷或其他方式快冷
75	03Cr25Ni6Mo3Cu2N		1 050～1 100,水冷或其他方式快冷
76	022Cr25Ni7Mo4N		1 050～1 100 水冷

表 A.3 铁素体型钢的热处理制度

单位为摄氏度

GB/T 20878 中序号	新牌号	旧牌号	退火处理温度及冷却方式
78	06Cr13Al	0Cr13Al	780～830,快冷或缓冷
80	022Cr11Ti		800～900,快冷或缓冷
81	022Cr11NbTi		800～900,快冷或缓冷
82	022Cr12Ni		700～820,快冷或缓冷
83	022Cr12	00Cr12	700～820,快冷或缓冷
84	10Cr15	1Cr15	780～850,快冷或缓冷
85	10Cr17	1Cr17	780～800,空冷
87	022Cr18Ti	00Cr17	780～950,快冷或缓冷
88	10Cr17Mo	1Cr17Mo	780～850,快冷或缓冷
90	019Cr18MoTi		
91	022Cr18NbTi		
92	019Cr19Mo2NbTi	00Cr18Mo2	800～1 050,快冷
94	008Cr27Mo	00Cr27Mo	900～1 050,快冷
95	008Cr30Mo2	00Cr30Mo2	800～1 050,快冷

表 A.4 马氏体型钢的热处理制度 单位为摄氏度

GB/T 20878 中序号	新牌号	旧牌号	退火处理	淬火	回火
96	12Cr12	1Cr12	约 750 快冷,或 800～900 缓冷		
97	06Cr13	0Cr13	约 750 快冷,或 800～900 缓冷		
98	12Cr13	1Cr13	约 750 快冷,或 800～900 缓冷		
99	04Cr13Ni5Mo				
101	20Cr13	2Cr13	约 750 快冷,或 800～900 缓冷		
102	30Cr13	3Cr13	约 750 快冷,或 800～900 缓冷	980～1 040 快冷	150～400 空冷
104	40Cr13	4Cr13	约 750 快冷,或 800～900 缓冷	1 050～1 100 油冷	200～300 空冷
107	17Cr16Ni2			1 010±10 油冷	605±5 空冷
				1 000～1 030 油冷	300～380 空冷
108	68Cr17	1Cr12	约 750 快冷,或 800～900 缓冷	1 010～1 070 快冷	150～400 空冷

表 A.5 沉淀硬化型钢的热处理制度

GB/T 20878 中序号	新牌号	旧牌号	固溶处理	沉淀硬化处理
134	04Cr13Ni8Mo2Al		927℃±15℃,按要求冷却至 60℃以下	510℃±6℃,保温 4 h,空冷
				538℃±6℃,保温 4 h,空冷
135	022Cr12Ni9Cu2NbTi		829℃±15℃,水冷	480℃±6℃,保温 4 h,空冷
				510℃±6℃,保温 4 h,空冷
138	07Cr17Ni7Al	0Cr17Ni7Al	1 065℃±15℃水冷	954℃±8℃保温 10 min,快冷至室温,24 h内冷至－73℃±6℃,保温 8 h,在空气中升至室温,再加热到 510℃±6℃,保温 1 h 后空冷
				760℃±15℃保温 90 min,1 h 内冷却至 15℃±3℃,保温 30 min,再加热至 566℃±6℃,保温 90 min 后空冷
139	07Cr15Ni7Mo3Al	0Cr17Ni7Al	1 040℃±15℃水冷	954℃±8℃保温 10 min,快冷至室温,24 h内冷至－73℃±6℃,保温 8 h,在空气中升至室温。再加热到 510℃±6℃,保温 1 h 后空冷
				760℃±15℃保温 90 min,1 h 内冷却至 15℃±3℃,保温 30 min,再加热至 566℃±6℃,保温 90 min 后空冷
141	09Cr17Ni5Mo3N		930℃±15℃水冷,在－75℃以下保持 3 h	455℃±8℃,保温 3 h,空冷
				540℃±8℃,保温 3 h,空冷
142	06Cr17Ni7AlTi		1 038℃±15℃,空冷	510℃±8℃,保温 30 min,空冷
				538℃±8℃,保温 30 min,空冷
				566℃±8℃,保温 30 min,空冷

附 录 B
（资料性附录）
不锈钢的特性和用途

表 B.1 不锈钢的特性和用途表

类型	GB/T 20878 中序号	新牌号	旧牌号	特性和用途
奥氏体型	9	12Cr17Ni7	1Cr17Ni7	经冷加工有高的强度。用于铁道车辆，传送带螺栓螺母等
	10	022Cr17Ni7		
	11	022Cr17Ni7N		
	13	12Cr18Ni9	1Cr18Ni9	经冷加工有高的强度，但伸长率比 12Cr17Ni7 稍差。用于建筑装饰部件
	14	12Cr18Ni9Si3	1Cr18Ni9Si3	耐氧化性比 12Cr18Ni9 好，900℃以下与 06Cr25Ni20 具有相同的耐氧化性和强度。用于汽车排气净化装置、工业炉等高温装置部件
	17	06Cr19Ni10	0Cr18Ni9	在固溶态钢的塑性、韧性、冷加工性良好，在氧化性酸和大气、水等介质中耐蚀性好，但在敏态或焊接后有晶腐倾向。耐蚀性优于 12Cr18Ni9。适于制造深冲成型部件和输酸管道、容器等
	18	022Cr19Ni10	00Cr19Ni10	比 06Cr19Ni10 碳含量更低的钢，耐晶间腐蚀性优越，焊接后不进行热处理
	19	07Cr19Ni10		具有耐晶间腐蚀性
	20	05Cr19Ni10Si2N		填加 N，提高钢的强度和加工硬化倾向，塑性不降低。改善钢的耐点蚀、晶腐性，可承受更重的负荷，使材料的厚度减少。用于结构用强度部件
	23	06Cr19Ni10N	0Cr19Ni9N	在牌号 06Cr19Ni10 上加 N，提高钢的强度和加工硬化倾向，塑性不降低。改善钢的耐点蚀、晶腐性，使材料的厚度减少。用于有一定耐腐要求，并要求较高强度和减速轻重量的设备、结构部件
	24	06Cr19Ni9NbN	0Cr19Ni10NbN	在牌号 06Cr19Ni10 上加 N 和 Nb，提高钢的耐点蚀、晶腐性能，具有与 06Cr19Ni10N 相同的特性和用途
	25	022Cr19Ni10N	00Cr18Ni10N	06Cr19Ni10N 的超低碳钢，因 06Cr19Ni10N 在 450～900℃加热后耐晶腐性将明显下降。因此对于焊接设备构件，推荐 022Cr19Ni10N
	26	10Cr18Ni12	1Cr18Ni12	与 06Cr19Ni10 相比，加工硬化性低。用于施压加工，特殊拉拔，冷墩等
	32	06Cr23Ni13	0Cr23Ni13	耐腐蚀性比 06Cr19Ni10 好，但实际上多作为耐热钢使用

表 B.1(续)

类型	GB/T 20878 中序号	新牌号	旧牌号	特性和用途
奥氏体型	35	06Cr25Ni20	0Cr25Ni20	抗氧化性比 06Cr23Ni13 好,但实际上多作为耐热钢使用
	36	022Cr25Ni22Mo2N		钢中加 N 提高钢的耐孔蚀性,且使钢具有更高的强度和稳定的奥氏体组织。适用于尿素生产中汽提塔的结构材料,性能远优于 022Cr17Ni12Mo2
	38	06Cr17Ni12Mo2	0Cr17Ni12Mo2	在海水和其他各种介质中,耐腐蚀性比 06Cr19Ni10 好。主要用于耐点蚀材料
	39	022Cr17Ni12Mo2	00Cr17Ni14Mo2	为 06Cr17Ni12Mo2 的超低碳钢,节 Ni 钢种
	41	06Cr17Ni12Mo2Ti	0Cr18Ni12Mo3Ti	有良好的耐晶间腐蚀性,用于抵抗硫酸、磷酸、甲酸、乙酸的设备
	42	06Cr17Ni12Mo2Nb		比 06Cr17Ni12Mo2 具有更好的耐晶间腐蚀性
	43	06Cr17Ni12Mo2N	0Cr17Ni12Mo2N	在牌号 06Cr17Ni12Mo2 中加入 N,提高强度,不降低塑性,使材料的使用厚度减薄。用于耐腐蚀性较好的强度较高的部件
	44	022Cr17Ni12Mo2N	00Cr17Ni13Mo2N	用途与 06Cr17Ni12Mo2N 相同但耐晶间腐蚀性更好
	45	06Cr18Ni12Mo2Cu2	0Cr18Ni12Mo2Cu2	耐腐蚀性、耐点蚀性比 06Cr17Ni12Mo2 好。用于耐硫酸材料
	48	015Cr21Ni26Mo5Cu2		高 Mo 不锈钢,全面耐硫酸、磷酸、醋酸等腐蚀,又可解决氯化物孔蚀、缝隙腐蚀和应力腐蚀问题。主要用于石化、化工、化肥、海洋开发等的塔、槽、管、换热器等
	49	06Cr19Ni13Mo3	0Cr19Ni13Mo3	耐点蚀性比 06Cr17Ni12Mo2 好,用于染色设备材料等
	50	022Cr19Ni13Mo3	00Cr19Ni13Mo3	为 06Cr19Ni13Mo3 的超低碳钢,比 06Cr19Ni13Mo3 耐晶间腐蚀性
	53	022Cr19Ni16Mo5N		高 Mo 不锈钢,钢中含 0.10%～0.20%,使其耐孔蚀性能进一步提高,此钢种在硫酸、甲酸、醋酸等介质中的耐蚀性要比一般含 2%～4%Mo 的常用 Cr—Ni 钢更好
	54	022Cr19Ni13Mo4N		
	55	06Cr18Ni11Ti	0Cr18Ni10Ti	添加 Ti 提高耐晶间腐蚀性,不推荐作装饰部件
	58	015Cr24Ni22Mo8Mn3CuN		
	61	022Cr24Ni17Mo5Mn6NbN		
	62	06Cr18Ni11Nb	0Cr18Ni11Nb	含 Nb 提高耐晶间腐蚀性

表 B.1(续)

类型	GB/T 20878 中序号	新牌号	旧牌号	特性和用途
奥氏体·铁素体型	67	14Cr18Ni11Si4AlTi	1Cr18Ni11Si4AlTi	用于制作抗高温浓硝酸介质的零件和设备
	68	022Cr19Ni5Mo3Si2N	00Cr18Ni5Mo3Si2	耐应力腐蚀破裂性能良好,耐点蚀性能与022Cr17Ni14Mo2相当,具有较高强度,适用于含氯离子的环境,用于炼油、化肥、造纸、石油、化工等工业制造热交换器、冷凝器等
	69	12Cr21Ni5Ti	1Cr21Ni5Ti	用于化学工业、食品工业耐酸腐蚀的容器及设备
	70	022Cr22Ni5Mo3N		对含硫化氢、二氧化碳、氯化物的环境具有阻抗性,用于油井管,化工储罐用材,各种化学装置等
	71	022Cr23Ni5Mo3N		
	72	022Cr23Ni4MoCuN		具有双相组织,优异的耐应力腐蚀断裂和其他形式耐蚀的性能以及良好的焊接性。储罐和容器用材
	73	022Cr25Ni6Mo2N		用于耐海水腐蚀部件等
	74	022Cr25Ni7Mo4WCuN		在022Cr25Ni7Mo3N钢中加入W、Cu提高Cr25型双相钢的性能。特别是耐氯化物点蚀和缝隙腐蚀性能更佳,主要用于以水(含海水、卤水)为介质的热交换设备
	75	03Cr25Ni6Mo3Cu2N		该钢具有良好的力学性能和耐局部腐蚀性能,尤其是耐磨损腐蚀性能优于一般的不锈钢。海水环境中的理想材料,适用作舰船用的螺旋推进器、轴、潜艇密封件等,而且在化工、石油化工、天然气、纸浆、造纸等应用
	76	022Cr25Ni7Mo4N		是双相不锈钢中耐局部腐蚀最好的钢,特别是耐点蚀最好,并具有高强度、耐氯化物应力腐蚀、可焊接的特点。非常适用于化工、石油、石化和动力工业中以河水、地下水和海水等为冷却介质的换热设备
铁素体型	78	06Cr13Al	0Cr13Al	从高温下冷却不产生显著硬化,用于气轮机材料,淬火用部件,复合钢材等
	80	022Cr11Ti		超低碳钢,焊接性能好,用于汽车排气处理装置
	81	022Cr11NbTi		在钢中加入Nb+Ti细化晶粒,提高铁素体钢的耐晶间腐蚀性、改善焊后塑性,性能比022Cr11Ti更好,用于汽车排气处理装置
	82	022Cr12Ni		用于压力容器装置
	83	022Cr12	00Cr12	焊接部位弯曲性能、加工性能、耐高温氧化性能好。用于汽车排气处理装置、锅炉燃烧室、喷嘴
	84	10Cr15	1Cr15	为10Cr17改善焊接性的钢种

表 B.1(续)

类型	GB/T 20878 中序号	新牌号	旧牌号	特性和用途
铁素体型	85	10Cr17	1Cr17	耐蚀性良好的通用钢种,用于建筑内装饰、重油燃烧器部件、家庭用具、家用电器部件。脆性转变温度均在室温以上,而且对缺口敏感,不适于制作室温以下的承载备件
	87	022Cr18Ti	00Cr17	降低10Cr17Mo中的C和N,单独或复合加入Ti、Nb或Zr,使加工性和焊接性改善,用于建筑内外装饰、车辆部件、厨房用具、餐具
	88	10Cr17Mo	1Cr17Mo	在钢中加入Mo,提高钢的耐点蚀、耐缝隙腐蚀性及强度等
	90	019Cr18MoTi		在钢中加入Mo,提高钢的耐点蚀、耐缝隙腐蚀性及强度等
	91	022Cr18NbTi		在牌号10Cr17中加入Ti或Nb,降低碳含量,改善加工性、焊接性能。用于温水槽、热水供应器、卫生器具、家庭耐用机器、自行车轮缘
	92	019Cr19Mo2NbTi	00Cr18Mo2	含Mo比022Cr18MoTi多,耐腐蚀性提高,耐应力腐蚀破裂性好,用于贮水槽太阳能温水器、热交换器、食品机器、染色机械等
	94	008Cr27Mo	00Cr27Mo	用于性能、用途、耐蚀性和软磁性与008Cr30Mo2类似的用途
	95	008Cr30Mo2	00Cr30Mo2	高Cr—Mo系,C、N降至极低。耐蚀性很好,耐卤离子应力腐蚀破裂、耐点蚀性好。用于制作与醋酸、乳酸等有机酸有关的设备、制造苛性碱设备
马氏体型	96	12Cr12	1Cr12	用于汽轮机叶片及高应力部件的不锈耐热钢
	97	06Cr13	0Cr13	比12Cr13的耐蚀性、加工成形性更优良的钢种
	98	12Cr13	1Cr13	具有良好的耐蚀性,机械加工性,一般用途,刃具类
	99	04Cr13Ni5Mo		适用于厚截面尺寸的要求焊接性能良好的使用条件,如大型的水电站转轮和转轮下环等
	101	20Cr13	2Cr13	淬火状态下硬度高,耐蚀性良好。用于汽轮机叶片
	102	30Cr13	3Cr13	比20Cr13淬火后的硬度高,作刃具、喷嘴、阀座、阀门等
	104	40Cr13	4Cr13	比30Cr13淬火后的硬度高,作刃具、餐具、喷嘴、阀座、阀门等
	107	17Cr16Ni2		用于具有较高程度的耐硝酸、有机酸腐蚀性的零件、容器和设备
	108	68Cr17	7Cr17	硬化状态下,坚硬,韧性高,用于刃具、量具、轴承

表 B.1(续)

类型	GB/T 20878 中序号	新牌号	旧牌号	特性和用途
沉淀硬化型	134	04Cr13Ni8Mo2Al		
	135	022Cr12Ni9Cu2NbTi		
	138	07Cr17Ni7Al	0Cr17Ni7Al	添加 Al 的沉淀硬化钢种。用于弹簧、垫圈、计器部件
	139	07Cr15Ni7Mo2Al	0Cr15Ni7Mo2Al	用于有一定耐蚀要求的高强度容器、零件及结构件
	141	09Cr17Ni5Mo3N		
	142	06Cr17Ni7AlTi		

ICS 61.060
Y 78

中华人民共和国国家标准

GB/T 3293—2007
代替 GB/T 3293—1982

中国鞋楦系列

Chinese last systems

2007-12-05 发布　　2008-09-01 实施

中华人民共和国国家质量监督检验检疫总局
中国国家标准化管理委员会　发布

ICS 61.060
Y 78

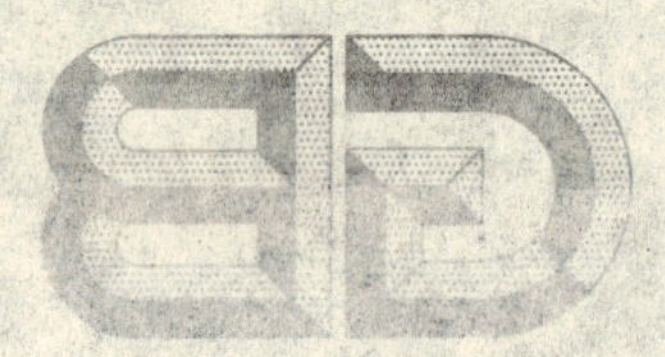

中华人民共和国国家标准

GB/T 3293—2007
代替 GB/T 3293—1982

中国鞋楦系列

Chinese last systems

2007-12-05 发布　　2008-03-01 实施

中华人民共和国国家质量监督检验检疫总局
中国国家标准化管理委员会　发布

前言

本标准代替 GB/T 3293—1982《中国鞋号及鞋楦系列》中鞋楦部分，已发布的 GB/T 3293.1—1998《鞋号》代替 GB/T 3293—1982《中国鞋号及鞋楦系列》中鞋号部分。

本标准主要修订内容：

——标准名称改为《中国鞋楦系列》；

——在皮鞋、胶鞋、布鞋、塑料鞋鞋楦的基础上增加旅游鞋鞋楦；

——将原标准中第 1 章到第 11 章中有关术语、定义归纳到本标准的第 3 章内，增加了前跷高、踵心凸度和素头鞋楦的术语和定义，同时将有关规定归纳到第 4 章内；

——将原标准中第 12 章到第 16 章的内容进行了修改并归纳到鞋楦及系列部分，同时增加了成人、儿童旅游鞋鞋楦尺寸系列；

——成年男子、女子脚型中间号改变；

——童鞋的分档改变，小童、中童和大童脚型中间号改变；

——脚型部位系数及鞋楦等差改为保留小数点后一位；

——对原标准的文字、数据进行了必要的增删和修改；

——附录 A 中增加了脚型的激光测量方法。

本标准的附录 A 为资料性附录。

本标准由中国轻工业联合会提出。

本标准由全国制鞋标准化中心归口。

本标准起草单位：温州鹿艺鞋材有限公司、上海国学鞋楦设计有限公司、中国皮革和制鞋工业研究院。

本标准主要起草人：孙毅、陈国学、严怀道、金广华、樊康杰、王占星。

本标准于 1982 年 11 月首次发布，于 1998 年 12 月第一次修订鞋号部分。

引　言

GB/T 3293—1982《中国鞋号及鞋楦系列》发布实施至今已二十多年，其间已发布 GB/T 3293.1—1998《鞋号》代替 GB/T 3293—1982《中国鞋号及鞋楦系列》中鞋号部分。随着经济社会的日益发展，人们的生活水平不断提高，生活状态发生了很大的变化，我国人群脚型规律也有所改变。为此，2002 年中国皮革和制鞋工业研究院承担了国家公益项目《中国人群脚型规律研究》，进行了中国人群脚型普查，共收集有效样本数 16 383 份，建立了中国人群脚型数据库。在此基础上，对 GB/T 3293—1982《中国鞋号及鞋楦系列》中的鞋楦部分进行修订，以适应目前我国人群的脚型规律，提高鞋类产品的质量，推动我国制鞋行业的发展。

中国鞋楦系列

1 范围

本标准规定了皮鞋、胶鞋、布鞋、塑料鞋及旅游鞋的鞋楦尺寸。

本标准适用于中国人群(成人和儿童)穿用的上述鞋类的鞋楦。

2 规范性引用文件

下列文件中的条款通过本标准的引用而成为本标准的条款。凡是注日期的引用文件,其随后所有的修改单(不包括勘误的内容)或修订版均不适用于本标准,然而,鼓励根据本标准达成协议的各方研究是否可使用这些文件的最新版本。凡是不注日期的引用文件,其最新版本适用于本标准。

GB/T 2703 皮鞋工业术语

GB/T 3293.1 鞋号(GB/T 3293.1—1998,idt ISO 9407:1991)

GB/T 3294—1998 鞋楦尺寸检测方法

3 术语和定义

GB/T 2703 中脚型和楦型、GB/T 3293.1 中号型的术语和定义以及下列术语和定义适用于本标准。

3.1

中间号楦样 master model last of Middle size

各档鞋号中,居中鞋号的鞋楦称为中间号楦样。各档居中鞋号见 4.1。皮鞋、胶鞋、布鞋、塑料鞋及旅游鞋不同品种中间号、楦样尺寸见第 6 章。

3.2

鞋楦尺寸系列 last systems

以中间号楦样为中心,按规定号型等差进行扩缩的成套鞋楦尺寸称为鞋楦尺寸系列。各类鞋楦尺寸系列见第 6 章。

3.3

标准尺寸 standard size

楦底样长度各特征部位点和跖围为标准尺寸,不能变动。

3.4

参考尺寸 reference size

本标准所列标准尺寸以外的其他尺寸,均为参考尺寸。

3.5

踵心凸度 heel crown

楦底踵心部位点相对于踵心内外宽度点凸起的高度。

3.6

楦底前掌凸点 sole salient point

鞋楦第一跖趾关节点和第五跖趾关节点的连线与楦底轴线的交点称为楦底前掌凸点。

3.7

前跷高　toe spring

楦底前掌凸点在与平面接触时，鞋楦前端点距平面的高度。见图 1。

3.8

后跷高　heel elevation

楦底前掌凸点与平面接触时，鞋楦后端点距平面的高度。见图 1。

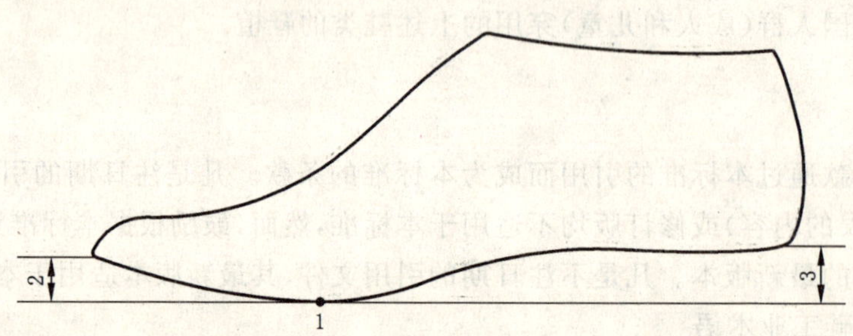

1——鞋楦前掌凸点；
2——前跷高；
3——后跷高。

图 1　前跷高与后跷高

3.9

素头鞋楦　ordinary last

最与脚头型相似的中圆头型鞋楦，称为素头鞋楦。

3.10

鞋楦的超长度　extended length of last

超过放余量规定的尺寸，称为超长度。

4　要求

4.1　鞋号分档

鞋号分档见表 1。

表 1　鞋号分档

分档		一般鞋号		特大鞋号
		鞋号范围	中间号	
婴儿		90～125	110	—
童鞋	小童	130～170	150	—
	中童	175～205	190	—
	大童	210～245	225	245 以上
成人鞋	女	215～250	235	250 以上
	男	235～275	255	275 以上

4.2 鞋楦尺寸等差

4.2.1 长度号差

长度号差为 10 mm,半号差为 5 mm。

4.2.2 跖围号差

跖围号差为 7 mm,半号差为 3.5 mm。

4.2.3 型差

型差为 7 mm,半型差为 3.5 mm。

4.3 后身统一部位的规定

对同类、同品种和同后跷高的楦体,不论头式如何变化,其第一跖趾、第五跖趾部位以后的楦体尺寸应保持不变。

4.4 后跷高的有关规定

4.4.1 后跷高高度等差的规定

各品种中间号后跷高的高度等差为 5 mm(平跷楦除外)。

4.4.2 后跷高的范围

后跷高的范围见表 2。

表 2 后跷高的范围

单位为毫米

男	平	20 以下
	中	25～35
	高	40～50
女	平	25 以下
	中	30～50
	高	55～80

4.5 标准尺寸和参考尺寸的规定

4.5.1 鞋楦底盘宽度(包括拇趾里宽、小趾外宽、第一跖趾里宽、第五跖趾外宽和踵心全宽等)也为标准尺寸,但允许在所列尺寸的基础上加减半个型,即楦底各部位宽度可在加减半个型的范围内任意取值。

4.5.2 楦体造型应依据上述规定和舒适美观的要求自行设计。

4.6 皮鞋楦的超长度的规定

4.6.1 在严格按照本标准规定的同号型楦底样各特征部位点及宽度尺寸的基础上,在不影响穿用的情况下,放余量允许适当加长。

4.6.2 本规定不适用于劳动防护鞋和儿童鞋。

4.7 鞋楦加工的偏差规定

鞋楦加工过程中的偏差:楦底样长为不大于±0.5 mm,楦跖围为不大于±1.0 mm。

5 鞋楦尺寸的检验

鞋楦尺寸的检验按 GB/T 3294—1998 的规定进行。

6 鞋楦及系列

6.1 皮鞋鞋楦及系列

6.1.1 成年男女中间号楦样尺寸(见表 3 和表 4)。

表 3 男皮鞋中间号楦样尺寸 单位为毫米

部位名称			L-25男素头鞋楦 255(二型半) 尺寸	L-25男素头鞋楦 255(二型半) 等差	L-30男素头鞋楦 255(二型半) 尺寸	L-30男素头鞋楦 255(二型半) 等差	L-25男舌式鞋楦 255(二型半) 尺寸	L-25男舌式鞋楦 255(二型半) 等差
长度	楦底样长		270.0	±5.0	270.0	±5.0	270.0	±5.0
	放余量		20.4	±0.4	20.4	±0.4	20.4	±0.4
	脚趾端点部位		249.6	±4.6	249.6	±4.6	249.6	±4.6
	拇趾外突点部位		224.2	±4.2	224.2	±4.2	224.2	±4.2
	小趾外突点部位		193.6	±3.6	193.6	±3.6	193.6	±3.6
	第一跖趾部位		179.6	±3.3	179.6	±3.3	179.6	±3.3
	第五跖趾部位		156.7	±2.9	156.7	±2.9	156.7	±2.9
	腰窝部位		99.3	±1.8	99.3	±1.8	99.3	±1.8
	踵心部位		40.8	±0.8	40.8	±0.8	40.8	±0.8
	后容差		5.1	±0.1	5.1	±0.1	5.1	±0.1
围度	跖围		243.0	±3.5	243.0	±3.5	239.5	±3.5
	跗围		247.1	±3.6	247.1	±3.6	241.5	±3.5
宽度	基本宽度		89.3	±1.3	89.3	±1.3	88.0	±1.3
	拇趾里宽		34.1	±0.5	34.1	±0.5	33.6	±0.5
	小趾外宽		50.0	±0.7	50.0	±0.7	49.3	±0.7
	第一跖趾里宽		36.5	±0.5	36.5	±0.5	36.0	±0.5
	第五跖趾外宽		52.8	±0.8	52.8	±0.8	52.0	±0.8
	腰窝外宽		40.1	±0.6	40.1	±0.6	39.5	±0.6
	踵心全宽		60.5	±0.9	60.5	±0.9	59.6	±0.9
楦体尺寸	跷高	总前跷	29.4	±0.4	32.5	±0.5	29.4	±0.4
		前跷高	17.3	±0.3	16.2	±0.2	17.3	±0.3
		后跷高	25.4	±0.4	30.4	±0.4	25.4	±0.4
	头厚		20.3	±0.3	20.3	±0.3	20.3	±0.3
	后跟突点高		22.7	±0.3	22.7	±0.3	22.7	±0.3
	后身高		76.0	±1.0	76.0	±1.0	76.0	±1.0
	前掌凸度		5.1	±0.1	5.1	±0.1	5.1	±0.1
	底心凹度		6.6	±0.1	7.1	±0.1	6.6	±0.1
	踵心凸度		4.0	—	4.0	—	4.0	—
	统口宽		26.4	±0.4	26.4	±0.4	26.4	±0.4
	统口长		101.9	±1.9	101.9	±1.9	101.9	±1.9
	楦斜长		268.5	±5.0	267.8	±5.0	268.5	±5.0

表 3(续)

单位为毫米

<table>
<tr><td colspan="3" rowspan="3">部位名称</td><td colspan="6">鞋楦名称和号型尺寸</td></tr>
<tr><td colspan="2">L-35 男超长舌式鞋楦
255(二型半)</td><td colspan="2">L-40 男超长舌式鞋楦
255(二型半)</td><td colspan="2">L-25 男三节头鞋楦
255(二型半)</td></tr>
<tr><td>尺寸</td><td>等差</td><td>尺寸</td><td>等差</td><td>尺寸</td><td>等差</td></tr>
<tr><td rowspan="10">长度</td><td colspan="2">楦底样长</td><td>275.0</td><td>±5.0</td><td>275.0</td><td>±5.0</td><td>275.0</td><td>±5.0</td></tr>
<tr><td colspan="2">放余量</td><td>25.5</td><td>±0.5</td><td>25.5</td><td>±0.5</td><td>25.5</td><td>±0.5</td></tr>
<tr><td colspan="2">脚趾端点部位</td><td>249.5</td><td>±4.5</td><td>249.5</td><td>±4.5</td><td>249.5</td><td>±4.5</td></tr>
<tr><td colspan="2">拇趾外突点部位</td><td>224.1</td><td>±4.1</td><td>224.1</td><td>±4.1</td><td>224.1</td><td>±4.1</td></tr>
<tr><td colspan="2">小趾外突点部位</td><td>193.5</td><td>±3.5</td><td>193.5</td><td>±3.5</td><td>193.5</td><td>±3.5</td></tr>
<tr><td colspan="2">第一跖趾部位</td><td>179.6</td><td>±3.3</td><td>179.6</td><td>±3.3</td><td>179.6</td><td>±3.3</td></tr>
<tr><td colspan="2">第五跖趾部位</td><td>156.6</td><td>±2.8</td><td>156.6</td><td>±2.8</td><td>156.6</td><td>±2.8</td></tr>
<tr><td colspan="2">腰窝部位</td><td>99.3</td><td>±1.8</td><td>99.3</td><td>±1.8</td><td>99.3</td><td>±1.8</td></tr>
<tr><td colspan="2">踵心部位</td><td>40.7</td><td>±0.7</td><td>40.7</td><td>±0.7</td><td>40.7</td><td>±0.7</td></tr>
<tr><td colspan="2">后容差</td><td>5.1</td><td>±0.1</td><td>5.1</td><td>±0.1</td><td>5.1</td><td>±0.1</td></tr>
<tr><td rowspan="2">围度</td><td colspan="2">跖围</td><td>239.5</td><td>±3.5</td><td>239.5</td><td>±3.5</td><td>243.0</td><td>±3.5</td></tr>
<tr><td colspan="2">跗围</td><td>240.5</td><td>±3.5</td><td>239.5</td><td>±3.5</td><td>247.1</td><td>±3.6</td></tr>
<tr><td rowspan="7">宽度</td><td colspan="2">基本宽度</td><td>88.0</td><td>±1.3</td><td>88.0</td><td>±1.3</td><td>89.3</td><td>±1.3</td></tr>
<tr><td colspan="2">拇趾里宽</td><td>33.6</td><td>±0.5</td><td>33.6</td><td>±0.5</td><td>34.1</td><td>±0.5</td></tr>
<tr><td colspan="2">小趾外宽</td><td>49.3</td><td>±0.7</td><td>49.3</td><td>±0.7</td><td>50.0</td><td>±0.7</td></tr>
<tr><td colspan="2">第一跖趾里宽</td><td>36.5</td><td>±0.5</td><td>36.5</td><td>±0.5</td><td>36.5</td><td>±0.5</td></tr>
<tr><td colspan="2">第五跖趾外宽</td><td>51.5</td><td>±0.8</td><td>51.5</td><td>±0.8</td><td>52.8</td><td>±0.8</td></tr>
<tr><td colspan="2">腰窝外宽</td><td>39.5</td><td>±0.6</td><td>39.5</td><td>±0.6</td><td>40.1</td><td>±0.6</td></tr>
<tr><td colspan="2">踵心全宽</td><td>59.6</td><td>±0.9</td><td>59.6</td><td>±0.9</td><td>60.5</td><td>±0.9</td></tr>
<tr><td rowspan="12">楦体尺寸</td><td rowspan="3">跷高</td><td>总前跷</td><td>36.5</td><td>±0.5</td><td>39.6</td><td>+0.6</td><td>30.4</td><td>±0.4</td></tr>
<tr><td>前跷高</td><td>15.2</td><td>±0.2</td><td>14.2</td><td>±0.2</td><td>17.3</td><td>±0.3</td></tr>
<tr><td>后跷高</td><td>35.5</td><td>±0.5</td><td>40.6</td><td>±0.6</td><td>25.4</td><td>±0.4</td></tr>
<tr><td colspan="2">头厚</td><td>22.8</td><td>±0.3</td><td>22.8</td><td>±0.3</td><td>20.3</td><td>±0.3</td></tr>
<tr><td colspan="2">后跟突点高</td><td>22.7</td><td>±0.3</td><td>22.7</td><td>±0.3</td><td>22.7</td><td>±0.3</td></tr>
<tr><td colspan="2">后身高</td><td>76.0</td><td>±1.0</td><td>76.0</td><td>±1.0</td><td>76.0</td><td>±1.0</td></tr>
<tr><td colspan="2">前掌凸度</td><td>5.1</td><td>±0.1</td><td>5.1</td><td>±0.1</td><td>5.1</td><td>±0.1</td></tr>
<tr><td colspan="2">底心凹度</td><td>7.6</td><td>±0.1</td><td>8.1</td><td>±0.1</td><td>6.6</td><td>±0.1</td></tr>
<tr><td colspan="2">踵心凸度</td><td>4.0</td><td>—</td><td>4.0</td><td>—</td><td>4.0</td><td>—</td></tr>
<tr><td colspan="2">统口宽</td><td>26.4</td><td>±0.4</td><td>26.4</td><td>±0.4</td><td>26.4</td><td>±0.4</td></tr>
<tr><td colspan="2">统口长</td><td>101.8</td><td>±1.8</td><td>101.8</td><td>±1.8</td><td>101.8</td><td>±1.8</td></tr>
<tr><td colspan="2">楦斜长</td><td>273.0</td><td>±5.0</td><td>272.3</td><td>±5.0</td><td>273.0</td><td>±5.0</td></tr>
</table>

表 3(续)

单位为毫米

部位名称		鞋楦名称和号型尺寸					
		L-30 男三节头鞋楦[a]		L-30 男三节头鞋楦[b]		L-30 男超长三节头鞋楦[a]	
		255(二型半)		255(二型半)		255(二型半)	
		尺寸	等差	尺寸	等差	尺寸	等差
长度	楦底样长	275.0	±5.0	275.0	±5.0	280.0	±5.0
	放余量	25.5	±0.5	25.5	±0.5	30.6	±0.6
	脚趾端点部位	249.5	±4.5	249.5	±4.5	249.4	±4.4
	拇趾外突点部位	224.1	±4.1	224.1	±4.1	224.0	±4.0
	小趾外突点部位	193.5	±3.5	193.5	±3.5	193.4	±3.4
	第一跖趾部位	179.6	±3.3	179.6	±3.3	179.5	±3.2
	第五跖趾部位	156.6	±2.8	156.6	±2.8	156.6	±2.8
	腰窝部位	99.3	±1.8	99.3	±1.8	99.3	±1.8
	踵心部位	40.7	±0.7	40.7	±0.7	40.7	±0.7
	后容差	5.1	±0.1	5.1	±0.1	5.1	±0.1
围度	跖围	243.0	±3.5	243.0	±3.5	243.0	±3.5
	跗围	247.1	±3.6	247.1	±3.6	247.1	±3.6
宽度	基本宽度	89.3	±1.3	89.3	±1.3	89.3	±1.3
	拇趾里宽	34.1	±0.5	34.1	±0.5	34.1	±0.5
	小趾外宽	50.0	±0.7	50.0	±0.7	50.0	±0.7
	第一跖趾里宽	36.5	±0.5	36.5	±0.5	36.5	±0.5
	第五跖趾外宽	52.8	±0.8	52.8	±0.8	52.8	±0.8
	腰窝外宽	40.1	±0.6	40.1	±0.6	40.1	±0.6
	踵心全宽	60.5	±0.9	60.5	±0.9	60.5	±0.9
楦体尺寸	跷高 总前跷	33.5	±0.5	33.5	±0.5	34.5	±0.5
	跷高 前跷高	16.2	±0.2	16.2	±0.2	17.3	±0.3
	跷高 后跷高	30.4	±0.4	30.4	±0.4	30.4	±0.4
	头厚	21.8	±0.3	20.3	±0.3	22.3	±0.3
	后跟突点高	22.7	±0.3	22.7	±0.3	22.7	±0.3
	后身高	76.0	±1.0	76.0	±1.0	76.0	±1.0
	前掌凸度	5.1	±0.1	5.1	±0.1	5.1	±0.1
	底心凹度	7.1	±0.1	7.1	±0.1	7.1	±0.1
	踵心凸度	4.0	—	4.0	—	4.0	—
	统口宽	26.4	±0.4	26.4	±0.4	26.4	±0.4
	统口长	101.8	±1.8	101.8	±1.8	101.8	±1.8
	楦斜长	272.3	±5.0	272.3	±5.0	276.7	±4.9

表 3(续)

单位为毫米

部位名称			L-30 男超长三节头鞋楦[b] 255(二型半) 尺寸	等差	L-25 男高腰鞋楦 255(二型半) 尺寸	等差	L-30 男高腰鞋楦 255(二型半) 尺寸	等差
长度	楦底样长		280.0	±5.0	270.0	±5.0	270.0	±5.0
	放余量		30.6	±0.6	20.4	±0.4	20.4	±0.4
	脚趾端点部位		249.4	±4.4	249.6	±4.6	249.6	±4.6
	拇趾外突点部位		224.0	±4.0	224.2	±4.2	224.2	±4.2
	小趾外突点部位		193.4	±3.4	193.6	±3.6	193.6	±3.6
	第一跖趾部位		179.5	±3.2	179.6	±3.3	179.6	±3.3
	第五跖趾部位		156.6	±2.8	156.7	±2.9	156.7	±2.9
	腰窝部位		99.3	±1.8	99.3	±1.8	99.3	±1.8
	踵心部位		40.7	±0.7	40.8	±0.8	40.8	±0.8
	后容差		5.1	±0.1	5.1	±0.1	5.1	±0.1
围度	跖围		243.0	±3.5	246.5	±3.5	246.5	±3.5
	跗围		247.1	±3.6	251.6	±3.6	251.6	±3.6
宽度	基本宽度		89.3	±1.3	89.3	±1.3	89.3	±1.3
	拇趾里宽		34.1	±0.5	34.1	±0.5	34.1	±0.5
	小趾外宽		50.0	±0.7	50.0	±0.7	50.0	±0.7
	第一跖趾里宽		36.5	±0.5	36.5	±0.5	36.5	±0.5
	第五跖趾外宽		52.8	±0.8	52.8	±0.8	52.8	±0.8
	腰窝外宽		40.1	±0.6	40.1	±0.6	40.1	±0.6
	踵心全宽		60.5	±0.9	60.5	±0.9	60.5	±0.9
楦体尺寸	跷高	总前跷	34.5	±0.5	29.4	±0.5	32.5	±0.5
		前跷高	17.3	±0.3	17.3	±0.2	16.2	±0.2
		后跷高	30.4	±0.4	25.4	±0.4	30.4	±0.4
	头厚		20.3	±0.3	20.8	±0.3	20.8	±0.3
	后跟突点高		22.7	±0.3	22.7	±0.3	22.7	±0.3
	后身高		76.0	±1.0	101.4	±1.4	101.4	±1.4
	前掌凸度		5.1	±0.1	5.1	±0.1	5.1	±0.1
	底心凹度		7.1	±0.1	7.1	±0.1	7.1	±0.1
	踵心凸度		4.0	—	4.0	—	4.0	—
	统口宽		26.4	±0.4	30.4	±0.4	30.4	±0.4
	统口长		101.8	±1.8	112.1	±2.1	112.1	±2.1
	楦斜长		276.7	±4.9	282.7	±5.2	282.7	±5.2

表 3(续)

单位为毫米

部位名称			鞋楦名称和号型尺寸					
			L-25 男超长高腰鞋楦		L-30 男超长高腰鞋楦		L-40 男超长高腰鞋楦	
			255(二型半)		255(二型半)		255(二型半)	
			尺　寸	等　差	尺　寸	等　差	尺　寸	等　差
长度	楦底样长		275.0	±5.0	275.0	±5.0	275.0	±5.0
	放余量		25.5	±0.5	25.5	±0.5	25.5	±0.5
	脚趾端点部位		249.5	±4.5	249.5	±4.5	249.5	±4.5
	拇趾外突点部位		224.1	±4.1	224.1	±4.1	224.1	±4.1
	小趾外突点部位		193.5	±3.5	193.5	±3.5	193.5	±3.5
	第一跖趾部位		179.6	±3.3	179.6	±3.3	179.6	±3.3
	第五跖趾部位		156.6	±2.8	156.6	±2.8	156.6	±2.8
	腰窝部位		99.3	±1.8	99.3	±1.8	99.3	±1.8
	踵心部位		40.7	±0.7	40.7	±0.7	40.7	±0.7
	后容差		5.1	±0.1	5.1	±0.1	5.1	±0.1
围度	跖围		246.5	±3.5	246.5	±3.5	246.5	±3.5
	跗围		251.6	±3.6	251.6	±3.6	249.6	±3.6
宽度	基本宽度		89.3	±1.3	89.3	±1.3	89.3	±1.3
	拇趾里宽		34.1	±0.5	34.1	±0.5	34.1	±0.5
	小趾外宽		50.0	±0.7	50.0	±0.7	50.0	±0.7
	第一跖趾里宽		36.5	±0.5	36.5	±0.5	37.0	±0.5
	第五跖趾外宽		52.8	±0.8	52.8	±0.8	52.3	±0.8
	腰窝外宽		40.1	±0.6	40.1	±0.6	40.1	±0.6
	踵心全宽		60.5	±0.9	60.5	±0.9	60.5	±0.9
楦体尺寸	跷高	总前跷	29.4	±0.5	33.5	±0.5	39.6	±0.6
		前跷高	17.3	±0.2	16.2	±0.2	14.2	±0.2
		后跷高	25.4	±0.4	30.4	±0.4	40.6	±0.6
	头厚		21.8	±0.3	21.8	±0.3	22.8	±0.3
	后跟突点高		22.7	±0.3	22.7	±0.3	22.7	±0.3
	后身高		101.4	±1.4	101.4	±1.4	101.4	±1.4
	前掌凸度		5.1	±0.1	5.1	±0.1	5.1	±0.1
	底心凹度		7.1	±0.1	7.1	±0.1	8.1	±0.1
	踵心凸度		4.0	—	4.0	—	4.0	—
	统口宽		30.4	±0.4	30.4	±0.4	30.4	±0.4
	统口长		112.0	±2.0	112.0	±2.0	112.0	±2.0
	楦斜长		287.2	±5.2	287.2	±5.2	285.8	±5.2

表 3（续）

单位为毫米

部位名称			鞋楦名称和号型尺寸					
			L-20 男全空凉鞋楦		L-35 男全空凉鞋楦		L-25 男满帮凉鞋楦	
			255(二型半)		255(二型半)		255(二型半)	
			尺寸	等差	尺寸	等差	尺寸	等差
长度	楦底样长		260.0	±5.0	260.0	±5.0	270.0	±5.0
	放余量		9.2	±0.2	9.2	±0.2	20.4	±0.4
	脚趾端点部位		250.8	±4.8	250.8	±4.8	249.6	±4.6
	拇趾外突点部位		225.3	±4.3	225.3	±4.3	224.2	±4.2
	小趾外突点部位		194.8	±3.8	194.8	±3.8	193.6	±3.6
	第一跖趾部位		180.8	±3.5	180.8	±3.5	179.6	±3.3
	第五跖趾部位		157.8	±3.0	157.8	±3.0	156.7	±2.9
	腰窝部位		100.4	±1.9	100.4	±1.9	99.3	±1.8
	踵心部位		41.8	±0.8	41.8	±0.8	40.8	±0.8
	后容差		4.1	±0.1	4.1	±0.1	5.1	±0.1
围度	跖围		239.5	±3.5	239.5	±3.5	243.0	±3.5
	跗围		247.6	±3.6	246.6	±3.6	251.1	±3.6
宽度	基本宽度		88.0	±1.3	88.0	±1.3	89.3	±1.3
	拇趾里宽		33.6	±0.5	33.6	±0.5	34.1	±0.5
	小趾外宽		49.3	±0.7	49.3	±0.7	50.0	±0.7
	第一跖趾里宽		36.0	±0.5	36.0	±0.5	36.5	±0.5
	第五跖趾外宽		52.0	±0.8	52.0	±0.8	52.8	±0.8
	腰窝外宽		40.1	±0.6	40.1	±0.6	40.7	±0.6
	踵心全宽		59.6	±0.9	59.6	±0.9	60.5	±0.9
楦体尺寸	跷高	总前跷	25.4	±0.4	34.5	±0.5	29.4	±0.4
		前跷高	15.2	±0.2	13.2	±0.2	17.3	±0.3
		后跷高	20.3	±0.3	35.5	±0.5	25.4	±0.4
	头厚		17.0	±0.2	17.2	±0.2	20.3	±0.3
	后跟突点高		22.7	±0.3	22.7	±0.3	22.7	±0.3
	后身高		71.0	±1.0	71.0	±1.0	71.0	±1.0
	前掌凸度		5.1	±0.1	5.1	±0.1	5.1	±0.1
	底心凹度		6.1	±0.1	7.6	±0.1	6.6	±0.1
	踵心凸度		4.0	—	4.0	—	4.0	—
	统口宽		26.4	±0.4	26.4	±0.4	26.4	±0.4
	统口长		102.0	±2.0	102.0	±2.0	101.9	±1.9
	楦斜长		254.4	±5.0	253.0	±4.9	268.5	±5.0

表 3(续)

单位为毫米

部位名称			L-30男满帮凉鞋楦 255(二型半) 尺寸	等差	L-30男人造革鞋楦 255(二型半) 尺寸	等差	L-25男硫化鞋楦 255(二型半) 尺寸	等差	L-30男劳动防护鞋楦 255(二型半) 尺寸	等差
长度	楦底样长		270.0	±5.0	270.0	±5.0	270.0	±5.0	270.0	±5.0
	放余量		19.4	±0.4	20.4	±0.4	20.4	±0.4	20.4	±0.4
	脚趾端点部位		250.6	±4.6	249.6	±4.6	249.6	±4.6	249.6	±4.6
	拇趾外突点部位		225.2	±4.2	224.2	±4.2	224.2	±4.2	224.2	±4.2
	小趾外突点部位		194.6	±3.6	193.6	±3.6	193.6	±3.6	193.6	±3.6
	第一跖趾部位		180.7	±3.4	179.6	±3.3	179.6	±3.3	179.6	±3.3
	第五跖趾部位		157.7	±2.9	156.7	±2.9	156.7	±2.9	156.7	±2.9
	腰窝部位		100.4	±1.9	99.3	±1.8	99.3	±1.8	99.3	±1.8
	踵心部位		41.8	±0.8	40.8	±0.8	40.8	±0.8	40.8	±0.8
	后容差		4.1	±0.1	5.1	±0.1	5.1	±0.1	5.1	±0.1
围度	跖围		246.5	±3.5	243.0	±3.5	243.0	±3.5	250.0	±3.5
	跗围		258.7	±3.7	247.1	±3.6	249.1	±3.6	255.1	±3.6
宽度	基本宽度		89.3	±1.3	89.3	±1.3	89.3	±1.3	89.2	±1.2
	拇趾里宽		34.1	±0.5	34.1	±0.5	34.1	±0.5	34.1	±0.5
	小趾外宽		50.0	±0.7	50.0	±0.7	50.0	±0.7	50.0	±0.7
	第一跖趾里宽		36.5	±0.5	36.5	±0.5	36.5	±0.5	36.5	±0.5
	第五跖趾外宽		52.8	±0.8	52.8	±0.8	52.8	±0.8	52.7	±0.7
	腰窝外宽		40.7	±0.6	40.1	±0.6	40.1	±0.6	40.0	±0.5
	踵心全宽		61.4	±0.9	60.5	±0.9	60.5	±0.9	60.4	±0.8
楦体尺寸	跷高	总前跷	32.5	±0.5	32.5	±0.5	29.4	±0.4	32.4	±0.4
		前跷高	16.2	±0.2	16.2	±0.2	17.3	±0.3	16.2	±0.2
		后跷高	30.4	±0.4	30.4	±0.4	25.4	±0.4	30.4	±0.4
	头厚		21.3	±0.3	22.3	±0.3	20.3	±0.3	26.4	±0.4
	后跟突点高		22.7	±0.3	22.7	±0.3	22.7	±0.3	22.7	±0.3
	后身高		71.0	±1.0	76.0	±1.0	76.0	±1.0	101.4	±1.4
	前掌凸度		5.1	±0.1	5.1	±0.1	5.1	±0.1	5.1	±0.1
	底心凹度		7.1	±0.1	7.1	±0.1	4.6	±0.1	7.1	±0.1
	踵心凸度		4.0	—	4.0	—	4.0	—	4.0	—
	统口宽		30.4	±0.4	26.4	±0.4	26.4	±0.4	30.4	±0.4
	统口长		112.1	±2.1	101.9	±1.9	101.9	±1.9	112.1	±2.1
	楦斜长		267.8	±5.0	267.8	±5.0	268.5	±5.0	282.7	±5.2

a 圆头。
b 方头。

表 4　女皮鞋中间号楦样尺寸

单位为毫米

部位名称			L-20 女素头鞋楦[a] 235(一型半) 尺寸	等差	L-20 女素头鞋楦[b] 235(一型半) 尺寸	等差	L-30 女素头鞋楦[a] 235(一型半) 尺寸	等差
长度	楦底样长		247.0	±5.0	247.0	±5.0	247.0	±5.0
	放余量		16.8	±0.3	16.8	±0.3	16.8	±0.3
	脚趾端点部位		230.2	±4.7	230.2	±4.7	230.2	±4.7
	拇趾外突点部位		206.7	±4.2	206.7	±4.2	206.7	±4.2
	小趾外突点部位		178.5	±3.6	178.5	±3.6	178.5	±3.6
	第一跖趾部位		165.7	±3.4	165.7	±3.4	165.7	±3.4
	第五跖趾部位		144.5	±2.9	144.5	±2.9	144.5	±2.9
	腰窝部位		91.7	±1.9	91.7	±1.9	91.7	±1.9
	踵心部位		37.7	±0.8	37.7	±0.8	37.7	±0.8
	后容差		4.6	±0.1	4.6	±0.1	4.4	±0.1
围度	跖围		220.0	±3.5	220.0	±3.5	220.0	±3.5
	跗围		224.1	±3.6	224.1	±3.6	222	±3.5
宽度	基本宽度		81.5	±1.3	79.5	±1.3	81.5	±1.3
	拇趾里宽		31.1	±0.5	30.1	±0.5	31.1	±0.5
	小趾外宽		45.6	±0.7	44.9	±0.7	45.6	±0.7
	第一跖趾里宽		33.8	±0.5	32.8	±0.5	33.8	±0.5
	第五跖趾外宽		47.7	±0.8	46.7	±0.8	47.7	±0.8
	腰窝外宽		36.0	±0.6	36.0	±0.6	36.0	±0.6
	踵心全宽		54.3	±0.9	54.3	±0.9	54.3	±0.9
楦体尺寸	跷高	总前跷	26.9	±0.4	26.9	±0.4	32.5	±0.5
		前跷高	15.3	±0.3	15.3	±0.3	14.2	±0.2
		后跷高	20.3	±0.3	20.3	±0.3	30.5	±0.5
	头厚		16.8	±0.3	16.8	±0.3	16.8	±0.3
	后跟突点高		20.6	±0.3	20.6	±0.3	20.0	±0.3
	后身高		71.1	±1.1	71.1	±1.1	71.1	±1.1
	前掌凸度		4.6	±0.1	4.6	±0.1	4.6	±0.1
	底心凹度		5.6	±0.1	5.6	±0.1	6.1	±0.1
	踵心凸度		3.5	—	3.5	—	3.5	—
	统口宽		20.3	±0.3	20.3	±0.3	20.3	±0.3
	统口长		91.9	±1.9	91.9	±1.9	91.9	±1.9
	楦斜长		248.0	±5.0	248.0	±5.0	246.5	±4.9

表 4(续)

单位为毫米

部位名称			L-30 女素头鞋楦[b] 235(一型半) 尺寸	L-30 女素头鞋楦[b] 235(一型半) 等差	L-40 女素头鞋楦[a] 235(一型半) 尺寸	L-40 女素头鞋楦[a] 235(一型半) 等差	L-40 女素头鞋楦[b] 235(一型半) 尺寸	L-40 女素头鞋楦[b] 235(一型半) 等差
长度	楦底样长		247.0	±5.0	247.0	±5.0	247.0	±5.0
长度	放余量		16.8	±0.3	16.8	±0.3	16.8	±0.3
长度	脚趾端点部位		230.2	±4.7	230.2	±4.7	230.2	±4.7
长度	拇趾外突点部位		206.7	±4.2	206.7	±4.2	206.7	±4.2
长度	小趾外突点部位		178.5	±3.6	178.5	±3.6	178.5	±3.6
长度	第一跖趾部位		165.7	±3.4	165.7	±3.4	165.7	±3.4
长度	第五跖趾部位		144.5	±2.9	144.5	±2.9	144.5	±2.9
长度	腰窝部位		91.7	±1.9	91.7	±1.9	91.7	±1.9
长度	踵心部位		37.7	±0.8	37.7	±0.8	37.7	±0.8
长度	后容差		4.4	±0.1	4.2	±0.1	4.2	±0.1
围度	跖围		220.0	±3.5	222.0	±3.5	222.0	±3.5
围度	跗围		222.0	±3.5	221.0	±3.5	221.0	±3.5
宽度	基本宽度		79.5	±1.3	78.8	±1.2	76.8	±1.2
宽度	拇趾里宽		30.1	±0.5	29.0	±0.4	29.0	±0.4
宽度	小趾外宽		44.9	±0.7	45.2	±0.7	43.4	±0.7
宽度	第一跖趾里宽		32.8	±0.5	32.8	±0.5	31.8	±0.5
宽度	第五跖趾外宽		46.7	±0.8	46.0	±0.7	45.0	±0.7
宽度	腰窝外宽		36.0	±0.6	34.2	±0.5	34.2	±0.5
宽度	踵心全宽		54.3	±0.9	52.5	±0.8	52.5	±0.8
楦体尺寸	跷高	总前跷	32.5	±0.5	38.1	±0.6	38.1	±0.6
楦体尺寸	跷高	前跷高	14.2	±0.2	13.2	±0.2	13.2	±0.2
楦体尺寸	跷高	后跷高	30.5	±0.5	40.6	±0.6	40.6	±0.6
楦体尺寸	头厚		16.8	±0.3	16.8	±0.3	16.8	±0.3
楦体尺寸	后跟突点高		20.0	±0.3	19.4	±0.3	19.4	±0.3
楦体尺寸	后身高		71.1	±1.1	71.1	±1.1	71.1	±1.1
楦体尺寸	前掌凸度		4.6	±0.1	4.1	±0.1	4.1	±0.1
楦体尺寸	底心凹度		6.1	±0.1	6.6	±0.1	6.6	±0.1
楦体尺寸	踵心凸度		3.5	—	3.0	—	3.0	—
楦体尺寸	统口宽		20.3	±0.3	20.3	±0.3	20.3	±0.3
楦体尺寸	统口长		91.9	±1.9	91.9	±1.9	91.9	±1.9
楦体尺寸	楦斜长		246.5	±4.9	245.1	±4.9	245.1	±4.9

表 4(续)

单位为毫米

部位名称			鞋楦名称和号型尺寸					
			L-50 女素头鞋楦[a]		L-50 女素头鞋楦[b]		L-60 女素头鞋楦[a]	
			235(一型半)		235(一型半)		235(一型半)	
			尺寸	等差	尺寸	等差	尺寸	等差
长度	楦底样长		247.0	±5.0	247.0	±5.0	247.0	±5.0
	放余量		16.8	±0.3	16.8	±0.3	16.8	±0.3
	脚趾端点部位		230.2	±4.7	230.2	±4.7	230.2	±4.7
	拇趾外突点部位		206.7	±4.2	206.7	±4.2	206.7	±4.2
	小趾外突点部位		178.5	±3.6	178.5	±3.6	178.5	±3.6
	第一跖趾部位		165.7	±3.4	165.7	±3.4	165.7	±3.4
	第五跖趾部位		144.5	±2.9	144.5	±2.9	144.5	±2.9
	腰窝部位		91.7	±1.9	91.7	±1.9	91.7	±1.9
	踵心部位		37.7	±0.8	37.7	±0.8	37.7	±0.8
	后容差		4.0	±0.1	4.0	±0.1	3.8	±0.1
围度	跖围		222.0	±3.5	222.0	±3.5	224.0	±3.5
	跗围		219.0	±3.5	219.0	±3.5	218.9	±3.4
宽度	基本宽度		78.8	±1.2	76.8	±1.2	77.6	±1.2
	拇趾里宽		29.0	±0.4	29.0	±0.4	28.6	±0.4
	小趾外宽		45.2	±0.7	43.4	±0.7	44.5	±0.7
	第一跖趾里宽		32.8	±0.5	31.8	±0.5	32.3	±0.5
	第五跖趾外宽		46.0	±0.7	45.0	±0.7	45.3	±0.7
	腰窝外宽		34.2	±0.5	34.2	±0.5	33.7	±0.5
	踵心全宽		52.5	±0.8	52.5	±0.8	51.7	±0.8
楦体尺寸	跷高	总前跷	43.7	±0.7	43.7	±0.7	49.3	±0.8
		前跷高	12.2	±0.2	12.2	±0.2	11.2	±0.2
		后跷高	50.8	±0.8	50.8	±0.8	61.0	±1.0
	头厚		16.8	±0.3	16.8	±0.3	16.8	±0.3
	后跟突点高		18.8	±0.3	18.8	±0.3	18.2	±0.3
	后身高		71.1	±1.1	71.1	±1.1	71.0	+1.0
	前掌凸度		4.1	±0.1	4.1	±0.1	4.1	±0.1
	底心凹度		7.1	±0.1	7.1	±0.1	7.6	±0.1
	踵心凸度		3.0	—	3.0	—	3.0	—
	统口宽		20.3	±0.3	20.3	±0.3	20.3	±0.3
	统口长		91.9	±1.9	91.9	±1.9	91.9	±1.9
	楦斜长		243.7	±4.9	243.7	±4.9	242.2	±4.8

表 4(续)

单位为毫米

部位名称			L-60 女素头鞋楦[b] 235(一型半)		L-70 女素头鞋楦[a] 235(一型半)		L-70 女素头鞋楦[b] 235(一型半)	
			尺寸	等差	尺寸	等差	尺寸	等差
长度	楦底样长		247.0	±5.0	247.0	±5.0	247.0	±5.0
	放余量		16.8	±0.3	16.8	±0.3	16.8	±0.3
	脚趾端点部位		230.2	±4.7	230.2	±4.7	230.2	±4.7
	拇趾外突点部位		206.7	±4.2	206.7	±4.2	206.7	±4.2
	小趾外突点部位		178.5	±3.6	178.5	±3.6	178.5	±3.6
	第一跖趾部位		165.7	±3.4	165.7	±3.4	165.7	±3.4
	第五跖趾部位		144.5	±2.9	144.5	±2.9	144.5	±2.9
	腰窝部位		91.7	±1.9	91.7	±1.9	91.7	±1.9
	踵心部位		37.7	±0.8	37.7	±0.8	37.7	±0.8
	后容差		3.8	±0.1	3.6	±0.1	3.6	±0.1
围度	跖围		224.0	±3.5	224.0	±3.5	224.0	±3.5
	跗围		218.9	±3.4	216.9	±3.4	216.9	±3.4
宽度	基本宽度		75.6	±1.2	77.6	±1.2	75.6	±1.2
	拇趾里宽		28.6	±0.4	28.6	±0.4	28.6	±0.4
	小趾外宽		42.7	±0.7	44.5	±0.7	42.7	±0.7
	第一跖趾里宽		31.3	±0.5	32.3	±0.5	31.3	±0.5
	第五跖趾外宽		44.3	±0.7	45.3	±0.7	44.3	±0.7
	腰窝外宽		33.7	±0.5	33.7	±0.5	33.7	±0.5
	踵心全宽		51.7	±0.8	51.7	±0.8	51.7	±0.8
楦体尺寸	跷高	总前跷	49.3	±0.8	54.9	±0.9	54.9	±0.9
		前跷高	11.2	±0.2	10.2	±0.2	10.2	±0.2
		后跷高	61.0	±1.0	71.1	±1.1	71.1	±1.1
	头厚		16.8	±0.3	16.8	±0.3	16.8	±0.3
	后跟突点高		18.2	±0.3	17.6	±0.3	17.6	±0.3
	后身高		71.0	±1.0	71.0	±1.0	71.0	±1.0
	前掌凸度		4.1	±0.1	4.1	±0.1	4.1	±0.1
	底心凹度		7.6	±0.1	8.1	±0.1	8.1	±0.1
	踵心凸度		3.0	—	3.0	—	3.0	—
	统口宽		20.3	±0.3	20.3	±0.3	20.3	±0.3
	统口长		91.9	±1.9	91.9	±1.9	91.9	±1.9
	楦斜长		242.2	±4.8	240.8	±4.8	240.8	±4.8

表 4(续)

单位为毫米

部位名称			鞋楦名称和号型尺寸					
			L-70 女素头鞋楦[c]		L-80 女素头鞋楦[a]		L-80 女素头鞋楦[b]	
			235(一型半)		235(一型半)		235(一型半)	
			尺　寸	等　差	尺　寸	等　差	尺　寸	等　差
长度	楦底样长		247.0	±5.0	247.0	±5.0	247.0	±5.0
	放余量		16.8	±0.3	16.8	±0.3	16.8	±0.3
	脚趾端点部位		230.2	±4.7	230.2	±4.7	230.2	±4.7
	拇趾外突点部位		206.7	±4.2	206.7	±4.2	206.7	±4.2
	小趾外突点部位		178.5	±3.6	178.5	±3.6	178.5	±3.6
	第一跖趾部位		165.7	±3.4	165.7	±3.4	165.7	±3.4
	第五跖趾部位		144.5	±2.9	144.5	±2.9	144.5	±2.9
	腰窝部位		91.7	±1.9	91.7	±1.9	91.7	±1.9
	踵心部位		37.7	±0.8	37.7	±0.8	37.7	±0.8
	后容差		3.6	±0.1	3.4	±0.1	3.4	±0.1
围度	跖围		224.0	±3.5	224.0	±3.5	224.0	±3.5
	跗围		216.9	±3.4	214.9	±3.4	214.9	±3.4
宽度	基本宽度		77.6	±1.2	77.6	±1.2	75.6	±1.2
	拇趾里宽		28.6	±0.4	28.6	±0.4	28.6	±0.4
	小趾外宽		44.5	±0.7	44.5	±0.7	42.7	±0.7
	第一跖趾里宽		32.3	±0.5	32.3	±0.5	31.3	±0.5
	第五跖趾外宽		45.3	±0.7	45.3	±0.7	44.3	±0.7
	腰窝外宽		33.7	±0.5	33.7	±0.5	33.7	±0.5
	踵心全宽		51.7	±0.8	51.7	±0.8	51.7	±0.8
楦体尺寸	跷高	总前跷	54.9	±0.9	60.4	±0.9	60.4	±0.9
		前跷高	10.2	±0.2	9.2	±0.2	9.2	±0.2
		后跷高	71.1	±1.1	81.3	±1.3	81.3	±1.3
	头厚		18.3	±0.3	16.8	±0.3	16.8	±0.3
	后跟突点高		17.6	±0.3	17.0	±0.3	17.0	±0.3
	后身高		71.0	±1.0	71.0	±1.0	71.0	±1.0
	前掌凸度		4.1	±0.1	4.1	±0.1	4.1	±0.1
	底心凹度		8.1	±0.1	8.6	±0.1	8.6	±0.1
	踵心凸度		3.0	—	3.0	—	3.0	—
	统口宽		20.3	±0.3	20.3	±0.3	20.3	±0.3
	统口长		91.9	±1.9	91.9	±1.9	91.9	±1.9
	楦斜长		240.8	±4.8	239.4	±4.8	239.4	±4.8

表 4(续)

单位为毫米

部位名称			鞋楦名称和号型尺寸					
			L-30 女超长舌式鞋楦		L-50 女超长舌式鞋楦		L-70 女超长舌式鞋楦	
			235(一型半)		235(一型半)		235(一型半)	
			尺寸	等差	尺寸	等差	尺寸	等差
长度	楦底样长		250.0	±5.0	250.0	±5.0	250.0	±5.0
	放余量		19.9	±0.4	19.9	±0.4	19.9	±0.4
	脚趾端点部位		230.1	±4.6	230.1	±4.6	230.1	±4.6
	拇趾外突点部位		206.6	±4.1	206.6	±4.1	206.6	±4.1
	小趾外突点部位		178.5	±3.6	178.5	±3.6	178.5	±3.6
	第一跖趾部位		165.6	±3.3	165.6	±3.3	165.6	±3.3
	第五跖趾部位		144.5	±2.9	144.5	±2.9	144.5	±2.9
	腰窝部位		91.6	±1.8	91.6	±1.8	91.6	±1.8
	踵心部位		37.7	±0.8	37.7	±0.8	37.7	±0.8
	后容差		4.4	±0.1	4.0	±0.1	3.6	±0.1
围度	跖围		220.0	±3.5	222.0	±3.5	224.0	±3.5
	跗围		222.0	±3.5	219.0	±3.5	216.9	±3.4
宽度	基本宽度		79.5	±1.3	76.8	±1.2	75.6	±1.2
	拇趾里宽		30.1	±0.5	29.0	±0.4	28.6	±0.4
	小趾外宽		44.9	±0.7	43.4	±0.7	42.7	±0.7
	第一跖趾里宽		32.8	±0.5	31.8	±0.5	31.3	±0.5
	第五跖趾外宽		46.7	±0.8	45.0	±0.7	44.3	±0.7
	腰窝外宽		36.0	±0.6	34.2	±0.5	33.7	±0.5
	踵心全宽		54.3	±0.9	52.5	±0.8	51.7	±0.8
楦体尺寸	跷高	总前跷	32.5	±0.5	43.7	±0.7	54.9	±0.9
		前跷高	14.2	±0.2	12.2	±0.2	10.2	±0.2
		后跷高	30.5	±0.5	50.8	±0.8	71.1	±1.1
	头厚		16.3	±0.3	16.3	±0.3	16.2	±0.2
	后跟突点高		20.0	±0.3	18.8	±0.3	17.6	±0.3
	后身高		71.1	±1.1	71.1	±1.1	71.0	±1.0
	前掌凸度		4.6	±0.1	4.1	±0.1	4.1	±0.1
	底心凹度		6.1	±0.1	7.1	±0.1	8.1	±0.1
	踵心凸度		3.5	—	3.0	—	3.0	—
	统口宽		20.3	±0.3	20.3	±0.3	20.3	±0.3
	统口长		91.8	±1.8	91.8	±1.8	91.8	±1.8
	楦斜长		248.5	±4.9	245.6	±4.8	242.8	±4.8

表 4(续)

单位为毫米

部位名称			L-20 女浅口鞋楦[a] 235(一型半) 尺寸	等差	L-20 女浅口鞋楦[b] 235(一型半) 尺寸	等差	L-30 女浅口鞋楦[a] 235(一型半) 尺寸	等差
长度	楦底样长		245.0	±5.0	245.0	±5.0	245.0	±5.0
	放余量		14.8	±0.3	14.8	±0.3	14.8	±0.3
	脚趾端点部位		230.2	±4.7	230.2	±4.7	230.2	±4.7
	拇趾外突点部位		206.7	±4.2	206.7	±4.2	206.7	±4.2
	小趾外突点部位		178.5	±3.6	178.5	±3.6	178.5	±3.6
	第一跖趾部位		165.7	±3.4	165.7	±3.4	165.7	±3.4
	第五跖趾部位		144.6	±3.0	144.6	±3.0	144.6	±3.0
	腰窝部位		91.7	±1.9	91.7	±1.9	91.7	±1.9
	踵心部位		37.7	±0.8	37.7	±0.8	37.7	±0.8
	后容差		4.6	±0.1	4.6	±0.1	4.4	±0.1
围度	跖围		216.5	±3.5	216.5	±3.5	216.5	±3.5
	跗围		218.5	±3.5	218.5	±3.5	216.5	±3.5
宽度	基本宽度		80.2	±1.3	78.2	±1.3	80.2	±1.3
	拇趾里宽		30.6	±0.5	29.6	±0.5	30.6	±0.5
	小趾外宽		44.9	±0.7	44.2	±0.7	44.9	±0.7
	第一跖趾里宽		33.3	±0.5	32.3	±0.5	33.3	±0.5
	第五跖趾外宽		46.9	±0.8	45.9	±0.8	46.9	±0.8
	腰窝外宽		35.5	±0.6	35.5	±0.6	35.5	±0.6
	踵心全宽		53.5	±0.9	53.5	±0.9	53.5	±0.9
楦体尺寸	跷高	总前跷	26.9	±0.4	26.9	±0.4	32.5	±0.5
		前跷高	15.3	±0.3	15.3	±0.3	14.2	±0.2
		后跷高	20.3	±0.3	20.3	±0.3	30.5	±0.5
	头厚		16.3	±0.3	16.3	±0.3	16.3	±0.3
	后跟突点高		20.6	±0.3	20.6	±0.3	20.0	±0.3
	后身高		71.1	±1.1	71.1	±1.1	71.1	±1.1
	前掌凸度		4.6	±0.1	4.6	±0.1	4.6	±0.1
	底心凹度		5.6	±0.1	5.6	±0.1	6.1	±0.1
	踵心凸度		3.5	—	3.5	—	3.5	—
	统口宽		20.3	±0.3	20.3	±0.3	20.3	±0.3
	统口长		91.9	±1.9	91.9	±1.9	91.9	±1.9
	楦斜长		244.9	±4.9	244.9	±4.9	243.5	±4.9

表 4(续)

单位为毫米

部位名称			L-30 女浅口鞋楦[b] 235(一型半)		L-40 女浅口鞋楦[a] 235(一型半)		L-40 女浅口鞋楦[b] 235(一型半)	
			尺寸	等差	尺寸	等差	尺寸	等差
长度	楦底样长		245.0	±5.0	245.0	±5.0	245.0	±5.0
	放余量		14.8	±0.3	14.8	±0.3	14.8	±0.3
	脚趾端点部位		230.2	±4.7	230.2	±4.7	230.2	±4.7
	拇趾外突点部位		206.7	±4.2	206.7	±4.2	206.7	±4.2
	小趾外突点部位		178.5	±3.6	178.5	±3.6	178.5	±3.6
	第一跖趾部位		165.7	±3.4	165.7	±3.4	165.7	±3.4
	第五跖趾部位		144.6	±3.0	144.6	±3.0	144.6	±3.0
	腰窝部位		91.7	±1.9	91.7	±1.9	91.7	±1.9
	踵心部位		37.7	±0.8	37.7	±0.8	37.7	±0.8
	后容差		4.4	±0.1	4.2	±0.1	4.2	±0.1
围度	跖围		216.5	±3.5	218.5	±3.5	218.5	±3.5
	跗围		216.5	±3.5	215.5	±3.5	215.5	±3.5
宽度	基本宽度		78.2	±1.3	77.5	±1.2	75.5	±1.2
	拇趾里宽		29.6	±0.5	28.5	±0.4	28.5	±0.4
	小趾外宽		44.2	±0.7	44.4	±0.7	42.7	±0.7
	第一跖趾里宽		32.3	±0.5	32.2	±0.5	31.2	±0.5
	第五跖趾外宽		45.9	±0.8	45.3	±0.7	44.3	±0.7
	腰窝外宽		35.5	±0.6	33.6	±0.5	33.6	±0.5
	踵心全宽		53.5	±0.9	51.6	±0.8	51.6	±0.8
楦体尺寸	跷高	总前跷	32.5	±0.5	38.1	±0.6	38.1	±0.6
		前跷高	14.2	±0.2	13.2	±0.2	13.2	±0.2
		后跷高	30.5	±0.5	40.6	±0.6	40.6	±0.6
	头厚		16.3	±0.3	16.3	±0.3	16.3	±0.3
	后跟突点高		20.0	±0.3	19.4	±0.3	19.4	±0.3
	后身高		71.1	±1.1	71.1	±1.1	71.1	±1.1
	前掌凸度		4.6	±0.1	4.1	±0.1	4.1	±0.1
	底心凹度		6.1	±0.1	6.6	±0.1	6.6	±0.1
	踵心凸度		3.5	—	3.0	—	3.0	—
	统口宽		20.3	±0.3	20.3	±0.3	20.3	±0.3
	统口长		91.9	±1.9	91.9	±1.9	91.9	±1.9
	楦斜长		243.5	±4.9	242.1	±4.9	242.1	±4.9

表 4(续)

单位为毫米

部位名称			L-50 女浅口鞋楦[a]		L-50 女浅口鞋楦[b]		L-60 女浅口鞋楦[a]	
			235(一型半)		235(一型半)		235(一型半)	
			尺寸	等差	尺寸	等差	尺寸	等差
长度	楦底样长		245.0	±5.0	245.0	±5.0	245.0	±5.0
	放余量		14.8	±0.3	14.8	±0.3	14.8	±0.3
	脚趾端点部位		230.2	±4.7	230.2	±4.7	230.2	±4.7
	拇趾外突点部位		206.7	±4.2	206.7	±4.2	206.7	±4.2
	小趾外突点部位		178.5	±3.6	178.5	±3.6	178.5	±3.6
	第一跖趾部位		165.7	±3.4	165.7	±3.4	165.7	±3.4
	第五跖趾部位		144.6	±3.0	144.6	±3.0	144.6	±3.0
	腰窝部位		91.7	±1.9	91.7	±1.9	91.7	±1.9
	踵心部位		37.7	±0.8	37.7	±0.8	37.7	±0.8
	后容差		4.0	±0.1	4.0	±0.1	3.8	±0.1
围度	跖围		218.5	±3.5	218.5	±3.5	220.5	±3.5
	跗围		213.4	±3.4	213.4	±3.4	213.4	±3.4
宽度	基本宽度		77.5	±1.2	75.5	±1.2	76.3	±1.2
	拇趾里宽		28.5	±0.4	28.5	±0.4	28.1	±0.4
	小趾外宽		44.4	±0.7	42.7	±0.7	43.7	±0.7
	第一跖趾里宽		32.2	±0.5	31.2	±0.5	31.7	±0.5
	第五跖趾外宽		45.3	±0.7	44.3	±0.7	44.6	±0.7
	腰窝外宽		33.6	±0.5	33.6	±0.5	33.1	±0.5
	踵心全宽		51.6	±0.8	51.6	±0.8	50.8	±0.8
楦体尺寸	跷高	总前跷	43.7	±0.7	43.7	±0.7	49.3	±0.8
		前跷高	12.2	±0.2	12.2	±0.2	11.2	±0.2
		后跷高	50.8	±0.8	50.8	±0.8	61.0	±1.0
	头厚		16.3	±0.3	16.3	±0.3	16.3	±0.3
	后跟突点高		18.8	±0.3	18.8	±0.3	18.2	±0.3
	后身高		71.1	±1.1	71.1	±1.1	71.1	±1.1
	前掌凸度		4.1	±0.1	4.1	±0.1	4.1	±0.1
	底心凹度		7.1	±0.1	7.1	±0.1	7.6	±0.1
	踵心凸度		3.0	—	3.0	—	3.0	—
	统口宽		20.3	±0.3	20.3	±0.3	20.3	±0.3
	统口长		91.9	±1.9	91.9	±1.9	91.9	±1.9
	楦斜长		240.6	±4.8	240.6	±4.8	239.2	±4.8

表 4(续)

单位为毫米

部位名称			L-60 女浅口鞋楦[b] 235(一型半) 尺寸	等差	L-70 女浅口鞋楦[a] 235(一型半) 尺寸	等差	L-70 女浅口鞋楦[b] 235(一型半) 尺寸	等差
长度	楦底样长		245.0	±5.0	245.0	±5.0	245.0	±5.0
	放余量		14.8	±0.3	14.8	±0.3	14.8	±0.3
	脚趾端点部位		230.2	±4.7	230.2	±4.7	230.2	±4.7
	拇趾外突点部位		206.7	±4.2	206.7	±4.2	206.7	±4.2
	小趾外突点部位		178.5	±3.6	178.5	±3.6	178.5	±3.6
	第一跖趾部位		165.7	±3.4	165.7	±3.4	165.7	±3.4
	第五跖趾部位		144.6	±3.0	144.6	±3.0	144.6	±3.0
	腰窝部位		91.7	±1.9	91.7	±1.9	91.7	±1.9
	踵心部位		37.7	±0.8	37.7	±0.8	37.7	±0.8
	后容差		3.8	±0.1	3.6	±0.1	3.6	±0.1
围度	跖围		220.5	±3.5	220.5	±3.5	220.5	±3.5
	跗围		213.4	±3.4	211.4	±3.4	211.4	±3.4
宽度	基本宽度		74.3	±1.2	76.3	±1.2	74.3	±1.2
	拇趾里宽		28.1	±0.4	28.1	±0.4	28.1	±0.4
	小趾外宽		42.0	±0.7	43.7	±0.7	42.0	±0.7
	第一跖趾里宽		30.7	±0.5	31.7	±0.5	30.7	±0.5
	第五跖趾外宽		43.6	±0.7	44.6	±0.7	43.6	±0.7
	腰窝外宽		33.1	±0.5	33.1	±0.5	33.1	±0.5
	踵心全宽		50.8	±0.8	50.8	±0.8	50.8	±0.8
楦体尺寸	跷高	总前跷	49.3	±0.8	54.9	±0.9	54.9	±0.9
		前跷高	11.2	±0.2	10.2	±0.2	10.2	±0.2
		后跷高	61.0	±1.0	71.1	±1.1	71.1	±1.1
	头厚		16.3	±0.3	16.3	±0.3	16.3	±0.3
	后跟突点高		18.2	±0.3	17.6	±0.3	17.6	±0.3
	后身高		71.1	±1.1	71.1	±1.1	71.1	±1.1
	前掌凸度		4.1	±0.1	4.1	±0.1	4.1	±0.1
	底心凹度		7.6	±0.1	8.1	±0.1	8.1	±0.1
	踵心凸度		3.0	—	3.0	—	3.0	—
	统口宽		20.3	±0.3	20.3	±0.3	20.3	±0.3
	统口长		91.9	±1.9	91.9	±1.9	91.9	±1.9
	楦斜长		239.2	±4.8	237.8	±4.8	237.8	±4.8

表 4(续) 单位为毫米

部位名称		鞋楦名称和号型尺寸					
		L-80 女浅口鞋楦[a]		L-80 女浅口鞋楦[b]		L-20 女高腰鞋楦	
		235(一型半)		235(一型半)		235(一型半)	
		尺寸	等差	尺寸	等差	尺寸	等差
长度	楦底样长	245.0	±5.0	245.0	±5.0	247.0	±5.0
	放余量	14.8	±0.3	14.8	±0.3	16.8	±0.3
	脚趾端点部位	230.2	±4.7	230.2	±4.7	230.2	±4.7
	拇趾外突点部位	206.7	±4.2	206.7	±4.2	206.7	±4.2
	小趾外突点部位	178.5	±3.6	178.5	±3.6	178.5	±3.6
	第一跖趾部位	165.7	±3.4	165.7	±3.4	165.7	±3.4
	第五跖趾部位	144.6	±3.0	144.6	±3.0	144.5	±2.9
	腰窝部位	91.7	±1.9	91.7	±1.9	91.7	±1.9
	踵心部位	37.7	±0.8	37.7	±0.8	37.7	±0.8
	后容差	3.4	±0.1	3.4	±0.1	4.6	±0.1
围度	跖围	220.5	±3.5	220.5	±3.5	223.5	±3.5
	跗围	209.3	±3.3	209.3	±3.3	228.6	±3.6
宽度	基本宽度	76.3	±1.2	74.3	±1.2	81.5	±1.3
	拇趾里宽	28.1	±0.4	28.1	±0.4	31.1	±0.5
	小趾外宽	43.7	±0.7	42.0	±0.7	45.6	±0.7
	第一跖趾里宽	31.7	±0.5	30.7	±0.5	33.8	±0.5
	第五跖趾外宽	44.6	±0.7	43.6	±0.7	47.7	±0.8
	腰窝外宽	33.1	±0.5	33.1	±0.5	36.0	±0.6
	踵心全宽	50.8	±0.8	50.8	±0.8	54.3	±0.9
楦体尺寸	跷高 总前跷	60.5	±1.0	60.5	±1.0	26.9	±0.4
	跷高 前跷高	9.2	±0.2	9.2	±0.2	15.2	±0.2
	跷高 后跷高	81.3	±1.3	81.3	±1.3	20.3	±0.3
	头厚	16.3	±0.3	16.3	±0.3	16.8	±0.3
	后跟突点高	17.0	±0.3	17.0	±0.3	20.6	±0.3
	后身高	71.1	±1.1	71.1	±1.1	96.5	±1.5
	前掌凸度	4.1	±0.1	4.1	±0.1	4.6	±0.1
	底心凹度	8.6	±0.1	8.6	±0.1	5.6	±0.1
	踵心凸度	3.0	—	3.0	—	3.5	—
	统口宽	20.3	±0.3	20.3	±0.3	25.4	±0.4
	统口长	91.9	±1.9	91.9	±1.9	104.1	±2.1
	楦斜长	236.4	±4.8	236.4	±4.8	264.3	±5.3

表 4(续)

单位为毫米

部位名称			L-40 女高腰鞋楦 235(一型半)		L-60 女高腰鞋楦 235(一型半)		L-30 女超长高腰鞋楦 235(一型半)	
			尺寸	等差	尺寸	等差	尺寸	等差
长度	楦底样长		247.0	±5.0	247.0	±5.0	250.0	±5.0
	放余量		16.8	±0.3	16.8	±0.3	19.9	±0.4
	脚趾端点部位		230.2	±4.7	230.2	±4.7	230.1	±4.6
	拇趾外突点部位		206.7	±4.2	206.7	±4.2	206.6	±4.1
	小趾外突点部位		178.5	±3.6	178.5	±3.6	178.5	±3.6
	第一跖趾部位		165.7	±3.4	165.7	±3.4	165.6	±3.3
	第五跖趾部位		144.5	±2.9	144.5	±2.9	144.5	±2.9
	腰窝部位		91.7	±1.9	91.7	±1.9	91.6	±1.8
	踵心部位		37.7	±0.8	37.7	±0.8	37.7	±0.8
	后容差		4.2	±0.1	3.8	±0.1	4.4	±0.1
围度	跖围		225.5	±3.5	227.5	±3.5	223.5	±3.5
	跗围		225.5	±3.5	223.4	±3.4	226.5	±3.5
宽度	基本宽度		78.8	±1.2	75.6	±1.2	79.4	±1.2
	拇趾里宽		29.0	±0.4	28.5	±0.4	30.1	±0.5
	小趾外宽		45.2	±0.7	42.7	±0.7	44.9	±0.7
	第一跖趾里宽		32.8	±0.5	31.3	±0.5	32.8	±0.5
	第五跖趾外宽		46.0	±0.7	44.3	±0.7	46.7	±0.8
	腰窝外宽		34.2	±0.5	33.7	±0.5	36.0	±0.6
	踵心全宽		52.5	±0.8	51.7	±0.8	54.3	±0.9
楦体尺寸	跷高	总前跷	38.1	±0.6	49.3	±0.8	32.5	±0.5
		前跷高	13.2	±0.2	11.2	±0.2	14.2	±0.2
		后跷高	40.6	±0.6	60.9	±0.9	30.5	±0.5
	头厚		16.8	±0.3	16.8	±0.3	16.8	±0.3
	后跟突点高		19.4	±0.3	18.2	±0.3	20.0	±0.3
	后身高		96.5	±1.5	96.5	±1.5	96.5	±1.5
	前掌凸度		4.1	±0.1	4.1	±0.1	4.6	±0.1
	底心凹度		6.6	±0.1	7.6	±0.1	6.1	±0.1
	踵心凸度		3.0	—	3.0	—	3.5	—
	统口宽		25.4	±0.4	25.4	±0.4	25.4	±0.4
	统口长		104.1	±2.1	104.1	±2.1	104.1	±2.1
	楦斜长		261.4	±5.2	258.6	±5.2	265.9	±5.3

表 4(续)

单位为毫米

部位名称		鞋楦名称和号型尺寸					
		L-50 女超长高腰鞋楦		L-70 女超长高腰鞋楦		L-20 女全空凉鞋楦	
		235(一型半)		235(一型半)		235(一型半)	
		尺寸	等差	尺寸	等差	尺寸	等差
长度	楦底样长	250.0	±5.0	250.0	±5.0	242.0	±5.0
	放余量	19.9	±0.4	19.9	±0.4	10.7	±0.2
	脚趾端点部位	230.1	±4.6	230.1	±4.6	231.3	±4.8
	拇趾外突点部位	206.6	±4.1	206.6	±4.1	207.8	±4.3
	小趾外突点部位	178.5	±3.6	178.5	±3.6	179.6	±3.7
	第一跖趾部位	165.6	±3.3	165.6	±3.3	166.7	±3.4
	第五跖趾部位	144.5	±2.9	144.5	±2.9	145.6	±3.0
	腰窝部位	91.6	±1.8	91.6	±1.8	92.7	±1.9
	踵心部位	37.7	±0.8	37.7	±0.8	38.7	±0.8
	后容差	4.0	±0.1	3.6	±0.1	3.6	±0.1
围度	跖围	225.5	±3.5	227.5	±3.5	216.5	±3.5
	跗围	223.5	±3.5	221.4	±3.4	224.6	±3.6
宽度	基本宽度	76.8	±1.2	75.6	±1.2	80.2	±1.3
	拇趾里宽	29.0	±0.4	28.6	±0.4	30.6	±0.5
	小趾外宽	43.4	±0.7	42.7	±0.7	44.9	±0.7
	第一跖趾里宽	31.8	±0.5	31.3	±0.5	33.3	±0.5
	第五跖趾外宽	45.0	±0.7	44.3	±0.7	46.9	±0.8
	腰窝外宽	34.2	±0.5	33.7	±0.5	36.0	±0.6
	踵心全宽	52.5	±0.8	51.7	±0.8	53.5	±0.9
楦体尺寸	跷高 总前跷	43.7	±0.7	54.8	±0.8	25.9	±0.4
	跷高 前跷高	12.2	±0.2	10.2	±0.2	14.2	±0.2
	跷高 后跷高	50.8	±0.8	71.1	±1.1	20.3	±0.3
	头厚	16.8	±0.3	16.3	±0.3	15.2	±0.2
	后跟突点高	18.8	±0.3	17.6	±0.3	20.6	±0.3
	后身高	96.5	±1.5	96.5	±1.5	67.1	±1.1
	前掌凸度	4.1	±0.1	4.1	±0.1	4.6	±0.1
	底心凹度	7.1	±0.1	8.1	±0.1	5.6	±0.1
	踵心凸度	3.0	—	3.0	—	3.5	—
	统口宽	25.4	±0.4	25.4	±0.4	20.3	±0.3
	统口长	104.1	±2.1	104.1	±2.1	91.9	±1.9
	楦斜长	263.0	±5.2	260.1	±5.1	238.9	±4.9

表 4(续)

单位为毫米

部位名称			L-30 安全空凉鞋楦 235(一型半) 尺寸	等差	L-40 安全空凉鞋楦 235(一型半) 尺寸	等差	L-50 安全空凉鞋楦 235(一型半) 尺寸	等差
长度	楦底样长		242.0	±5.0	242.0	±5.0	242.0	±5.0
	放余量		10.7	±0.2	10.7	±0.2	10.7	±0.2
	脚趾端点部位		231.3	±4.8	231.3	±4.8	231.3	±4.8
	拇趾外突点部位		207.8	±4.3	207.8	±4.3	207.8	±4.3
	小趾外突点部位		179.6	±3.7	179.6	±3.7	179.6	±3.7
	第一跖趾部位		166.7	±3.4	166.7	±3.4	166.7	±3.4
	第五跖趾部位		145.6	±3.0	145.6	±3.0	145.6	±3.0
	腰窝部位		92.7	±1.9	92.7	±1.9	92.7	±1.9
	踵心部位		38.7	±0.8	38.7	±0.8	38.7	±0.8
	后容差		3.6	±0.1	3.6	±0.1	3.6	±0.1
围度	跖围		216.5	±3.5	218.5	±3.5	218.5	±3.5
	跗围		222.6	±3.6	221.5	±3.5	219.5	±3.5
宽度	基本宽度		80.2	±1.3	77.5	±1.2	77.5	±1.2
	拇趾里宽		30.6	±0.5	28.5	±0.4	28.5	±0.4
	小趾外宽		44.9	±0.7	44.4	±0.7	44.4	±0.7
	第一跖趾里宽		33.3	±0.5	32.2	±0.5	32.2	±0.5
	第五跖趾外宽		46.9	±0.8	45.3	±0.7	45.3	±0.7
	腰窝外宽		36.0	±0.6	34.2	±0.5	34.2	±0.5
	踵心全宽		53.5	±0.9	51.6	±0.8	51.6	±0.8
楦体尺寸	跷高	总前跷	31.5	±0.5	37.1	±0.6	42.7	±0.7
		前跷高	13.2	±0.2	12.2	±0.2	11.2	±0.2
		后跷高	30.5	±0.5	40.6	±0.6	50.8	±0.8
	头厚		15.2	±0.2	15.2	±0.2	15.2	±0.2
	后跟突点高		20.6	±0.3	20.6	±0.3	20.6	±0.3
	后身高		67.1	±1.1	67.1	±1.1	67.1	±1.1
	前掌凸度		4.6	±0.1	4.1	±0.1	4.1	±0.1
	底心凹度		6.1	±0.1	6.6	±0.1	7.1	±0.1
	踵心凸度		3.5	—	3.0	—	3.0	—
	统口宽		20.3	±0.3	20.3	±0.3	20.3	±0.3
	统口长		91.9	±1.9	91.9	±1.9	91.9	±1.9
	楦斜长		237.4	±4.8	236.0	±4.8	234.6	±4.8

表 4(续) 单位为毫米

部位名称			鞋楦名称和号型尺寸					
			L-60 女全空凉鞋楦		L-70 女全空凉鞋楦		L-80 女全空凉鞋楦	
			235(一型半)		235(一型半)		235(一型半)	
			尺寸	等差	尺寸	等差	尺寸	等差
长度	楦底样长		242.0	±5.0	242.0	±5.0	242.0	±5.0
	放余量		10.7	±0.2	10.7	±0.2	10.7	±0.2
	脚趾端点部位		231.3	±4.8	231.3	±4.8	231.3	±4.8
	拇趾外突点部位		207.8	±4.3	207.8	±4.3	207.8	±4.3
	小趾外突点部位		179.6	±3.7	179.6	±3.7	179.6	±3.7
	第一跖趾部位		166.7	±3.4	166.7	±3.4	166.7	±3.4
	第五跖趾部位		145.6	±3.0	145.6	±3.0	145.6	±3.0
	腰窝部位		92.7	±1.9	92.7	±1.9	92.7	±1.9
	踵心部位		38.7	±0.8	38.7	±0.8	38.7	±0.8
	后容差		3.6	±0.1	3.6	±0.1	3.6	±0.1
围度	跖围		220.5	±3.5	220.5	±3.5	220.5	±3.5
	跗围		219.5	±3.5	217.5	±3.5	215.4	±3.4
宽度	基本宽度		76.3	±1.2	76.3	±1.2	76.3	±1.2
	拇趾里宽		28.1	±0.4	28.1	±0.4	28.1	±0.4
	小趾外宽		43.7	±0.7	43.7	±0.7	43.7	±0.7
	第一跖趾里宽		31.7	±0.5	31.7	±0.5	31.7	±0.5
	第五跖趾外宽		44.6	±0.7	44.6	±0.7	44.6	±0.7
	腰窝外宽		33.7	±0.5	33.7	±0.5	33.7	±0.5
	踵心全宽		50.8	±0.8	50.8	±0.8	50.8	±0.8
楦体尺寸	跷高	总前跷	48.3	±0.8	53.8	±0.8	59.4	±0.9
		前跷高	10.2	±0.2	9.2	±0.2	8.2	±0.2
		后跷高	61.0	±1.0	71.1	±1.1	81.3	±1.3
	头厚		15.2	±0.2	15.2	±0.2	15.2	±0.2
	后跟突点高		20.6	±0.3	20.6	±0.3	20.6	±0.3
	后身高		67.1	±1.1	67.1	±1.1	67.1	±1.1
	前掌凸度		4.1	±0.1	4.1	±0.1	4.1	±0.1
	底心凹度		7.6	±0.1	8.1	±0.1	8.6	±0.1
	踵心凸度		3.0	—	3.0	—	3.0	—
	统口宽		20.3	±0.3	20.3	±0.3	20.3	±0.3
	统口长		91.9	±1.9	91.9	±1.9	91.9	±1.9
	楦斜长		233.2	±4.8	231.7	±4.7	230.3	±4.7

表 4(续)

单位为毫米

部位名称			L-20 女满帮拖鞋楦 235(一型半) 尺寸	等差	L-40 女满帮拖鞋楦 235(一型半) 尺寸	等差	L-60 女满帮拖鞋楦 235(一型半) 尺寸	等差
长度	楦底样长		247.0	±5.0	247.0	±5.0	247.0	±5.0
	放余量		15.8	±0.3	15.8	±0.3	15.8	±0.3
	脚趾端点部位		231.2	±4.7	231.2	±4.7	231.2	±4.7
	拇趾外突点部位		207.7	±4.2	207.7	±4.2	207.7	±4.2
	小趾外突点部位		179.5	±3.6	179.5	±3.6	179.5	±3.6
	第一跖趾部位		166.7	±3.4	166.7	±3.4	166.7	±3.4
	第五跖趾部位		145.6	±3.0	145.6	±3.0	145.6	±3.0
	腰窝部位		92.7	±1.9	92.7	±1.9	92.7	±1.9
	踵心部位		38.7	±0.8	38.7	±0.8	38.7	±0.8
	后容差		3.6	±0.1	3.6	±0.1	3.6	±0.1
围度	跖围		223.5	±3.5	225.5	±3.5	227.5	±3.5
	跗围		235.7	±3.7	232.6	±3.6	230.5	±3.5
宽度	基本宽度		81.5	±1.3	78.8	±1.2	77.6	±1.2
	拇趾里宽		31.1	±0.5	29.0	±0.4	28.6	±0.4
	小趾外宽		45.6	±0.7	45.2	±0.7	44.5	±0.7
	第一跖趾里宽		33.8	±0.5	32.8	±0.5	32.3	±0.5
	第五跖趾外宽		47.7	±0.8	46.0	±0.7	45.3	±0.7
	腰窝外宽		36.6	±0.6	34.8	±0.5	34.3	±0.5
	踵心全宽		55.2	±0.9	53.2	±0.8	52.5	±0.8
楦体尺寸	跷高	总前跷	26.9	±0.4	38.1	±0.6	49.3	±0.8
		前跷高	15.2	±0.2	13.2	±0.2	11.2	±0.2
		后跷高	20.3	±0.3	40.6	±0.6	60.9	±0.9
	头厚		17.3	±0.3	17.3	±0.3	17.3	±0.3
	后跟突点高		20.6	±0.3	20.6	±0.3	20.6	±0.3
	后身高		67.0	±1.0	67.0	±1.0	67.0	±1.0
	前掌凸度		4.6	±0.1	4.1	±0.1	4.1	±0.1
	底心凹度		5.6	±0.1	6.6	±0.1	7.6	±0.1
	踵心凸度		3.5	—	3.0	—	3.0	—
	统口宽		25.4	±0.4	25.4	±0.4	25.4	±0.4
	统口长		102.1	±2.1	102.1	±2.1	102.1	±2.1
	楦斜长		248.0	±5.0	245.1	±4.9	242.2	±4.8

表 4(续)

单位为毫米

部位名称			L-20 女人造革鞋楦 235(一型半)		L-20 女硫化鞋楦 235(一型半)		L-20 女劳动防护鞋楦 235(一型半)	
			尺寸	等差	尺寸	等差	尺寸	等差
长度	楦底样长		247.0	±5.0	247.0	±5.0	247.0	±5.0
	放余量		16.8	±0.3	16.8	±0.3	16.8	±0.3
	脚趾端点部位		230.2	±4.7	230.2	±4.7	230.2	±4.7
	拇趾外突点部位		206.7	±4.2	206.7	±4.2	206.7	±4.2
	小趾外突点部位		178.5	±3.6	178.5	±3.6	178.5	±3.6
	第一跖趾部位		165.7	±3.4	165.7	±3.4	165.7	±3.4
	第五跖趾部位		144.5	±2.9	144.5	±2.9	144.5	±2.9
	腰窝部位		91.7	±1.9	91.7	±1.9	91.7	±1.9
	踵心部位		37.7	±0.8	37.7	±0.8	37.7	±0.8
	后容差		4.6	±0.1	4.6	±0.1	4.6	±0.1
围度	跖围		220.0	±3.5	220.0	±3.5	227.0	±3.5
	跗围		224.1	±3.6	226.1	±3.6	232.1	±3.6
宽度	基本宽度		81.5	±1.3	81.5	±1.3	81.5	±1.3
	拇趾里宽		31.1	±0.5	31.1	±0.5	31.1	±0.5
	小趾外宽		45.6	±0.7	45.6	±0.7	45.6	±0.7
	第一跖趾里宽		33.8	±0.5	33.8	±0.5	33.8	±0.5
	第五跖趾外宽		47.7	±0.8	47.7	±0.8	47.7	±0.8
	腰窝外宽		36.0	±0.6	36.0	±0.6	36.0	±0.6
	踵心全宽		54.3	±0.9	54.3	±0.9	54.3	±0.9
楦体尺寸	跷高	总前跷	26.9	±0.4	26.9	±0.4	26.9	±0.4
		前跷高	15.3	±0.3	15.3	±0.3	15.2	±0.2
		后跷高	20.3	±0.3	20.3	±0.3	20.3	±0.3
	头厚		18.3	±0.3	16.8	±0.3	21.3	±0.3
	后跟突点高		20.6	±0.3	20.6	±0.3	20.6	±0.3
	后身高		71.1	±1.1	71.1	±1.1	96.5	±1.5
	前掌凸度		4.6	±0.1	4.6	±0.1	4.6	±0.1
	底心凹度		5.6	±0.1	3.5	—	5.6	±0.1
	踵心凸度		3.5	—	3.5	—	3.5	—
	统口宽		20.3	±0.3	20.3	±0.3	25.4	±0.4
	统口长		91.9	±1.9	91.9	±1.9	104.1	±2.1
	楦斜长		248.0	±5.0	248.0	±5.0	264.3	±5.3

注 1：本表所列素头式也可做舌式。

注 2：本表所列女高腰鞋楦既可做高腰单鞋，也可做高腰棉鞋。

a 圆头。

b 方头。

c 皱头式。

6.1.2 童皮鞋中间号楦样尺寸(见表5)。

表5 童皮鞋中间号楦样尺寸

单位为毫米

部位名称			L-15 大童素头鞋楦 225(二型) 尺寸	L-15 大童素头鞋楦 225(二型) 等差	L-13 中童素头鞋楦 190(二型) 尺寸	L-13 中童素头鞋楦 190(二型) 等差	L-12 小童素头鞋楦 150(二型) 尺寸	L-12 小童素头鞋楦 150(二型) 等差
长度	楦底样长		235.0	±5.0	200.0	±5.0	160.0	±5.0
长度	放余量		14.8	±0.4	14.3	±0.4	13.5	±0.5
长度	脚趾端点部位		220.2	±4.6	185.7	±4.6	146.5	±4.5
长度	拇趾外突点部位		197.9	±4.2	166.7	±4.1	131.6	±4.1
长度	小趾外突点部位		170.9	±3.6	144.1	±3.6	113.6	±3.5
长度	第一跖趾部位		158.7	±3.4	133.6	±3.3	105.3	±3.2
长度	第五跖趾部位		138.3	±2.9	116.6	±2.9	91.9	±2.8
长度	腰窝部位		87.8	±1.8	73.9	±1.8	58.3	±1.8
长度	踵心部位		36.3	±0.8	30.5	±0.8	23.8	±0.7
长度	后容差		4.2	±0.1	3.7	±0.1	3.1	±0.1
围度	跖围		218.5	±3.5	194.0	±3.5	166.0	±3.5
围度	跗围		222.7	±3.6	198.2	±3.6	170.1	±3.6
宽度	基本宽度		80.2	±1.3	69.8	±1.3	59.4	±1.3
宽度	拇趾里宽		31.1	±0.5	28.1	±0.5	24.6	±0.5
宽度	小趾外宽		45.6	±0.7	41.4	±0.8	36.2	±0.8
宽度	第一跖趾里宽		32.8	±0.5	28.5	±0.5	24.3	±0.5
宽度	第五跖趾外宽		47.4	±0.8	41.3	±0.8	35.1	±0.8
宽度	腰窝外宽		36.1	±0.6	31.4	±0.6	26.8	±0.6
宽度	踵心全宽		54.4	±0.9	47.3	±0.9	40.3	±0.9
楦体尺寸	跷高	总前跷	24.0	±0.4	20.0	±0.4	16.0	±0.3
楦体尺寸	跷高	前跷高	12.0	±0.2	10.0	±0.2	7.0	±0.2
楦体尺寸	跷高	后跷高	15.0	±0.3	13.0	±0.3	12.0	±0.3
楦体尺寸	头厚		17.6	±0.3	16.6	±0.3	15.3	±0.3
楦体尺寸	后跟突点高		20.1	±0.3	17.6	±0.3	14.6	±0.3
楦体尺寸	后身高		64.0	±1.0	58.0	±1.0	51.1	±1.1
楦体尺寸	前掌凸度		4.0	±0.1	3.0	±0.1	3.0	±0.1
楦体尺寸	底心凹度		5.2	±0.1	4.2	±0.1	3.1	±0.1
楦体尺寸	踵心凸度		3.5	—	3.0	—	2.5	—
楦体尺寸	统口宽		22.3	±0.4	20.3	±0.4	17.9	±0.4
楦体尺寸	统口长		91.8	±1.9	76.8	±1.9	62.9	±1.9
楦体尺寸	楦斜长		233.8	±4.9	200.0	±5.0	161.0	±5.0

表 5(续)

单位为毫米

部位名称			L-15 大童高腰鞋楦 225(二型) 尺寸	L-15 大童高腰鞋楦 225(二型) 等差	L-13 中童高腰鞋楦 190(二型) 尺寸	L-13 中童高腰鞋楦 190(二型) 等差	L-12 小童高腰鞋楦 150(二型) 尺寸	L-12 小童高腰鞋楦 150(二型) 等差
长度	楦底样长		237.0	±5.0	202.0	±5.0	162.0	±5.0
	放余量		16.8	±0.4	16.3	±0.4	15.5	±0.5
	脚趾端点部位		220.2	±4.6	185.7	±4.6	146.5	±4.5
	拇趾外突点部位		197.9	±4.2	166.7	±4.1	131.6	±4.1
	小趾外突点部位		170.1	±3.2	144.1	±3.6	113.6	±3.5
	第一跖趾部位		158.7	±3.4	133.6	±3.3	105.3	±3.2
	第五跖趾部位		138.3	±2.9	116.6	±2.9	91.9	±2.8
	腰窝部位		87.8	±1.8	73.9	±1.8	58.3	±1.8
	踵心部位		36.3	±0.8	30.5	±0.8	23.8	±0.7
	后容差		4.2	±0.1	3.7	±0.1	3.1	±0.1
围度	跖围		222.0	±3.5	197.5	±3.5	169.5	±3.5
	跗围		227.2	±3.6	202.7	±3.6	174.6	±3.6
宽度	基本宽度		80.2	±1.3	69.6	±1.2	59.3	±1.2
	拇趾里宽		31.1	±0.5	28.1	±0.5	24.6	±0.5
	小趾外宽		45.6	±0.7	41.2	±0.7	36.1	±0.7
	第一跖趾里宽		32.8	±0.5	28.5	±0.5	24.3	±0.5
	第五跖趾外宽		47.4	±0.8	41.1	±0.7	35.0	±0.7
	腰窝外宽		36.1	±0.6	31.2	±0.5	26.7	±0.5
	踵心全宽		54.4	±0.9	47.1	±0.8	40.2	±0.8
楦体尺寸	跷高	总前跷	24.0	±0.4	20.0	±0.4	16.0	±0.3
		前跷高	12.0	±0.2	10.0	±0.2	7.0	±0.2
		后跷高	15.0	±0.3	13.0	±0.3	12.0	±0.3
	头厚		18.1	±0.3	17.1	±0.3	15.8	±0.3
	后跟突点高		20.1	±0.3	17.6	±0.3	14.6	±0.3
	后身高		83.6	±1.3	77.8	±1.4	69.4	±1.4
	前掌凸度		4.0	±0.1	3.0	±0.1	3.0	±0.1
	底心凹度		5.2	±0.1	4.2	±0.1	3.1	±0.1
	踵心凸度		3.5	—	3.0	—	2.5	—
	统口宽		25.8	±0.4	23.3	±0.4	20.9	±0.4
	统口长		102.4	±2.2	87.4	±2.2	70.2	±2.2
	楦斜长		244.4	±5.2	210.4	±5.2	171.3	±5.3

表 5(续)

单位为毫米

部位名称			L-15 大童全空凉鞋楦 225(二型) 尺寸	L-15 等差	L-13 中童全空凉鞋楦 190(二型) 尺寸	L-13 等差	L-12 小童全空凉鞋楦 150(二型) 尺寸	L-12 等差
长度	楦底样长		230.0	±5.0	195.0	±5.0	155.0	±5.0
	放余量		9.4	±0.2	9.1	±0.3	8.3	±0.3
	脚趾端点部位		220.6	±4.8	185.9	±4.7	146.7	±4.7
	拇趾外突点部位		198.1	±4.3	166.9	±4.2	131.7	±4.2
	小趾外突点部位		171.1	±3.7	144.3	±3.7	113.7	±3.6
	第一跖趾部位		158.7	±3.4	133.8	±3.4	105.5	±3.4
	第五跖趾部位		138.5	±3.0	116.8	±3.0	92.0	±2.9
	腰窝部位		88.0	±1.9	74.1	±1.9	58.4	±1.9
	踵心部位		36.3	±0.8	30.5	±0.8	23.9	±0.8
	后容差		4.2	±0.1	3.7	±0.1	3.1	±0.1
围度	跖围		218.5	±3.5	194.0	±3.5	166.0	±3.5
	跗围		224.7	±3.6	200.2	±3.6	172.1	±3.6
宽度	基本宽度		80.2	±1.3	69.8	±1.3	59.4	±1.3
	拇趾里宽		31.1	±0.5	28.1	±0.5	24.6	±0.5
	小趾外宽		45.6	±0.7	41.4	±0.8	36.2	±0.8
	第一跖趾里宽		32.8	±0.5	28.5	±0.5	24.3	±0.5
	第五跖趾外宽		47.4	±0.8	41.3	±0.8	35.1	±0.8
	腰窝外宽		36.6	±0.6	32.0	±0.6	27.3	±0.6
	踵心全宽		54.4	±0.9	47.3	±0.9	40.3	±0.9
楦体尺寸	跷高	总前跷	22.0	±0.4	18.0	±0.2	14.0	±0.3
		前跷高	12.0	±0.2	10.0	±0.2	7.0	±0.2
		后跷高	15.0	±0.3	13.0	±0.3	12.0	±0.3
	头厚		15.4	±0.2	14.6	±0.3	13.3	±0.3
	后跟突点高		20.1	±0.3	17.6	±0.3	14.6	±0.3
	后身高		64.0	±1.0	58.0	±1.0	51.1	±1.1
	前掌凸度		4.0	±0.1	3.0	±0.1	3.0	±0.1
	底心凹度		5.2	±0.1	4.2	±0.1	3.1	±0.1
	踵心凸度		3.5	—	3.0	—	2.5	—
	统口宽		22.3	±0.4	20.3	±0.4	17.9	±0.4
	统口长		92.0	±2.0	77.0	±2.0	63.0	±2.0
	楦斜长		227.8	±4.9	193.8	±4.9	154.9	±4.9

6.1.3 素头皮鞋鞋楦长、围、宽尺寸系列(见表6～表10)。

表6 男素头皮鞋鞋楦长、围、宽尺寸系列

单位为毫米

号 型	鞋 号	235	240	245	250	255	260	265	270	275	等 差
	楦底样长	250.0	255.0	260.0	265.0	270.0	275.0	280.0	285.0	290.0	
一 型	跖 围	218.5	222.0	225.5	229.0	232.5	236.0	239.5	243.0	246.5	±3.5
	跗 围	221.9	225.5	229.1	232.7	236.3	239.9	243.5	247.1	250.7	±3.6
	基本宽度	80.2	81.5	82.8	84.1	85.4	86.7	88.0	89.3	90.6	±1.3
	踵心宽度	54.2	55.1	56.0	56.9	57.8	58.7	59.6	60.5	61.4	±0.9
一型半	跖 围	222.0	225.5	229.0	232.5	236.0	239.5	243.0	246.5	250.0	±3.5
	跗 围	225.5	229.1	232.7	236.3	239.9	243.5	247.1	250.7	254.3	±3.6
	基本宽度	81.5	82.8	84.1	85.4	86.7	88.0	89.3	90.6	91.9	±1.3
	踵心宽度	55.1	56.0	56.9	57.8	58.7	59.6	60.5	61.4	62.3	±0.9
二 型	跖 围	225.5	229.0	232.5	236.0	239.5	243.0	246.5	250.0	253.5	±3.5
	跗 围	229.1	232.7	236.3	239.9	243.5	247.1	250.7	254.3	257.9	±3.6
	基本宽度	82.8	84.1	85.4	86.7	88.0	89.3	90.6	91.9	93.2	±1.3
	踵心宽度	56.0	56.9	57.8	58.7	59.6	60.5	61.4	62.3	63.2	±0.9
二型半	跖 围	229.0	232.5	236.0	239.5	243.0	246.5	250.0	253.5	257.0	±3.5
	跗 围	232.7	236.3	239.9	243.5	247.1	250.7	254.3	257.9	261.5	±3.6
	基本宽度	84.1	85.4	86.7	88.0	89.3	90.6	91.9	93.2	94.5	±1.3
	踵心宽度	56.9	57.8	58.7	59.6	60.5	61.4	62.3	63.2	64.1	±0.9
二 型	跖 围	232.5	236.0	239.5	243.0	246.5	250.0	253.5	257.0	260.5	±3.5
	跗 围	236.3	239.9	243.5	247.1	250.7	254.3	257.9	261.5	265.1	±3.6
	基本宽度	85.4	86.7	88.0	89.3	90.6	91.9	93.2	94.5	95.8	±1.3
	踵心宽度	57.8	58.7	59.6	60.5	61.4	62.3	63.2	64.1	65.0	±0.9
三型半	跖 围	236.0	239.5	243.0	246.5	250.0	253.5	257.0	260.5	264.0	±3.5
	跗 围	239.9	243.5	247.1	250.7	254.3	257.9	261.5	265.1	268.7	±3.6
	基本宽度	86.7	88.0	89.3	90.6	91.9	93.2	94.5	95.8	97.1	±1.3
	踵心宽度	58.7	59.6	60.5	61.4	62.3	63.2	64.1	65.0	65.9	±0.9
四 型	跖 围	239.5	243.0	246.5	250.0	253.5	257.0	260.5	264.0	267.5	±3.5
	跗 围	243.5	247.1	250.7	254.3	257.9	261.5	265.1	268.7	272.3	±3.6
	基本宽度	88.0	89.3	90.6	91.9	93.2	94.5	95.8	97.1	98.4	±1.3
	踵心宽度	59.6	60.5	61.4	62.3	63.2	64.1	65.0	65.9	66.8	±0.9

表7 女素头皮鞋鞋楦长、围、宽尺寸系列

单位为毫米

号型	鞋号	215	220	225	230	235	240	245	250	等差
	楦底样长	227.0	232.0	237.0	242.0	247.0	252.0	257.0	262.0	
半型	跖围	201.0	204.5	208.0	211.5	215.0	218.5	222.0	225.5	±3.5
	跗围	200.0	203.5	207.0	210.5	214.0	217.5	221.0	224.5	±3.5
	基本宽度	71.6	72.8	74.0	75.2	76.4	77.6	78.8	80.0	±1.2
	踵心宽度	47.7	48.5	49.3	50.1	50.9	51.7	52.5	53.3	±0.8
一型	跖围	204.5	208.0	211.5	215.0	218.5	222.0	225.5	229.0	±3.5
	跗围	203.5	207.0	210.5	214.0	217.5	221.0	224.5	228.0	±3.5
	基本宽度	72.8	74.0	75.2	76.4	77.6	78.8	80.0	81.2	±1.2
	踵心宽度	48.5	49.3	50.1	50.9	51.7	52.5	53.3	54.1	±0.8
一型半	跖围	208.0	211.5	215.0	218.5	222.0	225.5	229.0	232.5	±3.5
	跗围	207.0	210.5	214.0	217.5	221.0	224.5	228.0	231.5	±3.5
	基本宽度	74.0	75.2	76.4	77.6	78.8	80.0	81.2	82.4	±1.2
	踵心宽度	49.3	50.1	50.9	51.7	52.5	53.3	54.1	54.9	±0.8
二型	跖围	211.5	215.0	218.5	222.0	225.5	229.0	232.5	236.0	±3.5
	跗围	210.5	214.0	217.5	221.0	224.5	228.0	231.5	235.0	±3.5
	基本宽度	75.2	76.4	77.6	78.8	80.0	81.2	82.4	83.6	±1.2
	踵心宽度	50.1	50.9	51.7	52.5	53.3	54.1	54.9	55.7	±0.8
二型半	跖围	215.0	218.5	222.0	225.5	229.0	232.5	236.0	239.5	±3.5
	跗围	214.0	217.5	221.0	224.5	228.0	231.5	235.0	238.5	±3.5
	基本宽度	76.4	77.6	78.8	80.0	81.2	82.4	83.6	84.8	±1.2
	踵心宽度	50.9	51.7	52.5	53.3	54.1	54.9	55.7	56.5	±0.8
三型	跖围	218.5	222.0	225.5	229.0	232.5	236.0	239.5	243.0	±3.5
	跗围	217.5	221.0	224.5	228.0	231.5	235.0	238.5	242.0	±3.5
	基本宽度	77.6	78.8	80.0	81.2	82.4	83.6	84.8	86.0	±1.2
	踵心宽度	51.7	52.5	53.3	54.1	54.9	55.7	56.5	57.3	±0.8
三型半	跖围	222.0	225.5	229.0	232.5	236.0	239.5	243.0	246.5	±3.5
	跗围	221.0	224.5	228.0	231.5	235.0	238.5	242.0	245.5	±3.5
	基本宽度	78.8	80.0	81.2	82.4	83.6	84.8	86.0	87.2	±1.2
	踵心宽度	52.5	53.3	54.1	54.9	55.7	56.5	57.3	58.1	±0.8

注：本表系后跷高为40 mm的圆楦头。

表 8　小童素头皮鞋鞋楦长、围、宽尺寸系列

单位为毫米

号型	鞋号	130	135	140	145	150	155	160	165	170	等差
	楦底样长	140.0	145.0	150.0	155.0	160.0	165.0	170.0	175.0	180.0	
一型半	跖围	148.5	152.0	155.5	159.0	162.5	166.0	169.5	173.0	176.5	±3.5
	跗围	152.1	155.7	159.3	162.9	166.5	170.1	173.7	177.3	180.9	±3.6
	基本宽度	52.9	54.2	55.5	56.8	58.1	59.4	60.7	62.0	63.3	±1.3
	踵心宽度	35.8	36.7	37.6	38.5	39.4	40.3	41.2	42.1	43.0	±0.9
二型	跖围	152.0	155.5	159.0	162.5	166.0	169.5	173.0	176.5	180.0	±3.5
	跗围	155.7	159.3	162.9	166.5	170.1	173.7	177.3	180.9	184.5	±3.6
	基本宽度	54.2	55.5	56.8	58.1	59.4	60.7	62.0	63.3	64.6	±1.3
	踵心宽度	36.7	37.6	38.5	39.4	40.3	41.2	42.1	43.0	43.9	±0.9
二型半	跖围	155.5	159.0	162.5	166.0	169.5	173.0	176.5	180.0	183.5	±3.5
	跗围	159.3	162.9	166.5	170.1	173.7	177.3	180.9	184.5	188.1	±3.6
	基本宽度	55.5	56.8	58.1	59.4	60.7	62.0	63.3	64.6	65.9	±1.3
	踵心宽度	37.6	38.5	39.4	40.3	41.2	42.1	43.0	43.9	44.8	±0.9

表 9　中童素头皮鞋鞋楦长、围、宽尺寸系列

单位为毫米

号型	鞋号	175	180	185	190	195	200	205	等差
	楦底样长	185.0	190.0	195.0	200.0	205.0	210.0	215.0	
一型半	跖围	180.0	183.5	187.0	190.5	194.0	197.5	201.0	±3.5
	跗围	183.8	187.4	191.0	194.6	198.2	201.8	205.4	±3.6
	基本宽度	64.6	65.9	67.2	68.5	69.8	71.1	72.4	±1.3
	踵心宽度	43.7	44.6	45.5	46.4	47.3	48.2	49.1	±0.9
二型	跖围	183.5	187.0	190.5	194.0	197.5	201.0	204.5	±3.5
	跗围	187.4	191.0	194.6	198.2	201.8	205.4	209.0	±3.6
	基本宽度	65.9	67.2	68.5	69.8	71.1	72.4	73.7	±1.3
	踵心宽度	44.6	45.5	46.4	47.3	48.2	49.1	50.0	±0.9
二型半	跖围	187.0	190.5	194.0	197.5	201.0	204.5	208.0	±3.5
	跗围	191.0	194.6	198.2	201.8	205.4	209.0	212.6	±3.6
	基本宽度	67.2	68.5	69.8	71.1	72.4	73.7	75.0	±1.3
	踵心宽度	45.5	46.4	47.3	48.2	49.1	50.0	50.9	±0.9

表 10 大童素头皮鞋鞋楦长、围、宽尺寸系列

单位为毫米

号型	鞋号	210	215	220	225	230	235	240	245	等差
号型	楦底样长	220.0	225.0	230.0	235.0	240.0	245.0	250.0	255.0	
一型	跖围	201.0	204.5	208.0	211.5	215.0	218.5	222.0	225.5	±3.5
	跗围	205.4	209.0	212.6	216.2	219.8	223.4	227.0	230.6	±3.6
	基本宽度	72.4	73.7	75.0	76.3	77.6	78.9	80.2	81.5	±1.3
	踵心宽度	49.1	50.0	50.9	51.8	52.7	53.6	54.5	55.4	±0.9
一型半	跖围	204.5	208.0	211.5	215.0	218.5	222.0	225.5	229.0	±3.5
	跗围	209.0	212.6	216.2	219.8	223.4	227.0	230.6	234.2	±3.6
	基本宽度	73.7	75.0	76.3	77.6	78.9	80.2	81.5	82.8	±1.3
	踵心宽度	50.0	50.9	51.8	52.7	53.6	54.5	55.4	56.3	±0.9
二型	跖围	208.0	211.5	215.0	218.5	222.0	225.5	229.0	232.5	±3.5
	跗围	212.6	216.2	219.8	223.4	227.0	230.6	234.2	237.8	±3.6
	基本宽度	75.0	76.3	77.6	78.9	80.2	81.5	82.8	84.1	±1.3
	踵心宽度	50.9	51.8	52.7	53.6	54.5	55.4	56.3	57.2	±0.9
二型半	跖围	211.5	215.0	218.5	222.0	225.5	229.0	232.5	236.0	±3.5
	跗围	216.2	219.8	223.4	227.0	230.6	234.2	237.8	241.4	±3.6
	基本宽度	76.3	77.6	78.9	80.2	81.5	82.8	84.1	85.4	±1.3
	踵心宽度	51.8	52.7	53.6	54.5	55.4	56.3	57.2	58.1	±0.9
三型	跖围	215.0	218.5	222.0	225.5	229.0	232.5	236.0	239.5	±3.5
	跗围	219.8	223.4	227.0	230.6	234.2	237.8	241.4	245.3	±3.6
	基本宽度	77.6	78.9	80.2	81.5	82.8	84.1	85.4	86.7	±1.3
	踵心宽度	52.7	53.6	54.5	55.4	56.3	57.2	58.1	59.0	±0.9

6.2 旅游鞋鞋楦及系列

6.2.1 成年男女中间号楦样尺寸(见表 11 和表 12)。

表 11 男旅游鞋中间号楦样尺寸

单位为毫米

部位名称		鞋楦名称和号型尺寸					
		A-20 男中帮旅游鞋楦 255(二型半)		A-15 男中帮旅游鞋楦 255(二型半)		A-10 男中帮旅游鞋楦 255(二型半)	
		尺寸	等差	尺寸	等差	尺寸	等差
长度	楦底样长	267.0	±5.0	267.0	±5.0	267.0	±5.0
	放余量	16.3	±0.3	16.3	±0.3	16.3	±0.3
	脚趾端点部位	250.7	±4.7	250.7	±4.7	250.7	±4.7
	拇趾外突点部位	225.2	±4.2	225.2	±4.2	225.2	±4.2
	小趾外突点部位	194.6	±3.6	194.6	±3.6	194.6	±3.6
	第一跖趾部位	180.7	±3.4	180.7	±3.4	180.7	±3.4
	第五跖趾部位	157.8	±3.0	157.8	±3.0	157.8	±3.0
	腰窝部位	100.4	±1.9	100.4	±1.9	100.4	±1.9
	踵心部位	41.8	±0.8	41.8	±0.8	41.8	±0.8
	后容差	5.0	±0.1	5.0	±0.1	5.0	±0.1
围度	跖围[a]	243.0	±3.5	243.0	±3.5	243.0	±3.5
	跗围[a]	246.0	±3.6	247.1	±3.6	247.1	±3.6
宽度	基本宽度	86.7	±1.3	86.7	±1.3	86.7	±1.3
	拇趾里宽	33.6	±0.5	33.6	±0.5	33.6	±0.5
	小趾外宽	48.5	±0.7	48.5	±0.7	48.5	±0.7
	第一跖趾里宽	36.2	±0.5	36.2	±0.5	36.2	±0.5
	第五跖趾外宽	50.5	±0.8	50.5	±0.8	50.5	±0.8
	腰窝外宽	37.7	±0.6	37.7	±0.6	37.7	±0.6
	踵心全宽	57.8	±0.9	57.8	±0.9	57.8	±0.9
楦体尺寸	跷高 总前跷	31.0	±0.5	28.0	±0.4	25.0	±0.4
	跷高 前跷高	16.0	±0.2	17.0	±0.2	18.0	±0.3
	跷高 后跷高	20.0	±0.3	15.0	±0.2	10.0	±0.2
	头厚[a]	25.0	±0.4	25.0	±0.4	25.0	±0.4
	后跟突点高[a]	22.4	±0.3	22.4	±0.3	22.4	±0.3
	后身高[a]	92.0	±1.4	92.0	±1.4	92.0	±1.4
	前掌凸度	5.0	±0.1	5.0	±0.1	5.0	±0.1
	底心凹度	5.5	±0.1	5.0	±0.1	4.5	±0.1
	踵心凸度	4.0	±0.1	4.0	±0.1	4.0	±0.1
	统口宽	26.0	±0.4	26.0	±0.4	26.0	±0.4
	统口长	85.0	±1.9	85.0	±1.9	85.0	±1.9
	楦斜长	271.0	±4.9	272.0	±4.9	273.0	±4.9

表 11(续)

单位为毫米

部位名称			鞋楦名称和号型尺寸					
			A-20 男高帮旅游鞋楦 255(二型半)		A-15 男高帮旅游鞋楦 255(二型半)		A-10 男高帮旅游鞋楦 255(二型半)	
			尺寸	等差	尺寸	等差	尺寸	等差
长度	楦底样长		267.0	±5.0	267.0	±5.0	267.0	±5.0
	放余量		16.3	±0.3	16.3	±0.3	16.3	±0.3
	脚趾端点部位		250.7	±4.7	250.7	±4.7	250.7	±4.7
	拇趾外突点部位		225.2	±4.2	225.2	±4.2	225.2	±4.2
	小趾外突点部位		194.6	±3.6	194.6	±3.6	194.6	±3.6
	第一跖趾部位		180.7	±3.4	180.7	±3.4	180.7	±3.4
	第五跖趾部位		157.8	±3.0	157.8	±3.0	157.8	±3.0
	腰窝部位		100.4	±1.9	100.4	±1.9	100.4	±1.9
	踵心部位		41.8	±0.8	41.8	±0.8	41.8	±0.8
	后容差		5.0	±0.1	5.0	±0.1	5.0	±0.1
围度	跖围[a]		243.0	±3.5	243.0	±3.5	243.0	±3.5
	跗围[a]		246.5	±3.6	247.5	±3.6	248.5	±3.6
宽度	基本宽度		88.0	±1.3	88.0	±1.3	88.0	±1.3
	拇趾里宽		33.6	±0.5	33.6	±0.5	33.6	±0.5
	小趾外宽		49.2	±0.7	49.2	±0.7	49.2	±0.7
	第一跖趾里宽		36.7	±0.5	36.7	±0.5	36.7	±0.5
	第五跖趾外宽		51.3	±0.8	51.3	±0.8	51.3	±0.8
	腰窝外宽		38.0	±0.6	38.0	±0.6	38.0	±0.6
	踵心全宽		58.0	±0.9	58.0	±0.9	58.0	±0.9
楦体尺寸	跷高	总前跷	31.0	±0.5	28.0	±0.4	25.0	±0.4
		前跷高	16.0	±0.2	17.0	±0.2	18.0	±0.3
		后跷高	20.0	±0.3	15.0	±0.2	10.0	±0.2
	头厚[a]		26.0	±0.4	26.0	±0.4	26.0	±0.4
	后跟突点高[a]		22.4	±0.3	22.4	±0.3	22.4	±0.3
	后身高[a]		117.0	±1.7	117.0	±1.7	117.0	±1.7
	前掌凸度		5.0	±0.1	5.0	±0.1	5.0	±0.1
	底心凹度		5.5	±0.1	5.0	±0.1	4.5	±0.1
	踵心凸度		4.0	±0.1	4.0	±0.1	4.0	±0.1
	统口宽		26.0	±0.4	26.0	±0.4	26.0	±0.4
	统口长		85.0	±1.9	85.0	±1.9	85.0	±1.9
	楦斜长		290.5	±5.5	290.5	±5.5	290.5	±5.5

[a] 如果鞋内垫厚度大于 3 mm,跖围、跗围、头厚、后跟突点高和后身高的尺寸均应在原尺寸基础上加上鞋内垫厚度。

表 12　女旅游鞋中间号楦样尺寸

单位为毫米

部位名称			鞋楦名称和号型尺寸					
			A-20 女中帮旅游鞋楦		A-15 女中帮旅游鞋楦		A-10 女中帮旅游鞋楦	
			235(一型半)		235(一型半)		235(一型半)	
			尺寸	等差	尺寸	等差	尺寸	等差
长度	楦底样长		247.0	±5.0	247.0	±5.0	247.0	±5.0
	放余量		15.8	±0.3	15.8	±0.3	15.8	±0.3
	脚趾端点部位		231.2	±4.7	231.2	±4.7	231.2	±4.7
	拇趾外突点部位		207.7	±4.2	207.7	±4.2	207.7	±4.2
	小趾外突点部位		179.5	±3.6	179.5	±3.6	179.5	±3.6
	第一跖趾部位		166.7	±3.4	166.7	±3.4	166.7	±3.4
	第五跖趾部位		145.6	±3.0	145.6	±3.0	145.6	±3.0
	腰窝部位		92.7	±1.9	92.7	±1.9	92.7	±1.9
	踵心部位		38.7	±0.8	38.7	±0.8	38.7	±0.8
	后容差		4.5	±0.1	4.5	±0.1	4.5	±0.1
围度	跖围[a]		216.5	±3.5	216.5	±3.5	216.5	±3.5
	跗围[a]		216.5	±3.6	218.5	±3.6	220.5	±3.6
宽度	基本宽度		77.6	±1.3	77.6	±1.3	77.6	±1.3
	拇趾里宽		31.0	±0.5	31.0	±0.5	31.0	±0.5
	小趾外宽		44.0	±0.7	44.0	±0.7	44.0	±0.7
	第一跖趾里宽		32.4	±0.5	32.4	±0.5	32.4	±0.5
	第五跖趾外宽		45.2	±0.8	45.2	±0.8	45.2	±0.8
	腰窝外宽		32.0	±0.5	33.0	±0.6	34.0	±0.6
	踵心全宽		49.0	±0.8	50.0	±0.8	51.0	±0.8
楦体尺寸	跷高	总前跷	25.0	±0.4	22.0	±0.4	19.0	±0.3
		前跷高	14.0	±0.2	15.0	±0.2	16.0	±0.3
		后跷高	20.0	±0.3	15.0	±0.2	10.0	±0.2
	头厚[a]		19.0	±0.3	19.0	±0.3	19.0	±0.3
	后跟突点高[a]		20.3	±0.3	20.3	±0.3	20.3	±0.3
	后身高[a]		82.0	±1.4	82.0	±1.4	82.0	±1.4
	前掌凸度		4.5	±0.1	4.5	±0.1	4.5	±0.1
	底心凹度		5.0	±0.1	4.5	±0.1	4.0	±0.1
	踵心凸度		3.5	±0.1	3.5	±0.1	3.5	±0.1
	统口宽		25.0	±0.4	25.0	±0.4	25.0	±0.4
	统口长		80.0	±1.6	80.0	±1.6	80.0	±1.6
	楦斜长		255.0	±5.3	256.0	±5.3	257.0	±5.3

表 12(续)

单位为毫米

部位名称			鞋楦名称和号型尺寸					
			A-20 女高帮旅游鞋楦 235(一型半)		A-15 女高帮旅游鞋楦 235(一型半)		A-10 女高帮旅游鞋楦 235(一型半)	
			尺寸	等差	尺寸	等差	尺寸	等差
长度	楦底样长		247.0	±5.0	247.0	±5.0	247.0	±5.0
	放余量		15.8	±0.3	15.8	±0.3	15.8	±0.3
	脚趾端点部位		231.2	±4.7	231.2	±4.7	231.2	±4.7
	拇趾外突点部位		207.7	±4.2	207.7	±4.2	207.7	±4.2
	小趾外突点部位		179.5	±3.6	179.5	±3.6	179.5	±3.6
	第一跖趾部位		166.7	±3.4	166.8	±3.4	166.7	±3.4
	第五跖趾部位		145.6	±3.0	145.6	±3.0	145.6	±3.0
	腰窝部位		92.7	±1.9	92.7	±1.9	92.7	±1.9
	踵心部位		38.7	±0.8	38.7	±0.8	38.7	±0.8
	后容差		4.5	±0.1	4.5	±0.1	4.5	±0.1
围度	跖围[a]		215.0	±3.5	216.0	±3.5	217.0	±3.5
	跗围[a]		224.0	±3.6	225.0	±3.6	226.0	±3.6
宽度	基本宽度		77.6	±1.3	77.6	±1.3	79.0	±1.3
	拇趾里宽		31.0	±0.5	31.0	±0.5	31.5	±0.5
	小趾外宽		44.0	±0.7	44.0	±0.7	45.5	±0.7
	第一跖趾里宽		32.4	±0.5	32.4	±0.5	32.5	±0.5
	第五跖趾外宽		45.2	±0.8	45.2	±0.8	45.2	±0.8
	腰窝外宽		32.3	±0.5	33.3	±0.6	34.3	±0.6
	踵心全宽		50.6	±0.9	41.6	±0.9	52.6	±0.9
楦体尺寸	跷高	总前跷	25.0	±0.4	22.0	±0.4	19.0	±0.3
		前跷高	14.0	±0.2	15.0	±0.2	16.0	±0.3
		后跷高	20.0	±0.2	15.0	±0.2	10.0	±0.2
	头厚[a]		20.0	±0.3	20.0	±0.3	20.0	±0.3
	后跟突点高[a]		20.3	±0.3	20.3	±0.3	20.3	±0.3
	后身高[a]		107.0	±1.8	107.0	±1.8	107.0	±1.8
	前掌凸度		4.5	±0.1	4.5	±0.1	4.5	±0.1
	底心凹度		5.0	±0.1	4.5	±0.1	4.0	±0.1
	踵心凸度		3.5	±0.1	3.5	±0.1	3.5	±0.1
	统口宽		25.0	±0.4	25.0	±0.4	25.0	±0.4
	统口长		80.0	±1.7	80.0	±1.6	80.0	±1.6
	楦斜长		270.0	±5.5	271.0	±5.5	272.0	±5.6

[a] 如果鞋内垫厚度大于 3 mm,跖围、跗围、头厚、后跟突点高和后身高的尺寸均应在原尺寸基础上加上鞋内垫厚度。

6.2.2 童旅游鞋中间号楦样尺寸(见表13)。

表13 童旅游鞋中间号楦样尺寸

单位为毫米

部位名称			鞋楦名称和号型尺寸					
			A-15 大童中帮旅游鞋楦		A-15 中童中帮旅游鞋楦		A-15 小童中帮旅游鞋楦	
			235(一型半)		235(一型半)		235(一型半)	
			尺寸	等差	尺寸	等差	尺寸	等差
长度	楦底样长		237.0	±5.0	202.0	±5.0	162.0	±5.0
	放余量		16.1	±0.3	15.8	±0.4	15.0	±0.5
	脚趾端点部位		220.9	±4.7	186.2	±4.6	147.0	±4.5
	拇趾外突点部位		198.4	±4.2	167.2	±4.1	132.1	±4.1
	小趾外突点部位		171.4	±3.6	144.6	±3.6	114.1	±3.5
	第一跖趾部位		159.2	±3.4	134.1	±3.3	105.9	±3.3
	第五跖趾部位		138.8	±2.9	117.1	±2.9	92.4	±2.8
	腰窝部位		88.5	±1.9	74.4	±1.8	58.8	±1.8
	踵心部位		36.8	±0.8	31.0	±0.8	24.4	±0.8
	后容差		4.2	±0.1	3.7	±0.1	3.1	±0.1
围度	跖围[a]		228.0	±3.5	194.0	±3.5	165.5	±3.5
	跗围[a]		222.2	±3.6	198.2	±3.6	170.6	±3.6
宽度	基本宽度		78.9	±1.3	68.3	±1.2	58.0	±1.2
	拇趾里宽		30.6	±0.5	27.1	±0.5	23.6	±0.5
	小趾外宽		44.8	±0.7	39.7	±0.7	34.6	±0.7
	第一跖趾里宽		32.9	±0.5	28.6	±0.5	24.3	±0.5
	第五跖趾外宽		46.0	±0.8	39.7	±0.7	33.7	±0.7
	腰窝外宽		34.2	±0.6	29.0	±0.5	24.5	±0.5
	踵心全宽		52.8	±0.9	45.6	±0.8	37.8	±0.8
楦体尺寸	跷高	总前跷	22.8	±0.4	20.8	±0.4	18.4	±0.4
		前跷高	14.4	±0.2	12.4	±0.2	10.2	±0.2
		后跷高	15.6	±0.3	15.6	±0.3	15.3	±0.3
	头厚[a]		17.6	±0.3	16.6	±0.3	15.3	±0.3
	后跟突点高[a]		20.1	±0.3	17.6	±0.3	14.6	±0.3
	后身高[a]		77.8	±1.4	74.8	±1.4	69.4	±1.4
	前掌凸度		4.7	±0.1	4.2	±0.1	3.6	±0.1
	底心凹度		4.2	±0.1	3.2	±0.1	3.1	±0.1
	踵心凸度		3.7	±0.1	3.2	±0.1	3.1	±0.1
	统口宽		23.8	±0.4	21.8	±0.4	19.4	±0.4
	统口长		79.2	±2.1	74.2	±2.1	70.0	±2.0
	楦斜长		237.0	±5.0	203.2	±5.2	170.3	±5.3

表 13(续)

单位为毫米

部位名称			A-15 大童高帮旅游鞋楦 235(一型半) 尺寸	等差	A-15 中童高帮旅游鞋楦 235(一型半) 尺寸	等差	A-15 小童高帮旅游鞋楦 235(一型半) 尺寸	等差
长度	楦底样长		237.0	±5.0	202.0	±5.0	162.0	±5.0
	放余量		16.1	±0.3	15.8	±0.4	15.0	±0.5
	脚趾端点部位		220.9	±4.7	186.2	±4.6	147.0	±4.5
	拇趾外突点部位		198.4	±4.2	167.2	±4.1	132.1	±4.1
	小趾外突点部位		171.4	±3.6	144.6	±3.6	114.1	±3.5
	第一跖趾部位		159.2	±3.4	134.1	±3.3	105.9	±3.3
	第五跖趾部位		138.8	±2.9	117.1	±2.9	92.4	±2.8
	腰窝部位		88.5	±1.9	74.4	±1.8	58.8	±1.8
	踵心部位		36.8	±0.8	31.0	±0.8	24.4	±0.8
	后容差		4.2	±0.1	3.7	±0.1	3.1	±0.1
围度	跖围[a]		228.0	±3.5	194.0	±3.5	165.5	±3.5
	跗围[a]		222.2	±3.6	198.2	±3.6	170.6	±3.6
宽度	基本宽度		78.9	±1.3	68.3	±1.2	58.0	±1.2
	拇趾里宽		30.6	±0.5	27.1	±0.5	23.6	±0.5
	小趾外宽		44.8	±0.7	39.7	±0.7	34.6	±0.7
	第一跖趾里宽		32.9	±0.5	28.6	±0.5	24.3	±0.5
	第五跖趾外宽		46.0	±0.8	39.7	±0.7	33.7	±0.7
	腰窝外宽		34.0	±0.6	29.0	±0.5	24.5	±0.5
	踵心全宽		48.0	±0.8	45.6	±0.8	37.8	±0.8
楦体尺寸	跷高	总前跷	22.8	±0.4	20.8	±0.4	18.4	±0.4
		前跷高	14.4	±0.2	12.4	±0.2	10.2	±0.2
		后跷高	15.6	±0.3	15.6	±0.3	15.3	±0.3
	头厚[a]		17.6	±0.3	16.6	±0.3	15.3	±0.3
	后跟突点高[a]		20.1	±0.3	17.6	±0.3	14.6	±0.3
	后身高[a]		77.8	±1.4	74.8	±1.4	69.4	±1.4
	前掌凸度		4.7	±0.1	4.2	±0.1	3.6	±0.1
	底心凹度		4.2	±0.1	3.2	±0.1	3.1	±0.1
	踵心凸度		3.7	±0.1	3.2	±0.1	3.1	±0.1
	统口宽		23.8	±0.4	21.8	±0.4	19.4	±0.4
	统口长		79.2	±2.1	74.2	±2.1	70.0	±2.0
	楦斜长		237.0	±5.0	208.4	±5.2	170.3	±5.3

[a] 如果鞋内垫厚度大于 3 mm,跖围、跗围、头厚、后跟突点高和后身高的尺寸均应在原尺寸基础上加上鞋内垫厚度。

6.2.3 旅游鞋鞋楦长、围、宽尺寸系列(见表14～表20)。

表14 男中帮旅游鞋鞋楦长、围、宽尺寸系列

单位为毫米

号型	鞋号	235	240	245	250	255	260	265	270	275	等差
	楦底样长	247.0	252.0	257.0	262.0	267.0	272.0	277.0	282.0	287.0	
一型半	跖围	222.0	225.5	229.0	232.5	236.0	239.5	243.0	246.5	250.0	±3.5
	跗围	225.5	229.1	232.7	236.3	239.9	243.5	247.1	250.7	254.3	±3.6
	基本宽度	78.9	80.2	81.5	82.8	84.1	85.4	86.7	88.0	89.3	±1.3
	踵心宽度	52.4	53.3	54.2	55.1	56.0	56.9	57.8	58.7	59.6	±0.9
二型	跖围	225.5	229.0	232.5	236.0	239.5	243.0	246.5	250.0	253.5	±3.5
	跗围	229.1	232.7	236.3	239.9	243.5	247.1	250.7	254.3	257.9	±3.6
	基本宽度	80.2	81.5	82.8	84.1	85.4	86.7	88.0	89.3	90.6	±1.3
	踵心宽度	53.3	54.2	55.1	56.0	56.9	57.8	58.7	59.6	60.5	±0.9
二型半	跖围	229.0	232.5	236.0	239.5	243.0	246.5	250.0	253.5	257.0	±3.5
	跗围	232.7	236.3	239.9	243.5	247.1	250.7	254.3	257.9	261.5	±3.6
	基本宽度	81.5	82.8	84.1	85.4	86.7	88.0	89.3	90.6	91.9	±1.3
	踵心宽度	54.2	55.1	56.0	56.9	57.8	58.7	59.6	60.5	61.4	±0.9
三型	跖围	232.5	236.0	239.5	243.0	246.5	250.0	253.5	257.0	260.5	±3.5
	跗围	236.3	239.9	243.5	247.1	250.7	254.3	257.9	261.5	265.1	±3.6
	基本宽度	82.8	84.1	85.4	86.7	88.0	89.3	90.6	91.9	93.2	±1.3
	踵心宽度	55.1	56.0	56.9	57.8	58.7	59.6	60.5	61.4	62.3	±0.9
三型半	跖围	236.0	239.5	243.0	246.5	250.0	253.5	257.0	260.5	264.0	±3.5
	跗围	239.9	243.5	247.1	250.7	254.3	257.9	261.5	265.1	268.7	±3.6
	基本宽度	84.1	85.4	86.7	88.0	89.3	90.6	91.9	93.2	94.5	±1.3
	踵心宽度	56.0	56.9	57.8	58.7	59.6	60.5	61.4	62.3	63.2	±0.9
四型	跖围	239.5	243	246.5	250.0	253.5	257.0	260.5	264.0	267.5	±3.5
	跗围	243.5	247.1	250.7	254.3	257.9	261.5	265.1	268.7	272.3	±3.6
	基本宽度	85.4	86.7	88.0	89.3	90.6	91.9	93.2	94.5	95.8	±1.3
	踵心宽度	56.9	57.8	58.7	59.6	60.5	61.4	62.3	63.2	64.1	±0.9

表 15 男高帮旅游鞋鞋楦长、围、宽尺寸系列

单位为毫米

号型	鞋号	235	240	245	250	255	260	265	270	275	等差
	楦底样长	247.0	252.0	257.0	262.0	267.0	272.0	277.0	282.0	287.0	
一型半	跖围	222.0	225.5	229.0	232.5	236.0	239.5	243.0	246.5	250.0	±3.5
	跗围	225.9	229.5	233.1	236.7	240.3	243.9	247.5	251.1	254.7	±3.6
	基本宽度	80.2	81.5	82.8	84.1	85.4	86.7	88.0	89.3	90.6	±1.3
	踵心宽度	52.6	53.5	54.4	55.3	56.2	57.1	58.0	58.9	59.8	±0.9
二型	跖围	225.5	229.0	232.5	236.0	239.5	243.0	246.5	250.0	253.5	±3.5
	跗围	229.5	233.1	236.7	240.3	243.9	247.5	251.1	254.7	258.3	±3.6
	基本宽度	81.5	82.8	84.1	85.4	86.7	88.0	89.3	90.6	91.9	±1.3
	踵心宽度	53.5	54.4	55.3	56.2	57.1	58.0	58.9	59.8	60.7	±0.9
二型半	跖围	229.0	232.5	236.0	239.5	243.0	246.5	250.0	253.5	257.0	±3.5
	跗围	233.1	236.7	240.3	243.9	247.5	251.1	254.7	258.3	261.9	±3.6
	基本宽度	82.8	84.1	85.4	86.7	88.0	89.3	90.6	91.9	93.2	±1.3
	踵心宽度	54.4	55.3	56.2	57.1	58.0	58.9	59.8	60.7	61.6	±0.9
三型	跖围	232.5	236.0	239.5	243.0	246.5	250.0	253.5	257.0	260.5	±3.5
	跗围	236.7	240.3	243.9	247.5	251.1	254.7	258.3	261.9	265.5	±3.6
	基本宽度	84.1	85.4	86.7	88.0	89.3	90.6	91.9	93.2	94.5	±1.3
	踵心宽度	55.3	56.2	57.1	58.0	58.9	59.8	60.7	61.6	62.5	±0.9
三型半	跖围	236.0	239.5	243.0	246.5	250.0	253.5	257.0	260.5	264.0	±3.5
	跗围	240.3	243.9	247.5	251.1	254.7	258.3	261.9	265.5	269.1	±3.6
	基本宽度	85.4	86.7	88.0	89.3	90.6	91.9	93.2	94.5	95.8	±1.3
	踵心宽度	56.2	57.1	58.0	58.9	59.8	60.7	61.6	62.5	63.4	±0.9
四型	跖围	239.5	243.0	246.5	250.0	253.5	257.0	260.5	264.0	267.5	±3.5
	跗围	243.9	247.5	251.1	254.7	258.3	261.9	265.5	269.1	272.7	±3.6
	基本宽度	86.7	88.0	89.3	90.6	91.9	93.2	94.5	95.8	97.1	±1.3
	踵心宽度	57.1	58.0	58.9	59.8	60.7	61.6	62.5	63.4	64.3	±0.9

表 16 女中帮旅游鞋鞋楦长、围、宽尺寸系列

单位为毫米

号型	鞋　　号	215	220	225	230	235	240	245	250	等差
	楦底样长	227.0	232.0	237.0	242.0	247.0	252.0	257.0	262.0	
一型	跖　　围	199.0	202.5	206.0	209.5	213.0	216.5	220.0	223.5	±3.5
	跗　　围	200.5	204.1	207.7	211.3	214.9	218.5	222.1	225.7	±3.6
	基本宽度	71.1	72.4	73.7	75.0	76.3	77.6	78.9	80.2	±1.3
	踵心宽度	46.0	46.8	47.6	48.4	49.2	50.0	50.8	51.6	±0.8
一型半	跖　　围	202.5	206	209.5	213.0	216.5	220.0	223.5	227.0	±3.5
	跗　　围	204.1	207.7	211.3	214.9	218.5	222.1	225.7	229.3	±3.6
	基本宽度	72.4	73.7	75.0	76.3	77.6	78.9	80.2	81.5	±1.3
	踵心宽度	46.8	47.6	48.4	49.2	50.0	50.8	51.6	52.4	±0.8
二型	跖　　围	206.0	209.5	213.0	216.5	220.0	223.5	227.0	230.5	±3.5
	跗　　围	207.7	211.3	214.9	218.5	222.1	225.7	229.3	232.9	±3.6
	基本宽度	73.7	75.0	76.3	77.6	78.9	80.2	81.5	82.8	±1.3
	踵心宽度	47.6	48.4	49.2	50.0	50.8	51.6	52.4	53.2	±0.8
二型半	跖　　围	209.5	213.0	216.5	220.0	223.5	227.0	230.5	234.0	±3.5
	跗　　围	211.3	214.9	218.5	222.1	225.7	229.3	232.9	236.5	±3.6
	基本宽度	75.0	76.3	77.6	78.9	80.2	81.5	82.8	84.1	±1.3
	踵心宽度	48.4	49.2	50.0	50.8	51.6	52.4	53.2	54.0	±0.8
三型	跖　　围	213.0	216.5	220.0	223.5	227.0	230.5	234.0	237.5	±3.5
	跗　　围	214.9	218.5	222.1	225.7	229.3	232.9	236.5	240.1	±3.6
	基本宽度	76.3	77.6	78.9	80.2	81.5	82.8	84.1	85.4	±1.3
	踵心宽度	49.2	50.0	50.8	51.6	52.4	53.2	54.0	54.8	±0.8

表17 女高帮旅游鞋鞋楦长、围、宽尺寸系列

单位为毫米

号型	鞋号	215	220	225	230	235	240	245	250	等差
	楦底样长	227.0	232.0	237.0	242.0	247.0	252.0	257.0	262.0	
一型	跖围	198.5	202.0	205.5	209.0	212.5	216.0	219.5	223.0	±3.5
	跗围	207.0	210.6	214.2	217.8	221.4	225.0	228.6	232.2	±3.6
	基本宽度	71.1	72.4	73.7	75.0	76.3	77.6	78.9	80.2	±1.3
	踵心宽度	47.1	48.0	48.9	49.8	50.7	51.6	52.5	53.4	±0.9
一型半	跖围	202.0	205.5	209.0	212.5	216.0	219.5	223.0	226.5	±3.5
	跗围	210.6	214.2	217.8	221.4	225.0	228.6	232.2	235.8	±3.6
	基本宽度	72.4	73.7	75.0	76.3	77.6	78.9	80.2	81.5	±1.3
	踵心宽度	48.0	48.9	49.8	50.7	51.6	52.5	53.4	54.3	±0.9
二型	跖围	205.5	209.0	212.5	216.0	219.5	223.0	226.5	230.0	±3.5
	跗围	214.2	217.8	221.4	225.0	228.6	232.2	235.8	239.4	±3.6
	基本宽度	73.7	75.0	76.3	77.6	78.9	80.2	81.5	82.8	±1.3
	踵心宽度	48.9	49.8	50.7	51.6	52.5	53.4	54.3	55.2	±0.9
二型半	跖围	209.0	212.5	216.0	219.5	223.0	226.5	230.0	233.5	±3.5
	跗围	217.8	221.4	225.0	228.6	232.2	235.8	239.4	243.0	±3.6
	基本宽度	75.0	76.3	77.6	78.9	80.2	81.5	82.8	84.1	±1.3
	踵心宽度	49.8	50.7	51.6	52.5	53.4	54.3	55.2	56.1	±0.9
三型	跖围	212.5	216.0	219.5	223.0	226.5	230.0	233.5	237.0	±3.5
	跗围	221.4	225.0	228.6	232.2	235.8	239.4	243.0	246.6	±3.6
	基本宽度	76.3	77.6	78.9	80.2	81.5	82.8	84.1	85.4	±1.3
	踵心宽度	50.7	51.6	52.5	53.4	54.3	55.2	56.1	57.0	±0.9

表 18　小童中帮旅游鞋鞋楦长、围、宽尺寸系列

单位为毫米

号型	鞋号	130	135	140	145	150	155	160	165	170	等差
	楦底样长	142.0	147.0	152.0	157.0	162.0	167.0	172.0	177.0	182.0	
一型	跖围	144.5	148.0	151.5	155.0	158.5	162.0	165.5	169.0	172.5	±3.5
	跗围	149.0	152.6	156.2	159.8	163.4	167.0	170.6	174.2	177.8	±3.6
	基本宽度	50.8	52.0	53.2	54.4	55.6	56.8	58.0	59.2	60.4	±1.2
	踵心宽度	33.0	33.8	34.6	35.4	36.2	37.0	37.8	38.6	39.4	±0.8
一型半	跖围	148.0	151.5	155.0	158.5	162.0	165.5	169.0	172.5	176.0	±3.5
	跗围	152.6	156.2	159.8	163.4	167.0	170.6	174.2	177.8	181.4	±3.6
	基本宽度	52.0	53.2	54.4	55.6	56.8	58.0	59.2	60.4	61.6	±1.2
	踵心宽度	33.8	34.6	35.4	36.2	37.0	37.8	38.6	39.4	40.2	±0.8
二型	跖围	151.5	155.0	158.5	162.0	165.5	169.0	172.5	176.0	179.5	±3.5
	跗围	156.2	159.8	163.4	167.0	170.6	174.2	177.8	181.4	185.0	±3.6
	基本宽度	53.2	54.4	55.6	56.8	58.0	59.2	60.4	61.6	62.8	±1.2
	踵心宽度	34.6	35.4	36.2	37.0	37.8	38.6	39.4	40.2	41.0	±0.8
二型半	跖围	155.0	158.5	162.0	165.5	169.0	172.5	176.0	179.5	183.0	±3.5
	跗围	159.8	163.4	167.0	170.6	174.2	177.8	181.4	185.0	188.6	±3.6
	基本宽度	54.4	55.6	56.8	58.0	59.2	60.4	61.6	62.8	64.0	±1.2
	踵心宽度	35.4	36.2	37.0	37.8	38.6	39.4	40.2	41.0	41.8	±0.8
三型	跖围	158.5	162.0	165.5	169.0	172.5	176.0	179.5	183.0	186.5	±3.5
	跗围	163.4	167.0	170.6	174.2	177.8	181.4	185.0	188.6	192.2	±3.6
	基本宽度	55.6	56.8	58.0	59.2	60.4	61.6	62.8	64.0	65.2	±1.2
	踵心宽度	36.2	37.0	37.8	38.6	39.4	40.2	41.0	41.8	42.6	±0.8

表 19 中童中帮旅游鞋鞋楦长、围、宽尺寸系列

单位为毫米

号型	鞋号	175	180	185	190	195	200	205	等差
	楦底样长	187.0	192.0	197.0	202.0	207.0	212.0	217.0	
一型	跖围	176.5	180.0	183.5	187.0	190.5	194.0	197.5	±3.5
	跗围	180.2	183.8	187.4	191.0	194.6	198.2	201.8	±3.6
	基本宽度	62.3	63.5	64.7	65.9	67.1	68.3	69.5	±1.2
	踵心宽度	41.6	42.4	43.2	44.0	44.8	45.6	46.4	±0.8
一型半	跖围	180.0	183.5	187.0	190.5	194.0	197.5	201.0	±3.5
	跗围	183.8	187.4	191.0	194.6	198.2	201.8	205.4	±3.6
	基本宽度	63.5	64.7	65.9	67.1	68.3	69.5	70.7	±1.2
	踵心宽度	42.4	43.2	44.0	44.8	45.6	46.4	47.2	±0.8
二型	跖围	183.5	187.0	190.5	194.0	197.5	201.0	204.5	±3.5
	跗围	187.4	191.0	194.6	198.2	201.8	205.4	209.0	±3.6
	基本宽度	64.7	65.9	67.1	68.3	69.5	70.7	71.9	±1.2
	踵心宽度	43.2	44.0	44.8	45.6	46.4	47.2	48.0	±0.8
二型半	跖围	187.0	190.5	194.0	197.5	201.0	204.5	208.0	±3.5
	跗围	191.0	194.6	198.2	201.8	205.4	209.0	212.6	±3.6
	基本宽度	65.9	67.1	68.3	69.5	70.7	71.9	73.1	±1.2
	踵心宽度	44.0	44.8	45.6	46.4	47.2	48.0	48.8	±0.8
三型	跖围	190.5	194.0	197.5	201.0	204.5	208.0	211.5	±3.5
	跗围	194.6	198.2	201.8	205.4	209.0	212.6	216.2	±3.6
	基本宽度	67.1	68.3	69.5	70.7	71.9	73.1	74.3	±1.2
	踵心宽度	44.8	45.6	46.4	47.2	48.0	48.8	49.6	±0.8

表 20 大童中帮旅游鞋鞋楦长、围、宽尺寸系列

单位为毫米

号型	鞋号	210	215	220	225	230	235	240	245	等差
	楦底样长	222.0	227.0	232.0	237.0	242.0	247.0	252.0	257.0	
一型	跖围	210.5	214.0	217.5	221.0	224.5	228.0	231.5	235.0	±3.5
	跗围	204.2	207.8	211.4	215.0	218.6	222.2	225.8	229.4	±3.6
	基本宽度	72.4	73.7	75.0	76.3	77.6	78.9	80.2	81.5	±1.3
	踵心宽度	48.3	49.2	50.1	51.0	51.9	52.8	53.7	54.6	±0.9
一型半	跖围	214.0	217.5	221.0	224.5	228.0	231.5	235.0	238.5	±3.5
	跗围	207.8	211.4	215.0	218.6	222.2	225.8	229.4	233.0	±3.6
	基本宽度	73.7	75.0	76.3	77.6	78.9	80.2	81.5	82.8	±1.3
	踵心宽度	49.2	50.1	51.0	51.9	52.8	53.7	54.6	55.5	±0.9
二型	跖围	217.5	221.0	224.5	228.0	231.5	235.0	238.5	242.0	±3.5
	跗围	211.4	215.0	218.6	222.2	225.8	229.4	233.0	236.6	±3.6
	基本宽度	75.0	76.3	77.6	78.9	80.2	81.5	82.8	84.1	±1.3
	踵心宽度	50.1	51.0	51.9	52.8	53.7	54.6	55.5	56.4	±0.9
二型半	跖围	221.0	224.5	228.0	231.5	235.0	238.5	242.0	245.5	±3.5
	跗围	215.0	218.6	222.2	225.8	229.4	233.0	236.6	240.2	±3.6
	基本宽度	76.3	77.6	78.9	80.2	81.5	82.8	84.1	85.4	±1.3
	踵心宽度	51.0	51.9	52.8	53.7	54.6	55.5	56.4	57.3	±0.9
三型	跖围	224.5	228.0	231.5	235.0	238.5	242.0	245.5	249.0	±3.5
	跗围	218.6	222.2	225.8	229.4	233.0	236.6	240.2	243.8	±3.6
	基本宽度	77.6	78.9	80.2	81.5	82.8	84.1	85.4	86.7	±1.3
	踵心宽度	51.9	52.8	53.7	54.6	55.5	56.4	57.3	58.2	±0.9

6.3 胶鞋鞋楦及系列

6.3.1 布面胶鞋中间号楦样尺寸(见表 21)。

表 21 布面胶鞋中间号楦样尺寸

单位为毫米

部位名称			鞋楦名称和号型尺寸					
			R-0 男解放鞋楦[a] 255(三型半)		R-0 大童解放鞋楦[b] 225(二型)		R-0 中童解放鞋楦 190(二型)	
			尺寸	等差	尺寸	等差	尺寸	等差
长度	楦底样长		265.0	±5.0	235.0	±5.0	200.0	±5.0
	放余量		14.3	±0.3	14.1	±0.3	13.6	±0.3
	脚趾端点部位		250.7	±4.7	220.9	±4.7	186.4	±4.7
	拇趾外突点部位		225.2	±4.2	198.4	±4.2	167.4	±4.2
	小趾外突点部位		194.7	±3.7	171.4	±3.6	144.6	±3.6
	第一跖趾部位		180.7	±3.4	159.2	±3.4	134.3	±3.4
	第五跖趾部位		157.8	±3.0	139.0	±3.0	117.1	±2.9
	腰窝部位		100.4	±1.9	88.5	±1.9	74.6	±1.9
	踵心部位		41.8	±0.8	37.2	±0.8	31.0	±0.8
	后容差		4.1	±0.1	3.7	±0.1	3.2	±0.1
围度	跖围		253.5	±3.5	222.0	±3.5	197.5	±3.5
	跗围		260.6	±3.6	229.2	±3.6	203.7	±3.6
宽度	基本宽度		91.9	±1.3	80.2	±1.3	69.6	±1.2
	拇趾里宽		35.1	±0.5	31.1	±0.5	27.6	±0.5
	小趾外宽		51.4	±0.7	45.6	±0.7	40.5	±0.7
	第一跖趾里宽		38.3	±0.5	33.4	±0.5	29.1	±0.5
	第五跖趾外宽		53.6	±0.8	46.8	±0.8	40.5	±0.7
	腰窝外宽		40.7	±0.6	35.5	±0.6	30.6	±0.5
	踵心全宽		62.3	±0.9	54.4	±0.9	47.1	±0.8
楦体尺寸	跷高	总前跷	17.2	±0.2	11.4	±0.2	10.4	±0.2
		前跷高	15.2	±0.2	10.4	±0.2	9.4	±0.2
		后跷高	2.0	—	2.0	—	1.5	—
	头厚		28.4	±0.4	25.3	±0.4	22.8	±0.4
	后跟突点高		22.7	±0.3	20.1	±0.3	17.6	±0.3
	后身高		77.1	±1.1	73.3	±1.1	64.2	±1.1
	前掌凸度		5.1	±0.1	4.7	±0.1	4.2	±0.1
	底心凹度		2.0	—	2.0	—	1.5	—
	踵心凸度		2.5	—	2.0	—	1.5	—
	统口宽		30.4	±0.4	25.8	±0.4	23.8	±0.4
	统口长		118.2	±2.2	104.4	±2.2	89.4	±2.2
	楦斜长		266.0	±5.0	237.0	±5.0	202.0	±5.0

表 21(续)

单位为毫米

部位名称			R-0 小童解放鞋楦 150(二型) 尺寸	R-0 小童解放鞋楦 150(二型) 等差	R-0 男解放鞋楦[b] 255(三型半) 尺寸	R-0 男解放鞋楦[b] 255(三型半) 等差	R-0 男高腰解放鞋楦 255(三型半) 尺寸	R-0 男高腰解放鞋楦 255(三型半) 等差
长度	楦底样长		155.0	±5.0	265.0	±5.0	265.0	±5.0
	放余量		12.9	±0.4	14.4	±0.3	14.3	±0.3
	脚趾端点部位		147.1	±4.6	250.7	±4.7	250.7	±4.7
	拇趾外突点部位		132.1	±4.1	225.2	±4.2	225.2	±4.2
	小趾外突点部位		114.2	±3.6	194.7	±3.7	194.7	±3.7
	第一跖趾部位		105.9	±3.3	180.7	±3.4	180.7	±3.4
	第五跖趾部位		92.5	±2.9	157.8	±3.0	157.8	±3.0
	腰窝部位		58.8	±1.8	100.4	±1.9	100.4	±1.9
	踵心部位		24.4	±0.8	41.8	±0.8	41.8	±0.8
	后容差		2.6	±0.1	4.1	±0.1	4.1	±0.1
围度	跖围		169.5	±3.5	253.5	±3.5	253.5	±3.5
	跗围		174.6	±3.6	260.6	±3.6	262.6	±3.6
宽度	基本宽度		59.3	±1.2	91.9	±1.3	91.9	±1.3
	拇趾里宽		24.1	±0.5	35.1	±0.5	35.1	±0.5
	小趾外宽		35.4	±0.7	51.4	±0.7	51.4	±0.7
	第一跖趾里宽		24.8	±0.5	38.3	±0.5	38.3	±0.5
	第五跖趾外宽		34.5	±0.7	53.6	±0.8	53.6	±0.8
	腰窝外宽		26.1	±0.5	40.7	±0.6	40.7	±0.6
	踵心全宽		40.2	±0.8	62.3	±0.9	62.3	±0.9
楦体尺寸	跷高	总前跷	9.2	±0.2	18.2	±0.2	17.2	±0.2
		前跷高	8.2	±0.2	16.2	±0.2	15.2	±0.2
		后跷高	1.0	—	2.0	—	2.0	—
	头厚		19.9	±0.4	28.9	±0.4	28.4	±0.4
	后跟突点高		14.6	±0.3	22.7	±0.3	22.7	±0.3
	后身高		55.1	±1.1	77.1	±1.1	116.6	±1.6
	前掌凸度		3.6	±0.1	6.1	±0.1	5.1	±0.1
	底心凹度		1.0	—	2.0	—	2.0	—
	踵心凸度		1.0	—	3.5	—	2.5	—
	统口宽		21.4	±0.4	30.4	±0.4	30.4	±0.4
	统口长		72.3	±2.3	118.2	±2.2	112.1	±2.1
	楦斜长		162.1	±5.1	266.0	±5.0	286.4	±5.4

表21(续)

单位为毫米

部位名称			R-0女高腰解放鞋楦 235(二型半) 尺寸	等差	R-0男网球鞋楦 255(二型半) 尺寸	等差	R-0大童网球鞋楦 225(二型) 尺寸	等差
长度	楦底样长		245.0	±5.0	267.0	±5.0	237.0	±5.0
	放余量		13.8	±0.3	16.3	±0.3	16.1	±0.3
	脚趾端点部位		231.2	±4.7	250.7	±4.7	220.9	±4.7
	拇趾外突点部位		207.7	±4.2	225.2	±4.2	198.4	±4.2
	小趾外突点部位		179.6	±3.7	194.6	±3.6	171.4	±3.6
	第一跖趾部位		166.7	±3.4	180.7	±3.4	159.2	±3.4
	第五跖趾部位		145.6	±3.0	157.8	±3.0	138.8	±2.9
	腰窝部位		92.7	±1.9	100.4	±1.9	88.5	±1.9
	踵心部位		38.7	±0.8	41.8	±0.8	36.8	±0.8
	后容差		3.6	±0.1	4.1	±0.1	3.7	±0.1
围度	跖围		230.5	±3.5	243.0	±3.5	218.5	±3.5
	跗围		239.6	±3.6	247.1	±3.6	222.7	±3.6
宽度	基本宽度		84.1	±1.3	88.0	±1.3	78.9	±1.3
	拇趾里宽		32.1	±0.5	33.6	±0.5	30.6	±0.5
	小趾外宽		47.1	±0.7	49.2	±0.7	44.8	±0.7
	第一跖趾里宽		35.1	±0.5	36.7	±0.5	32.9	±0.5
	第五跖趾外宽		49.0	±0.8	51.3	±0.8	46.0	±0.8
	腰窝外宽		37.2	±0.6	38.9	±0.6	34.9	±0.6
	踵心全宽		57.0	±0.9	59.6	±0.9	53.5	±0.9
楦体尺寸	跷高	总前跷	16.2	±0.2	18.3	±0.3	12.4	±0.2
		前跷高	14.2	±0.2	16.2	±0.2	11.4	±0.2
		后跷高	2.0	—	2.0	—	2.0	—
	头厚		25.4	±0.4	26.4	±0.4	23.8	±0.4
	后跟突点高		20.6	±0.3	22.7	±0.3	20.1	±0.3
	后身高		106.6	±1.6	77.1	±1.1	72.4	±1.2
	前掌凸度		4.6	±0.1	6.1	±0.1	5.7	±0.1
	底心凹度		2.0	—	3.0	—	3.0	—
	踵心凸度		2.0	—	3.5	—	3.0	—
	统口宽		25.4	±0.4	26.4	±0.4	24.8	±0.4
	统口长		102.1	±2.1	112.1	±2.1	99.2	±2.1
	楦斜长		270.5	±5.5	267.0	±5.0	238.0	±5.0

表21(续)

单位为毫米

部位名称		鞋楦名称和号型尺寸					
		R-0中童网球鞋楦		R-0小童网球鞋楦		R-0男普通长球鞋楦	
		190(二型)		150(二型)		255(二型半)	
		尺寸	等差	尺寸	等差	尺寸	等差
长度	楦底样长	202.0	±5.0	162.0	±5.0	267.0	±5.0
	放余量	15.8	±0.4	15.0	±0.5	16.3	±0.3
	脚趾端点部位	186.2	±4.6	147.0	±4.5	250.7	±4.7
	拇趾外突点部位	167.2	±4.1	132.1	±4.1	225.2	±4.2
	小趾外突点部位	144.6	±3.6	114.1	±3.5	194.6	±3.6
	第一跖趾部位	134.1	±3.3	105.9	±3.3	180.7	±3.4
	第五跖趾部位	117.1	±2.9	92.4	±2.8	157.8	±3.0
	腰窝部位	74.4	±1.8	58.8	±1.8	100.4	±1.9
	踵心部位	31.0	±0.8	24.4	±0.8	41.8	±0.8
	后容差	3.2	±0.1	2.6	±0.1	4.1	±0.1
围度	跖围	194	±3.5	166.0	±3.5	243.0	±3.5
	跗围	198.2	±3.6	170.1	±3.6	252.1	±3.6
宽度	基本宽度	68.3	±1.2	58.0	±1.2	88.0	±1.3
	拇趾里宽	27.1	±0.5	23.6	±0.5	33.6	±0.5
	小趾外宽	39.7	±0.7	34.6	±0.7	49.2	±0.7
	第一跖趾里宽	28.6	±0.5	24.3	±0.5	36.7	±0.5
	第五跖趾外宽	39.7	±0.7	33.7	±0.7	51.3	±0.8
	腰窝外宽	30.1	±0.5	25.5	±0.5	38.9	±0.6
	踵心全宽	46.3	±0.8	39.3	±0.8	59.6	±0.9
楦体尺寸	跷高 总前跷	11.4	±0.2	10.2	±0.2	18.3	±0.3
	跷高 前跷高	10.4	±0.2	9.2	±0.2	16.2	±0.2
	跷高 后跷高	1.5	—	1.0	—	2.0	—
	头厚	21.3	±0.4	18.4	±0.4	26.4	±0.4
	后跟突点高	17.6	±0.3	14.6	±0.3	22.7	±0.3
	后身高	64.4	±1.2	55.2	±1.2	121.8	±1.8
	前掌凸度	5.2	±0.1	4.6	±0.1	6.1	±0.1
	底心凹度	2.5	—	2.0	—	2.0	—
	踵心凸度	2.5	—	2.0	—	3.5	—
	统口宽	22.8	±0.4	20.4	±0.4	26.4	±0.4
	统口长	84.2	±2.1	67.1	±2.1	112.1	±2.1
	楦斜长	203.0	±5.0	168.0	±5.0	293.5	±5.5

表 21(续)

单位为毫米

部位名称			鞋楦名称和号型尺寸					
			R-0 大童普通长球鞋楦		R-0 中童普通长球鞋楦		R-0 小童普通长球鞋楦	
			225(二型)		190(二型)		150(二型)	
			尺寸	等差	尺寸	等差	尺寸	等差
长度	楦底样长		237.0	±5.0	202.0	±5.0	162.0	±5.0
	放余量		16.1	±0.3	15.8	±0.4	15.0	±0.5
	脚趾端点部位		220.9	±4.7	186.2	±4.6	147.0	±4.5
	拇趾外突点部位		198.4	±4.2	167.2	±4.1	132.1	±4.1
	小趾外突点部位		171.4	±3.6	144.6	±3.6	114.1	±3.5
	第一跖趾部位		159.2	±3.4	134.1	±3.3	105.9	±3.3
	第五跖趾部位		138.8	±2.9	117.1	±2.9	92.4	±2.8
	腰窝部位		88.5	±1.9	74.4	±1.8	58.8	±1.8
	踵心部位		36.8	±0.8	31.0	±0.8	24.4	±0.8
	后容差		3.7	±0.1	3.2	±0.1	2.6	±0.1
围度	跖围		218.5	±3.5	194.0	±3.5	166.0	±3.5
	跗围		227.7	±3.6	201.2	±3.6	171.1	±3.6
宽度	基本宽度		78.9	±1.3	68.3	±1.2	58.0	±1.2
	拇趾里宽		30.6	±0.5	27.1	±0.5	23.6	±0.5
	小趾外宽		44.8	±0.7	39.7	±0.7	34.6	±0.7
	第一跖趾里宽		32.9	±0.5	28.6	±0.5	24.3	±0.5
	第五跖趾外宽		46.0	±0.8	39.7	±0.7	33.7	±0.7
	腰窝外宽		34.9	±0.6	30.1	±0.5	25.5	±0.5
	踵心全宽		53.5	±0.9	46.3	±0.8	39.3	±0.8
楦体尺寸	跷高	总前跷	12.4	±0.2	11.4	±0.2	10.2	±0.2
		前跷高	11.4	±0.2	10.4	±0.2	9.2	±0.2
		后跷高	2.0	—	1.5	—	1.0	—
	头厚		23.8	±0.4	21.3	±0.4	18.4	±0.4
	后跟突点高		20.1	±0.3	17.6	±0.3	14.6	±0.3
	后身高		109.6	±1.8	95.4	±1.7	79.7	±1.7
	前掌凸度		5.7	±0.1	5.2	±0.1	4.6	±0.1
	底心凹度		2.0	—	1.5	—	1.0	—
	踵心凸度		3.0	—	2.5	—	2.0	—
	统口宽		24.8	±0.4	22.8	±0.4	20.4	±0.4
	统口长		99.2	±2.1	84.2	±2.1	67.1	±2.1
	楦斜长		257.8	±5.4	223.0	±5.5	182.6	±5.6

表 21(续)

单位为毫米

部位名称		鞋楦名称和号型尺寸					
		R-0 男模压底长球鞋楦		R-0 女模压底长球鞋楦		R-0 男便鞋楦	
		255(二型半)		235(一型半)		255(三型半)	
		尺寸	等差	尺寸	等差	尺寸	等差
长度	楦底样长	267.0	±5.0	247.0	±5.0	265.0	±5.0
	放余量	16.3	±0.3	15.8	±0.3	14.3	±0.3
	脚趾端点部位	250.7	±4.7	231.2	±4.7	250.7	±4.7
	拇趾外突点部位	225.2	±4.2	207.7	±4.2	225.2	±4.2
	小趾外突点部位	194.6	±3.6	179.5	±3.6	194.7	±3.7
	第一跖趾部位	180.7	±3.4	166.7	±3.4	180.7	±3.4
	第五跖趾部位	157.8	±3.0	145.0	±3.0	157.8	±3.0
	腰窝部位	100.4	±1.9	92.7	±1.9	100.4	±1.9
	踵心部位	41.8	±0.8	38.7	±0.8	41.8	±0.8
	后容差	4.1	±0.1	3.6	±0.1	4.1	±0.1
围度	跖围	239.5	±3.5	216.5	±3.5	250.0	±3.5
	跗围	248.6	±3.6	225.6	±3.6	254.1	±3.6
宽度	基本宽度	86.7	±1.3	78.9	±1.3	90.6	±1.3
	拇趾里宽	33.1	±0.5	30.1	±0.5	34.6	±0.5
	小趾外宽	48.5	±0.7	44.1	±0.7	50.7	±0.7
	第一跖趾里宽	36.2	±0.5	32.9	±0.5	37.8	±0.5
	第五跖趾外宽	50.5	±0.8	46.0	±0.8	52.8	±0.8
	腰窝外宽	38.4	±0.6	34.9	±0.6	40.1	±0.6
	踵心全宽	58.8	±0.9	53.5	±0.9	61.4	±0.9
楦体尺寸	跷高 总前跷	4.1	±0.1	3.0	—	17.2	±0.2
	跷高 前跷高	4.1	±0.1	3.0	—	15.2	±0.2
	跷高 后跷高	—	—	—	—	2.0	—
	头厚	22.3	±0.3	19.3	±0.3	22.3	±0.3
	后跟突点高	22.7	±0.3	20.6	±0.3	22.7	±0.3
	后身高	121.8	±1.8	111.8	±1.8	77.1	±1.1
	前掌凸度	—	—	—	—	6.1	±0.1
	底心凹度	—	—	—	—	2.0	—
	踵心凸度	—	—	—	—	3.5	—
	统口宽	26.4	±0.4	25.4	±0.4	26.4	±0.4
	统口长	112.1	±2.1	102.1	±2.1	112.1	±2.1
	楦斜长	296.6	±5.6	274.6	±5.6	265.0	±5.0

表 21(续)

单位为毫米

部位名称			R-0 女一带鞋楦 235(二型半) 尺寸	等差	R-0 大童便鞋楦 225(二型) 尺寸	等差	R-0 中童便鞋楦 190(二型) 尺寸	等差
长度	楦底样长		245.0	±5.0	235.0	±5.0	200.0	±5.0
	放余量		13.8	±0.3	14.1	±0.3	13.6	±0.3
	脚趾端点部位		231.2	±4.7	220.9	±4.7	186.4	±4.7
	拇趾外突点部位		207.7	±4.2	198.4	±4.2	167.4	±4.2
	小趾外突点部位		179.6	±3.7	171.4	±3.6	144.6	±3.6
	第一跖趾部位		166.7	±3.4	159.2	±3.4	134.3	±3.4
	第五跖趾部位		145.6	±3.0	139.0	±3.0	117.1	±2.9
	腰窝部位		92.7	±1.9	88.5	±1.9	74.6	±1.9
	踵心部位		38.7	±0.8	36.8	±0.8	31.0	±0.8
	后容差		3.6	±0.1	3.7	±0.1	3.2	±0.1
围度	跖围		223.5	±3.5	218.5	±3.5	194	±3.5
	跗围		227.6	±3.6	222.7	±3.6	198.2	±3.6
宽度	基本宽度		81.5	±1.3	78.9	±1.3	68.3	±1.2
	拇趾里宽		31.1	±0.5	30.6	±0.5	27.1	±0.5
	小趾外宽		45.6	±0.7	44.6	±0.7	39.7	±0.7
	第一跖趾里宽		34.0	±0.5	32.9	±0.5	28.6	±0.5
	第五跖趾外宽		47.5	±0.8	46.0	±0.8	39.7	±0.7
	腰窝外宽		36.0	±0.6	34.9	±0.6	30.1	±0.5
	踵心全宽		55.2	±0.9	53.5	±0.9	46.3	±0.8
楦体尺寸	跷高	总前跷	16.2	±0.2	12.4	±0.2	11.4	±0.2
		前跷高	14.2	±0.2	11.4	±0.2	10.4	±0.2
		后跷高	2.0	—	2	—	1.5	—
	头厚		18.3	±0.3	19.6	±0.3	17.6	±0.3
	后跟突点高		20.6	±0.3	20.1	±0.3	17.6	±0.3
	后身高		71.1	±1.1	72.4	±1.2	64.4	±1.2
	前掌凸度		5.6	±0.1	5.7	±0.1	5.2	±0.1
	底心凹度		2.0	—	2.0	—	1.5	—
	踵心凸度		3.0	—	3.0	—	2.5	—
	统口宽		21.3	±0.3	24.8	±0.4	22.8	±0.4
	统口长		102.1	±2.1	99.2	±2.1	84.2	±2.1
	楦斜长		245.0	±5.0	236	±5.0	192	±5.0

表 21(续)

单位为毫米

部位名称			鞋楦名称和号型尺寸					
			R-0 小童便鞋楦		R-20 男便鞋楦		R-30 男便鞋楦	
			150(二型)		255(二型半)		255(二型半)	
			尺寸	等差	尺寸	等差	尺寸	等差
长度	楦底样长		160.0	±5.0	267.0	±5.0	267.0	±5.0
	放余量		12.9	±0.4	16.3	±0.3	16.3	±0.3
	脚趾端点部位		147.1	±4.6	250.7	±4.7	250.7	±4.7
	拇趾外突点部位		132.1	±4.1	225.2	±4.2	252.2	±4.2
	小趾外突点部位		114.2	±3.6	194.6	±3.6	194.6	±3.6
	第一跖趾部位		105.9	±3.3	180.7	±3.4	180.7	±3.4
	第五跖趾部位		92.5	±2.9	157.8	±3.0	157.8	±3.0
	腰窝部位		58.8	±1.8	100.4	±1.9	100.4	±1.9
	踵心部位		24.4	±0.8	41.8	±0.8	41.8	±0.8
	后容差		2.6	±0.1	4.1	±0.1	4.1	±0.1
围度	跖围		166.0	±3.5	239.5	±3.5	239.5	±3.5
	跗围		170.1	±3.6	241.5	±3.5	239.5	±3.5
宽度	基本宽度		58.0	±1.2	86.7	±1.3	86.7	±1.3
	拇趾里宽		23.6	±0.5	33.1	±0.5	33.1	±0.5
	小趾外宽		34.6	±0.7	48.5	±0.7	48.5	±0.7
	第一跖趾里宽		24.3	±0.5	36.2	±0.5	36.2	±0.5
	第五跖趾外宽		33.7	±0.7	50.5	±0.8	50.5	±0.8
	腰窝外宽		25.5	±0.5	38.4	±0.6	38.4	±0.6
	踵心全宽		39.3	±0.8	58.8	±0.9	58.8	±0.9
楦体尺寸	跷高	总前跷	10.2	±0.2	26.4	±0.4	30.4	±0.4
		前跷高	9.2	±0.2	15.2	±0.2	14.2	±0.2
		后跷高	1.0	—	20.3	±0.3	30.4	±0.4
	头厚		15.3	±0.3	21.3	±0.3	21.3	±0.3
	后跟突点高		14.6	±0.3	22.7	±0.1	22.7	±0.3
	后身高		55.2	±1.2	77.1	±1.1	77.1	±1.1
	前掌凸度		4.6	±0.1	5.6	±0.1	5.1	±0.1
	底心凹度		1.0	—	4.6	—	5.6	±0.1
	踵心凸度		2.0	—	3.0	—	3.0	—
	统口宽		20.4	±0.4	26.4	±0.4	26.4	±0.4
	统口长		67.1	±2.1	112.1	±2.1	112.1	±2.1
	楦斜长		161.0	±5.0	266.0	±5.0	265.0	±5.0

表 21(续)

单位为毫米

部位名称			R-20 女一带鞋楦 235(一型半) 尺寸	等差	R-30 女一带鞋楦 235(一型半) 尺寸	等差	R-40 女一带鞋楦[c] 235(一型半) 尺寸	等差
长度	楦底样长		245.0	±5.0	245.0	±5.0	245.0	±5.0
	放余量		13.8	±0.3	13.8	±0.3	13.8	±0.3
	脚趾端点部位		231.2	±4.7	231.2	±4.7	231.2	±4.7
	拇趾外突点部位		207.7	±4.2	207.7	±4.2	207.7	±4.2
	小趾外突点部位		179.6	±3.7	179.6	±3.7	179.6	±3.7
	第一跖趾部位		166.7	±3.4	166.7	±3.4	166.7	±3.4
	第五跖趾部位		145.6	±3.0	145.6	±3.0	145.6	±3.0
	腰窝部位		92.7	±1.9	92.7	±1.9	92.7	±1.9
	踵心部位		38.7	±0.8	38.7	±0.8	38.7	±0.8
	后容差		3.6	±0.1	3.6	±0.1	3.6	±0.1
围度	跖围		216.5	±3.5	216.5	±3.5	218.5	±3.5
	跗围		218.5	±3.5	216.5	±3.5	216.5	±3.5
宽度	基本宽度		78.9	±1.3	78.9	±1.3	76.2	±1.2
	拇趾里宽		30.1	±0.5	30.1	±0.5	29.1	±0.5
	小趾外宽		44.1	±0.7	44.1	±0.7	42.7	±0.7
	第一跖趾里宽		32.9	±0.5	32.9	±0.5	31.9	±0.5
	第五跖趾外宽		46.0	±0.8	46.0	±0.8	44.3	±0.7
	腰窝外宽		34.9	±0.6	34.9	±0.6	33.6	±0.5
	踵心全宽		53.5	±0.9	53.5	±0.9	51.6	±0.8
楦体尺寸	跷高	总前跷	25.4	±0.4	30.5	±0.5	36.6	±0.6
		前跷高	14.2	±0.2	13.2	±0.2	13.2	±0.2
		后跷高	20.3	±0.3	30.5	±0.5	40.6	±0.6
	头厚		17.3	±0.3	17.3	±0.3	17.3	±0.3
	后跟突点高		20.6	±0.3	20.6	±0.3	20.6	±0.3
	后身高		71.2	±1.2	71.2	±1.2	71.1	±1.1
	前掌凸度		5.1	±0.1	4.6	±0.1	4.1	±0.1
	底心凹度		4.6	±0.1	5.6	±0.1	6.6	±0.1
	踵心凸度		2.5	—	2.5	—	2.5	—
	统口宽		21.4	±0.4	21.4	±0.4	21.3	±0.3
	统口长		102.1	±2.1	102.1	±2.1	102.1	±2.1
	楦斜长		244.0	±5.0	243.0	±5.0	241.9	±4.9

表 21(续)

单位为毫米

部位名称			鞋楦名称和号型尺寸					
			R-40 女一带鞋楦[d] 235(一型半)		R-50 女一带鞋楦[c] 235(一型半)		R-50 女一带鞋楦[d] 235(一型半)	
			尺寸	等差	尺寸	等差	尺寸	等差
长度	楦底样长		245.0	±5.0	245.0	±5.0	245.0	±5.0
	放余量		13.8	±0.3	13.8	±0.3	13.8	±0.3
	脚趾端点部位		231.2	±4.7	231.2	±4.7	231.2	±4.7
	拇趾外突点部位		207.7	±4.2	207.7	±4.2	207.7	±4.2
	小趾外突点部位		179.6	±3.7	179.6	±3.7	179.6	±3.7
	第一跖趾部位		166.7	±3.4	166.7	±3.4	166.7	±3.4
	第五跖趾部位		145.6	±3.0	145.6	±3.0	145.6	±3.0
	腰窝部位		92.7	±1.9	92.7	±1.9	92.7	±1.9
	踵心部位		38.7	±0.8	38.7	±0.8	38.7	±0.8
	后容差		3.6	±0.1	3.6	±0.1	3.6	±0.1
围度	跖围		218.5	±3.5	218.5	±3.5	218.5	±3.5
	跗围		216.5	±3.5	214.4	±3.4	214.4	±3.4
宽度	基本宽度		75.2	±1.2	76.2	±1.2	75.2	±1.2
	拇趾里宽		28.0	±0.4	29.1	±0.5	28.0	±0.4
	小趾外宽		40.6	±0.6	42.7	±0.7	40.6	±0.6
	第一跖趾里宽		31.9	±0.5	31.9	±0.5	31.9	±0.5
	第五跖趾外宽		43.3	±0.7	44.3	±0.7	43.3	±0.7
	腰窝外宽		33.6	±0.5	33.6	±0.5	33.6	±0.5
	踵心全宽		51.6	±0.8	51.6	±0.8	51.6	±0.8
楦体尺寸	跷高	总前跷	36.6	±0.6	42.7	±0.7	42.7	±0.7
		前跷高	13.2	±0.2	12.2	±0.2	12.2	±0.2
		后跷高	40.6	±0.6	50.8	±0.8	50.8	±0.8
	头厚		17.3	±0.3	17.3	±0.3	17.3	±0.3
	后跟突点高		20.6	±0.3	20.6	±0.3	20.6	±0.3
	后身高		71.1	±1.1	71.1	±1.1	71.1	±1.1
	前掌凸度		4.1	±0.1	3.6	±0.1	3.6	±0.1
	底心凹度		6.6	±0.1	7.6	±0.1	7.6	±0.1
	踵心凸度		2.5	—	2.0	—	2.0	—
	统口宽		21.3	±0.3	21.3	±0.3	21.3	±0.3
	统口长		102.1	±2.1	102.1	±2.1	102.1	±2.1
	楦斜长		241.9	±4.9	240.9	±4.9	240.9	±4.9

表 21(续)

单位为毫米

部位名称			R-0 男高腰棉鞋楦 255(二型半) 尺寸	等差	R-0 大童高腰棉鞋楦 225(二型) 尺寸	等差	R-0 中童高腰棉鞋楦 190(二型) 尺寸	等差
长度	楦底样长		265.0	±5.0	235.0	±5.0	200.0	±5.0
	放余量		14.3	±0.3	14.1	±0.3	13.6	±0.3
	脚趾端点部位		250.7	±4.7	220.9	±4.7	186.4	±4.7
	拇趾外突点部位		225.2	±4.2	198.4	±4.2	167.4	±4.2
	小趾外突点部位		194.7	±3.7	171.4	±3.6	144.6	±3.6
	第一跖趾部位		180.7	±3.4	159.2	±3.4	134.3	±3.4
	第五跖趾部位		157.8	±3.0	139.0	±3.0	117.1	±2.9
	腰窝部位		100.4	±1.9	88.5	±1.9	74.6	±1.9
	踵心部位		41.8	±0.8	36.8	±0.8	31.0	±0.8
	后容差		4.1	±0.1	3.7	±0.1	3.2	±0.1
围度	跖围		257.7	±3.5	225.5	±3.5	201.0	±3.5
	跗围		266.1	±3.6	234.7	±3.6	208.2	±3.6
宽度	基本宽度		91.9	±1.3	80.0	±1.2	69.6	±1.2
	拇趾里宽		35.1	±0.5	31.1	±0.5	27.6	±0.5
	小趾外宽		51.4	±0.7	45.6	±0.7	40.5	±0.7
	第一跖趾里宽		38.3	±0.5	33.4	±0.5	29.1	±0.5
	第五跖趾外宽		53.6	±0.8	46.6	±0.7	40.5	±0.7
	腰窝外宽		40.7	±0.6	35.3	±0.5	30.6	±0.5
	踵心全宽		62.3	±0.9	54.2	±0.8	47.1	±0.8
楦体尺寸	跷高	总前跷	17.2	±0.2	12.4	±0.2	11.4	±0.2
		前跷高	15.2	±0.2	11.4	±0.2	10.4	±0.2
		后跷高	2.0	—	2.0	—	1.5	—
	头厚		28.4	±0.4	21.1	±0.3	19.1	±0.3
	后跟突点高		22.7	±0.3	20.1	±0.3	17.6	±0.3
	后身高		116.6	±1.6	87.8	±1.4	77.8	±1.4
	前掌凸度		5.1	±0.1	4.7	±0.1	4.2	±0.1
	底心凹度		2.0	—	2.0	—	1.5	—
	踵心凸度		2.5	—	2.0	—	1.5	—
	统口宽		26.4	±0.4	24.8	±0.4	22.8	±0.4
	统口长		112.1	±2.1	99.2	±2.1	84.2	±2.1
	楦斜长		285.3	±5.3	245.4	±5.2	210.4	±5.2

表 21(续)

单位为毫米

部位名称			鞋楦名称和号型尺寸					
			R-30 男高腰棉鞋楦 255(二型半)		R-30 女高腰棉鞋楦 235(一型半)		R-40 女高腰棉鞋楦 235(一型半)	
			尺寸	等差	尺寸	等差	尺寸	等差
长度	楦底样长		267.0	±5.0	247.0	±5.0	247.0	±5.0
	放余量		16.3	±0.3	15.8	±0.3	14.3	±0.3
	脚趾端点部位		250.7	±4.7	231.2	±4.7	232.7	±4.7
	拇趾外突点部位		225.2	±4.2	207.7	±4.2	209.2	±4.2
	小趾外突点部位		194.6	±3.6	179.5	±3.6	181.1	±3.7
	第一跖趾部位		180.7	±3.4	166.7	±3.4	168.2	±3.4
	第五跖趾部位		157.8	±3.0	145.6	±3.0	147.1	±3.0
	腰窝部位		100.4	±1.9	92.7	±1.9	94.2	±1.9
	踵心部位		41.8	±0.8	38.7	±0.8	40.2	±0.8
	后容差		4.1	±0.1	3.6	±0.1	3.6	±0.1
围度	跖围		246.5	±3.5	223.5	±3.5	225.5	±3.5
	跗围		251.6	±3.6	228.6	±3.6	228.5	±3.5
宽度	基本宽度		87.9	±1.2	80.2	±1.3	77.5	±1.2
	拇趾里宽		33.6	±0.5	30.6	±0.5	29.6	±0.5
	小趾外宽		49.2	±0.7	44.9	±0.7	43.4	±0.7
	第一跖趾里宽		36.7	±0.5	33.5	±0.5	32.4	±0.5
	第五跖趾外宽		51.2	±0.7	46.7	±0.8	45.1	±0.7
	腰窝外宽		38.8	±0.5	35.5	±0.6	34.2	±0.5
	踵心全宽		59.5	±0.8	54.4	±0.9	52.5	±0.8
楦体尺寸	跷高	总前跷	31.4	±0.4	30.5	±0.5	36.6	±0.6
		前跷高	14.2	±0.2	13.2	±0.2	13.2	±0.2
		后跷高	30.4	±0.4	30.5	±0.5	40.6	±0.6
	头厚		21.3	±0.3	18.3	±0.3	18.3	±0.3
	后跟突点高		22.7	±0.3	20.6	±0.3	20.6	±0.3
	后身高		116.7	±1.7	106.7	±1.7	106.7	±1.7
	前掌凸度		5.1	±0.1	4.6	±0.1	4.1	±0.1
	底心凹度		5.6	±0.1	5.6	±0.1	6.6	±0.1
	踵心凸度		3.0	—	2.5	—	2.5	—
	统口宽		26.4	±0.4	24.4	±0.4	24.4	±0.4
	统口长		112.1	±2.1	102.1	±2.1	102.1	±2.1
	楦斜长		285.3	±5.3	265.4	±5.4	264.4	±5.4

表 21(续)

单位为毫米

部位名称		鞋楦名称和号型尺寸					
		R-20 男全空凉鞋楦 255(二型半)		R-20 女全空凉鞋楦 235(一型半)		R-40 女全空凉鞋楦 235(一型半)	
		尺寸	等差	尺寸	等差	尺寸	等差
长度	楦底样长	260.0	±5.0	240.0	±5.0	240.0	±5.0
	放余量	8.2	±0.2	7.7	±0.2	7.7	±0.2
	脚趾端点部位	251.8	±4.8	232.3	±4.8	232.3	±4.8
	拇趾外突点部位	226.4	±4.4	208.9	±4.4	204.9	±4.4
	小趾外突点部位	195.7	±3.7	180.7	±3.8	180.7	±3.8
	第一跖趾部位	181.8	±3.5	167.8	±3.5	167.8	±3.5
	第五跖趾部位	158.8	±3.0	146.7	±3.1	146.7	±3.1
	腰窝部位	101.5	±2.0	93.8	±2.0	93.8	±2.0
	踵心部位	42.8	±0.8	39.7	±0.8	39.7	±0.8
	后容差	3.1	±0.1	2.5	—	2.5	—
围度	跖围	239.6	±3.5	216.5	±3.5	218.5	±3.5
	跗围	246.6	±3.6	221.6	±3.6	219.5	±3.5
宽度	基本宽度	86.7	±1.3	78.9	±1.3	76.2	±1.2
	拇趾里宽	33.1	±0.5	30.1	±0.5	29.1	±0.5
	小趾外宽	48.5	±0.7	44.1	±0.7	42.7	±0.7
	第一跖趾里宽	36.2	±0.5	32.9	±0.5	31.9	±0.5
	第五跖趾外宽	50.5	±0.8	46.0	±0.8	44.3	±0.7
	腰窝外宽	38.9	±0.6	35.5	±0.6	34.2	±0.5
	踵心全宽	58.8	±0.9	53.5	±0.9	51.6	±0.8
楦体尺寸	跷高 总前跷	25.4	±0.4	24.4	±0.4	35.6	±0.6
	跷高 前跷高	14.2	±0.2	13.2	±0.2	12.2	±0.2
	跷高 后跷高	20.3	±0.3	20.3	±0.3	40.6	±0.6
	头厚	18.3	±0.3	15.2	±0.2	15.2	±0.2
	后跟突点高	22.7	±0.3	20.6	±0.3	20.6	±0.3
	后身高	77.1	±1.1	71.2	±1.2	71.1	±1.1
	前掌凸度	5.6	±0.1	5.1	±0.1	4.1	±0.1
	底心凹度	4.6	±0.1	4.6	±0.1	6.6	±0.1
	踵心凸度	3.0	—	2.5	—	2.5	—
	统口宽	26.4	±0.4	21.4	±0.4	21.3	±0.3
	统口长	112.2	±2.2	102.1	±2.1	102.1	±2.1
	楦斜长	258.0	±5.0	238.0	±5.0	235.9	±4.9

注：用女一带鞋楦可做女胶便鞋，其鞋号不变，但肥瘦要少打半个型。

a 适做贴合工艺。

b 适做模压工艺。

c 圆头。

d 方头。

6.3.2 全胶鞋中间号楦样尺寸(见表22)。

表22 全胶鞋中间号楦样尺寸

单位为毫米

部位名称			鞋楦名称和号型尺寸					
			R-0男元宝雨鞋楦		R-0大童元宝雨鞋楦		R-0中童元宝雨鞋楦	
			255(二型半)		225(二型)		190(二型)	
			尺寸	等差	尺寸	等差	尺寸	等差
长度	楦底样长		265.0	±5.0	235.0	±5.0	200.0	±5.0
	放余量		14.3	±0.3	14.1	±0.3	13.6	±0.3
	脚趾端点部位		250.7	±4.7	220.9	±4.7	186.4	±4.7
	拇趾外突点部位		225.2	±4.3	198.4	±4.2	167.4	±4.2
	小趾外突点部位		194.7	±3.7	171.4	±3.6	144.6	±3.6
	第一跖趾部位		180.7	±3.4	159.2	±3.4	134.3	±3.4
	第五跖趾部位		157.8	±3.0	139.0	±3.0	117.1	±2.9
	腰窝部位		100.4	±1.9	88.5	±1.9	74.6	±1.9
	踵心部位		41.8	±0.8	36.8	±0.8	31.0	±0.8
	后容差		4.1	±0.1	3.7	±0.1	3.2	±0.1
围度	跖围		256.5	±3.5	225.5	±3.5	201.0	±3.5
	跗围		266.1	±3.6	234.7	±3.6	208.2	±3.6
宽度	基本宽度		91.9	±1.3	80.0	±1.2	69.6	±1.2
	拇趾里宽		35.1	±0.5	31.1	±0.5	27.6	±0.5
	小趾外宽		51.4	±0.7	45.6	±0.7	40.5	±0.7
	第一跖趾里宽		38.3	±0.5	33.4	±0.5	29.1	±0.5
	第五跖趾外宽		53.6	±0.8	46.6	±0.7	40.5	±0.7
	腰窝外宽		40.7	±0.6	35.3	±0.5	30.6	±0.5
	踵心全宽		62.3	±0.9	54.2	±0.8	47.1	±0.8
楦体尺寸	跷高	总前跷	17.2	±0.2	11.4	±0.2	10.4	±0.2
		前跷高	15.2	±0.2	10.4	±0.2	9.4	±0.2
		后跷高	2.0	—	2.0	—	1.5	—
	头厚		29.4	±0.4	25.8	±0.4	23.3	±0.4
	后跟突点高		22.7	±0.3	20.1	±0.3	17.6	±0.3
	后身高		111.5	±1.5	91.8	±1.4	81.8	±1.4
	前掌凸度		4.1	±0.1	3.7	±0.1	3.0	—
	底心凹度		3.0	—	2.5	—	2.0	—
	踵心凸度		2.5	—	2.0	—	1.5	—
	统口宽		30.4	±0.4	27.8	±0.4	24.8	±0.4
	统口长		118.2	±2.2	104.4	±2.2	89.4	±2.2
	楦斜长		285.4	±5.4	247.6	±5.3	212.6	±5.3

表 22(续)

单位为毫米

部位名称			鞋楦名称和号型尺寸					
			R-0 小童元宝雨鞋楦		R-30 男青年雨鞋楦		R-40 女青年雨鞋楦[a]	
			150(二型)		255(二型半)		235(一型半)	
			尺寸	等差	尺寸	等差	尺寸	等差
长度	楦底样长		160.0	±5.0	267.0	±5.0	247.0	±5.0
	放余量		12.9	±0.4	16.3	±0.3	15.8	±0.3
	脚趾端点部位		147.1	±4.6	250.7	±4.7	231.2	±4.7
	拇趾外突点部位		132.1	±4.1	225.2	±4.2	207.7	±4.2
	小趾外突点部位		114.2	±3.6	194.6	±3.6	179.5	±3.6
	第一跖趾部位		105.9	±3.3	180.7	±3.4	166.7	±3.4
	第五跖趾部位		92.5	±2.9	157.8	±3.0	145.6	±3.0
	腰窝部位		58.8	±1.8	100.4	±1.9	92.7	±1.9
	踵心部位		24.4	±0.8	41.8	±0.8	38.7	±0.8
	后容差		2.6	±0.1	4.1	±0.1	3.6	±0.1
围度	跖围		173.0	±3.5	246.5	±3.5	225.5	±3.5
	跗围		178.1	±3.6	249.5	±3.5	223.5	±3.5
宽度	基本宽度		59.3	±1.2	86.6	±1.2	76.2	±1.2
	拇趾里宽		24.1	±0.5	33.1	±0.5	29.1	±0.5
	小趾外宽		35.4	±0.7	48.5	±0.7	42.7	±0.7
	第一跖趾里宽		24.8	±0.5	36.2	±0.5	31.9	±0.5
	第五跖趾外宽		34.5	±0.7	50.4	±0.7	44.3	±0.7
	腰窝外宽		26.1	±0.5	38.3	±0.5	33.6	±0.5
	踵心全宽		40.2	±0.8	58.7	±0.8	51.6	±0.8
楦体尺寸	跷高	总前跷	9.2	±0.2	30.4	±0.4	36.6	±0.6
		前跷高	8.2	±0.2	14.2	±0.2	13.2	±0.2
		后跷高	1.0	—	30.4	±0.4	40.6	±0.6
	头厚		20.4	±0.4	22.3	±0.3	20.3	±0.3
	后跟突点高		14.6	±0.3	22.7	±0.3	20.6	±0.3
	后身高		70.4	±1.4	77.1	±1.1	71.1	±1.1
	前掌凸度		2.6	±0.1	5.1	±0.1	4.1	±0.1
	底心凹度		1.5	—	5.6	±0.1	6.6	±0.1
	踵心凸度		1.0	—	3.0	—	2.5	—
	统口宽		21.4	±0.4	26.4	±0.4	21.3	±0.3
	统口长		72.3	±2.3	112.1	±2.1	102.1	±2.1
	楦斜长		172.4	±5.4	265.0	±5.0	245.0	±5.0

表 22(续)

单位为毫米

部位名称			鞋楦名称和号型尺寸					
			R-40 女青年雨鞋楦[b]		R-30 男拉链雨鞋楦		R-40 女拉链雨鞋楦	
			235(一型半)		255(二型半)		235(一型半)	
			尺 寸	等 差	尺 寸	等 差	尺 寸	等 差
长度	楦底样长		247.0	±5.0	267.0	±5.0	247.0	±5.0
	放余量		15.8	±0.3	16.3	±0.3	15.8	±0.3
	脚趾端点部位		231.2	±4.7	250.7	±4.7	231.2	±4.7
	拇趾外突点部位		207.7	±4.2	225.2	±4.2	207.7	±4.2
	小趾外突点部位		179.5	±3.6	194.6	±3.6	179.5	±3.6
	第一跖趾部位		166.7	±3.4	180.7	±3.4	166.7	±0.4
	第五跖趾部位		145.6	±3.0	157.8	±3.0	145.6	±3.0
	腰窝部位		92.7	±1.9	100.4	±1.9	92.7	±1.9
	踵心部位		38.7	±0.8	41.8	±0.8	38.7	±0.8
	后容差		3.6	±0.1	4.1	±0.1	3.6	±0.1
围度	跖围		225.5	±3.5	250.0	±3.5	229.0	±3.5
	跗围		223.5	±3.5	253.0	±3.5	229.0	±3.5
宽度	基本宽度		75.2	±1.2	86.6	±1.2	76.2	±1.2
	拇趾里宽		28.0	±0.4	33.1	±0.5	29.1	±0.5
	小趾外宽		40.6	±0.6	48.5	±0.7	42.7	±0.7
	第一跖趾里宽		31.9	±0.5	36.2	±0.5	31.9	±0.5
	第五跖趾外宽		43.3	±0.7	50.4	±0.7	44.3	±0.7
	腰窝外宽		33.6	±0.5	38.3	±0.5	33.6	±0.5
	踵心全宽		51.6	±0.8	58.7	±0.8	51.6	±0.8
楦体尺寸	跷高	总前跷	36.6	±0.6	30.4	±0.4	36.6	±0.6
		前跷高	13.2	±0.2	14.2	±0.2	13.2	±0.2
		后跷高	40.6	±0.6	30.4	±0.4	40.6	±0.6
	头厚		20.3	±0.3	24.3	±0.3	21.3	±0.3
	后跟突点高		20.6	±0.3	22.7	±0.3	20.6	±0.3
	后身高		71.1	±1.1	126.8	±1.8	147.2	±2.2
	前掌凸度		4.1	±0.1	5.1	±0.1	4.1	±0.1
	底心凹度		6.6	±0.1	5.6	±0.1	6.6	±0.1
	踵心凸度		2.5	—	3.0	—	2.5	—
	统口宽		21.3	±0.3	30.4	±0.4	25.4	±0.4
	统口长		102.1	±2.1	112.1	±2.1	102.1	±2.1
	楦斜长		245.0	±5.0	295.5	±5.5	291.9	±5.9

表 22(续)

单位为毫米

部位名称			R-0 男轻便雨鞋楦 255(二型半) 尺寸	等差	R-25 男轻便雨靴楦 255(二型半) 尺寸	等差	R-35 男轻便雨靴楦 255(二型半) 尺寸	等差
长度	楦底样长		265.0	±5.0	267.0	±5.0	267.0	±5.0
	放余量		14.3	±0.3	16.3	±0.3	16.3	±0.3
	脚趾端点部位		250.7	±4.7	250.7	±4.7	250.7	±4.7
	拇趾外突点部位		225.2	±4.2	225.2	±4.2	225.2	±4.2
	小趾外突点部位		194.7	±3.7	194.6	±3.6	194.6	±3.6
	第一跖趾部位		180.7	±3.4	180.7	±3.4	180.7	±3.4
	第五跖趾部位		157.8	±3.0	157.8	±3.0	157.8	±3.0
	腰窝部位		100.4	±1.9	100.4	±1.9	100.4	±1.9
	踵心部位		41.8	±0.8	41.8	±0.8	41.8	±0.8
	后容差		4.1	±0.1	4.1	±0.1	4.1	±0.1
围度	跖围		260.5	±3.5	250.0	±3.5	250.0	±3.5
	跗围		260.5	±3.5	250.0	±3.5	250.0	±3.5
	兜围		370.0	±5.0	360.0	±5.0	355.0	±5.0
宽度	基本宽度		91.8	±1.2	87.9	±1.2	87.9	±1.2
	拇趾里宽		35.1	±0.5	33.6	±0.5	33.6	±0.5
	小趾外宽		51.4	±0.7	49.2	±0.7	49.2	±0.7
	第一跖趾里宽		38.3	±0.5	36.7	±0.5	36.7	±0.5
	第五跖趾外宽		53.5	±0.7	51.2	±0.7	51.2	±0.7
	腰窝外宽		40.6	±0.5	38.8	±0.5	38.8	±0.5
	踵心全宽		62.2	±0.8	59.5	±0.8	59.5	±0.8
楦体尺寸	跷高	总前跷	17.2	±0.2	29.4	±0.4	33.5	±0.5
		前跷高	15.2	±0.2	15.2	±0.2	14.2	±0.2
		后跷高	2.0	—	25.4	±0.4	35.5	±0.5
	头厚		28.4	±0.4	26.4	±0.4	26.4	±0.4
	后跟突点高		22.7	±0.3	22.7	±0.3	22.7	±0.3
	后身高		219.3	±4.3	219.3	±4.3	219.3	±4.3
	前掌凸度		6.1	±0.1	5.6	±0.1	5.1	±0.1
	底心凹度		2.0	—	4.5	±0.1	5.6	±0.1
	踵心凸度		3.5	—	3.0	—	3.0	—
	统口宽		81.1	±1.1	86.2	±1.2	81.1	±1.1
	统口长		142.7	±2.7	132.5	±2.5	137.6	±2.6
	楦斜长		283.4	±5.4	283.3	±5.3	282.3	±5.3

表 22(续)

单位为毫米

部位名称			R-20 女轻便雨靴楦 235(一型半) 尺寸	等差	R-30 女轻便雨靴楦 235(一型半) 尺寸	等差	R-40 女轻便雨鞋楦 235(一型半) 尺寸	等差
长度	楦底样长		247.0	±5.0	247.0	±5.0	247.0	±5.0
	放余量		15.8	±0.3	15.8	±0.3	15.8	±0.3
	脚趾端点部位		231.2	±4.7	231.2	±4.7	231.2	±4.7
	拇趾外突点部位		207.7	±4.2	207.7	±4.2	207.7	±4.2
	小趾外突点部位		179.5	±3.6	179.5	±3.6	179.5	±3.6
	第一跖趾部位		166.7	±3.4	166.7	±3.4	166.7	±3.4
	第五跖趾部位		145.6	±3.0	145.6	±3.0	145.6	±3.0
	腰窝部位		92.7	±1.9	92.7	±1.9	92.7	±1.9
	踵心部位		38.7	±0.8	38.7	±0.8	38.7	±0.8
	后容差		3.6	±0.1	3.6	±0.1	3.6	±0.1
围度	跖围		227.0	±3.5	227	±3.5	229.0	±3.5
	跗围		227.0	±3.5	227	±3.5	229.0	±3.5
	兜围		330.1	±5.1	330.1	±5.1	325.0	±5.0
宽度	基本宽度		80.1	±1.2	80.1	±1.2	77.5	±1.2
	拇趾里宽		30.6	±0.5	30.6	±0.5	29.6	±0.5
	小趾外宽		44.9	±0.7	44.9	±0.7	43.4	±0.7
	第一跖趾里宽		33.5	±0.5	33.5	±0.5	32.4	±0.5
	第五跖趾外宽		46.6	±0.7	46.6	±0.7	45.1	±0.7
	腰窝外宽		35.4	±0.5	35.4	±0.5	34.2	±0.5
	踵心全宽		54.3	±0.8	54.3	±0.8	52.5	±0.8
楦体尺寸	跷高	总前跷	25.4	±0.4	30.5	±0.5	36.6	±0.6
		前跷高	14.2	±0.2	13.2	±0.2	13.2	±0.2
		后跷高	20.3	±0.3	30.5	±0.5	40.6	±0.6
	头厚		21.3	±0.3	21.3	±0.3	21.3	±0.3
	后跟突点高		20.6	±0.3	20.6	±0.3	20.6	±0.3
	后身高		209.3	±4.3	209.3	±4.3	209.3	±4.3
	前掌凸度		5.1	±0.1	4.6	±0.1	4.1	±0.1
	底心凹度		4.6	±0.1	5.6	±0.1	6.6	±0.1
	踵心凸度		2.5	—	2.5	—	2.5	—
	统口宽		68.0	±1.0	68.0	±1.0	68.0	±1.0
	统口长		132.7	±2.7	132.7	±2.7	132.7	±2.7
	楦斜长		261.3	±5.3	260.3	±5.3	259.2	±5.2

表 22(续)

单位为毫米

部位名称			R-50 女轻便雨鞋楦 235(一型半) 尺寸	R-50 女轻便雨鞋楦 235(一型半) 等差	R-20 大童轻便雨鞋楦 225(二型) 尺寸	R-20 大童轻便雨鞋楦 225(二型) 等差	R-15 中童轻便雨鞋楦 190(二型) 尺寸	R-15 中童轻便雨鞋楦 190(二型) 等差
长度	楦底样长		247.0	±5.0	235.0	±5.0	200.0	±5.0
长度	放余量		15.8	±0.3	14.1	±0.3	13.6	±0.3
长度	脚趾端点部位		231.2	±4.7	220.9	±4.7	186.4	±4.7
长度	拇趾外突点部位		207.7	±4.2	198.4	±4.2	167.4	±4.2
长度	小趾外突点部位		179.5	±3.6	171.4	±3.6	144.6	±3.6
长度	第一跖趾部位		166.7	±3.4	159.2	±3.4	134.3	±3.4
长度	第五跖趾部位		145.6	±3.0	139.0	±3.0	117.1	±2.9
长度	腰窝部位		92.7	±1.9	88.5	±1.9	74.6	±1.9
长度	踵心部位		38.7	±0.8	36.8	±0.8	31.0	±0.8
长度	后容差		3.6	±0.1	3.7	±0.1	3.2	±0.1
围度	跖围		229.0	±3.5	229.0	±3.5	204.5	±3.5
围度	跗围		229.0	±3.5	229.0	±3.5	204.5	±3.5
围度	兜围		325.0	±5.0	320.8	±5.0	292.0	±5.0
宽度	基本宽度		77.5	±1.2	80.0	±1.2	69.6	±1.2
宽度	拇趾里宽		29.6	±0.5	31.1	±0.5	27.6	±0.5
宽度	小趾外宽		43.4	±0.7	45.6	±0.7	40.5	±0.7
宽度	第一跖趾里宽		32.4	±0.5	33.4	±0.5	29.1	±0.5
宽度	第五跖趾外宽		45.1	±0.7	46.6	±0.7	40.5	±0.7
宽度	腰窝外宽		34.2	±0.5	35.3	±0.5	30.6	±0.5
宽度	踵心全宽		52.5	±0.8	54.2	±0.8	47.1	±0.8
楦体尺寸	跷高	总前跷	42.6	±0.6	25.8	±0.4	17.6	±0.3
楦体尺寸	跷高	前跷高	12.2	±0.2	11.4	±0.2	10.4	±0.2
楦体尺寸	跷高	后跷高	50.8	±0.8	20.6	±0.3	15.6	±0.3
楦体尺寸	头厚		21.3	±0.3	23.1	±0.3	21.8	±0.4
楦体尺寸	后跟突点高		20.6	±0.3	20.1	±0.3	17.6	±0.3
楦体尺寸	后身高		209.3	±4.3	188.6	±4.3	173.6	±4.3
楦体尺寸	前掌凸度		3.5	—	5.7	±0.1	5.2	±0.1
楦体尺寸	底心凹度		7.6	±0.1	3.0	—	2.5	—
楦体尺寸	踵心凸度		2.0	—	3.0	—	2.5	—
楦体尺寸	统口宽		68.0	±1.0	67.0	±1.0	62.2	±1.1
楦体尺寸	统口长		132.7	±2.7	125.4	±2.7	110.6	±2.8
楦体尺寸	楦斜长		258.2	±5.2	250.6	±5.3	215.8	±5.4

表 22(续)

单位为毫米

部位名称			鞋楦名称和号型尺寸							
			R-20 男工矿靴楦		R-20 女工矿靴楦		R-0 男插秧靴楦		R-0 女插秧靴楦	
			255(二型半)		235(二型半)		255(二型半)		235(二型半)	
			尺寸	等差	尺寸	等差	尺寸	等差	尺寸	等差
长度	楦底样长		265.0	±5.0	245.0	±5.0	265.0	±5.0	245.0	±5.0
	放余量		14.3	±0.3	13.8	±0.3	14.3	±0.3	13.8	±0.3
	脚趾端点部位		250.7	±4.7	231.2	±4.7	250.7	±4.7	231.2	±4.7
	拇趾外突点部位		225.2	±4.2	207.7	±4.2	225.2	±4.2	207.7	±4.2
	小趾外突点部位		194.7	±3.7	179.6	±3.7	194.7	±3.7	179.6	±3.7
	第一跖趾部位		180.7	±3.4	166.7	±3.4	180.7	±3.4	166.7	±3.4
	第五跖趾部位		157.8	±3.0	145.6	±3.0	157.8	±3.0	145.6	±3.0
	腰窝部位		100.4	±1.9	92.7	±1.9	100.4	±1.9	92.7	±1.9
	踵心部位		41.8	±0.8	38.7	±0.8	41.8	±0.8	38.7	±0.8
	后容差		4.1	±0.1	3.6	±0.1	4.1	±0.1	3.6	±0.1
围度	跖围		264.0	±3.5	241.0	±3.5	246.5	±3.5	223.5	±3.5
	跗围		270.6	±3.6	245.6	±3.6	253.6	±3.6	230.6	±3.6
	兜围		390.2	±5.2	357.2	±5.2	367.2	±5.2	339.3	±5.3
	脚腕围		343.2	±2.2	316.2	±2.2	297.0	±2.0	282.0	±2.0
	腿肚围		422.8	±2.8	394.8	±2.8	407.8	±2.8	388.8	±2.8
	膝下围		418.7	±2.7	391.7	±2.7	402.7	±2.7	384.7	±2.7
宽度	基本宽度		93.1	±1.2	85.3	±1.2	90.6	±1.3	82.8	±1.3
	拇趾里宽		35.6	±0.5	32.6	±0.5	34.6	±0.5	31.6	±0.5
	小趾外宽		52.2	±0.7	47.8	±0.7	50.7	±0.7	46.3	±0.7
	第一跖趾里宽		38.9	±0.5	35.6	±0.5	37.8	±0.5	34.6	±0.5
	第五跖趾外宽		54.2	±0.7	49.7	±0.7	52.8	±0.8	48.2	±0.8
	腰窝外宽		41.2	±0.5	37.7	±0.5	40.1	±0.6	36.6	±0.6
	踵心全宽		63.1	±0.8	57.8	±0.8	61.4	±0.9	56.1	±0.9
楦体尺寸	跷高	总前跷	28.4	±0.4	24.4	±0.4	17.2	±0.2	16.2	±0.2
		前跷高	14.2	±0.2	13.2	±0.2	15.2	±0.2	14.2	±0.2
		后跷高	25.3	±0.3	20.3	±0.3	2.0	—	2.0	—
	头厚		27.4	±0.4	25.4	±0.4	25.4	±0.4	23.4	±0.4
	后跟突点高		23.7	±0.3	20.6	±0.3	22.7	±0.3	20.6	±0.3
	后身高		387.0	±7.0	362.0	±7.0	452.0	±7.0	424.0	±7.0
	前掌凸度		5.6	±0.1	5.1	±0.1	6.1	±0.1	5.6	±0.1
	底心凹度		5.1	±0.1	4.6	±0.1	2.0	—	2.0	—
	踵心凸度		3.0	—	2.5	—	3.5	—	3.0	—
	统口宽		98.6	±0.6	92.6	±0.6	83.6	±0.6	79.6	±0.6
	统口长		156.0	±1.0	145.0	±1.0	144.0	±1.0	143.0	±1.0
	楦斜长		281.3	±5.3	260.3	±5.3	275.2	±5.2	255.2	±5.2

a 圆头。

b 方头。

6.3.3 解放鞋鞋楦长、围、宽尺寸系列(见表23)。

表23 解放鞋鞋楦长、围、宽尺寸系列表

单位为毫米

号型	鞋号	130	135	140	145	150	155	160	等差
	楦底样长	140.0	145.0	150.0	155.0	160.0	165.0	170.0	
一型半	趾围	152.0	155.5	159.0	162.5	166.0	169.5	173.0	±3.5
	跗围	156.6	160.2	163.8	167.4	171.0	174.6	178.2	±3.6
	基本宽度	53.3	54.5	55.7	56.9	58.1	59.3	60.5	±1.2
	踵心宽度	36.2	37.0	37.8	38.6	39.4	40.2	41.0	±0.8
二型	趾围	155.5	159.0	162.5	166.0	169.5	173.0	176.5	±3.5
	跗围	160.2	163.8	167.4	171.0	174.6	178.2	181.8	±3.6
	基本宽度	54.5	55.7	56.9	58.1	59.3	60.5	61.7	±1.2
	踵心宽度	37.0	37.8	38.6	39.4	40.2	41.0	41.8	±0.8
二型半	趾围	159.0	162.5	166.0	169.5	173.0	176.5	180.0	±3.5
	跗围	163.8	167.4	171.0	174.6	178.2	181.8	185.4	±3.6
	基本宽度	55.7	56.9	58.1	59.3	60.5	61.7	62.9	±1.2
	踵心宽度	37.8	38.6	39.4	40.2	41.0	41.8	42.6	±0.8
三型	趾围	—	—	—	—	—	—	—	—
	跗围	—	—	—	—	—	—	—	—
	基本宽度	—	—	—	—	—	—	—	—
	踵心宽度	—	—	—	—	—	—	—	—
三型半	趾围	—	—	—	—	—	—	—	—
	跗围	—	—	—	—	—	—	—	—
	基本宽度	—	—	—	—	—	—	—	—
	踵心宽度	—	—	—	—	—	—	—	—
四型	趾围	—	—	—	—	—	—	—	—
	跗围	—	—	—	—	—	—	—	—
	基本宽度	—	—	—	—	—	—	—	—
	踵心宽度	—	—	—	—	—	—	—	—
四型半	趾围	—	—	—	—	—	—	—	—
	跗围	—	—	—	—	—	—	—	—
	基本宽度	—	—	—	—	—	—	—	—
	踵心宽度	—	—	—	—	—	—	—	—

表 23(续)

单位为毫米

号型	鞋号	165	170	175	180	185	190	195	等差
	楦底样长	175.0	180.0	185.0	190.0	195.0	200.0	205.0	
一型半	趾围	176.5	180.0	183.5	187.0	190.5	194.0	197.5	±3.5
	跗围	182.1	185.7	189.3	192.9	196.5	200.1	203.7	±3.6
	基本宽度	62.4	63.6	64.8	66.0	67.2	68.4	69.6	±1.2
	踵心宽度	42.3	43.1	43.9	44.7	45.5	46.3	47.1	±0.8
二型	趾围	180.0	183.5	187.0	190.5	194.0	197.5	201.0	±3.5
	跗围	185.7	189.3	192.9	196.5	200.1	203.7	207.3	±3.6
	基本宽度	63.6	64.8	66.0	67.2	68.4	69.6	70.8	±1.2
	踵心宽度	43.1	43.9	44.7	45.5	46.3	47.1	47.9	±0.8
二型半	趾围	183.5	187.0	190.5	194.0	197.5	201.0	204.5	±3.5
	跗围	189.3	192.9	196.5	200.1	203.7	207.3	210.9	±3.6
	基本宽度	64.8	66.0	67.2	68.4	69.6	70.8	72.0	±1.2
	踵心宽度	43.9	44.7	45.5	46.3	47.1	47.9	48.7	±0.8
三型	趾围	—	—	—	—	—	—	—	—
	跗围	—	—	—	—	—	—	—	—
	基本宽度	—	—	—	—	—	—	—	—
	踵心宽度	—	—	—	—	—	—	—	—
三型半	趾围	—	—	—	—	—	—	—	—
	跗围	—	—	—	—	—	—	—	—
	基本宽度	—	—	—	—	—	—	—	—
	踵心宽度	—	—	—	—	—	—	—	—
四型	趾围	—	—	—	—	—	—	—	—
	跗围	—	—	—	—	—	—	—	—
	基本宽度	—	—	—	—	—	—	—	—
	踵心宽度	—	—	—	—	—	—	—	—
四型半	趾围	—	—	—	—	—	—	—	—
	跗围	—	—	—	—	—	—	—	—
	基本宽度	—	—	—	—	—	—	—	—
	踵心宽度	—	—	—	—	—	—	—	—

表 23(续)

单位为毫米

号型	鞋号	200	205	210	215	220	225	230	等差
	楦底样长	210.0	215.0	220.0	225.0	230.0	235.0	240.0	
一型半	趾围	201.0	204.5	208.0	211.5	215.0	218.5	222.0	±3.5
	跗围	207.6	211.2	214.8	218.4	222.0	225.6	229.2	±3.6
	基本宽度	72.4	73.7	75.0	76.3	77.6	78.9	80.2	±1.3
	踵心宽度	49.1	50.0	50.9	51.8	52.7	53.6	54.5	±0.9
二型	趾围	204.5	208.0	211.5	215.0	218.5	222.0	225.5	±3.5
	跗围	211.2	214.8	218.4	222.0	225.6	229.2	232.8	±3.6
	基本宽度	73.7	75.0	76.3	77.6	78.9	80.2	81.5	±1.3
	踵心宽度	50.0	50.8	51.8	52.7	53.6	54.5	55.3	±0.9
二型半	趾围	208.0	211.5	215.0	218.5	222.0	225.5	229.0	±3.5
	跗围	214.8	218.4	222.0	225.6	229.2	232.8	236.4	±3.6
	基本宽度	75.0	76.3	77.6	78.9	80.2	81.5	82.8	±1.3
	踵心宽度	50.8	51.8	52.7	53.6	54.5	55.3	56.2	±0.9
三型	趾围	211.5	215.0	218.5	222.0	225.5	229.0	232.5	±3.5
	跗围	218.4	222.0	225.6	229.2	232.8	236.4	240.0	±3.6
	基本宽度	76.3	77.6	78.9	80.2	81.5	82.8	84.1	±1.3
	踵心宽度	51.8	52.7	53.6	54.5	55.4	56.3	57.2	±0.9
三型半	趾围	—	—	—	—	—	—	—	—
	跗围	—	—	—	—	—	—	—	—
	基本宽度	—	—	—	—	—	—	—	—
	踵心宽度	—	—	—	—	—	—	—	—
四型	趾围	—	—	—	—	—	—	—	—
	跗围	—	—	—	—	—	—	—	—
	基本宽度	—	—	—	—	—	—	—	—
	踵心宽度	—	—	—	—	—	—	—	—
四型半	趾围	—	—	—	—	—	—	—	—
	跗围	—	—	—	—	—	—	—	—
	基本宽度	—	—	—	—	—	—	—	—
	踵心宽度	—	—	—	—	—	—	—	—

表 23(续)

单位为毫米

号型	鞋号	235	240	245	250	255	260	265	270	275	280	285	290	295	300	等差
	楦底样长	245.0	250.0	255.0	260.0	265.0	270.0	275.0	280.0	285.0	290.0	295.0	300.0	305.0	310.0	
一型半	趾围	225.5	229.0	232.5	236.0	239.5	243.0	246.5	250.0	253.5	257.0	260.5	264.0	267.5	271.0	±3.5
	跗围	231.8	235.4	239.0	242.6	246.2	249.8	253.4	257.0	260.6	264.2	267.8	271.4	275.0	278.6	±3.6
	基本宽度	81.5	82.8	84.1	85.4	86.7	88.0	89.3	90.6	91.9	93.2	94.5	95.8	97.1	98.4	±1.3
	踵心宽度	55.4	56.3	57.2	58.1	59.0	59.9	60.8	61.7	62.6	63.5	64.4	65.3	66.2	67.1	±0.9
二型	趾围	229.0	232.5	236.0	239.5	243.0	246.5	250.0	253.5	257.0	260.5	264.0	267.5	271.0	274.5	±3.5
	跗围	235.4	239.0	242.6	246.2	249.8	253.4	257.0	260.6	264.2	267.8	271.4	275.0	278.6	282.2	±3.6
	基本宽度	82.8	84.1	85.4	86.7	88.0	89.3	90.6	91.9	93.2	94.5	95.8	97.1	98.4	99.7	±1.3
	踵心宽度	56.3	57.2	58.1	59.0	59.9	60.8	61.7	62.6	63.5	64.4	65.3	66.2	67.1	68.0	±0.9
二型半	趾围	232.5	236.0	239.5	243.0	246.5	250.0	253.5	257.0	260.5	264.0	267.5	271.0	274.5	278.0	±3.5
	跗围	239.0	242.6	246.2	249.8	253.4	257.0	260.6	264.2	267.8	271.4	275.0	278.6	282.2	285.8	±3.6
	基本宽度	84.1	85.4	86.7	88.0	89.3	90.6	91.9	93.2	94.5	95.8	97.1	98.4	99.7	101.0	±1.3
	踵心宽度	57.2	58.1	58.9	59.9	60.8	61.7	62.6	63.5	64.4	65.3	66.2	67.1	68.0	68.9	±0.9
三型	趾围	236.0	239.5	243.0	246.5	250.0	253.5	257.0	260.5	264.0	267.5	271.0	274.5	278.0	281.5	±3.5
	跗围	242.6	246.2	249.8	253.4	257.0	260.6	264.2	267.8	271.4	275.0	278.6	282.2	285.8	289.4	±3.6
	基本宽度	85.4	86.7	88.0	89.3	90.6	91.9	93.2	94.5	95.8	97.1	98.4	99.7	101.0	102.3	±1.3
	踵心宽度	58.1	59.0	59.9	60.8	61.7	62.6	63.5	64.4	65.3	66.2	67.1	68.0	68.9	69.8	±0.9
三型半	趾围	239.5	243.0	246.5	250.0	253.5	257.0	260.5	264.0	267.5	271.0	274.5	278.0	281.5	285.0	±3.5
	跗围	246.2	249.8	253.4	257.0	260.6	264.2	267.8	271.4	275.0	278.6	282.2	285.8	289.4	293.0	±3.6
	基本宽度	86.7	88.0	89.3	90.6	91.9	93.2	94.5	95.8	97.1	98.4	99.7	101.0	102.3	103.6	±1.3
	踵心宽度	58.8	59.6	60.5	61.7	62.6	63.5	64.4	65.3	66.2	67.1	68.0	68.9	69.8	70.7	±0.9
四型	趾围	243.0	264.5	250.0	253.5	257.0	260.5	264.0	267.5	271.0	274.5	278.0	281.5	285.0	288.5	±3.5
	跗围	249.8	253.4	257.0	260.6	264.2	267.8	271.4	275.0	278.6	282.2	285.8	289.4	293.0	296.6	±3.6
	基本宽度	88.0	89.3	90.6	91.9	93.2	94.5	95.8	97.1	98.4	99.7	101.0	102.3	103.6	104.9	±1.3
	踵心宽度	59.6	60.5	61.4	62.6	63.5	64.4	65.3	66.2	67.1	68.0	68.9	69.8	70.7	71.6	±0.9
四型半	趾围	246.5	250.0	253.5	257.0	260.5	264.0	267.5	271.0	274.5	278.0	281.5	285.0	288.5	292.0	±3.5
	跗围	253.4	257.0	260.6	264.2	267.8	271.4	275.0	278.6	282.2	285.8	289.4	293.0	296.6	300.2	±3.6
	基本宽度	89.3	90.6	91.9	93.2	94.5	95.8	97.1	98.4	99.7	101.0	102.3	103.6	104.9	106.2	±1.3
	踵心宽度	60.5	61.4	62.3	63.5	64.4	65.3	66.2	67.1	68.0	68.9	69.8	70.7	71.6	72.5	±0.9

6.4 布鞋鞋楦及系列

6.4.1 成年男女布鞋中间号楦样尺寸(见表 24 和表 25)。

表 24 男布鞋中间号楦样尺寸

单位为毫米

部位名称			鞋楦名称和号型尺寸					
			C-0 男橡筋鞋楦[a]		C-20 男青年鞋楦[a]		C-0 男小圆口鞋楦	
			255(二型半)		255(二型半)		255(二型半)	
			尺寸	等差	尺寸	等差	尺寸	等差
长度	楦底样长		263.0	±5.0	265.0	±5.0	265.0	±5.0
	放余量		10.2	±0.2	13.2	±0.2	12.2	±0.2
	脚趾端点部位		252.8	±4.8	251.8	±4.8	252.8	±4.8
	拇趾外突点部位		227.3	±4.3	226.3	±4.3	227.3	±4.3
	小趾外突点部位		196.7	±3.7	195.7	±3.7	196.7	±3.7
	第一跖趾部位		182.8	±3.5	181.7	±3.4	182.7	±3.4
	第五跖趾部位		159.8	±3.0	158.8	±3.0	159.8	±3.0
	腰窝部位		102.5	±2.0	101.4	±1.9	102.4	±1.9
	踵心部位		43.8	±0.8	42.8	±0.8	43.8	±0.8
	后容差		2.0	—	3.1	±0.1	2.0	—
围度	跖围		242.0	±3.5	242.0	±3.5	238.5	±3.5
	跗围		252.1	±3.6	246.1	±3.6	—	—
宽度	基本宽度		90.6	±1.3	89.3	±1.3	88.0	±1.3
	拇趾里宽		34.1	±0.5	33.1	±0.5	33.1	±0.5
	小趾外宽		50.7	±0.7	49.2	±0.7	49.2	±0.7
	第一跖趾里宽		38.1	±0.6	37.6	±0.6	37.0	±0.6
	第五跖趾外宽		52.6	±0.8	51.8	±0.8	51.1	±0.8
	腰窝外宽		40.1	±0.6	39.5	±0.6	39.0	±0.6
	踵心全宽		61.4	±0.9	60.5	±0.9	59.6	±0.9
楦体尺寸	跷高	总前跷	20.3	±0.3	27.4	±0.4	19.3	±0.3
		前跷高	16.2	±0.2	14.2	±0.2	15.2	±0.2
		后跷高	4.0	—	20.3	±0.3	4.0	—
	头厚		18.3	±0.3	18.3	±0.3	20.3	±0.3
	后跟突点高		22.7	±0.3	22.7	±0.3	22.7	±0.3
	后身高		71.0	±1.0	71.0	±1.0	71.0	±1.0
	前掌凸度		7.1	±0.1	6.6	±0.1	7.1	±0.1
	底心凹度		2.0	—	4.6	±0.1	2.0	—
	踵心凸度		4.1	±0.1	3.0	—	4.1	±0.1
	统口宽		26.4	±0.4	26.4	±0.4	22.3	±0.3
	统口长		107.0	±2.0	107.0	±2.0	142.7	±2.7
	楦斜长		263.0	±5.0	264.0	±5.0	261.9	±4.9

表 24(续)

单位为毫米

部位名称			C-0 男五眼棉鞋楦 255(二型半) 尺寸	等差	C-0 男舌式棉鞋楦 255(二型半) 尺寸	等差	C-0 男鞍棉鞋楦 255(二型半) 尺寸	等差
长度	楦底样长		266.0	±5.0	268.0	±5.0	268.0	±5.0
	放余量		11.7	±0.2	13.8	±0.3	13.8	±0.3
	脚趾端点部位		254.3	±4.8	254.2	±4.7	254.2	±4.7
	拇趾外突点部位		228.8	±4.3	228.8	±4.3	228.8	±4.3
	小趾外突点部位		198.2	±3.7	198.2	±3.7	198.2	± 3.7
	第一跖趾部位		184.3	±3.5	184.2	±3.4	184.2	± 3.4
	第五跖趾部位		161.3	±3.0	161.3	±3.0	161.3	±3.0
	腰窝部位		104.0	±2.0	103.9	±1.9	103.9	±1.9
	踵心部位		45.3	±0.8	45.3	±0.8	45.3	±0.8
	后容差		2.0	—	2.0	—	2.0	—
围度	跖围		245.5	±3.5	242.0	±3.5	245.5	±3.5
	跗围		257.7	±3.7	246.1	±3.6	257.7	±3.7
宽度	基本宽度		90.6	±1.3	88.0	±1.3	89.3	±1.3
	拇趾里宽		34.1	±0.5	33.1	±0.5	33.6	±0.5
	小趾外宽		50.7	±0.7	49.2	±0.7	50.0	±0.7
	第一跖趾里宽		38.1	±0.6	37.0	±0.6	37.6	±0.6
	第五跖趾外宽		52.6	±0.8	51.1	±0.8	51.8	±0.8
	腰窝外宽		40.1	±0.6	38.9	±0.6	39.5	±0.6
	踵心全宽		61.4	±0.9	59.6	±0.9	60.5	±0.9
楦体尺寸	跷高	总前跷	21.3	±0.3	21.3	±0.3	21.3	±0.3
		前跷高	17.2	±0.2	17.2	±0.2	17.2	±0.2
		后跷高	4.0	—	4.0	—	4.0	—
	头厚		20.3	±0.3	19.3	±0.3	24.4	±0.4
	后跟突点高		22.7	±0.3	22.7	±0.3	22.7	±0.3
	后身高		95.4	±1.4	76.1	±1.1	76.1	±1.1
	前掌凸度		7.1	±0.1	7.1	±0.1	7.1	±0.1
	底心凹度		2.0	—	2.0	—	2.0	—
	踵心凸度		4.1	±0.1	4.1	±0.1	4.1	±0.1
	统口宽		25.4	±0.4	34.5	±0.5	28.4	±0.4
	统口长		105.0	±2.0	109.0	±2.0	109.0	±2.0
	楦斜长		271.1	±5.1	270.0	±5.0	270.0	±5.0

表 24(续)

单位为毫米

<table>
<tr><th colspan="3" rowspan="3">部位名称</th><th colspan="6">鞋楦名称和号型尺寸</th></tr>
<tr><th colspan="2">C-20 男橡筋棉鞋楦
255(二型半)</th><th colspan="2">C-20 男全空凉鞋楦
255(二型半)</th><th colspan="2">C-20 男拖鞋楦
255(二型半)</th></tr>
<tr><th>尺寸</th><th>等差</th><th>尺寸</th><th>等差</th><th>尺寸</th><th>等差</th></tr>
<tr><td rowspan="10">长度</td><td colspan="2">楦底样长</td><td>268.0</td><td>±5.0</td><td>260.0</td><td>±5.0</td><td>265.0</td><td>±5.0</td></tr>
<tr><td colspan="2">放余量</td><td>14.8</td><td>±0.3</td><td>7.1</td><td>±0.1</td><td>12.2</td><td>±0.2</td></tr>
<tr><td colspan="2">脚趾端点部位</td><td>253.2</td><td>±4.7</td><td>252.9</td><td>±4.9</td><td>252.8</td><td>±4.8</td></tr>
<tr><td colspan="2">拇趾外突点部位</td><td>227.7</td><td>±4.2</td><td>227.4</td><td>±4.4</td><td>227.3</td><td>±4.3</td></tr>
<tr><td colspan="2">小趾外突点部位</td><td>197.2</td><td>±3.7</td><td>196.8</td><td>±3.8</td><td>196.7</td><td>±3.7</td></tr>
<tr><td colspan="2">第一跖趾部位</td><td>183.2</td><td>±3.4</td><td>182.8</td><td>±3.5</td><td>182.7</td><td>±3.4</td></tr>
<tr><td colspan="2">第五跖趾部位</td><td>160.3</td><td>±3.0</td><td>159.9</td><td>±3.1</td><td>159.8</td><td>±3.0</td></tr>
<tr><td colspan="2">腰窝部位</td><td>102.9</td><td>±1.9</td><td>102.5</td><td>±2.0</td><td>102.4</td><td>±1.9</td></tr>
<tr><td colspan="2">踵心部位</td><td>44.3</td><td>±0.8</td><td>43.8</td><td>±0.8</td><td>43.8</td><td>±0.8</td></tr>
<tr><td colspan="2">后容差</td><td>3.1</td><td>±0.1</td><td>2.0</td><td>—</td><td>2.0</td><td>—</td></tr>
<tr><td rowspan="2">围度</td><td colspan="2">跖围</td><td>245.5</td><td>±3.5</td><td>238.5</td><td>±3.5</td><td>242.0</td><td>±3.5</td></tr>
<tr><td colspan="2">跗围</td><td>251.6</td><td>±3.6</td><td>245.6</td><td>±3.6</td><td>251.1</td><td>±3.6</td></tr>
<tr><td rowspan="7">宽度</td><td colspan="2">基本宽度</td><td>89.3</td><td>±1.3</td><td>88.0</td><td>±1.3</td><td>89.3</td><td>±1.3</td></tr>
<tr><td colspan="2">拇趾里宽</td><td>33.1</td><td>±0.5</td><td>33.1</td><td>±0.5</td><td>33.1</td><td>±0.5</td></tr>
<tr><td colspan="2">小趾外宽</td><td>49.2</td><td>±0.7</td><td>49.2</td><td>±0.7</td><td>49.2</td><td>±0.7</td></tr>
<tr><td colspan="2">第一跖趾里宽</td><td>37.6</td><td>±0.6</td><td>37.0</td><td>±0.6</td><td>37.6</td><td>±0.6</td></tr>
<tr><td colspan="2">第五跖趾外宽</td><td>51.8</td><td>±0.8</td><td>51.1</td><td>±0.8</td><td>51.8</td><td>±0.8</td></tr>
<tr><td colspan="2">腰窝外宽</td><td>39.5</td><td>±0.6</td><td>39.5</td><td>±0.6</td><td>40.1</td><td>±0.6</td></tr>
<tr><td colspan="2">踵心全宽</td><td>60.5</td><td>±0.9</td><td>59.6</td><td>±0.9</td><td>61.4</td><td>±0.9</td></tr>
<tr><td rowspan="12">楦体尺寸</td><td rowspan="3">跷高</td><td>总前跷</td><td>28.4</td><td>±0.4</td><td>26.4</td><td>±0.4</td><td>27.4</td><td>±0.4</td></tr>
<tr><td>前跷高</td><td>15.2</td><td>±0.2</td><td>13.2</td><td>±0.2</td><td>14.2</td><td>±0.2</td></tr>
<tr><td>后跷高</td><td>20.3</td><td>±0.3</td><td>20.3</td><td>±0.3</td><td>20.3</td><td>±0.3</td></tr>
<tr><td colspan="2">头厚</td><td>20.3</td><td>±0.3</td><td>16.2</td><td>±0.2</td><td>18.3</td><td>±0.3</td></tr>
<tr><td colspan="2">后跟突点高</td><td>22.7</td><td>±0.3</td><td>22.7</td><td>±0.3</td><td>22.7</td><td>±0.3</td></tr>
<tr><td colspan="2">后身高</td><td>95.4</td><td>±1.4</td><td>71.0</td><td>±1.0</td><td>71.0</td><td>±1.0</td></tr>
<tr><td colspan="2">前掌凸度</td><td>6.6</td><td>±0.1</td><td>7.1</td><td>±0.1</td><td>7.1</td><td>±0.1</td></tr>
<tr><td colspan="2">底心凹度</td><td>4.6</td><td>±0.1</td><td>4.1</td><td>±0.1</td><td>4.1</td><td>±0.1</td></tr>
<tr><td colspan="2">踵心凸度</td><td>3.0</td><td>—</td><td>3.5</td><td>—</td><td>3.5</td><td>—</td></tr>
<tr><td colspan="2">统口宽</td><td>25.4</td><td>±0.4</td><td>26.4</td><td>±0.4</td><td>26.4</td><td>±0.4</td></tr>
<tr><td colspan="2">统口长</td><td>105.0</td><td>±2.0</td><td>107.1</td><td>±2.1</td><td>107.0</td><td>±2.0</td></tr>
<tr><td colspan="2">楦斜长</td><td>272.1</td><td>±5.1</td><td>256.9</td><td>±4.9</td><td>263.0</td><td>±5.0</td></tr>
<tr><td colspan="9">a 可做五眼鞋。</td></tr>
</table>

表 25　女布鞋中间号楦样尺寸

单位为毫米

部位名称			鞋楦名称和号型尺寸					
			C-0 女橡筋鞋楦		C-0 女圆口鞋楦[a]		C-0 女圆口鞋楦[b]	
			235(一型半)		235(一型半)		235(一型半)	
			尺寸	等差	尺寸	等差	尺寸	等差
长度	楦底样长		243.0	±5.0	243.0	±5.0	243.0	±5.0
	放余量		10.2	±0.2	10.2	±0.2	10.2	±0.2
	脚趾端点部位		232.8	±4.8	232.8	±4.8	232.8	±4.8
	拇趾外突点部位		209.3	±4.3	209.3	±4.3	209.3	±4.3
	小趾外突点部位		181.1	±3.7	181.1	±3.7	181.1	±3.7
	第一跖趾部位		168.3	±3.5	168.3	±3.5	168.3	±3.5
	第五跖趾部位		147.1	±3.0	147.1	±3.0	147.1	±3.0
	腰窝部位		94.2	±1.9	94.2	±1.9	94.2	±1.9
	踵心部位		40.2	±0.8	40.2	±0.8	40.2	±0.8
	后容差		2.0	—	2.0	—	2.0	—
围度	跖围		219.0	±3.5	215.5	±3.5	215.5	±3.5
	跗围		228.1	±3.6	222.6	±3.6	222.6	±3.6
宽度	基本宽度		82.8	±1.3	81.5	±1.3	80.2	±1.3
	拇趾里宽		31.2	±0.5	30.7	±0.5	30.2	±0.5
	小趾外宽		46.3	±0.7	45.6	±0.7	44.9	±0.7
	第一跖趾里宽		34.8	±0.6	34.3	±0.6	33.7	±0.6
	第五跖趾外宽		48.1	±0.8	47.3	±0.8	46.6	±0.8
	腰窝外宽		36.6	±0.6	36.0	±0.6	35.5	±0.6
	踵心全宽		56.1	±0.9	55.2	±0.9	54.4	±0.9
楦体尺寸	跷高	总前跷	19.3	±0.3	19.3	±0.3	19.3	±0.3
		前跷高	16.3	±0.3	16.3	±0.3	16.3	±0.3
		后跷高	4.0	—	4.0	—	4.0	—
	头厚		17.3	±0.3	17.3	±0.3	17.3	±0.3
	后跟突点高		20.6	±0.3	20.6	±0.3	20.6	±0.3
	后身高		66.1	±1.1	66.1	±1.1	66.1	±1.1
	前掌凸度		6.6	±0.1	6.6	±0.1	6.6	±0.1
	底心凹度		2.0	—	2.0	—	2.0	—
	踵心凸度		3.0	—	3.0	—	3.0	—
	统口宽		23.4	±0.4	23.4	±0.4	23.4	±0.4
	统口长		102.1	±2.1	102.1	±2.1	102.1	±2.1
	楦斜长		243.0	±5.0	242.0	±5.0	242.0	±5.0

表 25(续)

单位为毫米

部位名称			鞋楦名称和号型尺寸							
			C-20 女圆口鞋楦[b]		C-30 女圆口鞋楦[b]		C-40 女圆口鞋楦[b]		C-60 女圆口鞋楦	
			235(一型半)		235(一型半)		235(一型半)		235(一型半)	
			尺寸	等差	尺寸	等差	尺寸	等差	尺寸	等差
长度	楦底样长		243.0	±5.0	243.0	±5.0	243.0	±5.0	243.0	±5.0
	放余量		11.2	±0.2	11.2	±0.2	11.2	±0.2	11.2	±0.2
	脚趾端点部位		231.8	±4.8	231.8	±4.8	231.8	±4.8	231.8	±4.8
	拇趾外突点部位		208.3	±4.3	208.3	±4.3	208.3	±4.3	208.3	±4.3
	小趾外突点部位		180.1	±3.7	180.1	±3.7	180.1	±3.7	180.1	±3.7
	第一跖趾部位		167.2	±3.4	167.2	±3.4	167.2	±3.4	167.2	±3.4
	第五跖趾部位		146.1	±3.0	146.1	±3.0	146.1	±3.0	146.1	±3.0
	腰窝部位		93.2	±1.9	93.2	±1.9	93.2	±1.9	93.2	±1.9
	踵心部位		39.2	±0.8	39.2	±0.8	39.2	±0.8	39.2	±0.8
	后容差		3.1	±0.1	3.1	±0.1	3.1	±0.1	3.1	±0.1
围度	跖围		215.5	±3.5	215.5	±3.5	217.5	±3.5	219.5	±3.5
	跗围		216.5	±3.5	214.5	±3.5	214.5	±3.5	212.4	±3.4
宽度	基本宽度		80.2	±1.3	78.9	±1.3	77.5	±1.2	76.3	±1.2
	拇趾里宽		30.2	±0.5	29.7	±0.5	29.1	±0.4	27.7	±0.4
	小趾外宽		44.9	±0.7	44.1	±0.7	43.4	±0.7	41.7	±0.7
	第一跖趾里宽		33.7	±0.6	33.2	±0.6	32.5	±0.5	32.0	±0.5
	第五跖趾外宽		46.6	±0.8	45.8	±0.8	45.0	±0.7	44.3	±0.7
	腰窝外宽		35.5	±0.6	34.9	±0.6	34.2	±0.5	33.7	±0.5
	踵心全宽		54.4	±0.9	53.5	±0.9	52.5	±0.8	51.7	±0.8
楦体尺寸	跷高	总前跷	26.4	±0.4	33.5	±0.5	40.6	±0.6	54.9	±0.9
		前跷高	14.2	±0.2	14.2	±0.2	14.2	±0.2	13.7	±0.2
		后跷高	20.3	±0.3	30.5	±0.5	40.6	±0.6	61.0	±1.0
	头厚		16.3	±0.3	16.3	±0.3	16.3	±0.3	16.3	±0.3
	后跟突点高		20.6	±0.3	20.6	±0.3	20.6	±0.3	20.6	±0.3
	后身高		66.1	±1.1	66.1	±1.1	66.1	±1.1	66.0	±1.0
	前掌凸度		6.1	±0.1	5.6	±0.1	5.1	±0.1	4.1	±0.1
	底心凹度		4.6	±0.1	5.1	±0.1	5.6	±0.1	6.6	±0.1
	踵心凸度		3.0	—	3.0	—	3.0	—	3.0	—
	统口宽		23.4	±0.4	23.4	±0.4	23.4	±0.4	23.4	±0.4
	统口长		102.1	±2.1	102.1	±2.1	102.1	±2.1	102.1	±2.1
	楦斜长		241.0	±5.0	239.9	±4.9	238.9	±4.9	236.9	±4.9

表 25(续)

单位为毫米

部位名称			C-0 女青年鞋楦 235(一型半) 尺寸	等差	C-20 女青年鞋楦 235(一型半) 尺寸	等差	C-30 女青年鞋楦 235(一型半) 尺寸	等差
长度	楦底样长		243.0	±5.0	243.0	±5.0	243.0	±5.0
	放余量		10.2	±0.2	11.2	±0.2	11.2	±0.2
	脚趾端点部位		232.8	±4.8	231.8	±4.8	231.8	±4.8
	拇趾外突点部位		209.3	±4.3	208.3	±4.3	208.3	±4.3
	小趾外突点部位		181.1	±3.7	180.1	±3.7	180.1	±3.7
	第一跖趾部位		168.3	±3.5	167.2	±3.4	167.2	±3.4
	第五跖趾部位		147.1	±3.0	146.1	±3.0	146.1	±3.0
	腰窝部位		94.2	±1.9	93.2	±1.9	93.2	±1.9
	踵心部位		40.2	±0.8	39.2	±0.8	39.2	±0.8
	后容差		2.0	—	3.1	±0.1	3.1	±0.1
围度	跖围		219.0	±3.5	219.0	±3.5	219.0	±3.5
	跗围		228.1	±3.6	222.0	±3.5	220.0	±3.5
宽度	基本宽度		81.5	±1.3	81.5	±1.3	80.2	±1.3
	拇趾里宽		30.7	±0.5	30.7	±0.5	30.2	±0.5
	小趾外宽		45.6	±0.7	45.6	±0.7	44.9	±0.7
	第一跖趾里宽		34.3	±0.6	34.3	±0.6	33.7	±0.6
	第五跖趾外宽		47.3	±0.8	47.3	±0.8	46.6	±0.8
	腰窝外宽		36.0	±0.6	36.0	±0.6	35.5	±0.6
	踵心全宽		55.2	±0.9	55.2	±0.9	54.4	±0.9
楦体尺寸	跷高	总前跷	19.3	±0.3	26.4	±0.4	33.5	±0.5
		前跷高	16.3	±0.3	14.2	±0.2	14.2	±0.2
		后跷高	4.0	—	20.3	±0.3	30.5	±0.5
	头厚		17.3	±0.3	16.3	±0.3	16.3	±0.3
	后跟突点高		20.6	±0.3	20.6	±0.3	20.6	±0.3
	后身高		66.1	±1.1	66.1	±1.1	66.1	±1.1
	前掌凸度		6.6	±0.1	6.1	±0.1	5.6	±0.1
	底心凹度		2.0	—	4.6	±0.1	5.1	±0.1
	踵心凸度		3.0	—	3.0	—	3.0	—
	统口宽		23.4	±0.4	23.4	±0.4	23.4	±0.4
	统口长		102.1	±2.1	102.1	±2.1	102.1	±2.1
	楦斜长		243.0	±5.0	242.0	±5.0	241.0	±5.0

表 25(续)

单位为毫米

部位名称			C-40 女青年鞋楦 235(一型半) 尺寸	等差	C-0 女小圆口鞋楦 235(一型半) 尺寸	等差	C-0 女四眼棉鞋楦 235(一型半) 尺寸	等差	C-0 女拉链棉鞋楦 235(一型半) 尺寸	等差
长度	楦底样长		243.0	±5.0	243.0	±5.0	246.0	±5.0	247.0	±5.0
	放余量		11.2	±0.2	10.2	±0.2	11.7	±0.2	12.8	±0.3
	脚趾端点部位		231.8	±4.8	232.8	±4.8	234.3	±4.8	234.2	±4.7
	拇趾外突点部位		208.3	±4.3	209.3	±4.3	210.8	±4.3	210.8	±4.3
	小趾外突点部位		180.1	±3.7	181.1	±3.7	182.6	±3.7	182.6	±3.7
	第一跖趾部位		167.2	±3.4	168.3	±3.5	169.7	±3.4	169.7	±3.4
	第五跖趾部位		146.1	±3.0	147.1	±3.0	148.6	±3.0	148.6	±3.0
	腰窝部位		93.2	±1.9	94.2	±1.9	95.8	±2.0	95.7	±1.9
	踵心部位		39.2	±0.8	40.2	±0.8	41.7	±0.8	41.7	±0.8
	后容差		3.1	±0.1	2.0	—	2.0	—	2.0	—
围度	跖围		221.0	±3.5	215.5	±3.5	222.5	±3.5	222.5	±3.5
	跗围		220.0	±3.5	—	—	233.7	±3.7	233.7	±3.7
宽度	基本宽度		78.8	±1.2	80.2	±1.3	82.8	±1.3	81.5	±1.3
	拇趾里宽		29.6	±0.4	30.2	±0.5	31.2	±0.5	30.7	±0.5
	小趾外宽		44.1	±0.7	44.9	±0.7	46.3	±0.7	45.6	±0.7
	第一跖趾里宽		33.1	±0.5	33.7	±0.6	34.8	±0.6	34.3	±0.6
	第五跖趾外宽		45.7	±0.7	46.6	±0.8	48.1	±0.8	47.3	±0.8
	腰窝外宽		34.8	±0.5	35.5	±0.6	36.6	±0.6	36.0	±0.6
	踵心全宽		53.4	±0.8	54.4	±0.9	56.1	±0.9	55.2	±0.9
楦体尺寸	跷高	总前跷	40.6	±0.6	19.3	±0.3	20.3	±0.3	20.3	±0.3
		前跷高	14.2	±0.2	16.3	±0.3	17.3	±0.3	17.3	±0.3
		后跷高	40.6	±0.6	4.0	—	4.0	—	4.0	—
	头厚		16.3	±0.3	18.3	±0.3	18.3	±0.3	18.3	±0.3
	后跟突点高		20.6	±0.3	20.6	±0.3	20.6	±0.3	20.6	±0.3
	后身高		65.1	±1.0	66.1	±1.1	85.3	±1.3	85.3	±1.3
	前掌凸度		5.1	±0.1	6.6	±0.1	6.6	±0.1	6.6	±0.1
	底心凹度		5.6	±0.1	2.0	—	2.0	—	2.0	—
	踵心凸度		3.0	—	3.0	—	3.0	—	3.0	—
	统口宽		23.4	±0.4	21.4	±0.4	22.4	±0.4	22.4	±0.4
	统口长		102.1	±2.1	122.5	±2.5	100.0	±2.0	100.0	±2.0
	楦斜长		239.9	±4.9	239.9	±4.9	251.1	±5.1	252.1	±5.1

表 25(续)

单位为毫米

部位名称		鞋楦名称和号型尺寸					
		C-20 女拉链棉鞋楦		C-30 女拉链棉鞋楦		C-40 女拉链棉鞋楦	
		235(一型半)		235(一型半)		235(一型半)	
		尺寸	等差	尺寸	等差	尺寸	等差
长度	楦底样长	247.0	±5.0	247.0	±5.0	247.0	±5.0
	放余量	13.8	±0.3	13.8	±0.3	13.8	±0.3
	脚趾端点部位	233.2	±4.7	233.2	±4.7	233.2	±4.7
	拇趾外突点部位	209.7	±4.2	209.7	±4.2	209.7	±4.2
	小趾外突点部位	181.6	±3.7	181.6	±3.7	181.6	±3.7
	第一跖趾部位	168.7	±3.4	168.7	±3.4	168.7	±3.4
	第五跖趾部位	147.6	±3.0	147.6	±3.0	147.6	±3.0
	腰窝部位	94.7	±1.9	94.7	±1.9	94.7	±1.9
	踵心部位	40.7	±0.8	40.7	±0.8	40.7	±0.8
	后容差	3.1	±0.1	3.1	±0.1	3.1	±0.1
围度	跖围	222.5	±3.5	222.5	±3.5	224.5	±3.5
	跗围	228.6	±3.6	226.6	±3.6	226.5	±3.5
宽度	基本宽度	81.5	±1.3	80.2	±1.3	78.8	±1.2
	拇趾里宽	30.7	±0.5	30.2	±0.5	29.6	±0.4
	小趾外宽	45.6	±0.7	44.9	±0.7	44.1	±0.7
	第一跖趾里宽	34.3	±0.6	33.7	±0.6	33.1	±0.5
	第五跖趾外宽	47.3	±0.8	46.6	±0.8	45.7	±0.7
	腰窝外宽	36.0	±0.6	35.5	±0.6	34.8	±0.5
	踵心全宽	55.2	±0.9	54.4	±0.9	53.4	±0.8
楦体尺寸	跷高 总前跷	27.4	±0.4	34.5	±0.5	41.6	±0.6
	跷高 前跷高	15.2	±0.2	15.2	±0.2	15.2	±0.2
	跷高 后跷高	20.3	±0.3	30.5	±0.5	40.6	±0.6
	头厚	17.3	±0.3	17.3	±0.3	17.3	±0.3
	后跟突点高	20.6	±0.3	20.6	±0.3	20.6	±0.3
	后身高	85.3	±1.3	85.3	±1.3	85.3	±1.3
	前掌凸度	6.1	±0.1	5.6	±0.1	5.1	±0.1
	底心凹度	4.6	±0.1	5.1	±0.1	5.6	±0.1
	踵心凸度	3.0	—	3.0	—	3.0	—
	统口宽	22.4	±0.4	22.4	±0.4	22.4	±0.4
	统口长	100.0	±2.0	100.0	±2.0	100.0	±2.0
	楦斜长	251.1	±5.1	250.1	±5.1	249.0	±5.0

表 25(续)

单位为毫米

部位名称			鞋楦名称和号型尺寸							
			C-0 女舌式棉鞋楦		C-20 女舌式棉鞋楦		C-0 女鞍棉鞋楦		C-20 女全空凉鞋楦	
			235(一型半)		235(一型半)		235(一型半)		235(一型半)	
			尺寸	等差	尺寸	等差	尺寸	等差	尺寸	等差
长度	楦底样长		247.0	±5.0	247.0	±5.0	247.0	±5.0	240.0	±5.0
	放余量		12.8	±0.3	13.8	±0.3	12.8	±0.3	7.2	±0.2
	脚趾端点部位		234.2	±4.7	233.2	±4.7	234.2	±4.7	232.8	±4.8
	拇趾外突点部位		210.8	±4.3	209.7	±4.2	210.8	±4.3	209.4	±4.4
	小趾外突点部位		182.6	±3.7	181.6	±3.7	182.6	±3.7	181.2	±3.8
	第一跖趾部位		169.7	±3.4	168.7	±3.4	169.7	±3.4	168.3	±3.5
	第五跖趾部位		148.6	±3.0	147.6	±3.0	148.6	±3.0	147.2	±3.1
	腰窝部位		95.7	±1.9	94.7	±1.9	95.7	±1.9	94.3	±2.0
	踵心部位		41.7	±0.8	40.7	±0.8	41.7	±0.8	40.2	±0.8
	后容差		2.0	—	3.1	±0.1	2.0	—	2.0	—
围度	跖围		219.0	±3.5	219.0	±3.5	222.5	±3.5	215.5	±3.5
	跗围		223.1	±3.6	221.0	±3.5	233.7	±3.7	221.6	±3.6
宽度	基本宽度		80.2	±1.3	80.2	±1.3	81.5	±1.3	80.2	±1.3
	拇趾里宽		30.2	±0.5	30.2	±0.5	30.7	±0.5	30.2	±0.5
	小趾外宽		44.9	±0.7	44.9	±0.7	45.6	±0.7	44.9	±0.7
	第一跖趾里宽		33.7	±0.6	33.7	±0.6	34.3	±0.6	33.7	±0.6
	第五跖趾外宽		46.6	±0.8	46.6	±0.8	47.3	±0.8	46.6	±0.8
	腰窝外宽		35.5	±0.6	35.5	±0.6	36.0	±0.6	36.0	±0.6
	踵心全宽		54.4	±0.9	54.4	±0.9	55.2	±0.9	54.4	±0.9
楦体尺寸	跷高	总前跷	20.3	±0.3	27.4	±0.4	20.3	±0.3	25.4	±0.4
		前跷高	17.3	±0.3	15.2	±0.2	17.3	±0.3	13.2	±0.2
		后跷高	4.0	—	20.3	±0.3	4.0	—	20.3	±0.3
	头厚		17.3	±0.3	16.3	±0.3	20.3	±0.3	15.2	±0.2
	后跟突点高		20.6	±0.3	20.6	±0.3	20.6	±0.3	20.6	±0.3
	后身高		71.1	±1.1	71.1	±1.1	85.3	±1.3	66.1	±1.1
	前掌凸度		6.6	±0.1	6.1	±0.1	6.6	±0.1	6.1	±0.1
	底心凹度		2.0	—	4.6	±0.1	2.0	—	4.6	±0.1
	踵心凸度		3.0	—	3.0	—	3.0	—	3.0	—
	统口宽		25.4	±0.4	25.4	±0.4	22.4	±0.4	23.4	±0.4
	统口长		98.0	±2.0	98.0	±2.0	100.0	±2.0	102.1	±2.1
	楦斜长		249.0	±5.0	248.0	±5.0	251.1	±5.1	235.9	±4.9

表 25(续)

单位为毫米

部位名称			C-40 女全空凉鞋楦 235(一型半) 尺寸	等差	C-0 女拖鞋楦 235(一型半) 尺寸	等差
长度	楦底样长		240.0	±5.0	245.0	±5.0
	放余量		7.2	±0.2	12.2	±0.2
	脚趾端点部位		232.8	±4.8	232.8	±4.8
	拇趾外突点部位		209.4	±4.4	209.3	±4.3
	小趾外突点部位		181.2	±3.8	181.1	±3.7
	第一跖趾部位		168.3	±3.5	168.2	±3.4
	第五跖趾部位		147.2	±3.1	147.1	±3
	腰窝部位		94.3	±2.0	94.2	±1.9
	踵心部位		40.2	±0.8	40.2	±0.8
	后容差		2.0	—	2.0	—
围度	跖围		217.5	±3.5	219.0	±3.5
	跗围		219.5	±3.5	230.2	±3.7
宽度	基本宽度		77.5	±1.2	81.5	±1.3
	拇趾里宽		29.1	±0.4	30.7	±0.5
	小趾外宽		43.4	±0.7	45.6	±0.7
	第一跖趾里宽		32.5	±0.5	34.3	±0.6
	第五跖趾外宽		45.0	±0.7	47.3	±0.8
	腰窝外宽		34.8	±0.5	36.6	±0.6
	踵心全宽		52.5	±0.8	56.1	±0.9
楦体尺寸	跷高	总前跷	32.5	±0.5	19.3	±0.3
		前跷高	13.2	±0.2	14.2	±0.2
		后跷高	40.6	±0.6	4.0	—
	头厚		15.2	±0.2	17.3	±0.3
	后跟突点高		20.6	±0.3	20.6	±0.3
	后身高		66.1	+1.1	66.1	±1.1
	前掌凸度		5.1	±0.1	7.1	±0.1
	底心凹度		5.6	±0.1	2.0	—
	踵心凸度		3.0	—	3.0	—
	统口宽		23.4	±0.4	23.4	±0.4
	统口长		102.1	±2.1	102.1	±2.1
	楦斜长		233.9	±4.9	243.0	±5.0

表 25(续)

单位为毫米

部位名称			C-20 女拖鞋楦 235(一型半) 尺寸	C-20 女拖鞋楦 235(一型半) 等差	C-30 女拖鞋楦 235(一型半) 尺寸	C-30 女拖鞋楦 235(一型半) 等差	C-40 女拖鞋楦 235(一型半) 尺寸	C-40 女拖鞋楦 235(一型半) 等差
长度	楦底样长		245.0	±5.0	245.0	±5.0	245.0	±5.0
	放余量		12.2	±0.2	12.2	±0.2	12.2	±0.2
	脚趾端点部位		232.8	±4.8	232.8	±4.8	232.8	±4.8
	拇趾外突点部位		209.3	±4.3	209.3	±4.3	209.3	±4.3
	小趾外突点部位		181.1	±3.7	181.1	±3.7	181.1	±3.7
	第一跖趾部位		168.2	±3.4	168.2	±3.4	168.2	±3.4
	第五跖趾部位		147.1	±3.0	147.1	±3.0	147.1	±3.0
	腰窝部位		94.2	±1.9	94.2	±1.9	94.2	±1.9
	踵心部位		40.2	±0.8	40.2	±0.8	40.2	±0.8
	后容差		2.0	—	2.0	—	2.0	—
围度	跖围		219.0	±3.5	219.0	±3.5	221.0	±3.5
	跗围		225.1	±3.6	223.1	±3.6	223.0	±3.5
宽度	基本宽度		81.5	±1.3	80.2	±1.3	78.8	±1.2
	拇趾里宽		30.7	±0.5	30.2	±0.5	29.6	±0.4
	小趾外宽		45.6	±0.7	44.9	±0.7	44.1	±0.7
	第一跖趾里宽		34.3	±0.6	33.7	±0.6	33.1	±0.5
	第五跖趾外宽		47.3	±0.8	46.6	±0.8	45.7	±0.7
	腰窝外宽		36.6	±0.6	36.0	±0.6	35.4	±0.5
	踵心全宽		56.1	±0.9	55.2	±0.9	54.3	±0.8
楦体尺寸	跷高	总前跷	26.4	±0.4	33.5	±0.5	40.6	±0.6
		前跷高	14.2	±0.2	13.2	±0.2	13.2	±0.2
		后跷高	20.3	±0.3	30.5	±0.5	40.6	±0.6
	头厚		16.3	±0.3	16.3	±0.3	16.3	±0.3
	后跟突点高		20.6	±0.3	20.6	±0.3	20.6	±0.3
	后身高		66.1	±1.1	66.1	±1.1	66.0	±1.0
	前掌凸度		6.1	±0.1	5.6	±0.1	5.1	±0.1
	底心凹度		4.6	±0.1	5.1	±0.1	5.6	±0.1
	踵心凸度		3.0	—	3.0	—	3.0	—
	统口宽		23.4	±0.4	23.4	±0.4	23.4	±0.4
	统口长		102.1	±2.1	102.1	±2.1	102.1	±2.1
	楦斜长		241.9	±4.9	240.9	±4.9	239.9	±4.9

[a] 适做出边鞋。

[b] 适做不出边鞋和海元鞋。

6.4.2 童布鞋中间号楦样尺寸(见表 26)。

表 26 童布鞋中间号楦样尺寸

单位为毫米

部位名称			鞋楦名称和号型尺寸					
			C-0 婴儿橡筋鞋楦 110(二型半)		C-0 小童橡筋鞋楦 150(二型半)		C-0 中童橡筋鞋楦 190(二型半)	
			尺寸	等差	尺寸	等差	尺寸	等差
长度	楦底样长		115.0	±5.0	158.0	±5.0	198.0	±5.0
	放余量		6.0	±0.3	9.8	±0.3	9.9	±0.2
	脚趾端点部位		109.0	±4.7	148.2	±4.7	188.1	±4.8
	拇趾外突点部位		98.0	±4.3	133.2	±4.2	169.1	±4.3
	小趾外突点部位		84.8	±3.7	115.2	±3.6	146.3	±3.7
	第一跖趾部位		78.8	±3.4	107.0	±3.4	135.8	±3.4
	第五跖趾部位		68.9	±3.0	93.6	±3.0	118.8	±3.0
	腰窝部位		44.1	±1.9	59.9	±1.9	76.1	±1.9
	踵心部位		18.8	±0.8	25.4	±0.8	32.5	±0.8
	后容差		1.0	—	1.5	—	1.5	—
围度	跖围		137.0	±3.5	165.0	±3.5	193.0	±3.5
	跗围		143.0	±3.7	171.1	±3.6	199.2	±3.6
宽度	基本宽度		50.3	±1.3	60.7	±1.3	71.1	±1.3
	拇趾里宽		20.9	±0.5	24.3	±0.5	27.7	±0.5
	小趾外宽		31.0	±0.8	36.2	±0.8	41.4	±0.8
	第一跖趾里宽		21.0	±0.5	25.4	±0.5	29.7	±0.5
	第五跖趾外宽		29.3	±0.8	35.3	±0.8	41.4	±0.8
	腰窝外宽		22.1	±0.6	26.8	±0.6	31.4	±0.6
	踵心全宽		34.1	±0.9	41.2	±0.9	48.2	±0.9
楦体尺寸	跷高	总前跷	11.0	±0.3	13.3	±0.3	16.6	±0.3
		前跷高	10.0	±0.3	11.2	±0.2	12.4	±0.2
		后跷高	1.0	—	2.0	—	3.0	—
	头厚		13.0	±0.3	14.3	±0.3	15.6	±0.3
	后跟突点高		10.6	±0.3	14.3	±0.3	17.3	±0.3
	后身高		44.0	±1.1	51.1	±1.1	58.0	±1.0
	前掌凸度		3.0	±0.1	4.1	±0.1	5.2	±0.1
	底心凹度		1.0	—	1.0	—	1.5	—
	踵心凸度		2.0	—	2.0	—	2.5	—
	统口宽		14.0	±0.4	16.4	±0.4	18.6	±0.3
	统口长		45.0	±2.0	62.0	±2.0	79.0	±2.0
	楦斜长		117.0	±5.1	162.1	±5.1	202.2	±5.1

表 26(续)

单位为毫米

部位名称			鞋楦名称和号型尺寸							
			C-0 大童橡筋鞋楦		C-0 小童棉鞋楦		C-0 中童棉鞋楦		C-0 大童棉鞋楦	
			225(二型)		150(二型)		190(二型)		225(二型)	
			尺寸	等差	尺寸	等差	尺寸	等差	尺寸	等差
长度	楦底样长		233.0	±5.0	161.0	±5.0	201.0	±5.0	236.0	±5.0
	放余量		10.4	±0.2	11.4	±0.4	11.6	±0.3	11.9	±0.2
	脚趾端点部位		222.6	±4.8	149.6	±4.6	189.4	±4.7	224.1	±4.8
	拇趾外突点部位		200.1	±4.3	134.7	±4.2	170.4	±4.2	201.6	±4.3
	小趾外突点部位		173.1	±3.7	116.7	±3.6	147.8	±3.7	174.6	±3.7
	第一跖趾部位		160.7	±3.4	108.5	±3.4	137.3	±3.4	162.2	±3.4
	第五跖趾部位		140.5	±3.0	95.1	±3.0	120.3	±3.0	142.0	±3.0
	腰窝部位		90.0	±1.9	61.4	±1.9	77.6	±1.9	91.5	±1.9
	踵心部位		38.3	±0.8	26.9	±0.8	34.0	±0.8	39.8	±0.8
	后容差		2.0	—	1.5	—	1.5	—	2.0	—
围度	跖围		217.5	±3.5	168.5	±3.5	196.5	±3.5	221.0	±3.5
	跗围		223.7	±3.6	176.7	±3.7	204.7	±3.6	229.2	±3.6
宽度	基本宽度		81.5	±1.3	60.7	±1.3	71.1	±1.3	81.5	±1.3
	拇趾里宽		31.2	±0.5	24.3	±0.5	27.7	±0.5	31.2	±0.5
	小趾外宽		46.3	±0.7	36.2	±0.8	41.4	±0.8	46.3	±0.7
	第一跖趾里宽		34.3	±0.6	25.4	±0.5	29.7	±0.5	34.3	±0.6
	第五跖趾外宽		47.4	±0.8	35.3	±0.8	41.4	±0.8	47.4	±0.8
	腰窝外宽		36.1	±0.6	26.8	±0.6	31.4	±0.6	36.1	±0.6
	踵心全宽		55.3	±0.9	41.2	±0.9	48.2	±0.9	55.3	±0.9
楦体尺寸	跷高	总前跷	20.6	±0.3	14.3	±0.3	17.6	±0.3	21.6	±0.3
		前跷高	13.4	±0.2	12.2	±0.2	13.4	±0.2	14.4	±0.2
		后跷高	4.0	—	2.0	—	3.0	—	4.0	—
	头厚		16.6	±0.3	14.3	±0.3	16.6	±0.3	18.6	±0.3
	后跟突点高		19.7	±0.3	14.3	±0.3	17.3	±0.3	19.7	±0.3
	后身高		64.0	±1.0	65.4	±1.4	74.6	±1.3	82.6	±1.3
	前掌凸度		6.2	±0.1	4.1	±0.1	5.2	±0.1	6.2	±0.1
	底心凹度		2.0	—	1.0	—	1.5	—	2.0	—
	踵心凸度		2.5	—	2.0	—	2.5	—	3.0	—
	统口宽		20.6	±0.3	16.3	±0.3	18.6	±0.3	20.6	±0.3
	统口长		94.0	±2.0	67.1	±2.1	83.2	±2.1	94.2	±2.1
	楦斜长		237.2	±5.1	165.1	±5.1	205.2	±5.1	240.2	±5.1

6.4.3 橡筋鞋鞋楦长、围、宽尺寸系列(见表27～表32)。

表27 婴儿橡筋鞋鞋楦长、围、宽尺寸系列

单位为毫米

号型	鞋号	90	95	100	105	110	115	120	125	等差
	楦底样长	95.0	100.0	105.0	110.0	115.0	120.0	125.0	130.0	
一型半	跖围	119.5	123.0	126.5	130.0	133.5	137.0	140.5	144.0	±3.5
	跗围	124.5	128.2	131.9	135.6	139.3	143.0	146.7	150.4	±3.7
	基本宽度	43.8	45.1	46.4	47.7	49.0	50.3	51.6	52.9	±1.3
	踵心宽度	29.7	30.6	31.5	32.4	33.3	34.2	35.1	36.0	±0.9
二型	跖围	123.0	126.5	130.0	133.5	137.0	140.5	144.0	147.5	±3.5
	跗围	128.2	131.9	135.6	139.3	143.0	146.7	150.4	154.1	±3.7
	基本宽度	45.1	46.4	47.7	49.0	50.3	51.6	52.9	54.2	±1.3
	踵心宽度	30.6	31.5	32.4	33.3	34.2	35.1	36.0	36.9	±0.9
二型半	跖围	126.5	130.0	133.5	137.0	140.5	144.0	147.5	151.0	±3.5
	跗围	131.9	135.6	139.3	143.0	146.7	150.4	154.1	157.8	±3.7
	基本宽度	46.4	47.7	49.0	50.3	51.6	52.9	54.2	55.5	±1.3
	踵心宽度	31.5	32.4	33.3	34.2	35.1	36.0	36.9	37.8	±0.9

表28 小童橡筋鞋鞋楦长、围、宽尺寸系列

单位为毫米

号型	鞋号	130	135	140	145	150	155	160	165	170	等差
	楦底样长	138.0	143.0	148.0	153.0	158.0	163.0	168.0	173.0	178.0	
一型半	跖围	147.5	151.0	154.5	158.0	161.5	165.0	168.5	172.0	175.5	±3.5
	跗围	153.1	156.7	160.3	163.9	167.5	171.1	174.7	178.3	181.9	±3.6
	基本宽度	54.2	55.5	56.8	58.1	59.4	60.7	62.0	63.3	64.6	±1.3
	踵心宽度	36.8	37.7	38.6	39.5	40.4	41.3	42.2	43.1	44.0	±0.9
二型	跖围	151.0	154.5	158.0	161.5	165.0	168.5	172.0	175.5	179.0	±3.5
	跗围	156.7	160.3	163.9	167.5	171.1	174.7	178.3	181.9	185.5	±3.6
	基本宽度	55.5	56.8	58.1	59.4	60.7	62.0	63.3	64.6	65.9	±1.3
	踵心宽度	37.7	38.6	39.5	40.4	41.3	42.2	43.1	44.0	44.9	±0.9
二型半	跖围	154.5	158.0	161.5	165.0	168.5	172.0	175.5	179.0	182.5	±3.5
	跗围	160.3	163.9	167.5	171.1	174.7	178.3	181.9	185.5	189.1	±3.6
	基本宽度	56.8	58.1	59.4	60.7	62.0	63.3	64.6	65.9	67.2	±1.3
	踵心宽度	38.6	39.5	40.4	41.3	42.2	43.1	44.0	44.9	45.8	±0.9

表 29 中童橡筋鞋鞋楦长、围、宽尺寸系列 单位为毫米

号型	鞋号	175	180	185	190	195	200	205	等差
	楦底样长	183.0	188.0	193.0	198.0	203.0	208.0	213.0	
一型半	跖围	179.0	182.5	186.0	189.5	193.0	196.5	200.0	±3.5
	跗围	185.5	189.1	192.7	196.3	199.9	203.5	207.1	±3.6
	基本宽度	65.9	67.2	68.5	69.8	71.1	72.4	73.7	±1.3
	踵心宽度	44.9	45.8	46.7	47.6	48.5	49.4	50.3	±0.9
二型	跖围	182.5	186.0	189.5	193.0	196.5	200.0	203.5	±3.5
	跗围	189.1	192.7	196.3	199.9	203.5	207.1	210.7	±3.6
	基本宽度	67.2	68.5	69.8	71.1	72.4	73.7	75.0	±1.3
	踵心宽度	45.8	46.7	47.6	48.5	49.4	50.3	51.2	±0.9
二型半	跖围	186.0	189.5	193.0	196.5	200.0	203.5	207.0	±3.5
	跗围	192.7	196.3	199.9	203.5	207.1	210.7	214.3	±3.6
	基本宽度	68.5	69.8	71.1	72.4	73.7	75.0	76.3	±1.3
	踵心宽度	46.7	47.6	48.5	49.4	50.3	51.2	52.1	±0.9

表 30 大童橡筋鞋鞋楦长、围、宽尺寸系列 单位为毫米

号型	鞋号	210	215	220	225	230	235	240	245	等差
	楦底样长	218.0	223.0	228.0	233.0	238.0	243.0	248.0	253.0	
一型半	跖围	203.5	207.0	210.5	214.0	217.5	221.0	224.5	228.0	±3.5
	跗围	210.7	214.3	217.9	221.5	225.1	228.7	232.3	235.9	±3.6
	基本宽度	75.0	76.3	77.6	78.9	80.2	81.5	82.8	84.1	±1.3
	踵心宽度	51.2	52.1	53.0	53.9	54.8	55.7	56.6	57.5	±0.9
二型	跖围	207.0	210.5	214.0	217.5	221.0	224.5	228.0	231.5	±3.5
	跗围	214.3	217.9	221.5	225.1	228.7	232.3	235.9	239.5	±3.6
	基本宽度	76.3	77.6	78.9	80.2	81.5	82.8	84.1	85.4	±1.3
	踵心宽度	52.1	53.0	53.9	54.8	55.7	56.6	57.5	58.4	±0.9
二型半	跖围	210.5	214.0	217.5	221.0	224.5	228.0	231.5	235.0	±3.5
	跗围	217.9	221.5	225.1	228.7	232.3	235.9	239.5	243.1	±3.6
	基本宽度	77.6	78.9	80.2	81.5	82.8	84.1	85.4	86.7	±1.3
	踵心宽度	53.0	53.9	54.8	55.7	56.6	57.5	58.4	59.3	±0.9
三型	跖围	214.0	217.5	221.0	224.5	228.0	231.5	235.0	238.5	±3.5
	跗围	221.5	225.1	228.7	232.3	235.9	239.5	243.1	246.7	±3.6
	基本宽度	78.9	80.2	81.5	82.8	84.1	85.4	86.7	88.0	±1.3
	踵心宽度	53.9	54.8	55.7	56.6	57.5	58.4	59.3	60.2	±0.9

表 31　女橡筋鞋鞋楦长、围、宽尺寸系列

单位为毫米

号型	鞋　号	215	220	225	230	235	240	245	250	等差
	楦底样长	223.0	228.0	233.0	238.0	243.0	248.0	253.0	258.0	
一型半	跖　围	205.0	208.5	212.0	215.5	219.0	222.5	226.0	229.5	±3.5
	跗　围	213.7	217.3	220.9	224.5	228.1	231.7	235.3	238.9	±3.6
	基本宽度	77.6	78.9	80.2	81.5	82.8	84.1	85.4	86.7	±1.3
	踵心宽度	52.6	53.5	54.4	55.3	56.2	57.1	58.0	58.9	±0.9
二　型	跖　围	208.5	212.0	215.5	219.0	222.5	226.0	229.5	233.0	±3.5
	跗　围	217.3	220.9	224.5	228.1	231.7	235.3	238.9	242.5	±3.6
	基本宽度	78.9	80.2	81.5	82.8	84.1	85.4	86.7	88.0	±1.3
	踵心宽度	53.5	54.4	55.3	56.2	57.1	58.0	58.9	59.8	±0.9
二型半	跖　围	212.0	215.5	219.0	222.5	226.0	229.5	233.0	236.5	±3.5
	跗　围	220.9	224.5	228.1	231.7	235.3	238.9	242.5	246.1	±3.6
	基本宽度	80.2	81.5	82.8	84.1	85.4	86.7	88.0	89.3	±1.3
	踵心宽度	54.4	55.3	56.2	57.1	58.0	58.9	59.8	60.7	±0.9
三　型	跖　围	215.5	219.0	222.5	226.0	229.5	233.0	236.5	240.0	±3.5
	跗　围	224.5	228.1	231.7	235.3	238.9	242.5	246.1	249.7	±3.6
	基本宽度	81.5	82.8	84.1	85.4	86.7	88.0	89.3	90.6	±1.3
	踵心宽度	55.3	56.2	57.1	58.0	58.9	59.8	60.7	61.6	±0.9
三型半	跖　围	219.0	222.5	226.0	229.5	233.0	236.5	240.0	243.5	±3.5
	跗　围	228.1	231.7	235.3	238.9	242.5	246.1	249.7	253.3	±3.6
	基本宽度	82.8	84.1	85.4	86.7	88.0	89.3	90.6	91.9	±1.3
	踵心宽度	56.2	57.1	58.0	58.9	59.8	60.7	61.6	62.5	±0.9
四　型	跖　围	222.5	226.0	229.5	233.0	236.5	240.0	243.5	247.0	±3.5
	跗　围	231.7	235.3	238.9	242.5	246.1	249.7	253.3	256.9	±3.6
	基本宽度	84.1	85.4	86.7	88.0	89.3	90.6	91.9	93.2	±1.3
	踵心宽度	57.1	58.0	58.9	59.8	60.7	61.6	62.5	63.4	±0.9

表32 男橡筋鞋鞋楦长、围、宽尺寸系列

单位为毫米

号型	鞋号	235	240	245	250	255	260	265	270	275	等差
	楦底样长	243.0	248.0	253.0	258.0	263.0	268.0	273.0	278.0	283.0	
二型	跖围	224.5	228.0	231.5	235.0	238.5	242.0	245.5	249.0	252.5	±3.5
	跗围	234.1	237.7	241.3	244.9	248.5	252.1	255.7	259.3	262.9	±3.6
	基本宽度	84.1	85.4	86.7	88.0	89.3	90.6	91.9	93.2	94.5	±1.3
	踵心宽度	57.0	57.9	58.8	59.7	60.6	61.5	62.4	63.3	64.2	±0.9
二型半	跖围	228.0	231.5	235.0	238.5	242.0	245.5	249.0	252.5	256.0	±3.5
	跗围	237.7	241.3	244.9	248.5	252.1	255.7	259.3	262.9	266.5	±3.6
	基本宽度	85.4	86.7	88.0	89.3	90.6	91.9	93.2	94.5	95.8	±1.3
	踵心宽度	57.9	58.8	59.7	60.6	61.5	62.4	63.3	64.2	65.1	±0.9
三型	跖围	231.5	235.0	238.5	242.0	245.5	249.0	252.5	256.0	259.5	±3.5
	跗围	241.3	244.9	248.5	252.1	255.7	259.3	262.9	266.5	270.1	±3.6
	基本宽度	86.7	88.0	89.3	90.6	91.9	93.2	94.5	95.8	97.1	±1.3
	踵心宽度	58.8	59.7	60.6	61.5	62.4	63.3	64.2	65.1	66.0	±0.9
三型半	跖围	235.0	238.5	242.0	245.5	249.0	252.5	256.0	259.5	263.0	±3.5
	跗围	244.9	248.5	252.1	255.7	259.3	262.9	266.5	270.1	273.7	±3.6
	基本宽度	88.0	89.3	90.6	91.9	93.2	94.5	95.8	97.1	98.4	±1.3
	踵心宽度	59.7	60.6	61.5	62.4	63.3	64.2	65.1	66.0	66.9	±0.9
四型	跖围	238.5	242.0	245.5	249.0	252.5	256.0	259.5	263.0	266.5	±3.5
	跗围	248.5	252.1	255.7	259.3	262.9	266.5	270.1	273.7	277.3	±3.6
	基本宽度	89.3	90.6	91.9	93.2	94.5	95.8	97.1	98.4	99.7	±1.3
	踵心宽度	60.6	61.5	62.4	63.3	64.2	65.1	66.0	66.9	67.8	±0.9
四型半	跖围	242.0	245.5	249.0	252.5	256.0	259.5	263.0	266.5	270.0	±3.5
	跗围	252.1	255.7	259.3	262.9	266.5	270.1	273.7	277.3	280.9	±3.6
	基本宽度	90.6	91.9	93.2	94.5	95.8	97.1	98.4	99.7	101.0	±1.3
	踵心宽度	61.5	62.4	63.3	64.2	65.1	66.0	66.9	67.8	68.7	±0.9
五型	跖围	245.5	249.0	252.5	256.0	259.5	263.0	266.5	270.0	273.5	±3.5
	跗围	255.7	259.3	262.9	266.5	270.1	273.7	277.3	280.9	284.5	±3.6
	基本宽度	91.9	93.2	94.5	95.8	97.1	98.4	99.7	101.0	102.3	±1.3
	踵心宽度	62.4	63.3	64.2	65.1	66.0	66.9	67.8	68.7	69.6	±0.9

6.5 塑料鞋鞋楦及系列

6.5.1 成年男女塑料鞋中间号楦样尺寸(见表33和表34)。

表 33 男塑料鞋中间号楦样尺寸

单位为毫米

部位名称			鞋楦名称和号型尺寸					
			P-20 男满帮凉鞋楦 255(二型半)		P-20 男全空凉鞋楦 255(二型半)		P-0 男组装凉鞋楦 255(二型半)	
			尺寸	等差	尺寸	等差	尺寸	等差
长度	楦底样长		265.0	±5.0	260.0	±5.0	260.0	±5.0
	放余量		15.3	±0.3	9.2	±0.2	9.2	±0.2
	脚趾端点部位		249.7	±4.7	250.8	±4.8	250.8	±4.8
	拇趾外突点部位		224.2	±4.2	225.3	±4.3	225.3	±4.3
	小趾外突点部位		193.6	±3.6	194.8	±3.8	194.8	±3.8
	第一跖趾部位		179.7	±3.4	180.8	±3.5	180.8	±3.5
	第五跖趾部位		156.8	±3.0	157.8	±3.0	157.8	±3.0
	腰窝部位		99.4	±1.9	100.4	±1.9	100.4	±1.9
	踵心部位		40.8	±0.8	41.8	±0.8	41.8	±0.8
	后容差		5.1	±0.1	4.1	±0.1	4.1	±0.1
围度	跖围		243.0	±3.5	239.5	±3.5	243.0	±3.5
	跗围		251.1	±3.6	249.6	±3.6	255.2	±3.7
宽度	基本宽度		89.3	±1.3	88.0	±1.3	88.0	±1.3
	拇趾里宽		34.1	±0.5	33.6	±0.5	33.6	±0.5
	小趾外宽		50.0	±0.7	49.3	±0.7	49.3	±0.7
	第一跖趾里宽		36.5	±0.5	36.0	±0.5	36.0	±0.5
	第五跖趾外宽		52.8	±0.8	52.0	±0.8	52.0	±0.8
	腰窝外宽		40.7	±0.6	40.1	±0.6	40.1	±0.6
	踵心全宽		60.5	±0.9	59.6	±0.9	59.6	±0.9
楦体尺寸	跷高	总前跷	27.4	±0.4	26.4	±0.4	—	—
		前跷高	18.3	±0.3	17.2	±0.2	—	—
		后跷高	20.3	±0.3	20.3	±0.3	—	—
	头厚		20.3	±0.3	17.2	±0.2	17.2	±0.2
	后跟突点高		22.7	±0.3	22.7	±0.3	22.7	±0.3
	后身高		86.2	±1.2	86.3	±1.3	74.1	±1.1
	前掌凸度		7.1	±0.1	7.1	±0.1	—	—
	底心凹度		5.1	±0.1	5.1	±0.1	—	—
	踵心凸度		4.1	±0.1	4.1	±0.1	—	—
	统口宽		32.5	±0.5	32.5	±0.5	31.4	±0.4
	统口长		118.2	±2.2	118.3	±2.3	115.2	±2.2
	楦斜长		266.0	±5.0	258.0	±5.0	260.5	±5.0

注：拖鞋楦与全空凉鞋楦通用，只是鞋号小半个号。如 255(二型半)男全空塑料凉鞋楦相当于 250(二型半)男拖鞋楦，其他品种也相同。

表 34　女塑料鞋中间号楦样尺寸

单位为毫米

部位名称			P-20 女全空凉鞋楦 235(一型半) 尺寸	等差	P-30 女全空凉鞋楦 235(一型半) 尺寸	等差	P-40 女全空凉鞋楦 235(一型半) 尺寸	等差
长度	楦底样长		240.0	±5.0	240.0	±5.0	240.0	±5.0
	放余量		8.7	±0.2	8.7	±0.2	8.7	±0.2
	脚趾端点部位		231.3	±4.8	231.3	±4.8	231.3	±4.8
	拇趾外突点部位		207.8	±4.3	207.8	±4.3	207.8	±4.3
	小趾外突点部位		179.6	±3.7	179.6	±3.7	179.6	±3.7
	第一跖趾部位		166.8	±3.5	166.8	±3.5	166.8	±3.5
	第五跖趾部位		145.6	±3.0	145.6	±3.0	145.6	±3.0
	腰窝部位		92.7	±1.9	92.7	±1.9	92.7	±1.9
	踵心部位		38.7	±0.8	38.7	±0.8	38.7	±0.8
	后容差		3.6	±0.1	3.6	±0.1	3.6	±0.1
围度	跖围		216.5	±3.5	216.5	±3.5	218.5	±3.5
	跗围		226.7	±3.7	224.6	±3.6	223.6	±3.6
宽度	基本宽度		80.2	±1.3	80.2	±1.3	77.5	±1.2
	拇趾里宽		30.6	±0.5	30.6	±0.5	28.5	±0.4
	小趾外宽		44.9	±0.7	44.9	±0.7	44.4	±0.7
	第一跖趾里宽		33.3	±0.5	33.3	±0.5	32.2	±0.5
	第五跖趾外宽		46.9	±0.8	46.9	±0.8	45.3	±0.7
	腰窝外宽		36.0	±0.6	36.0	±0.6	34.2	±0.5
	踵心全宽		53.5	±0.9	53.5	±0.9	51.6	±0.8
楦体尺寸	跷高	总前跷	26.9	±0.4	32.5	±0.5	38.1	±0.6
		前跷高	16.3	±0.3	15.2	±0.2	14.2	±0.2
		后跷高	20.3	±0.3	30.5	±0.5	40.6	±0.6
	头厚		15.2	±0.2	15.2	±0.2	15.2	±0.2
	后跟突点高		20.6	±0.3	20.6	±0.3	20.6	±0.3
	后身高		84.4	±1.4	84.4	±1.4	84.4	±1.4
	前掌凸度		6.6	±0.1	6.6	±0.1	6.1	±0.1
	底心凹度		4.1	±0.1	4.6	±0.1	5.1	±0.1
	踵心凸度		4.6	±0.1	4.6	±0.1	4.1	±0.1
	统口宽		32.5	±0.5	32.5	±0.5	32.5	±0.5
	统口长		105.2	±2.2	105.2	±2.2	105.2	±2.2
	楦斜长		240.0	±5.0	238.6	±5.0	237.1	±4.9

表 34(续)

单位为毫米

部位名称			P-50 女全空凉鞋楦 235(一型半) 尺寸	P-50 女全空凉鞋楦 235(一型半) 等差	P-60 女全空凉鞋楦 235(一型半) 尺寸	P-60 女全空凉鞋楦 235(一型半) 等差
长度	楦底样长		240.0	±5.0	240.0	±5.0
	放余量		8.7	±0.2	8.7	±0.2
	脚趾端点部位		231.3	±4.8	231.3	±4.8
	拇趾外突点部位		207.8	±4.3	207.8	±4.3
	小趾外突点部位		179.6	±3.7	179.6	±3.7
	第一跖趾部位		166.8	±3.5	166.8	±3.5
	第五跖趾部位		145.6	±3.0	145.6	±3
	腰窝部位		92.7	±1.9	92.7	±1.9
	踵心部位		38.7	±0.8	38.7	±0.8
	后容差		3.6	±0.1	3.6	±0.1
围度	跖围		218.5	±3.5	220.5	±3.5
	跗围		221.5	±3.5	221.5	±3.5
宽度	基本宽度		77.5	±1.2	76.3	±1.2
	拇趾里宽		28.5	±0.4	28.1	±0.4
	小趾外宽		44.4	±0.7	43.7	±0.7
	第一跖趾里宽		32.2	±0.5	31.7	±0.5
	第五跖趾外宽		45.3	±0.7	44.6	±0.7
	腰窝外宽		34.2	±0.5	33.7	±0.5
	踵心全宽		51.6	±0.8	50.8	±0.8
楦体尺寸	跷高	总前跷	43.7	±0.7	49.3	±0.8
		前跷高	13.2	±0.2	12.2	±0.2
		后跷高	50.8	±0.8	61.0	±1.0
	头厚		15.2	±0.2	15.2	±0.2
	后跟突点高		20.6	±0.3	20.6	±0.3
	后身高		84.4	±1.4	84.3	±1.3
	前掌凸度		6.1	±0.1	6.1	±0.1
	底心凹度		5.6	±0.1	6.1	±0.1
	踵心凸度		4.1	±0.1	4.1	±0.1
	统口宽		32.5	±0.5	32.5	±0.5
	统口长		105.2	±2.2	105.2	±2.2
	楦斜长		235.7	±4.9	234.3	±4.9

表 34(续)

单位为毫米

部位名称			P-70 女全空凉鞋楦 235(一型半) 尺寸	等差	P-80 女全空凉鞋楦 235(一型半) 尺寸	等差	P-0 女组装凉鞋楦 235(一型半) 尺寸	等差
长度	楦底样长		240.0	±5.0	240.0	±5.0	240.0	±5.0
	放余量		8.7	±0.2	8.7	±0.2	8.7	±0.2
	脚趾端点部位		231.3	±4.8	231.3	±4.8	231.3	±4.8
	拇趾外突点部位		207.8	±4.3	207.8	±4.3	207.8	±4.3
	小趾外突点部位		179.6	±3.7	179.6	±3.7	179.6	±3.7
	第一跖趾部位		166.8	±3.5	166.8	±3.5	166.8	±3.5
	第五跖趾部位		145.6	±3.0	145.6	±3.0	145.6	±3.0
	腰窝部位		92.7	±1.9	92.7	±1.9	92.7	±1.9
	踵心部位		38.7	±0.8	38.7	±0.8	38.7	±0.8
	后容差		3.6	±0.1	3.6	±0.1	3.6	±0.1
围度	跖围		220.5	±3.5	220.5	±3.5	220.0	±3.5
	跗围		219.5	±3.5	217.5	±3.5	232.2	±3.7
宽度	基本宽度		76.3	±1.2	76.3	±1.2	80.2	±1.3
	拇趾里宽		28.1	±0.4	28.1	±0.4	30.6	±0.5
	小趾外宽		43.7	±0.7	43.7	±0.7	44.9	±0.7
	第一跖趾里宽		31.7	±0.5	31.7	±0.5	33.3	±0.5
	第五跖趾外宽		44.6	±0.7	44.6	±0.7	46.9	±0.8
	腰窝外宽		33.7	±0.5	33.7	±0.5	36.0	±0.6
	踵心全宽		50.8	±0.8	50.8	±0.8	53.5	±0.9
楦体尺寸	跷高	总前跷	54.9	±0.9	60.5	±1.0	—	—
		前跷高	11.2	±0.2	10.2	±0.2	—	—
		后跷高	71.1	±1.1	81.3	±1.3	—	—
	头厚		15.2	±0.2	15.2	±0.2	15.2	±0.2
	后跟突点高		20.6	±0.3	20.6	±0.3	20.6	±0.3
	后身高		84.3	±1.3	84.3	±1.3	70.1	±1.1
	前掌凸度		6.1	±0.1	6.1	±0.1	—	—
	底心凹度		6.6	±0.1	7.1	±0.1	—	—
	踵心凸度		4.1	±0.1	4.1	±0.1	—	—
	统口宽		32.5	±0.5	32.5	±0.5	29.5	±0.5
	统口长		105.2	±2.2	105.2	±2.2	103.2	±2.2
	楦斜长		232.8	±4.8	231.4	±4.8	242.5	±5.0

6.5.2 童塑料鞋中间号楦样尺寸(见表35)。

表35 童塑料鞋中间号楦样尺寸

单位为毫米

部位名称			P-17大童满帮凉鞋楦 225(二型)		P-15中童满帮凉鞋楦 190(二型)		P-13小童满帮凉鞋楦 150(二型)		P-17中童全空凉鞋楦 225(二型)	
			尺寸	等差	尺寸	等差	尺寸	等差	尺寸	等差
长度	楦底样长		235.0	±5.0	200.0	±5.0	160.0	±5.0	230.0	±5.0
	放余量		14.6	±0.3	14.3	±0.4	13.4	±0.4	9.4	±0.2
	脚趾端点部位		220.4	±4.7	185.7	±4.6	146.6	±4.6	220.6	±4.8
	拇趾外突点部位		197.9	±4.2	166.9	±4.2	131.6	±4.1	198.1	±4.3
	小趾外突点部位		170.9	±3.6	144.1	±3.6	113.7	±3.6	171.1	±3.7
	第一跖趾部位		158.7	±3.4	133.6	±3.3	105.4	±3.3	158.7	±3.4
	第五跖趾部位		138.3	±2.9	116.6	±2.9	92.0	±2.9	138.5	±3.0
	腰窝部位		88.0	±1.9	73.9	±1.8	58.3	±1.8	88.0	±1.9
	踵心部位		36.3	±0.8	30.5	±0.8	23.9	±0.8	36.3	±0.8
	后容差		4.2	±0.1	3.7	±0.1	3.1	±0.1	4.2	±0.1
围度	跖围		218.5	±3.5	194.0	±3.5	166.0	±3.5	218.5	±3.5
	跗围		228.9	±3.7	204.4	±3.7	176.2	±3.7	228.9	±3.7
宽度	基本宽度		80.2	±1.3	69.8	±1.3	59.4	±1.3	80.2	±1.3
	拇趾里宽		31.1	±0.5	28.1	±0.5	24.6	±0.5	31.1	±0.5
	小趾外宽		45.6	±0.7	41.4	±0.8	36.2	±0.8	45.6	±0.7
	第一跖趾里宽		32.8	±0.5	28.5	±0.5	24.3	±0.5	32.8	±0.5
	第五跖趾外宽		47.4	±0.8	41.3	±0.8	35.1	±0.8	47.4	±0.8
	腰窝外宽		36.6	±0.6	32.0	±0.6	27.3	±0.6	36.6	±0.6
	踵心全宽		54.4	±0.9	47.3	±0.9	40.3	±0.9	54.4	±0.9
楦体尺寸	跷高	总前跷	24.8	±0.4	20.8	±0.4	16.3	±0.3	24.8	±0.4
		前跷高	14.4	±0.2	12.4	±0.2	10.2	±0.2	14.4	±0.2
		后跷高	17.6	±0.3	15.6	±0.3	13.3	±0.3	17.6	±0.3
	头厚		17.6	±0.3	16.6	±0.3	15.3	±0.3	15.4	±0.2
	后跟突点高		20.1	±0.3	17.6	±0.3	14.6	±0.3	20.1	±0.3
	后身高		77.4	±1.2	67.4	±1.2	56.2	±1.2	77.4	±1.2
	前掌凸度		6.2	±0.1	5.7	±0.1	5.1	±0.1	6.2	±0.1
	底心凹度		3.0	—	2.5	—	2.0	—	3.0	—
	踵心凸度		4.2	±0.1	3.7	±0.1	3.1	±0.1	4.2	±0.1
	统口宽		30.0	±0.5	27.0	±0.5	23.5	±0.5	30.0	±0.5
	统口长		105.4	±2.2	90.6	±2.3	73.3	±2.3	105.6	±2.3
	楦斜长		230.8	±4.9	196.8	±4.9	157.9	±4.9	226.3	±4.9

表 35(续)

单位为毫米

部位名称			鞋楦名称和号型尺寸							
			P-15 中童全空凉鞋楦		P-13 小童全空凉鞋楦		P-0 大童组装凉鞋楦		P-0 中童组装凉鞋楦	
			190(二型)		150(二型)		225(二型)		190(二型)	
			尺寸	等差	尺寸	等差	尺寸	等差	尺寸	等差
长度	楦底样长		195.0	±5.0	155.0	±5.0	230.0	±5.0	195.0	±5.0
	放余量		8.9	±0.2	8.3	±0.3	9.4	±0.2	8.9	±0.2
	脚趾端点部位		186.1	±4.8	146.7	±4.7	220.6	±4.8	186.1	±4.8
	拇趾外突点部位		167.1	±4.3	131.7	±4.2	198.1	±4.3	167.1	±4.3
	小趾外突点部位		144.3	±3.7	113.8	±3.7	171.1	±3.7	144.3	±3.7
	第一跖趾部位		133.8	±3.4	105.5	±3.4	158.7	±3.4	133.8	±3.4
	第五跖趾部位		116.8	±3.0	92.1	±3.0	138.5	±3.0	116.8	±3.0
	腰窝部位		74.1	±1.9	58.4	±1.9	88.0	±1.9	74.1	±1.9
	踵心部位		30.5	±0.8	23.9	±0.8	36.3	±0.8	30.5	±0.8
	后容差		3.7	±0.1	3.1	±0.1	4.2	±0.1	3.7	±0.1
围度	跖围		194.0	±3.5	166.0	±3.5	218.5	±3.5	194.0	±3.5
	跗围		204.4	±3.7	176.2	±3.7	228.9	±3.7	204.4	±3.7
宽度	基本宽度		69.8	±1.3	59.4	±1.3	80.2	±1.3	69.8	±1.3
	拇趾里宽		28.1	±0.5	24.6	±0.5	31.1	±0.5	28.1	±0.5
	小趾外宽		41.4	±0.8	36.2	±0.8	45.6	±0.7	41.4	±0.8
	第一跖趾里宽		28.5	±0.5	24.3	±0.5	32.8	±0.5	28.5	±0.5
	第五跖趾外宽		41.3	±0.8	35.1	±0.8	47.4	±0.8	41.3	±0.8
	腰窝外宽		32.0	±0.6	27.3	±0.6	36.6	±0.6	32.0	±0.6
	踵心全宽		47.3	±0.9	40.3	±0.9	54.4	±0.9	47.3	±0.9
楦体尺寸	跷高	总前跷	20.8	±0.4	16.3	±0.3	—	—	—	—
		前跷高	12.4	±0.2	10.2	±0.2	—	—	—	—
		后跷高	15.6	±0.3	13.3	±0.3	—	—	—	—
	头厚		14.6	±0.3	13.3	±0.3	15.4	±0.2	14.6	±0.3
	后跟突点高		17.6	±0.3	14.6	±0.3	20.1	±0.3	17.6	±0.3
	后身高		67.4	±1.2	56.2	±1.2	68.2	±1.1	61.2	±1.1
	前掌凸度		5.7	±0.1	5.1	±0.1	—	—	—	—
	底心凹度		2.5	—	2.0	—	—	—	—	—
	踵心凸度		3.7	±0.1	3.1	±0.1	—	—	—	—
	统口宽		27.0	±0.5	23.5	±0.5	27.8	±0.4	24.8	±0.4
	统口长		90.6	±2.3	73.4	±2.4	99.4	±2.2	85.4	±2.2
	楦斜长		192.3	±4.9	153.5	±5.0	228.0	±5.0	194.0	±5.0

表35(续)

单位为毫米

部位名称			鞋楦名称和号型尺寸					
			P-0 小童组装鞋楦 150(二型)		P-35 大童全空凉鞋楦 225(二型)		P-30 中童全空凉鞋楦 190(二型)	
			尺寸	等差	尺寸	等差	尺寸	等差
长度	楦底样长		155.0	±5.0	230.0	±5.0	195.0	±5.0
	放余量		8.3	±0.3	9.4	±0.2	8.9	±0.2
	脚趾端点部位		146.7	±4.7	220.6	±4.8	186.1	±4.8
	拇趾外突点部位		131.7	±4.2	198.1	±4.3	167.1	±4.3
	小趾外突点部位		113.8	±3.7	171.1	±3.7	144.3	±3.7
	第一跖趾部位		105.5	±3.4	158.7	±3.4	133.8	±3.4
	第五跖趾部位		92.1	±3.0	138.5	±3.0	116.8	±3.0
	腰窝部位		58.4	±1.9	88.0	±1.9	74.1	±1.9
	踵心部位		23.9	±0.8	36.3	±0.8	30.5	±0.8
	后容差		3.1	±0.1	4.2	±0.1	3.7	±0.1
围度	跖围		166.0	±3.5	218.5	±3.5	194.0	±3.5
	跗围		176.2	±3.7	225.7	±3.6	201.2	±3.6
宽度	基本宽度		59.4	±1.3	78.9	±1.3	68.3	±1.2
	拇趾里宽		24.6	±0.5	30.6	±0.5	27.6	±0.5
	小趾外宽		36.2	±0.8	44.9	±0.7	40.4	±0.7
	第一跖趾里宽		24.3	±0.5	32.3	±0.5	28.0	±0.5
	第五跖趾外宽		35.1	±0.8	46.6	±0.8	40.3	±0.7
	腰窝外宽		27.3	±0.6	36.0	±0.6	31.4	±0.6
	踵心全宽		40.3	±0.9	53.5	±0.9	46.2	±0.8
楦体尺寸	跷高	总前跷	—	—	34.2	±0.6	30.0	±0.5
		前跷高	—	—	13.4	±0.2	11.4	±0.2
		后跷高	—	—	36.2	±0.6	31.2	±0.6
	头厚		13.3	±0.3	15.4	±0.2	14.6	±0.3
	后跟突点高		14.6	±0.3	20.1	±0.3	17.6	±0.3
	后身高		53.1	±1.1	77.4	±1.2	67.4	±1.2
	前掌凸度		—	—	6.2	±0.1	5.7	±0.1
	底心凹度		—	—	4.7	±0.1	4.2	±0.1
	踵心凸度		—	—	4.2	±0.1	3.7	±0.1
	统口宽		21.4	±0.4	30.0	±0.5	27.0	±0.5
	统口长		69.2	±2.2	105.6	±2.3	90.6	±2.3
	楦斜长		155.0	±5.0	223.9	±4.9	190.2	±4.9

6.5.3 全空凉鞋鞋楦长、围、宽尺寸系列(见表36～表40)。

表36 小童全空凉鞋鞋楦长、围、宽尺寸系列

单位为毫米

号型	鞋号	130	135	140	145	150	155	160	165	170	等差
	楦底样长	135.0	140.0	145.0	150.0	155.0	160.0	165.0	170.0	175.0	
一型半	跖围	148.5	152.0	155.5	159.0	162.5	166.0	169.5	173.0	176.5	±3.5
	跗围	157.7	161.4	165.1	168.8	172.5	176.2	179.9	183.6	187.3	±3.7
	基本宽度	52.9	54.2	55.5	56.8	58.1	59.4	60.7	62.0	63.3	±1.3
	踵心宽度	35.9	36.8	37.7	38.6	39.5	40.4	41.3	42.2	43.1	±0.9
二型	跖围	152.0	155.5	159.0	162.5	166.0	169.5	173.0	176.5	180.0	±3.5
	跗围	161.4	165.1	168.8	172.5	176.2	179.9	183.6	187.3	191.0	±3.7
	基本宽度	54.2	55.5	56.8	58.1	59.4	60.7	62.0	63.3	64.6	±1.3
	踵心宽度	36.8	37.7	38.6	39.5	40.4	41.3	42.2	43.1	44.0	±0.9
二型半	跖围	155.5	159.0	162.5	166.0	169.5	173.0	176.5	180.0	183.5	±3.5
	跗围	165.1	168.8	172.5	176.2	179.9	183.6	187.3	191.0	194.7	±3.7
	基本宽度	55.5	56.8	58.1	59.4	60.7	62.0	63.3	64.6	65.9	±1.3
	踵心宽度	37.7	38.6	39.5	40.4	41.3	42.2	43.1	44.0	44.9	±0.9

表37 中童全空凉鞋鞋楦长、围、宽尺寸系列

单位为毫米

号型	鞋号	175	180	185	190	195	200	205	等差
	楦底样长	180.0	185.0	190.0	195.0	200.0	205.0	210.0	
一型半	跖围	180.0	183.5	187.0	190.5	194.0	197.5	201.0	±3.5
	跗围	191.0	194.7	198.4	202.1	205.8	209.5	213.2	±3.7
	基本宽度	64.6	65.9	67.2	68.5	69.8	71.1	72.4	±1.3
	踵心宽度	44.0	44.9	45.8	46.7	47.6	48.5	49.4	±0.9
二型	跖围	183.5	187.0	190.5	194.0	197.5	201.0	204.5	±3.5
	跗围	194.7	198.4	202.1	205.8	209.5	213.2	216.9	±3.7
	基本宽度	65.9	67.2	68.5	69.8	71.1	72.4	73.7	±1.3
	踵心宽度	44.9	45.8	46.7	47.6	48.5	49.4	50.3	±0.9
二型半	跖围	187.0	190.5	194.0	197.5	201.0	204.5	208.0	±3.5
	跗围	198.4	202.1	205.8	209.5	213.2	216.9	220.6	±3.7
	基本宽度	67.2	68.5	69.8	71.1	72.4	73.7	75.0	±1.3
	踵心宽度	45.8	46.7	47.6	48.5	49.4	50.3	51.2	±0.9

表 38 大童全空凉鞋鞋楦长、围、宽尺寸系列

单位为毫米

号型	鞋号	210	215	220	225	230	235	240	245	等差
	楦底样长	215.0	220.0	225.0	230.0	235.0	240.0	245.0	250.0	
一型半	跖围	204.5	208.0	211.5	215.0	218.5	222.0	225.5	229.0	±3.5
	跗围	216.9	220.6	224.3	228.0	231.7	235.4	239.1	242.8	±3.7
	基本宽度	73.7	75.0	76.3	77.6	78.9	80.2	81.5	82.8	±1.3
	踵心宽度	50.3	51.2	52.1	53.0	53.9	54.8	55.7	56.6	±0.9
二型	跖围	208.0	211.5	215.0	218.5	222.0	225.5	229.0	232.5	±3.5
	跗围	220.6	224.3	228.0	231.7	235.4	239.1	242.8	246.5	±3.7
	基本宽度	75.0	76.3	77.6	78.9	80.2	81.5	82.8	84.1	±1.3
	踵心宽度	51.2	52.1	53.0	53.9	54.8	55.7	56.6	57.5	±0.9
二型半	跖围	211.5	215.0	218.5	222.0	225.5	229.0	232.5	236.0	±3.5
	跗围	224.3	228.0	231.7	235.4	239.1	242.8	246.5	250.2	±3.7
	基本宽度	76.3	77.6	78.9	80.2	81.5	82.8	84.1	85.4	±1.3
	踵心宽度	52.1	53.0	53.9	54.8	55.7	56.6	57.5	58.4	±0.9
三型	跖围	215.0	218.5	222.0	225.5	229.0	232.5	236.0	239.5	±3.5
	跗围	228.0	231.7	235.4	239.1	242.8	246.5	250.2	253.9	±3.7
	基本宽度	77.6	78.9	80.2	81.5	82.8	84.1	85.4	86.7	±1.3
	踵心宽度	53.0	53.9	54.8	55.7	56.6	57.5	58.4	59.3	±0.9
三型半	跖围	218.5	222.0	225.5	229.0	232.5	236.0	239.5	243.0	±3.5
	跗围	231.7	235.4	239.1	242.8	246.5	250.2	253.9	257.6	±3.7
	基本宽度	78.9	80.2	81.5	82.8	84.1	85.4	86.7	88.0	±1.3
	踵心宽度	53.9	54.8	55.7	56.6	57.5	58.4	59.3	60.2	±0.9

表 39 安全空凉鞋鞋楦长、围、宽尺寸系列

单位为毫米

号型	鞋号	215	220	225	230	235	240	245	250	等差
	楦底样长	220.0	225.0	230.0	235.0	240.0	245.0	250.0	255.0	
一型半	跖围	204.5	208.0	211.5	215.0	218.5	222.0	225.5	229.0	±3.5
	跗围	209.2	212.8	216.4	220.0	223.6	227.2	230.8	234.4	±3.6
	基本宽度	72.7	73.9	75.1	76.3	77.5	78.7	79.9	81.1	±1.2
	踵心宽度	48.4	49.2	50.0	50.8	51.6	52.4	53.2	54.0	±0.8
二型	跖围	208.0	211.5	215.0	218.5	222.0	225.5	229.0	232.5	±3.5
	跗围	212.8	216.4	220.0	223.6	227.2	230.8	234.4	238.0	±3.6
	基本宽度	73.9	75.1	76.3	77.5	78.7	79.9	81.1	82.3	±1.2
	踵心宽度	49.2	50.0	50.8	51.6	52.4	53.2	54.0	54.8	±0.8
二型半	跖围	211.5	215.0	218.5	222.0	225.5	229.0	232.5	236.0	±3.5
	跗围	216.4	220.0	223.6	227.2	230.8	234.4	238.0	241.6	±3.6
	基本宽度	75.1	76.3	77.5	78.7	79.9	81.1	82.3	83.5	±1.2
	踵心宽度	50.0	50.8	51.6	52.4	53.2	54.0	54.8	55.6	±0.8
三型	跖围	215.0	218.5	222.0	225.5	229.0	232.5	236.0	239.5	±3.5
	跗围	220.0	223.6	227.2	230.8	234.4	238.0	241.6	245.2	±3.6
	基本宽度	76.3	77.5	78.7	79.9	81.1	82.3	83.5	84.7	±1.2
	踵心宽度	50.8	51.6	52.4	53.2	54.0	54.8	55.6	56.4	±0.8
三型半	跖围	218.5	222.0	225.5	229.0	232.5	236.0	239.5	243.0	±3.5
	跗围	223.6	227.2	230.8	234.4	238.0	241.6	245.2	248.8	±3.6
	基本宽度	77.5	78.7	79.9	81.1	82.3	83.5	84.7	85.9	±1.2
	踵心宽度	51.6	52.4	53.2	54.0	54.8	55.6	56.4	57.2	±0.8
四型	跖围	222.0	225.5	229.0	232.5	236.0	239.5	243.0	246.5	±3.5
	跗围	227.2	230.8	234.4	238.0	241.6	245.2	248.8	252.4	±3.6
	基本宽度	78.7	79.9	81.1	82.3	83.5	84.7	85.9	87.1	±1.2
	踵心宽度	52.4	53.2	54.0	54.8	55.6	56.4	57.2	58.0	±0.8

表 40　男全空凉鞋鞋楦长、围、宽尺寸系列

单位为毫米

号型	鞋　号	235	240	245	250	255	260	265	270	275	等　差
	楦底样长	240.0	245.0	250.0	255.0	260.0	265.0	270.0	275.0	280.0	
二　型	跖　围	222.0	225.5	229.0	232.5	236.0	239.5	243.0	246.5	250.0	±3.5
	跗　围	231.6	235.2	238.8	242.4	246.0	249.6	253.2	256.8	260.4	±3.6
	基本宽度	81.5	82.8	84.1	85.4	86.7	88.0	89.3	90.6	91.9	±1.3
	踵心宽度	55.2	56.1	57.0	57.9	58.8	59.7	60.6	61.5	62.4	±0.9
二型半	跖　围	225.5	229.0	232.5	236.0	239.5	243.0	246.5	250.0	253.5	±3.5
	跗　围	235.2	238.8	242.4	246.0	249.6	253.2	256.8	260.4	264.0	±3.6
	基本宽度	82.8	84.1	85.4	86.7	88.0	89.3	90.6	91.9	93.2	±1.3
	踵心宽度	56.1	57.0	57.9	58.8	59.7	60.6	61.5	62.4	63.3	±0.9
三　型	跖　围	229.0	232.5	236.0	239.5	243.0	246.5	250.0	253.5	257.0	±3.5
	跗　围	238.8	242.4	246.0	249.6	253.2	256.8	260.4	264.0	267.6	±3.6
	基本宽度	84.1	85.4	86.7	88.0	89.3	90.6	91.9	93.2	94.5	±1.3
	踵心宽度	57.0	57.9	58.8	59.7	60.6	61.5	62.4	63.3	64.2	±0.9
三型半	跖　围	232.5	236.0	239.5	243.0	246.5	250.0	253.5	257.0	260.5	±3.5
	跗　围	242.4	246.0	249.6	253.2	256.8	260.4	264.0	267.6	271.2	±3.6
	基本宽度	85.4	86.7	88.0	89.3	90.6	91.9	93.2	94.5	95.8	±1.3
	踵心宽度	57.9	58.8	59.7	60.6	61.5	62.4	63.3	64.2	65.1	±0.9
四　型	跖　围	236.0	239.5	243.0	246.5	250.0	253.5	257.0	260.5	264.0	±3.5
	跗　围	246.0	249.6	253.2	256.8	260.4	264.0	267.6	271.2	274.8	±3.6
	基本宽度	86.7	88.0	89.3	90.6	91.9	93.2	94.5	95.8	97.1	±1.3
	踵心宽度	58.8	59.7	60.6	61.5	62.4	63.3	64.2	65.1	66.0	±0.9
四型半	跖　围	239.5	243.0	246.5	250.0	253.5	257.0	260.5	264.0	267.5	±3.5
	跗　围	249.6	253.2	256.8	260.4	264.0	267.6	271.2	274.8	278.4	±3.6
	基本宽度	88.0	89.3	90.6	91.9	93.2	94.5	95.8	97.1	98.4	±1.3
	踵心宽度	59.7	60.6	61.5	62.4	63.3	64.2	65.1	66.0	66.9	±0.9
五　型	跖　围	243.0	246.5	250.0	253.5	257.0	260.5	264.0	267.5	271.0	±3.5
	跗　围	253.2	256.8	260.4	264.0	267.6	271.2	274.8	278.4	282.0	±3.6
	基本宽度	89.3	90.6	91.9	93.2	94.5	95.8	97.1	98.4	99.7	±1.3
	踵心宽度	60.6	61.5	62.4	63.3	64.2	65.1	66.0	66.9	67.8	±0.9

7 鞋楦名称

7.1 名称的组成

鞋楦名称包括鞋的种类、后跷高度、穿用对象及款式四部分。

7.2 名称举例

L-20 男素头鞋楦：即后跷高为 20 mm 男素头皮鞋楦；

A-20 女中帮旅游鞋楦：即后跷高为 20 mm 女中帮旅游鞋楦；

R-40 女轻便靴楦：即后跷高为 40 mm 女轻便雨靴楦；

C-0 女橡筋鞋楦：即后跷高为 25 mm 以下的女橡筋布鞋楦；

P-0 童全空凉鞋楦：即后跷高为 25 mm 以下的童全空塑料凉鞋楦。

注：L 即 leather shoe（皮鞋）的缩写；A 即 athletic footwear（旅游鞋）的缩写；R 即 rubber（胶鞋）的缩写；C 即 cotton（布鞋）的缩写；P 即 plastic（塑料鞋）的缩写。

附 录 A
（资料性附录）
脚型测量部位和方法

A.1 定标志点

测量前，在脚上标出有关测量的标志点。

A.1.1 第一跖趾关节突点。

A.1.2 第五跖趾关节突点。

A.1.3 第五跖骨粗隆点。

A.1.4 前跗骨突点。

A.1.5 舟上弯点。

A.1.6 后跟突点。

A.1.7 外踝骨下缘点。

A.1.8 脚腕最细处。

A.1.9 腿肚最粗处。

A.1.10 腓骨粗隆下缘点。

A.2 手工测量方法

A.2.1 跖趾围长(简称跖围)：以第一和第五跖趾关节的最突点为准，用布带尺围绕测量。

A.2.2 前跗骨围长(简称跗围)：用布带尺围绕前跗骨突点，第五跖骨粗隆点和脚心凹处测量。

A.2.3 舟上弯点与后跟围长(简称兜跟围)：用布带尺兜住后跟，再绕经舟上弯点处进行测量。

A.2.4 脚腕围长：用布带尺围绕脚腕最细处进行测量。

A.2.5 腿肚围长：用布带尺围绕腿肚最粗处进行测量。

A.2.6 膝下围长：用布带尺围绕腓骨粗隆下缘点进行测量。

A.2.7 膝下高度：测量腓骨粗隆下缘点至脚底的直线距离。

A.2.8 腿肚高度：测量腿肚围长部位至脚底的直线距离。

A.2.9 脚腕高度：测量脚腕围长部位至脚底的直线距离。

A.2.10 外踝骨高度：用量高仪测量外踝骨下缘点至脚底的直线距离。

A.2.11 后跟突点高度：用量高仪测量后跟突点至脚底的直线距离。

A.2.12 舟上弯点高度：用量高仪测量舟上弯点(距骨与胫骨交点)至脚底的直线距离。

A.2.13 前跗骨最突点高度：用量高仪测量前跗骨突点至脚底的直线距离。

A.2.14 第一跖趾关节高度：用量高仪测量第一跖趾关节最高处至脚底的直线距离。

A.2.15 拇趾高度：用量高仪测量拇趾前端的高度。

A.2.16 脚长：用量脚卡尺测量脚趾端点至后跟突点的距离。

以上部位如图 A.1 所示。

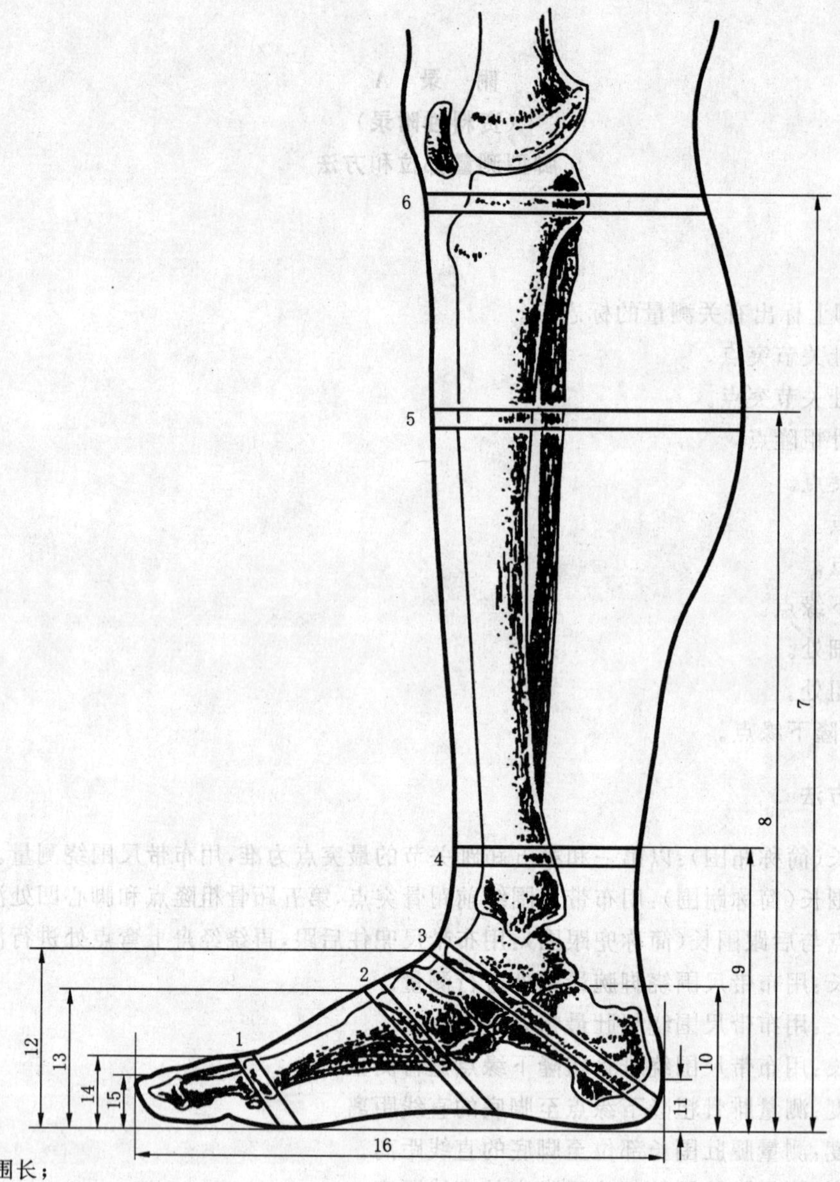

1——跖趾围长；

2——前跗骨围长；

3——兜跟围；

4——脚腕围长；

5——腿肚围长；

6——膝下围长；

7——膝下高度；

8——腿肚高度；

9——脚腕高度；

10——外踝骨高度；

11——后跟突点高度；

12——舟上弯点高度；

13——前跗骨最突点高度；

14——第一跖趾关节高度；

15——拇趾高度；

16——脚长。

图 A.1 脚型测量部位示意图

A.3 激光测量方法

A.3.1 脚放在激光脚型测量仪的测量平台上，进行测量。

A.3.2 采集数据保存并进行数据处理。

A.3.3 三维显示，查看、修订数据，并显示重建后的三维图形。

A.4 注意事项

A.4.1 测量时应脱去脚上的鞋袜，并卷起两腿的裤脚至膝盖上部。

A.4.2 测量时应站直，使身体的重量平均分配在两只脚的脚掌上，两只脚不得随便移动。

A.4.3 只测右脚。